无线通信设备电路设计系列丛书

单片无线发射与接收电路设计

黄智伟 编著

西安电子科技大学出版社

2009

内 容 简 介

本书共 8 章，介绍了单片无线发射与接收电路的分析方法、电路结构、工作原理等相关知识，还介绍了采用单片无线发射与接收电路构成的 FM、OOK、FSK、GFSK、QPSK、ZigBee/802.15.4、蓝牙、GPS 等 120 多个电路实例的主要技术性能、引脚端封装形式、内部结构、工作原理、电原理图、印制电路板图和元器件参数等内容。这些电路的频率范围从几十兆赫兹至几吉赫兹，其电原理图、印制电路板图和元器件参数等可以直接在工程设计中应用。

本书突出"先进性、工程性、实用性"，可以作为从事无线通信、移动通信、无线数据采集与传输系统、无线遥控和遥测系统、无线网络、无线安全防范系统等应用研究的工程技术人员在进行单片无线发射与接收电路设计时的参考书和工具书，也可以作为高等院校通信、电子等相关专业本科生和研究生的专业教材和教学参考书。

图书在版编目（CIP）数据

单片无线发射与接收电路设计 / 黄智伟编著. —西安：西安电子科技大学出版社，2009.4

(无线通信设备电路设计系列丛书)

ISBN 978-7-5606-2147-0

Ⅰ. 单… Ⅱ. 黄… Ⅲ. ① 无线电发射机—单片电路—电路设计 ② 无线电接收机—单片电路—电路设计 Ⅳ. TN839 TN859

中国版本图书馆 CIP 数据核字(2008)第 174232 号

策　　划	云立实
责任编辑	许青青　云立实
出版发行	西安电子科技大学出版社(西安市太白南路 2 号)
电　　话	(029)88242885　88201467　　　邮　编　710071
网　　址	www.xduph.com　　　　　电子邮箱　xdupfxb001@163.com
经　　销	新华书店
印刷单位	西安文化彩印厂
版　　次	2009 年 4 月第 1 版　　2009 年 4 月第 1 次印刷
开　　本	787 毫米×1092 毫米　1/16　印　张　37.125
字　　数	879 千字
印　　数	1～4000 册
定　　价	56.00 元

ISBN 978-7-5606-2147-0/TN · 0468

XDUP 2439001-1

如有印装问题可调换

本社图书封面为激光防伪覆膜，谨防盗版。

前　言

本书是无线通信设备电路设计系列丛书之一，主要介绍与单片无线发射与接收电路设计相关的内容。该系列丛书包含《射频小信号放大器电路设计》、《射频功率放大器电路设计》、《混频器电路设计》、《调制器与解调器电路设计》、《锁相环与频率合成器电路设计》和《单片无线发射与接收电路设计》。

在无线通信系统、无线遥控和遥测系统、无线数据采集系统、无线网络、无线安全防范系统等应用中，无线收发电路的设计一直是无线应用的一个瓶颈。对于缺少无线收发电路设计经验的工程技术人员来说，单片无线发射与接收电路的出现为解决这一难题提供了一个有效的途径。

本书共有 8 章，各章内容如下：

第 1 章介绍了通信系统主要性能指标和频段，接收机的技术要求、无线接收机电路拓扑结构以及接收机的测试方法，发射机的技术要求、无线发射机电路拓扑结构以及发射机的测试方法，GPS(全球定位系统)接收机系统结构和电路结构，蓝牙系统组成、蓝牙协议栈、蓝牙无线部分规范、蓝牙发射器测试、蓝牙接收器测试、蓝牙收发器电源测量、收发器寄生辐射测试、蓝牙功率放大器测试，天线种类、天线的基本参数和测试方法等。

第 2 章精选了 25 种 5.8 GHz/2.4 GHz 单片无线发射与接收集成电路，介绍了 ML5800 等 FSK、GFSK、QPSK、ZigBee/802.15.4 单片无线发射与接收集成电路的主要技术性能、引脚端封装形式、内部结构、工作原理、电原理图、印制电路板图和元器件参数等内容。

第 3 章精选了 25 种 915 MHz 单片无线发射与接收集成电路，介绍了 ATA5429 等 FM、OOK、ASK、FSK、GFSK 单片无线发射与接收集成电路的主要技术性能、引脚端封装形式、内部结构、工作原理、电原理图、印制电路板图和元器件参数等内容。

第 4 章精选了 7 种 868 MHz 单片无线发射与接收集成电路，介绍了 MICRF610 等 OOK、ASK、FSK 单片无线发射与接收集成电路的主要技术性能、引脚端封装形式、内部结构、工作原理、电原理图、印制电路板图和元器件参数等内容。

第 5 章精选了 12 种 433 MHz/315 MHz 单片无线发射与接收集成电路，介绍了 nRF401 等 FM、ASK、OOK、FSK 单片无线发射与接收集成电路的主要技术性能、引脚端封装形式、内部结构、工作原理、电原理图、印制电路板图和元器件参数等内容。

第 6 章精选了 7 种单片 FM 无线发射与接收集成电路，介绍了 CRF16B 等单片无线发射与接收集成电路的主要技术性能、引脚端封装形式、内部结构、工作原理、电原理图、印制电路板图和元器件参数等内容。

第 7 章精选了 28 种单片蓝牙系统，介绍了 BCM2033 等单片无线发射与接收集成电路的主要技术性能、引脚端封装形式、内部结构、工作原理、电原理图、印制电路板图和元器件参数等内容。

第 8 章精选了 18 种 GPS 接收机设计方案，介绍 NAV®2400 等 GPS 接收机集成电路的主要技术性能、引脚端封装形式、内部结构、工作原理、电原理图、印制电路板图和元器件参数等内容。

由于各公司生产的器件和集成电路芯片种类繁多，限于篇幅，本书仅精选了其中的少部分，读者可根据电路设计实例举一反三，利用在参考文献中给出的大量的公司网址，查询到更多的电路设计应用资料。

在编写本书的过程中，编者参考了大量的国内外著作和资料，得到了许多专家和学者的大力支持，听取了多方面的宝贵意见和建议。李富英高级工程师对本书进行了审阅。参加本书编写的还有王彦、朱卫华、陈文光、李圣、王新辉、刘辉、邓月明、张鹏举、肖凯、简远鸣、钟鸣晓、林杰文、余丽、张清明、申政琴、王凤玲、熊卓、贺康政、黄松、王怀涛、张海军、刘宏、蒋成军、胡乡城、曾力、潘策荣、刘晓闽、苏道文、何吉强、曹佳、田婷、李琳、陈媚、丁子琴、王晶晶、曹小静、赵鹏、潘天君等。

由于编者水平有限，书中难免存在疏漏和不足之处，敬请各位读者批评斧正。

黄智伟

2008 年 10 月

于南华大学

目　　录

第 1 章　无线通信系统基础

1.1　通信系统主要性能指标和频段

1.1.1　通信系统的主要性能指标

通信系统的性能指标是衡量、比较和评价一个通信系统的标准，是针对整个系统综合提出的。通信系统的性能指标也称为质量指标。一般通信系统的主要性能指标归纳起来有以下几个方面：

(1) 有效性：指通信系统传输消息的"速率"问题，即快慢问题。

(2) 可靠性：指通信系统传输消息的"质量"问题，即好坏问题。

(3) 适应性：指通信系统使用时的环境条件。

(4) 经济性：指系统的成本问题。

(5) 保密性：指系统对所传信号的加密措施，这点对军用系统显得尤为重要。

(6) 标准性：指系统的接口、各种结构及协议是否合乎国家、国际标准。

(7) 维修性：指系统维修是否方便。

(8) 工艺性：指通信系统的各种工艺要求。

对于一个通信系统，从消息的传输方面来说，有效性和可靠性是两个主要指标。这也是通信技术讨论的重点，至于其他指标，如工艺性、经济性、适应性等不属于本书的研究范围。

通信系统的有效性和可靠性是一对矛盾，这一点通过以后的学习将会有更深的体会。一般情况下，要增加系统的有效性就得降低可靠性，反之亦然。在实际中，常常依据实际系统要求采取相对统一的办法，即在满足一定可靠性指标下，尽量提高消息的传输速率，即有效性，或者，在维持一定有效性条件下，尽可能提高系统的可靠性。

对于模拟通信来说，系统的有效性和可靠性具体可用系统的有效带宽和输出信噪比(或均方误差)来衡量。模拟系统的有效传输带宽 BW 越大，系统同时传输的话路数也就越多，有效性就越好。

对于数字通信系统而言，系统的可靠性和有效性具体可用误码率和传输速率来衡量。数字通信系统的主要性能指标如图 1.1.1 所示。

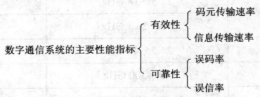

图 1.1.1　数字通信系统的主要性能指标

1.1.2　通信的频段

在无线通信系统中，信息是依靠高频无线电波来传递的。频率从几十千赫兹至几万兆赫兹的电磁波都属于无线电波。为了便于分析和应用，习惯上将无线电的频率范围划分为若干个区域，即对频率或波长进行分段，称为频段或波段。

由电气和电子工程师学会(IEEE)建立的频谱分段如表 1.1.1 所示。频率与波长的关系为

$$\lambda = \frac{c}{f} \tag{1.1.1}$$

式中，$c = 3 \times 10^8$ m/s，为无线电波在空间传播的速度；f 的单位为 Hz；λ 的单位为 m。

在有线通信和无线通信系统中，应根据不同通信技术的要求，选用合适的通信频段。一些通信系统应用的无线电波的波(频)段如表 1.1.2 所示。

表 1.1.1　IEEE 频谱分段表

频　段	频　率	波　长
ELF(极低频)	30～300 Hz	10000～1000 km
VF(音频)	300～3000 Hz	1000～100 km
VLF(甚低频)	3～30 kHz	100～10 km
LF(低频)	30～300 kHz	10～1 km
MF(中频)	300～3000 kHz	1～0.1 km
HF(高频)	3～30 MHz	100～10 m
VHF(甚高频)	30～300 MHz	10～1 m
UHF(超高频)	300～3000 MHz	100～10 cm
SHF(特高频)	3～30 GHz	10～1 cm
EHF(极高频)	30～300 GHz	1～0.1 cm
亚毫米波	300～3000 GHz	1～0.1 mm
P 波段	0.23～1 GHz	130～30 cm
L 波段	1～2 GHz	30～15 cm
S 波段	2～4 GHz	15～7.5 cm
C 波段	4～8 GHz	7.5～3.75 cm
X 波段	8～12.5 GHz	3.75～2.4 cm
Ku 波段	12.5～18 GHz	2.4～1.67 cm
K 波段	18～26.5 GHz	1.67～1.13 cm
Ka 波段	26.5～40 GHz	1.13～0.75 cm
毫米波	40～300 GHz	7.5～1 mm
亚毫米波	300～3000 GHz	1～0.1 mm

表 1.1.2　一些通信系统应用的无线电波的波(频)段

波形名称	波长范围	频率范围	频段名称	主要用途或场合
超长波	$10^5 \sim 10^4$ m	3 Hz～30 kHz	VLF(甚低频)	音频、电话、数据终端
长波	$10^4 \sim 10^3$ m	30～300 kHz	LF(低频)	导航、信标、电力线通信
中波	$10^3 \sim 10^2$ m	300 kHz～3 MHz	MF(中频)	AM(调幅)广播、业余无线电
短波	$10^2 \sim 10$ m	3～30 MHz	HF(高频)	移动电话、短波广播、业余无线电
米波(超短波)	10～1 m	30～300 MHz	VHF(甚高频)	FM(调频)广播、TV(电视)、导航移动通信
分米波	100～10 cm	300 MHz～3 GHz	UHF(超高频)	TV、遥控遥测、雷达、移动通信
厘米波	10～1 cm	3～30 GHz	SHF(特高频)	微波通信、卫星通信、雷达
毫米波	10～1 mm	30～300 GHz	EHF(极高频)	微波通信、雷达、射电天文学

1.2　无线接收机电路拓扑结构

1.2.1　接收机的技术要求

接收机的功能是在强干扰和噪声存在的情况下，能成功解调所需的信号。接收功率是发射机与接收机之间的距离和周围环境的函数。因此，接收机输入端的射频功率在各个地点都互不相同，可以从几飞瓦(fW)到几微瓦(μW)，这要求接收机系统应具有一个很大的动态范围。除了考虑大的动态范围和噪声之外，接收机还需要考虑把成本降到最低和把功耗降到最小。综合考虑并权衡产品技术和经济因素之间的要求，成功地设计一个接收机系统非常具有挑战性。

1.　接收机的灵敏度

接收机的灵敏度定义为：当接收机输出端为解调提供了充分的信噪比(Signal-to-Noise Ratio，SNR)时，接收机可检测到的最低可用信号功率。对于数字调制系统，由最小误码率(Bit Error Rate，BER)确定信号的满意再生所需的最小信噪比(E_b/N_o)。在信道有损失的情况下，利用计算机仿真系统可以估算最小的E_b/N_o。接收机增加的最大噪声可以用仿真E_b/N_o、最小灵敏度(S_{min})和信道带宽(B)计算出来。

最小允许接收机噪声方程式可从噪声系数的定义推导出来。噪声系数的定义如下：

$$F = \frac{(S/N)_{input}}{(S/N)_{output}} \tag{1.2.1}$$

式中，F 为噪声系数；$(S/N)_{input}$ 和 $(S/N)_{output}$ 分别是接收机输入端和输出端的信噪比。对于成功的信号检测，$(S/N)_{output}=E_b/N_o$，$S_{input}=S_{min}$(灵敏度单位为 dBm)，并且 $N_{input}=kTB$(可用的热噪声功率基值)。若以分贝表示，方程式(1.2.1)变为

$$NF = 10 \lg(F) = S_{min}(dBm) - 10 \lg(kTB) - \frac{E_b}{N_o}(dB) \tag{1.2.2}$$

式中，k 是玻尔兹曼常数；T 是热力学温度；B 是信道带宽。

灵敏度的另一个测量参数是最小可检测信号(MDS)。在某些文献中，MDS 依据噪声基值计算。噪声基值 P_{nf} 的关系式如下：

$$P_{nf} = S_{min} - \frac{E_b}{N_o} = NF + 10 \lg(kTB) \qquad (1.2.3)$$

2. 接收机的选择性

接收机的选择性定义为：在邻近频率强干扰和信道阻塞的情况下，接收机满意提取所需信号的能力。在多数电路拓扑结构中，中频信道选择滤波器的设计决定了接收机的选择性。接收机应该有足够的线性性能去处理可接收的失真信号。如果接收机在频率选择和线性度上是不充分的，那么就会产生互调分量而降低所需信号的质量。一般地，失真度确定了接收机可处理的输入信号的最大功率。三阶失真在很多接收机电路拓扑结构中显得特别重要，这是因为互调分量处于所要的信号中。三阶失真通常用输入三阶截点 IIP_3 来描述，它由双音频测试和规定的共信道抑制比(Co-Channel Rejection Ratio，CCRR)计算得出。

在测量互调失真的过程中，所需信号的功率电平 P_{sig}(dBm)和不需要的各个信号 P_{ud}(dBm)(其中一个常常被调制)从技术规范中可查到。位于所需信道的不需要的互调分量 P_{im3} 由式(1.2.4)计算：

$$P_{im3} = P_{sig} - CCRR \qquad (1.2.4)$$

接收机的三阶截点由式(1.2.5)给出：

$$IIP_3(dBm) = P_{ud} + \frac{P_{ud} - P_{im3}}{2} \qquad (1.2.5)$$

对于压缩和失真的另一个有用的定义是 1 dB 压缩点 P_{1dB}。1 dB 压缩点的定义为：功率增益从理想点下降 1 dB 的点，其值大约为

$$P_{1dB} \approx IIP_3 - 10 \text{ dB} \qquad (1.2.6)$$

3. 接收机的动态范围

动态范围定义了接收机在检测噪声基值上的弱信号和处理无失真的最大信号的能力。通常用接收机输入端的最大信号和最小信号的比定义接收机的动态范围。同一个接收机有不同的动态范围是正常的。当 S_{min} 设为较低的限制时，较高的限制取决于电路拓扑结构。无寄生动态范围(Spurious Free Dynamic Range，SFDR)和阻塞动态范围(Blocking Dynamic Range，BDR)是特别重要的。SFDR 是以最大输入电平(三阶互调分量低于噪声基值)和最小可辨别信号 S_{min} 之间的比为基础的。利用式(1.2.3)和式(1.2.5)求出的 SFDR 如下：

$$SFDR = \frac{2}{3}[IIP_3 - P_{nf}] - \frac{E_b}{N_o}(dB) \qquad (1.2.7)$$

BDR 定义为上限信号 P_{1dB} 与下限信号 S_{min} 之差。BDR 的数学表达式为

$$BDR \approx P_{1dB} - S_{min} \qquad (1.2.8)$$

计算前端接收链的最大增益时，需要考虑最大可能的带内阻塞 P_{bl}。这意味着最大增益

是放大级之前的滤波器的函数。如果解调器输入端需要的信号是 P_{req}，那么最大增益由式 (1.2.9)给出：

$$G_{max} = P_{req} - P_{bl} \tag{1.2.9}$$

最大可应用信号 $P_{sig(max)}$ 决定最小增益。计算最小增益的等式为

$$G_{min} = P_{req} - P_{sig(max)} \tag{1.2.10}$$

4．混频器

限制接收机动态范围的另一个重要部分是混频器。本机振荡器(Local Oscillator，LO)相位噪声把不需要的干扰传输到所需要的信号上，这将导致接收机输出端 SNR 下降。因此，振荡器必须设计为低相位噪声，这样才能达到在最差的阻塞状况下，仍能产生低于接收机噪声基值的噪声边带。振荡器要求的相位噪声如下：

$$P_N(\Delta f)\left[\frac{dBc}{Hz}\right] = S_{min} - P_{bl}(\Delta f) - CCRR - 10\lg(B) \tag{1.2.11}$$

接收机的设计要求以最小成本及功率来接收和处理信号。单片射频接收机电路可以减少接收机系统的尺寸、成本和功率。近年来单片射频接收机电路研究出各种各样的拓扑结构，每种都有其优点和缺点。

1.2.2　超外差接收机电路拓扑结构

超外差接收机双变频电路拓扑结构如图 1.2.1 所示，位于低噪声放大器(Low Noise Amplifier，LNA)前面的片外 RF(射频)滤波器用于衰减带外信号和镜像干扰。使用可调的本机振荡器(LO)，全部频谱可被下变频到一个固定的中频(Intermediate Frequency，IF)。在下变频电路模块之前使用一个片外镜像干扰抑制滤波器(IR Filter)，可以使镜像干扰被大大削弱。在下变频之后使用片外中频滤波器可以正常进行信道选择，也可以降低对后面各个模块的动态范围要求。在确定接收机的选择性和灵敏度方面，中频的选择是很重要的。第二下变频通常是正交的，以使同相和正交(I 和 Q)信号的数字处理变得容易。

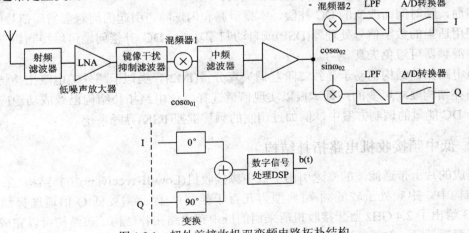

图 1.2.1　超外差接收机双变频电路拓扑结构

超外差接收机电路拓扑结构被认为是最可靠的接收机拓扑结构,因为通过适当地选择中频和滤波器可以获得极佳的选择性和灵敏度。由于有多个变频级,因此 DC(直流)补偿和泄漏问题不会降低接收机的性能。镜像干扰抑制和信道选择所需要的片外高 Q 带通滤波器增大了成本和尺寸。由于在第一中频分级实现信道选择,因此要求本机振荡器(LO)具有一个外部缓冲器,以得到较好的相位噪声性能。

1.2.3 零中频接收机电路拓扑结构

为消除片外元件,应促使零中频接收机电路拓扑结构的出现。零中频接收机电路拓扑结构如图 1.2.2 所示。

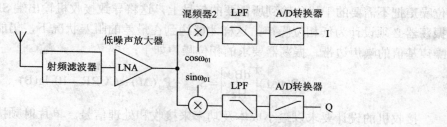

图 1.2.2 零中频接收机电路拓扑结构

这是一个用于直接序列扩频系统的直接变频(零中频,Zero-IF architecture)接收机,该系统包括锁相环(Phase Locked Loop,PLL)、接收信号强度指示器(Received Signal Strength Indicator,RSSI)和片上滤波器。该系统完成频域内相应的下变频处理过程。在该拓扑结构中,全部射频频谱下变频到 DC(直流)。高滚降低通滤波器(high roll-off Low-Pass Filter,LPF)用来实现信道选择。该拓扑结构消除了镜像干扰问题,因此无需使用外部高 Q 镜像干扰抑制滤波器,正交下变频产生 I 和 Q 信号以便进行进一步的信号处理。零中频结构消除了片外元件,使得该电路拓扑结构更具集成性。因为镜像干扰信号的功率电平等于或小于所需信号,所以该电路拓扑结构要求较低的镜像干扰抑制,并且镜像干扰抑制滤波要在片内完成。由于只有一个本振用于下变频信号,因此减少了混频处理。总之,该电路拓扑结构在节约成本、减小芯片面积和功耗方面是极佳的。

然而,随时间而改变的 DC 补偿、本振泄漏和闪烁噪声引起的问题会妨碍信号的检测。通过使用适当的数字信号处理器(DSP)或自动归零功能,DC 补偿问题可以得到纠正,采用高线性混频器可避免失真。

该电路拓扑结构也易于导致二阶互调失真分量(IM2)。类似于超外差电路拓扑结构,该电路拓扑结构要求可变的高频本振以实现信道选择。该电路拓扑结构已经成功地应用于需要很少 DC 能量的调制方案中,例如过调制的频移键控(FSK)寻呼系统。

1.2.4 低中频接收机电路拓扑结构

集成的片上带通滤波的概念引出了低中频接收机(Low-IF receivers)拓扑结构。在该电路拓扑结构中,中频处于较低频率(典型为几百千赫兹),因此需要低 Q 信道选择滤波器。图 1.2.3 给出了 2.4 GHz 蓝牙接收机所采用的低中频电路拓扑结构。该结构可以完成相应的频域下变频处理。射频频谱首先被多相滤波器放大并滤波,在滤波器输出端产生综合信号。

该滤波器对于正频率为全通滤波器，对于负频率为带阻滤波器。该信号随后下变频到正交低中频 IF，典型的 IF 频率是 1/2 个信道带宽。该正交下变频处理并利用了综合混频器。综合混频器只混合正射频频率和一个负本振频率，因此实现了主动的镜像干扰抑制。

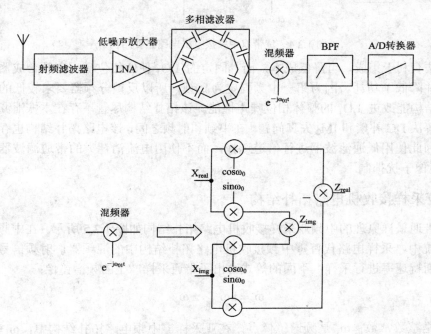

图 1.2.3　低中频接收机电路拓扑结构

低中频电路拓扑结构适于射频集成电路，因为在混频器之后使用低 Q 带通滤波器就可以实现镜像干扰抑制和信道选择。不像零中频电路拓扑结构，低中频对于寄生的 DC 补偿、本振泄漏和 IM2 是不敏感的。低中频也能灵活地以多种方式处理信号。由于在片上进行 I 和 Q 发生器之间的匹配，因此该电路拓扑结构的镜像干扰抑制(40 dB)功能是有限的。在信号路径中采用非对称多相滤波器以加强镜像干扰抑制，这会产生插入损耗并引起噪声。如果没有适当的预滤波，模/数(A/D)转换器上的动态范围和分辨率要求会大大增加。此外，当该拓扑结构用于宽信道带宽应用时，会导致电流消耗的增加。另外，还需要具有良好相位噪声的、可变频率的本振，这增加了频率合成器的设计难度。

1.2.5　宽带双中频接收机电路拓扑结构

宽带双中频接收机将零中频和外差电路拓扑结构结合起来以优化功耗和性能，其功能框图如图 1.2.4 所示，它可完成相应的下变频过程。该方法类似于超外差电路拓扑结构，使用多个中频级，第一中频处于高频(几百兆赫兹)。使用固定的本机振荡器 LO_1 将全部射频频谱首先下变频到一个高中频。通常，LO_1 频率在应用频段之外，所以在天线之后的片外射频滤波器也作为镜像干扰抑制滤波器使用。下变频信号通过低通滤波器之后，采用一个可实现主动的镜像干扰抑制的综合混频器将所需信号下变频到 DC，使用可变的本机振荡器 LO_2 选择所需信道。

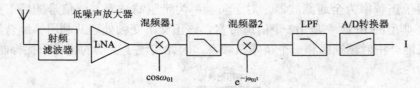

图 1.2.4   宽带双中频接收机电路拓扑结构

该方法有利于集成，可降低成本，而且固定的 LO_1 使低相位噪声高频合成器的设计变得容易，并降低了功耗。因为第一中频固定为高频，所以反馈分频器要求较低的分频比。因此，该结构能改进 LO_1 的整体相位噪声性能。该拓扑结构尽管不存在本振泄漏问题，但仍然没有解决 DC 补偿和 IM_2 失真问题。在中频和射频之间，该电路拓扑结构也存在信号串扰现象，因此使用低通滤波器进行信道选择，而不使用电流消耗大的带通滤波器，可得到 55 dB 的镜像干扰抑制。

1.2.6   亚采样接收机电路拓扑结构

基于带通采样原理的中频亚采样接收机电路拓扑结构如图 1.2.5 所示。在中频的亚采样接收机系统中，采样电路代替零中频接收机电路拓扑结构中的混频器，射频信号以基带信号的奈奎斯特速率进行采样。下面的等式给出了带通采样产生的频谱镜像：

$$\omega_i = k\omega_{samp} \pm \omega_c \tag{1.2.12}$$

式中，k 是整数常数；ω_i 是频谱镜像点，在亚采样零中频电路拓扑结构中，$\omega_i = 0$；ω_{samp} 和 ω_c 分别是采样频率和载波频率。

该电路拓扑结构适于射频集成电路，特别是在 CMOS 技术中，可将一个复杂的下变频简化为一个简单的采样操作。因为采样所需频率低于载波频率，所以振荡器设计变得很简单并且功耗也较低。该结构需要关注的问题之一是噪声混淆。由于噪声功率提高了 2k 倍，这需要使用片外带通噪声滤波器，而采样时钟上的抖动放大了 k^2 倍，因此导致了所需信道的干扰。该结构的另一个未解决的问题是时钟馈通和运算放大器的设置时间不足。这些因素不能使干扰充分衰减，因此要求 A/D 转换器有一个大的动态范围。由于 ω_c 和 ω_{samp} 成比例，因此更高频的低功率亚采样电路拓扑结构很难设计。

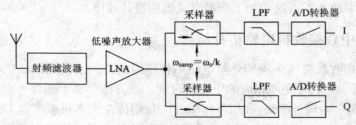

图 1.2.5   基于带通采样原理的中频亚采样接收机电路拓扑结构

1.2.7   数字中频接收机电路拓扑结构

在数字中频接收机电路拓扑结构中，混频和滤波可以在数字域中实现，超外差、低中频和零中频电路拓扑结构中的中频级可以数字化。数字中频的使用避免了 I 和 Q 之间的不均衡，实现了完美的镜像干扰抑制。然而，该电路拓扑结构需要高性能的 A/D 转换器，因此提高了整个接收机的电流消耗。图 1.2.6 所示的低中频数字接收机电路拓扑结构可以使用带通滤波器 $\Sigma-\Delta$ 以降低 A/D 转换器的性能要求。$\Sigma-\Delta$ 的带通属性同时实现采样和滤波功能。在高频 A/D 转换器的设计方面，数字中频仍然是一个活跃的研究领域。

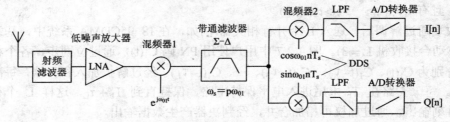

图 1.2.6　低中频数字接收机电路拓扑结构

1.2.8　RAKE 接收机电路拓扑结构

　　RAKE 接收技术是 CDMA 蜂窝移动通信系统中的关键技术之一。一个简化的 RAKE 接收机电路拓扑结构如图 1.2.7 所示。在无线通信中，发射信号要经直射、反射、散射等多条传播路径到达接收端，RAKE 接收机对每条路径使用一个相关接收机，收集所有接收路径上的信号，各相关接收机与被接收信号的一个延迟形式相关，然后对每个相关器的输出进行加权，并把加权后的输出相加合成一个输出，以提供优于单路相关器的信号检测，再在此基础上进行解调和判决。

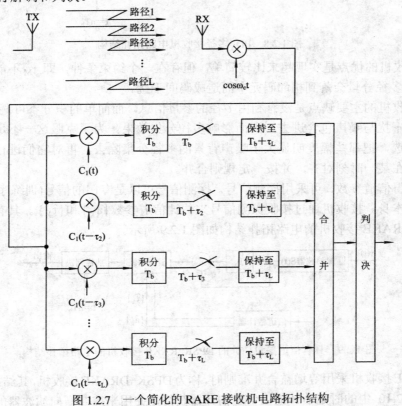

图 1.2.7　一个简化的 RAKE 接收机电路拓扑结构

　　假设发射端从 TX 发出的信号经 L 条路径到达接收天线 RX。路径 1 距离最短，传输时延也最小，依次是第 2 路径，第 3 路径，……，时延最长的是第 L 条路径。通过电路测定各条路径的相对时延差，以第 1 路径为基准时，第 2 路径相对于第 1 路径的相对时延差为 τ_2，第 3 路径相对于第 1 路径的相对时延差为 τ_3，……，第 L 路径相对于第 1 路径的相对时延差为 τ_L，且有 $\tau_L > \tau_{L-1} > \cdots > \tau_3 > \tau_2 (\tau_1=0)$。

　　接收端通过解调后，送入 L 个并行相关器(例如，在 IS-95CDMA 系统中，基站接收机 L = 4，移动台接收机 L = 3)。图 1.2.7 中用户使用 PN 码 $C_1(t)$，通过位同步，各个相关器的本地码分别为 $C_1(t)$、$C_1(t-\tau_2)$、$C_1(t-\tau_3)$、…、$C_1(t-\tau_L)$。经过解扩加入积分器，每次积分时间为 T_b。每一支路在 T_b 末尾进入电平保持电路，保持直到 $T_b + \tau_L$，这样 L 个相关器于 $T_b + \tau_L$ 时刻输出，通过加权再相加合并，经判决器产生数据输出。

　　在 RAKE 接收机中，若一个相关器的输出被衰落扰乱了，则还可以有其他相关器支路进行补救，并且通过改变被扰乱支路的权重，还可以消除此路信号的负面影响。由于 RAKE 接收机提供了对 L 路信号良好的统计判决，因而它能有效抵抗多径衰落。

　　在多径时延未知时，最简单的多径分集方式是采用检测后积分(Post Detection Integration，PDI)的方法，即在接收机检测器后面设置一个积分时间等于多径扩展 τ_M 秒的积分器。一个检测后积分多径接收机电路拓扑结构如图 1.2.8 所示。

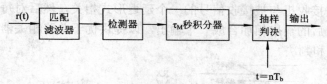

图 1.2.8　PDI 多径接收机电路拓扑结构

　　PDI 接收机的优点是实现起来比较简单，但存在一个约束条件，即 τ_M 不能大于码元宽度 T_b，否则多径分量会落到相邻码元中而造成码间干扰。

　　PDI 接收机的主要缺点是没有利用多径的参量信息，而简单的积分不可避免地要把 τ_M 秒范围中的干扰与噪声包含进去，因而影响多径分集效果。为了克服这一不足，可对多个峰值进行筛选，把那些幅度明显大于噪声背景的多径分集除去，再对它们进行延时和相位校正，使之在某一时刻对齐，并按一定规则合并。

　　为了获得信道参数，可采用探测信号。探测信号可以是专门的信号(训练序列)，也可以是数据信号本身。接收机通过接收探测信号来估计信道参数 $\{\hat{a}_k\}$ 和 $\{\hat{\tau}_k\}$。具有信道参量估计的 DPSK-RAKE 接收机的电路拓扑结构如图 1.2.9 所示。

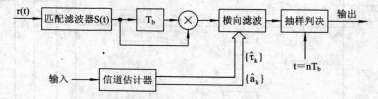

图 1.2.9　具有信道参量估计的 DPSK-RAKE 接收机的电路拓扑结构

　　当 RAKE 接收机采用等增益合并准则时，称为 DPSK-DRAKE 接收机，其结构如图 1.2.10 所示。图 1.2.10 中的时延估计值由信道估计器获得，并用来控制横向滤波器的抽头时延。

横向滤波器采用相同的抽头加时延权系数，即 $\hat{a}_k = 1$。

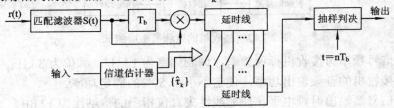

图 1.2.10　具有信道参数测量的 DPSK-DRAKE 接收机

对于 IS-95CDMA 系统，基站中的 RAKE 接收机由 4 个并行相关器和 2 个搜索相关器组成，基站接收机无法得到多径信号的相位信息，一般采用非相关最大比值合并准则；移动台中的 RAKE 接收机由 3 个并行相关器和一个搜索相关器组成，它可利用基站发送的导频信号估计出多径信号的相位、到达时刻和强度参数。

一个并行相关 RAKE 接收机电路拓扑结构如图 1.2.11 所示，图中搜索器的作用是搜索所有多径，估计出多径的相位、到达时刻和强度参数，并从中选出三路最强的多径信号供相关器进行处理，然后再合并。

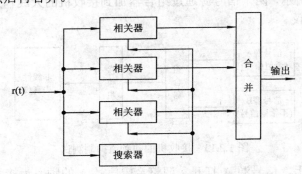

图 1.2.11　一个并行相关 RAKE 接收机的电路拓扑结构

1.2.9　接收机测试

1. 射频灵敏度

在接收机的天线端接入具有接收机标称频率和标准测试调制的最小射频信号电平，并使音频输出电路端获得最小 50% 的额定功率和 12 dB 信纳比，则信号源输出的最小射频信号电平的电动势为接收机的射频灵敏度。

在接收机音频输出端：

$$\frac{信号 + 噪声 + 失真}{噪声 + 失真} = 信纳比$$

1) 指标

射频灵敏度为 0.7～1 μV(电动势)(接收机音频输出端的信纳比 = 12 dB)。

2) 测试方法

(1) 在接收机天线输入端接入具有 50 Ω(不平衡)输出阻抗的射频信号源，接收机音频输出端接入非线性测试仪(如图 1.2.12 所示)。

图 1.2.12　接收机的射频灵敏度测试

(2) 调整信号频率为接收机标称频率，调制频率为 1 kHz，频偏为 3 kHz。

(3) 调整接收机的音频输出功率，使它不小于 50%的额定功率。

(4) 调整信号源输出射频电平，使非线性失真仪指示的信纳比为 12 dB。

(5) 读出信号源的电动势即为接收机的射频灵敏度。

2. 同频道抑制

在存在不希望已调同频信号的情况下，测量接收机接收希望已调信号不超过给出恶化量的能力，称为同频道抑制。

1) 指标

同频道抑制应该低于 8 dB。

2) 测试方法

(1) 如图 1.2.13 所示，两个信号源通过组合器加到接收机的天线输入端，接收机的音频输出端接非线性失真仪。

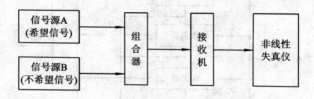

图 1.2.13　接收机的同频道抑制测试

(2) 信号源 B 关上，信号源 A 打开。调整希望信号 A 的频率为接收机的标称频率，调制频率为 1 kHz，频偏为 3 kHz，接收机输入端的电平比灵敏度高 3 dB。

(3) 信号源 B 打开，调整不希望信号 B 的频率为接收机的标称频率，调制频率为 400 Hz，频偏为 3 kHz。调整不希望信号 B 的射频电平，使接收机音频输出信纳比下降到 12 dB，记录接收机输入端不希望信号的射频电平。

(4) 计算接收机输入端不希望信号和射频灵敏度电平之差，此值应低于 8 dB。

3. 接收机的邻频道选择性

邻频道选择性表示存在与希望信号的频率差等于频道间隔的不希望信号的情况下，当接收机接收所希望的调制信号时，测量接收机不超过给定恶化量的能力。

1) 指标

邻频道选择性应不低于 70 dB(对于基台和车载台)、60 dB(对于手持台)。

2) 测试方法

(1) 如图 1.2.14 所示，两个信号源通过组合器加到接收机的天线输入端，接收机的音频输出端接非线性失真仪。

(2) 关闭信号源 B，打开信号源 A。希望信号 A 调整到接收机标称频率上和标准的测试调制模式，调整信号源 A 的电平，使接收机输入端电平比灵敏度高 3 dB。

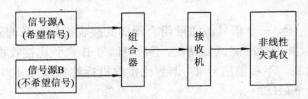

图 1.2.14　接收机的邻频道选择性测试

(3) 打开信号源 B，不希望信号 B 调到接收机标称频率上边的邻频道上，并经 400 Hz 单音调制，频偏为 3 kHz。再调不希望信号 B 电平，使接收机音频输出信纳比下降到 12 dB，并记录接收机输入端不希望信号的电平。

(4) 把不希望信号 B 调到接收机标称频率下边的邻频道上，重复上述测试。

(5) 邻频道选择特性用接收机输入端不希望信号对灵敏度的射频电平差来表示，并选两个测试值中较低的一个作为测试结果。

4. 杂散响应抑制

杂散响应抑制是测量接收机鉴别标称频率调制信号与任何其他频率信号(希望信号频道和邻频道频率除外)之间的能力。

1) 指标

杂散响应抑制应该不低于 70 dB(对于基台和车载台)、60 dB(对于手持台)。

2) 测量方法

(1) 如图 1.2.15 所示，两个信号源通过组合器加到接收机的天线输入端，接收机的音频输出端接非线性失真仪。

(2) 关闭信号源 B，打开信号源 A。

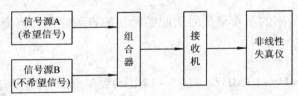

图 1.2.15　接收机的杂散响应抑制测试

希望信号 A 调整到接收机标称频率上和标准的测试调制模式，再调整希望信号 A 的电平，使接收机输入端的电平比灵敏度高 3 dB。

(3) 打开信号源 B，以 400 Hz 单音调制，频偏为 3 kHz。再调整不希望信号 B 的电平，使接收机输入端的电平比灵敏度高 70 dB。

(4) 改变不希望信号 B 的射频频率，从 100 kHz 到 2000 MHz 变化(希望信号频道和邻频道频率除外)，接收机的音频输出信纳比应不低于 12 dB。

5. 接收机的互调抑制

互调抑制是存在两个具有一定关系的不希望高电平信号时，测量接收机接收希望信号不超过给出恶化量的能力。

1) 指标

互调抑制应不低于 70 dB(对于基台和车载台)、60 dB(对于手持台)。

2) 测量方法

(1) 如图 1.2.16 所示，三个信号源通过组合器加到接收机的天线输入端。希望信号 A 调到接收机标称频率上，并用标准测试音调制。不希望信号 B 调到比接收机标称频率高 50 kHz 的频率上，而且不调制。不希望信号 C 调到比接收机标称频率高 100 kHz 的频率上，以 400 Hz 调制，频偏为 3 kHz。

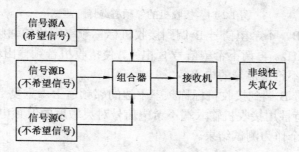

图 1.2.16　接收机的互调抑制测试

(2) 调整希望信号 A 的电平，使接收机输入端的电平比灵敏度高 3 dB，两个不希望信号 B 和 C 保持相同的增加电平，直到接收机音频输出信纳比下降 12 dB。

(3) 微调一下不希望信号 B 和 C 的频率，调到接收机音频输出信纳比最大恶化，再一次到 12 dB，并记录接收机输入端不希望信号的电平。

(4) 不希望信号 B 和 C 分别调到比希望信号频率低 50 kHz、100 kHz，重复上述测试。

(5) 互调抑制用信号源 B 或 C 输入到接收机输入端的不希望信号对灵敏度的射频电平差来表示，并选两个测试值中较低的一个作为测试结果。

6. 阻塞

阻塞是由于另外频率的不希望信号引起的希望的音频输出功率变化(一般为减少)或信纳比降低。

1) 指标

在标称频率两旁(+1～+10 MHz，−10～−1 MHz)频率范围内，任何频率的阻塞电平应不低于 90 dB(对于基台和车载台)、70 dB(对于手持台)。

2) 测试方法

(1) 如图 1.2.17 所示，两个信号源通过组合器加到接收机的天线输入端。接收机的音频输出端接非线性失真仪。

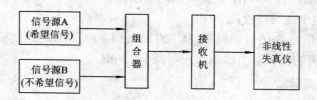

图 1.2.17　接收机阻塞测试

(2) 关闭信号源 B，打开信号源 A。希望信号 A 调整到接收机的标称频率上和标准的测试调制模式，调整希望信号 A 的电平，使接收机输入端的电平比灵敏度高 3 dB，希望信号的音频输出功率调到 50% 的额定输出功率。

(3) 打开信号源 B，不希望信号 B 不调制，频率在标称频率旁(+1～+10 MHz，−10～−1 MHz)频率范围内变化。不希望信号的电平调整到以下情况：希望信号的音频输出功率下降 3 dB，信纳比下降 12 dB。

(4) 计算接收机输入端不希望信号对灵敏度射频的电平之差应大于 70 dB 或 90 dB。

7. 传导杂散发射

传导杂散发射是发射机在关闭状态下，从接收机天线端出来的任何发射。

1) 指标

在匹配的天线端上测量任何离散频率的杂散发射功率应该不超过 2.0 nW。

2) 测试方法

(1) 如图 1.2.18 所示，杂散发射是指在收发信机天线端上测量任何离散信号的功率，在天线端连接频谱分析仪或具有 50 Ω 输入阻抗的选频电压表。接收机打开，发射机关闭。

(2) 在 100 kHz～2000 MHz 频率范围内测量杂散发射功率。

(3) 如果测量选频电压表没有绝对的功率校正，则任何检测分量可用信号发生器替代方法来确定。

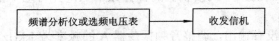

图 1.2.18　接收机传导杂散发射测试

8. 谐波失真

谐波失真是指接收机音频输出端全部谐波分量的有效值与总信号电压的有效值之比。

1) 指标

谐波失真系数应不超过 7%。

2) 测试方法

(1) 如图 1.2.19 所示，射频信号源接到接收机的天线输入端，接收机的音频输出端接入非线性失真仪。

图 1.2.19　接收机谐波失真测试

(2) 调整信号源输出电平比灵敏度高 60 dB，并将频率调整到接收机的标称频率上。音频输出功率等于接收机的额定功率。

(3) 将测量信号频率依次调到 300 Hz、500 Hz 或 1 kHz，相应的频偏为 0.9 kHz、1.5 kHz 和 3 kHz。

(4) 分别记录非线性失真仪的指示值。

(5) 调整信号源输出电平比灵敏度高 60 dB 改为 100 dB，重复上述测试。

(6) 极限测试，测试频率调到接收机标称频率±1.0 kHz 的频率上，调制信号仅为 1 kHz 单音，频偏为 3 kHz，测试接收机的谐波失真系数，此值应不超过 7%。

9. 相对音频互调产物电平衰耗

相对音频互调产物电平衰耗是一个比率，用 dB 表示，为音频输出端两个希望信号之一的电平与由于接收机中的非线性引起两个调制信号产生的不希望信号成分电平之差。

1) 指标

相对音频互调产物电平衰耗最少为 20 dB。

2) 测试方法

(1) 如图 1.2.20 所示，两个音频振荡器 A 和 B 通过组合器连接到射频信号源的调制输入端。射频信号源接到接收机的天线输入端，接收机的音频输入端接选频电压表。

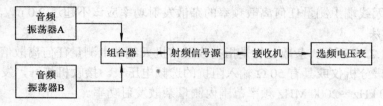

图 1.2.20   接收机相对音频互调产物电平衰耗测试

(2) 调整射频信号源的频率到接收机的标称频率上，并将电平依次调整到比灵敏度高 20 dB、60 dB、100 dB。

(3) 音频振荡器 B 没有输出，调整音频振荡器 A 的频率为 1 kHz，产生频偏为 2.3 kHz。调整接收机音频输出功率为 50% 的额定输出功率。记录音频振荡器 A 的输出电平。

(4) 减少音频振荡器 A 的输出，使之到零。调整音频振荡器 B 的频率为 1.6 kHz，输出电平产生 2.3 kHz 的频偏。

(5) 恢复音频振荡器 A 记录的输出电平。测量 1 kHz 成分的电平和音频端的互调产物电平。

(6) 计算 1 kHz 信号电平与互调产物电平之差，此值应大于 20 dB。

注：由于接收机在 300 Hz ～ 3 kHz 之间具有 $\dfrac{6\,dB}{每倍频程}$ 去加重网络，因此测量的电平应扣 $\dfrac{6\,dB}{每倍频程}$ 去加重的数值。

10. 接收机限幅器的振幅特性

接收机限幅器的幅度特性规定了已调制射频输入信号电平和接收机输出的音频信号电平之间的相对关系。

1) 指标

射频输入功率在规定的变化范围内，其音频输出功率的变化应不超过 3 dB。

2) 测试方法

(1) 如图 1.2.21 所示，在接收机天线端接射频信号源，接收机音频输出端接音频电压表。

图 1.2.21   接收机限幅器的振幅特性测试

(2) 调整信号源的频率为接收机的标称频率，调制为标准测试调制，电平比灵敏度高 3 dB。调整接收机音频输出功率为 25%的额定输出功率。

(3) 增加射频信号源的输出电平比灵敏度高 100 dB，再一次测量音频输出功率。

(4) (2)、(3)两次测试的音频功率的变化应不超过 3 dB。

11．调幅抑制

调幅抑制是接收机抑制幅度调制信号的能力，是音频输出端具有标准测试调制的音频功率与规定幅度调制的音频功率之比，用 dB 表示。

1) 指标

调幅抑制应不低于 30 dB。

2) 测试方法。

(1) 如图 1.2.22 所示，在接收机天线端接射频信号源，接收机音频输出端接音频电压表。

图 1.2.22　接收机调幅抑制测试

(2) 调整信号源的频率为接收机的标称频率，调制为标准测试调制，电平依次比灵敏度高 20 dB、60 dB。调整接收机音频输出功率为额定的音频输出电平。

(3) 标准测试调制改为 1 kHz 单音、30%的幅度调制信号，再一次测量音频输出电平。

(4) (2)、(3)两次测试的音频电平之差应不低于 30 dB。

12．噪声和交流声

接收机的噪声和交流声是一个比率，用 dB 表示。这个比率是标称测试调制的强射频信号加入到接收机天线端产生的单频电平与由于电源系统的杂散影响产生的噪声和交流声电平之差。

1) 指标

调制频率为 1 kHz，频偏为 3kHz 的强射频信号产生的音频输出电平与噪声和交流声电平之差应超过 40 dB。

2) 测试方法

(1) 如图 1.2.23 所示，射频信号源接到接收机的天线端，接收机的音频输出端接噪声滤波器和有效值电压表。

图 1.2.23　接收机噪声和交流声测试

(2) 调整信号源的频率为接收机的标称频率，调制为标称测试调制，电平比灵敏度高 30 dB。音频功率调到额定输出功率。

(3) 除去调制，反复测量音频输出电平。

(4) (2)、(3)两次测试的音频电平之差应超过 40 dB。

1.3   无线发射机电路拓扑结构

1.3.1   发射机的技术要求

发射机的基本功能是以足够的功率、合适的载波频率、适当的调制方式及较高的功率效率将所需要传输的基带信号通过天线发射出去。

发射机调制基带信号，然后上变频到载波频率$\omega_c(2\pi f_c$，射频)，这需要充分的功率放大，同时不能产生信号失真和邻近信道干扰。为实现最好的设计，通常需要在各种不同的调制方案之间进行权衡。

调制方案主要分成两大类：恒定包络和可变包络。恒定包络具有恒定的已调信号振幅，可由非线性功率放大器放大，如高斯滤波频移键控(Gaussian filtered Frequency Shift Keying，GFSK)调制。可变包络信号、振幅和相位都有变化，需要线性功率放大，如正交相移键控(Quadrature Phase Shift Keying，QPSK)。

一个收发系统通常工作在时分双工(Time Division Duplex，TDD)或者是频分双工(Frequency Division Duplex，FDD)方式下。传递到天线的总平均功率应该考虑到双工器或射频开关所造成的损耗。发射功率提高了输出频谱的噪声基值，发射机噪声的升高会引起接收机灵敏度的降低。

对于一个收发系统的设计，发射机和接收机应同步实现。选择合适的频率可以优化发射机和接收机的设计并提高技术性能。

选择发射机体系结构时应考虑的主要技术指标如下：

1．发射(载波)频率的准确度及稳定性

发射(载波)频率的准确度及稳定性基本上是由载波基准频率振荡器决定的。不同应用的无线收发系统有不同的要求。发射频率的准确度和稳定性可以用赫兹或者频率的百分比来表示。

2．发射(载波)频率捷变

发射(载波)频率捷变是指载波频率快速改变的能力。对于多频道发射，这是一个重要的技术性能指标。通常利用频率合成器来设置和改变发射频率，在整个发射系统之中还需要利用宽带技术来保证频率的改变和调谐之间的同步。

3．频谱纯度

发射机除了产生载波信号及所需要的边带信号外，同时还会产生一些寄生信号。寄生信号通常是载波频率的谐波成分。所有的放大器都可能产生谐波失真，如 C 类功率放大器就会产生大量的谐波成分。在发射输出中除指定的发射载波频率外，其他谐波频率成分都需要通过滤波消除，以避免干扰。

4．输出功率

发射机采用不同的调制方式，发射输出功率的测量方法是不同的。例如全载波 AM(调幅)系统的发射功率是根据载波功率来确定的，调制后输出信号功率大于未调载波功率；在

抑制载波 AM 系统中，采用峰值包络功率(PEP)；FM(调频)系统是一个恒定功率系统，FM发射通道的额定功率为输出信号的总功率。

对输出功率进行测试时，一定要注意发射通道的占空系数(导通和关断时间)，如许多双向式语音通信系统的发射通道并不是在最大功率下连续工作的，但广播发射机就是连续工作的，而且是在最大功率下一天 24 小时不停地运行。

5．功率效率

功率效率是发射机的一个非常重要的性能指标。系统总功效(功率效率)等于输出功率与主电源的输入功率的比值。造成系统功率效率降低的主要因素是器件上的热能消耗及电源中的功率损耗。器件上产生的热能通常需要利用散热片、风扇，甚至在一个大功率发射系统中还需要利用水冷式方法对器件进行散热。所有这些措施都会增加系统的成本。

6．调制系统的保真度

对一个无线通信系统的基本要求是能够对原始基带信号实现正确还原。在发射机中，要求能够以任何调制方式将任何基带信号调制到载波上，而同时尽可能多地保留原始基带信号不发生变化。由发射机所引起的任何失真(如调制失真、谐波失真和交调失真等)都有可能始终对信号的还原造成不良影响，因为系统的接收机是不可能完全消除这些失真的。

此外，还有一些其他的技术指标，如信号的性质(是语音信号还是图像信号，是模拟信号还是数字信号，基带信号所占的频带宽度)、发射机频带宽度、带内功率波动、是否需要ALC(自动电平控制)、发射机线性度要求、双音输入三阶互调指标和信号的动态范围等。在选择发射机时也需要进行综合考虑。

1.3.2　间接调制发射机电路拓扑结构

间接调制发射机电路拓扑结构如图 1.3.1 所示。该电路可完成相应的频率上变频处理和功率输出。在图 1.3.1 中，数字信号首先转化为模拟信号，由一个可变频率(ω_{01})的本机振荡器信号通过第 1 级混频器(Mixer)将信号变换为频率固定的单边带中频(ω'_{01})信号。然后，信号通过低通滤波器(LPF)以消除中频信号谐波，随后使用第 2 个混频器将信号上变频到$\omega'_{01}+\omega_{02}$。由于第 2 个混频器产生两个边带，因此在混频器输出使用片外带通滤波器(BPF)，以滤除不需要的边带和其他毛刺。最后，信号被功率放大器(PA)放大并发射。

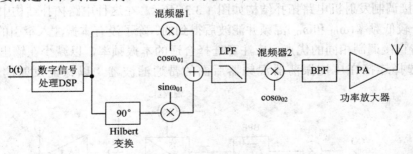

图 1.3.1　间接调制发射机电路拓扑结构

间接调制发射机电路拓扑结构可用于恒定包络调制和可变包络调制。由于在中频(几百兆赫兹)实现正交调制，因此可以获得 I 和 Q 信号之间的完美匹配，同时只消耗很少的电流。

为满足频谱纯度要求，可以通过两次滤波对毛刺和发射噪声进行抑制。间接调制避免了注入或本振牵引。

间接调制发射机电路拓扑结构已被广泛应用。该结构存在的问题是：目前在射频集成电路芯片上还不能集成外部带通滤波器；该结构需要两个低相位噪声锁相环；片内滤波不能提供充分的毛刺抑制，并且对功率放大器的线性有高的要求；在中频和射频之间，实现高阶低通滤波器是困难的，这样可导致寄生信号(中频的几倍)不能完全被抑制。

1.3.3 直接调制发射机电路拓扑结构

直接调制发射机电路拓扑结构如图 1.3.2 所示，该结构包括两个射频混频器(Mixer)、一个带有高频本振的锁相环和一个功率放大器(PA)。基带信号在同一级实现调制和上变频。由于可以实现主动镜像干扰抑制，因此该电路拓扑结构可以达到一个很高的集成度。因为没有中频，所以在输出端不存在与中频相关的寄生信号。

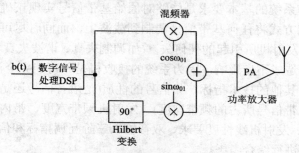

图 1.3.2 直接调制发射机电路拓扑结构

与间接调制发射机电路拓扑结构相比，直接调制发射机电路拓扑结构使用了更少的硬件。该结构存在的问题是：工作在射频频率上的两个混频器需要消耗很大的电流；在高频上很难获得精确的正交相移，不能得到充分的镜像干扰抑制；当振荡器和输出处于同一频率时，高频载波馈通和注入牵引是两个可能出现的问题。

1.3.4 偏移压控振荡器的直接调制发射机电路拓扑结构

通过对两个本振频率(ω_{01} 和 ω_{02})进行混频，可以减少本振牵引的影响。偏移压控振荡器(VCO)的直接调制发射机电路拓扑结构如图 1.3.3 所示。在这种电路拓扑结构中，本振频率是通过两个较低频率(ω_{01} 和 ω_{02})混频并滤波后得到的。除了没有本振注入牵引的影响外，该方法具有与直接调制相同的优点。应注意选择合适的本振频率，以减少在输出端产生的谐波。注意选择连接在压控振荡器混频器后面的带通滤波器，以保证发射信号的质量。

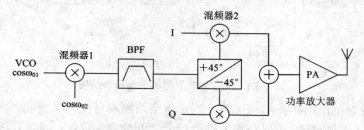

图 1.3.3 偏移压控振荡器的直接调制发射机电路拓扑结构

1.3.5　基于锁相环的直接调制压控振荡器发射机电路拓扑结构

锁相环(PLL)可作为一个频率乘法器，用于调频和上变频。在锁定状态下，若锁相环具有输入频率 f_{ref} 和反馈分频器，则输出频率 f_{out} 为

$$f_{out} = Nf_{ref} \tag{1.3.1}$$

式中，N 为分频器的分频比。为了获得上变频调频信号，可对 f_{ref} 进行调制，或者让分频比 N 随发射数据变化。

一个基于锁相环的直接调制压控振荡器发射机电路拓扑结构如图 1.3.4 所示。在这个结构中，基带数据直接调制压控振荡器(VCO)。首先，压控振荡器(VCO)由锁相环控制以准确地设置载波频率，然后断开锁相环回路，基带数据作为控制电压直接加到压控振荡器(VCO)上。

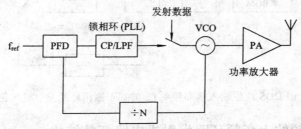

图 1.3.4　基于锁相环的直接调制压控振荡器发射机电路拓扑结构

该方法的优点是集成度高并且功耗低。因为压控振荡器可实现频率变换和调制，所以需要的硬件更少。该方法的最大缺点是开路的压控振荡器会产生偏移，导致输出频率的扰动。该结构也有注入锁定现象，要求在压控振荡器和功率放大器(PA)之间高度隔离。

1.3.6　基于锁相环的输入基准调制发射机电路拓扑结构

典型的基于锁相环的输入基准调制发射机电路拓扑结构如图 1.3.5 所示。

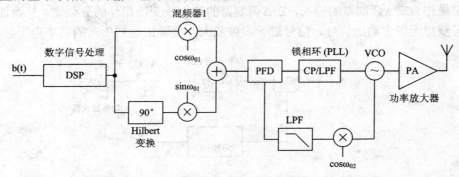

图 1.3.5　基于锁相环的输入基准调制发射机电路拓扑结构

如同直接调制发射机一样，使用正交调制器，基带信号首先变换为中频。锁相环用来把中频信号上变频到射频，同时通过固有的锁相环环路作用降低了输出信号的滤波要求。为了降低本机振荡器(ω_{01})的高分辨率要求，反馈分频器采用下变频混频器和低通滤波器形式。

该电路拓扑结构简单、功率低且适于集成。该结构中，由锁相环提供的固有的窄带滤波器取代了外部带通滤波器。该电路拓扑结构只适于恒定包络调制方案，由于需要两个本机振荡器(ω_{01}和ω_{02})，因此增加了额外的硬件。本振的注入牵引仍然是一个问题，这需要在本机振荡器和 PA 之间进行高度隔离。

有很多方法可以产生调制基准。其中一个例子就是环路自身使用正交调制，这样做可以使信号的相位变化最小，这是因为鉴相器/鉴频器输入端施加有恒定的 f_{ref}。由于 CMOS 技术的发展，在几百兆赫兹进行直接数字合成(DDS)是可以实现的。由 DDS 产生输入基准频率 f_{ref} 的基于锁相环的发射机电路拓扑结构如图 1.3.6 所示。高分辨率要求及转换时间与寄生噪声之间的权衡妨碍了该系统的商业应用。

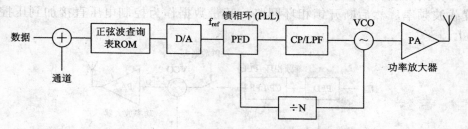

图 1.3.6　由 DDS 产生输入基准频率 f_{ref} 的基于锁相环的发射机电路拓扑结构

1.3.7　基于 N 分频的上变频环路发射机电路拓扑结构

基于 N 分频的上变频环路发射机可以达到高输出频率分辨率，而不会降低基准频率。如果利用发射数据改变分频比，则按照锁相环方程式(1.3.1)即可以获得调频。在不降低锁相环环路带宽的情况下，可以通过使用相位注入、抖动注入或噪声整形技术进一步改进寄生噪声的性能。噪声整形功能是通过使用Σ-Δ调制器获得的。

基于 N 分频的上变频环路发射机电路拓扑结构如图 1.3.7 所示。基带数据首先经高斯有限脉冲响应(FIR)数字滤波器滤波，然后，信号与信道选择分频值相加，后者用于设置载波频偏。之后的信号作为Σ-Δ调制器的输入，Σ-Δ调制器的输出改变锁相环的分频比，从而通过改变分频比可获得无寄生输出信号。信号进一步被放大，使输出达到所需的功率电平。

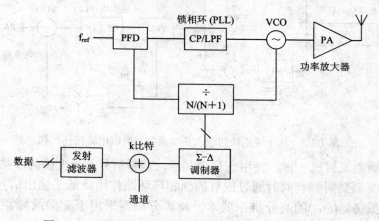

图 1.3.7　基于 N 分频的上变频环路发射机电路拓扑结构

在基带中，Σ-Δ调制器和分频器用于实现噪声抑制。高频量化噪声进一步被低通锁相环环路带宽衰减。如果输入到Σ-Δ调制器的 k 比特数据流是时间调制的，则可以控制瞬时输出频率。

除了具有输入基准调制发射机的优点之外，该方法还可以发射更高的数据速率而不降低基准频率。由于不需要使用任何混频器或数/模转换器，因此这是一个低功率、高集成的发射机电路拓扑结构。这种电路拓扑结构只适于恒定包络信号，而且要求锁相环的环路带宽大于调制带宽。

1.3.8　发射机测试

1. 发射机的频率误差

发射机的频率误差是测量载波频率和它的标称频率数值之间的差值。

1) 指标

根据 ITU-R(国际电信联盟无线电通信部门)的相关建议，在规定的电源条件(电压、频率)和移动环境的温度范围之内，其高频/超高频(VHF/UHF)频段无线电发射设备的频率容限和频率误差不得超过表 1.3.1 给出的值。

表 1.3.1　VHF/UHF 频段无线电发射设备的频率容限和频率误差

频段/MHz	80	160	300	450	900
频率容限	20×10^{-6}	10×10^{-6}	7×10^{-6}	5×10^{-6}	3×10^{-6}
频率误差/kHz	1.6	1.6	2.1	2.25	2.7

2) 测试方法

(1) 发射机天线端口按图 1.3.8 接上耦合器/衰减器和频率计数器。

图 1.3.8　发射机的频率误差测试

(2) 发射机不调制。

(3) 开启发射机，频率计数器上显示出在没有调制情况下测量的载波频率。

(4) 记录频率计数器上显示的数值与标称频率之差值。此值不得超过表 1.3.1 中频率误差规定的数值。

(5) 先在常温条件下测量，然后在极限条件下重复测量。

注：常温条件指大气压为 64～106 kPa，温度为 15～30℃，相对湿度为 20%～85%。极限条件指厂家说明的最高和最低温度。

2. 发射机的载频输出功率

发射机的载频输出功率是指发射机未调制射频供给标准输出负载的平均功率。

1) 指标

按产品指标数值±1 dB。

2) 测试方法

(1) 发射机天线端口按图 1.3.9 连接到输入阻抗为 50 Ω 的射频功率计上。

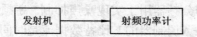

图 1.3.9   发射机载频输出功率测试

(2) 发射机不调制。

(3) 开启发射机,记录射频功率计上显示的功率数值。

(4) 先在常温条件下测量,然后在极限条件下测量。

3. 杂散发射

杂散发射是指除载频和伴随标称测试音调制边带以外的频率发射,用来测量任何离散频率传送到 50 Ω 阻抗负载上的功率电平。

1) 指标

在标称输出的负载上测量,当发射机载频功率小于或等于 25 W 时,任何一个离散频率的杂散发射功率不得超过 2.5 μW。当发射机载频功率大于 25 W 时,任何一个离散频率的杂散发射功率应低于发射载频功率 70 dB。

2) 测试方法

(1) 发射机杂散发射测试电路如图 1.3.10 所示,发射机的音频输入端接入音频振荡器,发射机天线端接入耦合器/衰减器后再接频谱分析仪。

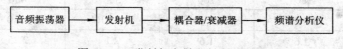

图 1.3.10   发射机杂散发射测试电路

(2) 发射机不调制,打开发射机,记录载频电平,同时在 30～2000 MHz 频段上选频测量(发射机工作频道和邻频道的功率除外),并记录其杂散发射的电平。

(3) 调整音频振荡器频率为 1 kHz,电平为发射机音频输入的标称值,重复步骤(2)中的测试。

4. 最大允许频偏

频偏是指已调射频信号的瞬时频率和未调制载波频率之间的最大差值。最大允许频偏表示的是设备中规定的最大频偏数值。

1) 指标

对于 160 MHz、450 MHz、800 MHz 频段,通道间隔为 25 kHz 的设备,最大允许频偏为 5 kHz。

2) 测试方法

(1) 如图 1.3.11 所示,发射机的音频输入端接入音频振荡器,发射机天线端接入耦合器/衰减器和频偏仪。

图 1.3.11   发射机最大允许频偏测试

(2) 调整音频振荡器输出频率为 1 kHz,电平为发射机音频输入端的标称值,则频偏仪的指示值为 3 kHz。

(3) 增加音频振荡器的输出电平，比标称测试调制信号电平高 20 dB，记录频偏仪的指示值，此值应不超过最大允许频偏值。

(4) 音频振荡器的输出电平保持不变，调整调制频率，使其从 300 Hz 到 3 kHz，记录频偏仪的指示值，此值应不超过最大允许频偏值。

5. 调制器的限幅特性

调制器的限幅特性表示发射机调制接近最大允许频偏的能力。

1) 指标

信号频率为 1 kHz，电平比产生 20%最大允许频偏高 20 dB，频偏应该在最大允许频偏的 70%～100%之间。

2) 测试方法

(1) 如图 1.3.12 所示，发射机的音频输入端接入音频振荡器，发射机天线端接入耦合器/衰减器和频偏仪。

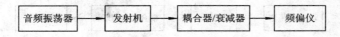

图 1.3.12　发射机调制器的限幅特性测试

(2) 调整音频振荡器的输出频率为 1 kHz，调整音频振荡器的输出电平使频偏仪指示为 1 kHz。

(3) 音频增加 20 dB，再一次测量频偏值。频偏值应该在 3.5～5 kHz 之间。

(4) 先在常温下测量，然后在极限条件下测量。

6. 发射机的邻频道功率

邻频道功率是规定音频调制的发射输出总功率的一部分，它落入工作在两个邻频道接收机的带内，它是调制、交流音、发射机杂音产生的平均功率的总和。

1) 指标

对于 160 MHz、450 MHz、800 MHz 频段，落在邻频道 16 kHz 带内的功率应比载频功率低 70 dB(对于基台和车载台)、60 dB(对于手持台)。

2) 测试方法

(1) 如图 1.3.13 所示，发射机的音频输入端接入音频振荡器，发射机天线端接上 50 Ω 阻抗的可变衰减器和接收机，接收机中频输出再接电平指示器。

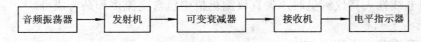

图 1.3.13　发射机邻频道功率测试

(2) 可变衰减器放在较大的衰减位置，使接收机的输出电平适中。

(3) 调整音频振荡器输出频率为 1250 Hz，电平比发射机音频输入端的标称值(相当于频偏为 3 kHz)高 20 dB。

(4) 接收机调到发射机的标称频率上，改变衰减器的衰减值，使电平指示器的指示值比接收机的杂音电平大 5 dB，记录此时衰减器位置值为 p dB。

(5) 接收机调到发射机的邻频道频率上，改变衰减器的衰减值，使电平指示器的指针不变，记录此衰减值为 q dB。

(6) 邻频道功率与载频功率之比是衰减器位置值 p 和 q 之差，因此邻频道功率采用与载频功率之比来确定。

(7) 对另一邻频道功率重复测量。

7．发射机的音频响应

音频响应是指在调制信号电平不变，发射机频偏按照调制频率起变化时的特性。

1) 指标

当调制频率在 300 Hz～3 kHz 之间变化时，调制信号电平不变，幅度变化限制在+l～−3 dB 范围之内。

2) 测试方法

(1) 发射机的音频输入端接入音频振荡器，发射机天线端接上耦合器/衰减器和频偏仪，如图 1.3.14 所示。

图 1.3.14　发射机音频响应测试

(2) 调整音频振荡器输出频率为 1 kHz，调整音频振荡器的输出电平，使频偏仪指示为 1 kHz。

(3) 保持音频振荡器输出 1 kHz 时的电平数值，调制信号频率在 300 Hz～25 kHz 之间变化，记录频偏仪的指示值。

注：(1) 音频幅度变化用频偏变化来表示；

(2) 由于发射机在 300 Hz～3 kHz 之间具有 $\dfrac{6\,dB}{每倍频程}$ 预加重网络，因此测量频偏数值应在每 $\dfrac{6\,dB}{每倍频程}$ 预加重的基础上，在−3 dB～+1 dB 范围内变化；

(3) 低于 300 Hz 和高于 3 kHz 时，频偏也应该衰减。

8．发射机的谐波失真系数

已调制发射机的谐波失真系数用百分数来表示，表示线性解调后音频基带内全部谐波成分的有效值电压对信号的有效值电压之比。

当使用非线性失真仪测量时，失真仪测量值中包含交流声和杂音成分。

1) 指标

谐波失真系数应不超过 7%。

2) 测试方法

(1) 发射机的音频输入端接入音频振荡器，发射机天线端接上耦合器/衰减器，并带有 300 Hz 以上的 $\dfrac{6\,dB}{每倍频程}$ 去加重特性的频偏仪和非线性失真仪(如图 1.3.15 所示)。

图 1.3.15　发射机谐波失真系数测试

(2) 在常温下测试，调制音频信号的频率分别为 300 Hz、500 Hz、1 kHz，使调制指数恒定不变(调制指数是指频偏对调制频率之比)，即调制频率为 1 kHz，产生的频偏为 3 kHz。分别记录非线性失真仪的指示数值，此值应小于 7%。

(3) 在极限实验条件下测量，调制音频信号频率为 1 kHz，频偏为 3 kHz，记录非线性失真仪的指示数值，此值应小于 7%。

9. 发射机相对音频互调产物的衰减

发射机相对音频互调产物的衰减是一个比值，是指测量频偏仪输出端希望输出信号之一的电平与发射机的非线性引起两个调制信号产生的不希望输出信号成分电平之差。

1) 指标

音频互调产物一般由发射机输出级的非线性产生，互调衰减最少 20 dB。

2) 测试方法

(1) 测试设备连接如图 1.3.16 所示。

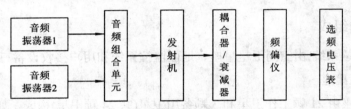

图 1.3.16　发射机相对音频互调产物的衰减测试

(2) 音频振荡器 2 没有输出，调整音频振荡器 1 的频率 $f_1 = 1$ kHz，调整音频电平使之产生 2.3 kHz 的频偏，记录音频振荡器 1 输出电平。

(3) 减少音频振荡器 1 的输出，使之到零。调整音频振荡器 2 的频率 $f_2 = 1.6$ kHz，调整音频电平使之产生 2.3 kHz 的频偏。

(4) 根据(2)的记录，恢复音频振荡器 1 的输出电平。

(5) 用选频电压表测量 1 kHz、1.6 kHz 以及相对互调产物。

(6) 计算 1 kHz 或 1.6 kHz 的音频电平与互调产物电平之差，此值应大于 20 dB。

注：频偏仪应该带有 $\dfrac{6 \, \text{dB}}{\text{每倍频程}}$ 的去加重网络。

10. 残余调制

发射机的残余调制是一个比率，用 dB 来表示，指发射机标准测试调制的已调信号解调后产生的音频信号电平与没有调制信号的射频信号解调以后产生的音频杂音电平之差。

1) 指标

在一个线性解调器的输出端，残余调制(没有调制信号)电平应该比产生最大允许频偏60%的信号电平低 40 dB。

2) 测试方法

(1) 发射机的音频输入端接入音频振荡器，发射机天线端接上耦合器/衰减器，带有 $\dfrac{6\,dB}{每倍频程}$ 的去加重网络的频偏仪以及符合 ITU-TP53.A 规定的噪声滤波器的有效值电压表（如图 1.3.17 所示）。

| 音频振荡器 | → | 发射机 | → | 耦合器/衰减器 | → | 频偏仪 | → | 电压表 |

图 1.3.17　发射机残余调制测试

(2) 调整音频振荡器的频率为 1 kHz，电平使发射机频偏为 3 kHz，记录电压表指示的音频信号电平。

(3) 关掉音频振荡器，记录电压表指示残余音频输出信号的电平。

(4) 计算步骤(2)与(3)的电平差，电平差为残余调制，此值应大于 40 dB。

1.4　GPS 接收机系统结构

1.4.1　GPS 的组成

GPS(全球定位系统)由空间卫星星座、地面监控系统和用户接收设备三大部分组成。

1. 空间卫星星座

空间卫星星座由 21 颗工作卫星和 3 颗备用卫星(共 24 颗卫星)构成，如图 1.4.1 所示。

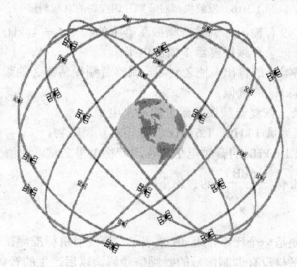

图 1.4.1　GPS 空间卫星星座

24 颗卫星均匀分布在 6 个地心轨道平面内，每个轨道 4 颗卫星。卫星运行的轨道周期是半个恒星日，或者说 11 小时 58 分钟。各个轨道接近于圆形，而且沿赤道以 60°间隔均匀分布，相对于赤道面的倾斜角为 55°。轨道半径(即从地球质心到卫星的额定距离)大约为

26 600 km。因此，同一观测站上，每天出现的卫星分布图形相同，只是每天提前约 4 min。地面观测者见到地平面上的卫星颗数随时间和地点的不同而异，最少为 4 颗，最多可达 11 颗。

如果把卫星的运行轨道想象成一个"环"，把每条轨道打开，在一个平面上拉直，同样也将地球赤道想象成一个"环"，把它打开，在一个平面上拉直。每条卫星运行轨道的斜率表示相对于地球赤道平面的倾斜角，其额定值为 55°。卫星运行轨道平面相对于地球的位置由升交点的经度来确定，而卫星在轨道平面内的位置由平均近点角来规定。升交点经度是每个卫星的运行轨道平面与赤道的交点。格林威治子午线是基准点，或者说此处升交点经度为 0。平均近点角是在轨道内的每颗卫星以地球赤道为基准的角位置，在赤道上的点平均近点角为 0。可以看出，在相邻轨道上的大部分卫星之间的相对相位大约为 40°。以 UTC(USNO)1993 年 7 月 1 日 00：00 时的历元时间为基准用平面投影表示的卫星轨道如图 1.4.2 所示。

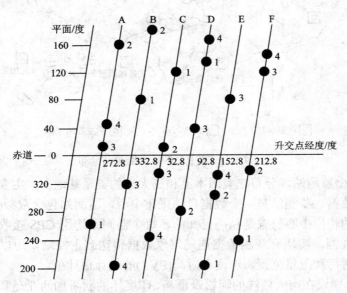

图 1.4.2　GPS 空间卫星星座的平面投影

标记在轨道中的卫星有如下几种不同的方法：一种标记方法是给每个轨道平面分配一个字母(即 A、B、C、D、E 和 F)，在一个平面内给每颗卫星分配一个由 1 到 4 的号码，如一颗称做"B3"的卫星指在轨道平面 B 内的第 3 号卫星；第二种标记方法是由美国空军分配的 NAVSTAR 卫星号码，标记采用空间载体的号码(SVN)，如 SVN11 指的是 NAVSTAR 11 号卫星；第三种标记方法采用伪随机码(PRN)，每颗卫星的 PRN 码发生器结构是不同的，可产生不同版本的 C/A 码和 P(Y)码，每一个卫星可用其产生的 PRN 码来识别。

2．地面监控系统

地面监控系统的主要任务是维护卫星和维持其正常功能。地面监控系统的主要功能包括：将卫星保持在正确的轨道位置上；监视星载分系统的运行状况；监视卫星的太阳能电池、电池的功率电平；更新每颗卫星的时钟、星历和历书，以及在导航电文中的其他指示量；判定卫星的异常；控制选择可用性(SA)和反欺骗(AS)，并在远端监视站作伪距和 Δ 伪距测量，以确定卫星时钟的校正量、历书和星历等。

地面监控系统包括 1 个主控站、3 个注入站、5 个监测站和地面上行链天线，其分布如图 1.4.3 所示。主控站是地面控制/监视部分的中心，它位于美国科罗拉多州的科罗拉多喷泉城的 Falcon 空军基地。主控站除负责管理和协调整个地面监控系统的工作外，其主要任务是根据本站和其他监测站的所有跟踪观测数据，计算各卫星的轨道参数、钟差参数以及大气层的修正参数，编制成导航电文并传送至各注入站。主控站还负责调整偏离轨道的卫星，使之沿预定轨道运行。必要时启用备用卫星来代替失效的工作卫星。

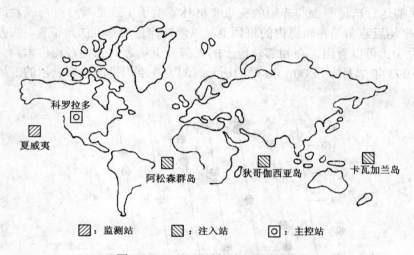

图 1.4.3　GPS 卫星的地面监控站分布

全球共有 5 个监测站，分布在美国本土和三大洋的美军基地上，主要任务是为主控站提供卫星的观测数据。监测站是一个数据自动采集中心，监测站包含双频(L1/L2)GPS 接收机，接收机天线的相位中心位置是精确已知的。每个监测站均用 GPS 接收机对视界内的每颗卫星进行连续观测，将所有观测数据连同气象数据传送到主控站，用以更新主控站的精密卡尔曼滤波器对每颗卫星位置、速度和时间(PVT)的统计估计值。

3 个注入站分别设在南大西洋的阿松森群岛、印度洋的狄哥伽西亚岛和南太平洋的卡瓦加兰岛。注入站的主要任务是将主控站发来的导航电文注入到相应卫星的存储器中，每天注入 3~4 次。此外，注入站能自动向主控站发射信号，每分钟报告一次自己的工作状态。全球共有 3 个地面天线站，分别与 3 个监测站重合。

主控站通过地面上行链天线设施对卫星进行指挥和控制，并向卫星上行加载导航电文和其他数据。地面上行天线设施存储和上行加载 TI&C(电报、跟踪和指挥)数据。主控站为每一颗卫星准备好一组独特的 TI&C 数据(包含导航电文)。这些数据从主控站送到地面天线，并在那里存储起来，直到特定的卫星进入视界为止。一旦卫星进入视界，使用 S 波段数据通信上行链就将数据发送至卫星。在阿松森群岛、卡瓦加兰岛、狄哥伽西亚岛和卡纳维拉尔角，地面天线与监测站设在同一场地，选择这些场地是因为要使卫星覆盖范围最大。

3. 用户接收设备(GPS 接收机)

用户接收设备通常称做 GPS 接收机，它处理由卫星发射来的 L 波段信号，以确定用户的 PVT(位置、速度和时间)。GPS 接收机要求能迅速捕获按一定卫星截止高度角所选择的待测卫星信号，并跟踪这些卫星的运行，对所接收到的卫星信号进行变换、放大和处理，以便测定出 GPS 信号从卫星到接收天线的传播时间，解译出 GPS 卫星所发送的导航电文，实时地计算出监测站的三维坐标、三维速度和时间等所需数据。

GPS 接收机可分为天线单元和接收单元两大部分。一般将两个单元分别装备成两个独立的部件，观测时将天线单元置于观测站上，将接收单元置于观测站附近适当的地方，两者之间用电缆线连成一个整机。也有的将天线单元和接收单元制成一个整体，观测时将其安置在观测站点上。

天线单元由接收天线和前置放大器两个部分组成。接收天线大多采用全向天线，可接收来自任何方向的 GPS 信号，并将电磁波能量转化为变化规律相同的电流信号。前置放大器可将极微弱的 GPS 电流信号予以放大。

接收单元的核心部件是信号通道和微处理器。信号通道主要有平方型和相关型两种形式，所具有的信号通道数目从 1 至 24 个不等。利用多个通道同时对多个卫星进行观测，可实现快速定位。接收机所采集的定位数据采用存储器存储，以供后处理之用。微处理器具有各种数据处理软件，能选择合适的卫星进行测量，以获得最佳的几何图形，能根据观测值及卫星星历进行平差计算，求得所需的定位信息。

软件也是 GPS 接收机的重要组成部分，软件包括内置软件和应用软件两部分。内置软件控制接收机的信号通道，按时序对各卫星信号进行测量和处理；控制微处理器自动操作，并与外设进行接口。这类软件已和接收机融为一体，内存或固化在 GPS 接收机的存储器中。应用软件主要指对观测数据进行后处理的一些软件系统，要求功能齐全，能够改善 PVT 精度，提高作业效率，方便用户使用，满足用户的多方面要求，开拓新的应用领域。软件的质量与功能已经成为反映 GPS 接收机性能的一个重要指标。

1.4.2　GPS 接收机电路结构

1．GPS 接收机的基本构成

GPS 接收机的基本构成如图 1.4.4 所示，它由天线单元(有源或者无源)和接收单元两部分组成。

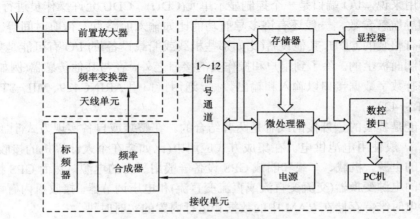

图 1.4.4　GPS 接收机的基本构成

　　卫星信号是通过天线接收到的，天线单元由接收天线和前置放大器组成。天线为右圆极化(RHCP)形式，典型的覆盖范围是 160°，其增益变化在天顶约为 2.5 dBic，在仰角 10°时近于 1 dBic(RHCP 天线的单位增益也可以相对于全向圆极化天线表示为 0 dBic = 0 dB)，在 10°以下增益一般为负。由于卫星信号是 RHCP，因此适合于用圆锥螺旋天线或其变形(如定向天线、偶极子天线、微带天线、螺旋天线等)。在 L1 和 L2 上跟踪 P(Y)码的 GPS 接收机需要同时在两个频率上具有 20.46 MHz 的带宽。如果 GPS 接收机只跟踪 L1 上的 C/A 码，则天线(和接收机)必须有至少 2.046 MHz 的带宽。天线的形式有多种，如螺旋线、薄的微带(即片状)等。在宽动态下的飞机倾向使用薄剖面的、低空气阻力的片状天线，而陆上的运载体(如汽车)可允许较大外形的天线。选择天线时需要考虑的参数有天线增益场形、可用的安装面积、空气动力性能、多径性能、无线电相位中心的稳定度和抗干扰性等。某些军用飞机使用波束控制或自适应调零天线来抵制干扰。波束控制技术用电子的方法将天线增益集中在卫星的方向上以使链路的容量最大。自适应调零天线是电子可调的，在天线方向图中，在干扰源(任何电子辐射，不管是来自"朋友"或敌对方的，只要干扰了 GPS 信号的接收和处理，均视为干扰源)方向上建立零点。

　　接收单元包括信号通道单元、存储单元、计算和显示单元、电源四部分，其中主要部分是信号通道单元，通常由硬件和软件组成，每一通道在某一时刻只能跟踪一颗卫星，当此卫星被锁定后便占据该通道，直到失锁为止。目前 GPS 接收机广泛应用并行多通道技术，即一个 GPS 接收机可同时跟踪多颗卫星，同时锁定多颗卫星，这大大缩短了确定卫星 PVT 的时间。

　　在接收单元，GPS 射频信号被下变频到中频(IF)，利用模/数转换器(A/D)对 IF 信号采样和数字化。基带处理器对接收机进行控制，包括信号的截获、信号跟踪和数据采集。此外，基带处理器也可以由接收机测量值形成 PVT 解。在一些应用中，也可用专门的微处理器同时完成 PVT 计算和相关联的导航功能。大多数处理器在 1 Hz 的基础上提供独立的 PVT 解。然而，用做飞机自动着陆和其他宽动态应用的接收机至少需要以 5 Hz 的速率计算独立的PVT 解。格式化的 PVT 解和其他与导航有关的数据送至 I/O 端口。

　　I/O 端口是 GPS 接收机和用户之间的接口。I/O 端口有两种基本类型：整装的和外置的。对于许多应用来说，I/O 端口是一个控制显示单元(CDU)。CDU 允许操作员进行数据输入，显示状况和导航解参数，一般还有许多导航功能比如输入航路点、待航时间等。大多数手持式设备都有整装的 CDU，其他设备(比如那些机载或船载设备)的 I/O 有可能是集成在已有的仪器或控制面板上的。除了到用户和操作员的接口之外，在与其他传感器(例如惯导)组合使用时要求有数字数据接口以输入和输出数据。通用接口用 ARINC429、MIL-STD- 1553B、RS-232 和 RS-422。

　　电源可能是整装的、外接的或者是两者结合的。在整装或自备实现方式(比如手持式移动设备)中，一般使用电池供电。在集成方式应用中(比如装在个人计算机的接收机板上)，一般用已有的电源。机载、车载和船载 GPS 设备一般用平台的电源，然而 GPS 接收机一般都具有内置的电源变换器(交流变直流或直流变直流)和电压调节器。接收机内置电池用以在平台电源断电时维持存储在 RAM 中的数据和运行内置的实时时钟。

　　常用的一些 GPS 接收机类型如表 1.4.1 所示。

表 1.4.1　常用的 GPS 接收机类型

分 类 方 法	接收机类型
按编码信息分类	有码接收机、无码接收机
按接收的数据形式分类	C/A 码伪距；C/A 码伪距，L1 载波相位；C/A 码伪距，L1 载波相位，L2 载波相位；C/A 码伪距，P 码伪距；C/A 码伪距，P 码伪距，L1 载波相位，L2 载波相位；L1 载波相位；L1 载波相位，L2 载波相位
按接收机通道方式分类	时序接收机、多路复用接收机、多通道接收机
按采用的电子器件分类	模拟接收机、数字接收机、混合接收机
按性能分类	X 型接收机(高动态应用接收机)、Y 型接收机(中动态应用接收机)、Z 型接收机(低动态应用接收机)
按用途分类	军用、民用、导航、测时、测地
按工作模式分类	单点定位、相对定位、差分定位

2. SPS 接收机

GPS 接收机可分为两种基本类型：同时跟踪 P(Y)码和 C/A 码的 GPS 接收机以及仅跟踪 C/A 码的 GPS 接收机。

PPS 接收机同时在 L1 和 L2 上跟踪 P(Y)码，PPS 接收机初始工作时在 L1 上跟踪 C/A 码，然后转换到在 L1 和 L2 上跟踪 P(Y)码。Y 码跟踪仅仅在加密单元的辅助下才能产生。SPS 接收机只跟踪 L1 上的 C/A 码。在这两种基本接收机类型中，还有其他一些变形，比如无码 L2 跟踪接收机，这种接收机跟踪 L1 上的 C/A 码，并能同时跟踪 L1 和 L2 频率上的载波相位。利用载波相位作为测量点，测量精度能够达到厘米级(甚至毫米级)。大多数接收机有多个通道，每一个通道跟踪来自一颗卫星的发射信号。

一个多通道 SPS 接收机的组成如图 1.4.5 所示。通常采用一个无源的带通滤波器对所接收到的射频卫星信号进行滤波，以减小带外射频干扰。通过 LNA(低噪声放大器)放大后，射频信号下变频到中频(IF)。模/数转换器(ADC)对 IF 信号进行采样，A/D 采样速率在典型情况下为 PRN 基码速率的 8～12 倍(对于 L1 C/A 码 PRN 速率为 1.023 MHz，对于 L1 和 L2 P(Y)码为 10.23 MHz)。最小采样速率是码的截止带宽的 2 倍，以满足奈奎斯特判定要求。对于只接收 L1 C/A 码的接收机，截止带宽大于 2 MHz，而对于接收 P(Y)码的接收机，截止带宽大于 20 MHz。过采样会降低接收机对于 A/D 量化噪声的敏感度，因而减少了在 A/D 变换器中所需的位数。采样送到数字信号处理器(DSP)中，DSP 包含 N 个并行通道，以同时跟踪来自最多达 N 颗卫星的载频和码(N 一般在 5～12 之间)。每个通道中包含码和载波跟踪环，以完成码和载波相位测量，以及导航电文数据的解调。通道可以计算 3 种不同类型的测量值：伪距、Δ 距离(有时称做 Δ 伪距)和积分多普勒。所希望的测量值和解调后的导航消息数据送至基带处理器。基带处理器对接收机信号的截获、跟踪和数据采集进行控制，并处理接收机测量值形成 PVT 解。在一些应用中，也可用专门的微处理器同时完成 PVT 计算和相关联的导航功能。

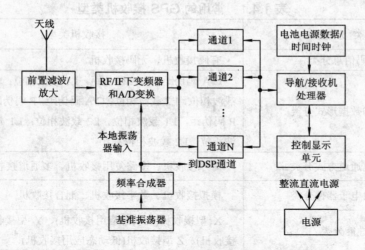

图 1.4.5　一个多通道 SPS 接收机的组成

3. 数字 GPS 接收机

一个数字 GPS 接收机的构成如图 1.4.6 所示。世界上所有卫星的 GPS 射频(RF)信号被右圆极化(RHCP)天线接收,经前置低噪声放大器(LNA)放大,接收机的噪声系数与 LNA 有关。通常在天线和 LNA 之间设置一个无源带通滤波器,以降低带外射频干扰。这些被放大的射频信号与来自本机振荡器(LO)的信号混频下变频到中频(IF)。本地振荡器的频率是根据接收机的频率设计,由基准振荡器经频率合成器产生的。每一级下变频器需要一个本地振荡器信号。下变频可采用两级下变频、一级下变频形式,甚至可直接在 L 频段进行数字采样。本地振荡器信号在混频过程中会同时产生上边带和下边带信号,因此在混频器之后,采用带通滤波器选择下边带信号,而滤去上边带信号,获得下变频到中频(IF)的信号。模/数转换(A/D)和自动增益控制(AGC)功能均在中频上完成。

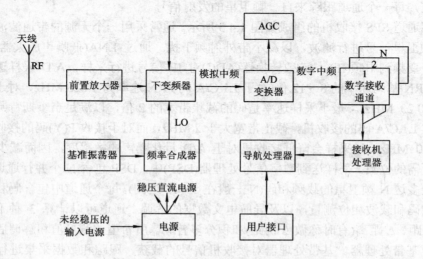

图 1.4.6　一个数字 GPS 接收机的构成

通过模/数转换(A/D)数字化了的中频(IF)信号输入到 N 个数字接收机通道。这些数字接收机通道一般用一个或几个专用集成电路(ASIC)组成,完成环路鉴相器和滤波器、数据解调、测量、锁相和指示等功能。接收机处理器是一个高速微处理器,用来完成接收机基带控制与处理、导航处理和用户接口等功能。

4. GPS 接收机的选择

目前已有许多公司在生产不同型号的 GPS 接收机,选择什么类型的 GPS 接收机取决于用户的用途。不同的应用对 GPS 接收机的设计方案、结构和性能有很大的影响。对于每一种应用来说,一些与环境、使用和性能有关的参数必须仔细考虑。

(1) 对冲击、振动、温度、湿度、大气中盐的含量的基本要求和最大限制,是否工作在需要提高抗干扰能力的环境之中。

(2) 是民用、军用还是其他用途。如需要 PPS 操作,则一般必须选择带加密能力的双频 GPS 接收机。

(3) 需要多快的 PVT 更新率。飞机、汽车、行人对 PVT 更新率的要求是不同的。

(4) 接收机将工作在什么类型的动态(例如加速度、速度)条件下。例如,用于歼击机的 GPS 接收机要求设计成能在经受多少个 "g" 的加速度时还可以维持完好的性能,而指定用于测绘的 GPS 接收机一般不要求能够经受严酷的动态环境。

(5) 是否需要具有差分 GPS(DGPS)能力。DGPS 是一种提高精度的技术,DGPS 能提供比独立的 PPS 或 SPS 更高的精度。

(6) 应用是否要求接收以地球静止卫星为基础的重叠服务(比如国际海事卫星(Inmarsat))所广播的 GPS 和 GLONASS 卫星的完好性、测距和 DGPS 信息。

(7) 航路点存储能力以及航路及支路数量为多大。

(8) 接收机是否必须和外部系统相接口,是否已经有合适的 I/O 硬件与软件。

(9) 对于数据输入和显示特性,接收机是需要外接的还是整装的 CDU 能力,是要求当地坐标系变换还是 WGS-84 就已经够用了。

(10) 是否需要便携式,物理尺寸、功耗、成本各为多少。

以上这些仅仅是 GPS 接收机选择参数的一些举例。在选择 GPS 接收机之前,必须仔细地研究用户应用的要求,大多数情况下采用的是一种折中的选择。

1.5　蓝牙系统结构

1.5.1　蓝牙系统的组成

1. 基本结构

蓝牙系统方框图如图 1.5.1 所示,包括无线电收发器和基带控制器(基带链路控制单元以及链路管理软件)部分,基带控制器中还包含有更高层的软件,这些软件解决互操作性和功能性等问题。

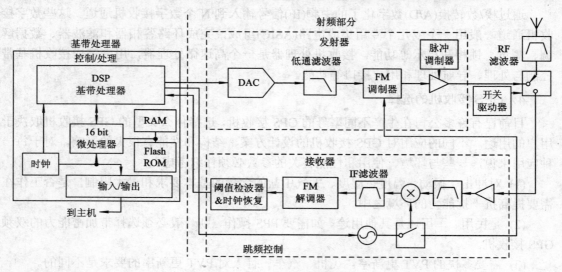

图 1.5.1 蓝牙系统方框图

2. 蓝牙无线电单元

蓝牙无线电单元包含图 1.5.1 中的接收器和发射器部分。发射器把基带信号上变频到调制载波频率上，跳频和突发也在这个阶段完成。相反，接收器下变频和解调接收的射频信号。

主要的蓝牙射频参数如表 1.5.1 所示。每一个蓝牙信道带宽是 1 MHz，在 79 个信道上跳频。图 1.5.2 描述了蓝牙频带与信道分配。

表 1.5.1 主要的蓝牙射频参数

参 数	指 标	注 释
载波频率	2400～2483.5 MHz(ISM 射频段)	$f = 2402+k$ MHz，$k=0$，1，2，…，78
调制	1 Mb/s，0.5BT，高斯滤波 2FSK 调制系数：0.28～0.35(标准值为 0.32)	数字调频，允许的最大频偏为 175 kHz
跳频	1600 跳/秒(在标准工作模式)，信道间隔为 1 MHz。 系统有 5 个不同的跳频序列：寻呼跳频序列、寻呼响应跳频序列、查询跳频序列、查询响应跳频序列、信道跳频序列。 前四种跳频序列严格规定在建立链路连接时使用。 标准的跳频序列都是基于主机时钟值和地址的	信道跳频序列能有规律地、等概率地访问每一个频率，它的周期是 23 小时 18 分钟

续表

参　数	指　标	注　释
发射功率	功率 1 级	功率 1 级控制范围: +4~20 dBm(必需的); −30~0 dBm(可选的)
	功率 2 级: 0.25 mW(−6 dBm)~2.5 mW(+4 dBm)	功率 2 级控制范围: −30~0 dBm(可选的)
	功率 3 级:1 mW(0 dBm)	功率 3 级控制范围: −30~0 dBm(可选的)
工作范围	10 cm~10 m (在功率 1 级时为 100m)	
最大数据吞吐量	异步信道能支持一个方向为 57.6 kb/s,另一个方向为 721 kb/s 的异步链接,或者 432.6 kb/s 的同步链接	数据吞吐量低于 1 Mb/s,是内部协议造成的

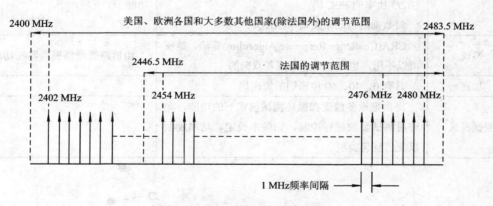

图 1.5.2　蓝牙频带和信道分配

　　蓝牙系统中采用 2FSK 调制方式,有两个载波频率,分别代表"0"和"1"。这样 2FSK 调制每一个码元提供一位(bit)数据。2FSK 调制有两个不同的载波频率。

3. 蓝牙链路控制单元和链路管理器

　　蓝牙链路控制单元也称为链路控制器,它决定了设备的状态,而且负责网络连接的建立,以及电源的效率管理、差错纠正和加密。

　　链路管理器软件是和链路控制单元一起工作的。设备之间的通信是由链路管理器完成的。链路控制和管理功能如表 1.5.2 所示。

　　蓝牙系统能支持两种连接,即点对点连接和点对多点连接,这样就形成了两种网络拓扑结构:微微网(Piconet)和散射网(Scatternet),如图 1.5.3 所示。

表 1.5.2　链路控制和管理功能

功　能	描　　　述	注　释
网络连接	主设备的链路控制器对连接程序进行初始化，并且设置从设备的节能模式	
链接类型	两种链接类型： 同步连接类型(SCO)，主要用于音频。 异步连接(ACL)类型，用于分组数据	蓝牙能支持一个异步数据信道，同时可支持 3 个同步音频信道，或者同时支持一个异步的数据和同步的音频的信道。采用时分复用支持全双工操作
信息包类型	NULL，POLL，FHS：系统包 DM1，DM3，DM5：中速率，差错保护数据包 DH1，DH3，DH5：高速率，没有保护的数据包 HV1，HV2，HV3：数字音频，3 级错误保护 DV：数据和音频混合 AUX1：其他用途	数字 1、3、5 代表了数据脉冲串所占有的时隙数。 标准脉冲串长度： DH1：366 μs； DH3：1622 μs； DH5：2870 μs
纠错	三个纠错方案： 1/3 比率的前向纠错码(FEC)； 2/3 比率的 FEC 码； 对数据的自动重发请求(ARQ)	由链路管理器提供差错纠正功能
鉴权	CRA(Challenge Response Algorithm)算法，鉴权可以不用，也可以是单向或者双向的	由链路管理器提供鉴权功能
加密	具有 0、40、60 位密钥的流密码	
测试模式	提供把设备放置在循环测试模式下的功能，允许对测试参数进行控制，如频率设定、功率控制以及信息包类型	

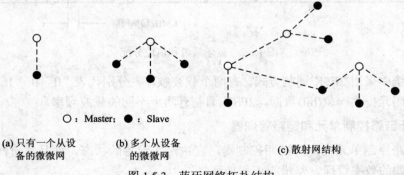

○：Master；●：Slave

(a) 只有一个从设
　备的微微网　　　(b) 多个从设备
　　　　　　　　　的微微网　　　　　　(c) 散射网结构

图 1.5.3　蓝牙网络拓扑结构

　　在一个微微网中，只有一个主单元(Master)，最多支持七个从单元(Slave)与 Master 建立通信。Master 靠不同的跳频序列来识别每一个 Slave，并与之通信。若干个微微网形成了一个散射网络，如果一个蓝牙设备单元在一个微微网中是一个 Master，则在另一个微微网中可能就是一个 Slave。几个微微网可以被连接在一起，靠跳频顺序识别每个微微网。同一微微网的所有用户都与这个跳频顺序同步。其拓扑结构可以被描述为"多微微网"结构。在一个"多微微网"结构中，在带有 10 个全负载的独立的微微网的情况下，全双工数据速率超过 6 Mb/s。

　　蓝牙组网时最多可以有 265 个蓝牙单元设备连接起来组成微微网，其中一个主节点和 7 个从节点处于工作状态，其他节点则处于空闲模式。主节点负责控制 ACL 链路的带宽，并决定微微网中每个从节点可以占用多少带宽及连接的对称性。从节点只有被选中时才能传送数据，即从节点在发射数据前必须接受轮询。ACL 链路也支持接收主节点发给微微网中所有从节点的广播消息。微微网之间可重叠交叉，从设备单元可以共享。由多个相互重叠的微微网组成的网络称为散射网(Scatternet)。

　　蓝牙频带被划分成时隙，每个时隙都对应一个射频跳频点。在时分双工复用(TDD)中，主设备在偶数时隙中传输数据，从设备在奇数时隙中传输数据。在微微网中，音频位流和数据位流以信息包的形式传输。主设备或者从设备传输的信息包可以扩展为 1 个、3 个或者 5 个时隙。

　　信息包包含了访问码、报头以及有效载荷。访问码由导入码、同步字以及可选择的尾码组成。报头包含微微网地址和信息包信息。有效载荷包含用户的音频和数据信息。详细的信息包结构请参照蓝牙系统规范的 B 部分"基带规范"。

1.5.2　蓝牙协议栈

　　蓝牙协议规范的目标是能够进行相互间操作。完整的蓝牙协议栈如图 1.5.4 所示，不同应用可运行不同协议栈。但是，每一协议栈都使用同一公共蓝牙数据链路和物理层。为了实现互操作，在设备上的对应应用程序必须以同一协议栈运行。并不是所有应用程序都利用全部协议，相反，应用程序往往只利用协议栈中的某些部分，并且协议栈中的某些附加垂直协议子集恰恰是用于支持主要应用的服务，比如说 TCS(语音控制规范)或 SDP(服务搜索协议)等。实际上，图 1.5.4 描述的是当需要无线传输数据有效载荷时，利用其他协议服务过程中协议间的关系。这些协议应具有与其他协议之间的关联。例如，一些协议(如 L^{2}CAP、TCS 二进制)在需要控制链路管理器时，可以使用 LMP(链路管理器协议)。

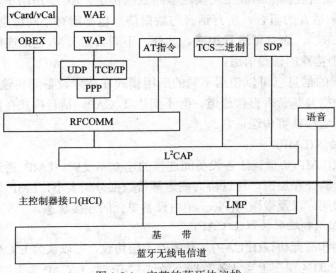

图 1.5.4　完整的蓝牙协议栈

如图 1.5.4 所示，整个蓝牙协议栈包括蓝牙指定协议(LMP 和 L^{2}CAP)和非蓝牙指定协议(如对象交换协议 OBEX 和用户数据报协议 UDP)。设计协议和协议栈的主要原则是尽可能利用现有的各种高层协议，保证现有协议与蓝牙技术的融合以及各种应用之间的互通性，充分利用兼容蓝牙技术规范的软/硬件系统。蓝牙技术规范的开放性保证了设备制造商可自由地选用其专利协议或常用的公共协议，在蓝牙技术规范基础上开发新的应用。

1. 蓝牙协议栈的层次

蓝牙协议栈中的协议可分为以下四层：

(1) 核心协议：基带、LMP、L^{2}CAP、SDP。

(2) 电缆替代协议：RFCOMM。

(3) 电话传送控制协议：TCS 二进制、AT 指令(命令)。

(4) 可选协议：PPP、UDP、TCP/IP、OBEX、WAP、vCard/vCal、WAE。

除上述协议层外，规范还定义了主控制器接口(HCI)，它为基带控制器、链路管理器、硬件状态和控制寄存器提供命令接口。在图 1.5.4 中，HCI 位于 L^{2}CAP 的下层，但 HCI 也可位于 L^{2}CAP 的上层。

蓝牙核心协议由 SIG 制定的蓝牙指定协议组成，绝大部分蓝牙设备都需要核心协议(加上无线部分)，而其他协议根据应用的需要而定。

2. 蓝牙的核心协议

蓝牙的核心协议由基带协议、链路管理协议、逻辑链路控制与适配协议、服务搜索协议等四部分组成。

1) 基带协议

基带协议确保各个蓝牙设备之间的射频连接，以形成微微网。蓝牙的射频系统使用跳频和扩频技术，其任一分组在指定时隙、指定频率上发送，它使用查询和寻呼进程来使不同设备间的发送频率和时钟同步。基带数据信息包提供两种物理连接方式：面向连接(SCO)和无连接(ACL)，而且在同一射频上可实现多路数据传送。ACL 适用于数据信息包，SCO 适用于话音及数据/话音的组合，所有话音与数据信息包都附有不同级别的前向纠错(FEC)或循环冗余校验(CRC)，而且可进行加密。此外，不同数据类型(包括连接管理信息和控制信息)分别分配一个特殊的传输信道。

包含话音数据的信息包可以使用不同的应用模式在蓝牙设备间传输，面向连接(SCO)信息包中的话音数据与基带有直接通道，而不到达 L^{2}CAP。话音模式在蓝牙系统内相对简单，只需开通话音连接就可传送话音。

2) 链路管理协议(LMP)

链路管理协议(LMP)负责蓝牙各设备间连接的建立和设置。LMP 通过连接的发起、交换、核实进行身份验证和加密，通过协商确定基带数据分组大小，LMP 还控制无线设备的节能模式和工作周期，以及微微网(Piconet)内设备单元的连接状态。

3) 逻辑链路控制和适配协议(L^{2}CAP)

逻辑链路控制和适配协议(L^{2}CAP)是基带的上层协议，可以认为 L^{2}CAP 与 LMP 并行工作。L^{2}CAP 与 LMP 的区别在于当业务数据不经过 LMP 时，L^{2}CAP 为上层提供服务。L^{2}CAP

向上层提供面向连接的和无连接的数据服务时，采用了多路复用技术、分段和重组技术及组的概念。L^2CAP 允许高层协议以 64 KB 收发数据信息包。虽然基带协议提供了 SCO 和 ACL 两种连接类型，但 L^2CAP 只支持 ACL。

4) 服务搜索协议(SDP)

服务在蓝牙技术框架中起至关重要的作用，它是所有用户模式的基础。使用 SDP 可以查询到设备信息和服务类型，从而在蓝牙设备间建立相应的连接。

3．电缆替代协议

电缆替代协议(RFCOMM)是基于 ETSI 07.10 规范的串行仿真协议。电缆替代协议在蓝牙基带协议上仿真 RS232 控制和数据信号，为使用串行线传送机制的上层协议(如 OBEX)提供服务。

4．电话控制协议

电话控制协议(TCS)包括二进制电话控制(TCS BIN)协议和一套电话控制命令(AT commands)。其中，TCS BIN 定义了蓝牙设备间建立语音和数据呼叫的控制信令；AT commands 则是一套可在多使用模式下用于控制移动电话和调制解调器的命令，它由蓝牙 SIG 在 ITU-T Q.931 的基础上开发而成。另外，SIG 还根据 ITU-TV.250 建议和 GSM 07.07 定义了控制多用户模式下移动电话、调制解调器和可用于传真业务的 AT 指令(命令)集。

5．选用协议

1) 点对点协议(PPP)

PPP 由 IETF(Internet Engineering Task Force，Internet 工作任务组)制定。在蓝牙技术中，PPP 位于 RFCOMM 上层，完成点对点的连接。

2) 用户数据报协议和传输控制协议/互联网协议(UDP 和 TCP/IP)

UDP 和 TCP/IP 由 Internet 工作任务组制定，广泛应用于互联网通信，在蓝牙设备中使用这些协议是为了同与互联网相连接的设备进行通信。

3) 对象交换协议(OBEX)

IrOBEX(简写为 OBEX)是由红外数据协会(IrDA)制定的会话层协议，它采用简单的和自发的方式交换对象。OBEX 是一种类似于 HTTP 的协议，这里假设传输层是可靠的，采用客户机/服务器模式，独立于传输机制和传输应用程序接口(API)。

4) 电子名片交换格式(vCard)、电子日历及日程交换格式(vCal)

电子名片交换格式、电子日历及日程交换格式都是开放性规范，它们都没有定义传输机制，而只是定义了数据传输模式。SIG 采用 vCard/vCal 规范，是为了进一步促进个人信息的交换。

5) 无线应用协议(WAP)

无线应用协议由无线应用协议论坛制定，它融合了各种广域无线网络技术，其目的是将互联网内容和电话债券的业务传送到数字蜂窝电话和其他无线终端上。选用 WAP 可以充分利用为无线应用环境(WAE)开发的高层应用软件。

1.5.3　蓝牙无线部分规范

1．频段和信道安排

蓝牙运行在 2.4 GHz ISM 频段，在世界上的大多数国家，这个频段是 2400～2483.5 MHz，一些国家例如法国和西班牙在该频段范围上有一些限制。针对这些国家的特殊性，蓝牙规范制定了专门的跳频算法。但是应该注意，不同的跳频频段的设备是不可能兼容的。

蓝牙目前为两种频段定义了两种信道分配方案：大多数国家的频段定义为 2.400～2.4835 GHz，其中分配了 79 个跳频信道，每个频道为 1 MHz 带宽；对于法国等少数国家，频段为 2.4465～2.4835 GHz，分配 23 个 1 MHz 带宽跳频信道。具体分配方案如表 1.5.3 所示。为了减少带外的辐射和干扰，系统留有保护带，对于 79 信道系统，下保护带是 2 MHz，上保护带是 3.5 MHz。

表 1.5.3　运行在 2.4 GHz 频带的公用频率

地　区	频率范围/GHz	射 频 信 道
美国、欧洲各国和其他大多数国家	2.400～2.4835	$f=(2402+k)$ MHz，$k=0,1,\cdots,78$
日本	2.471～2.497	$f=(2473+k)$ MHz，$k=0,1,\cdots,22$
西班牙	2.445～2.475	$f=(2449+k)$ MHz，$k=0,1,\cdots,22$
法国	2.4465～2.4835	$f=(2454+k)$ MHz，$k=0,1,\cdots,22$

2．发射部分特性

1) 发射器功率

这部分声明要求的功率电平是指在设备的天线连接器处测得的功率电平。根据功率的电平值，可以把设备分成 3 个级别，如表 1.5.4 所示。

表 1.5.4　功 率 级 别

功率级别	最大输出功率 P_{max}	正常输出功率	最小输出功率 P_{min}	功率控制
1	100 mW(20 dBm)	N/A	1 mW(0 dBm)	$P_{min}<+4$ dBm～P_{max}
2	2.5 mW(4 dBm)	1 mW(0 dBm)	0.25 mW(−6 dBm)	P_{min}～P_{max}
3	1 mW(0 dBm)	N/A	N/A	P_{min}～P_{max}

功率级别 1 的设备需要功率控制。功率控制用于限制发射功率，使之不超过 0 dBm，0 dBm 以下的功率控制是可选的，主要用于优化功率消耗和整体的干扰电平。

具有功率控制能力的设备使用链路管理协议(LMP)命令来优化链路的功率输出。功率控制通过测量接收信号的强度指示(RSSI)来实现，如果需要进行功率调整，则返回一个报告。如果一个连接的接收端不支持发送端发送的功率控制消息，则发送端就不能使用功率控制，这时发送端使用功率级别 2 和 3 的规则。

2) 调制特性

蓝牙使用 GFSK 调制方式，BT =0.5，调制系数在 0.28～0.35 之间，二进制的 1 用一个正的频率偏移表示，二进制的 0 用一个负的频率偏移表示，如图 1.5.5 所示。

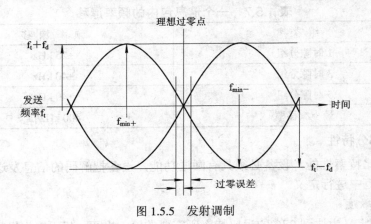

图 1.5.5　发射调制

3) 杂散辐射

带内和带外杂散辐射需要在一个频率上对跳频发射器进行测量，这意味着频率合成器必须在接收时隙和发送时隙之间变换频率，通常保持同一个发射频率。

(1) 带内杂散辐射。在 ISM 频段，发射器的频谱必须与 FCC 的 20 dB 带宽的定义一致，并且根据 FCC 的标准进行测量。除了 FCC 的要求，相邻信道的功率与相邻信道号之间的关系也进行了定义。如表 1.5.5 所示，相邻信道功率是在 1 MHz 信道上测量的功率和，发射功率测量是在 100 kHz 带宽上进行的。发射器在 M 信道上发射一个伪随机序列，相邻信道功率测量在信道 N 上进行。

表 1.5.5　发射频谱屏蔽

频　率　漂　移	发射功率/dBc
550 kHz	−20
|M−N|=2	−20
|M−N|≥3	−40

(2) 带外杂散辐射。功率测试在 100 kHz 上进行，测试范围如表 1.5.6 所示。

表 1.5.6　带外杂散辐射的测试范围

频　　段	运行模式/dBm	空闲模式/dBm
30 MHz～1 GHz	−36	−57
1～12.75 GHz	−30	−47
1.8～1.9 GHz	−47	−47
5.15～5.3 GHz	−47	−47

初始频率精度定义为信息发送之前的频率的精度，蓝牙要求的初始频率精度为 $f_c \pm$ 75 kHz。注意：频率漂移要求不包括在这 75 kHz 中。

一个信息包之内的发送器中心频率漂移在表 1.5.7 中进行了规定，不同信息包内的频率漂移在基带规范中进行规定。

表 1.5.7　一个信息包内的频率漂移

分 组 类 型	频 率 漂 移
1 时隙分组	±25 kHz
3 时隙分组	±40 kHz
5 时隙分组	±40 kHz
最小漂移率	400 kHz/μs

3. 接收部分特性

为了测量比特率性能，设备必须具有回送功能，设备把解码的信息发送回来，该功能在测试模式规范中进行定义。

1) 接收灵敏度

接收灵敏度定义为达到 0.1% 的误比特率所需要的输入电平，蓝牙接收机的灵敏度要求在 −70 dBm 以上。

2) 干扰性能

对于同信道和邻信道(1 MHz 和 2 MHz)的干扰性能，信号要高于参考灵敏度 10 dB 以上，对于其他的频率，想得到的信号应该高于参考灵敏度 3 dB。信噪比应该满足表 1.5.8 所示的要求。

表 1.5.8　干 扰 性 能

要　　　求	信噪比/dB
同信道干扰	11
1 MHz 邻信道干扰	0
2 MHz 邻信道干扰	−30
3 MHz 邻信道干扰	−40
镜像信道干扰	−9
1 MHz 邻信道与带内镜像信道的干扰比	−20

这些规范只在正常温度条件下，在一个跳频频率上进行测试，即合成器必须在接收时隙和发送时隙变换频率，但总是返回到同一个接收频率。

不符合要求的频率称为杂散响应频率，距离有用信号的 2 MHz 之外允许 5 个响应频率。对于那些杂散响应频率，应该满足松弛的干扰性能，C/I = −17 dB。

3) 带外截止

带外截止是在有用信号超过参考灵敏度电平信号 3 dB 处进行测量，干扰信号是一个连续波形信号，BER 应该小于 0.1%，带外截止满足表 1.5.9 所示的要求。

表 1.5.9　带外截止要求

干扰信号频率	干扰信号功率电平/dBm
30～2000 MHz	−10
2000～2499 MHz	−27
2498～3000 MHz	−27
3000 MHz～12.75 GHz	−10

4) 交调特性

参考灵敏度性能 BER=0.1%，应该满足下面的条件：

(1) 在频率 f_0 处的有用信号超过参考灵敏度电平 6 dB 的功率电平。

(2) 在 f_1 处使用静态的正弦波，功率电平为−39 dBm；在频率 f_2 处使用蓝牙调制信号，功率电平为−39 dBm。

5) 最大可用电平

接收机使用的最大可用电平应该高于−20 dBm，在−20 dBm 输入功率时，BER 应该小于或等于 0.1%。

6) 杂散辐射

蓝牙接收机的杂散辐射如表 1.5.10 所示。功率是在 100 kHz 带宽上测量的。

表 1.5.10　带外杂散辐射

频　段	要求/dBm
30 MHz～1 GHz	−57
1～12.75 GHz	−47

7) 接收信号强度指示

一个收发器如果希望实现链路的功率控制，则必须能够测量接收信号的强度，以此来决定对端的发射机是否要调整发射功率。RSSI(可选)使得这种控制成为可能。

RSSI 测量是通过对接收的信号与两个门限电平进行比较得到的，这两个门限电平形成了所谓的黄金接收范围。较低门限电平在−56 dBm 和高出接收机实际灵敏度 6 dBm 之间，较高的门限高出较低门限 20 dBm，精度为±6 dBm。

1.5.4　蓝牙发射器测试

1. 测试条件和装置

1) 测试条件

发射器的测试条件如表 1.5.11 所示。

表 1.5.11　发射器的测试条件

测试项目	跳频	测试模式	信息包类型	有效载荷数据	测量带宽
输出功率	导通	循环	DH5	PRBS9	3 MHz RBW；3 MHz VBW
功率密度	导通	循环	DH5	PRBS9	100 kHz RBW；100 kHz VBW
功率控制	关断	循环	DH1	PRBS9	3 MHz RBW；3 MHz VBW
发射输出频谱 (整个频率范围)	关断	循环	DH5	PRBS9	100 kHz RBW；300 kHz VBW
发射输出频谱 (20 dB 带宽)	关断	循环	DH5	PRBS9	10 kHz RBW；30 kHz VBW

续表

测试项目	跳频	测试模式	信息包类型	有效载荷数据	测量带宽
发射输出频谱 (邻近信道功率)	关断	循环	DH1	PRBS9	100 kHz RBW； 300 kHz VBW
调制特性	关断	循环	DH5	11110000 10101010	
初始化载波 频率容差	关断 导通	循环	DH1	PRBS9	
载波频率漂移	关断	循环	DH1，DH3，DH5	10101010	

(1) 有效载荷数据。不同的测试方法需要不同类型的有效载荷数据，它们是 PRBS9、10101010 以及 11110000。有效载荷数据 PRBS9 是周期为 2^9-1 的伪随机位序列，用来模拟有效的通信，产生一个频谱分布接近于真实信号的已调信号。有效载荷数据 10101010 为调制滤波器提供一个附加的测试，它也改变发射器输出的频谱形状。有效载荷数据 10101010 可以对高斯滤波进行检验，在连续的 4 个 1 或者 4 个 0 之后，输出应该达到所设定的条件。采用不同类型的有效载荷数据可帮助确定 I/Q 调制的问题。注意，在 10101010 信号与 11110000 信号的峰值频偏之间，理想高斯滤波器将产生一个 88%的比率，达到了蓝牙规范所要求的大于 80%的要求。

(2) 跳频。蓝牙系统的跳频增加了信号分析的复杂度，需要通过跳频来测试蓝牙设备的功能性。对于参数的测量，不需要进行跳频测试。为了减少变量的数目以及确定个别性能特性，可关断跳频进行测试。发射和接收通道被设置在频带的两端，在测试时强制设备中的 VCO 进行频率变换。

(3) 测试模式。蓝牙设备可以在标准模式、发射器测试模式、循环模式下工作。

在标准模式下，当测试者作为主设备以及蓝牙设备作为从设备时，测试者将发送 POLL 信息包，设备将通过返回一个 NULL 信息包来确认这些信息包已经接收到。POLL 和 NULL 信息包的详细描述参考"蓝牙基带规范"。

在发射器测试模式下，要求蓝牙设备根据测试者(主设备)发送的 POLL 信息包里的具体指令来发送一个信息包，如图 1.5.6 所示。

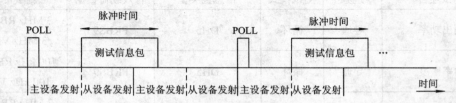

图 1.5.6　发射器测试模式

在循环模式下，要求蓝牙设备(从设备)对测试者(主设备)发送的信息包进行解码，然后返回一个含有有效载荷数据的同种类型的信息包，如图 1.5.7 所示。

测试模式的执行有助于对蓝牙设备的发射器和接收器的性能进行测试。通过把设备设置在测试模式下，可控制不同的发射和接收参数，如频率选择、发射器频率、信息包类型和长度、位类型、查询周期以及功率电平。

图 1.5.7　循环模式

为了允许测试者(主设备)把设备(从设备)置于测试模式下，主机设备需要发送一个专用指令(LMP 指令)把设备置于测试模式下。

详细的测试模式及其激活方式可参考"蓝牙系统规范"中的"蓝牙测试模式"。

2) 测试装置

蓝牙发射测试可能用不同的装置，这取决于是测试一个完整功能的蓝牙设备，还是仅仅测试一个射频发射器，甚至是测试一个发射器的射频元件。测试一个完整功能的蓝牙设备的发射器性能的方法就是使用完整的蓝牙测试装置，例如 Agilent E1852A，如图 1.5.8 所示。

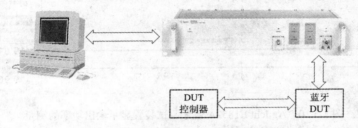

图 1.5.8　Agilent E1852A 蓝牙测试装置

测试装置和 DUT 组成了一个微微网，在这个微微网内，测试者作为主设备，DUT 作为从设备。测试装置通过标准的蓝牙协议与处于正常或者测试模式下的设备建立链接(寻呼链接)。设备处于测试模式下，测试装置将对 DUT 的工作进行完全的控制。例如，测试装置可以把设备设置在循环模式和发射器模式下，不使能跳频，要求设备在蓝牙射频测试规范所规定的频率下进行发射。

2．功率测试

射频发射器的功率测量包含输出功率(在一个脉冲串中的平均功率和最大峰值功率)、功率密度和功率控制。功率电平在数字通信系统中是一个关键的参数。这些测试将帮助确保有足够高的功率电平来维持连接，还要确保足够低的功率电平来减少在 ISM 频带内的干扰，以及延长电池寿命。

1) 输出功率

输出功率测量在时域中进行。因为蓝牙信号是一系列的 TDD 脉冲，所以需要进行正确的触发。触发发生在脉冲的上升沿。时域中信号脉冲的功率和定时特性如图 1.5.9 所示。

平均功率和峰值功率测量可以通过蓝牙测试装置来完成，也可以利用功率表、频谱分析仪或者矢量信号分析仪来完成。对于这些测试装置来说，测试者记录脉冲中的最大功率值，并且计算出在脉冲持续时间 20%～80% 内的平均功率。脉冲的持续时间(脉冲宽度)是从上升沿与下降沿的 3 dB 点之间的时间。

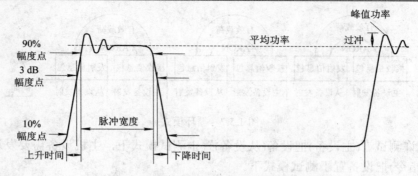

图 1.5.9　时域中信号脉冲的功率和定时特性

利用 Agilent E1852A 蓝牙测试装置完成的输出功率测量如图 1.5.10 所示。

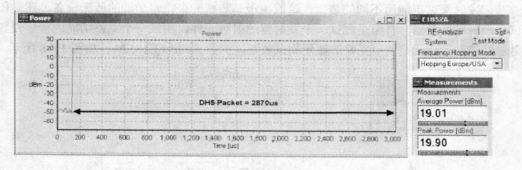

图 1.5.10　Agilent E1852A 蓝牙测试装置显示输出功率的测量

先将测试装置设置在蓝牙测试规范所要求的初始条件下(测试模式,跳频,DH5 信息包,最大有效载荷长度,PRBS9 作为有效载荷),即将装置设置在测试模式的跳频工作状态下,发射的信息包是 DH5 信息包,信息包中的有效载荷长度是最长的(339),此时就可以对发射器的输出功率进行测试。要注意设备是蓝牙功率 1 级设备,Pav(平均功率)<20 dBm,Ppk(峰值功率)<23 dBm。

利用 Agilent ESA 系列频谱分析仪测量的平均功率和峰值功率如图 1.5.11 所示。

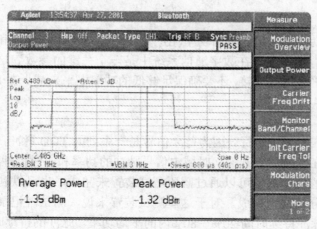

图 1.5.11　在 Agilent ESA 系列频谱分析仪测量的平均功率和峰值功率

频谱分析仪的扫频是可以调节的，可用来观察信号在时域中的包络。用频谱分析仪的外触发来捕获脉冲信号，由扫描时间来控制所显示的脉冲周期数，使用峰值检测器模式，把包络轨迹跟踪设置为最大保持状态，利用峰值搜索来测量峰值功率电平。脉冲串的平均功率通过对包络轨迹跟踪数据进行分析来确定。对于所有的频道可以重复相同的测试。图1.5.11 中，Agilent ESA 系列频谱分析仪的设置为：CF=2.405 GHz，扫描时间为 680 μs，在 IF ch3 触发。

利用 Agilent 89600 矢量信号分析仪测量的平均功率和峰值功率如图 1.5.12 所示。矢量信号分析仪具有触发延迟特性，这样允许观察在触发点以前的脉冲串。矢量信号分析仪还提供一个平均或者均值功率测量功能，能自动地确定平均功率。当消除上升沿和下降沿时，调节扫描时间和触发延迟可以测量脉冲串的平均功率。图 1.5.12 中，Agilent 89600 矢量信号分析仪的设置为：CF=2.402 GHz，1 dB/div，扫描时间为 380 μs，在 IF ch1 触发，延迟时间=10 μs。

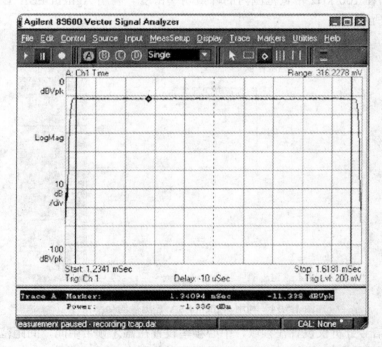

图 1.5.12　利用 Agilent 89600 矢量信号分析仪测量的平均功率和峰值功率

功率表也可以低成本地进行类似的输出功率测试。在 Agilent EPM-P 系列功率表中有一个存储在非易失性存储器中预定义的蓝牙设置，当它处于选通设置和控制功能时，允许对蓝牙信号进行近似的分析。Agilent EPM-P 系列功率表屏幕如图 1.5.13 所示，在上面窗口显示的是功率轨迹，在下面窗口显示的是脉冲串的详细数据。

注意：输出功率结果可以用等效各向同性辐射功率(Equivalent Isotropically Radiated Power，EIRP)来表示，因为 EIRP 是测量系统的辐射功率，它包含了发射器的影响、电缆损耗以及天线增益。当在直接端口对端口连接的情况下进行测试时，需要把天线增益附加到测量中，以确保整个系统不超过功率输出规范指标。

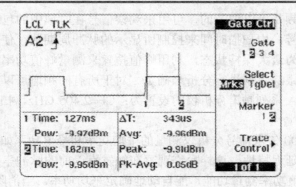

图 1.5.13　在 Agilent EPM-P 系列功率表上显示的功率轨迹和数据

2) 功率密度

功率密度指在 100 kHz 带宽范围内的峰值功率密度。利用 Agilent ESA-E 测量的功率密度如图 1.5.14 所示。

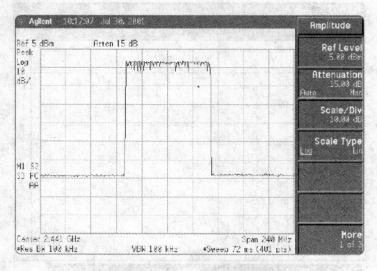

图 1.5.14　利用 Agilent ESA-E 测量的功率密度

测量时，信号分析仪设置在频域，中心频率设置在蓝牙频带中间，间距范围要可以观察整个频带，带宽分辨率设置为 100 kHz。在最大轨迹上保持，对轨迹跟踪设定 1 分钟的单扫频，利用峰值检测来检测轨迹的峰值。图 1.5.14 中，Agilent ESA-E 的设置为：CF=2.441 GHz，间隔=240 MHz，RBW=100 kHz，峰值检测器，自由触发，在最大轨迹上保持，扫描时间=72 ms，连续扫描。

功率密度为测量轨迹的平均值时，利用 Agilent ESA-E 测量的功率密度如图 1.5.15 所示。测量时，将分析仪转换为时域，执行 1 分钟单扫频，测量出的功率密度为轨迹的平均值。这个计算也可以在频谱分析仪上通过分析轨迹数据以及对结果进行平均来完成。矢量信号分析仪也有计算轨迹平均功率的功能。图 1.5.15 中，Agilent ESA-E 的设置为：CF=2.477 GHz，间隔=0 Hz，RBW=100 kHz，VBW=100 kHz，峰值检测器，自由触发，在最大轨迹上保持，扫描时间=60 s，连续扫描。

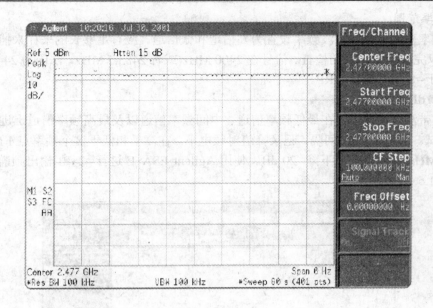

图 1.5.15　利用 Agilent ESA-E 测量的功率密度

3) 功率控制

功率控制允许在电平控制电路上完成测试和校准。功率控制测试仅需要被测设备支持功率控制模式。功率控制测试与平均功率测试的方式相同，但需要在三个离散频道(最低工作频率、中间工作频率和最高工作频率)上。功率控制测试检验功率电平以及功率控制步长，确保它们在所规定的范围内。在所建立的链路上，Agilent E1852A 蓝牙测试装置能够校准 DUT 的功率电平。

和功率控制测试相关的需要注意的是，所有的蓝牙模块需要有一个合适的功能 RSSI 检测器。

3. 发射输出频谱

发射输出频谱测量分析在频域内的功率电平，以确保信道外辐射降到最低。发射输出频谱测量帮助减少整个系统的干扰。测量对设备的输出功率频谱与预定义的模板(mask)进行比较，模板的特性如表 1.5.12 所示。表 1.5.12 中，M 是发射信道的信道号，N 是所测量的邻近信道的信道号。

表 1.5.12　总的频谱模板要求

频 率 偏 移	发 射 功 率
M± [550~1450 kHz]	−20 dBc
|M−N|=2	−20 dBm
|M−N|≥3	−40 dBm

蓝牙规范把发射输出频谱测试分为三个部分：频率范围、−20 dB 带宽和邻近信道功率。前两项测试使用峰值检测器，邻近信道功率使用平均检测。后两项测试采用最大保持模式，频率范围采用平均模式。

1) 频率范围

对于频率范围测试，载波频率设置为高信道和低信道。应有足够长的采样来捕获最高射频电平，以完成功率密度的检查。信号在 2400 MHz(或者 2483.5 MHz，法国为 2446.3 MHz)上必须低于 –80 dBm/Hz EIRP。

2) –20 dB 带宽

使用窄带测量滤波器，在最低频率信道、中间频率信道以及最高频率信道上进行 –20 dB 带宽的测试。采用 2 MHz 间隔，记录峰值射频电平。在高于和低于这个频率点 1 MHz(一定要小于 1 MHz)处，电平应下降 –20 dB。使用 Agilent ESA-E 进行 –2 dB 输出频谱带宽测量数据如图 1.5.16 所示。

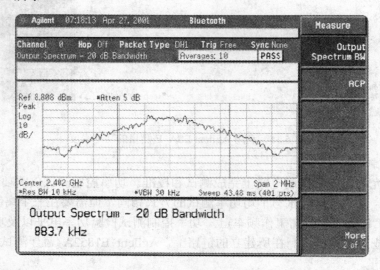

图 1.5.16   使用 Agilent ESA-E 进行 –2 dB 输出频谱带宽测量数据

在图 1.5.16 中，Agilent ESA-E 的设置为：CF=2.402 GHz，间隔=2 MHz，RBW=10 kHz，VBW=30 kHz，扫描时间=43.48 ms(401pts)，标记自动设置为 –20 dB 点。当观察输出频谱时，可以发现在显示屏上频谱有些不对称。这是由脉冲串的非白化的部分造成的，例如报头。

注意：最初的测试规范要求信号分析仪要把扫描时间设置为自动，这意味着扫描时间取决于信号分析仪的类型和制造商。然而，如果扫描时间太短(小于 1 s，脉冲信号可能发生)，则测量的频谱有间隙，不能表示正确的值。由于这个原因，蓝牙 SIG 决定要求测量的扫描时间要大于 1 s。

3) 邻近信道功率

邻近信道功率(Adjacent Channel Power，ACP)测试是三项测量中最复杂的，测试发射在中间信道、频带上端和频带下端(限制 3 MHz 之内)的信道上进行，如信道 3 和信道 75。从射频信道 0 开始，在 –450～450 kHz 之间的载波偏移上将进行 10 个级别的测量，结果是被求和。测量的信道是以 1 MHz 增加的，重复处理相同过程直至到达频带的上限。DUT 在信道 M 上发射，在信道 N 上测得邻近功率，一定要应用下列条件：

当 |M–N|= 2 时，$P_{TX}(f) \leqslant -20$ dBm。

当 |M–N|≥3 时，$P_{TX}(f) \leqslant -40$ dBm。

采用专门的的算法，Agilent ESA-E频谱分析仪提供了一个ACP测量方案，仅需按下一个按钮即可，使复杂的ACP测量变得十分简单。图1.5.17显示了在信道3(M=3)进行的ACP测量。

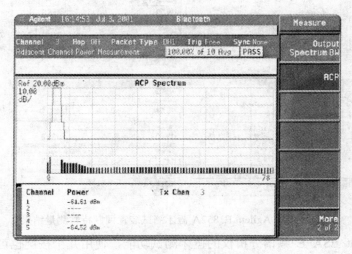

图 1.5.17　在信道 3(M=3)进行的 ACP 测量

4. 调制测试

蓝牙调制测量包括调制特性、初始载波频率容差(Initial Carrier Frequency Tolerance, ICFT)以及载波频率偏移。调制测量反映调制电路的性能以及本地振荡器的稳定性。调制器和 VCO 受电源噪声或者发射脉冲串的影响。在射频设计中，要注意避免频率被电源牵引。

1) 调制特性

调制特性测试是频率偏移量的测量。对于调制特性，两组重复的 8 位序列被使用在有效载荷内。这两组序列是 00001111 和 01010101。两个序列的组合可用来检查调制器性能和预调制滤波。

测试程序要求使用所支持的最长信息包(使用所支持的最长有效载荷长度)，以及在最低、中间、最高频率上进行测量。对于这三个频率，使用 00001111 有效载荷序列执行下列处理步骤，使用 01010101 有效载荷序列重复执行这些步骤。

测量有效载荷中的每 8 位序列的频率，并一起求平均值，00001111 载荷偏离平均值最大的记为 ΔF_{1max}，01010101 记为 ΔF_{2max}。最后，计算最大偏移值的平均值，00001111 记为 ΔF_{1avg}，01010101 记为 ΔF_{2avg}。最大偏移值和最大偏移值的平均值作为测量结果。这个处理过程的执行周期至少为 10 个信息包。

需要检查下列测量条件，以保证确认的调制特性：

(1) 140 kHz≤ΔF_{1avg}≤175 kHz。

(2) ΔF_{2max}≥115 kHz。

(3) $\Delta F_{2avg}/\Delta F_{1avg}$≥0.8。

Agilent E1852A 蓝牙测试装置具有自动完成这个测试的能力。调制特性测量实例如图 1.5.18 所示，上面部分显示了有效载荷序列的调制图，并带有 ΔF_{1max} 和 ΔF_{1avg} 的计算，下面部分显示了 10101010 序列的测量结果。

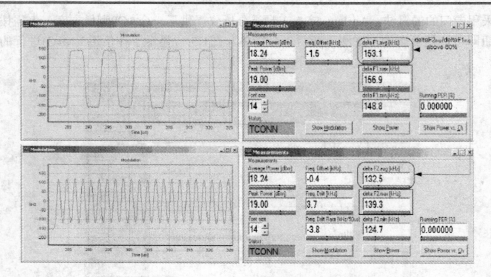

图 1.5.18　Agilent E1852A 蓝牙测试装置调制特性测量结果

利用 Agilent ESA-E 频谱分析仪的蓝牙测试功能，使用几个按键也可以完成类似的测量。利用 Agilent ESA-E 频谱分析仪进行调制特性测量的结果如图 1.5.19 所示。

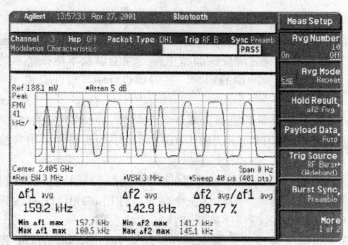

图 1.5.19　Agilent ESA-E 频谱分析仪调制特性测量结果

利用 10101010(F_2) 有效载荷进行测试，最大偏移 ΔF_{2max} 和最大偏移的平均值可显示在屏幕上，结果被储存起来。分析仪也能利用 11110000 的脉冲串，计算并显示出 ΔF_{1max} 和 ΔF_{1avg}，利用已储存的 ΔF_{2avg}，可计算出 $\Delta F_{2avg}/\Delta F_{1avg}$。如果这个比低于 80%，则将显示"FAIL(失败)"的标志符。

2) 调制质量

矢量信号分析仪有能力提供全面的调制质量测试，能够检查、量化、跟踪和确定信号问题出现的根源，如由于发射器干扰造成的互调、电源噪声调制以及天线失配造成的功率和稳定性等。尽管调制质量测试不是蓝牙 RF 测试规范的一部分，但调制质量测试(如 FSK 错误、量级错误以及眼图)都是很有价值的发现问题并修复的有效工具。

蓝牙信号的解调测量如图 1.5.20 所示，在图的左下部分可以很容易看出频率偏移。

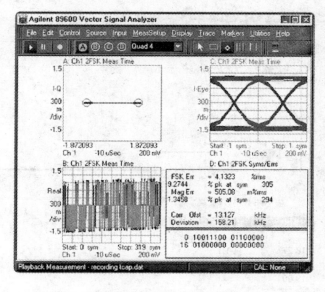

图 1.5.20　蓝牙信号的解调测量

3) 初始载波频率容差

初始载波频率容差测试(ICFT)用来检验发射器载波频率的准确性。它使用标准的 DH1 信息包，信息包包括一个导入码和伪随机位序列(PRBS)，对信息包的前 4 位，也就是导入码进行分析，确定相对中心频率的频率偏移程度。这个测试方法要求对信号进行解调，以测量每个字符的频率偏移。解调后，需要测量每个导入位的频率偏移值，并求平均值。

图 1.5.21 显示了一个测量实例，只显示了前 8 位，前 4 位组成了 "1010" 导入码，没有采用跳频。测试规范要求这个测试分别进行跳频和不跳频测量。在任何一个测量中，信号分析仪都设置在一个频道上，然而当采用跳频时，发射器从一个频率快速地跳变为下一个频率时将带来一些附加的影响，如摆动(Slew)。摆动(Slew)可以在所设置的载波频率的初始载波频率偏移中看到。附加的跳频影响将帮助确定放大器的响应问题。

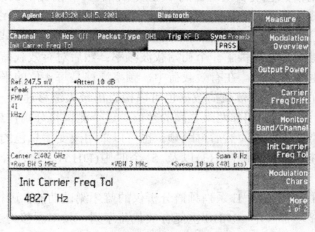

图 1.5.21　初始载波频率容差测量

利用 Agilent E1852A 蓝牙测试装置,在跳频情况下,进行的 ICFT 测量如图 1.5.22 所示。

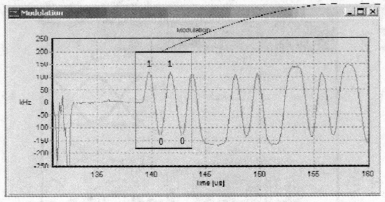

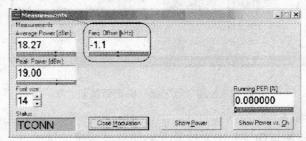

图 1.5.22　利用 Agilent E1852A 蓝牙测试装置进行 ICFT 测量

　　蓝牙测试装置和频谱分析仪都是使用同一个算法来计算初始载波频率容差的。在解调模式下测量 ICFT 还可以选择使用 Agilent 89400 和 89600 系列矢量信号分析仪。这是更通用的方法,把字符串的长度设置为最小(10),这些分析仪在字符错误显示上提供了瞬间的载波偏移,如图 1.5.22 所示。因为字符串的最小长度还是比 4 大,所以用户还可能看到因为噪声引起的微小变化。0101 的连续性是很重要的。

4) 载波频率漂移

　　载波频率漂移用信息包确认发射器的中心频率漂移。和前面的调制特性、初始载波频率容差测试一样,载波频率漂移也是采用解调信号(频率与时间的关系)来测量的。

　　有效载荷数据是由重复的 4 位 1010 序列组成的。为了完成测量,要对 4 个导入位的绝对频率进行测量和综合,这提供了一个初始载波频率;然后对有效载荷内每 10 位的绝对频率进行测量,并且也综合起来。在有效载荷中,频率漂移是每 4 位的平均频率和每 10 位的平均频率之间的差值。利用有效载荷数据也可以检查出最大漂移速率,最大漂移速率定义为有效载荷以 10 位为一组的相邻两组之间的差值。这个测试将分别在最低、中间和最高工作频率上进行,先不采用跳频,然后再跳频。也可以采用改变信息包的长度的方式来测量,如 1 个时隙(DH1)、3 个时隙(DH3)以及 5 个时隙(DH5)。软件控制使这种测量变得简单。

　　图 1.5.23 提供了利用 ESA-E 系列频谱分析仪的蓝牙测试功能,进行载波频率漂移的测量实例。图 1.5.23 显示了一个 101010 重复有效载荷序列,频率漂移为 30 kHz 的蓝牙信号。这已经超出了蓝牙标准所规定的限制,所以软件自动标志了"FAIL"标志符。

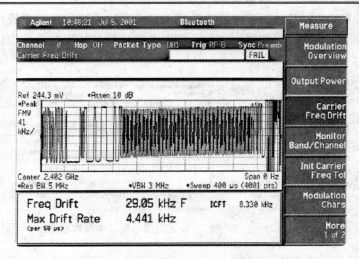

图 1.5.23　利用 ESA-E 系列频谱分析仪进行载波频率漂移的测量

　　如前面所提到的那样，这个载波频率漂移将在跳频和不跳频(在最低、中间、最高频率信道上)的情况下使用三种信息包(DH1、DH3、DH5)进行测试。总共需要进行 12 次测量，很明显，这是很浪费时间的。使用"测试序列器"软件可以解决这个问题。

　　Agilent E1852A 蓝牙测试装置提供了一个"测试序列器"，利用测试序列器进行载波频率漂移测试如图 1.5.24 所示，在不到 5 秒的时间内就可以完成 12 次测量，而且每次测量都是根据蓝牙测试规范进行的。这些蓝牙测试规范是：① 对于 1 个时隙信息包来说，不允许发射器的中心频率漂移超过±25 kHz；② 5 个信息包不超过±40 kHz；③ 最大漂移速率一定是±20 kHz/50 μs。

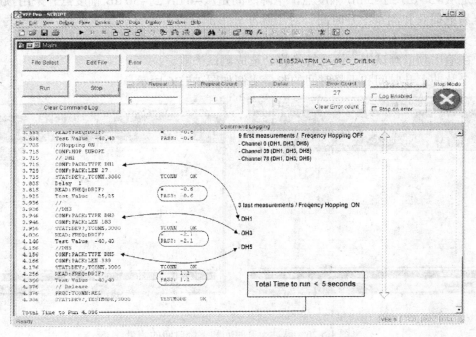

图 1.5.24　利用测试序列器进行载波频率漂移测试

从图 1.5.24 中可知，载波频率漂移的计算不包含在这个测试序列器程序之中，但是利用插入指令能够容易地把计算加进程序里。可以在蓝牙测试装置的通信窗口中读取指令，如图 1.5.25 所示。

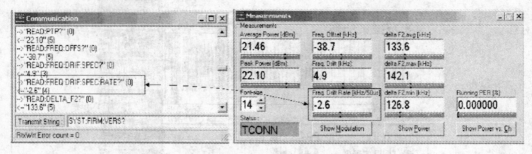

图 1.5.25　在蓝牙测试装置的通信窗口中读取指令

5．定时测试

定时测试可以利用蓝牙信号来完成，这些测试包括脉冲串外形的分析、PLL 设置时间以及其他定时特性。尽管这些测试不是规范要求的，但这些测试能帮助工程师设计满足规范要求的主要性能指标。

1）脉冲外形

利用信号分析仪或者功率表可以在时域上测量脉冲上升和下降时间。蓝牙无线技术对脉冲的上升和下降时间没有定义。通用工业上的定义是：上升时间是从相对最大幅度值的 10%(−20 dB)点到 90%(−0.9 dB)点之间；下降时间的定义相同，不同的是方向相反。数字无绳电话通信(DECT)是和蓝牙相似的标准，但在上升和下降时间的定义上有点不一样，即上升时间是从−30 dB 到−3 dB 幅度点，下降时间是从−6 dB 到−30 dB 幅度点。采用预触发能够很容易地捕获和测量上升时间。对于脉冲外形测试没有定义的测试模板，有些设备能显示比定义更快的瞬态过程。过分快的转换速度将使脉冲具有更陡的边缘，从而产生频谱的扩展。在输出频谱测试中，快速转换将会造成测试失败。

一个脉冲上升时间和下降时间的测量实例如图 1.5.26 所示。

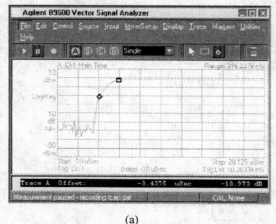

(a)

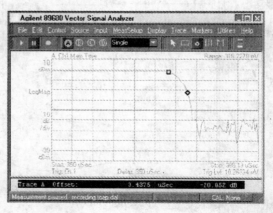

(b)

图 1.5.26　脉冲上升时间和下降时间的测量

2) 频谱测量

图 1.5.27 为一个发射器的频谱图,其中显示了发射器导通时 PLL 的锁定时间。频谱在对这一类型的情况进行分析时是很有用的。图 1.5.27 中,x 轴表示频率,y 轴表示时间,幅度用彩色或者带有亮色的灰色来表示。

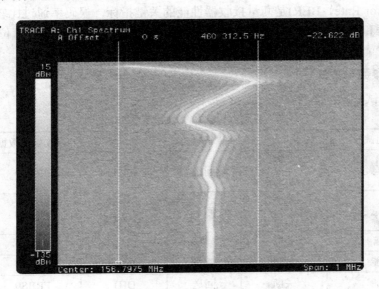

图 1.5.27 发射器的频谱图

利用矢量信号分析仪的时间捕获功能可以产生更复杂的频谱,可以慢速地重现实时数据,并进行符号定时和速率的分析。120 μs 的蓝牙脉冲串的频谱如图 1.5.28 所示。这个实例中的有效载荷数据是 11110000。这些 4 个 1 和 4 个 0 信号可以在中心频率的 157.5 kHz 处看到,在中心频率的左边或者右边。

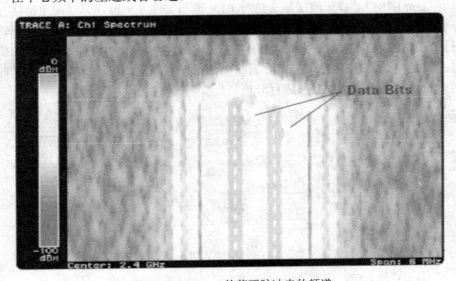

图 1.5.28 120 μs 的蓝牙脉冲串的频谱

1.5.5 蓝牙接收器测试

蓝牙无线电测试规范规定的接收器测量包含以下几部分：单时隙信息包、多时隙信息包、载波抗干扰性能(Carrier-to-Interference，C/I)、阻塞性能、互调性能、最大输入电平。误码率(Bit Error Rate，BER)是衡量接收器性能的关键指标，误码率通过比较发射和接收的有效载荷数据和计算位的差异来决定。发生错误的位数与所接收到的总位数之比就是误码率。

1. 测试参数与条件

接收器测试参数与条件如表 1.5.13 所示。

表 1.5.13 接收器测试参数与条件

接收器测试	跳频	测试模式	信息包类型	有效载荷数据	BER测量
单时隙信息包	关断 导通(可选)	回送	DH1	PRBS9	≤0.1%
多时隙信息包	关断 导通(可选)	回送	DH5 (DH3)	PRBS9	≤0.1%
C/I 性能	关断	回送	支持最长	PRBS9	≤0.1%
阻塞性能	关断	回送	DH1	PRBS9	≤0.1%
互调性能	关断	回送	DH1	PRBS9	≤0.1%
最大输入电平	关断	回送	DH1	PRBS9	≤0.1%

2. 误码率测试设置

可以使用不同的测试设置来测量 BER。与发射器测量设置类似，BER 可以用蓝牙测试系统来测量。

使用 Agilent E1852A 蓝牙测试装置进行 BER 测量如图 1.5.29 所示，一个链接在测试装置和蓝牙 DUT 之间已经确定。DUT 工作在回送测试模式下，接收、解调以及解码输入的信号，然后恢复有效载荷数据，使接收到的信息包与发射的信息包相同。接收到的信息包返回蓝牙测试装置，完成 BER 测量。蓝牙无线电测试规范规定：在进行接收器测量时，最少需要返回 1600000 有效载荷数据位进行分析。

图 1.5.29 使用 Agilent E1852A 蓝牙测试装置进行 BER 测量

BER 测量也可以使用基本的测试系统来完成。这个系统由能够进行 BER 分析的信号发生器和能够进行 FM 解调的信号分析器组成，测量设置如图 1.5.30 所示。对于这个设置，一个专门的内部测试工具必须在设备中。这个工具必须有能力要求设备重发它所接收到的信息包。这样将允许来自数字信号发生器的蓝牙信号被设备的接收器接收、解调，并通过设备的发射器循环，然后返回送入频谱分析仪。这个信号将被频谱分析仪解调，然后发送到信号发生器，用来完成 BER 测试。

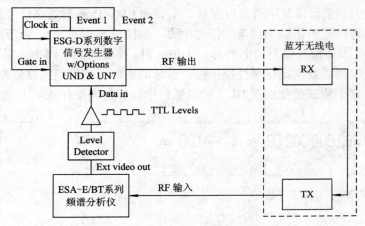

图 1.5.30　基本的 BER 测试系统

在前面的两个测量设置中，蓝牙设备必须有能力重发接收到的信号(已恢复的数据)，必须支持回送测试模式(图 1.5.29 所用的设置)或者有一个内部执行的"循环测试工具"(图 1.5.30 中的设置)。

图 1.5.31 和 1.5.32 提供了两个蓝牙 DUT 作为标准接收器的 BER 测量实例。在它的接收器和发射器之间没有执行回送。BER 测量使用 Agilent ESG-D 系列信号发生器的内部 BER 分析器(UN7 选项)。

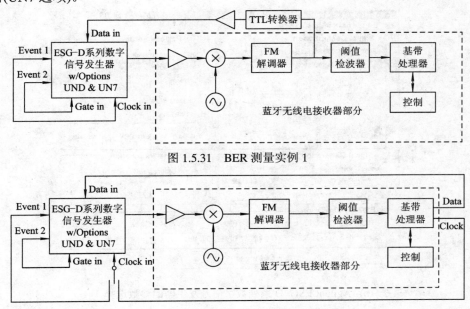

图 1.5.31　BER 测量实例 1

图 1.5.32　BER 测量实例 2

3. 单时隙信息包灵敏度

蓝牙接收器的单时隙信息包灵敏度(Sensitivity Single-slot Packets)是指在允许产生最大的 BER 时,接收器所需要的最小信号电平。可通过向接收器发送一个具有不同损伤的蓝牙信号,测量接收器恢复的有效载荷数据的误码率(BER)来测量灵敏度。蓝牙射频测试规范定义了一组 10 个不同的"脏"的发射器信息包,而且带有损伤,损伤包括有载波频率偏移、载波频率漂移、调制系数以及字符定时漂移。Agilent ESG-D 系列数字信号发生器提供了一个简捷的菜单,可以把损伤添加到蓝牙信号中去,如图 1.5.33 所示。为了满足规范要求,当发射功率,即接收器输入口上的电平为−70 dBm 时,接收器的误码率一定不能高于 0.1%。所有的蓝牙接收器都需要满足这个性能指标。蓝牙的实际灵敏度是接收器在 0.1%的误码率时的信号电平。这个测试是分别在 DUT 的最低、中间和最高工作频率上进行的。

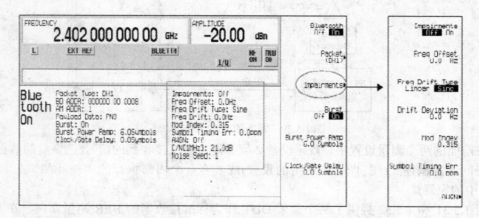

(a) Agilent ESG-D 系列数字信号发生器的菜单

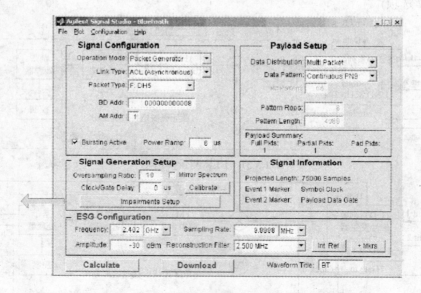

(b) Agilent ESG-D 系列数字信号发生器的参数选择

图 1.5.33　Agilent ESG-D 信号发生器的软件界面

4．多时隙信息包灵敏度

多时隙信息包灵敏度(Sensitivity Multi-slot Packets)的测量与单时隙信息包的测试很相似，主要不同之处就是多时隙测量是在 DH3 或者 DH5 信息包下进行的，而不是采用 DH1。DH1 信息包用于单时隙信息包灵敏度测量。测试的设备所支持的最长的信息包类型用来测量多时隙信息包灵敏度。如图 1.5.33 所示，利用 Agilent ESG-D 信号发生器的软件功能可以改变蓝牙信息包。

5．C/I 性能

C/I 性能(Carrier-to-Interference Performance)测量指在发射所要求的信号的同时，并行发射同信道或者邻近信道的蓝牙信号，然后测试接收器的误码率。测量在同信道与邻近 1 MHz 和 2 MHz 信道上的干扰性能，所要求的信号比参考灵敏度电平高 10 dB。在其他所有频率上所要求的信号一定要比参考灵敏度电平高 3 dB。测试分别在接收器的最低、中间、最高工作频率上进行，带有干扰的信号在所有工作频率的频带范围内。BER 要求小于等于 0.1%。

完成 C/I 性能测试的设置实例如图 1.5.34 所示。Agilent E1852A 蓝牙测试装置建立与 DUT 的通信，并且提供所需要的信号，而同时 ESG-D 数字信号发生器产生一个已调干扰信号的蓝牙信号。蓝牙测试装置接收到从 DUT 返回的信息包，然后进行误码率测量。

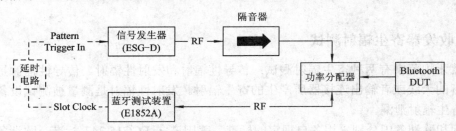

图 1.5.34　C/I 性能测试的设置实例

6．阻塞性能

接收器的阻塞性能(Blocking Performance)测量指在发射所要求的信号的同时，并行发射一个连续波干扰信号，然后测量接收器的误码率。在 2460 MHz 频率处，所要求的信号的发射功率要比参考灵敏度电平高 3 dB。连续波干扰信号(阻塞信号)在 30 MHz～12.75 GHz 频率范围内以 1 MHz 步长增加。在这个频带内，蓝牙 RF 测试规范定义了干扰信号的不同功率电平。BER 测量是在上面的条件下进行的，要求小于等于 0.1%。

阻塞性能测量的设置与图 1.5.34 类似，只需要将 ESG-D 信号发生器换成模拟信号源即可。Agilent 微波信号发生器(E8241A)对于这个应用是理想的。

7．互调性能

互调性能(Intermodulation Performance)测量一些不希望得到的频率成分。这些不希望得到的频率成分是由于两个或者多个信号通过设备的非线性产生的。在频率 f_0 处，所要求的信号被发射，发射功率电平比参考灵敏度电平高 6 dB。为了产生互调(3 次、4 次或者 5 次)，需要产生两个 −39 dBm 的信号。第一个信号是在频率 f_1 处的静态正弦信号，第二个是在频率 f_2 处的蓝牙调制信号。两个信号满足以下条件：

$$f_0=2f_1-f_2$$
$$|f_2-f_1|=n \times 1 \text{ MHz}$$

式中：n=3、4、5。

　　然后测量 BER。如果 BER 大于 0.1%，则表明接收器存在互调失真。图 1.5.34 的设置可以用来测量互调性能，需要添加一个附加的干扰源，由这个干扰源提供静态的正弦信号。

　　8. 最大输入电平

　　当输入信号的功率电平是在规定的最大值−20 dBm 时，最大输入电平(Maximum Input Level)测量接收器的 BER 性能。测试分别在最低、中间、最高工作频率上进行。

1.5.6　蓝牙收发器电源测量

　　蓝牙 RF 测试规范规定了电源电压的测量，这个电压是提供给蓝牙设备的。电源测试以及蓝牙设备对电源线路上寄生信号的抑制是许多应用的整体测试中一个重要的环节。在 DH5 分组包中功率与时间的测量、对频率误差的详细检测都是发现电源线路相关问题的重要方法。这些测量的详细资料在 Agilent 应用说明书的"预整体因数"部分中。Agilent 提供了一个适合这些测试的完整的电源线路，包括通用的电源和满足移动通信产品要求的专用电源。这些直流电源提供低电流测量能力，这样在待机和休眠模式下评估电流消耗是很有用的。

1.5.7　收发器寄生辐射测试

　　在蓝牙规范中有两种寄生辐射测试：传导性辐射和发射性辐射。传导性辐射是测量被测试设备的天线或者输出连接器所产生的寄生辐射。发射性辐射是测量被测试设备的内部产生的寄生辐射泄漏。

　　美国和欧洲各国分别采用各自规定的标准。美国遵守 FCC15.247 标准，欧洲各国遵守 ETSI ETS300328 标准。

　　寄生辐射测试可以利用频谱分析仪在频率范围内扫描来寻找毛刺。蓝牙射频测试规范提供了寄生辐射的指标。ETSI 标准要求频谱分析仪的频率高达 12.75 GHz，而 FCC 标准要求频谱分析仪的频率是 25.0 GHz。

　　测试要符合 CISPR(International Special Committee on Radio Interference)白皮书的第 16 号出版物的相关要求，测试要求带有准峰值检测功能的电磁兼容(EMC)频谱分析仪。这些测试本书不讨论。

1.5.8　蓝牙功率放大器测试

　　1. 蓝牙对功率放大器(PA)特性的要求

　　蓝牙通信是一个 TDD(时分复用)系统，工作在 2.402～2.48 GHz 之间的 ISM 频段内。蓝牙无线电系统使用 0.5BT GFSK(高斯频移键控)数字频率调制方法。采用这种调制方式，载波频率上移 175 kHz 表示一个"1"，下移 175 kHz 表示一个"0"，典型的速率为 1 Mb/s。0.5BT(带宽时间)定义为在半数据速率(即 500 kHz)时的 3 dB 带宽。系统采用 FHSS(跳频扩频)以改善无线电链路的质量和可靠性。跳频速率达到 1600 hops/s。在 GFSK 调制中，信号包含在恒定幅度包络的载波中。功率放大器可以进入饱和状态，从而高效率地提供发射功率。

蓝牙功率放大器特性的要求如下：

(1) 输出频谱的测量。在频域分析功率水平，以确保在给定的条件下 PA 能够满足 FCC 20 dB 带宽的要求(FCC 15.247)和蓝牙发射频谱包络的要求(具体参见表 1.5.14，表中 M 是发射信道的整数信道号，N 是正在被测量的相邻信道的整数信道号)。

表 1.5.14　蓝牙发射机频谱包络的要求

频率偏移量	发射功率/dBm
±550 kHz	−20
|M−N|=2	−20
|M−N|≥3	−40

例如，蓝牙功率放大器 MAX2240 要求测量：

a. 发射输出频谱随 VCC 的变化关系；

b. 发射输出频谱随增益控制电平的变化关系；

c. 发射输出频谱与输入功率变化斜率的关系。

PA 典型的 AM-PM(幅度调制-相位调制)非线性效应使得输入功率的变化速度决定瞬间输出功率谱。当功率变化速度超过一定限度时，AM-PM 的非线性效应将导致输出谱增长。这一新的谱增长必须得到控制，以便使频谱保持在蓝牙规定的带内杂散辐射要求以下。

(2) 1 dB 压缩点的测量。

(3) 小信号 S 参数的测量。

(4) PA 的噪声系数的测量，它表示 PA 产生的总热噪声功率的特性。

(5) 噪声功率的测量，表示在比较宽的频率范围内的噪声功率辐射特性。

(6) 谐波测量。

(7) 输入功率(P_{in})与输出功率(P_{out})关系的测量以及输入功率(P_{in})与电源电流(I_{CC})关系的测量。

因为 MAX2240 是典型的 A 类 PA，所以器件的特性随输入的变化有所不同。测量时应使用 HP 8753E 网络分析仪，由于网络分析仪的瞬时特性 S22 并不代表真正的输出匹配，因此需通过校准网络分析仪使其包含此效应来补偿 20 dB 的负载。

2. 蓝牙功率放大器测试装置

MAX2240 单电源、低电压蓝牙功率放大器提供+20 dBm(100 mW)的额定输出功率，包含一个数字功率控制电路，总共有四个数字控制输出功率水平，可以适应蓝牙功率 1 级和功率 2 级要求。数字输入控制激活和关闭模式，可以在 TDD 系统中有效地操作 PA。下面以蓝牙功率放大器 MAX2240 为例，介绍 PA 的测试装置与参数。

总的测试条件：所有的测试在室温下进行。

调制类型：蓝牙，0.5BT GFSK 和 175 kHz 的频率偏移。

测试装置框图如图 1.5.35～图 1.5.38 所示。图 1.5.35 为输出功率、输出频谱、谐波与 P1dB 的测试装置；图 1.5.36 为小信号 S 参数的测试装置；图 1.5.37 为频谱泄漏的测试装置；图 1.5.38 为噪声系数的测试装置。

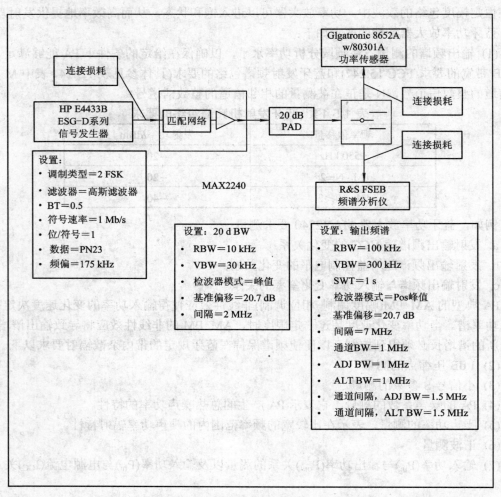

图 1.5.35　输出功率、输出频谱、谐波与 P1dB 的测试装置

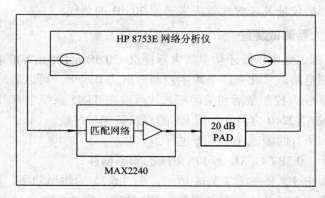

图 1.5.36　小信号 S 参数的测试装置

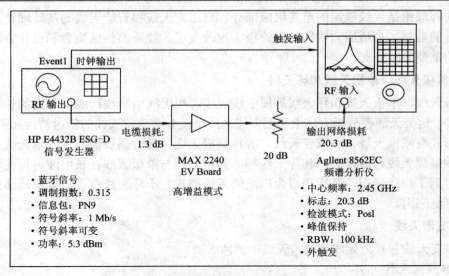

图 1.5.37　频谱泄漏的测试装置

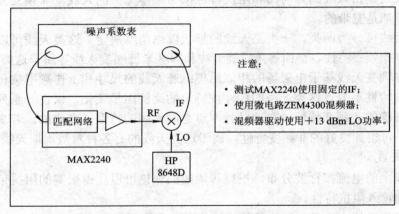

图 1.5.38　噪声系数的测试装置

1.6　天　　线

1.6.1　天线种类

　　天线是无线电通信系统中不可缺少的部分。天线的种类繁多，按工作性质，天线可分为发射天线和接收天线；按用途，天线可分为通信天线、雷达天线、导航天线、电视天线和广播天线等；按工作频段，天线可分为长波天线、中波天线、短波天线、超短波天线和微波天线等；按其结构和分析方法，天线可大致分为线天线和面天线(口径)两大类。

　　天线理论和分析计算方法是天线技术发展的基础。传输线理论、空间积分方程法、等效原理、电磁场矢量积分法等是经典的天线理论和分析计算方法。目前，能够在计算机上运行的各种电磁场数值计算方法(如矩量法、时域有限差分法和几何绕射理论等)是分析各种复杂天线问题的有力工具。

天线阵理论是天线理论的重要组成部分。自适应天线和智能天线的基础理论属于信号处理学科的范畴。自适应天线阵的理论极大地改变了天线阵的传统概念和设计方法，是天线理论的重要前沿分支。

1. 偶极天线、单极天线和环天线

偶极天线、单极天线和环天线等属于线天线。线天线由导线构成，导线的长度比横截面大得多。这类天线在分析方法上利用天线上的电流分布确定天线的辐射特性和阻抗特性。天线的形式有双锥天线、细双锥天线、对称偶极天线、折合偶极天线、八木天线、旋转场天线、蝙蝠翼天线、盘锥天线和环天线等。偶极天线与单极天线在长中波、短波和超短波波段都得到了广泛应用，是应用最为广泛的天线形式。小环天线在手机等移动通信设备中得到了广泛应用。

2. 宽带天线

非频变天线和行波天线是宽带天线中的两大类。

1) 非频变天线

非频变天线是指天线的方向图和阻抗特性都与频率无关的天线。非频变天线的输入阻抗和方向特性都是宽带的。

非频变天线可分为两类。一类是天线的形状仅由角度决定，这类天线可以在连续变化的频率上得到非频变特性。平面等角螺旋天线和阿基米德螺旋天线等属于这类天线。

另一类非频变天线基于电磁场的相似原理：若天线的尺寸和工作频率按相同的比例变化，则天线的特性不变。这类天线的尺寸按特定的比例因子变化，仅在一系列离散频率点上可以得到准确的非频变特性。在这些频率点之间天线的特性是变化的，若变化在允许的范围内，则仍可得到良好的非频变特性。属于这类天线的有各种对数周期天线。

2) 行波天线

行波天线上的电流按行波分布，根据传输线的理论可以获得很宽的阻抗带宽。行波天线具有很宽的输入阻抗特性。

通常获得行波的方法是在天线的终端连接匹配电阻，单导线行波天线、V 形天线、菱形天线等属于这种情况。若由于辐射使天线电流衰减到终端电流可以忽略不计的程度，则也可以不接匹配电阻，等角螺旋天线、阿基米德螺旋天线和粗螺旋天线都属于这种情况。

3. 超宽带天线

超宽带(Ultra Wide Band，UWB)无线电不使用载频，而是以占空比很低的冲击脉冲作为信息的载体，直接发射和接收冲激脉冲串。冲击脉冲通常采用单周期高斯脉冲，频谱的宽度和中心频率由脉冲波形决定，一般脉冲宽度为 0.2～1.5 ns，重复周期为 25～1000 ns。冲击脉冲具有很宽的频谱，如宽度为 1 ns 的高斯脉冲，其中心频率为 1 GHz 时相对带宽约为 1 GHz。超宽带天线要求天线的传输函数在整个带宽中具有平坦的幅频特性和线性的相位特性，能够无畸变地辐射和接收超宽带脉冲信号。例如，窄带的细半波偶极天线的传输函数的相位特性近似是线性的，通过加载改善幅频特性，可以应用于超宽带辐射。

目前研究的超宽带天线的形式有加载偶极天线、双锥天线及变形、TEM 喇叭等，这几类天线的严格的数学分析都比较困难，多采用 FDTD(Finite Difference Time Domain，时域有限差分法)或者 FDTD 加遗传算法进行结构优化。

4．波导口和喇叭天线

波导开口面是最简单的口径天线，但波导开口面辐射特性较差，很少直接作为辐射器。为了得到较好的辐射特性，通常把波导的开口面逐渐扩大使波导口变成喇叭。喇叭天线结构简单，波瓣受其他杂散因素影响小，两个主平面的波瓣易被分别控制。嗽叭天线常作为抛物面天线的馈源及标准增益天线等使用。

喇叭天线有 H 面扇形喇叭、E 面扇形喇叭、角锥喇叭、圆锥喇叭、多模喇叭、波纹喇叭等多种形式。在喇叭天线中，可以利用透镜将喇叭内的球面波或者柱面波变成平面波，构成透镜天线。

5．反射面天线

反射面天线通常由馈源和反射面组成。馈源可以是振子、喇叭、缝隙等弱方向性天线，反射面可以是旋转抛物面、切割抛物面、柱形抛物面、球面、平面等。旋转抛物面是一种主瓣窄、副瓣低、增益高的微波天线，常用来得到笔形波束、扇形波束或具有特殊形状的波束，在雷达、通信、天文等领域有着广泛的应用。

反射面天线辐射场的计算方法主要有感应电流法、口径场法和几何绕射理论。感应电流法(又称镜面电流法)和口径场法是计算反射面天线的两种经典方法。

6．缝隙天线

缝隙天线是由金属面上的缝隙构成的天线。缝隙天线的形式很多，可以加工在各种形状的金属面上，缝隙可由同轴线或波导馈电。缝隙天线在飞机、导弹等高速飞行器上得到了广泛应用。

加工在波导壁上的缝隙天线阵是缝隙天线的另一种形式，由于这种天线阵对天线口径内场的幅度分布容易控制，口径面利用率高，体积小，易于实现低副瓣特性，因而在各种地面、舰载、机载、弹载、导航、气象等领域获得了广泛应用。

7．微带天线

微带天线有微带贴片天线、微带振子天线、微带线型天线、微带缝隙天线、微带天线阵等多种形式。微带贴片天线是在带有导体接地板的介质基片上附加导体贴片构成的天线，贴片可以是矩形、圆形、圆环形、窄条形等各种规则形状。如果贴片是窄长形的薄片振子，则称为微带振子天线。微带线型天线利用微带传输线的各种弯曲结构形成的不连续性来辐射电磁波。微带缝隙天线是由介质基片另一侧的微带线激励的接地板上的缝隙构成的一种缝隙天线或口径天线。微带天线阵由微带天线元组成，有直线阵和平面阵形式。

微带天线的剖面低、重量轻，可与各种载体共形。馈电网络可与天线印制在一起，适合采用印制电路技术批量生产，便于实现圆极化、双极化、双频段工作，但功率容量小，损耗(介质损耗和表面波损耗等)大，因此效率低、频带窄。

微带天线的分析方法主要有传输线模型法和空腔模型法。传输线模型法主要用于矩形微带贴片天线，是一种一维空间的分析方法。空腔模型法是一种二维空间的分析方法，适用于基片厚度远小于波长的情况。

对于电磁耦合微带天线、多层结构等复杂微带天线结构，通常采用积分方程法或谱域导抗法。

8. 阵列天线

阵列天线是使用某些方向图较尖锐的天线(如抛物面天线),或者用某种弱方向性的天线按一定的方式排列起来组成的天线阵。组成天线阵的天线叫做天线元。常用的天线阵按其维数分为一维线阵和二维面阵。线阵是天线阵的基础,天线阵的主要参数有阵元数、阵元的空间分布、各阵元的激励幅度和激励相位等。

阵列天线适合在点对点通信、雷达等要求天线方向图较尖锐和增益较高的情况下使用。

9. 自适应天线阵

自适应天线阵通过对各阵元信号的幅度和相位进行自适应控制,使天线阵的主瓣方向自动对准需要的信号,零点方向自动对准干扰信号,以达到增强有用信号、抑制干扰信号的目的。自适应天线阵极大地改变了天线阵的传统概念和设计方法,已成为天线理论的重要前沿分支。

自适应天线阵通过最小均方误差(MSE)准则、最大信噪比(SNR)准则、最大似然比(LH)准则、最小噪声方差准则等不同的准则来确定自适应权,并利用不同的算法来实现这些准则。

自适应算法主要分为闭环算法和开环算法。主要的闭环算法有最小均方(LMS)算法、差分最陡下降(DSD)算法、加速梯度(AG)算法,以及它们的一些变形算法。闭环算法实现简单,性能可靠,不需要数据存储,但收敛于最佳权的响应时间取决于数据特征值的分布,在某些干扰分布的情况下算法收敛速度较慢。开环算法主要有直接矩阵求逆(DMI 或 SMI)法。DMI 法的收敛速度和相消性能都比闭环算法好得多。开环算法被认为是实现自适应处理的最佳途径。自适应算法和工程实现是自适应天线理论研究的热点。

1.6.2 天线的基本参数

天线的方向特性、阻抗特性、效率、极化特性、有效长度、有效面积、频带宽度、接收天线的等效噪声温度等参数是评价天线电性能的主要指标。根据互易原理,同一天线用做接收和发射时性能相同,因此除了专用于描述接收天线性能的等效噪声温度之外,天线电参数的定义都建立在发射天线的基础之上。

1. 天线的方向特性参数

一般说来,天线的辐射场 E 在球坐标系中总可以表示为

$$E = A(r)f(\theta, \varphi) \tag{1.6.1}$$

式中:A(r)为幅度因子;f(θ, φ)为方向因子,称为天线的方向性函数。

在各种坐标系中,根据天线的方向性函数绘出的图,称为天线的方向图,如场强振幅方向图、功率方向图、相位方向图和极化方向图。场强振幅方向图表征天线的场强振幅方向特性,功率方向图表征天线的功率方向特性,相位方向图表征天线的相位方向特性,极化方向图表征天线的极化方向特性。通常使用的是功率方向图或场强振幅方向图。

天线的方向图是一个三维图形,为了方便,常采用两个相互正交的主平面上的剖面图来描述天线的方向性,通常取 E 平面(电场矢量与传播方向构成的平面)和 H 平面(磁场矢量与传播方向构成的平面)作为两个正交的主平面。通常采用极坐标或直角坐标绘制方向图,极坐标方向图直观性强,直角坐标方向图易于表示和比较各方向上场强电平的相对大小。

为了便于比较各种天线的方向图，方向图一般都对最大值归一化。

在天线方向图中的最强辐射区域称为天线方向图的主瓣，其他辐射区域称为副瓣或旁瓣。副瓣中最值得注意的是主瓣两边的第一副瓣和与主瓣方向相反的后瓣。主瓣和副瓣统称为方向图的波瓣。波瓣之间存在的辐射强度为零的区域称为方向图的零点。

半功率波瓣宽度和零点波瓣宽度是两个描述方向图主瓣在给定主截面上特性的重要参数。半功率主瓣宽度定义为

$$BW_{0.5} = \theta_{0.5}^{right} + \theta_{0.5}^{left} \tag{1.6.2}$$

式中，$\theta_{0.5}^{left}$ 和 $\theta_{0.5}^{right}$ 为从天线的最大辐射方向到半功率点的角度。

零点波瓣宽度定义为

$$BW_0 = \theta_0^{right} + \theta_0^{left} \tag{1.6.3}$$

式中，θ_0^{right} 和 θ_0^{left} 为从最大辐射方向到第一零点之间的角度。

天线最大辐射强度与天线最大副瓣辐射强度之比定义为天线的副瓣电平(SLL)。天线的最大辐射强度与相反方向上的辐射强度之比定义为天线的后瓣电平(FBR)。天线的功率方向图及相关参数的示意图如图 1.6.1 所示。

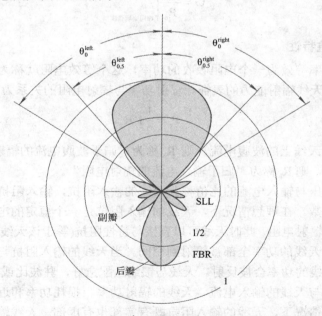

图 1.6.1　天线的功率方向图及相关参数的示意图

方向性系数用来表征天线辐射能量集中的程度，其定义为：在相同的辐射功率下，某天线在空间某点产生的电场强度的平方与理想无方向性点源天线(该天线的方向图为一球面)在同一点产生的电场强度平方的比值，即

$$D(\theta, \varphi) = \frac{E^2(\theta, \varphi)}{E_0^2}\bigg|_{\text{相同辐射功率}} \tag{1.6.4}$$

由于辐射功率和电场强度成正比，方向性系数也可以定义为在某点产生相等电场强度的条件下无方向性点源辐射功率 P_0 与某天线的总辐射功率 P_r 之比，即

$$D = \frac{P_0}{P_r}\bigg|_{\text{相同电场强度}} \tag{1.6.5}$$

天线增益的定义与方向性系数相似，但实际天线与理想天线场强平方的比值是在相同输入功率条件下进行的，即在相同的输入功率下，某天线在空间某点产生的电场强度的平方与理想无方向性点源天线在同一点产生的电场强度平方的比值：

$$G(\theta, \varphi) = \frac{E^2(\theta, \varphi)}{E_0^2}\bigg|_{\text{相同输入功率}} \tag{1.6.6}$$

同样，增益也可以定义为在某点产生相等电场强度的条件下，无方向性点源天线输入功率 P_{in0} 与某天线的总输入功率 P_{in} 之比，即

$$G = \frac{P_{in0}}{P_{in}}\bigg|_{\text{相同电场强度}} \tag{1.6.7}$$

2．天线的阻抗特性

将天线辐射功率等效为一个电阻吸收的功率，这个等效电阻就称为天线的辐射电阻。辐射电阻可以作为天线辐射能力的表征。辐射功率与辐射电阻的关系为

$$P_r = \frac{1}{2}I^2 R_r \tag{1.6.8}$$

式中，电流 I 若取天线上的波腹电流，则 R_r 称为"归于波腹电流的辐射电阻"；若电流 I 取天线的输入电流，则 R_r 称为"归于输入电流的辐射电阻"。

天线的输入电压与输入电流的比值称为天线的输入阻抗，输入阻抗是决定天线与馈线匹配状态的重要参数。在理想情况下，天线的输入阻抗是一个恒定的电阻，其值等于该天线归于输入电流的辐射电阻。此时天线可以直接与特性阻抗(等于该天线辐射电阻的传输线)相连，传输线馈入天线的功率全部被辐射到空间。当天线的输入阻抗与传输线的特性阻抗不匹配时，馈入天线的功率会被反射。天线与馈线匹配愈好，驻波比或回波损耗愈小。

天线输入阻抗与天线的输入电流、天线的辐射功率、损耗功率和近区场中储存的无功能量等有关。一般情况下，天线的输入阻抗既有实部也有虚部。天线输入阻抗的计算是比较困难的，特别是输入电抗，因为它需要准确地知道天线上的电流分布和近区感应场的表达式。

3．天线的效率

天线的效率定义为天线的辐射功率与输入功率之比，即

$$\eta = \frac{P_r}{P_{in}} = \frac{P_r}{P_r + P_l} \qquad\qquad (1.6.9)$$

式中：P_r、P_{in}、P_l 分别是天线的辐射功率、输入功率和损耗功率。式(1.6.9)也可以写成：

$$\eta = \frac{R_r}{R_{in}} = \frac{R_r}{R_r + R_l} \qquad\qquad (1.6.10)$$

式中：R_r、R_{in}、R_l 分别是天线的归于输入电流的辐射电阻、输入电阻和损耗电阻。

从式(1.6.10)可见，为了提高天线的效率，应尽可能提高天线的辐射电阻 R_r 和降低损耗电阻 R_l。

4．天线的极化特性

天线的极化特性是指天线辐射电磁波的极化特性。由于电场与磁场有恒定的关系，通常都以电场矢量端点轨迹的取向和形状来表示电磁波的极化特性，电场矢量方向与传播方向构成的平面称为极化平面。电磁波的极化方式有线极化、圆极化和椭圆极化。

电场矢量恒定指向某一方向的波称为线极化波，工程上常以地面为参考。电场矢量方向与地面平行的波称为水平极化波，电场矢量方向与地面垂直的波称为垂直极化波。若电场矢量存在两个幅度不同且相位相互正交的坐标分量，则在空间某给定点上合成电场矢量的方向将以场的频率旋转，其电场矢量端点的轨迹为椭圆。随着波的传播，电场矢量在空间的轨迹为一条椭圆螺旋线，这种波称为椭圆极化波。当电场的两正交坐标分量具有相同的振幅时，椭圆变成圆，此时这种波称为圆极化波。椭圆极化波可视为两个同频率线极化波的合成，或两个同频反相圆极化波的合成。线极化波和圆极化波可视为椭圆极化波的特例。

根据天线辐射的电磁波是线极化或圆极化，相应的天线称为线极化天线或圆极化天线。

极化效率是接收天线的极化参数。极化效率定义为：天线实际接收的功率与极化匹配良好时天线在此方向所应接收的功率之比。当入射平面波的极化椭圆在给定方向上与接收天线具有相同的轴比、倾角和极化方向时，在此给定方向上天线将获得最大信号，这种情况称为极化匹配。

5．天线的有效长度和有效面积

有效长度和有效面积是用来表示天线发射和接收电磁波能力的参数，有效长度是针对线天线定义的，有效面积是针对口径天线定义的。

发射天线的有效长度定义为假想天线的长度，该假想天线的电流是均匀分布的，其大小等于原天线输入端的电流，且在最大辐射方向能产生与原天线相等的电场。

发射天线的有效面积定义为一具有均匀口径场分布的口径天线的面积，该口径天线与原口径天线在最大辐射方向产生相同的辐射场强。接收天线的有效面积的定义为：天线所接收的功率等于单位面积上的入射功率乘以它的有效面积。

6．天线频带宽度

以上各种参数都和天线的工作频率有关。天线的频带宽度根据天线参数的允许变动范围来确定，这些参数可以是方向图、主瓣宽度、副瓣电平、方向性系数、增益、极化、输入阻抗等。天线的频带宽度随规定参数的不同而不同，由某一参数规定的频带宽度一般并不满足另一参数的要求。若同时对几个参数都有要求，则应以其中最严格的要求作为确定天线频带宽度的依据。

天线频带宽度通常用相对带宽表示，即

$$B = \frac{f_{max} - f_{min}}{(f_{max} + f_{min})/2}$$ (1.6.11)

对于天线的带宽，目前习惯按以下的相对带宽进行分类。

(1) 窄带天线：$0\% \leqslant B \leqslant 1\%$；

(2) 宽带天线：$1\% \leqslant B \leqslant 25\%$；

(3) 超宽带天线：$25\% \leqslant B \leqslant 200\%$。

天线带宽还可用比值 f_{max}/f_{min} 来表示。

7. 接收天线的等效噪声温度

等效噪声温度是接收天线的特殊参数，是天线用于接收微弱信号时的一个重要参数。在信号十分微弱且干扰十分突出的场合，仅仅用天线的增益、有效面积等参数已不能衡量天线性能的优劣，必须把天线输送给接收机的信号功率和噪声功率的比值作为重要参数。表征天线向接收机输送噪声功率的参数就是天线的等效噪声温度。

噪声温度的概念来源于电阻的热噪声。为了降低天线的噪声温度，应该减小天线损耗，提高天线的效率；减小指向地面的副瓣，降低环境温度；对天线制冷，降低天线自身温度。天线等效噪声温度与天线所处的环境密切相关，因此计算十分困难，一般由测量确定。

1.6.3 天线参数测试

1. 射频天线系统的组成框图

一个典型的射频天线系统的组成如图 1.6.2 所示。其中，发送/接收复用器用于在同一天线系统中传输上行/下行信号；低通滤波器用于阻止带外谐波干扰；阻抗匹配电路用于消除传输线上过多的驻波，同时进一步消除带外谐波；传输线用于连接空间上隔开的设备和天线，在射频通信中一般采用同轴电缆作为传输线。

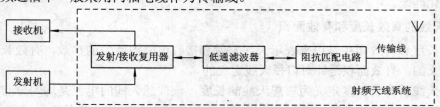

图 1.6.2 射频天线系统的组成框图

在实际的天线系统中，由于复杂的外界因素常常会影响射频天线的实际性能，射频参数的分布性和周围环境的特性常使天线系统的实际性能与设计指标相差甚远，因此，为达到实用指标，需要对射频天线系统进行现场调测校准。

2. 天线的电长度与谐振频率的关系

天线的长度与发射或接收信号的波长有关。一般来说，天线长度应是中心工作频率波长的 1/4 或 1/2。天线的等效电容、等效电感和终端效应等会使天线的电长度比实际长度要大，实际长度＝电长度×系数 k。天线的实际谐振频率 f_0 和电长度一般应满足表 1.6.1 所示的关系，所以天线长度有两种表示方式：一种为电长度，另一种为实际长度。对于短天线，可以直接测量其实际长度，由表 1.6.1 可以估算其电长度 L 和谐振频率 f_0。对于长天线，这种方法就不实用了，应测量出天线的电长度 L 和谐振频率 f_0。

表 1.6.1　天线的电长度与谐振频率的关系

天线类型	天线形状	电长度 L	实际长度=电长度×k 系数	工作频率范围
全波天线	——————	$\{L\}_m = 300/\{f_0\}_{MHz}$	k = 0.96	<3 MHz
半波天线	⌐‾⌐	$\{L\}_m = 150/\{f_0\}_{MHz}$	k = 0.95	3~30 MHz
1/4 波长天线	1/4波长	$\{L\}_m = 76/\{f_0\}_{MHz}$	k = 0.94	>30 MHz

3. 用吸收电路法测量简单天线的谐振频率

吸收电路的工作原理如图 1.6.3(a)所示，高频信号发生器输出的等幅波通过电感 L_1 耦合到被测 LC 谐振电路，当信号发生器的输出频率调谐到 LC 回路的谐振频率时，微安表指示的电流下降到最小值，称为"吸收"。这时 LC 回路的谐振频率就等于信号发生器的输出频率。如果将 LC 回路用被测天线替代，则可测量天线的谐振频率。如果天线不调谐，则说明感应信号较弱，这时可以在天线回路中串接一个感应线圈，如图 1.6.3(b)所示，这种情况适用于测量简单的接地天线。

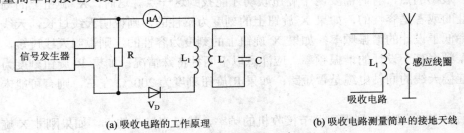

(a) 吸收电路的工作原理　　　　　　(b) 吸收电路测量简单的接地天线

图 1.6.3　简单天线的谐振频率测量

4. 用射频谐振表测量天线系统的谐振频率

复杂的射频天线系统应采用射频谐振表进行测量，如图 1.6.4 所示。射频谐振表的工作原理与图 1.6.3(a)所示的吸收电路的工作原理基本相同，即射频源发射的电磁波会被邻近的天线系统吸收。如果射频源频率是天线系统的谐振频率，则吸收量最大。射频谐振表发射频率可调的射频信号，同时还可以测量电磁波强度，当观测到电磁波强烈吸收时，即得到天线的谐振频率。测试方法是将射频谐振表的探头接触天线的导体，并缓慢转动拨轮以调整发射频率，同时观察表头，当表头出现一个尖锐的最小值点时，拨轮上正对刻度指示的频率即为天线的实际谐振频率。

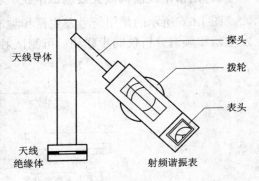

图 1.6.4　天线系统的谐振频率测量

5．用噪声桥测量天线的阻抗和谐振频率

噪声桥是一种常用的射频天线测试设备，其基本功能是测量天线的阻抗和谐振点，测试连接如图 1.6.5 所示。噪声桥上有两个带有刻度的旋钮，分别标注为 X(代表纯电抗)和 R(代表纯电阻)。

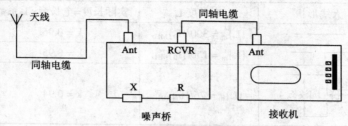

图 1.6.5　用噪声桥测试天线系统

首先，将 R 设为同轴电缆的特征阻抗，将 X 设为中间零刻度。打开接收机，将接收机频率设置为天线设计的谐振频率，在接收机中将会接收到噪声桥产生的噪声。如果天线的实际谐振频率等于接收机设置的频率，这时接收机将位于一个噪声最小的区间，无论向高或向低调节接收机的频率，接收到的噪声都将显著增大。受环境因素的影响，天线实际的谐振频率一般不等于天线设计的谐振频率，因此，这一步一般不太可能位于这个噪声最小的区间。然后，调节噪声桥的 R 旋钮找到接收机上噪声最小的点，并调节噪声桥的 X 旋钮找到噪声最小的点，有时需要两个旋钮联动才能找到这一点。这时，X 旋钮上的刻度有可能是感性的或者是容性的，如果 X 旋钮上的刻度为感性的，则说明天线过长，天线的实际谐振频率低于设计的谐振频率；如果 X 旋钮上的刻度为容性的，则说明天线过短，天线的实际谐振频率高于设计的谐振频率。应注意以下两种特殊情况：如果 R 旋钮刻度为零，则应检查连接天线的同轴电缆是否短路；如果 R 旋钮刻度为 200 Ω 左右，则有可能未连接好天线。

然后将 X 旋钮恢复到零，调节接收机的频率，找噪声最小的点，如果刚才 X 旋钮为感性的刻度，则应将频率调低，否则要将频率调高，得到天线的实际谐振频率 f_0。噪声桥还可用于传输线的性能测量、高频谐振电路测量和电容电感测量。

6．用常用仪器构成天线测试系统

图 1.6.6 所示的是用信号发生器和频谱分析仪组成的射频天线频率特性测试系统。信号发生器和频谱分析仪同步联动，可测试射频天线的频率特性。

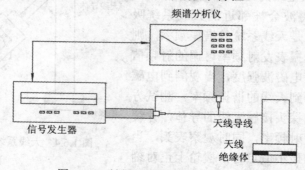

图 1.6.6　射频天线频率特性测试系统

第 2 章　5.8 GHz/2.4 GHz 无线收发电路设计

2.1　ML5800 5.8 GHz 1.5 Mb/s FSK 收发电路

2.1.1　ML5800 主要技术特性

ML5800 是一种工作在 5.8 GHz 的高集成度收发器，适合在数字无绳电话、无线 PC 外设、无线游戏操作和无线移动媒体中应用。

ML5800 包含实现数字无绳电话所需要的频率发生器、接收器和发射器，外加功率放大器、天线开关电路和控制器，可构成一个完整的收发机系统。该芯片采用 FSK 调制解调方式，数据速率为 1.536 Mb/s，灵敏度为 −103 dBm，输出功率为 0 dBm，片内可校准电压 2.7~3.6 V，接收模式电流消耗为 65~90 mA，发射模式电流消耗为 60~80 mA，待机模式电流消耗为 0.1~10 μA，具有 3 线制串行接口和模拟信号强度指示输出。

2.1.2　ML5800 引脚功能与内部结构

ML5800 采用 LPCC-32(5 mm×5 mm)封装，引脚端功能如表 2.1.1 所示。

表 2.1.1　ML5800 引脚端功能

引　脚	符　号	功　　　能
电源和地		
8	VSS	数字地
10	VCCPLL PWR/O	PLL 电源，需要连接退耦电容器到地
12	GNDPLL	PLL 地
13	VCCB PWR/I	VCO 基准电压电源输入，必须通过退耦电路连接到 VCCIF PWR/O(引脚端 29)
14	VCCVCO PWR/O	VCO 电源去耦连接端
16	GNDLO	VCO 和 LO 电路直流地
N/A	GNDDB	裸露焊盘接地
18	VCCRXMIX PWR/I	接收混频器电源电压输入，需要连接退耦电容器到地，必须连接到 VCCTXMIX PWR/O(引脚端 27)
19	VCCLNA PWR/I	接收 LNA 电源电压输入，需要连接退耦电容器到地，必须连接到 VCCTXMIX PWR/O(引脚端 27)
17	GNDMIX	接收混频器信号地
22	GNDTX	发射器接地

引 脚	符 号	功 能
23	VCCRF PWR/O	LO 部分电源去耦连接端
24	VCCA PWR/I	2.7~3.8V 电源输入端，需要连接退耦电容器到地
25	GNDIF	IF 电路地
26	VBG PWR/O	基准电压退耦，需要连接退耦电容器到地
27	VCCTXMIX PWR/O	发射混频器电路电源退耦，需要连接退耦电容器到地
29	VCCIF PWR/O	IF 电路电源退耦，需要连接退耦电容器到地
31	VDD PWR/I	逻辑接口和控制寄存器电源，需要连接退耦电容器到地
发射与接收		
20	RXI	接收 RF 输入端，需要简单的外部匹配网络，AC 耦合
21	TXO	发射 RF 输出端(集电极开路输出形式)，需要外部匹配网络，需要 DC 连接到 VCCA
数据		
7	AOUT	模拟输出方式、发射功率控制方式和模拟测试方式多功能输出端
30	DIN	发射数据输入端
32	DOUT	解调后串行数据输出端
模式控制与接口		
1	XCEN	能隙基准和电压基准使能控制端，高电平使能
2	RXON	发射/接收控制输入端
3	PAON	功率放大器控制输出端
9	FREF	12.288 MHz 或者 6.144 MHz 基准频率输入端
11	QPO	鉴相器的充电泵输出端
15	VTUNE	来自 PLL 回路滤波器的 VCO 调谐电压输入端
28	RSSI	信号强度指示缓冲输出端
串行数据总线		
4	EN	总线使能控制端
5	DATA	串行控制总线数据端
6	CLK	串行控制总线时钟

　　ML5800 的内部结构框图如图 2.1.1 所示。芯片包含接收混频器(Receiver Mixer)、正交发生器(Quadrature Generation)、正交下混频器(Quadrature Downmixers)、滤波器组(Filter Alignment)、信号强度指示器(RSSI)、频率–电压转换器(F to V)、发射混频器(Transmit Mixer)、3.9 GHz 压控振荡器(3.9 GHz VCO)、控制寄存器(Control Registers)、锁相环分频器(PLL Divider)、基准分频器(Ref. Divider)、两通道调制器(Two-port Modulator)和模式控制(Mode Control)等电路。

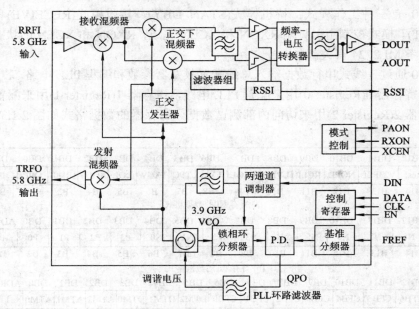

图 2.1.1　ML5800 的内部结构框图

2.1.3　ML5800 应用电路

ML5800 的应用电路如图 2.1.2 所示。图中，功率放大器采用 ML5803；发射/接收转换开关(T/R SWITCH)用来转换发射与接收通道信号到天线(ANTENNA)；基带控制器(BASEBAND IC)通过配置寄存器和 3 线式串行总线来配置 ML5800，通过控制接口来控制 ML5800 工作。

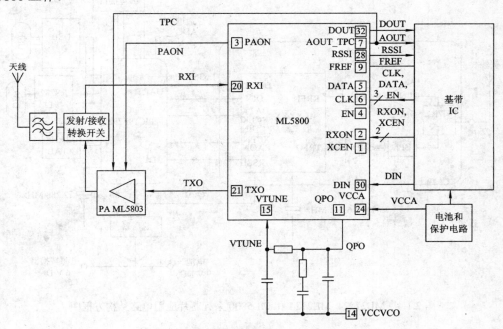

图 2.1.2　ML5800 的应用电路

　　ML5800 有三种工作模式：待机模式(STAN DBY)、接收模式(RECEIVE)和发射模式(TRANSMIT)。模式控制由引脚端 RXON 和 XCEN 完成，RXON 和 XCEN 的状态与模式控制关系请参考 ML2724 有关部分。

　　ML5800 通过 3 线式串行数据输入总线配置收发器参数和编程 PLL 电路。芯片内部有 3 个寄存器，寄存器 0(Register 0)用来配置 PLL 电路，寄存器 1(Register 1)用来配置通道频率数据，寄存器 2(Register 2)用来访问内部测试数据。寄存器的数据格式如图 2.1.3 所示。

MSB					数据									地址	
DB13	DB12	DB11	DB10	DB9	DB8	DB7	DB6	DB5	DB4	DB3	DB2	DB1	DB0	ADR1	ADR0
Res.	Res.	V23PLL	NOPD	RCLP	LVLO	TXOL	TXM	TPC	TXCW	LOL	AOUT	RD0	QPP	0	0
B15	B14	B13	B12	B11	B10	B9	B8	B7	B6	B5	B4	B3	B2	B1	B0

(a) 寄存器0的数据格式

DB13	DB12	DB11	DB10	DB9	DB8	DB7	DB6	DB5	DB4	DB3	DB2	DB1	DB0	ADR1	ADR0
N9	N8	N7	N6	N5	N4	N3	N2	N1	N0	P3	P2	P1	P0	0	1
B15	B14	B13	B12	B11	B10	B9	B8	B7	B6	B5	B4	B3	B2	B1	B0

(b) 寄存器1的数据格式

DB13	DB12	DB11	DB10	DB9	DB8	DB7	DB6	DB5	DB4	DB3	DB2	DB1	DB0	ADR1	ADR0
TMODE	CFB6	CFB5	CFB4	CFB3	CFB2	CFB1	CFB0	DTM2	DTM1	DTM0	ATM2	ATM1	ATM0	1	0
B15	B14	B13	B12	B11	B10	B9	B8	B7	B6	B5	B4	B3	B2	B1	B0

(c) 寄存器2的数据格式

图 2.1.3　寄存器的数据格式

　　ML2722、ML2724 和 ML5800 芯片与微控制器 PIC18F252 构成的收发器电路方框图如图 2.1.4 所示，图中电路可实现的参数如表 2.1.2 所示。

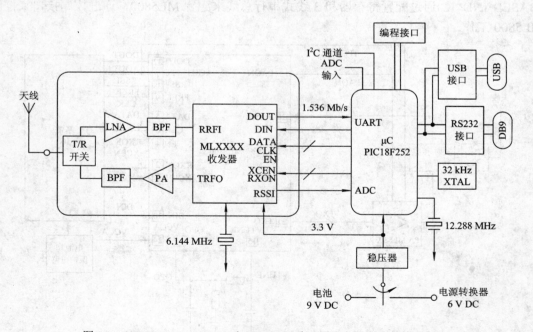

图 2.1.4　ML2722、ML2724 和 ML5800 系列芯片应用电路结构方框图

表 2.1.2　图 2.1.5 电路可实现的参数

参　数	ML5800SK02	ML2724SK02	ML2722SK02
RF 载波频率/MHz	5725～5850	2400～2483	902～928
调制	2FSK	2FSK	2FSK
数据速率/(Mb/s)	1.536	1.536	1.536
数据编码	曼彻斯特编码	曼彻斯特编码	曼彻斯特编码
到基带控制器接口	异步 UART	异步 UART	异步 UART
发射功率/dBm	22	16	18
接收灵敏度	−95 dBm@10-3BER	−95 dBm@10-3BER	−95 dBm@10-3BER

2.2　ML5824 5.8 GHz/2.4 GHz 收发电路

2.2.1　ML5824 主要技术特性

ML5824 是一种工作在 5.8 GHz/2.4 GHz 的高集成度收发器，其包含了实现数字无绳电话所需要的频率发生器、接收器和发射器，外加功率放大器、天线开关控制器等电路，可构成一个完整的收发机系统，适合在数字无绳电话、无线 PC 外设、无线游戏操作和无线移动媒体中应用。

ML5824 采用 FSK 调制解调方式，数据速率为 1.536 Mb/s，接收输入频率为 5.725～5.850 GHz，接收输出频率为 2.380～2.505 GHz，噪声系数为 4 dB，输入 IP_3 为 −14 dBm，发射输入频率为 2.380～2.505 GHz，发射输出频率为 5.725～5.850 GHz，输出功率为 3.5～5.5 dBm，可直接与许多 2.4 GHz 的收发器接口，电源电压为 2.7～3.6 V，接收模式电流消耗为 50～60 mA，发射模式电流消耗为 95～110 mA，待机模式电流消耗为 10 μA。

2.2.2　ML5824 引脚功能与内部结构

ML5824 采用 LPCC–28 封装，其引脚端功能如表 2.2.1 所示。

表 2.2.1　ML5824 引脚端功能

引　脚	符　号	功　　能
电源和地		
2	VSSMX	混频器地
7	VCCA	稳压的外部电源电压输入，需要连接退耦电容器到地
14	VSSPLL	PLL 地
15	VSSLO	VCO 和 LO 地
24	VTXB	发射器缓冲器电源电压，连接到引脚端 7
X	VSS DB	裸露的焊盘，连接到地
电压调节器		
1	VMIX	2.7 V 电源电压退耦引脚端，连接到引脚端 26
12	VREG1	2.7 V 电压输出
17	VREG2	2.5 V 电压输出
18	VBG2	2.24 V 基准电压 2 退耦引脚端

引　脚	符　号	功　能
19	VREG3	2.7 V 电源电压退耦引脚端
25	VBG1	2.24 V 基准电压 1 退耦引脚端
26	VREG4	2.7 V 电源电压输出，连接到引脚端 1 和 28
28	VLNA	2.7 V LNA 电源电压退耦引脚端，连接到引脚端 26
RF 发射/接收		
27	RXI	5.8 GHz 接收输入，需要简单的匹配网络，AC 耦合
23	TXO	5.8 GHz 发射输出，需要在 5725～5850 MHz 频率范围内匹配
4,3	RXOP,RXON	差分 2.4 GHz 接收输出
20,21	TXIP,TXIN	差分 2.4 GHz 发射输入
RF 控制与其他		
11	XCEN	收发器使能控制，高电平有效，低电平时进入低功耗模式(待机模式)
10	TXON	TX/RX 控制输入，选择发射或者接收模式
5	RFISET	连接一个 255 Ω 电阻到地
6	RXGN	增益步进输入控制。高电平时接收器为高增益模式，低电平时为低增益模式
13	QPO	充电泵输出，连接到外部回路滤波器
16	VTUNE	VCO 调谐电压输入
22	TXISET	连接一个电阻到地，设置输出 PA 的偏置电流
8	FREF	基准频率输入
9	REFSEL	基准分频器控制，如果 REFSEL 是高电平，则 FREF 被 4 分频，或者 FREF 被 3 分频

　　ML5824 的内部结构框图如图 2.2.1 所示，芯片内部包含发射电路(TX Subsystem)、接收电路(RX Subsystem)、PLL、控制逻辑(Control Logic)、增益控制(Gain Control)、稳压器和电压基准(Supply Regulation & Voltage Reference)等电路。

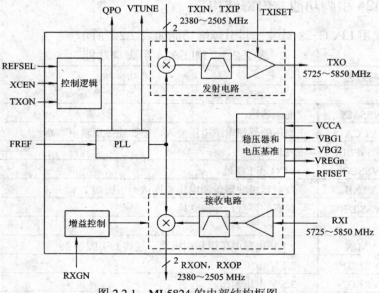

图 2.2.1　ML5824 的内部结构框图

2.2.3　ML5824 应用电路

ML5800 的应用电路如图 2.2.2 所示。ML5824 有三种工作模式：待机模式(STAN DBY)、接收模式(RECEIVE)和发射模式(TRANSMIT)，模式控制由引脚端 RXON 和 XCEN 完成，RXON 和 XCEN 状态与模式控制关系请参考 ML2724 有关部分。

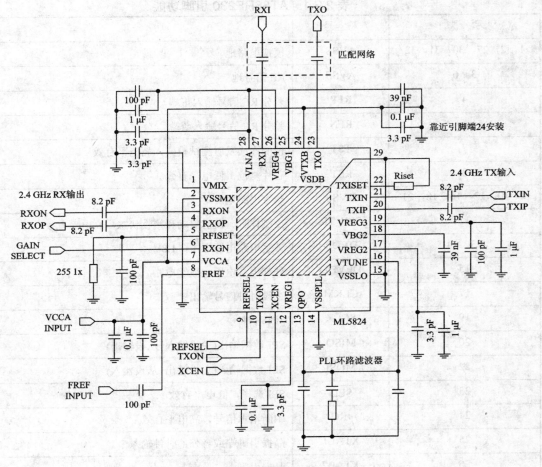

图 2.2.2　ML5824 的应用电路

2.3　AT86RF230 2.4 GHz IEEE 802.15.4™ 收发电路

2.3.1　AT86RF230 主要技术特性

AT86RF230 是一种适合 ZigBee/IEEE 802.15.4-2003 应用的 2.4 GHz 收发器芯片，是一个真正的"SPI-天线"解决方案。除天线以外，所有的 RF 元器件都集成在芯片上，采用 ATMEL's AVR 等微控制器控制。

AT86RF230 的接收灵敏度为 −101 dBm，输出功率为 −17～3 dBm，电源电压范围为 1.8～

3.6 V，接收模式电流消耗为 16 mA，发射模式电流消耗为 17 mA，休眠模式电流消耗为 0.1 μA。

2.3.2　AT86RF230 引脚功能与内部结构

AT86RF230 采用 QFN-32 封装，其引脚功能如表 2.3.1 所示。

表 2.3.1　AT86RF230 引脚功能

引　脚	符　号	功　　能
1，2，27，30，31，32	AVSS	模拟电路地
3，6	AVSS	RF 信号地
4	RFP	差分 RF 信号输入正端
5	RFN	差分 RF 信号输入负端
7	TST	使能连续发射测试模式，高电平有效
8	$\overline{\text{RST}}$	芯片复位，低电平有效
9，10，12，16，18，21	DVSS	数字电路地
11	SLP_TR	控制休眠、发射启动和接收状态，高电平有效
13，14	DVDD	数字电路电源电压，1.8V
15	DEVDD	外部电源电压，数字电路
17	CLKM	主设时钟信号输出
19	SCLK	SPI 时钟
20	MISO	SPI 数据输出(主设输入-从设输出)
22	MOSI	SPI 数据输入(主设输出-从设输入)
23	$\overline{\text{SEL}}$	SPI 选择，低电平有效
24	IRQ	中断请求信号，高电平有效
25	XTAL1	晶振引脚端或者外部时钟输入
26	XTAL2	晶振引脚端
28	EVDD	外部模拟电路电源电压
29	AVDD	模拟电路电源电压，1.8V
Paddle	AVSS	裸露焊盘，必须连接到地

AT86RF230 的内部结构方框图如图 2.3.1 所示，芯片内部电路分为模拟电路(Analog Domain)和数字电路(Digital Domain)两部分。模拟电路部分包含 LNA、PA、PPF、混频器、SSBF、AGC、限幅器(Limiter)、ADC、频率合成器(Frequency Synthesis)、XOSC 等电路。数字电路部分包含 TX BBP、RX BBP、控制逻辑/配置寄存器(Control Logic/Configuration Registers)、帧缓冲器(Fame Buffer)、SPI 从设接口(SPI Slave Interface)、数字电路电压调节器(DVREG)等电路。

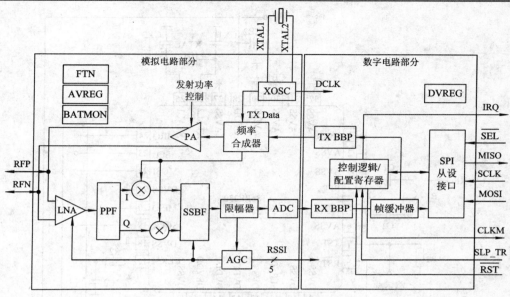

图 2.3.1　AT86RF230 的内部结构方框图

2.3.3　AT86RF230 应用电路

　　AT86RF230 的应用电路如图 2.3.2 所示，元器件参数如表 2.3.2 所示。图 2.3.2 中，平衡
–不平衡变换器 B1 将 AT86RF230 的 100 Ω 的差分 RF 通道(RFP/RFN)转换为 50 Ω 的单端
RF 通道；电容器 C1 和 C2 耦合 RF 信号到 RF 通道；CB2 和 CB4 是电源退耦电容器；CB1
和 CB3 是集成的模拟和数字电路电压调节器的旁路电容器，推荐值为 1 μF；CX1 和 CX2
是晶振负载电容器；C3 和 R2 组成低通滤波器，尽可能靠近引脚端 CLKM 安装。

　　AT86RF230 与微控制器接口电路如图 2.3.3 所示。

表 2.3.2　AT86RF230 应用电路元器件参数

符　号	功　能	参　数　与　型　号
B1	SMD 2.4 GHz 平衡–不平衡变换器	Wuerth 748421245
CB1，CB3	LDO VREG 旁路电容器	1 μF，AVX 0603YD105KAT2A X5R 10% 16 V
CB2，CB4	电源退耦电容器	1 μF，AVX 0603YD105KAT2A X5R 10% 16 V
CX1，CX2	晶振负载电容器	12 pF，AVX 06035A120JA COG 5% 50 V
C1，C2	RF 耦合电容器	22 pF，Epcos B37930 C0G 5% 50 V
C3	CLKM 低通滤波器电容器	2.2 pF，AVX 06035A229DA COG ±0.5 pF 50 V
R1	下拉电阻	10 kΩ
R2	CLKM 低通滤波器电阻	680 Ω
XTAL	晶振	CX-4025 16 MHz 或者 SX-4025 16 MHz，ACAL Taitjen Siward XWBBPL-F-1 A207-011

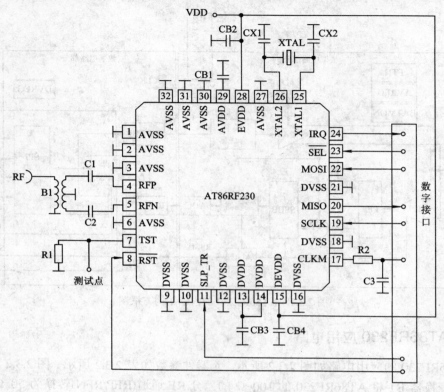

图 2.3.2　AT86RF230 的应用电路

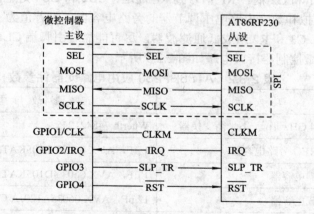

图 2.3.3　AT86RF230 与微控制器接口电路

2.4　ATR2406 2.4 GHz GFSK 收发电路

2.4.1　ATR2406 主要技术特性

　　ATR2406 是一种 2.4 GHz RF 收发器芯片，芯片内部包含有镜像抑制混频器、低 IF 滤波器、FM 解调器、RSSI、发射前置放大器、外部功率放大器用的斜率发生器、集成的合成器、VCO、发射滤波器等电路。

ATR2406 具有 95 个通道，支持跳频(ETSI)和数字调制(FCC)，GFSK 调制速率为 72 kb/s、144 kb/s、288 kb/s、576 kb/s 和 1152 kb/s，接收灵敏度为 −93 dBm，输出功率为+4 dBm，电源电压为 2.9～3.6 V，片上辅助电压调节器电压为 3.2～4.6 V，接收模式电流消耗为 31 mA，发射模式电流消耗为 16 mA，低功耗模式电流消耗为 1 μA。

2.4.2 ATR2406 引脚功能与内部结构

ATR2406 芯片采用 QFN-32 封装，其引脚功能如表 2.4.1 所示。

表 2.4.1 ATR2406 引脚功能

引 脚	符 号	功 能	引 脚	符 号	功 能
1	PU_REG	辅助调节器电源导通输入	17	VS_TRX	发射器/接收器电源电压
2	REF_CLK	基准频率输入	18	RX_IN2	接收器差分输入 2
3	RSSI	RSSI 输出	19	RX_IN1	接收器差分输入 1
4	VS_IFD	数字电路电源电压输入	20	TX_OUT	发射驱动放大器输出
5	VS_IFA	IF 电路电源电压输入	21	RAMP_OUT	斜率发生器输出
6	RX_CLOCK	如果在接收模式下，则时钟恢复有效	24	RX_ON	接收控制输入
7,22,23	IC	内部连接，不连接到 PCB	25	TX_ON	发射控制输入
8	IREF	基准电压外部连接电阻	26	nOLE	开环使能输入
9	REG_CTRL	辅助电压调节器控制输出	27	PU_TRX	RX/TX/PLL/VCO 电源导通输入
10	VREG	辅助电压调节器输出	28	RX_DATA	接收数据输出
11	VS_REG	辅助电压调节器电源电压	29	TX_DATA	发射数据输入
12	REG_DEC	VCO_REG 退耦	30	CLOCK	3 线式总线，时钟输入
13	VREG_VCO	VCO 电压调节器	32	DATA	3 线式总线，数据输入
14	VTUNE	VCO 调谐电压输入	31	ENABLE	3 线式总线，使能控制输入
15	CP	充电泵输出	Paddle	GND	裸露焊盘，接地
16	VS_SYN	同步电源电压			

ATR2406 的内部结构方框图如图 2.4.1 所示。芯片包含接收器、发射器、频率合成器、控制器接口、电源几部分。接收部分包含 LNA、镜像抑制混频器(IR-MIXER)、带通滤波器(BP)、解调器(DEMOD)、限幅器(LIMITER)、RSSI 等电路。发射部分包含有功率放大器(PA)、斜率发生器(RAMP GEN)等电路。频率合成器包含有 PLL、VCO、高斯滤波器(GAUSS IAN FILTER)等电路。控制器接口包含有总线(BUS)和控制逻辑电路(CTRL LOGIC)。电源部分包含有 VCO 电压调节器(VCO REG)、辅助电压调节器(AUX REG)和基准电压源(VREF)。

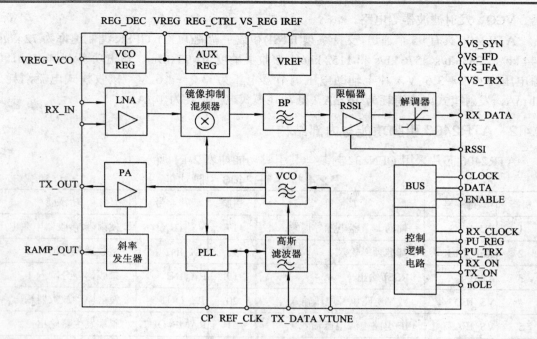

图 2.4.1　ATR2406 的内部结构方框图

2.4.3　ATR2406 应用电路

ATR2406 应用电路电原理图和印制板图如图 2.4.2～图 2.4.4 所示。

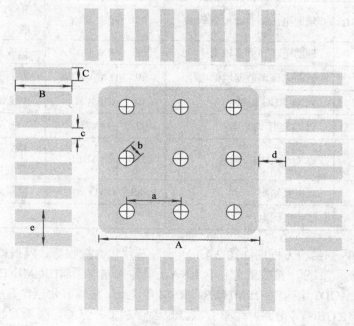

图 2.4.2　推荐的封装引脚端 PCB 尺寸

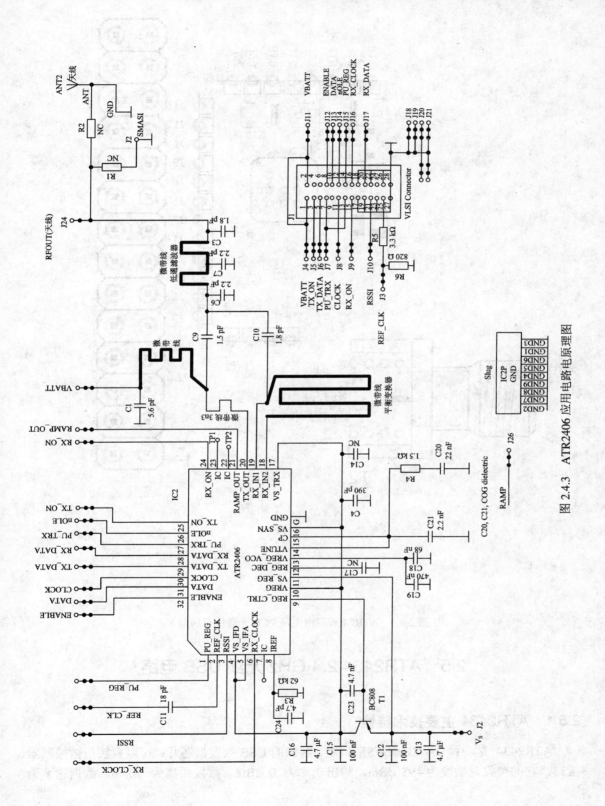

图 2.4.3　ATR2406 应用电路电原理图

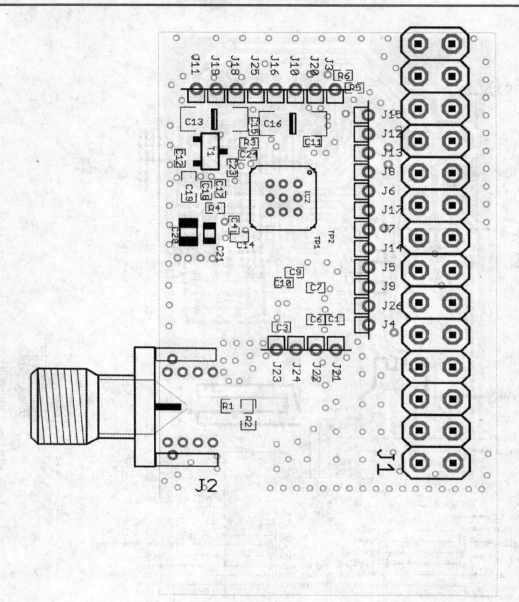

图 2.4.4　ATR2406 应用电路 PCB 元器件布局图

2.5　ATR2434 2.4 GHz 无线 USB 电路

2.5.1　ATR2434 主要技术特性

ATR2434 是一种 2.4 GHz GFSK 调制、解调的 USB 收发器芯片，可以直接与微控制器接口。它的接收灵敏度为-95 dBm，输出功率为 0 dBm，收发距离为 50 m，数据速率为

62.5 kb/s，SPI 与微控制器接口速率可以达到 2 MHz，输入时钟频率为 13 MHz，电源电压为 2.7～3.6 V，发射模式电流消耗为 8.1 mA，接收模式电流消耗为 69.1 mA，低功耗模式电流消耗小于 1 μA，引脚端与 CYWUSB6934、CYWUSB6935 无线 USB 芯片兼容，工作温度范围为 –40～+85℃。

2.5.2　ATR2434 引脚功能与内部结构

ATR2434 采用 QFN-48 封装，其引脚功能如表 2.5.1 所示。

表 2.5.1　ATR2434 引脚功能

引　脚	符号	功　　能
RF 部分		
46	RFIN	RF 输入，接收调制的 RF 信号
5	RFOUT	RF 输出，发射调制的 RF 信号
晶振/电源控制		
38	X13	晶振输入
35	X13IN	晶振输入
26	X13OUT	系统时钟输出，13 MHz
33	$\overline{PD}$	低功耗模式控制，低电平有效
14	$\overline{RESET}$	器件复位，低电平有效
34	PACTL	外部功率放大器控制
SERDES 旁路模式通信/中断		
20	DIO	数据输入/输出，SERDES 旁路模式数据接收/发射
19	DIOVAL	I/O 数据有效，SERDES 旁路模式数据接收/发射有效
21	IRQ	IRQ，中断和 SERDES 旁路模式 DIOCLK
SPI 通信		
23	MOSI	主设输出-从设输入数据，SPI 数据输入
24	MISO	主设输入-从设输出数据，SPI 数据输出
25	SCK	SPI 输入时钟，SPI 时钟
22	$\overline{SS}$	从设选择使能，SPI 使能
电源和地		
6, 9, 16, 28, 29, 32, 41, 42, 44, 45	VCC	电源电压输入，VCC = 2.7～3.6 V
13	GND	地
1, 2, 3, 4, 7, 8, 10, 11, 12, 15, 17, 18, 27, 30, 31, 36, 37, 39, 40, 43, 47, 48	NC	连接到地
Exposed paddle	GND	裸露焊盘，必须连接到地

ATR2434 的内部结构方框图如图 2.5.1 所示，芯片内部包含数字接口(Digital)、SERDES A、SERDES B、DSSS 基带 A 和 B(DSSS Baseband A 和 B)、频率合成器(Synthesizer)、GFSK 解调器(GFSK Demodulator)、GFSK 调制器(GFSK Modulator)、混频器、LNA、功率放大器等电路。

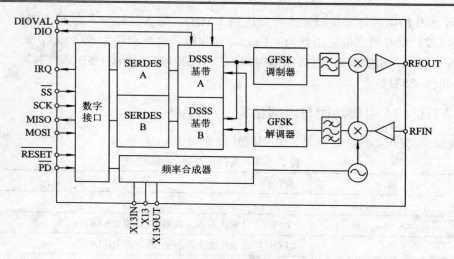

图 2.5.1　ATR2434 的内部结构方框图

2.5.3　ATR2434 应用电路

ATR2434 引脚端与 CYWUSB6934、CYWUSB6935 无线 USB 芯片兼容，其应用电路形式请参考 CYWUSB6934 有关部分。

2.6　CC2400 2.4 GHz GFSK/FSK 收发电路

2.6.1　CC2400 主要技术特性

CC2400 是 Chipcon 公司推出的 2.4 GHz 低功耗 RF 收发器芯片。芯片内部包含接收器、发射器、频率合成器、正交变频器、数字接口、晶体振荡器、偏置等电路，符合 EN 300 440 (欧洲)、CFR47 Part 15 (美国)和 ARIB STD-T66 (日本)标准。CC2400 具有强大的灵活的开发工具，使用软件容易生成 CC2400 的配置数据，适合在 2.4 GHz ISM/SRD 频段系统、游戏操纵台、无线耳机、PC 外设和高级遥控玩具中应用。

CC2400 采用 GFSK 和 FSK 调制方式，发射数据速率为 10 kb/s、250 kb/s、1000 kb/s (数据速率是可编程的/可选择的)，发射标称输出功率为 0 dBm，发射最佳负载阻抗为 115+j180 Ω，电流消耗极低(接收时为 23 mA)，内核电源电压低(1.8 V)，接收灵敏度为 −85 ～ −100 dBm(在 BER = 10^{-3} 的条件下)，临近信道抑制为 11 dB(±1 MHz 信道间隔)，LO 泄漏为 −47 dBm，RSSI 载波检测电平为 −69 dBm，RSSI 范围为 80 dB，I/O 接口电压灵活(2.6 ～ 3.6 V)，频率合成器灵敏(190 μs 稳定时间)，晶体振荡器频率为 16 MHz，输出功率可编程，电源电压为 1.8 V，电流消耗 19 ～ 50 mA，低功耗模式(OFF)电流消耗为 1.5 μA。

2.6.2　CC2400 引脚功能与内部结构

CC2400 采用 QLP-48 封装(7 mm×7 mm)，各引脚功能如表 2.6.1 所示。

表 2.6.1　CC2400 芯片引脚功能

引　脚	符　号	功　　能
	AGND	裸露的焊盘，必须牢固地连接到接地面上
1	VCO_GUARD	VCO 屏蔽保护环的连接
2	AVDD_VCO	VCO 电源
3	AVDD_PRE	前置分频器电源
4	AVDD_RF1	RF 前端电源
5	GND	RF 屏蔽接地
6	RF_P	在接收/发射模式下，正的 RF 输入/输出信号到 LNA/来自 PA
7	TX/RX_SWITCH	RF 前端公用电源，必须在外部通过 DC 路径连接到 RF_P 和 RF_N
8	RF_N	在接收/发射模式下，负的 RF 输入/输出信号到 LNA/来自 PA
9	GND	为 RF 屏蔽接地
10	AVDD_SW	电源
11～13	NC	未连接
14	AVDD_RF2	接收和发射混频器电源
15	AVDD_IF2	发射 IF 电路电源
16	AVDD_ADC	ADC 和 DAC 的电源
17	DVDD_ADC	接收 ADC 的数字部分电源
18	DGND_GUARD	数字噪声隔离地
19	DGUARD	数字噪声隔离电源
20	BT/GR	内部测试或普通接收器的选择，正常工作时连接到地 (注意：只供 Chipcon 公司内部使用)
21	GIO1	通用数字 I/O 接口，当不使用时配置作为输出接口
22	DGND	数字模块接地
23	DSUB_PADS	数字 I/O 接口接地
24	DSUB_CORE	数字模块接地
25	DVDD3.3	数字 I/O 的电源
26	DVDD1.8	数字模块电源
27	RX	RX 模式选通信号，当不使用时连接到地
28	TX	TX 模式选通信号，当不使用时连接到地
29	DIO/PKT	未缓冲模式，数据输入/输出或包处理控制信号，当不使用时配置作为输出
30	DCLK/FIFO	未缓冲模式，数据时钟输出信号或 FIFO 控制信号，当不使用时悬空
31	CSn	SPI 芯片选择
32	SCLK	SPI 串行数据时钟
33	SI	SPI 从设输入
34	SO	SPI 从设输出
35	GIO6	通用数字输出引脚
36～40	NC	未连接

引 脚	符 号	功 能
41	AVDD_XOSC	16 MHz 晶振电源
42	XOSC16_Q2	16 MHz 晶振输入
43	XOSC16_Q1	16 MHz 晶振或外部时钟输入
44	AVDD_IF1	接收 IF 部分的电源
45	R_BIAS	连接外部高精度偏置电阻
46	ATEST2	生产测试用的模拟测试 I/O 接口，不使用时悬空
47	ATEST1	生产测试用的模拟测试 I/O 接口，不使用时悬空
48	AVDD_CHP	相位检波器和充电泵电源

 CC2400 的内部结构框图如图 2.6.1 所示。芯片由接收器、发射器、频率合成器、正交变频器、数字接口/先入先出(Digital Interface/FIFO)、晶体振荡器、偏置电路等组成。

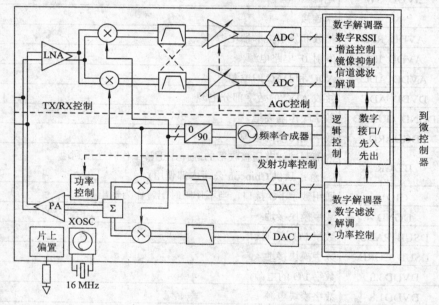

图 2.6.1 CC2400 的内部结构框图

 接收器部分包含 LNA、混频器、带通滤波器、增益可调节的放大器、模/数转换器(ADC)、数字解调器(Digital Demodulator)。数字解调器具有数字信号强度指示(Digital RSSI)、增益控制(Gain Control)、镜像抑制(Image Suppression)、信道滤波(Channel Filtering)和解调(Demodulation)等功能。发射器部分由数字调制器、数/模转换器、低通滤波器、混频器和功率放大器等组成。数字调制器具有数字滤波(Data Filtering)、调制(Modulation)和功率控制(Power Control)功能。数字接口/先入先出具有逻辑控制(Control Logic)和数字接口控制(Control)功能。

 CC2400 是低-中频接收器。已接收到的 RF 信号被 LNA 放大和下变频器转换为正交(I 和 Q)中频(IF)信号。在中频(1 MHz)I/Q 信号经过滤波和放大，然后被 ADC 数字化。自动增益控制、末级信道滤波、解调和位同步由数字电路完成。

CC2400 输出(仅在未缓冲模式)数字解调数据在 DIO 引脚端。在 DCLK 引脚端同步数据时钟是可利用的。在缓冲模式下,调制数据送入 FIFO 并到达 SPI 接口。RSSI 可利用数字格式通过串行接口读取。RSSI 还具有可编程载波检测指示器的特性,在 GIO1 或 GIO6 引脚端输出。

在发射模式下,基带信号被直接上变频为正交(I 和 Q)信号后馈送到功率放大器(PA)。TX 中频信号是频移键控(FSK)。高斯滤波器可用于 GFSK。在数据速率为 1 Mb/s 时,高斯滤波器的 BT 是 0.5。

内部 T/R 转换电路使天线接口和匹配非常容易。天线连接采用的是差分形式。通过外部直流通路把 RXTX_SWITCH 与 RF_P 和 RF_N 连接起来对 PA 和 LNA 加上偏置。

频率合成器包括一个完全的片内 LC VCO 和一个 90° 分相器,产生 LO_I 和 LO_Q 信号,在接收模式时连接到下变频器混频器,在发射模式时连接到上变频器混频器。VCO 工作的频率范围为 4800~4966 MHz。

晶体必须连接到 XOSC16_Q1 和 XOSC16_Q2,产生合成器的基准频率,提供 PLL 锁定信号。

数字基带支持信息包处理和数据缓冲。4 线 SPI 串行接口用于配置数据(在缓冲模式和数据接口)。有一些数字 I/O 线被配置用于信息包处理和中断信号。

2.6.3   CC2400 应用电路

1. 应用电路

CC2400 使用分立元件的平衡-不平衡变压器单端输出的应用电路如图 2.6.2 所示。采用差分天线(折合双极子)的典型应用电路如图 2.6.3 所示。两个应用电路中元器件的功能和参数如表 2.6.2 所列。

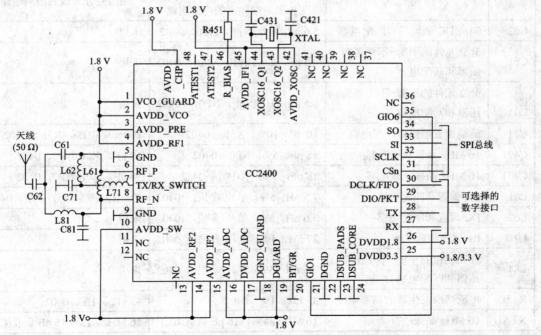

图 2.6.2   CC2400 使用分立元件的平衡-不平衡变压器单端输出的应用电路

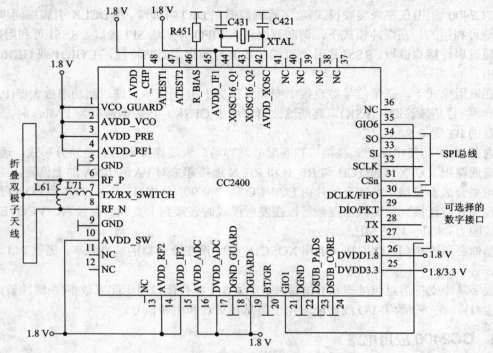

图 2.6.3　采用差分天线(折叠双极子)的应用电路

表 2.6.2　应用电路的元件功能与参数

符号	元件名称与功能	元器件参数	
		使用分立元件的平衡-不平衡变压器单端输出的应用电路	使用差分天线的应用电路
C62	隔离 DC 到天线和匹配电容	5.6 pF，±0.25 pF，NP0，0402	未用
C61	分立元件的平衡-不平衡变压器和匹配电容	0.5 pF，±0.25 pF，NP0，0402	未用
C81	分立元件的平衡-不平衡变压器和匹配电容	0.5 pF，±0.25 pF，NP0，0402	未用
C71	前端偏置退耦和匹配电容	10 nF，10%，X5R，0402	100 nF，10%，X5R，0402
C421	16 MHz 晶振负载电容	18 pF，5%，NP0，0402	18 pF，5%，NP0，0402
C431	16 MHz 晶振负载电容	18 pF，5%，NP0，0402	18 pF，5%，NP0，0402
L61	DC 偏置和匹配电感	7.5 nH，5%，单片/多层，0402	27 nH，5%，单片/多层，0402
L62	DC 偏置和匹配电感	5.6 nH，5%，单片/多层，0402	未用
L71	RF 阻塞电感	27 nH，5%，单片/多层，0402	未用
L81	分立元件的平衡-不平衡变压器和匹配电感	7.5 nH，5%，单片/多层，0402	未用
R451	电流基准发生器的精密电阻	43 kΩ，1%，0402	43 kΩ，1%，0402
XTAL	16 MHz 晶振	16 MHz 晶振，16 pF 负载(CL)	16 MHz 晶振，16 pF 负载(CL)

注：退耦元件未包含在内。

1) 输入/输出匹配

RF 输入/输出是高阻抗和差分的，可用于单端操作。对于 RF 端口，最佳差分负载是 115+j180 Ω。

当使用一个类似单极天线的不平衡天线时，需要使用平衡-不平衡变压器，目的是达到最佳的性能。平衡-不平衡变压器可以由低成本的分离式电感器和电容器来实现。它由 C61、C62、C71、C81、L61、L62 和 L71 和 L81 组成，并将匹配 RF 输入/输出达到 50 Ω，参看图 2.6.2。L61 和 L62 将提供 LNA/PA 输入/输出的直流偏置。L71 用于隔离 TX/RX_SWITCH 引脚端，内部 T/R 转换电路用于 LNA 和 PA 之间的转换。

若使用类似于折叠双极子的对称天线，则平衡-不平衡变压器可以被省略。若天线从 TX/RX_SWITCH 引脚端到 RF 引脚端也提供直流通路，则直流偏置不需要电感器。L71 分离式电感器应当始终使用，如图 2.6.3 所示。双极子有一个虚地点，因此其提供的偏置不会降低天线的性能。

2) 偏压电阻器

偏置电阻器 R451 用于设置一个准确的偏置电流。

3) 晶振

外部晶振带两个负载电容(C421 和 C431)与芯片内部电路一起构成晶体振荡器。

4) 数字 I/O 接口

数字 I/O 的电源电压必须与接口电路匹配。CC2400 的数字 I/O 接口可以提供范围在 2.6～3.6 V 的电源电压给微控制器接口。

5) 电源退耦和滤波

为得到最佳性能，应适当地采取电源退耦。在实际应用中，退耦电容的布置和大小对电源滤波非常重要。Chipcon 公司遵循非常贴近的原则，提供紧凑的参考设计方案。

2. 配置

对于不同的应用，CC2400 可被配置成具有最佳性能。通过可编程配置寄存器可对下列关键参数进行编程：接收/发射模式，RF 频率，RF 输出功率，FSK 频率偏移，功率下降/功率上升模式，晶体振荡器功率上升/功率下降，数据速率和编码(NRZ，8B/10B 编码)，合成器锁定模式，数字 RSSI，FSK/GFSK 调制，数据缓冲，信息包处理硬件支持。寄存器的详细信息请查看 Chipcon 的有关资料。

1) 配置软件

Chipcon 公司为 CC2400 用户提供开发软件 SmartRF® Studio(Windows 界面)，它可生成所有 CC2400 必需的配置数据，根据用户不同参数的选择，配置 CC2400 必须以十六进制数据输入到微控制器。

2) 4 线串行配置接口

CC2400 作为一个从设，可通过简单的 4 线 SPI 兼容接口(SI、SO、SCLK 和 CSn)来配置。在缓冲模式下，这个接口常被用做数据接口。有 44 个 16 位配置寄存器、9 个指令选通寄存器、1 个寄存器以供 FIFO 读取。每个寄存器有 7 位地址。FIFO(32 字节)是 8 位宽，读/写位指示读或写操作与 7 位地址一起制作成 8 位地址字段。寻址指令选通寄存器内部顺序优先。

CC2400 的完整配置要求发送 44 个数据帧，每个数据帧为 24 位(7 个地址位、R/$\overline{\text{W}}$ 位和 16 个数据位)。一个完整的配置所需的时间取决于 SCLK 频率，在 SCLK 频率为 20 MHz 时一个完整配置执行少于 5 μs。在低功耗模式下，设置芯片只需要一个指令寻址选通寄存器，这样至少花费 0.4 μs。除了选通寄存器，所有寄存器都是可读的。

在每个写入周期，24 位被送入 SI 线。最初送入 R/$\overline{\text{W}}$ 位(0 是写，1 是读)；其次的 7 位是地址位(A6:0)，A6 是地址的 MSB(最高有效位)，被最先送入；然后 16 个数据位被传送(D15:0)。当地址和数据传送时，CSn(片选低电平有效)必须保持低状态。

编程时，SI 数据的时钟在 SCLK 的正边沿进入 CC2400。当 16 个数据位的最后一位 D0 被写入时，数据字加载进入内部配置寄存器。在低功耗模式下，编程期间配置数据将保持，而当电源关断时不保持。寄存器可以以任何指令编程。

配置寄存器也可通过相同配置接口由微控制器读取。R/$\overline{\text{W}}$ 位必须设置高状态来启动数据读取返回，然后 7 地址位被送入。于是，CC2400 从地址寄存器返回数据。SO 用于数据输出，并且必须配置作为微控制器的输入。

指令选通寄存器用同样的方法存取写操作，但无数据传送。也就是说，在 CSn 设置成高状态之前，仅 R/$\overline{\text{W}}$ 位和 7 个地址位可写入。

3) 微控制器接口和引脚配置

在典型系统应用中，CC2400 将接口连到微控制器，微控制器必须能够：

(1) 通过 4 线 SPI 总线配置接口(SI、SO、SCLK 和 CSn)编程 CC2400 进入不同模式，重复读取状态信息，在缓冲模式下数据信号也是通过 SPI 总线发射的。

(2) 若使用无缓冲传送数据，则同步数据信号接口(DIO 和 DCLK)为双向的。

(3) 若使用由硬件支持的信息包处理操作，则常规控制和状态引脚(RX、TX、FIFO、PKT、GIO1 和 GIO6)为随机接口。

(4) 微控制器可以随机地监控常规 I/O 引脚(GIO1、GIO6)，用于判断频率锁定状态、载波状态或其他状态信息。

微控制器通过 4 线 SPI 接口可以随机地读出数字 RSSI 值和其他状态信息。

(1) 配置接口。微控制器接口如图 2.6.4 所示。对于 SPI 配置接口(SI、SO、SCLK 和 CSn)微控制器，最小使用 4 个 I/O 引脚，其他引脚都是随机的。SO 将连接到微控制器的一个输入端，SI、SCLK 和 CSn 必须连接到微控制器的输出端。微控制器引脚连接到 SI、SO 和 SCLK，可以与其他 SPI 接口设备共享。在 CSn 无效(低电平有效)期间，SO 是高阻抗输出。在低功耗模式，为了防止漂移输入，CSn 引脚端将有一个外部上拉电阻或设置为高电平。SI 和 SCLK 也将设置一个定义电平来防止漂移输入。

(2) 无缓冲模式信号接口。用于数据发射和接收的引脚(DIO)为双向的。DCLK 提供数据时钟，将连接到微控制器输入。数据在 DCLK 的正边沿进行进/出操作。

(3) 常规控制和状态引脚。在缓冲模式 FIFO 忙/空闲时，FIFO 引脚可以随机地用于中断微控制器，这个引脚应该连接到微控制器的中断引脚端。

利用信息处理支持，在缓冲模式下同步字被检测(RX 模式)和信息包被发射(TX 模式)时，PKT 引脚可以随机地用于中断微控制器。这个引脚连接到微控制器中断引脚。

FIFO 和 PKT 的极性可通过 INT 寄存器(地址 0x23)控制。

RX 和 TX 引脚可以随机地用于改变 CC2400 的工作模式，作为利用 SPI 接口的一个可选择的闸门指令。RX 和 TX 引脚连接到微控制器输出端。如果 RX 和 TX 引脚都不用，则为了防止意外地改变工作模式，它们应接地。

GIO1 和 GIO6 可以随机地用于监测个别状态信号，由 IOCFG 寄存器选择。GIO6 引脚端连接到微控制器输入端。

在不同操作模式下可能进行的引脚配置如表 2.6.3 所示。

表 2.6.3　引 脚 配 置

引脚名称	SCLK	SI	SO	CSn	DIO/PKT	DCLK/FIFO	RX	TX	GIO1*	GIO6*
引脚数字	32	33	34	31	29	30	27	28	21	35
引脚类别	I	I	O	I	I/O	O	I	I	O	O
缓冲模式	SCLK	SI	SO	CSn	—	FIFO	(RX)	(TX)	(GIO1)	(GIO6)
缓冲模式与信息包处理	SCLK	SI	SO	CSn	PKT	FIFO	(RX)	(TX)	(GIO1)	(GIO6)
无缓冲模式	SCLK	SI	SO	CSn	DIO	DCLK	(RX)	(TX)	(GIO1)	(GIO6)

注：括号里的引脚功能是可选择的。GIO1 和 GIO6 的使用由 IOCFG 寄存器(地址 0x08)选择。

4) 数据缓冲

CC2400 可以使用缓冲或无缓冲数据接口。数据缓冲模式是通过 GRMDM.PIN_MODE[1:0]位(寄存器地址 0x20)来控制的。

在无缓冲模式下，同步数据时钟由 CC2400 的 DCLK 引脚提供，DIO 引脚作为数据输入/输出使用(参看图 2.6.4)。

在缓冲模式下，32 字节先进先出(FIFO)寄存器模块用于数据发射和数据接收。FIFO 通过 FIFOREG 寄存器(地址 0x70)用 SPI 接口访问。若 CSn 线保持低状态，则多个字节可被写入到 FIFO。

在访问 FIFO 时，晶体振荡器必须运行。

使用 FIFO 缓冲器数据可以脉冲方式发射。在缓冲模式下，SPI 数据速率比主机控制数据速率低。这样发射器和接收器仅在较短周期内运行使能，减轻了电流消耗。FIFO 也允许 SPI 运行更快的数据速率，提供更多的时间给 MCU 工作和进行数据传递。

在接收期间读取 FIFO，可以接收高于 32 字节的信息。同样，在发射期间，写新数据到 FIFO，也可以发射比 32 字节更多的信息。

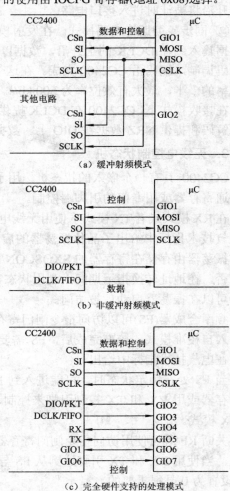

(a) 缓冲射频模式

(b) 非缓冲射频模式

(c) 完全硬件支持的处理模式

图 2.6.4　微控制器接口

5) 数据/线编码

CC2400 可采用下列线编码格式工作：NRZ 非归零、曼彻斯特编码(同样知道双相位电平)和 8/10 编码。

数据格式由 GRMDM.DATA_FOR MAT[1:0]位控制。曼彻斯特编码和 8/10 编码会减少有效位速率，但通常用于提高扩频特性和误差检测。

(1) 在缓冲模式下的数据编码。在缓冲模式下，利用内部 FIFO 可使用所有 3 线编码配置。

编码/译码的发生指数据从 FIFO 送入到调制器和从解调器到 FIFO。对用户来说，编码线是无形的。若选择 8/10 编码，则当使用信息包模式支持时，前帧和同步字都不编码。

(2) 在未缓冲模式下的数据编码。当不使用数据缓冲器时，DIO/DCLK 接口 CC2400 可配置为两种数据格式。

① 同步 NRZ 模式。在发射模式下，CC2400 在 DCLK 和 DIO 提供数据时钟，用作数据输入。在 DCLK 的上升沿数据计时，进入 CC2400。在 RF 未编码时，数据被调制。在接收模式下，CC2400 同步并在 DCLK 提供接收数据时钟，在 DIO 提供接收数据。数据在 DCLK 的上升沿将被计时进入接口电路。

② 同步曼彻斯特编码模式。在发射模式下，CC2400 提供数据时钟在 DCLK、DIO 用作数据输入。在 DCLK 的上升沿，数据以 NRZ 格式进入 CC2400。数据在 RF 采用曼彻斯特编码调制，编码由 CC2400 完成。在这个模式下，由于采用 NRZ 编码，因此有效位率是波特率的一半，最大有效位率为 500 kb/s。

在接收模式下，CC2400 在 DCLK 提供同步和接收数据时钟，在 DIO 接收数据。CC2400 完成解码和提供 NRZ 数据在 DIO 上。数据将在 DCLK 的上升沿进入到接口电路。

3. 无线电控制状态机

CC2400 具有一个嵌入的状态机，用于转换不同的操作状态(模式)。状态的改变可用指令选通寄存器或用专门的引脚端控制。

在 RX 模式或者 TX 模式下使用无线电之前，主晶体振荡器必须导通电源并且稳定工作。在电气技术指标中给出了晶体振荡器的启动时间，在这个时间内，时钟可能是不稳定的。晶体振荡器由存储在寄存器的 SXOSCON/SXOSCOFF 指令控制。无论晶体振荡器运行和稳定与否，在地址转换指示期间，利用状态寄存器 XOSC16M_STABLE 位返回。这个状态寄存器可以在振荡器启动后被访问。

频率合成器(FS)可以访问指令闸门寄存器 SFSON，或者用 RX 和 TX 控制引脚启动。FS 将进入自校准模式。校准完成后，FS 需要锁定在正确的 LO 频率上。校准和锁定所占用的时间在电气技术指标中给出。

当 FS 处在锁定状态时，可能进入到 RX 或 TX 模式，可以通过访问 SRX/STX 指令闸门寄存器或用 RX 和 TX 控制引脚来控制，也可以通过状态机上 FS 的情形快速地改变 TX 和 RX 模式。

关断 RF 既可使用访问指令闸门寄存器 SRFOFF 完成，也可使用 RX 和 TX 控制引脚来完成。当使用 RX 和 TX 引脚达到从 FS 导通到无线电关断时，在把 TX 设置到 0 之前先把 RX 设置为 0 是很重要的。

使用 RX 和 TX 引脚完成状态转换的方框图如图 2.6.5 所示。

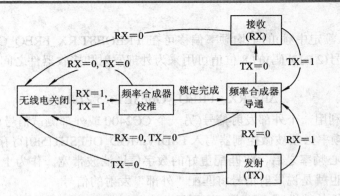

图 2.6.5   使用 RX 和 TX 引脚完成状态转换的方框图

4．电源管理

CC2400 提供了灵活的电源管理技术，以满足有严格功耗要求的应用领域，如电池供电设备。

CC2400 复位后处于低功耗模式，为了使芯片随时以正确的频率、数据速率和工作模式运行，所有配置寄存器都要可编程。由于 CC2400 有非常快的启动时间，因此在要求发射之前它可保持在低功耗模式。

初始化之后，芯片在低功耗模式时只有很低的功耗并且晶体振荡器不运行。

进入 RX 或 TX 模式，使用选通指令寄存器发送数据包。在一个或更多的数据包被发射或接收之后，芯片再次设置为低功耗模式。

在芯片初始化期间，一些寄存器需要编程为不同于复位值的其他值。SmartRF® Studio 将用于为这些寄存器查找/生成必要的配置数据。

5．信息包处理硬件支持

为导入无线电协议信息包，CC2400 提供了嵌入式硬件支持。

6．接收信道带宽

为了满足不同频道带宽和信道间距的需要，接收器的数字信道滤波带宽是可编程的，它可在 125～1000 kHz 的范围内编程。GRDEC.CHANNEL_DEC[1:0]寄存器位控制带宽。

7．数据速率编程

支持超过 1 Mb/s、250 kb/s 和 10 kb/s 的数据速率。数据速率可通过 GRDEC 寄存器编程。

支持的信道滤波带宽和数据速率如表 2.6.4 所示。

表 2.6.4   支持的信道滤波带宽和数据速率

CHANNEL_DEC/(Binary)	BW/kHz	DEC_VAL/(Decimal)	数据速率/(kb/s)
00	1000	0	1000
00	1000	1	250
01	500	49	10

8．自动频率控制

CC2400 的内部可选择特性叫做 AFC(自动频率控制)。这个特性用于测量和为频率转换提供补偿。

接收信号(从额定中频)的平均频率偏移可在 FREQEST.RX_FREQ_OFFSET[7:0]寄存器中读取。这个信号(2 的补码)的 8 位值可用来为外部发射和接收器件之间的频率偏差提供补偿。频率偏差为

$$\Delta F = RX\_FREQ\_OFFSET \times 5.2\,(kHz)$$

接收器可以利用一个外部发射信号(另一个 CC2400 或外部测试信号)来校准，改变操作频率及偏差。新频率必须被微控制器写入 FSDIV.MOD_OFFSET[5:0]寄存器进行核算。在补偿接收信号的中心频率之后，将匹配更好的数字信道滤波带宽。作为上面描述的补偿，也自动补偿发射，也就是说发射信号将匹配"外部"发射的信号。

对晶体准确性的特性减少要求，这用于狭窄信道带宽时很重要。

9. 线形 IF 和 AGC 设置

CC2400 采用线形 IF 通路，信号在模拟 VGA(可变增益放大器)中被放大。VGA 的增益由在 ADC(模拟数字转换)之后的 IF 通路的数字部分控制。AGC(自动增益控制)回路保证模拟/数字反馈回路的动态范围。AGC 特性通过 AGCCTRL、AGCTST0、AGCTST1 和 AGCTST2 寄存器设置。

10. RSSI

CC2400 内部有 RSSI(接收信号强度识别)电路。RSSI 数值可以从 RSSI.RSSI_VAL[7:0]寄存器中读取。读取的 RSSI 数值可用来测量接收的 RF 输入功率。RSSI 数值标度采用的是对数形式。RSSI_VAL 提供的值是以 dB 为单位的。平均信号幅度由 RSSI.RSSI_FILT[1:0]寄存器控制。

11. 外部 LNA 或 PA 接口

CC2400 有两个数字输出引脚 GIO1 和 GIO6，可用于控制外部 LNA 或 PA。这些引脚的功能通过 IOCFG 寄存器控制。PA_EN、PA_EN_N、RX_PD、TX_PD 信号可对 GIO1/GIO6 引脚多路复用，并用于控制 PA/LNA 和 T/R 转换。这两个引脚也可用作两个常规的控制信号。

12. 通用/测试输出控制引脚

两个数字输出引脚 GIO1 和 GIO6 可用作两个常规的控制信号写入 IOCFG.GIO1_CFG[5:0]和 IOCFG.GIO6_CFG[5:0]。GIO1_CFG＝61 设置引脚为低电平，GIO1_CFG＝62 设置引脚为高电平。这两个引脚也可用于测试引脚监控器的很多内部信号。

13. VCO

VCO 是完全集成的，运行在 4800～4966 MHz 范围。VCO 信号频率 2 分频后生成所需要的工作频率(2400～2483 MHz)。

14. 输出功率编程

RF 输出功率是可编程的，由 FREND.PA_LEVEL[2:0]寄存器控制。输出功率不同，电流消耗也不同。功率放大器(PA)可运行在差分或单端模式下。在单端模式下，PA 只用 RF_P 输出。模式由 FREND.PA_DIFF 控制。最高可能的输出功率采用差分模式，由 PA_DIFF=1 设置(复位值)。

15. 晶体振荡器

外部时钟信号或内部晶体振荡器可产生主要频率基准,基准频率必须为 16 MHz。因此晶体振荡器可用作数据速率基准。

若使用外部时钟信号,则将连接到 XOSC16_Q1,而 XOSC16_Q2 开路。当使用外部时钟信号时,MAIN.XOSC16M_BYPASS 位必须设置为 1。

若使用内部晶体振荡器,则晶振必须连接 XOSC16_Q1 和 XOSC16_Q2 引脚。振荡器被设置为晶振并联运行模式。另外,负载电容(C5 和 C6)是晶振所必需的。

16. 输入/输出匹配

RF 输入/输出是差分形式的(RF_N 和 RF_P)。另外,电源开关输出引脚(TXRX_SWITCH)必须有外部直流通路连接到 RF_N 和 RF_P。

在 RX 模式,TX/RX_SWITCH 引脚是接地的,并将偏置 LNA。在 TX 模式下,TX/RX_SWITCH 引脚接电源电压,并将偏置内部 PA。

使用单端连接器或单端天线可采用单端输出形式,需要平衡-不平衡变换器。

2.7　CC2420 2.4 GHz O-QPSK ZigBee 直接扩频收发电路

2.7.1　CC2420 主要技术特性

CC2420 是一种直接扩频(Direct Sequence Spread Spectrum,DSSS)收发器,工作频率范围为 2.4~2.4835 GHz,数据速率为 250 kb/s,采用 O-QPSK 调制方式,接收灵敏度为 -94 dBm,工作电压为 2.1~3.6 V,接收电流消耗为 19.7 mA,发射电流消耗为 17.4 mA,输出功率可编程,支持 802.15.4 MAC 硬件,4 线 SPI 接口,芯片符合 IEEE 802.15.4 以及 EN 300 440(欧洲)、CFR47Part 15(美国)和 ARIB STD-T-66(日本)等标准,适合在 2.4 GHz IEEE 802.15.4 系统、ZigBee 系统、消费电子、工业控制、PC 外设等领域中应用。

2.7.2　CC2420 引脚功能与内部结构

CC2420 采用 QLP-48(7 mm×7 mm)封装,其引脚功能如表 2.7.1 所示。

表 2.7.1　CC2420 引脚功能

引脚	符　号	功　　能
1	VCO_GUARD	连接 VCO 屏蔽护套
2	AVDD_VCO	VCO 电源(1.8 V)
3	AVDD_PRE	前置分频器电源(1.8 V)
4	AVDD_RF1	RF 前端电源(1.8 V)
5	GND	RF 屏蔽地
6	RF_P	RF 输入信号正端
7	TX/RX_SWITCH	RF 前端公共电源连接端
8	RF_N	RF 输入信号负端
9	GND	RF 屏蔽地
10	AVDD_SW	LNA 或者 PA 开关电源(1.8 V)

引脚	符　号	功　　　能
11	NC	空脚
12	NC	空脚
13	NC	空脚
14	AVDD_RF2	接收和发射混频器电源(1.8 V)
15	AVDD_IF2	发射/接收 IF 部分电源(1.8 V)
16	NC	空脚
17	AVDD_ADC	ADC 和 DAC 的模拟部分电源(1.8 V)
18	DVDD_ADC	接收 ADC 数字部分电源(1.8 V)
19	DGND_GUARD	数字隔离噪声地
20	DGUARD	数字部分电源(1.8 V)
21	RESETn	异步，低电平有效，数字信号复位
22	DGND	数字地
23	DSUB_PADS	数字辅助地(衬垫)连接端
24	DSUB_CORE	数字辅助地(封装模子)连接端
25	DVDD3.3	数字 I/O 电源(3.3 V)
26	DVDD1.8	数字核心电源(1.8 V)
27	SFD	启动帧分隔符
28	CCA	清信道设置
29	FIFOP	在 FIFO 数据为高时串行 RF 数据输入，或者在测试模式时串行 RF 数据输出
30	FIFO	SPI 片选，低电平有效
31	CSn	SPI 时钟输入，在 10 MHz 以上
32	SCLK	SPI 从设输入
33	SI	SPI 从设输出
34	SO	当 CSn 端为高时，SO 为三态，可编程，内部上拉
35	DVDD_RAM	数字 RAM 电源(1.8 V)
36	NC	空脚
37	AVDD_XOSC16	晶体振荡器电源(1.8 V)
38	XOSC16_Q2	16 MHz 晶振引脚端 2
39	XOSC16_Q1	16 MHz 晶振引脚端 1
40	NC	空脚
41	VREG_EN	稳压器使能，高电平有效
42	VREG_OUT	稳压器 1.8 V 电源输出
43	VREG_IN	稳压器 2.1～3.6 V 电源输出
44	AVDD_IF1	发射/接收 IF 部分电源(1.8 V)
45	R_BIAS	连接外部精密电阻 43 kΩ，±1%

续表(二)

引脚	符　号	功　　　能
46	ATEST2	样机和产品试验模拟测试 I/O 口 2
47	ATEST1	样机和产品试验模拟测试 I/O 口 1
48	AVDD_CHP	相位检波器和充电泵电源(1.8 V)

　　CC2420 的芯片内部包含接收部分、发射部分、控制逻辑(Control Logic)、数字调制器(Digital Modulator)、数字解调器(Digital Demodulator)、偏置(On-chip BIAS)、晶体振荡器(XOSC)、稳压器(Serial Voltage Regulator)和接口等电路。

　　数字调制器具有数字扩频(Data Spreading)和调制(Modulation)功能。

　　数字解调器具有数字信号强度指示器(Digital RSSI)、增益控制(Gain Control)、镜频抑制(Image Suppression)、信道滤波(Channel Filtering)、解调(Demodulation)和帧同步(Frame Synchronization)等功能。

　　接口部分包含数字和模拟测试接口(Digital and Analog Test Interface)、先进先出缓冲器、循环冗余码校验和加密的数字接口(Digital Interface With FIFO Buffers, CRC and Encryption)、串行微处理器接口(Serial Microcontroller Interface)。

2.7.3　CC2420 应用电路

　　CC2420 使用分立不平衡变压器单端输出的典型应用电路如图 2.7.1 所示，使用差分天线的典型应用电路如图 2.7.2 所示，两种应用电路的元器件参数如表 2.7.2 所示。

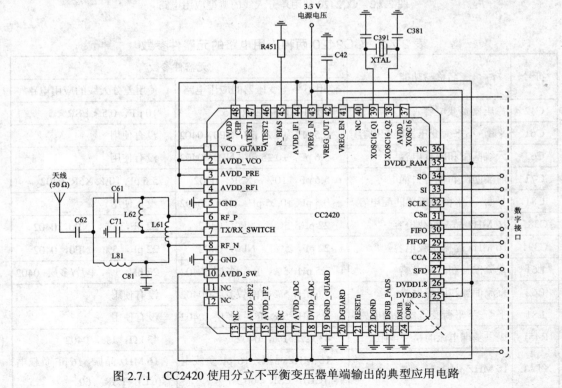

图 2.7.1　CC2420 使用分立不平衡变压器单端输出的典型应用电路

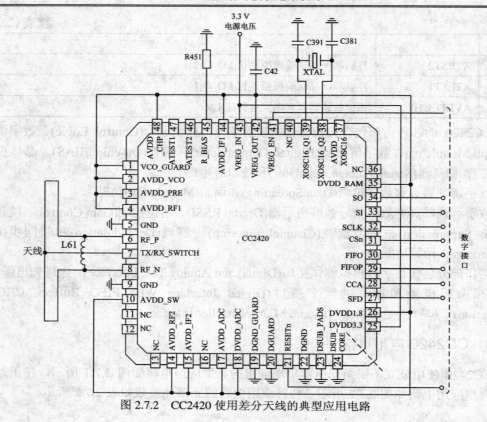

图 2.7.2 CC2420 使用差分天线的典型应用电路

表 2.7.2 CC2420 两种应用电路的元器件参数

符号	名称与功能	元器件参数	
		使用不平衡变压器的应用电路	使用差分天线的应用电路
C42	稳压器负载电容	10 μF，0.5< ESR < 5	10 μF，0.5 < ESR < 5
C61	平衡-不平衡变压器匹配电容	0.5 pF，±0.25 pF，NP0，0402	没有使用
C62	天线匹配和隔直电容	5.6 pF，±0.25 pF，NP0，0402	没有使用
C71	前端匹配和偏置去耦电容	5.6 pF，10%，X5R，0402	5.6 pF, 10%, X5R, 0402
C81	平衡-不平衡变压器匹配电容	0.5 pF, ±0.25 pF，NP0，0402	没有使用
C381	16 MHz 晶振负载电容	22 pF，5%，NP0，0402	22 pF，5%，NP0，0402
C391	16 MHz 晶振负载电容	22 pF，5%，NP0，0402	22 pF，5%，NP0，0402
L61	直流偏置和匹配电感	7.5 nH，5%，单片/多层，0402	27 nH，5%，单片/多层，0402
L62	直流偏置和匹配电感	5.6 nH，5%，单片/多层，0402	没有使用
L81	平衡-不平衡变压器匹配电感	7.5 nH，5%，单片/多层，0402	没有使用
R451	提供基准电流的精密电阻	43 kΩ，1%，0402	43 kΩ，1%，0402
XTAL	16 MHz 晶振	16 MHz 晶振，16 pF 负载电容 (CL)，ESR < 60	16 MHz 晶振，16 pF 负载电容(CL)，ESR < 60

2.8　CC2510Fx/CC2511Fx 2.4 GHz
(内嵌 8051MCU，USB)收发电路

2.8.1　CC2510Fx/CC2511Fx 主要技术特性

CC2510Fx/CC2511Fx 是一个低价格、低电压、低功耗的无线通信片上系统(SoC)，由 RF 收发器 CC2500、8051MCU、8/16/32 KB 系统可编程闪存、1/2/4 KB RAM 等电路组成。

CC2510Fx/CC2511Fx 系列有 6 个不同的型号：CC2510F8 和 CC2511F8 有 8 KB Flash 和 1 KB RAM；CC2510F16 和 CC2511F16 有 16 KB Flash 和 2 KB RAM；CC2510F32 和 CC2511F32 有 32 KB Flash 和 4 KB RAM。CC2511Fx 附加了一个 12 Mb/s 的 USB 接口和 1 kB USB FIFO。

CC2510Fx/CC2511Fx 具有 I^2S 接口、8 输入的 8～14 位 ADC、128 位 AES 安全处理器、DMA 功能、2 个 USART、16 位定时器、3 个 8 位定时器、21 个(CC2510Fx)或 19 个 (CC2511Fx)GPIO。

CC2510Fx/CC2511Fx 的灵敏度为–100 dBm(10 kb/s)，可编程数据速率为 500 kb/s，可编程输出功率为 1 dBm，支持数字 RSSI/LQI，电源电压为 2.0～3.6 V，RX 模式电流消耗为 22 mA，TX 模式电流消耗为 23 mA，MCU 电流消耗为 270 µA/MHz，低功耗模式电流消耗为 0.3 µA，工作温度范围为–40～+85℃。

2.8.2　CC2510Fx/CC2511Fx 引脚功能与内部结构

CC2510Fx/CC2511Fx 采用 QLP-36 封装，其引脚功能如表 2.8.1 所示。

CC2510Fx/CC2511Fx 的内部结构方框图如图 2.8.1 所示，芯片内部电路可分为 3 个模块：与 CPU 有关的功能模块，与无线电有关的 RF 模块，与电源、测试、时钟等有关的模块。

表 2.8.1　CC2510Fx/CC2511Fx 引脚功能

引　脚	符　号	功　能
	GND	裸露的焊盘，焊接到接地板
1	P1_2	I/O 通道 1.2
2	DVDD	2.0～3.6 V 数字 I/O 电路电源电压
3	P1_1	I/O 通道 1.1
4	P1_0	I/O 通道 1.0
5	P0_0	I/O 通道 0.0
6	P0_1	I/O 通道 0.1
7	P0_2	I/O 通道 0.2
8	P0_3	I/O 通道 0.3
9	P0_4	I/O 通道 0.4
10	DVDD	2.0～3.6 V 数字 I/O 电路电源电压(CC2510Fx)

引　脚	符　号	功　能
11	P0_5	I/O 通道 0.5(CC2510Fx)
10	DP	USB 数据总线正端 (CC2511Fx)
11	DN	USB 数据总线负端(CC2511Fx)
12	P0_6	I/O 通道 0.6(CC2511Fx 为 DVDD)
13	P0_7	I/O 通道 0.7(CC2511Fx 为 P0_5)
14	P2_0	I/O 通道 2.0
15	P2_1	I/O 通道 2.1
16	P2_2	I/O 通道 2.2
17	P2_3/XOSC32_Q1	I/O 通道 2.3/32.768 kHz 晶体振荡器引脚端 1
18	P2_4/XOSC32_Q2	I/O 通道 2.3/32.768 kHz 晶体振荡器引脚端 2
19	AVDD	2.0～3.6V 模拟电路电源电压
20	XOSC_Q2	26 MHz 晶体振荡器引脚端 2
21	XOSC_Q1	26 MHz 晶体振荡器引脚端 1，或者外部基准时钟信号输入
22	AVDD	2.0～3.6 V 模拟电路电源电压
23	RF_P	在接收模式，RF 输入信号正端，输入到 LNA；在发射模式，来自 PA 的 RF 输出信号，正端
24	RF_N	在接收模式，RF 输入信号负端，输入到 LNA；在发射模式，来自 PA 的 RF 输出信号，负端
25	AVDD	2.0～3.6 V 模拟电路电源电压
26	AVDD	2.0～3.6 V 模拟电路电源电压
27	RBIAS	基准电流外部偏置电阻
28	GUARD	数字噪声隔离电源电压
29	AVDD_DREG	2.0～3.6 V 数字电路电源电压，到数字内核电压调节器
30	DCOUPL	2.8 V 数字电路电源电压退耦
31	RESET_N	复位，低电平有效
32	P1_7	I/O 通道 1.7
33	P1_6	I/O 通道 1.6
34	P1_5	I/O 通道 1.5
35	P1_4	I/O 通道 1.4
36	P1_3	I/O 通道 1.3

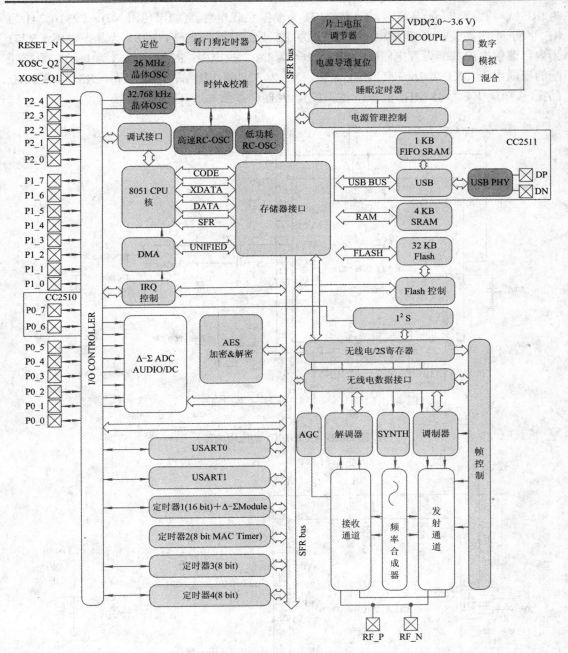

图 2.8.1 CC2510Fx/CC2511Fx 的内部结构方框图

2.8.3 CC2510Fx / CC2511Fx 应用电路

CC2510Fx/CC2511Fx 的应用电路如图 2.8.2～图 2.8.4 所示。图 2.8.2～图 2.8.4 中，C301 为片上电压调节器退耦电容器，C203/C214 为晶振负载电容器(基波晶振)，C202/C212/C213 为晶振负载电容器(3 次谐波晶振)，C201/C211 为晶振负载电容器，C231/C241 为 RF 平衡-不平衡变换器隔直电容器，C232/C242 为 RF 平衡-不平衡变换器/匹配电容器，C233/C234

为 RF LC 滤波器/匹配电容器，C181/C171 为晶振负载电容器(如果使用 X2)，L231/L241 为 RF 平衡–不平衡变换器/匹配电感，L232 为 RF LC 滤波器电感，L281 为晶振电感，R271 为内部偏置电流基准设置电阻(56 kΩ)，R264 为 D+上拉电阻，R262、R263 为 D+/D–阻抗匹配的串联电阻，X1 为 26～27 MHz 晶振，X2 为 32.768 kHz 晶振(可选择)，X3 为 48 MHz 晶振(基频)，X4 为 48 MHz 晶振(3 次谐波)。元器件参数如表 2.8.2 所示。

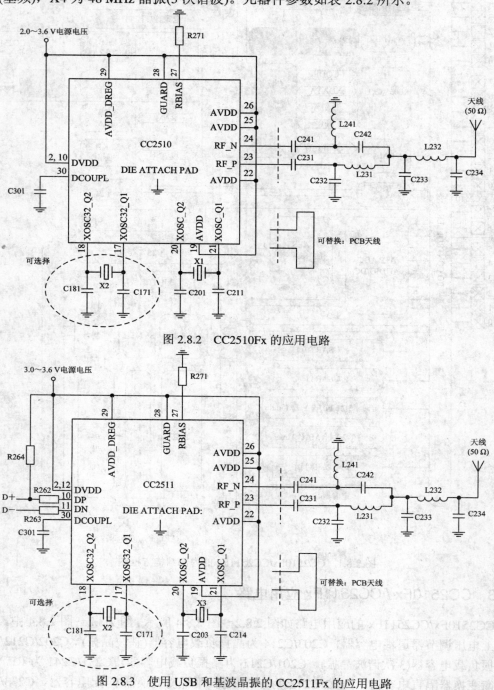

图 2.8.2　CC2510Fx 的应用电路

图 2.8.3　使用 USB 和基波晶振的 CC2511Fx 的应用电路

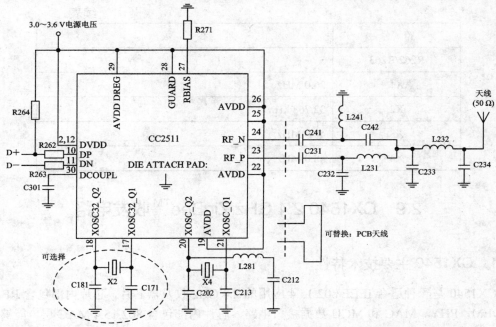

图 2.8.4　使用 USB 和 3 次谐波晶振的 CC2511Fx 的应用电路

表 2.8.2　CC2510Fx / CC2511Fx 应用电路元器件参数

符　号	参　数
C301	100 nF±10%, 0402 X5R
C203/C214	33 pF
C202	56 pF
C212	10 nF
C213	33 pF
C201, C211	27 pF±5%, 0402 NP0
C231, C241	100 pF±5%, 0402 NP0
C171, C181	15 pF±5%, 0402 NP0
C232, C242	1.0 pF±0.25 pF, 0402 NP0
C233	2.8 pF±0.25 pF, 0402 NP0
C234	1.5 pF±0.25 pF, 0402 NP0
L231, L232, L241	1.2 nH±0.3 nH, 0402, Murata LQG−15 系列
L281	470 nH±10%, Murata LQM18NNR47K00
R271	56 kΩ±1%, 0402
R264	1.5 kΩ±5%

符　号	参　　数
R262/R263	—
X1	26.0 MHz
X2	32.768 kHz
X3	48.0 MHz
X4	48.0 MHz

2.9　CX1540 2.4 GHz ZigBee™ 收发电路

2.9.1　CX1540 主要技术特性

CX1540 是一种适合 IEEE 802.15.4 应用的 2.4 GHz 收发器芯片，芯片内部包含 RF、IF、MODEM、PHY、MAC 和 MCU 数据接口电路，芯片内部包含 802.15.4 MAC 层，能够用于 ZigBee™ 网络。

CX1540 具有 16 个通道，采用 O-QPSK 调制方式。其传输数据速率为 250 kb/s，接收灵敏度为 −90～−85 dBm，发射功率为 −3～3 dBm，电源电压为 3.0 V，待机电流消耗为 1 μA，发射电流消耗为 56 mA，接收电流消耗为 57 mA，工作温度范围为 −25～+70℃。

2.9.2　CX1540 引脚功能与内部结构

CX1540 采用 VQFN-48 封装，其引脚功能如表 2.9.1 所示。

表 2.9.1　CX1540 引脚功能

引　脚	符　号	功　　能
RF		
19	ANT_1	RF 天线引脚端
17	ANT_2	RF 天线引脚端
27	PLL_LFO	外部环路滤波器输出引脚端(VCO)
30	PLL_LFI	外部环路滤波器输入引脚端(PLL)
同步通信接口		
40	SDIN	同步通信接口数据输入
41	SDO	同步通信接口数据输出
39	SCLK	同步通信接口时钟输入
42	SINT1	同步通信接口中断输出(802.15.4 MAC 功能)
36	SCEN1	同步通信接口芯片使能(802.15.4 MAC 功能)
45	SINT2	同步通信接口中断输出(IC 控制功能)
38	SCEN2	同步通信接口芯片使能(IC 控制功能)

续表

引　脚	符　号	功　　能
其它		
5	RESETN	硬件复位
6	SRESETN	软件复位
2	XIN	10 MHz 晶体振荡器连接引脚端 1
47	CLKOUT	系统时钟输出，提供给 MCU
31	MODE1	模式选择 1
32	MODE2	模式选择 2
35	MODE3	模式选择 3
23	RFTEST1	RF 电路测试
24	RFTEST2	
16	ATEST1	IF 和模拟电路测试
15	ATEST2	
9	ATEST3	

CX1540 的内部结构方框图如图 2.9.1 所示，芯片内部包含下列模块：

(1) RF 模块(RF block)包含 RF、IF 和模拟电路，以及发射与接收无线控制电路。

(2) MODEM 和 RF CTL 模块包含 O–QPSK 调制电路和 RF 模块控制电路。

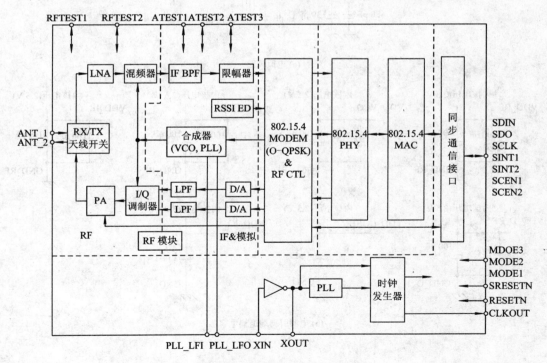

图 2.9.1　CX1540 的内部结构方框图

(3) PHY 模块用来配置 PHY 逻辑符合 IEEE 802.15.4。

(4) MAC 模块用来配置 MAC 逻辑符合 IEEE 802.15.4。

(5) SPI 接口模块用来实现与任何 MCU 同步通信。

2.9.3 CX1540 应用电路

CX1540 的应用电路如图 2.9.2 所示。

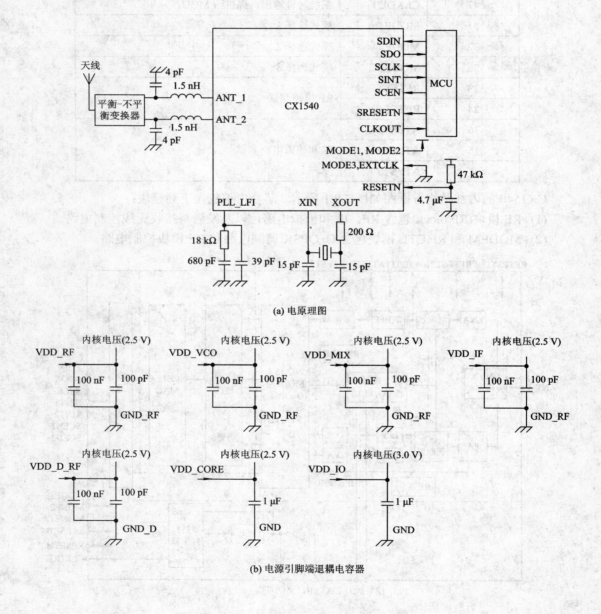

图 2.9.2 CX1540 应用电路

2.10　CYWUSB6932/CYWUSB6934 2.4 GHz GFSK/USB 收发电路

2.10.1　CYWUSB6932/CYWUSB6934 主要技术特性

CYWUSB6932 和 CYWUSB6934 是无线收发电路，工作在 2.4 GHz ISM 频带内，符合 FCC 15.247 和 EN300328 标准。CYWUSB6932 和 CYWUSB6934 可应用在 PC 配件(鼠标、键盘、操纵杆)、游戏(游戏手柄、控制台键盘)和一般用途设备(如条形码扫描器、POS 终端、电子消费、玩具、远程控制)中。

CYWUSB6932 和 CYWUSB6934 集成了 2.4 GHz DSSS 无线模式，能够通过 SPI 接口直接与 USB 控制器或任意标准 8 位微控制器连接。芯片仅需要极少的外部元件，就可完成从 SPI(串行外部接口)到天线的无线操作。CYWUSB6932 是 CYWUSB6934 收发机的发射机版本。

CYWUSB6932 和 CYWUSB6934 采用 GFSK 方式，具有双 DSSS 基带和 SPI 微控制器接口，其工作频率为 2.4 GHz，数据最高速率为 62.5 kb/s，无线距离范围为 10 m，接收灵敏度为 −90 dBm，输出功率为 0 dBm，晶振频率为 13 MHz($\pm 50 \times 10^{-6}$)，工作电压为 2.7～3.6 V。

2.10.2　CYWUSB6932/CYWUSB6934 引脚功能与内部结构

CYWUSB6932/CYWUSB6934 采用 SOIC-28 封装，其引脚功能如表 2.10.1 所示。

表 2.10.1　CYWUSB6932/CYWUSB6934 引脚功能

引　脚	名　称	I/O 类型	默认值	功　能
RF 引脚				
3	RFIN	输入	N/A	已调 RF 信号接收(CYWUSB6934)
6	RFOUT	输出	N/A	已调 RF 信号发射
晶振/功率控制引脚				
26	X13	输入	N/A	晶振差分输入
25	X13IN	输入	N/A	晶振差分输入/时钟输出
19	X13OUT	输出	N/A	系统时钟
23	$\overline{PD}$	输入	N/A	电源断开
10	$\overline{RESET}$	输入	N/A	复位，低电平有效
24	PACTL	输出	N/A	外部功放控制
I/O 控制接口				
13	DIO	I/O	N/A	数据输入/输出
12	DIOVAL	I/O	N/A	数据 I/O 有效
14	IRQ	输出	N/A	发射/接收中断和 DIO 时钟

引　脚	名　称	I/O 类型	默认值	功　能
SPI 接口引脚				
16	MOSI	输入	N/A	主出从入，SPI 数据输入引脚
17	MISO	输出	N/A	主入从出，SPI 数据输出引脚
18	SCK	输入	N/A	SPI 输入时钟
15	$\overline{SS}$	输入	N/A	从设选择
电源和接地引脚				
1, 2, 5, 7, 8,11, 20, 21,22,27,28	VCC	VCC	H	VCC 引脚
9	GND	GND	L	接地引脚
4	NC	推荐连接到地		
裸露引线	GND	必须连接到地		

　　CYWUSB6932/CYWUSB6934 芯片的内部结构如图 2.10.1 所示，包括串行外部接口(SPI)、并/串行与串/并行转换器(SERDES A 和 SERDES B)、DSSS 基带处理器 A 和 B(DSSS Baseband A/B)、GFSK 调制器(GFSK Modulator)、GFSK 解调器(GFSK Demodulator)、滤波器、晶体振荡、混频器和频率合成器(Synthesizer)等电路。

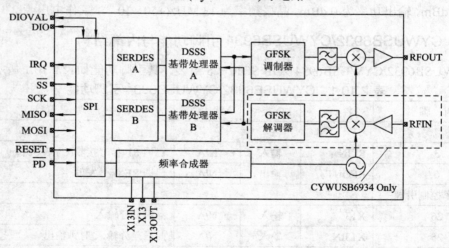

图 2.10.1　CYWUSB6932/CYWUSB6934 的内部结构方框图

1. 2.4 GHz 无线收发器

　　接收器和发射器都采用单变频、低 IF 结构完全集成的 IF 通道与滤波器相匹配，在有干扰的情况下能达到高的性能。集成功放(PA)的输出功率调节范围为 30 dB。

　　接收器和发射器的集成 VCO 和合成器能完全覆盖 2.4 GHz GFSK 无线发射器 ISM 频带(2400～2483.5 MHz)。VCO 回路滤波器也在片上。

2. GFSK 调制解调器

　　发射器使用一个基于 DSP 的矢量调制器来将 CDMA 码转换成正确的 GFSK 载波。接收器使用一个完全集成的带自动数据限幅器的 FM 检波器来解调 GFSK 信号。

3. 双 DSSS 可重置基带处理器

数据通过一个数字分离器(spreader)转换成 DSSS 码。合成(De-spreading)由一个过采样相关器完成。DSSS 基带处理器适当地装配数据字节并且消除了寄生噪声。DSSS 基带处理器有三种工作模式，即串行、并行和双独立(Dual-Independent)运行。在串行模式下，基带支持 15.7 kb/s 的单数据流。在双独立模式下，基带能同时支持 2 路数据流，每路数据流 31.25 kb/s。在并行模式下，基带处理器将数据位成对地分开，并且支持 62.5 kb/s 的单数据流。

4. 并/串转换器和串/并转换器 (SERDES)

CYWUSB6932/CYWUSB6934 提供一个数据并/串或串/并转换器(SERDES)，支持发射和接收数据字节的不同结构。发射字节通过 SPI 接口写入 SERDES(接收字节从 SERDES 中读出)。SERDES 为发射和接收数据提供双缓冲器。当一个字节正在发射时，下一个字节就能写入 SERDES 寄存器，确保被发射的数据中间不断开。在接收到一个字节后，数据写入 SERDES 数据寄存器，并且可以在下个数据完成之前的任意时刻被读取，在下个数据完成时，SERDES 数据寄存器中的内容将被覆盖。

5. 应用接口

CYWUSB6932/CYWUSB6934 有完全同步的 SPI 接口，接入应用对象 CPU。配置和数据转换可通过这个接口完成，为实时事件的触发提供了一个中断，为同步串行数据通道提供了一个可选择的辅助串行接口(DIO)。这个接口只能用于数据。

1) SPI 接口

SPI 是一个 4 线、全双工串行通信接口，应用于一个主机和一个或多个从机之间。CYWUSB6932/CYWUSB6934 SPI 电路支持在从属模式下的字节串行发射。SPI 接口包括主出从入 (MOSI)、主入从出 (MISO)、串行时钟 (SCK) 和从机选择 ($\overline{SS}$)。CYWUSB6932/CYWUSB6934 从外部主机的 SCK 引脚接收 SCK 信号。外部主机可以通过发射 2 个字节启动一个 SPI 数据传递。第一个字节是命令和地址字节，第二个字节是数据字节。$\overline{SS}$ 信号不能在字节之间有效。

在 SPI 控制接口中，命令(DIR)= "0"，表示 SPI 读操作；命令（DIR）= "1" 表示 SPI 写操作。自动地址(Auto)= "1"，表示 SPI 地址自动增加。地址在接下来的脉冲访问时自动增加。地址(Address)[5:0]最大为 6 位地址。数据(Data)[7:0]最大为 8 位数据。

2) DIO 接口

DIO 接口是一个可选择的位定向的数据传递接口。在发射模式下，DIO 和 DIOVAL 在 IRQ 下降沿采样。在接收模式下，DIO 和 DIOVAL 在 IRQ 的下降沿有效。MCU 应在上升沿采样 DIO 和 DIOVAL。

6. 时钟和功率管理

13 MHz 50×10^{-6} 晶振可以直接连接到 X13IN 和 X13 引脚端，无需外部电容。CYWUSB6932/CYWUSB6934 有可编程的修正功能，也可调整晶振负载电容来修正。两种器件的电源电压都为 2.7～3.6 V，RF 电路有片上退耦电容。利用 PD 引脚端可以关闭器件，达到一个完全的静止状态。

7. CYWUSB6932/CYWUSB6934 寄存器功能

CYWUSB6932/CYWUSB6934 的寄存器可通过 SPI 口寻址和编程，如表 2.10.2 所示，详细情况见 Cypress Semiconductor Corporation 提供的相关资料。所有的位除特别说明外都是可读/写的。

表 2.10.2　CYWUSB6932/CYWUSB6934 寄存器

寄存器名	助记符	CYWUSB6932 地址	CYWUSB6934 地址	默认值
ID	REG_ID	0x00	0x00	0x07
合成器 A 计数器	REG_SYN_A_CNT	0x01	0x01	—
合成器 N 计数器	REG_SYN_B_CNT	0x02	0x02	—
控制	REG_CONTROL	0x03	0x03	0x00
模式	REG_MODE	0x04	0x04	0x00
配置	REG_CONFIG	0x05	0x05	0x01
SERDES 控制	REG_SERDES_CTL	0x06	0x06	0x03
接收中断允许	REG_RX_INT_EN	—	0x07	0x00
接收中断状态	REG_RX_INT_STAT	—	0x08	0x00
接收数据 A	REG_RX_DATA_A	—	0x09	0x00
接收有效 A	REG_RX_VALID_A	—	0x0A	0x00
接收数据 B	REG_RX_DATA_B	—	0x0B	0x00
接收有效 B	REG_RX_VALID_B	—	0x0C	0x00
发射中断允许	REG_TX_INT_EN	0x0D	0x0D	0x00
发射中断状态	REG_TX_INT_STAT	0x0E	0x0E	0x00
发射数据 A	REG_TX_DATA_A	0x0F	0x0F	0x00
发射有效 A	REG_TX_VALID_A	0x10	0x10	0x00
PN 码	REG_PN_CODE	0x11～0x18	0x11～0x18	0x1E8B6A3DE0E9B222
低电平阈值	REG_THOLD_L	—	0x19	0x08
高电平阈值	REG_THOLD_H	—	0x1A	0x38
阈值计数	REG_THOLD_CNT	—	0x1B	—
唤醒允许	REG_WAKE_EN	0x1C	0x1C	—
唤醒状态	REG_WAKE_STAT	0x1D	0x1D	—
保留位	—	0x1C～0x1F	0x1C～0x1F	—
模拟控制	REG_ANALOG_CTL	0x20	0x20	0x04
信道	REG_CHANNEL	0x21	0x21	0x00
接收信号强度指示器(RSSI)	REG_RSSI	—	0x22	0x00
电源控制	REG_PA	0x23	0x23	0x00
晶振控制	REG_XTAL_ADJ	0x24	0x24	0x00
VCO 校准计数	REG_VCO_CAL_CNT	0x25	0x25	0x00
VCO 校准	REG_VCO_CAL	0x26	0x26	0x00
保留位	—	—	0x27～0x3B	—
指导	GUID	0x3C～0x3F	0x3C～0x3F	—

2.10.3 CYWUSB6932/CYWUSB6934 应用电路

CYWUSB6932/CYWUSB6934 的应用电路如图 2.10.2 和图 2.10.3 所示。

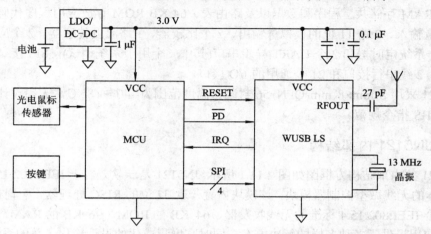

图 2.10.2 CYWUSB6932 电池供电 USB 发射器

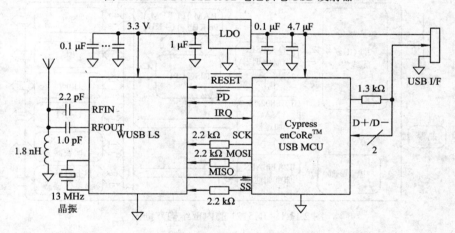

图 2.10.3 CYWUSB6934 USB 收发器

2.11 JN5121 2.4 GHz IEEE 802.15.4 无线收发器(带 μC)

2.11.1 JN5121 主要技术特性

JN5121 是一个集收发器和微控制器于一体,适合于无线传感器网络应用的单芯片解决方案,特别适合 IEEE 802.15.4、ZigBee 无线传感器网络应用。

JN5121 的无线收发器工作在 2.4 GHz 频段,具有 128 位 AES 加密的安全处理器、硬件处理 MAC 地址加速、处理报文地址检查、提升通信报文的产生速度、硬件处理报文自动确认、报文的 CRC 生成和定时工作等功能。JN5121 的内部集成电源管理芯片和晶振在休眠模式下功耗小于 5 µA(Beacon 定时器活动状态)，报文接收电流小于 50 mA，报文发送电流小于 40 mA，接收灵敏度为–93 dBm，发射功率为+1 dBm。

JN5121 的微型控制器采用 16 MHz 主频的 32 位 RISC 处理器，功耗为 3MIPS/mA，具有 96 KB RAM 存储共享程序和数据以及路由表、64 KB ROM 存放应用程序代码、4 路 12 位的模拟量输入、2 路 11 位的模拟量输出、2 个比较器、1 路温度传感器、2 个应用程序定时器、3 个系统定时器和 2 个 UART 异步串口(其中一个用于系统调试)，SPI 接口支持 5 个外部设备、2 线串行接口和 21 个通用的 I/O 接口。

JN5121 采用 8 mm×8 mm QFN-56 封装，温度范围为–40～+85℃，无铅设计，完全符合欧盟 RoHS 指令规范。

2.11.2　JN5121 内部结构

JN5121 的内部结构方框图如图 2.11.1 所示。JN5121 是一款兼容于 IEEE802.15.4 的低功耗、低成本的无线微型控制器模块，该模块内置一款 32 位的 RISC 处理器，配置有 2.4 GHz 频段的符合 IEEE802.15.4 标准的无线收发器、64 KB 的 ROM、96 KB 的 RAM，为无线传感器网络应用提供了多种多样的解决方案，同时高度集成化的设计简化了总的系统成本。

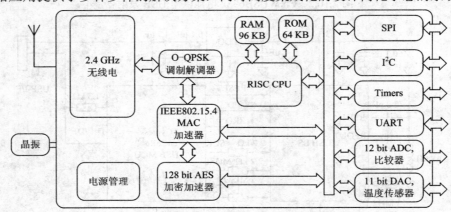

图 2.11.1　JN5121 的内部结构方框图

JN5121 内置的 ROM 存储集成了点对点通信与网状网络通信的完整协议栈；JN5121 内置的 RAM 存储可以支持网络路由和控制器功能，而不需要外部扩展任何存储空间。JN5121 内置的硬件 MAC 地址和高度安全的 AES 加密算法加速器减小了系统的功耗和处理器的负载。JN5121 支持晶振休眠和系统节能功能，同时提供了对于大量模拟和数字外设的互操作支持，让用户可以方便地连接到自己的外部应用系统。

2.11.3　JN5121 应用电路

JN5121 可以用来构建尺寸小巧、低成本的无线收发器电路，高度的集成化设计保证了实现大多数传感器和控制应用只需扩展最少的外围部件，无需采用高级的 PCB 技术，应用电路如图 2.11.2 所示。

JN5121 只需要最少的外部部件来构建应用，晶振、Flash 存储、退耦装置和天线是必需的外围部件。运行于 PC 的软件开发包采用 UART 串口连接到微处理器进行开发。

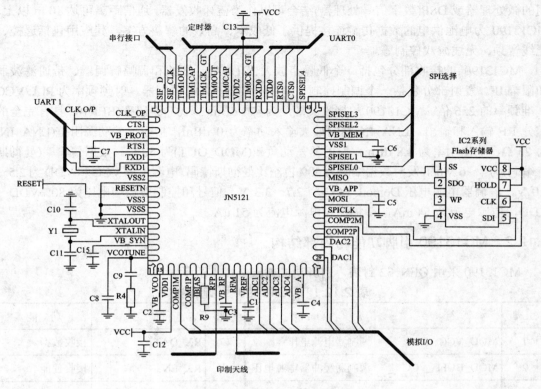

图 2.11.2　JN5121 的应用电路

厂商可提供 IEEE802.15.4 协议栈软件、控制板和传感器板开发包及相应的模块和软件开发工具。丰富的开发包套件用于帮助用户快速、容易、高效地开发基于无线传感器网络的应用。对于初学者，开发包提供了三个传感器节点，提供了低成本的入门指导。同时，完整版的开发包包含一个控制器板和四个传感器板以及一个 RS232 电缆，用于连接 PC 端的开发工具。使用开发包开发的应用程序可以被直接下载到模块中，只需两步就可以完成从原型开发到大规模开发的转化。同时提供的免费软件开发包包含了完整的工具集合，包括 C 编译器、图形和文本调试工具、连接器以及 Flash 编程工具。

SDK 提供了用于驱动 JN5121 无线微处理器外围设备的众多驱动库。开发者可以通过简洁的 API 接口调用驱动库的功能。使用软件开发包开发的应用程序可以被直接下载到模块中。

开发包提供了标准的 IEEE802.15.4，兼容协议栈驱动库，用于实现点对点、星形以及树形网络，同时也提供了用于实现 ZigBee 和 IPv6 的相应库程序。

2.12　MC13190 2.4 GHz ISM 收发电路

2.12.1　MC13190 主要技术特性

MC13190 是一种近距离、低功率的 2.4 GHz ISM 频带的单片无线电收发器芯片，与专用的微处理器或 DSP(数字信号处理器)结合可以作为蓝牙收发器,通信距离可达 10 m 以上。MC13190 为电池供电的数据传输连接提供了低成本、高效的解决方案,其应用包括遥控、无线音频、无线游戏控制等。

   MC13190 的接收部分包括一个低噪声放大器(LNA)、滤波和调幅解调器、带通滤波器和限幅 IF。发射部分包括一个调制控制、基带滤波器、AM 调制器。射频频率为 PLL/VCO 基准频率的 256 倍。MC13190 的接收灵敏度为−71 dBm(2×10^{-4} 误码率(BER)),具有完全的差分 RF 输入和输出,LNA-IN 端的最大输入功率为 0 dBm,接收器差动源阻抗(LNA-IN)为 25 Ω,输出功率为 4.8 dBm,发射器差动负载(MOD_OUT)为 50 Ω。数据传输率(曼彻斯特编码)为 4~6 Mb/s,发射数据编码为 50%占空比曼彻斯特码。电源电压 VCC 和 VDD 为 2.5~3.0 V,解调器电源电压 Demod VCC 为 2.7~3.3 V,信号和控制引脚端电压为 80%VDD~VDD,电源电流为 54 mA,待机模式电源电流为 51 μA。

2.12.2 MC13190 引脚功能与内部结构

   MC13190 采用 QFN-32 封装,引脚功能如表 2.12.1 所示。

表 2.12.1 MC13190 引脚功能

引脚	符　号	功　能	引脚	符　号	功　能
1	MOD_VCC	调制器电源电压	17	RX_DATA	接收数据
2	MOD_BUFF_VCC	调制器缓冲器电源电压	18	RX_EN	接收使能
3	PLL_VCC	PLL 电源电压	19	LIM_VCC	限幅器电源电压
4	TX_DATA	发射数据输入	20	DEMOD_OUT_N	解调器输出−
5	PLL_EN	PLL 使能	21	DEMOD_OUT_P	解调器输出+
6	LOGIC_VDD	逻辑电路电源电压	22	DEMOD_BYPASS	解调器旁路
7	TX_EN	发射使能	23	DEMOD_VCC	解调器电源电压
8	FREF	基准频率	24	LNA_VCC	LNA 电源电压
9	TRIM_EN	微调使能	25	LNA_IN_N	LNA 输入−
10	VDD_RX_DATA	接收数据电源电压	26	GND	地
11	GND	地	27	MOD_OUT_N	调制器输出−
12	VCO_VCC	VCO 电源电压	28	GND	地
13	LPF	低通滤波器	29	GND	地
14	LIM_GND_2	限幅器地	30	MOD_OUT_P	调制器输出+
15	LNA_SW	LNA 转换	31	GND	地
16	RX_OUT_DRVR_GND	接收电路地	32	LNA_IN_P	LNA 输入+

   MC13190 的内部结构方框图如图 2.12.1 所示。接收的 RF 信号从低噪声放大器输入端

(LNA_IN_P 和 LNA_IN_N)差分输入，芯片内部的 LNA 开关(LNA_SW)改变 LNA 的输入方式，信号经 AM 解调器(AM_Demod)解调，通过基带滤波器(Baseband Filter)滤波后，通过引脚端 DEMOD_OUT_P 和 DEMOD_OUT_N 输出，另外经过 80 dB 限幅器(Limiter)送入逻辑接口(Logic Interface)。发射数据通过逻辑接口(Logic Interface)输入，经过调制控制(Modulation Control)和调制滤波器(Modulation Filter)，在调制器(Modulator)中调制后，通过引脚端 MOD_OUT_P 和 MOD_OUT_N 输出。发射部分还包含 VCO、分频器等电路。

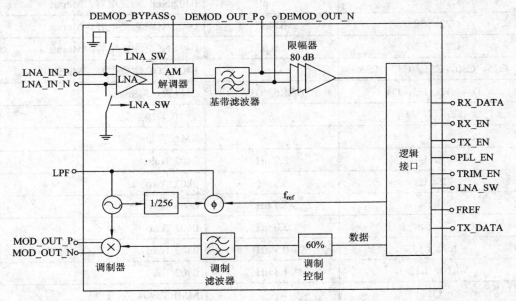

图 2.12.1　MC13190 的内部结构方框图

2.12.3　MC13190 应用电路

　　MC13190 的应用电路电原理图如图 2.12.2 所示，元器件参数如表 2.12.2 所示，元器件布局与印制电路板图如图 2.12.3 所示，PCB 材料为 10 mil FR4，厚 0.062 英寸。

表 2.12.2　MC13190 的应用电路元器件参数

元器件符号	数　值	描　　述
C1，C6，C11，C16，C18，C21，C33，C35，C36，C37	0.1 μF	0402 陶瓷电容，Murata
C2	82 pF	0402 NOP 陶瓷电容，Murata
C3	12 pF	0402 NOP 陶瓷电容，Murata
C4，C23，C27	1000 pF	0402 陶瓷电容，Murata
C5	1.0 μF	0603 陶瓷电容，Murata
C7，C8	27 pF	0402 NOP 陶瓷电容，Murata
C9，C34	100 pF	0402 NOP 陶瓷电容，Murata

元器件符号	数　值	描　述
C10，C13，C14，C29	6.0 pF	0402 NOP 陶瓷电容，Murata
C12，C15	3.0 pF	0402 NOP 陶瓷电容，Murata
C17	10 pF	0402 NOP 陶瓷电容，Murata
C19，C20	1.5 pF	0402 NOP 陶瓷电容，Murata
C22，C28	0.5 pF	0402 NOP 陶瓷电容，Murata
C24，C26	2.0 pF	0402 NOP 陶瓷电容，Murata
C25，C30，C31，C32，C38	33 pF	0402 NOP 陶瓷电容，Murata
D1，D2，D3，D4	BAR63-03W	二极管，Siemans
J2，J3，J4		1×10 条式插头
J5		SMA 直角
L1，L4	2.2 nH	0402 Toko
L2，L3	15 nH	0402 Toko
L5	2.7 nH	0603 Toko
L6，L7，L8，L11	3.0 nH	0402 Toko
L9，L13	0.5 nH	0402 Toko
L10，L12	1.8 nH	0402 Toko
Q1		MMBT3904
Q2，Q3		MBC13900
R1	12 kΩ	0402 5%
R2	560 Ω	0402 5%
R3	68 kΩ	0402 5%
R4	51 Ω	0402 5%
R5，R9，R13，R14	0 Ω	0402 5%
R6，R12	49 kΩ	0402 5%
R7，R11	130 Ω	0402 5%
R16，R17，R18	180 Ω	0402 5%
R8，R10，R15，R19，R20	10 Ω	0402 5%
R21	270 Ω	0402 5%
T1，T2	$Z0=25\ \Omega$，$l=0.72$	微带传输线，$\Sigma r=4.5$ mil，$t=10$ mils
U1		MC13190
Y1	9.357 MHz	Temex

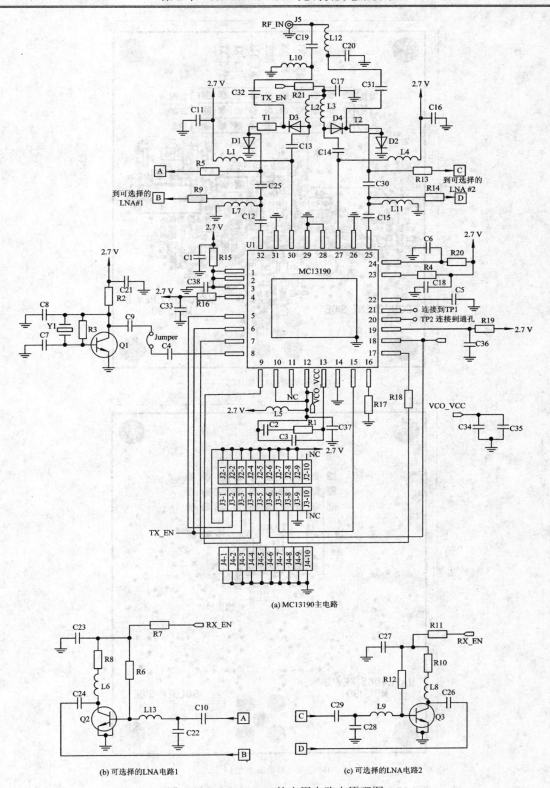

(a) MC13190主电路

(b) 可选择的LNA电路1   (c) 可选择的LNA电路2

图 2.12.2   MC13190 的应用电路电原理图

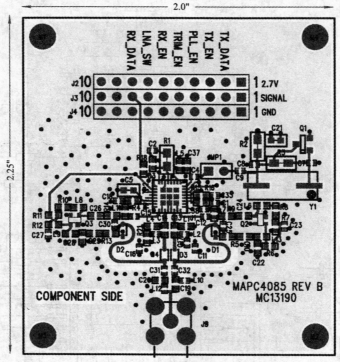

(a) 印制电路板图(顶层)

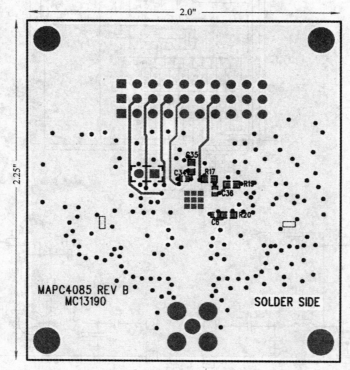

(b) 印制电路板图(底层)

图 2.12.3　MC13190 应用电路的元器件布局与印制电路板图

1．工作模式

MC13190 有三种工作模式：待机模式、发射模式和接收模式。

1) 待机模式

当全部的使能引脚端保持低电平时，待机模式自动开启。待机模式时，电流消耗为 51 μA。

2) 发射模式

在发射模式下，压控振荡器 VCO 的频率建立在 PLL 回路的基础上，发射器使能时，发射数据通过滤波器后进行 AM 调制，如图 2.12.4 所示。在低噪声放大器的输入端，开关接地，锁相回路使能。在发射器部分电源接通期间，TX_DATA 保持低电平。

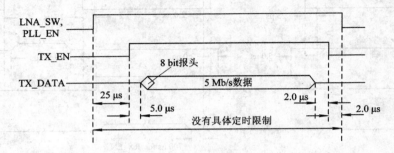

图 2.12.4　在发射模式下推荐的时序

3) 接收模式

在接收模式下，来自天线的 2.4 GHz 信号通过低噪声放大器 LNA 放大，通过峰值信号检波、滤波、放大后到达接收数据输出端 RX_DATA。第 1 次接收响应时间从接收使能端 RX_EN 被拉到高电平时开始，由解调器旁路电容充电时间来改变时间设置，一般设置成 700 μs。一旦电容充电，内部电路就维持电容上的电荷不变，响应时间从 700 μs 降到 7 μs。对于 5.0 Mb/s 曼彻斯特编码数据，接收器基带滤波器的性能最佳。接收时序如图 2.12.5 所示。

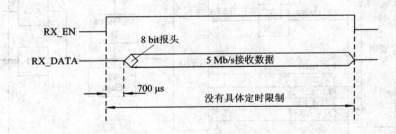

图 2.12.5　在接收模式下推荐的时序

2．发射和接收时序

图 2.12.6 显示了典型的微调、发射、接收、重新发射循环的时序和定时。注意，在接收周期期间，锁相回路和压控振荡器(PLL_EN)处于关闭状态。这种时序可以通过应用软件来控制，微调周期应该在每隔 1～10 s 的时间内被重复，或者当温度或电压变化时重复。

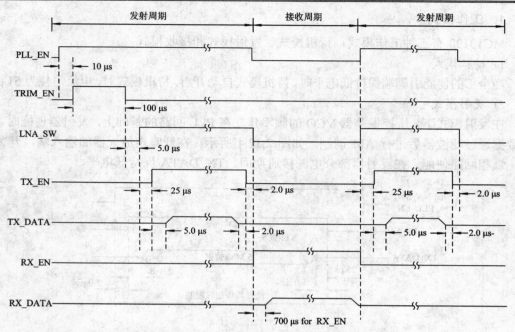

图 2.12.6 　典型的微调、发射、接收、重新发射循环的时序和定时

3．MC13190 与微控制器 MC68HC908GR8 的接口电路

MC13190 与微控制器 MC68HC908GR8 的接口电路如图 2.12.7 所示，最大的数据传输速率可以达到 100 kb/s。

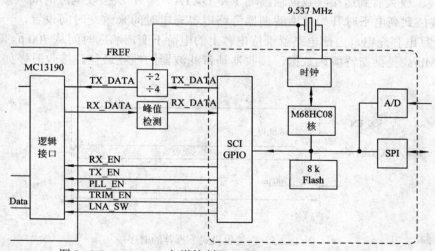

图 2.12.7 　MC13190 与微控制器 MC68HC908GR8 的接口电路

2.13 　ML2724 2.4 GHz 1.5 Mb/s FSK 收发电路

2.13.1 　ML2724 主要技术特性

ML2724 是具有自动调谐、闭环调制等功能的收发器。其工作频率范围为 2.4～2.485 GHz，

FSK 调制解调方式，数据速率为 1.5 Mb/s，灵敏度为−90 dBm，输出功率为 3 dBm，工作电压范围为 2.7～3.8 V，接收模式电流消耗为 55～76 mA，发射模式电流消耗为 50～76 mA，待机模式电流消耗为 10～120 μA，具有 3 线制控制接口，模拟信号强度指示输出，适合在数字无绳电话、无线 PC 外设、无线游戏操作和无线移动媒体中应用。

2.13.2　ML2724 引脚功能与内部结构

ML2724 采用 TQFP-32(7 mm×7 mm)封装，其引脚功能如表 2.13.1 所示。

表 2.13.1　ML2724 引脚功能

引　　脚	符　　号	功　　能
电源和地		
8	VSS	数字地
10	RVPLL	PLL 分频器、相位检波器和充电泵电源
12	GNDPLL	PLL 分频器、相位检波器和充电泵地
13	VVREG	VCO 基准电压电源
14	RVVCO	VCO 电源去耦连接端
16	GND	VCO 和 LO 电路直流地
18	GNDRF	接收 RF 输入和发射 RF 输出地
19	GNDRXMX	接收混频器信号地
20	GNDRXMX2	接收混频器信号地
23	RVLO	LO 部分电源去耦连接端
24	VCCA	2.7～3.8 V 电源输入端
25	GNDDMD	IF、解调器和数字限幅器地
27	RVQMIF	正交混频器和 IF 滤波器电路电源去耦连接端
29	RVDMD	IF、解调器和数字限幅器电源去耦连接端
31	VDD	逻辑接口和控制寄存器电源
发射与接收		
17	RXI	接收 RF 输入端
21	TXO	发射 RF 输出端(集电极开路输出形式)
22	TXOB	发射 RF 互补输出端(集电极开路输出形式)
数据		
7	AOUT	模拟输出方式、发射功率控制方式和模拟测试方式多功能输出端
30	DIN	发射数据输入端
32	DOUT	解调后串行数据输出端

引　脚	符　号	功　　能
模式控制与接口		
1	XCEN	能隙基准和电压基准使能控制端，高电平使能
2	RXON	发射/接收控制输入端
3	PAON	功率放大器控制输出端
9	FREF	6.144 MHz 或者 12.288 MHz 基准频率输入端
11	QPO	鉴相器的充电泵输出端
15	VTUNE	来自 PLL 回路滤波器的 VCO 调谐电压输入端
26	VBG	能隙电压减振电容连接端(220nF 到地)
28	RSSI	信号强度指示缓冲输出端
串行数据总线		
4	EN	总线使能控制端
5	DATA	串行控制总线数据端
6	CLK	串行控制总线时钟

ML2724 的内部结构框图如图 2.13.1 所示。芯片包含接收混频器(Receiver Mixer)、正交发生器(Quadrature Generation)、正交下混频器(Quadrature Downmixers)、滤波器组(Filter Alignment)、信号强度指示器(RSSI)、频率-电压转换器(F/V)、发射混频器(Transmit Mixer)、1.6 GHz 压控振荡器(1.6 GHz VCO)、控制寄存器(Control Registers)、锁相环分频器(PLL Divider)、基准分频器(Ref. Divider)、两通道调制器(Two-port Modulator) 和模式控制(Mode Control)等电路。

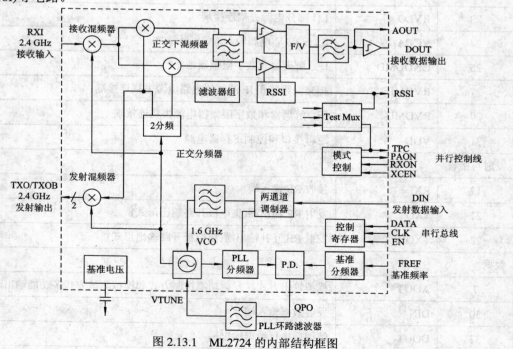

图 2.13.1　ML2724 的内部结构框图

2.13.3　ML2724 应用电路

ML2724 的应用电路如图 2.13.2 所示。图 2.13.2 中，LNA 为低噪声放大器，PA 为功率放大器，T/R SWITCH 为发射/接收转换开关。电容和电阻组成 PLL 环路滤波器。

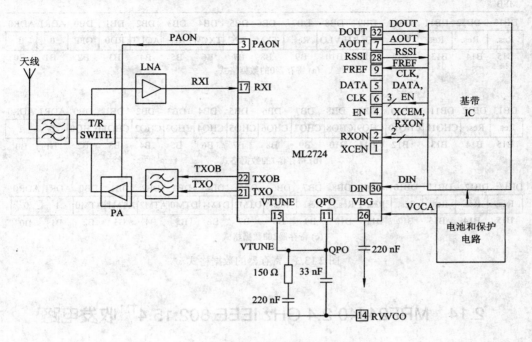

图 2.13.2　ML2724 的应用电路

ML2724 内部集成的 PLL 包含 VCO、前置分频器、鉴相器和充电泵，外接环路滤波器。基准频率从 FREF 引脚端输入，频率为 6.144 MHz 或者 12.288 MHz。ML2724 在跳频扩频 (FHSS) 系统中应用，标准的通道间隔为 2.048 MHz，通过配置寄存器和 3 线式串行总线可以编程。

ML2724 有三种工作模式：待机模式(STAN DBY)、接收模式(RECEIVE)和发射模式 (TRANSMIT)。模式控制由引脚端 RXON 和 XCEN 完成，RXON 和 XCEN 状态与模式控制的关系如表 2.13.2 所示。

表 2.13.2　RXON 和 XCEN 状态与模式控制的关系

XCEN	RXON	模　式	功　　能
0	x	待机	控制接口有效，其他电路关闭
1	1	接收	接收器时隙
1	0	发射	发射器时隙

ML2724 通过 3 线式串行数据输入总线配置收发器参数和编程 PLL 电路。芯片内部

有 3 个寄存器，寄存器 0(Register 0)用来配置 PLL 电路，寄存器 1(Register 1)用来配置通道频率数据，寄存器 2(Register 2)用来访问内部测试数据。寄存器的数据格式如图 2.13.3 所示。

MSB

DB13	DB12	DB11	DB10	DB9	DB8	DB7	DB6	DB5	DB4	DB3	DB2	DB1	DB0	ADR1	ADR0
Res.	Res.	Res.	Res.	RCLP	LVLO	Res.	TXM	TPC	TXCW	Res.	AOUT	RD0	QPP	0	0
B15	B14	B13	B12	B11	B10	B9	B8	B7	B6	B5	B4	B3	B2	B1	B0

(a) 寄存器0的数据格式

DB13	DB12	DB11	DB10	DB9	DB8	DB7	DB6	DB5	DB4	DB3	DB2	DB1	DB0	ADR1	ADR0
Res.	Res.	CHQ11	CHQ10	CHQ9	CHQ8	CHQ7	CHQ6	CHQ5	CHQ4	CHQ3	CHQ2	CHQ1	CHQ0	0	1
B15	B14	B13	B12	B11	B10	B9	B8	B7	B6	B5	B4	B3	B2	B1	B0

(b) 寄存器1的数据格式

DB13	DB12	DB11	DB10	DB9	DB8	DB7	DB6	DB5	DB4	DB3	DB2	DB1	DB0	ADR1	ADR0
Res.	Res.	Res.	Res.	Res.	Res.	Res.	Res.	DTM2	DTM1	DTM0	ATM2	ATM1	ATM0	1	0
B15	B14	B13	B12	B11	B10	B9	B8	B7	B6	B5	B4	B3	B2	B1	B0

(c) 寄存器2的数据格式

图 2.13.3　寄存器的数据格式

2.14　MRF24J40 2.4 GHz IEEE 802.15.4™收发电路

2.14.1　MRF24J40 主要技术特性

MRF24J40 是一个适合 IEEE 802.15.4 标准的收发器芯片，集成有 RF 无线电部分、PHY 层基带和 MAC 层结构，支持 MiWi™、ZigBee™和其他协议。

MRF24J40 的 RF 无线电部分包含接收器、发射器、VCO、PLL 等电路。

MRF24J40 MAC/基带处理器提供 IEEE 802.15.4 MAC 和 PHY 层硬件结构，主要由 TX/RX FIFO、CSMA-CA 控制器、超帧构造器、接收帧滤波器、加密器和数字处理模块构成。

MRF24J40 的工作频率范围为 2.405～2.48 GHz，接收灵敏度为−91 dBm，最大输入电平为+5 dBm，输出功率为+0 dBm，发射功率可控制值为 38.75 dB，集成有 4 线 SPI 接口、20 MHz 和 32.768 kHz 振荡器驱动器，提供 20 MHz 基准时钟输出，电源电压范围为 2.4～3.6 V，接收模式电流消耗为 18 mA，发射模式电流消耗为 22 mA，在休眠模式时电流消耗为 2 μA。

2.14.2　MRF24J40 引脚功能与内部结构

MRF24J40 采用 QFN-40(6 mm×6 mm)封装，其引脚端功能如表 2.14.1 所示。

表 2.14.1　MRF24J40 引脚端功能

引　脚	符　号	功　　　能
1，4，5，21	VDD	电源电压输入，连接旁路电容器到地
2	RFP	差分 RF 输入/输出正端
3	RFN	差分 RF 输入/输出负端
6	GND	接地
7	GPIO0	通用数字 I/O，也用来作为外部 PA 使能控制
8	GPIO1	通用数字 I/O，也用来作为外部 TX/RX 开关控制
9	GPIO5	通用数字 I/O
10	GPIO4	通用数字 I/O
11	GPIO2	通用数字 I/O，也用来作为外部 TX/RX 开关控制
12	GPIO3	通用数字 I/O
13	$\overline{\text{RESET}}$	硬件复位，低电平有效
14，22，24，25	GND	数字电路地
15	WAKE	外部唤醒触发器
16	INT	微控制器中断
17	SDO	串行接口数据输出，来自 MRF24J40
18	SDI	串行接口数据输入，输入到 MRF24J40
19	SCK	串行接口时钟
20	$\overline{\text{CS}}$	串行接口使能控制
23，38	NC	未连接，不连接任何东西到这个引脚端
26	CLKOUT	20/10/5/2.5 MHz 时钟输出
27	LPOSC2	32 kHz 晶振输入负端
28	LPOSC1	32 kHz 晶振输入正端
29	RXIP	RX I 通道输出正端
30	RXQP	RX Q 通道输出正端
31	VDD	电源电压输入，到内部基准电压源，需要连接旁路电容器到地
32	VDD	模拟电路电源电压输入，需要连接旁路电容器到地
33	OSC2	20 MHz 晶振输入负端

引　脚	符　号	功　　能
34	OSC1	20 MHz 晶振输入正端
35	VDD	PLL 电源电压输入，需要连接旁路电容器到地
36	GND	PLL 地
37	VDD	充电泵电源电压输入，需要连接旁路电容器到地
39	VDD	VCO 电源电压输入，需要连接旁路电容器到地
40	LCAP	PLL 环路滤波器电容器，连接一个 180 pF 的电容器

MRF24J40 的内部结构方框图如图 2.14.1 所示，芯片内部包含 SPI 接口(SPI Interface)、中断(Interrupt)、复位(Reset)、长控制寄存器(Long Control Registers)、短控制寄存器(Short Control Registers)、加密模块(Security Module)、TX FIFO、RX FIFO、RX PHY、TX PHY、RX MAC、TX MAC 等电路。SPI 接口用来完成主控制器和 MRF24J40 的通信，控制寄存器用来控制和监视，MAC (Medium Access Control)模块执行 IEEE 802.3™ 相关的 MAC 逻辑，PHY (PHYsical layer)编码和解码模拟数据。

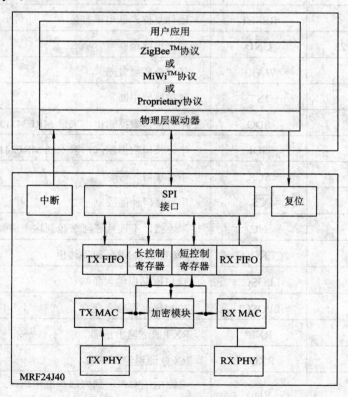

图 2.14.1　MRF24J40 的内部结构方框图

2.14.3　MRF24J40 应用电路

MRF24J40 的应用电路如图 2.14.2 所示。

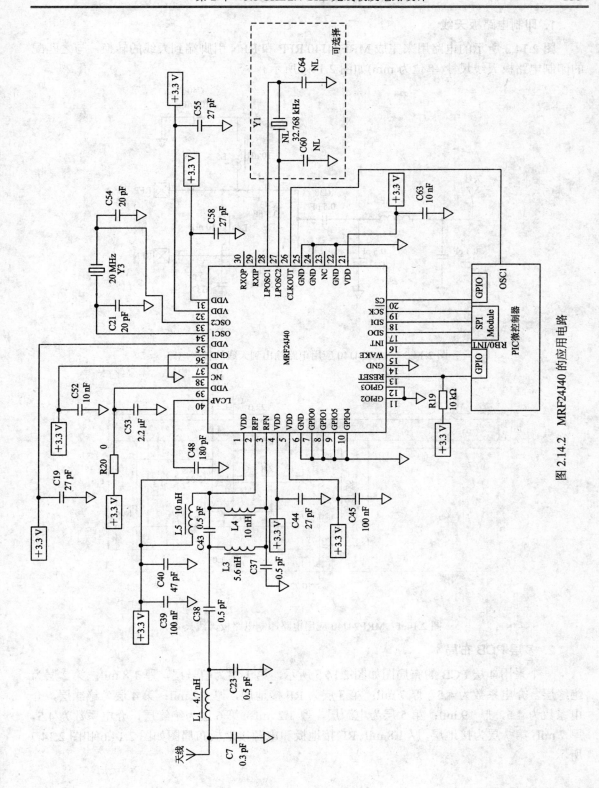

图 2.14.2　MRF24J40 的应用电路

1. 印制电路板天线

图 2.14.3 所示的电路用来完成 MRF24J40 RFP 和 RFN 引脚端到天线的转换，与之匹配的印制电路板天线尺寸(单位为 mm)如图 2.14.4 所示。

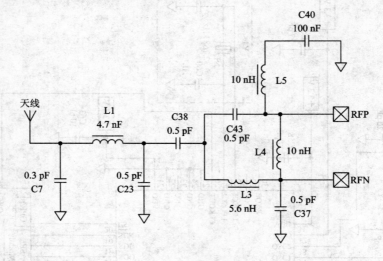

图 2.14.3　MRF24J40 应用电路输出到天线的转换电路

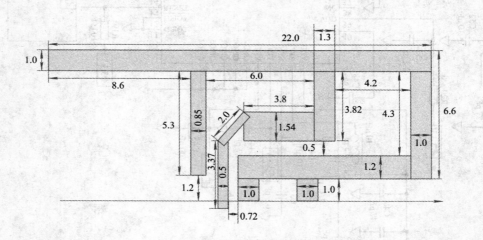

图 2.14.4　MRF24J40 应用电路印制电路板天线尺寸

2. 多层 PCB 布局

一个采用 4 层 PCB 的布局图如图 2.14.5 所示，第 1 层为信号层，厚 1.8 mil；第 2 层为绝缘层，介电系数为 4.5，厚 7 mil；第 3 层为 RF 接地层，厚 1.2 mil；第 4 层为绝缘层，介电系数为 4.5，厚 19 mil；第 5 层为电源层，厚 1.2 mil；第 6 层为绝缘层，介电系数为 4.5，厚 7 mil；第 7 层为接地层，厚 1.8 mil。RF 接地板和电源接地板布局图如图 2.14.6 和图 2.14.7 所示。

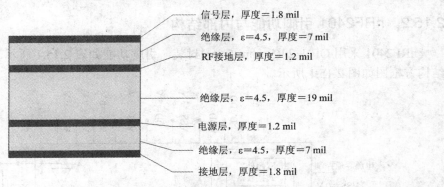

信号层，厚度＝1.8 mil
绝缘层，ε＝4.5，厚度＝7 mil
RF 接地层，厚度＝1.2 mil

绝缘层，ε＝4.5，厚度＝19 mil

电源层，厚度＝1.2 mil

绝缘层，ε＝4.5，厚度＝7 mil
接地层，厚度＝1.8 mil

图 2.14.5 4 层 PCB 的布局图

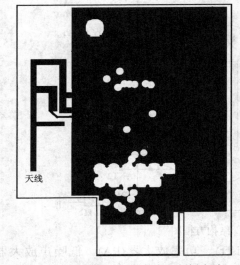

天线

图 2.14.6 MRF24J40 应用电路印制板电路
(RF 接地板)

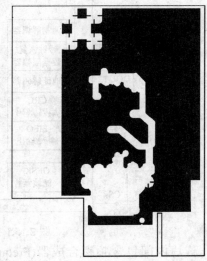

图 2.14.7 MRF24J40 应用电路印制板电路
(电源接地板)

2.15 nRF2401 2.4 GHz GFSK 收发电路

2.15.1 nRF2401 主要技术特性

nRF2401 是一种工作在 ISM 频带的无线收发器，由频率合成器、功率放大器、晶体振荡器和调制器组成。它仅需两个外部元件便可组成无线收发系统，可应用于无线鼠标、键盘、操纵杆、无线数据传输、预警和安全系统、家庭自动化、遥感勘测、智能运动系统、工业用传感器、玩具等领域。

nRF2401 的频率范围为 2400～2524 MHz，灵敏度为−90 dBm，最大输出功率为 0 dBm。信道间隔为 1 MHz，具有 3 线式串行接口，输出功率和频道可编程，具有 125 信道，可实现多信道操作，最大数据速率为 1000 kb/s，信道转换时间小于 200 s，电源电压范围为 1.9～3.6 V，在发射模式下电源电流消耗为 10.5 mA(在−5 dBm 输出功率时)，在接收模式下电源电流为 18 mA，在低功耗模式下电源电流消耗为 1 μA，温度范围为−40～+85℃。

2.15.2　nRF2401 引脚功能与内部结构

nRF2401 采用 QFN-24(5 mm×5mm)封装，引脚功能如表 2.15.1 所示。nRF2401 的内部结构方框图如图 2.15.1 所示。

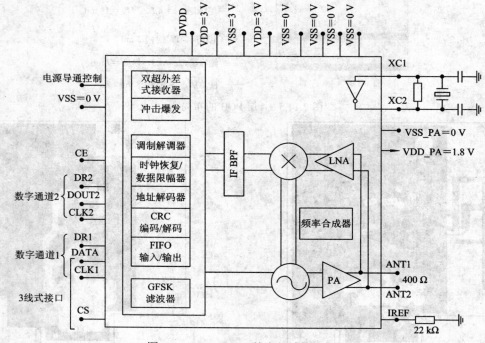

图 2.15.1　nRF2401 的内部结构方框图

芯片内部包含频率合成器(Frequency Synthesiser)、功率放大器(PA)、低噪声放大器(LNA)、IF 带通滤波器(IF BPF)、解调器(DEMOD)、时钟恢复/数据限幅器(Clock Recovery/DataSlicer)、地址解码器(ADDR Decode)、FIFO 输入/输出(FIFO In/Out)、CRC 编码/解码(CRC Code/Decode)、GFSK 滤波器(GFSK Filter)、双超外差式接收器(DuoCeiver™)和冲击爆发(Shock Burst™)等电路。外部接口有 3 线式接口(3-Wire Interface)、数据通道 1(Data Channel 1)、数据通道 2(Data Channel 2)、电源导通控制(PWE_UP)等电路。

表 2.15.1　nRF2401 引脚功能

引脚	符　号	信　号	功　　　　能
1	CE	数字输入	芯片使能，RX 或 TX 模式有效
2	DR2	数字输出	在数据通道 2 的接收数据准备好
3	CLK2	数字输入/输出	RX 数据通道 2 的时钟输入/输出
4	DOUT2	数字输出	RX 数据通道 2 输出
5	CS	数字输入	片选，激活结构配置模式
6	DR1	数字输出	在数据通道 1 的接收数据准备好
7	CLK1	数字输入/输出	数据通道 1 时钟输入(TX 模式)，输入/输出(RX 模式)，3 线式接口
8	DATA	数字输入/输出	RX 数据通道 1/TX 数据输入/3 线式接口
9	DVDD	电源	数字电源正端输出，需要电源除耦

引脚	符　号	信　号	功　　能
10	VSS	电源地	0V
11	XC2	模拟输出	晶振引脚端 2
12	XC1	模拟输入	晶振引脚端 1
13	VDD_PA	电源	功率放大器电源(+1.8 V)
14	ANT1	RF	天线接口 1
15	ANT2	RF	天线接口 2
16	VSS_PA	电源地	0 V
17	VDD	电源	电源电压+3 V DC
18	VSS	电源地	0 V
19	IREF	模拟输入	基准电流
20	VSS	电源地	0 V
21	VDD	电源	电源电压+3V DC
22	VSS	电源地	0 V
23	PWE_UP	数字输入	电源导通
24	VDD	电源	电源电压+3 V DC

2.15.3　nRF2401 应用电路

nRF2401 的应用电路如图 2.15.2 所示，元器件参数如表 2.15.2 所示，印制板图如图 2.15.3 所示。

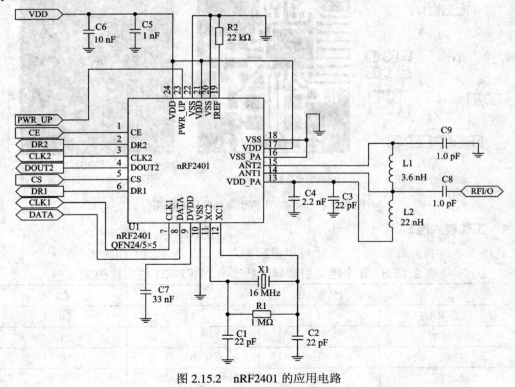

图 2.15.2　nRF2401 的应用电路

表 2.15.2　nRF2401 应用电路的元器件参数

符号	描　　述	尺　寸	数　值	误　差	单位
C1	陶瓷电容, 50 V, NPO	0603	22	±5%	pF
C2	陶瓷电容, 50 V, NPO	0603	22	±5%	pF
C3	陶瓷电容, 50 V, NPO	0603	22	±5%	pF
C4	陶瓷电容, 50 V, X7R	0603	2.2	±10%	nF
C5	陶瓷电容, 50　V, X7R	0603	1.0	±10%	nF
C6	陶瓷电容, 50V, X7R	0603	10	±10%	nF
C7	陶瓷电容, 50 V, X7R	0603	33	±10%	nF
R1	电阻	0603	1.0	±1%	MΩ
R2	电阻	0603	22	±1%	kΩ
U1	nRF2401 收发器	QFN24 / 5×5	nRF2401		
X1	晶振, CL = 12 pF, ESR < 40 Ω	L×W×H = 4.0×2.5×0.8	16	$±30×10^{-6}$	MHz
L1	线绕电感	0603	3.6	± 5%	nH
L2	线绕电感	0603	22	± 5%	nH
C8	陶瓷电容, 50 V, NP0	0603	1.0	± 0.25 pF	pF
C9	陶瓷电容, 50 V, NP0	0603	1.0	± 0.25 pF	pF

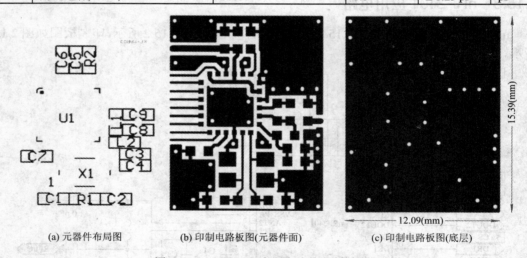

(a) 元器件布局图　　　　(b) 印制电路板图(元器件面)　　　　(c) 印制电路板图(底层)

图 2.15.3　nRF2401 应用电路的印制板图

1．工作模式控制

利用 3 个控制引脚端，nRF2401 可以设置如表 2.15.3 所示的工作模式。

表 2.15.3　3 个控制引脚端的状态与 nRF2401 的工作模式

模　式	PWR_UP	CE	CS
激活状态(RX/TX)	1	1	0
结构配置	1	0	1
待机	1	0	0
低功耗	0	x	x

2．激活状态的模式

激活状态的模式有两种：突然爆发模式(Shock Burst Mode)和直接模式(Direct Mode)。器件在这两种模式中的功能取决于结构配置命令字。关于结构配置命令字将在结构配置部分介绍。

1) ShockBurst™

ShockBurst™ 技术利用芯片上的 FIFO，用低速数据速率记录数据，用高速数据速率发射数据，以节省电源消耗。

当 nRF2401 工作在 ShockBurst™ 模式时，在 2.4 GHz 频带，能够达到非常高的数据速率，而且不需要价格昂贵的高速微控制器来进行数据处理。

在 nRF2401 芯片上有与高速信号处理相关的 RF 协议，使用 nRF2401 可以大大降低电流消耗，降低系统成本(可以使用价格便宜的微控制器)，由于只需要短的发射时间，因此可以减少在"空中(on-air)"碰撞的危险。

nRF2401 可以使用 3 线串行接口编程，数据传输速率由微控制器决定。在数字传输速率较低，而 RF 连接中需要较高传输速率的情况下，ShockBurst™ 模式可以大大降低电源消耗。

2) ShockBurst™ 原理

当 nRF2401 配置在 ShockBurst™ 模式时，TX 和 RX 操作是用以下方式管理的(仅以 10 kb/s 为例)。用 MCU 装入数据，用 Shock Burst 技术发射数据，其过程如图 2.15.4 所示。

图 2.15.4　用 MCU 装入数据，用 ShockBurst 技术发射数据的过程

3) nRF2401 在 ShockBurst™ 模式发射

MCU 接口的引脚端为 CE、CLK1 和 DATA。

(1) 当 MCU 有数据发送时，设置 CE 为高电平，激活 nRF2401，处理数据。

(2) 接收点的地址和有效数据被装入 nRF2401。利用协议或者 MCU 设置速度小于 1 Mb/s。

(3) MCU 设置 CE 为低电平，激活 nRF2401 ShockBurst™ 模式，发射数据。

(4) 在 nRF2401 ShockBurst™ 模式下，RF 前端电源导通，RF 信息包是完整的(包含有报头、CRC 计算)，数据被高速发射(250 kb/s 或者 1 Mb/s)。当数据发射完毕，nRF2401 返回待机模式。

4) nRF2401 在 ShockBurst™ 模式接收

MCU 的接口引脚端为 CE、CLK1、DATA 和 DR1。

(1) 当 nRF2401 配置为 ShockBurst™ 模式接收时，正确的地址和 RF 信息包的大小被设置。

(2) 设置 CE 为高电平，激活 RX。

(3) 在 200 s 后，nRF2401 准备接收数据。

(4) 当接收到有效的数据包(正确的地址和 CRC 检测)时，nRF2401 将转移数据包的报头、地址和 CRC 位。

(5) nRF2401 通报微处理器，设置 DR1 引脚端为高电平。

(6) 微处理器 MCU 可以(或者不可以)设置 CE 为低电平，不使能 RF 前端电路(低功耗模式)。

(7) 微处理器用适当的速率(如 10 kb/s)输出有效数据。

(8) 当所有的有效数据被重新获得时，nRF2401 使得 DR1 变成低电平。如果 CE 一直保持高电平，则 nRF2401 准备接收新的数据。如果 CE 设置为低电平，则一个新的时序列将重新开始。

5) 直接模式

在直接模式，nRF2401 的工作就像是一个传统的射频器件，必须设置一个低的数据速率。

(1) 直接模式发射。

MCU 接口引脚端为 CE、DATA。

① 当微处理器 MCU 有数据传送时，CE 被设为高电平。

② 在 nRF2401 的 RF 前端有效，在 200 ms 的处理时间之后，数据将直接调制载波。

③ 所有的射频协议必须在微处理器的硬件中执行。

(2) 直接模式接收。

MCU 接口引脚端为 CE、CLK1 和 DATA。

① 一旦 nRF2401 被配置，加电(CE 为高电平)，nRF2401 就工作在直接接收模式，开始接收数据。

② CLK1 开始有效，nRF2401 试图锁定输入的数据。

③ 一旦有效的报头到达，CLK1 和 DATA 将锁定输入的信号，RF 信息包将以与发射相同的速度呈现在 DATA 引脚端上。

④ 解调器去恢复时钟，报头必须是 8 位高/低电平，如果第 1 位数据是低电平，则起始位必须为低电平。

⑤ 在这个模式下，没有准备好的信号，地址和检验必须在微处理器中处理。

3．双超外差接收模式

在突然爆发模式(Shock Burst Mode)和直接模式(Direct Mode)中，nRF2401 可以配置成双超外差接收模式，可以在最大的数据速率下同时接收两个并行的、独立的频率通道的信号，如图 2.15.5 所示。图 2.15.5 中有 2 个射频输入 F_{RF1} 和 F_{RF2}、2 个数据输出数据(F_{RF1})和 Data(F_{RF2})，接收的数据通过时钟恢复和限幅(Clock Recovery，DataSlicer)，经过地址和 CRC 检验(ADDR，CRC Check)后输出。

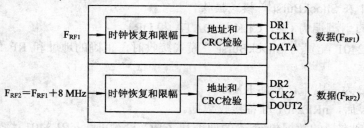

图 2.15.5　nRF2401 双超外差接收模式的频率和数据通道

在这种方式下：

(1) nRF2401 能够通过一个天线通道接收从 2 个发射器发送的 1 Mb/s 数据，频率间隔为 8 MHz。

(2) 2 个数据通道的输出被送到两个独立的微处理器的接口上。

(3) 数据通道 1 接口为 CLK1、DATA 和 DR1。

(4) 数据通道 2 接口为 CLK2、DOUT2 和 DR2。

DR1 和 DR2 仅仅在突然爆发模式中有用。

nRF2401 双超外差接收模式提供了 2 个独立的数据通道，可以取代需要 2 个独立接收的系统，应用实例如图 2.15.6 所示。

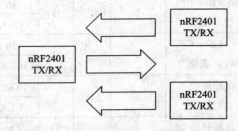

图 2.15.6　nRF2401 双超外差接收模式应用实例

4．结构配置模式

在结构配置模式中，一个结构配置字最多可达 15 个字节，结构配置字通过一个简单的 3 线接口(CS、CLK1 和 DATA)被下载到 nRF2401 中。

5．待机模式

待机模式用来在保持最小启动时间时，减少平均电流消耗。在这个模式下，晶体振荡器的一部分有效。电流消耗与晶振的频率有关(例如在 4 MHz 为 12 μA，在 16 MHz 为 32 μA)。

6．低功耗模式

在低功耗模式，nRF2401 不使能，具有最小的电流消耗 1 μA。在低功耗模式，结构配置字的内容被保持。

7．引脚端的配置

nRF2401 工作在不同模式时引脚端的配置如表 2.15.4 所示。不同模式具有不同的工作时序。

表 2.15.4　不同模式下 nRF2401 引脚端的配置

nRF2401	输入引脚			双向引脚			输出引脚		
模式	PWR_UP	CE	CS	CLK1	DATA	CLK2	DR1	DR2	DOUT2
低功耗	0	0	x	In	In	In	0	0	0
				x	x	x			
待机	1	0	0	In	In	In	0	0	0
				x	x	x			
结构配置	1	0	1	In	In	In	0	0	0
				CLK	配置 DATA	CLK			
ShockBurst™ 发射	1	1	0	In	In	In	0	0	0
				CLK	DATA	x			

续表

nRF2401	输入引脚			双向引脚			输出引脚		
直接发射	1	1	0	In / Set to 0	In / DATA	In / CLK	0	0	0
ShockBurst™ 接收，通道 1	1	1	0	In / CLK	Out / DATA	In / CLK	DR1	0	0
ShockBurst™ 接收，通道 2	1	1	0	In / CLK	Out / DATA	In / CLK	DR1	DR2	DATA
直接接收 通道 1	1	1	0	Out / CLK	Out / DATA	Out / 0	0	0	0
直接接收 通道 2	1	1	0	Out / CLK	Out / DATA	Out / CLK	DR1	DR2	DATA

8. 天线输出

ANT1 和 ANT2(天线 1 和天线 2)引脚端提供一个平衡的 RF 输出给天线。ANT1 和 ANT2 引脚端必须有一个 DC 通道到 VDD，可以通过一个 RF 扼流圈或者经过偶极天线的中心点到 VDD。ANT1、ANT2 引脚端的输出阻抗为 200～700 Ω。在负载阻抗为 400 Ω 时，可以获得最大输出功率 0 dBm。较低的负载阻抗可以通过一个匹配网络与 ANT1 和 ANT2 引脚端连接。

输出功率调节如表 2.15.5 所示。

表 2.15.5　输出功率调节

(条件：VDD = 3.0 V，　VSS = 0 V，　TA = 27℃，负载阻抗 = 400 Ω)

结构配置字中的功率设置位	射频功率输出	直流电流消耗/mA
11	0 dBm±3 dB	13.0
10	−5 dBm±3 dB	10.5
01	−10 dBm±3 dB	9.4
00	−20 dBm±3 dB	8.8

9. 晶振特性

nRF2401 的晶振特性如表 2.15.6 所示。

表 2.15.6　nRF2401 的晶振特性

频　率	C_L/pF	ESR/Ω	C_{0max}/pF	允许误差($\times 10^{-6}$)
4	12	150	7.0	±30
8	12	120	7.0	±30
12	12	60	7.0	±30
16	12	40	7.0	±30
20	12	40	7.0	±30

10．PCB 设计

为了获得好的 RF 性能，一个好的 PCB 设计是需要的，一个不好的 PCB 版图设计可以导致性能或功能的丧失。一个针对 nRF2401 完全合格的 RF PCB 版图设计(包括周围的其他元器件部分和匹配网络)可以从 www.nulsi.no 上下载。

2.16　RF109 2.4 GHz 数字扩频收发电路

2.16.1　RF109 主要技术特性

RF109 是 Conexant 公司推出的 2.4 GHz 数字扩频收发器芯片，工作频率为 2400～2481.5 MHz ISM 频带，为数字扩频(DSS)系统提供发射、接收以及频率合成等功能。由 RF109、一个功率放大器、一个 2.4 GHz 差分频率源和一个发射/接收(T/R)开关可构成一个 2.4 GHz 无绳电话的完整 RF 系统解决方案。RF109 可应用于数字扩频(DSS)无绳电话、直接序列扩频系统、频率跳变扩频系统、无线局域网、无线调制解调器、无线安全以及库存管理系统等领域。

RF109 具有直接转换体系结构，可完成发射/接收信号的时分双向(TDD)传输，可独立启动发射、接收及合成器电路，具有 64 个可编程信道和 1.8 MHz 信道间隔。

RF109 的接收通道提供完全的 RF 到基带的转换和 I/Q 解调，包括一个低噪声放大器(LNA)、双平衡正交混频器、可完全集成的基带滤波器和基带可变增益放大器。RX 电压增益为 42.5～109.5 dB，RX 输入 IP_3 为 –33 dBm，RX 输入 $P_{1 dB}$ 为 –90.5 dBm。发射通道是一个可变增益直接转换调制器，包络线的峰值输出功率为 –10.5～–5.0 dBm。RF109 采用锁相环频率合成器和一个外部 2.4 GHz 压控振荡器(VCO)来生成本地振荡器(LO)频率。PLL 提供的频率范围为 2392.2～2505.6 MHz，工作电压为 3.0～4.5 V，RX 模式电流消耗为 111 mA，TX+SYNTH 电源电流消耗为 51 mA，休眠模式为 5 μA。RF109 可快速地由待机模式进入到激活模式。

2.16.2　RF109 引脚功能与内部结构

RF109 采用 TQFP-48 封装，各引脚功能如表 2.16.1 所示。

表 2.16.1　RF109 引脚功能

引　　脚	符　　号	功　　能
数字信号		
18	TXEN	发射使能。开关接通/断开，偏置电源到发射电路。1 表示 TX 接通，0 表示 TX 断开
9	RXEN	接收使能。开关接通/断开偏置电源到接收电路。1 表示 RX 接通，0 表示 RX 断开
46	SYNTHEN	合成器启动。开关接通/断开偏置电源到合成器电路。1 表示合成器导通，0 表示合成器断开

引　　脚	符　　号	功　　能
21，22	PS1，PS2	发射功率选择。两个控制位选择 PA 输出功率。PS1=0，PS2=0 表示高(单端，典型值−8 dBm)；PS1=0，PS2=1 表示中(单端，典型值−18 dBm)；PS1=1，PS2=0 表示低 (单端，典型值−26.5 dBm)；PS1=1，PS2=1 表示未定义
10	LNAATTN	LNA 衰减器。这个控制信号可使 LNA 增益在低增益状态和高增益状态之间转换。1 表示低增益，衰减器有效；0 表示高增益，衰减器无效
3	FREF	参考振荡器。该数字输入时钟信号用来给合成器提供参考频率。一个 9.6 MHz 的时钟可提供 1.8 MHz 的信道间隔
2	CLK	合成器编程时钟。这个时钟输入信号用于将合成器数据位移入合成器输入寄存器。每个 CLK 上升沿载入一个数据位
4	DATA	合成器编程数据。该串行数据输入位用于合成器编程。数据位先从 MSB 开始移入，直到 LSB。在 CLK 信号的上升沿，DATA 位载入合成器输入寄存器
47	STROBE	合成器编程闸门信号。在所有的数据位移入后，这个信号用于将输入寄存器中的合成器数据送到脉冲吞噬计数器。数据在选通信号的上升沿传送
模拟信号		
8	TXD	发射数据。该输入用作调制信号。TXD 是单端引脚，基带调制解调器输出 1.2 Mb/s 的非归零信号。若需要对数据/频谱整形，那么应先对 TXD 信号进行滤波处理。在 RF109 的 TXD 输入端，电阻分频器将用于提供所需信号电平
5	TXREF	TX 参考。这个为 TXD 输入参考。交流耦合到地
23	GCREF	增益控制参考，这个为增益控制输入参考，连接到地
28 29	RXI− RXI+	接收同相信号负极和正极。该差分信号对是接收器基带输出的同相部分。该输出信号电平的典型峰-峰值为 0.5 V，符合 1.35～1.9 V AGC 控制范围的要求
26 27	RXQ− RXQ+	接收正交信号负极和正极。该差分信号对是接收器基带输出的正交部分。该差分输出信号电平的典型峰-峰值为 0.5 V，符合 1.35～1.9 V AGC 控制范围的要求
24	AGC	自动控制增益。该模拟输入信号用于在接收时控制基带 VGA 的增益。该信号是由基带 ASIC 作为 AGC 控制环路产生的。这个控制环路提供接收基带差分信号的典型峰-峰值为 0.5 V，符合 1.35～1.9 V AGC 控制范围的要求

引　脚	符　号	功　　能
38 39	VCO1, VCO2	压控振荡器输入。该差分输入为 RF109 的混频器提供从外部 VCO 获得的本振信号。外部不平衡转换器可将单端外部 VCO 信号转换为差分信号。差分输入信号电平的典型峰–峰值为 200 mV
43	CHPO	电荷泵输出。该输出信号用于控制外部 2.4 GHz VCO。CHPO 电流的典型值为±250 μA
11	LNAIN	RF 输入。已接收的 RF 输入信号由 RF109 的 LNA 进入。这个引脚应有外部 50 Ω 匹配电阻。这个接收信号必须串联一个 2 pF 的电容进行交流耦合，进入 LNAIN
15 16	RFO1 RFO2	RF 输出。这是 RF109 的差分发射输出信号。单端输出阻抗是 50 Ω。RF 输出信号是内部交流耦合的。未用的信号将通过一个 50 Ω 的电阻接地
辅助功能引脚		
20	MODSET	调制器增益设置。通过改变连接到此引脚的电阻可调整发射调制器增益
13	GMCRES	GMC 电阻用于设置基带滤波器的截止频率
19	MIXBPC	混频器的偏置旁路电容
32,33	SRQ–，SRQ+	Q 信道直流偏移量可消除伺服电容连接
34,35	SRI，SRI+	I 信道直流偏移量可消除伺服电容连接
1,12,36,37, 40,41,42,48	NC	空脚。推荐这些引脚连接到地
电源引脚端		
6	VCC1	电源电压正端
7	VCC2	电源电压正端
25	VCC3	电源电压正端
31	VCC4	电源电压正端
44	VCC5	电源电压正端
45	VCC6	电源电压正端
14,17,30	GND	电源地

　　RF109 的内部结构方框图如图 2.16.1 所示。芯片内部包括 LNA、混频器、基带放大器、基带滤波器、合成器(Synthesizer)、调制器增益控制电路(Modulator Gain Control)、串行接口电路(Serial Interface)和电源管理电路(Power Management)等。

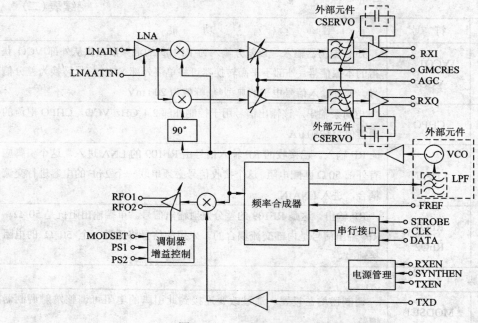

图 2.16.1　RF109 的内部结构方框图

1. 接收通道

接收通道通过 LNA，正交混频器将 RF 信号转换为基带信号。LNA 增益可选择。片上集成了自动增益控制的接收基带放大器和带宽可调的基带滤波器。基带信号为差分输出，系统噪声系数的典型值为 9.0 dB，动态范围的典型值为 89 dB。

LNA 提供两种增益选择，可通过 LNAATTN 引脚端进行控制，为自动增益控制(AGC)提供粗调。可在内部使用低通和高通滤波器对 I/Q 基带信号进行过滤来衰减信道外信号和去除直流成分。低通截止频率由 GMC 滤波器决定并可由连接到引脚 13 的 R_{gmc} 电阻设置。高通截止频率由连接在引脚端 32~33 和引脚端 34~35 之间的 C_{servo} 电容决定。

最佳接收带宽值是：f_{LPF} = 820 kHz，R_{gmc} = 875 Ω，f_{HPF} = 20 kHz，C_{servo} = 0.082 μF。

一对匹配的 VGA 可提供很好的 AGC 性能。差分 I/Q 基带信号分别直流耦合到 RXI+、RXI−、RXQ+和 RXQ−输出引脚端。

2. 发射通道

发射通道包括一个放大器和一个混频器。混频器与 LO 信号完成基带信号(引脚端 8 提供的基带数据)到射频的调制。RF109 的发射输出为差分形式，并匹配了 100 Ω 电阻的差分负载。如果需要单端连接，则不用的输出端必须通过一个 50 Ω 的电阻连接到地。发射输出功率受输出功率控制引脚端的输入电压大小控制，即由 PS1(引脚 21)、PS2(引脚 22)和 R_{mod} 的值(连接到引脚 20)确定。R_{mod} 设置进入调制器的偏置电流，此偏置电流乘上一个由 PS1 和 PS2 状态决定的系数来确定发射器的输出功率。发射器的输出功率有高功率、中功率、低功率三种模式。

3. LO(本机振荡器)信号的产生

LO 由可编程 PLL 频率合成器和 2.4 GHz 外部 VCO 生成。合成器的工作参数由环路滤波器、外部基准晶振、VCO 的相位噪声和频率合成器编程等确定。RF109 的 VCO1 (引脚端 38)和 VCO2(引脚端 39)输入为差分输入。典型的差分输入电平的峰−峰值为 200 mV。不平衡变压器用于将单端 VCO 输出变为差分信号输出。

4. 合成器编程

频率合成器模块包括一个 3 分频计数器(D)、9.6 MHz 基准频率(FREF)源、一个固定的基准 16 分频器(R)、一个 16/17 前置分频器(M)、一个固定的 83 计数器(N)、一个可编程的 64 计数器(A)、一个外部环路滤波器和一个外部 2.4 GHz VCO。合成器可编程覆盖 64 信道(信道间隔= 1.8 MHz)，即 2392.2～2505.6 MHz。LO 频率由下列方程式给出：

$$f_{LO} = (D) \times (FREF/R) \times ((M \times N) + (A + 1))$$

其中，$N > A$。

例如：

$$f_{LO} = 3 \times (9.6 \text{ MHz} / 16) \times ((16 \times 83) + 7) = 2403.0 \text{ MHz}$$

$$f_{LO} = 3 \times (9.6 \text{ MHz} / 16) \times ((16 \times 83) + 46) = 2473.2 \text{ MHz}$$

合成器可通过一个半双工的 3 线串行接口进行编程。3 个编程信号分别为 DAT、CLK 和 STROBE。在 CLK 信号的每个上升沿数据向移位寄存器和控制寄存器移入一位。当 STROBE 输入信号从低电平到高电平转换时，移位寄存器中锁住的数据被传送到可编程计数器中。需要移入 6 位数据到合成器中进行编程。数据格式如下：

MSB	S7	S6	S5	S4	S3	S2	S1	S0	LSB

可编程计数器 S1～S6 程序位的值 000000～111111 对应的频率范围为 2392.2～2505.6 MHz(合成器信道为 0～63)。

5. 合成环路滤波器

一个典型的环路滤波器如图 2.16.2 所示。当 VCO 的灵敏度为 60 MHz/V 时，环路带宽近似为 5 kHz。

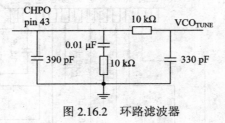

图 2.16.2　环路滤波器

6. 电源管理

发射通道、接收通道和频率合成器的导通或关断分别由 TXEN、RXEN 和 SYNTHEN 引脚端控制。当发射通道、接收通道和频率合成器所有的功能都关断时，电源(VCC)的电流消耗达到最小值。

2.16.3　RF109 应用电路

RF109 的应用电路如图 2.16.3 所示。

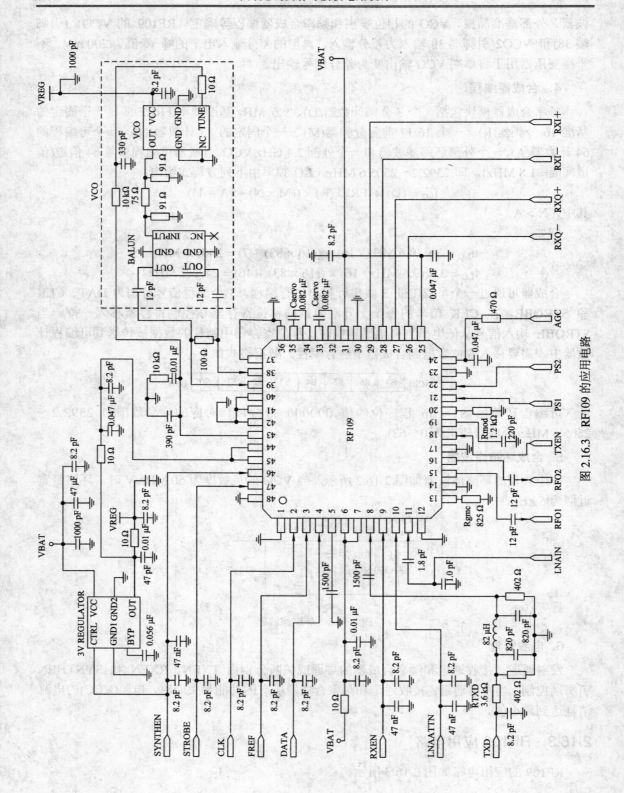

图 2.16.3 RF109 的应用电路

2.17　RF2948B 2.4 GHz QPSK 扩频收发电路

2.17.1　RF2948B 主要技术特性

RF2948B 是为工作在 2.4 GHz ISM 频带的直接序列扩频系统而设计的单片收发集成电路。RF2948B 包括可变增益控制的直接变换 IF 接收器、45～500 MHz 中频正交解调器、I/Q 基带放大器和片上可编程的基带滤波器。RF2948B 与 RF2494 低噪声放大器/混频器、多种型号的 GaAs HBT PA(功率放大器)和 RF3000 基带处理器组成 2.4 GHz 芯片组。RF2948B 适合在 IEEE 802.11b WLAN、高速数字链接、无线家居网关、安全通信链接、无线安全系统和数字无绳电话中应用。

RF2948B 接收器的频率范围为 45～500 MHz，级联电压增益为 65～76 dB，级联噪声系数为 5.5～35.0 dB，级联输入 IP3 为 50 dBµV，正交相位变化为±3°，正交振幅变化为±1 dB，输出 $P_{1\,dB}$ 为 1.2 V(峰–峰值)。

RF2948B 的发射器部分提供 QPSK 调制器和上变频器，发射器功率放大器的线性输出功率为 6 dBm。为了减少 SAW(表面声波滤波器)的数目，接收和发送部分重复使用中频 SAW。

RF2948B 的电源电压范围为 2.7～3.6 V，接收器电流为 110 mA，发射器电流为 136 mA，功率放大器驱动电流为 18 mA，休眠模式电流为 1 µA。

2.17.2　RF2948B 引脚功能与内部结构

RF2948B 采用 LCC-32(5 mm×5 mm)封装，引脚封装形式和内部结构如图 2.17.1 所示，引脚功能如表 2.17.1 所示。

表 2.17.1　RF2948B 引脚功能

引 脚	符 号	功　　能
1	PD	工作/待机控制端。控制发射和接收基带信号部分电源的导通或关断。PD 为逻辑高电平时，正交解调混频器、TX 和 RX LPF、基带 VGA 放大器、数据放大器、中频 LO 缓冲器放大器，分相器电源导通。PD 为逻辑低电平时，整个电路进入待机模式
2	RX EN	接收器的 15 dB 增益中频放大器和 RX VGA 放大器使能。当这个引脚端是逻辑高电平时，芯片处于接收模式；当为逻辑低电平时，芯片处于发射模式
3	RX IF BIAS	中频放大器偏置。并联(23.7±1%)kΩ 的电阻到地
4	VCC1	接收器 VGA 放大器、电路逻辑控制部分和接收器基准电压源的电源电压输入
5	RX IF IN	接收部分的中频输入，必须有隔直电容。电容值要适合中频频率。在半全双工操作模式，RX IF IN 和 TX IF IN 一起连接在隔直电容之后。然后用一个传输线与 IF SAW 的输出连接。交流耦合电容一定要小于 150 pF，防止 RX 到 TX/TX 到 RX 的转换延时

引 脚	符 号	功 能
6	TX IF IN	在 SAW 滤波器之后输入到 TX IF(中频)信号。外部隔直电容是必需的。在半全双工操作模式，RX IF IN 和 TX IF IN 一起连接在隔直电容之后。然后用一个传输线与 IF SAW 的输出连接。交流耦合电容一定要小于 150 pF，防止 RX 到 TX/TX 到 RX 的转换延时
7	VCC9	发射器 15 dB 增益放大器和发射器 VGA 电源电压
8	TX VGC	发射器 VGA(可变增益放大器)的增益控制设置
9	IF LO	IF LO(中频本机振荡器)输入。必须有隔直电容。电容值应适合中频频率。本机振荡器频率为中频频率的两倍。正交调制与解调器的相位准确度要求 IF LO 输出的谐波含量低。所以建议在 IF VCO(中频压控振荡器)和中频本机振荡器之间加上一个 $n=3$ 的低通滤波器。这是一个高阻抗输入，建议在这个输入端直接加一个 $100\ \Omega$ 的分流电阻器来抑制失配
10	VCC8	中频本机振荡缓冲器的正交相位网络电源电压
11	VCC6	发射机偏置发生器的电源电压
12	PA OUT	功率放大器输出。这是功率放大器的输出晶体管的集电极输出，输出是集电极开路形式，输出匹配由一个连接到 VCC 的电感和一个串联电容组成，电感提供直流电流到输出晶体管电路
13	PA IN	功率放大器输入。功率放大器的输入电阻为 $50\ \Omega$，需要隔直电容或调谐电容
14	VCC5	射频本机振荡器缓冲器，上变频器及放大器的电源电压
15	RF LO	发射端上变频器的单端 LO 输入。外部需要匹配到 $50\ \Omega$，需要一个隔直电容
16	RF OUT	上变频器发射信号输出。输出阻抗为 $50\ \Omega$，输出可以驱动射频滤波器，以抑制不需要的边频、谐波及混频器产生的输出
17	IF1 OUT–	正交调制器的反相集电极开路输出。这个引脚端需要外部偏置并与其他电路直流隔离。此输出端可以与 IF1 OUT+引脚端驱动一个不平衡变压器，用来驱动一个表面声波滤波器。这个不平衡变压器既可以是宽带(变压器)，也可以是窄带(离散电感电容的匹配网络)。另外，IF1 OUT+能够用来驱动表面声波滤波器的一个引脚端(单端方式)，IF1 OUT–引脚端连接一个射频扼流圈(高阻抗中频)到 VCC

续表(二)

引　脚	符　号	功　　能
18	IF1 OUT+	正交调制器的同相集电极开路输出。这个引脚端需要外部偏置,并与其他电路直流隔离。此输出端可以与 IF1 OUT- 引脚端驱动一个不平衡变压器,用来驱动一个表面声波滤波器。这个不平衡变压器既可以是宽带(变压器),也可以是窄带(离散电感电容的匹配网络)。另外,IF1 OUT+能够用来驱动表面声波滤波器的一个引脚端(单端方式),IF1 OUT- 引脚端连接一个射频扼流圈(高阻抗中频)到 VCC
19	TXI BP	调制器同相旁路引脚端。推荐连接一个 10 nF 的电容到地
20	TXI DATA	为发射调制,I 输入到基带 5 阶 Bessel L PF(贝塞尔低通滤波器)
21	TXQ BP	正交相位调制旁路引脚端。推荐连接一个 10 nF 电容到地
22	TXQ DATA	为发射调制,Q 输入到基带 5 阶 Bessel L PF(贝塞尔低通滤波器)
23	VCC4	正交调制器电源电压
24	IOUT	基带模拟信号输出到同相通道。700 mV(峰-峰值)线性输出
25	QOUT	基带模拟信号输出到正交通道。700 mV(峰-峰值)线性输出
26	VREF1 BUF	VREF1 输出缓冲模式,见引脚 31。反向电流或者源电流小于 1 mA
27	DCFB I	同相通道的直流反馈电容。要求连接电容接地(推荐 22 nF)
28	DCFB Q	正交通道的直流反馈电容。要求连接电容接地(推荐 22 nF)
29	BW CTRL	这个引脚端需要连接一个电阻到地,用来设置接收器和发射器的 GMC 滤波器放大器的基带低通滤波器的带宽
30	VCC2	I、Q 基带和 GMC 滤波器电源电压。此引脚端应连接一个 10 nF 的旁路电容
31	VREF1	GMC 放大器滤波器和 I/Q 输入偏置电路的旁路引脚端。额定电压为 1.7 V 时,无电流从此引脚端送出(<10 μA)
32	RX VGC	接收器中频和基带放大器增益控制电压
裸露焊盘		器件所有电路的接地端直接连接到印刷电路板接地端(板),应保持自感应系数最小,以获得良好的特性。可在器件的下面直接使用通孔阵列接地
	ESD	采用二极管结构,静电保护最大电压达到 2 kV。以下的引脚端具有静电保护:1~4、7、8、10、19~32

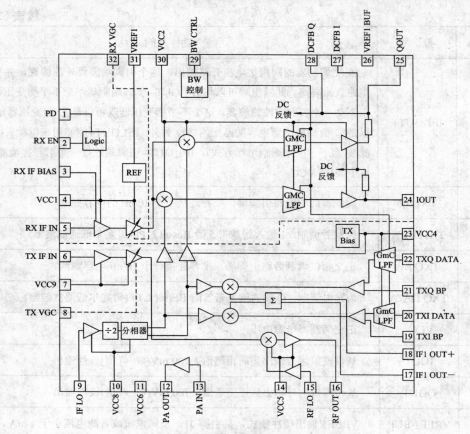

图 2.17.1　RF2948B 引脚封装形式和内部结构

1. 接收器部分

1) 接收机中频自动增益控制和混频器(RX IF AGC/Mixer)

IF AGC(中频自动增益控制)的前端为一个单端输入、具有 15 dB 的放大增益。第一级放大器设定噪声系数和中频部分的输入阻抗,输出为差分形式。信号通道的其他部分也是差分形式,直到最后的基带输出被转换成单端形式。在前端放大器之后是多级可变增益的差分放大器,整个中频信号通道的增益范围为 4.0~70.0 dB。中频放大器的噪声系数(在最大增益模式中)是 5 dB,应该不会降低系统的噪声系数。中频到基带混频器是双平衡的差分输入和差分输出,混频器的转换增益可忽略。对于这些混频器,LO 移位 90°,因此在混频器中 I 和 Q 的信号被分离。

2) 接收机基带放大器、滤波器和直流反馈

对于基带频率芯片上完全集成的 GMC 低通滤波器,可以用表面滤波器来进一步滤出和抑制基带外的信号,防止干扰信号进入 A/D 转换器,以获得最好的信噪比。低通滤波器的 3 dB 截止频率是可编程的,可以通过一个外部电阻来设置,3 dB 截止频率从 1 MHz 到 35 MHz 是连续变化的。对于数据系统,选择一个 5 阶 Bessel(贝塞尔)型滤波器是最佳的,因为它具有平坦的延迟响应和清楚的阶跃响应。当给予一阶输入,Butterworth 和 Chebychev 型滤波器对于数据系统是不理想的。滤波器的输出为片外提供 700 mV(峰-峰值)的线性驱动信号。

直流反馈形成后被送入基带放大器部分以校正输入偏移。当一个混频器 LO 泄漏到混频

器的输入时，大的直流偏移会产生。直流偏移也能引起晶体管失谐。一个大的外部电容对于直流反馈设置高通截止频率是必需的。

3) 射频和中频 LO 输入缓冲器

射频 LO 缓冲器是在压控振荡器和混频器之间的限幅放大器，它的作用是使得混频器与压控振荡器之间的相互影响降低到最小，并扩展可接受的 LO 输入电平的范围，在接收和发射之间转换时保持 LO 输入电阻不变。LO 输入功率范围为$-18\sim+5$ dBm。

中频 LO 缓冲器是在分相网络之前的一个限幅放大器，它的作用是放大信号，并且帮助压控振荡器与芯片电路隔离。LO 输入是想要得到的中频频率的两倍。这是一个简单的正交网络，可以减少 RX_IF 引脚端的 LO 泄漏(从 LO 输入的频率与中频频率不同)。输入信号的振幅需要在$-15\sim0$ dBm 之间。额外的中频 LO 谐波成分影响调制器和解调器的相位平衡，因此要求中频 LO 谐波应保持在-30 dBc 以下。

2. 发射器部分

1) 发射 LPF(低通滤波器)和混频器

发射器部分有一对 5 阶 Bessel 滤波器，与接收器部分的滤波器相同，并且具有相同的 3 dB 截止频率。在数字或者模拟信号上变频转换为中频之前，这些滤波器具有预整形和带宽限制功能。这些滤波器有一个高的输入阻抗，输入信号的典型值为 100 mV(峰-峰值)。紧跟着这些低通带滤波器的是 I/Q 的正交上变频混频器。上变频的信号可能驱动一个表面滤波器(在半双工模式下)。

2) TX VGA(可变增益放大器)

在 SAW 滤波器之后，AGC(自动增益控制)电路由一个开关和一个增益为 15 dB 的放大器组成，它与接收器部分的中频自动增益控制电路是相同的。对于不同的增益控制电压，输入电阻将保持不变。跟随在这个增益为 15 dB 的放大器之后的是一个单级增益控制电路，提供 15 dB 的增益控制范围。增加可变增益的主要目的是让系统具有灵活性，使芯片可以应用不同的 SAW 滤波器和不同插入损耗值的镜像滤波器。如果需要，这个增益可实时调整。

3) 发射上变频器

中频到射频上变频器是一个双平衡差分混频器，转换差分输入为单端输出。对于镜像滤波器，提供 0 dBm 的峰值线性功率。上变频 SSB(单边带信号)在这一点应有-6 dBm 的功率，并且镜像也有同样的功率。由于信号和镜像有联系，因此输出一定要保持 0 dBm 的线性功率以维持线性。

4) +6 dBm 功率放大器驱动器

上变频器的单边带上变频输出是-6 dBm 的线性功率。镜像滤波器消除镜像、LO、2LO 和其他寄生频率，具有 4 dB 的插入损失。滤波器的输出应提供功率放大器驱动器输入-10 dBm 的功率。

功率放大器的驱动器是一级 A 类放大器，具有 10 dB 增益，并能提供 6 dBm 的线性功率到 50 Ω 负载，具有 12 dBm 的 1 dB 压缩点。对于低功率的应用，功率放大器驱动器可以用来直接驱动 50 Ω 的天线。

2.17.3　RF2948B 应用电路

RF2948B 的应用电路、元器件布局与印制板图如图 2.17.2～图 2.17.6 所示，印制板的尺寸为 55.88 mm×53.34 mm，板厚 0.7874 mm，板材 FR4，多层。

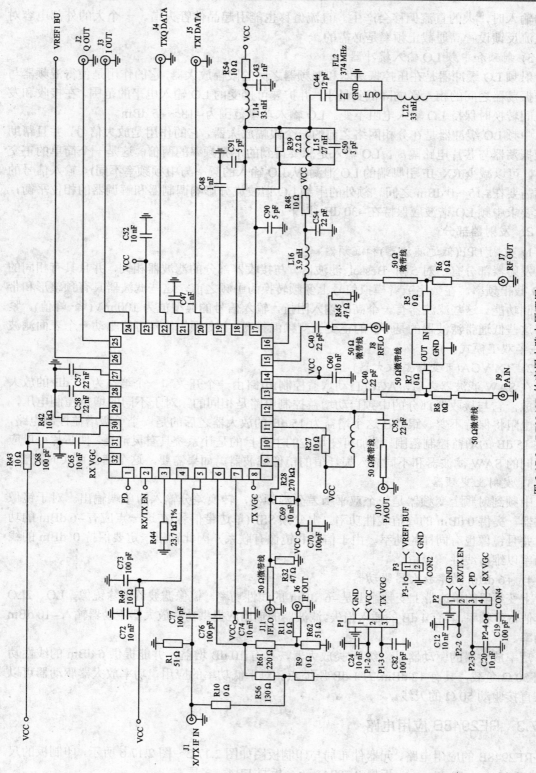

图 2.17.2　RF2948B 的应用电路电原理图

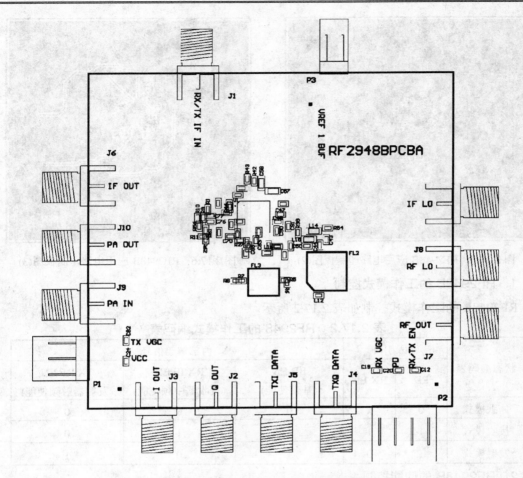

图 2.17.3　RF2948B 应用电路 PCB 元器件布局图

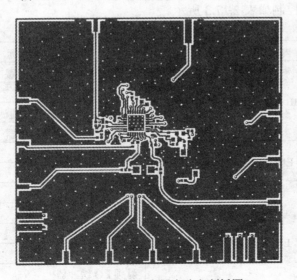

图 2.17.4　RF2948B 应用电路印制板图(1)

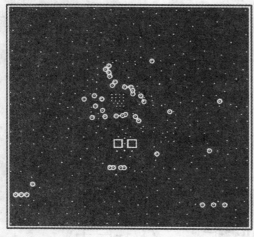
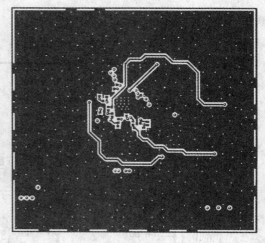

图 2.17.5　RF2948B 应用电路印制板图(2)　　　图 2.17.6　RF2948B 应用电路印制板图(3)

1．RF2948B 的工作模式控制

RF2948B 的工作模式控制如表 2.17.2 所示。

表 2.17.2　RF2948 的工作模式编码表

状态编码表	输入引脚		内部解码信号		
	PD	RX EN	BB EN (基带使能)	RX IF EN (接收器中频使能)	TX RF EN (发射器射频使能)
休眠模式	0	x	0	0	0
接收模式	1	1	1	1	0
发射模式	1	0	1	0	1

2．RF2948B 的使能控制

RF2948B 的使能控制如表 2.17.3 所示。

表 2.17.3　RF2948B 的使能控制

内部解码信号	使 能 目 标
BB EN(基带使能)	发射器的低通滤波器和缓冲器
	正交解调器混频器
	基带放大器和 GmC 低通滤波器
	IF LO 缓冲器/相位分离器
RX IF EN(接收器中频使能)	前端中频放大器(RX)
	RX IF VGA 放大器
TX RF EN(发射器射频使能)	前端中频放大器(TX)
	TX VGA 放大器
	射频上变频器和缓冲器
	功率驱动放大器
	射频 LO 缓冲器
	正交调制器混频器

2.18　SN250 2.4 GHz ZigBee™/802.15.4 收发电路

2.18.1　SN250 主要技术特性

SN250 是一种适合 2.4 GHz IEEE 802.15.4 应用的单片收发器芯片。芯片内部包含有一个 16 位的 XAP2b 微控制器，128 KB 的 Flash，5 KB 的 SRAM，VCO 和环路滤波器，RC 振荡器，支持 32.768 kHz 晶体振荡器，IEEE 802.15.4 的 PHY、MAC、DMA、AES 加密器，12 bit 的 ADC，2 个用于 DMA 的串行控制器(SC1：I^2C 主设，SPI 主设，UART；SC2：I^2C 主设，SPI 主设/从设)，2 个 16 位的通用定时器，1 个 16 位的休眠定时器，17 个 GPIO 引脚端等电路。

SN250 的接收灵敏度为–97 dBm，输出功率为+3 dBm，电压调节器的输入电压 VDD_PADS 为 2.1～3.6 V，内核输入电压为 1.7～1.9 V，接收模式电流消耗为 29.0 mA，发射模式电流消耗为 33.0 mA，休眠模式电流消耗为 1.0 μA，工作温度范围为–40～+85℃。

2.18.2　SN250 引脚功能与内部结构

SN250 采用 QFN-48 封装，引脚端功能如表 2.18.1 所示。

表 2.18.1　SN250 引脚端功能

引　脚	符　号	功　　能
1	VDD_24 MHz	高频振荡器电源电压，1.8 V
2	VDD_VCO	VCO 电源电压，1.8 V
3	RF_P	差分接收输入/发射输出正端
4	RF_N	差分接收输入/发射输出负端
5	VDD_RF	RF 电路(LNA 和 PA)电源电压，1.8 V
6	RF_TX_ALT_P	差分发射器输出正端(可选择)
7	RF_TX_ALT_N	差分发射器输出负端(可选择)
8	VDD_IF	IF 电路电源电压，1.8 V
9	BIAS_R	偏置设置电阻
10,12	VDD_PADSA	模拟焊盘电源电压
11	TX_ACTIVE	外部 RX/TX 开关控制
13	nRESET	芯片复位，低电平有效(内部上拉)
14	OSC32B	32.768 kHz 晶体振荡器或者当在 OSC32A 引脚端使用外部时钟时开路
15	OSC32A	32.768 kHz 晶体振荡器或者外部时钟输入

引　脚	符　号	功　能
16	VREG_OUT	电压调节器输出，1.8 V
17,23,28	VDD_PADS	焊盘电源电压，2.1～3.6 V
18	VDD_CORE	数字内核电源电压，1.8 V
19	GPIO11	数字 I/O(用 GPIO_CFG[7:4]使能 GPIO11)
	nCTS	串行控制器 SC1 的 UART CTS 握手(用 GPIO_CFG[7:4]使能 SC1-4A，用 SC1_MODE 选择 UART)
	MCLK	串行控制器 SC1 的 SPI 主设时钟(用 GPIO_CFG[7:4]使能 SC1-3M，用 SC1_MODE 选择 SPI，用 SC1_SPICFG[4]使能主设)
	TMR2IA.1	定时器 2 的捕获输入 A(用 GPIO_CFG[7:4] 使能 CAP2-0)
20	GPIO12	数字 I/O(用 GPIO_CFG[7:4]使能 GPIO12)
	nRTS	串行控制器 SC1 的 UART RTS 握手(用 GPIO_CFG[7:4]使能 SC1-4A，用 SC1_MODE 选择 UART)
	TMR2IB.1	定时器 2 的捕获输入 B(用 GPIO_CFG[7:4]使能 CAP2-0)
21	GPIO0	数字 I/O(用 GPIO_CFG[7:4]使能 GPIO0)
	MOSI	串行控制器 SC2 的 SPI 主设数据输出(用 GPIO_CFG[7:4]使能 SC2-3M，用 SC2_MODE 选择 SPI，用 SC2_SPICFG[4]使能主设)
	MOSI	串行控制器 SC2 的 SPI 从设数据输入(用 GPIO_CFG[7:4] 使能 SC2-4S，用 SC2_MODE 选择 SPI，用 SC2_SPICFG[4]使能从设)
	TMR1IA.1	定时器 1 的捕获输入 A(用 GPIO_CFG[7:4]使能 CAP1-0)
22	GPIO1	数字 I/O(用 GPIO_CFG[7:4] 使能 GPIO1)
	MISO	串行控制器 SC2 的 SPI 主设数据输入(用 GPIO_CFG[7:4] 使能 SC2-3M，用 SC2_MODE 选择 SPI，用 SC2_SPICFG[4]使能主设)
	MISO	串行控制器 SC2 的 SPI 从设数据输出(用 GPIO_CFG[7:4] 使能 SC2-4S，用 SC2_MODE 选择 SPI，用 SC2_SPICFG[4]使能从设)
	SDA	串行控制器 SC2 的 I^2C 数据(用 GPIO_CFG[7:4] 使能 SC2-2，SC2_MODE 选择 I^2C)
	TMR2IA.2	定时器 2 的捕获输入 A(用 GPIO_CFG[7:4]使能 CAP2-1)
24	GPIO2	数字 I/O(用 GPIO_CFG[7:4]使能 GPIO2)
	MSCLK	串行控制器 SC2 的 SPI 主设时钟(用 GPIO_CFG[7:4] 使能 SC2-3M，用 SC2_MODE 选择 SPI，用 SC2_SPICFG[4]使能主设)
	MSCLK	串行控制器 SC2 的 SPI 从设时钟(用 GPIO_CFG[7:4] 选择 SC2-4S，用 SC2_MODE 选择 SPI，SC2_SPICFG[4]使能从设)
	SCL	SC2 串行控制器的 I^2C 时钟(用 GPIO_CFG[7:4]使能 SC2-2，用 SC2_MODE 选择 I^2C)
	TMR2IB.2	定时器 2 的捕获输入 B(用 GPIO_CFG[7:4]使能 CAP2-1)

续表(二)

引　脚	符　号	功　　能
25	GPIO3	数字 I/O(用 GPIO_CFG[7:4] 使能 GPIO3)
	nSSEL	SC2 串行控制器的 SPI 从设选择(用 GPIO_CFG[7:4] 使能 SC2-4S，用 SC2_MODE 选择 SPI，用 SC2_SPICFG[4]使能从设)
	TMR1IB.1	定时器 1 捕获输入 B(用 GPIO_CFG[7:4] 使能 CAP1-0)
26	GPIO4	数字 I/O(用 GPIO_CFG[12] 和 GPIO_CFG[8]使能 GPIO4)
	ADC0	ADC0 输入(用 GPIO_CFG[12]和 GPIO_CFG[8] 使能 ADC0)
	PTI_EN	信息包跟踪接口(Packet Trace Interface，PTI) 的帧信号 (用 GPIO_CFG[12] 使能 PTI)
27	GPIO5	数字 I/O(用 GPIO_CFG[12]和 GPIO_CFG[9] 使能 GPIO5)
	ADC1	ADC1 输入(用 GPIO_CFG[12]和 GPIO_CFG[9] 使能 ADC1)
	PTI_DATA	PTI 的数据信号(用 GPIO_CFG[12]使能 PTI)
29	GPIO6	数字 I/O(用 GPIO_CFG[10] 使能 GPIO6)
	ADC2	ADC 2 输入(用 GPIO_CFG[10]使能 ADC2)
	TMR2CLK	定时器 2 外部时钟输入
	TMR1ENMSK	定时器 1 的外部使能屏蔽
30	GPIO7	数字 I/O(用 GPIO_CFG[13]和 GPIO_CFG[11]使能 GPIO7)
	ADC3	ADC3 输入(用 GPIO_CFG[13] 和 GPIO_CFG[11]使能 ADC3)
	REG_EN	外部调节器，集电极开路输出(用 GPIO_CFG[13]使能 REG_EN)
31	GPIO8	数字 I/O(用 GPIO_CFG[14]使能 GPIO8)
	VREF	ADC 基准输出(用 GPIO_CFG[14] 使能 VREF 输出)
	TMR1CLK	定时器 1 的外部时钟输入
	TMR2ENMSK	定时器 2 的外部使能屏蔽
	IRQA	外部中断源 A
32	GPIO9	数字 I/O(用 GPIO_CFG[7:4]使能 GPIO9)
	TXD	串行控制器 SC1 的 UART 发射数据(用 GPIO_CFG[7:4]使能 SC1-4A 或者 SC1-2，用 SC1_MODE 选择 UART)
	MO	串行控制器 SC1 的 SPI 主设数据输出(用 GPIO_CFG[7:4]使能 SC1-3M，用 SC1_MODE 选择 SPI，SC1_SPICFG[4] 使能主设)
	MSDA	串行控制器 SC1 的 I^2C 数据(用 GPIO_CFG[7:4]使能 SC1-2，用 SC1_MODE 选择 I^2C)
	TMR1IA.2	定时器 1 捕获输入 A(用 GPIO_CFG[7:4]使能 CAP1-1 或者 CAP1-1h)

引　脚	符　号	功　　能
33	GPIO10	数字 I/O(用 GPIO_CFG[7:4]使能 GPIO10)
	RXD	串行控制器 SC1 的 UART 接收数据(用 GPIO_CFG[7:4]使能 SC1-4A 或者 SC1-2，用 SC1_MODE 选择 UART)
	MI	串行控制器 SC1 的 SPI 主设数据输入(用 GPIO_CFG[7:4] 使能 SC1-3M，用 SC1_MODE 选择 SPI，用 SC1_SPICFG[4]使能主设)
	MSCL	SC1 串行控制器的 I²C 时钟(用 GPIO_CFG[7:4]使能 SC1-2，用 SC1_MODE 选择 I²C)
	TMR1IB.2	定时器 2 捕获输入 B(用 GPIO_CFG[7:4]使能 CAP1-1)
34	SIF_CLK	串行接口时钟(内部上拉)
35	SIF_MISO	串行接口，主设输入/从设输出
36	SIF_MOSI	串行接口，主设输出/从设输入
37	nSIF_LOAD	串行接口，装入选通(开集电极形式，内部上拉)
38	GND	地
39	VDD_FLASH	闪存电源电压，1.8 V
40	GPIO16	数字 I/O(用 GPIO_CFG[3]使能 GPIO16)
	TMR1OB	定时器 1 的波形输出 B(用 GPIO_CFG[3]使能 TMR1OB)
	TMR2IB.3	定时器 2 的捕获输入 B(用 GPIO_CFG[7:4] 使能 CAP2-2)
	IRQD	外部中断源 D
41	GPIO15	数字 I/O(用 GPIO_CFG[2] 使能 GPIO15)
	TMR1OA	定时器 1 的波形输出 A(用 GPIO_CFG[2]使能 TMR1OA)
	TMR2IA.3	定时器 2 的捕获输入 A(用 GPIO_CFG[7:4]使能 CAP2-2)
	IRQC	外部中断源 C
42	GPIO14	数字 I/O(GPIO_CFG[1]使能 GPIO14)
	TMR2OB	定时器 2 的波形输出 B(用 GPIO_CFG[1] 使能 TMR2OB)
	TMR1IB.3	定时器 1 的捕获输入 B(用 GPIO_CFG[7:4] 使能 CAP1-2)
	IRQB	外部中断源 B
43	GPIO13	数字 I/O(用 GPIO_CFG[0]使能 GPIO13)
	TMR2OA	定时器 2 的波形输出 A(用 GPIO_CFG[0]使能 TMR2OA)
	TMR1IA.3	定时器 1 的捕获输入 A(用 GPIO_CFG[7:4] 使能 CAP1-2 或者 CAP1-2h)

引　脚	符　号	功　　能
44	VDD_CORE	数字内核电源电压，1.8 V
45	VDD_PRE	前置分频器电源电压，1.8 V
46	VDD_SYNTH	合成器电源电压，1.8 V
47	OSCB	24 MHz 晶体振荡器或者在 OSCA 引脚端使用外部时钟时开路
48	OSCA	24 MHz 晶体振荡器或者外部时钟输入
49	GND	裸露的焊盘，必须连接到地

　　SN250 的内部结构方框图如图 2.18.1 所示，芯片内部包含接收通道(LNA、IF、ADC、RSSI、CCA 等)、发射通道(PA、合成器、DAC 等)、MAC 模块、PTI、XAP2b 微控制器、嵌入式存储器(Flash、EEPROM、RAM)、加密器(Encryption Accelerator)、复位检测(Reset Detection)、POR、时钟源(Clock Sources)、高频晶体振荡器(High-Frequency Crystal Oscillator)、低频振荡器(Low-Frequency Oscillator)、RC 振荡器(RC Oscillator)、随机数发生器(Random Number Generator)、看门狗(Watchdog Timer)、休眠定时器(Sleep Timer)、电源管理(Power MAnagement)等电路。

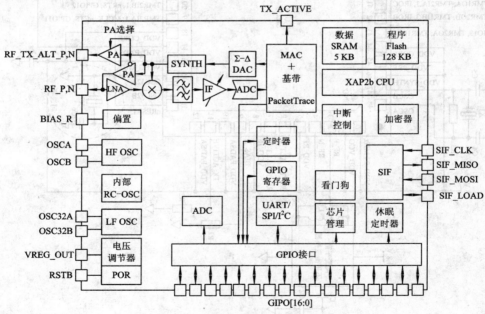

图 2.18.1　SN250 的内部结构方框图

2.18.3　SN250 应用电路

　　SN250 的应用电路如图 2.18.2 所示。

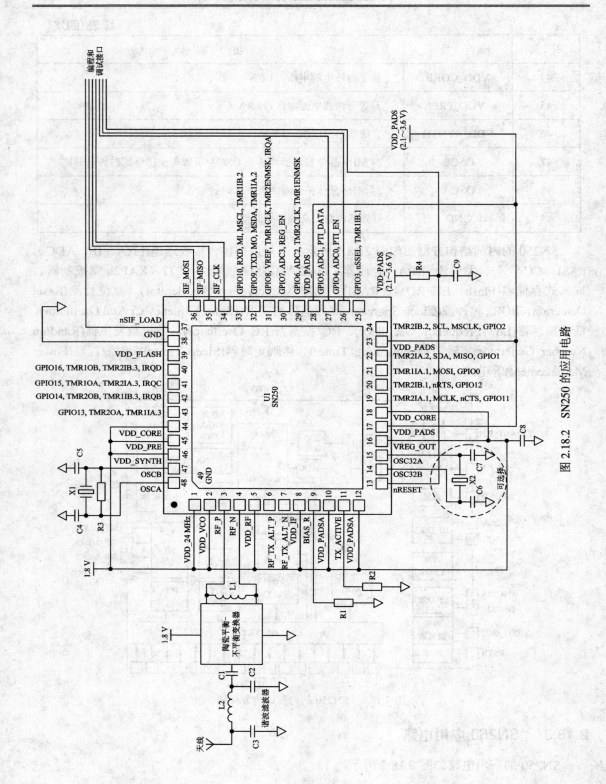

图 2.18.2　SN250 的应用电路

2.19　STLC4550 2.45 GHz 802.11b/g WLAN 收发电路

2.19.1　STLC4550 主要技术特性

STLC4550 是一种符合 IEEE 802.11b 和 802.11g 协议的 WLAN 单片收发器芯片。芯片集成了零 IF 收发器、频率合成器、VCO、高速数据转换器(A/D、D/A)、OFDM/CCK 数字基带处理器、基于 ARM9 的 MAC、完整的电源管理单元和 PA 偏置控制电路。

STLC4550 工作在 2.45 GHz ISM 频带，支持 54 Mb/s、48 Mb/s、36 Mb/s、24 Mb/s、18 Mb/s、12 Mb/s、9 Mb/s、6 Mb/s OFDM 数据速率和 11 Mb/s、5.5 Mb/s CCK 数据速率。

主机利用 SPI 或者 SDIO(4 bit)串行接口对 STLC4550 进行控制。SPI 接口支持的最大时钟速率为 48 MHz。STLC4550 接收 19.2 MHz、26 MHz、38.4 MHz、40 MHz 的系统基准时钟。

STLC4550 采用 LFBGA-240(8.5 mm×8 mm×1.4 mm)封装，工作温度范围为 –30～85°C。

2.19.2　STLC4550 内部结构和应用电路

STLC4550 的内部结构和应用电路如图 2.19.1 所示，芯片内部包含基于 ARM9 的 MAC(Media Access Controller)、电源管理单元(Power Management Unit，PMU)、完成 OFDM/CCK 调制(OFDM/CCK Modulation)的基带处理器(BaseBand Processor，BBP)、开关控制(Switch Control)、高速数据转换器(High-Speed Data Converters)和 RF 零 IF 收发器(RF ZIF Section)。RF 零 IF 收发器包含 RF VCO、接收下变频器(RX Downconverter)、发射上变频器(TX Upconverter)和基带滤波器(Baseband Filters)等电路。

2.20　CC2550 2400～2483.5 MHz ISM/SRD RF 发射电路

2.20.1　CC2550 主要技术特性

CC2550 是一种低价格的 2.4 GHz 发射器芯片。它符合 EN 300 328、EN 300 440 class 2 (Europe)、FCC CFR47 Part 15(US)和 ARIB STDT66(Japan)标准要求，适合在 2400～2483.5 MHz 频率内的工业、科学和医学(Industrial，Scientific and Medical，ISM)领域短距离范围(Short Range Device，SRD)内应用。

CC2550 芯片内部集成了完整的频率合成器，不需要外部滤波器，具有 64 字节发射数据 TX FIFO。该芯片可采用 FSK、GFSK、OOK、MSK、QPSK 调制方式。其可编程的数据速率为 500 kb/s，输出功率为+1 dBm，电源电压为 1.8～3.6 V，休眠模式电流消耗为 200 nA，发射模式电流消耗为 21.3 mA，晶振频率为 26～27 MHz，工作温度范围为–40～85°C。

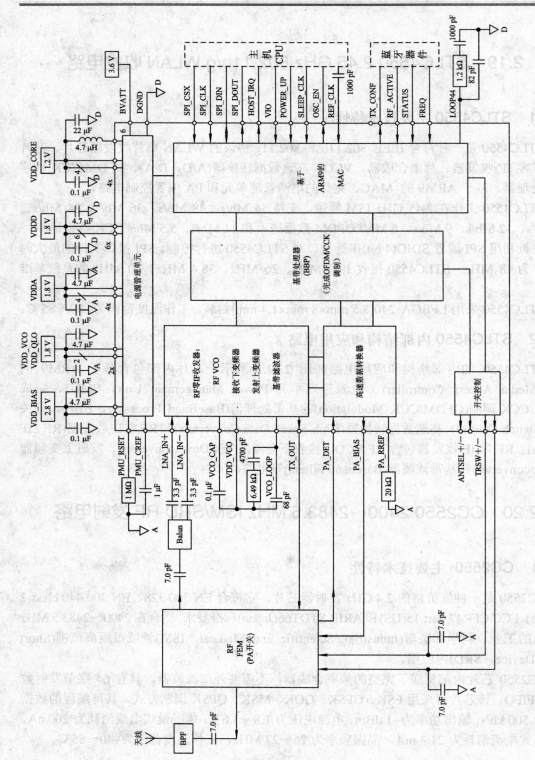

图 2.19.1　STLC4550 的内部结构和应用电路

2.20.2　CC2550 引脚功能与内部结构

CC2550 采用 QLP-16(4 mm×4 mm)封装，引脚端功能如表 2.20.1 所示。CC2550 的内部结构方框图如图 2.20.1 所示。

表 2.20.1　CC2550 引脚功能

引脚	符　号	功　能
1	SCLK	时钟输入，数字输入串行接口
2	SO (GDO1)	数字输出，数字输出串行接口
3	DVDD	数字 I/O 和数字电路稳压器电源电压，1.8～3.6 V
4	DCOUPL	数字电源电压输出，1.6～2.0 V
5	XOSC_Q1	晶振连接端 1，或者外部时钟输入端，模拟 I/O
6	AVDD	模拟电源电压，1.8～3.6 V
7	XOSC_Q2	晶振连接端 2，模拟 I/O
8	GDO0(ATEST)	一般用于信号测试，数字输出。测试信号为 FIFO 状态信号，从 XOSC 分频的时钟输出，串行输入发射(TX)数据。此外，也可作为模拟测试 I/O，用于产品测试
9	CSn	片选，数字输入，串行接口
10	RF_P	RF 输出正端，来自 PA 的 RF 输出信号
11	RF_N	RF 输出负端，来自 PA 的 RF 输出信号
12,13	AVDD	模拟电源电压，1.8～3.6 V
14	RBIAS	连接外部偏置电阻，提供基准电流，模拟 I/O
15	DGUARD	数字电源电压连接端，用于数字噪声隔离
16	SI	数据输入，串行接口

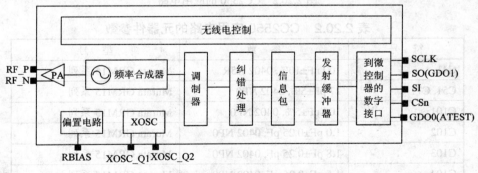

图 2.20.1　CC2550 的内部结构方框图

芯片内部包含有无线电控制(Radio Control)、功率放大器(PA)、频率合成器(Freq Synth)、调制器(Modulator)、纠错处理(FEC/Interleaver)、信息包(Packet Handler)、发射缓冲器(TX FIFO)、到微控制器的数字接口(Digital Interface To MCU)、晶体振荡器(XOSC)、偏置电路(BIAS)等。

2.20.3　CC2550 应用电路

　　CC2550 的应用电路如图 2.20.2 所示，元器件参数如表 2.20.2 所示。图 2.20.2 中，R141 是偏置电阻，用来设置电路的偏置电流；C102、C112、L101 和 L111 构成平衡–不平衡变换器，用来转换 CC2550 的差分输出为单端输出形式；C101 和 C111 是隔直电容器；C102、C112、L101、L111、C101 和 C111 一起构成一个匹配网络，转换 CC2550 的输出到 50 Ω 的天线；C51 和 C71 为晶振负载电容器。

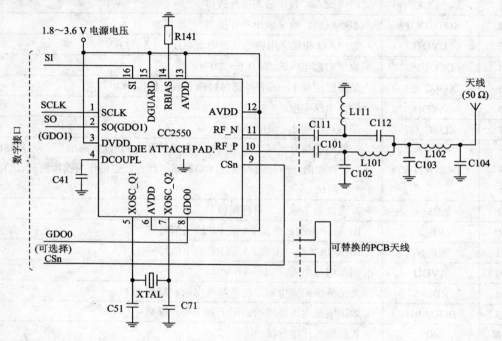

图 2.20.2　CC2550 的应用电路

表 2.20.2　CC2550 应用电路的元器件参数

符　号	参　　数	型　号
C41	100 nF±10%, 0402 X5R	Murata GRM15 系列
C51, C71	27 pF±5%, 0402 NP0	Murata GRM15 系列
C101	100 pF±5%, 0402 NP0	Murata GRM15 系列
C102	1.0 pF±0.25 pF, 0402 NP0	Murata GRM15 系列
C103	1.8 pF±0.25 pF, 0402 NP0	Murata GRM15 系列
C104	1.5 pF±0.25 pF, 0402 NP0	Murata GRM15 系列
C111	100 pF±5%, 0402 NP0	Murata GRM15 系列
C112	1.0 pF±0.25 pF, 0402 NP0	Murata GRM15 系列
L101, L102, L111	1.2 nH±0.3 nH, 0402	Murata LQG15 系列
R141	56 kΩ±1%, 0402	Koa RK73
XTAL	26.0 MHz	NDK, AT-41CD2

推荐的 CC2550 引脚封装印制电路板图如图 2.20.3 所示。

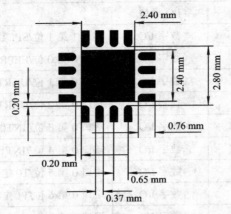

图 2.20.3　推荐的 CC2550 引脚封装印制电路板图

2.21　nRF24E2 2.4 GHz 发射电路(内含 8051 微控制器和 10 位 ADC)

2.21.1　nRF24E2 主要技术特性

nRF24E2 是由 nRF2401 收发器芯片的发射器部分、与 8051 兼容的微控制器和 9 输入端的 10 位 A/D 转换器组成的发射器芯片，采用单电源供电，电压范围为 1.9～3.6 V，内置电压稳压器。nRF24E2 支持 nRF2401 独有的创新模式，如突然爆发模式 ShockBurst^{TM}，待机电流为 2 μA，可由定时器或外部引脚唤醒，内置 VDD 监控。RF 工作频率为 2400～2524 MHz，频偏 Δf 为±156 kHz，突然爆发发射模式数据速率 R_{GFSK} 为 1000 kb/s，发射器的最大输出功率为+4 dBm，微控制器部分晶振频率 f_{XTAL} 为 4～20 MHz，低功率 RC 振荡器频率 f_{LP_osc} 为 1～5.5 kHz，工作温度为–40～+85℃。

nRF24E2 也是 nRF24E1 芯片的一个子系统，这意味着 nRF24E2 包含 nRF24E1 中除无线接收功能以外的所有功能，并且完全与 nRF24E1 的程序兼容。nRF24E2 适用于无线遥控、报警和安防系统、无线工业检测、无线鼠标、无线游戏手柄等领域。

2.21.2　nRF24E2 引脚功能与内部结构

nRF24E2 采用 QFN-36(6 mm×6 mm)封装，引脚功能如表 2.21.1 所示。

表 2.21.1　nRF24E2 引脚功能

引　脚	符　号	I/O 类型	功　能
1	VDD	电源	电源电压(1.9～3.6 V DC)
2	AIN0	模拟输入	ADC 输入 0
3	DVDD2	调节电源	数字电源电压，必须连接到调节输出 DVDD
4	P1.0/T2	数字 I/O	端口 1 第 0 位/T2 定时器/SPI 时钟/DIO 0

引　脚	符　号	I/O 类型	功　能
5	P1.1	数字 I/O	端口 1 第 1 位/SPI 数据输出/DIO 1
6	P0.0	数字 I/O	端口 0 第 0 位/EEPROM.CSN/DIO 2
7	P0.1/RXD	数字 I/O	端口 0 第 1 位/UART.RXD/DIO 3
8	P0.2/TXD	数字 I/O	端口 0 第 2 位/UART.TXD/DIO 4
9	P0.3/INT0_N	数字 I/O	端口 0 第 3 位/ INT0_N 中断/DIO 5
10	P0.4/INT1_N	数字 I/O	端口 0 第 4 位//INT1_N 中断/DIO 6
11	P0.5/T0	数字 I/O	端口 0 第 5 位/T0 定时器输入/DIO 7
12	P0.6/T1	数字 I/O	端口 0 第 6 位/T1 定时器输入/DIO 8
13	P0.7/PWM	数字 I/O	端口 0 第 7 位/PWM 输出/DIO 9
14	DVDD	调节输出	数字电压调节输出退耦, 连接到 DVDD2
15	VSS	电源地	0 V
16	XC2	模拟输出	晶振脚 2
17	XC1	模拟输入	晶振脚 1
18	VDD_PA	调节输出	仅对 RF 功放(ANT1、ANT2)供电(DC +1.8 V)
19	ANT1	RF	天线接口 1
20	ANT2	RF	天线接口 2
21	VSS_PA	电源地	0 V
22	VDD	电源	电源电压(1.9~3.6 V DC)
23	VSS	电源地	0 V
24	AIN7	模拟输入	ADC 输入 7
25	AIN6	模拟输入	ADC 输入 6
26	AIN5	模拟输入	ADC 输入 5
27	IREF	模拟输入	连接外部偏置参考电阻
28	AREF	模拟输入	ADC 参考电压
29	AIN4	模拟输入	ADC 输入 4
30	AIN3	模拟输入	ADC 输入 3
31	VSS	电源地	0 V
32	VDD	电源	电源电压(1.9~3.6 V DC)
33	VSS	电源地	0 V
34	AIN2	模拟输入	ADC 输入 2
35	AIN1	模拟输入	ADC 输入 1
36	P1.2	数字输入	端口 1 第 2 位/SPI 数据输入/DIN 0

nRF24E2 的内部结构方框图如图 2.21.1 所示。nRF24E2 由 A/D 转换器(A/D converter)、与 8051 兼容的微控制器(8051 Compatible Microcontroller)、nRF2401 2.4 GHz 无线电发射器(nRF2401 2.4 GHz Radio Transmitter)部分、偏置电路(BIAS)、晶体振荡器(XTAL Oscillator)、电源管理(Power Management Regulators Reset)、接口(SPI)、脉宽调制(PWM)、看门狗(WatchDog)、唤醒定时器(Wakeup Timer)、低功耗 RC 振荡器(Low Power RC Oscillator)、通道逻辑电路(Port Logic)等组成。

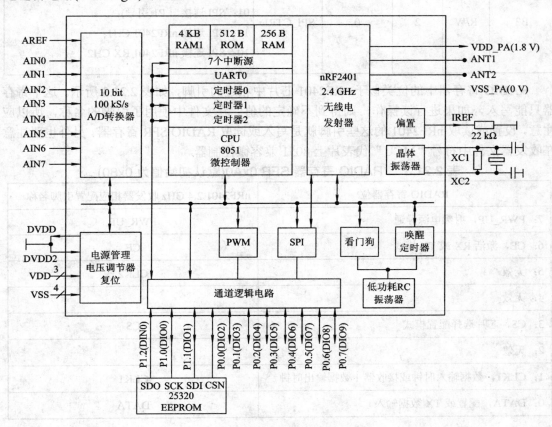

图 2.21.1　nRF24E2 的内部结构方框图

2.21.3　nRF24E2 应用电路

nRF24E2 的应用电路形式如图 2.21.1 所示，可将引脚端 ANT1 和 ANT2 连接到天线。

1. 2.4 GHz 发射器系统

1) RADIO 端口(端口 2)

发射器由 RADIO 端口控制。RADIO 端口使用的地址通常是标准 8051 的 P2 地址。但是由于无线发射器是做在芯片上的，因此这个口不是双向的。为了与发射器匹配，RADIO 端口的锁存电压的默认值也和通常的 8051 不一样。

发射器的工作由特殊功能寄存器(SRF)RADIO 和 SPI_CTRL 控制，如表 2.21.2 所示。

表 2.21.2　　nRF2401 射频收发器子系统控制寄存器 SFR 0xA0 和 0xB3

SFR 地址 (十六进制)	R/W	位 数	数 值 (十六进制)	名 称	功 能
A0	R/W	8	80	RADIO	到 nRF2401 射频收发器子系统接口的普通 I/O
B3	R/W	2	0	SPI_CTRL	00：SPI 无效； 01：SPI 连接口 P1(引导)； 11：SPI 连接 nRF2401 CH1； 10：SPI 连接 nRF2401 RX CH2

RADIO 寄存器中的位类似于 nRF2401 芯片中相近的引脚，如表 2.21.3 所示。这个寄存器只能写入，如果进行读操作，则得到不确定的值。在文件中使用了引脚的名称，所以应注意，设置或读取 nRF2401 的这些引脚就是写入或读取 RADIO SFR 寄存器。另外也要注意在收发器文件中符号"MCU"代表片上 8051 兼容微控制器。

表 2.21.3　　RADIO 寄存器 SFR 0xA0(默认初始值为 0x80)

RADIO 寄存器位	nRF2401 2.4 GHz 收发器相应配置引脚名称
7：PWR_UP，射频电源导通	PWR_UP
6：CE，激活 RX 或 TX 模式	CE
5：无效	CLK2
4：无效	
3：CS，芯片选择配置模式	CS
2：无效	
1：CLK1，数据输入时钟或接收器 1 数据输出时钟	CLK1
0：DATA，配置或 TX 数据输入	DATA

2) 通过 SPI 接口电路控制发射器

使用内置的 SPI 接口电路来控制发射器会更加方便，例如 RF 配置和 ShockBurst™ 模式发射。表 2.21.4 给出了 SPI 控制和使用 SPI 接口电路的 SFR 寄存器数据。当 SPI_CTRL 为"1x"时，无线射频端口应该用不同的方式连接到 SPI 的硬件上。当 SPI_CTRL 为"0x"时，所有的无线射频引脚都要直接连接到各自的接口引脚，如图 2.21.2 所示。

表 2.21.4　　接收器 SPI 接口电路

SPI 信号	SPI_CTRL=10(二进制)
CS(高电平有效)	RADIO_wr.6 (CE)为 ShockBurst™模式，RADIO_wr.3 (CS)为配置模式
SCK	nRF2401/CLK1
SDI	无效
SDO	nRF2401/DATA

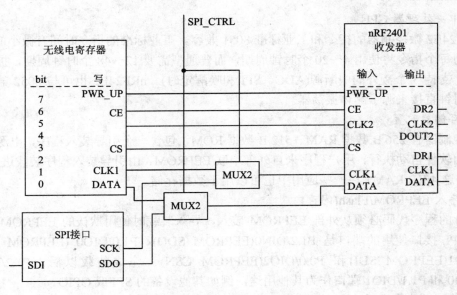

图 2.21.2   发射机的接口电路

3) 复位操作期间 RADIO 口的操作

在此期间，内部复位被激活(不考虑时钟是否运行)，控制 nRF2401 发射器子系统的 RADIO 输出被强制设置为各自的默认值 RADIO.3=0 (CS)，RADIO.6=0 (CE)，RADIO.7=1 (PWR_UP)。当程序开始执行时，这些端口会保持默认值，直到程序员通过写 RADIO 寄存器有效而改变这些值。

4) 工作模式

nRF2401 子系统的几种主要工作模式可通过控制 3 个控制引脚端的状态来设置，如表 2.21.5 所示。

表 2.21.5   nRF2401 子系统主要工作模式的设置

模 式	PWR_UP	CE	CS
突然爆发(ShockBurst™)模式	1	1	0
配置模式	1	0	1
待机模式	1	0	0
低功耗模式	0	x	x

nRF2401 发射子系统采用突然爆发模式(ShockBurst™ 激活模式(RX/TX)，不支持直接模式。

有关突然爆发模式(ShockBurst™)和其他工作模式，在 nRF2402 应用电路一节已做了详细介绍，nRF2401 与 nRF2402 的工作模式除不支持直接模式外，其他均相同。

2．微控制器

1）中央处理器 CPU

nRF24E2 微控制器的指令和工业标准 8051 兼容。工业标准的指令时间有微小的不同，典型的为每个指令将使用 4～20 个时钟周期，而普通型需要 12～48 个时钟周期，扩大了中断控制，支持 3 个额外的中断源(ADC、SPI 和唤醒定时)。nRF24E2 也可与 8052 兼容。微控制器时钟直接来源于晶体振荡器。

2）存储器配置

微控制器有 256 B 数据 RAM、512 B 数据 ROM，包含一个引导装入程序，电源导通复位以后由软件自动执行，用户程序来自外部串联 EEPROM，由引导装入程序装载进入 4 KB RAM1，这 4 KB RAM1 在一些应用中也可以用于数据存储。

3）导入 EEPROM/Flash(闪存)

芯片的程序代码必须从外部 EEPROM 装入，导入装载时使用默认的 EEPROM 与 SPI 接口。SPI 接口使用的端口是 P1.2/DIN0(EEPROM SDO)、P1.0/DIO0 (EEPROM SCK)、P1.1/DIO1(EEPROM SDI) 和 P0.0/DIO2(EEPROM CSN)。完成装载以后，P1.2/DIN0、P1.0/DIO0 和 P1.1/DIO1 端口作为其他用途，例如其他设备的 SPI 或 GPIO。

4）特殊功能寄存器映射

特殊功能寄存器(SFR)控制 nRF24E2 的几个特殊功能，nRF24E2 的大多数 SFR 与 8051 的 SFR 相同，也有一些在 8051 中没有使用的特殊功能寄存器。注意：P0 和 P1 的功能与标准 8051 的有些不同。

5）中断

nRF24E2 支持的中断源如表 2.21.6 所示。中断源的优先权如表 2.21.7 所示。有关中断的详细资料请登录 Nordic VLSI ASA 公司的网页 http://www.nvlsi.no 进行了解。

表 2.21.6　nRF24E2 支持的中断源

中断信号	描　　述
INT0_N	外部中断，低电平有效，边沿触发或电平触发，在端口 P0.3 配置
TF0	定时器 0 中断
INT1_N	外部中断，低电平有效，边沿触发或电平触发，在端口 P0.4 配置
TF1	定时器 1 中断
TF2 或 EXF2	定时器 2 中断
TI 或 RI	接收/发射串行接口中断
int2	内部 ADC_EOC (A/D 转换的末端)中断
int3	内部 SPI_READY 中断
int4	在 nRF24E2 中未使用
int5	在 nRF24E2 中未使用
wdti	内部 RTC 唤醒定时中断

表 2.21.7　中断源的优先权

中　断	描　　述	自然数优先权 (低数字给予高优先权)	中断向量
INT0_N	外部中断 0	1	0x03
TF0	定时器 0 中断	2	0x0B
INT1_N	外部中断 1	3	0x13
TF1	定时器 1 中断	4	0x1B
TI 或 RI	接收/发射中断串行接口	5	0x23
TF2 或 EXF2	定时器 2 中断	6	0x2B
int2	ADC_EOC 中断	8	0x43
int3	SPI_READY 中断	9	0x4B
int4	在 nRF24E2 中未使用	10	0x53
int5	在 nRF24E2 中未使用	11	0x5B
wdti	内部 RTC 唤醒定时中断	12	0x63

3．A/D 转换器

A/D 转换器子系统由一个 12 位模/数转换器、一个 9 位模拟输入多路复用器、一个能隙基准(Band Gap Reference)电源等电路组成。A/D 转换器可以配置为 6、8、10 或 12 位转换。A/D 转换器通过微控制器的 4 个寄存器接入。ADC CON(0xA1)包含最常用的控制功能，例如频道和基准频率选择、电源导通和开始/停止控制。ADC STATIC(0xA4)包含常用的不被 nRF24E1 应用改变的控制功能。转换结果的高位由 ADCDATAH (0xA2)寄存器保存，低位由 ADCDATAL(0xA3)保存，并包括转换结束时的溢出状态位。当清零 NPD (ADCCON.5) 位时，整个子系统被关闭。A/D 转换器的时钟通常是 CPU 时钟的 32 分频(125～625 kHz)，ADC 在每个时钟周期产生 2 位结果。A/D 转换器由寄存器 SFR 0xA1～SFR 0xA4 配置。

4．脉宽调制

nRF24E2 脉宽调制(PWM)输出是一个单通道 PWM，由 2 个寄存器控制：第一个寄存器 PWMCON 使能 PWM 运行和 PWM 周期长度，即为一个 PWM 周期确定时钟周期的数量；另一个寄存器 PWMDUTY 控制 PWM 输出信号的占空系数。对寄存器写入，PWM 信号立即改变为新的值，在一个 PWM 周期可以引起 4 次转换，但是这个转换周期在"老"的采样和"新"的采样之间有一个"DC 值"。PWM 是由 SFR 0xA9 和 0xAA 控制的。对应晶振频率为 16 MHz，PWM 的频率范围大约为 1～253 kHz。

5．SPI

nRF24E2 的 SPI 总线的 3 根线(SDI、SCK 和 SDO)是一个在 GPIO 引脚端(P1.2/DIN0、P1.0/DIO0 和 P1.1/DIO1)及 RF 发射器的多路器(通过写入寄存器 SPI_CTR)。SPI 硬件不产生任何芯片选择信号，程序员使用 GPIO 位(来自 P0 端口)产生芯片选择信号，选择一个或者多个外部 SPI 设备。当 SPI 接口 RF 发射器时，芯片选择可利用内部 GPIO 端口 P2。

6．电源管理

为了节省电源，nRF24E2 提供两种工业标准 8051 节电模式：空闲模式和停止模式。但是这两种模式只能节省少量电源，因此还提供了一种非标准的低功耗模式，即使两个振荡器和内部电源稳压器都关闭，这样可节约大量电源消耗。

nRF24E2 在程序控制下可以设置为低功耗模式，也就是用程序控制 ADC 和 RF 发射器接通和断开，使 CPU 停止操作，维持 RAM 和寄存器中的数据值。在功耗模式下，RC 振荡器、看门狗和 RTC 唤醒定时运行，这种模式的电流消耗的典型值为 2 μA。外部中断(INT0_N 或 INT1_N)引脚端使能，唤醒定时使能或者看门狗复位都可以使芯片退出低功耗模式。

1) 空闲模式

用一条指令设置 IDLE 位(PCON.0)，当指令完成时，nRF24E2 进入空闲模式。在空闲模式下，CPU 暂停处理，并且内部寄存器和存储器维持其当前数据。和标准的 8051 不同，CPU 时钟继续工作，所以没有节省很多电源。

退出空闲模式有两种方式：激活任意允许的中断或者复位看门狗。激活中断使硬件清零 IDLE 位，终止空闲模式。CPU 执行 ISR 相关的标准中断程序。ISR 结束时 RETI 指令使 CPU 返回，处理使 nRF24E2 进入空闲模式的下一条指令。复位看门狗也可以使 nRF24E2 退出空闲模式，复位内部寄存器，执行其复位序列，并且由标准复位的向量地址 0x0000 开始执行程序。

2) 停止模式

用一条指令设置 STOP 位(PCON.1)，当指令完成时，使 nRF24E2 进入停止模式。停止模式和空闲模式一样，只有一点不同，退出停止模式只能使看门狗复位，所以可以节省一些电源。不推荐使用停止模式，因为使用低功耗模式更有效。

3) 低功耗模式

用一条指令设置 STOP_CLOCK 位(SFR 0xB6 CK_CTRL.1)，当指令完成时，使 nRF24E2 进入掉电模式。在掉电模式下，CPU 暂停处理，同时内部寄存器和存储器保持当前数据。CPU 会执行被控制的操作，关闭时钟和电源调节器，但发射器子系统在停止时钟前由设置 RADIO.7=0 单独关闭。

系统只能由外部中断重启，如 RTC 唤醒中断或复位看门狗。激活任意允许的中断会使硬件清零 CK_CTRL.1 位并且终止掉电模式。CPU 执行 ISR 相关的标准中断程序。ISR 结束时 RETI 指令使 CPU 返回，处理使 nRF24E2 进入掉电模式的下一条指令。复位看门狗也可以使 nRF24E2 退出掉电模式，复位内部寄存器，执行其复位序列，并且由标准复位的向量地址 0x0000 开始执行程序。

2.22　nRF2402 2.4 GHz GFSK 发射电路

2.22.1　nRF2402 主要技术特性

nRF2402 是在片内使用 Shock Burst^{TM} 技术的高速发射器芯片，工作在 2.4～2.5 GHz ISM 频带，芯片内部包括完全集成的频率合成器、功放、晶体振荡器和调制器。

nRF2402 使用 3 线串行接口编程可实现输出功率和频道的选择。nRF2402 具有 128 条信道，信道转换时间小于 200 μs，最大输出功率为+4 dBm，采用 GFSK 调制方式，GFSK

数据传输速率为 1 Mb/s，支持跳频和 CRC 计算。nRF2402 电源电流消耗低，其电源电压范围为 1.11～3.6 V，在输出功率为−5 dBm 时电流消耗为 10 mA，采用片内 Shock Burst^{TM} 技术电流为 500 μA，低功耗模式电流为 200 nA。

　　nRF2402 可应用于无线鼠标、键盘、操纵杆、无线数据传输、无线门禁、预警和安全系统、家庭自动化、遥感勘测、智能运动系统、工业用传感器、玩具等领域。

2.22.2　nRF2402 引脚功能与内部结构

　　nRF2402 采用 QFN-16(4 mm × 4 mm)封装。nRF2402 的引脚功能如表 2.22.1 所示。

表 2.22.1　nRF2402 引脚功能

引脚	符号	功　　能	引脚	符号	功　　能
1	CE	芯片使能输入，发射模式有效	9	VSS_PA	地(0 V)
2	CS	片选输入，配置模式有效	10	ANT1	天线输出 1
3	CLK	时钟输入	11	ANT2	天线输出 2
4	DIN	发射数据输入/配置数据输入	12	VDD_PA	功率放大器电源(+1.8 V DC)
5	VSS	地(0 V)	13	VDD	电源(+3 V DC)
6	XC2	晶振引脚端 2	14	IREF	基准电流
7	XC1	晶振引脚端 1	15	VSS	地(0 V)
8	VDD	电源 (+3 V DC)	16	PWR_UP	电源导通控制

　　nRF2402 的内部结构方框图如图 2.22.1 所示。芯片内部包含有频率合成器(Frequency Synthesiser)、晶体振荡器、功率放大器(PA)、3 线式可编程接口(3-wire Programming Interface)、GFSK 滤波器(GFSK Filter)、先进先出输入(FIFO In)、CRC 编码(CRC Code)和电源导通控制等电路。

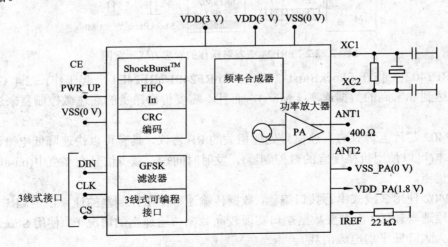

图 2.22.1　nRF2402 的内部结构方框图

2.22.3　nRF2402 应用电路

nRF2402 的应用电路形式如图 2.22.1 所示，将引脚端 ANT1 和 ANT2 连接到 400 Ω 天线上。

1. 工作模式控制

nRF2402 利用 3 个控制引脚端(PWR_UP、CE、CS)可以设置为不同的工作模式。nRF2402 不同工作模式引脚端的配置如表 2.22.2 所示。

表 2.22.2　nRF2402 不同工作模式引脚端的配置

模　式	PWR_UP	CE	CS	CLK	DIN
Shock Burst™ 发射模式	1	1	0	CLK	TX 数据
直接发射模式	1	1	0	0	TX 数据
结构配置模式	1	0	1	CLK	配置数据
待机模式	1	0	0	x	x
低功耗模式	0	x	x	x	x

1) 发射模式

nRF2402 有两种发射模式：突然爆发模式(Shock Burst Mode)和直接模式(Direct Mode)。器件在这两种模式中的功能取决于结构配置命令字。关于结构配置命令字在结构配置部分已做过介绍。

(1) ShockBurst™ 模式。ShockBurst™ 技术利用芯片上的 FIFO，以低数据速率记录数据，以高速数据速率发射数据，从而节省电源消耗。nRF2402 配置为 ShockBurst™ 模式时，发射操作的管理方式(仅以 10 kb/s 为例)为：用 MCU 装入数据，用 ShockBurst™ 技术发射数据，如图 2.22.2 所示。

图 2.22.2　nRF2402 发射操作的管理方式示意图

当 nRF2402 工作在 ShockBurst™ 模式(和 nRF2401/nRF24E1 一起工作)、2.4 GHz 频带时，能够达到非常高的数据速率(1 Mb/s)，而且不需要价格昂贵的高速微控制器来进行数据处理。

nRF2402 芯片上含有与高速信号处理相关的 RF 协议，具有可以快速降低电流消耗，降低系统成本(可以使用价格便宜的微控制器)，发射时间短，减少信号在"空中(on-air)"碰撞的危险等优点。

nRF2402 使用 3 线式串行接口编程，数据传输速率由微控制器的速率决定。RF 链路上，在数字传输速率较低，而需要数据端口实现较高数据传输速率的情况下，使用 ShockBurst™ 模式可以大大降低平均电流消耗。

ShockBurst™ 模式下发射操作如下：

nRF2402 含有循环冗余码校验(CRC)和报头的 ShockBurst™，MCU 接口引脚端有 CE、

CLK1 和 DIN。

① 当 MCU 请求数据发送时，设置 CE 为高电平。激活 nRF2402，处理数据。

② 接收点的地址(RX 地址)和有效数据被装入 nRF2402。应用协议或者 MCU 设置速度(如 10 kb/s)。

③ MCU 设置 CE 为低电平，激活 nRF2402 ShockBurst^{TM} 模式，发射数据。

④ nRF2402 进入 ShockBurst^{TM} 模式，此时 RF 前端电源导通，RF 信息包必须完整(包含有报头、CRC 计算)，数据被高速发射(250 kb/s 或者 1 Mb/s，由用户配置)。

⑤ 当数据发射完毕后，nRF2402 返回待机模式。

(2) 直接模式。MCU 接口引脚端为 CE 和 DIN。

在直接模式下，nRF2402 的工作就像是一个传统的射频器件。为了能使接收机(nRF2401/nRF24E1)检测到信号，数据速率必须设置为 1 Mb/s 或者 250 kb/s。

① 当 MCU 请求发射数据时，设置 CE 为高电平。

② nRF2402 的 RF 前端不是马上被激活，经 200 μs 的建立时间后，数据将直接调制到载波。

③ 所执行的射频协议(包括报头、地址和 CRC)必须包含在微处理器的固件里。

2) 结构配置模式

在配置模式中，一个 ShockBurst^{TM} 模式配置字最多可达 20 位，直接模式可达 14 位。通过 3 线串行接口(CS、CLK1 和 DIN)可将配置字下载到 nRF2402 中。配置字的功能如表 2.22.3 所示。

表 2.22.3   配置字的功能

	位 号	位的数量	名称及符号	功 能
器件配置	19	6	PLL Control	测试时，关闭 PLL
	18	1		不使用
	17	1	PREAMBLE	使能在芯片上的报头发生器
	16	1	PREAMBLE	8 或者 4 位报头
	15	1	CRC	8 或者 16 位 CRC
	14	1	CRC	使能在芯片上的 CRC 发生器
	13	1	CM	通信模式(直接或者 ShockBurst^{TM} 发射模式)
	12	1	RFDR_SB	RF 数据速率(1 Mb/s 需要 16 MHz 晶振)
	11:9	3	XO_F	晶振频率
	8:7	2	RF_PWR	RF 输出功率
	6:0	7	RF_CH#	频道(0～127)

3) 低功耗模式

低功耗模式下可以达到非常小的电流消耗。此时，nRF2402 不使能，具有最小的电流消耗，典型值小于 200 nA。在不发射数据时，使用这种模式能明显地增加电池的使用寿命。

4) 待机模式

待机模式下可以达到很小的电流消耗。在此种模式下，只有晶振部分工作(12 mA)用来保持最小启动时间。在不发射数据时，使用这种模式能延长电池的使用寿命，并能减小启动延迟。

2. 天线输出

天线的引脚端(ANT1 和 ANT2)提供一个平衡的 RF 输出给天线。ANT1 和 ANT2 引脚端必须有一个 DC 通道到 VDD_PA，可以通过一个 RF 扼流圈或者经过偶极天线的中心点到 VDD。ANT1、ANT2 引脚端的输出阻抗为 200～700 Ω。在负载阻抗为 400 Ω 时，可以获得的最大输出功率 0 dBm。较低的负载阻抗(例如 50 Ω)可以通过一个匹配网络或者一个 RF 变压器(不平衡变压器)得到。输出功率可编程调节。

3. 晶振特性

nRF2402 的晶振特性如表 2.22.4 所示。

表 2.22.4　nRF2402 的晶振特性

频　率	C_L/pF	ESR/Ω	C_{o_max}/ pF	允许误差($\times 10^{-6}$)
4	12	150	7.0	±30
8	12	100	7.0	±30
12	12	100	7.0	±30
16	12	100	7.0	±30
20	12	100	7.0	±30

为了获得低功耗和快速启动的晶振解决方案，推荐先指定一个低负载电容值的晶振。表 2.22.4 中选定 C_L=12 pF 是最好的，但可以使用负载电容达到 16 pF。也可选定一个低值的晶振并联等效电容 C_o，但是这将增加晶振本身的价格。一般晶振 C_o=1.5 pF(典型值)，个别的 C_{o_max}=7.0 pF。

2.23　XBee^{TM}/XBee-PRO^{TM} ZigBee/802.15.4 RF 模块

2.23.1　XBee^{TM}/XBee-PRO^{TM} 主要技术特性

MaxStream XBee^{TM} 和 XBee-PRO^{TM} 模块建立 RF 通信时无需任何配置，只需简单地把数据输入到一个模块，数据就能自动地被发送到无线连接的另一端，也可使用简单 AT 命令进行高级配置。由于设计上的创新，XBee-PRO 在收发范围上可以超越标准 ZigBee 模块的 2～3 倍，这样 OEM 开发商和系统集成者可以用更少的设备覆盖更大的面积。另外，XBee 模块易于使用，大大减少了数据系统开发的成本。

XBee^{TM} / XBee-PRO^{TM} 的主要技术特性如表 2.23.1 所示。

表 2.23.1 XBee^{TM} / XBee-PRO^{TM} 的主要技术特性

参　　数	XBee	XBee-PRO
性能		
室内/城市范围通信距离	高达 100 英尺(30 m)	高达 300 英尺(100 m)
室外 RF 通信距离	高达 300 英尺(100 m)	高达 1 英里 (1.6 km)
发射功率输出	1 mW (0 dBm)	60 mW(18 dBm)*, 100 mW EIRP*
RF 数据传输率	250 000 b/s	250 000 b/s
接收器灵敏度	−92 dBm	−100 dBm
电源		
电源电压	2.8～3.4 V	2.8～3.4 V
发射电流消耗	45 mA(@ 3.3 V)	215 mA(@ 3.3 V, 18 dBm)
空闲/接收电流消耗	50 mA(@ 3.3 V)	55 mA(@ 3.3 V)
关电源休眠电流	< 10 μA	< 10 μA
通用		
频率	ISM 2.4 GHz	ISM 2.4 GHz
尺寸大小	0.960″×1.087″(2.438 cm×2.761 cm)	0.960″×1.297″(2.438 cm× 3.294 cm)
工作温度	−40～85℃ (工业级温度)	−40～85℃ (工业级温度)
天线选项	U.FL 连接器, 芯片天线或者伸缩天线	U.FL 连接器, 芯片天线或者伸缩天线
网络安全		
网络拓扑结构	点对点协议, 点对多协议, 对等网络结构和 Mesh 网	点对点协议, 点对多协议, 对等网络结构和 Mesh 网
通道能力	16 个直接序列通道(软件可选)	12 个直接序列通道(软件可选)
过滤选项	PAN ID, 通道和源/目标地址	PAN ID, 通道和源/目标地址
代理认证		
FCC 型号 15.247	OUR-XBEE	OUR-XBEEPRO
加拿大工业级(IC)	4214A-XBEE	4214A-XBEEPRO
欧洲(CE)	ETSI	ETSI(最大发射功率输出= 10 mW)

2.23.2 XBee^{TM} / XBee-PRO^{TM} 封装形式

XBee^{TM} / XBee-PRO^{TM} 的封装形式和尺寸如图 2.23.1 所示。

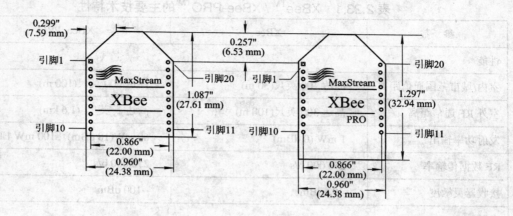

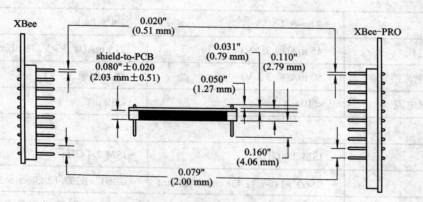

图 2.23.1　XBee™/ XBee-PRO™ 的封装形式和尺寸

第 3 章　915 MHz 无线收发电路设计

3.1　ATA5429/ATA5428/ATA5425/ATA5423 915/868/433/ 315 MHz ASK/FSK 收发电路

3.1.1　ATA5429/ATA5428/ATA5425/ATA5423 主要技术特性

ATA5429/ATA5428/ATA5425/ATA5423 是一个高集成度的 UHF ASK/FSK 多通道半双工收发器芯片，接收部分是一个完全集成的低 IF 接收机，发射部分直接采用 PLL 小数 N 分频合成器进行 FSK 调制，ASK 直接调制功率放大器。该芯片支持 1～20 kBaud(FSK)和 1～10 kBaud (ASK)数据速率。

ATA5429 的工作频率范围为 912.5～917.5 MHz；ATA5428 的工作频率范围为 862～872 MHz 和 431.5～436.5 MHz；ATA5425 的工作频率范围为 342.5～347.5 MHz；ATA5423 的工作频率范围为 312.5～317.5 MHz。它们的 FSK 接收灵敏度为-106 dBm(20 kBaud)/ -109.5 dBm (2.4 kBaud，433.92 MHz)；ASK 接收灵敏度为-112.5 dBm(10 kBaud)/-116.5 dBm (2.4 kBaud，433.92 MHz)。它们集成有 RX/TX 开关；与微控制器通信的 SPI 接口速率为 500 kb/s；功率放大器效率为 38% (433.92 MHz/10 dBm/3 V)；在 315 MHz、345 MHz、433.92 MHz、868.3 MHz 和 915 MHz 工作时不需要外部 VCO 和 PLL；电源电压范围为 2.4～3.6 V 或者 4.4～6.6 V，电流消耗为 10.5 mA，温度范围为-40～+85℃。

3.1.2　ATA5429/ATA5428/ATA5425/ATA5423 引脚功能与内部结构

ATA5429/ATA5428/ATA5425/ATA5423 采用 QFN-48(7 mm×7 mm)封装，引脚端功能如表 3.1.1 所示。ATA5429/ATA5428/ATA5425/ATA5423 内部结构方框图如图 3.1.1 所示。

表 3.1.1　ATA5429/ATA5428/ATA5425/ATA5423 的引脚端功能

引　脚	符　号	功　能
1，2，3，5，7，11～15，26，47，48	NC	未连接
4	RF_IN	RF 输入
6	433_N868	RF 输入/输出频率范围选择
8	R_PWR	连接输出功率调节电阻

引　脚	符　号	功　　能
9	PWR_H	输出功率选择
10	RF_OUT	RF 输出
16	AVCC	模拟电路电源电压输入
17	VS2	电源电压输入，电压范围为 4.4 ～6.6 V
18	VS1	电源电压输入，电压范围为 2.4～3.6 V
19	VAUX	辅助电源电压输入
20	TEST1	测试输入，正常工作时接地
21	DVCC	数字电路电源电压输入
22	VSOUT	提供给外部器件的电源电压输出
23	TEST2	测试输入，正常工作时接地
24	XTAL1	连接基准频率晶振
25	XTAL2	连接基准频率晶振
27	VSINT	微控制器接口电源电压
28	N_RESET	复位输出引脚端，连接到微控制器
29	IRQ	中断请求
30	CLK	时钟输出，连接到微控制器
31	SDO_TMDO	串行数据输出
32	SDI_TMDI	串行数据输入
33	SCK	串行时钟
34	DEM_OUT	解调器输出，开漏极形式
35	CS	片选，串行接口
36	RSSI	RSSI 放大器输出
37	CDEM	连接一个电容器，用来调节数据滤波器截止频率
38	RX_TX2	在发射模式，接地引脚端，LNA 退耦
39	RX_TX1	在发射模式，开关引脚端，LNA 退耦
40	PWR_ON	系统导通输入，高电平有效
41～45	T5～T1	键 5～1 输入，低电平有效
46	RX_ACTIVE	指示接收模式
	GND	裸露焊盘接地

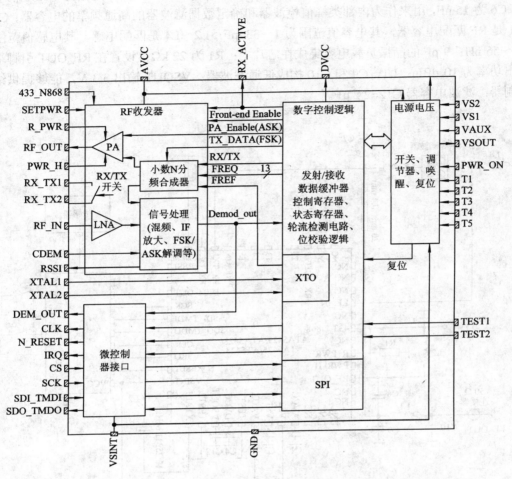

图 3.1.1　ATA5429/ATA5428/ATA5425/ATA5423 的内部结构方框图

　　芯片内部包含 RF 收发器(RF Transceiver)、数字控制逻辑(Digital Control Logic)、微控制器接口(μC_Interface)、电源电压(Power Supply)4 部分。其中：RF 收发器部分包含 LNA、PA、小数 N 分频合成器(Fract.-N-Frequency Synthesizer)、信号处理(Signal Processing)等电路。数字控制逻辑包含发射/接收数据缓冲器(TX/RX-Data Buffer)、控制寄存器(Control Register)、状态寄存器(Status Register)、轮流检测电路(Polling Circuit)、位校验逻辑(Bit-Check Logic)、SPI 接口等电路。电源电压部分包含开关(Switch)、调节器(Regulators)、唤醒(Wake-up)、复位(Reset)等电路。

3.1.3　ATA5429/ATA5428/ATA5425/ATA5423 应用电路

　　ATA5429/ATA5428/ATA5425/ATA5423 工作在 433.92 MHz，VCC=4.75～5.25 V 的基站应用电路中，如图 3.1.2 所示。图中，C1、C3、C4 为 68 nF，是电源电压退耦电容器；

C2 和 C12 为 2.2 μF，是内部电压调节器的滤波电容器；C5 为 10 nF，是电源电压退耦电容器；C6 为 15 nF，用来作为内部类峰值检波器和确定数据滤波器的高通频率的电容器；C7～C11 是 RF 匹配电容器，其电容值范围为 1～33 pF；L2～L4 是匹配电感，其电感值范围为 5.6～56 nH；9 pF 的晶振负载电容集成在芯片上；R1 为 22 kΩ；设置在 RF_OUT 引脚端的输出功率为 10 dBm；L1、C9 和 C10 构成低通滤波器；VSOUT 输出 3.3 V，能够提供给微控制器；滤波电容器 C12=2.2 μF。

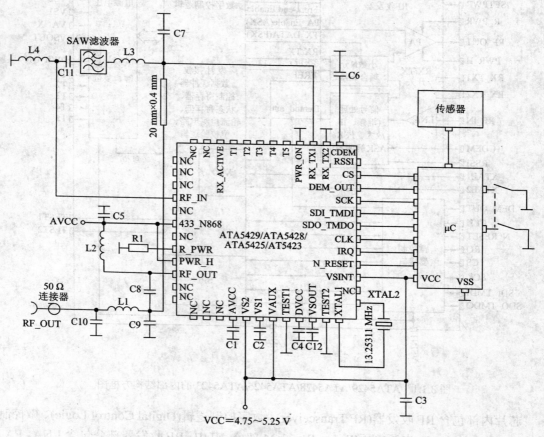

图 3.1.2　ATA5429/ATA5428/ATA5425/ATA5423 基站应用电路(433.92 MHz)

ATA5429/ATA5428/ATA5425/ATA5423 工作在 433.92 MHz 下的遥控器应用电路如图 3.1.3 所示。图中：C1 和 C4 为 68 nF，是电源电压退耦电容器；C2 和 C3 为 2.2 μF，是内部电压调节器滤波电容器；C5 为 10 nF，是电源电压退耦电容器；C6 为 15 nF，用来作为内部类峰值检波器和确定数据滤波器的高通频率的电容器；C7～C11 是 RF 匹配电容器，其电容值范围为 1～33 pF；L1 是匹配电感，其电感值范围为 5.6～56 nH；L2 是馈送电感，其电感值为 120 nH；9 pF 的晶振负载电容集成在芯片上；R1 为 22 kΩ；设置在 RF_OUT 引脚端的输出功率为 5.5 dBm。

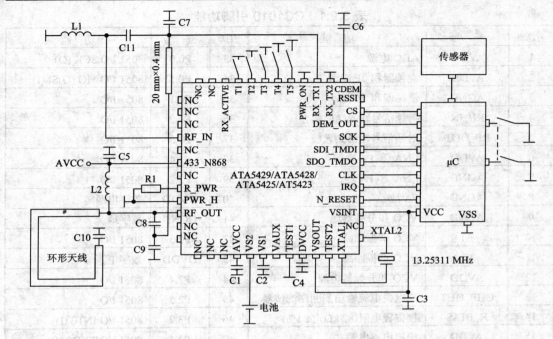

图 3.1.3   ATA5429/ATA5428/ATA5425/ATA5423 遥控器应用电路(433.92 MHz)

3.2   CC1010 915/868/433/315 MHz FSK
(内嵌 8051MCU)收发电路

3.2.1   CC1010 主要技术特性

CC1010 是内嵌 8051 单片机 UHF 收发器。该芯片符合 EN 300 220 和 FCC CFR47 part15 规范,适合在计算机遥测遥控、安防、家庭自动化、汽车仪表数据读取等无线数据发射/接收系统中使用。

CC1010 工作在(300~1000 MHz)315/433/868 和 915 MHz ISM 频段,采用 FSK 调制解调方式,其数据速率可达 76.8 kb/s,灵敏度为-109 dBm,输出功率为-20~10 dBm(可编程),工作电源电压为 2.7~3.6 V。

CC1010 内嵌与 8051 兼容的微控制器,包含 32 KB 闪存、2048+128 B SRAM、3 通道 10 位 ADC、4 定时器/2 脉宽调制器(PWM)、2UART、RTC、看门狗、SPI、DES 编码和 26 个通用 I/O 口。

3.2.2   CC1010 引脚功能与内部结构

CC1010 采用 TQFP-64 封装,其各引脚的功能如表 3.2.1 所示。

表 3.2.1　CC1010 引脚功能

引脚	符　号	功　　　能	引脚	符　号	功　　　能
1	AVDD	ADC 电源	33	P0.0	8051 I/O SCK (O)
2	AVDD	混频器和 IF 电源	34	P0.1	8051 I/O MO (O)SI (I)
3	AGND	混频器和 IF 地	35	P1.1	8051 I/O
4	RF_IN	射频信号输入(AC 耦合)	36	P1.2	8051 I/O
5	RF_OUT	射频信号输出到天线	37	P1.3	8051 I/O
6	AVDD	LNA 和 PA 电源	38	P1.4	8051 I/O
7	AGND	LNA 和 PA 地	39	P2.2	8051 I/O
8	AGND	PA 地	40	DVDD	数字电源
9	AGND	VCO 和分频器地	41	DGND	数字地
10	L1	VCO 谐振回路	42	P2.3	8051 I/O
11	L2	VCO 谐振回路	43	DVDD	数字电源
12	AVDD	VCO 和分频器电源	44	P2.4	8051 I/O
13	CHP_OUT	充电泵电流输出到回路滤波器	45	P2.5	8051 I/O
14	R_BIAS	接偏置电阻(82 kΩ，±1%)	46	P3.2	8051 I/O INT0 (I)
15	AVDD	模拟电路电源	47	P3.1	8051 I/O TXD0 (O)
16	AGND	模拟电路地	48	P3.0	8051 I/O RXD0 (I)
17	AGND	模拟电路地	49	DGND	数字地
18	XOSC_Q1	3～24 MHz 晶振输入	50	DVDD	数字电源
19	XOSC_Q2	3～24 MHz 晶振输出	51	P0.2	8051 I/O MI (I) SO (O)
20	XOSC32_Q2	32 kHz 晶振输出	52	P0.3	8051 I/O
21	XOSC32_Q1	32 kHz 晶振输入	53	P1.5	8051 I/O
22	AGND	模拟地	54	P1.6	8051 I/O
23	DGND	数字地	55	P1.7	8051 I/O
24	DGND	数字地	56	P2.6	8051 I/O
25	POR_E	电源导通复位使能控制，0 表示不使能；1 表示使能	57	P2.7	8051 I/O
26	P1.0	8051 I/O	58	$\overline{\text{PROG}}$	8051 I/O
27	P2.0	8051 I/O RXD1(O)	59	$\overline{\text{RESET}}$	8051 I/O
28	P2.1	8051 I/O TXD1(O)	60	DVDD	8051 I/O
29	P3.5	8051 I/O PWM3 T1 (I)	61	AD0	8051ADC 输入 0
30	P3.4	8051 I/O PWM2 (O) T0 (I)	62	AD1	8051ADC 输入 1
31	P3.3	8051 I/O INT1 (I)	63	AD2	8051ADC 输入 2，RSSI (O) IF (O)
32	DGND	数字地	64	AGND	模拟地

　　CC1010 的内部结构框图如图 3.2.1 所示。该芯片内部包含微控制器和收发器电路。微控制器部分请参见有关参考书籍。

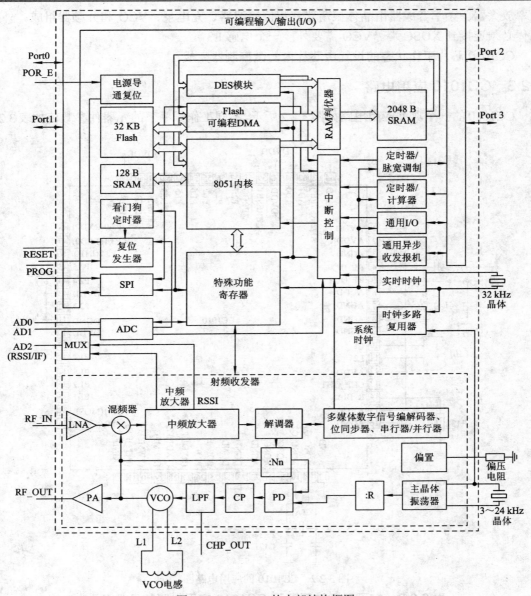

图 3.2.1　CC1010 的内部结构框图

收发器部分包含接收器部分和发射器部分。接收器部分由低噪声放大器(LNA)、混频器(MIXER)、中频放大器(IF)、解调器(MODEM)、解码器(CODEC)组成。发射器部分由功率放大器(PA)、PLL(VCO、充电泵、分频器)等电路组成。

在接收模式中，CC1010 被配置成超外差式接收机。RF 输入信号被低噪声放大器放大，经由混频器变换成中频(IF)。在中频级，这个被变换的信号在送入解调器之前被放大和滤波。经过解调器后输出的数字数据送入微控制器处理。

在发射模式中，压控振荡器(VCO)的输出信号直接送入功率放大器，RF 输出由微控制器的数字比特流频移键控。

频率合成器产生的本振信号在接收模式时被送到混频器(MIXER)，在发射模式时馈送到功率放大器。频率合成器由晶体振荡器、相位检波器、充电泵、VCO 和分频器组成。外接晶体必须连接到 XOSC 端。VCO 需要外接一个电感 L3。

CC1010 芯片工作状态的设置由芯片内的微控制器完成。

3.2.3　CC1010 应用电路

CC1010 的一个典型应用电路如图 3.2.2 所示,不同工作频率下的元器件参数值如表 3.2.2 所示。

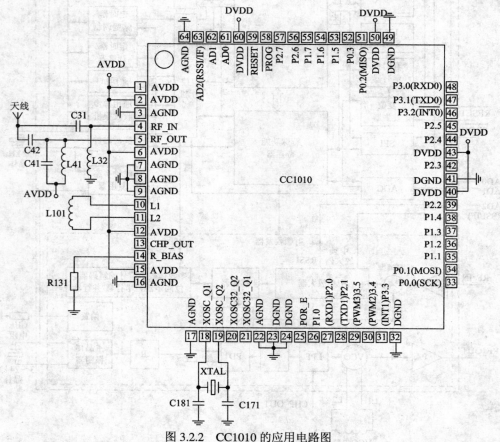

图 3.2.2　CC1010 的应用电路图

表 3.2.2　在不同工作频率下 CC1010 应用电路的元件参数

符号	工作频率与元件参数			
	315 MHz	433 MHz	868 MHz	915 MHz
C31	待定 pF,5%,C0G	10 pF,5%,C0G	8.2 pF,5%,C0G	8.2 pF,5%,C0G
C41	待定 pF,5%,C0G	6.8 pF,5%,C0G	未装	未装
C42	待定 pF,5%,C0G	8.2 pF,5%,C0G	10 pF,5%,C0G	10 pF,5%,C0G
C171	18 pF,5%,C0G	18 p,5%,C0G	18 pF,5%,C0G	18 pF,5%,C0G
C181	18 pF,5%,C0G	18 pF,5%,C0G	18 pF,5%,C0G	18 pF,5%,C0G
L32	待定 nH,10%	68 nH,10%, Coilcraft CS-680XKBC	12 nH,10%, Coilcraft CS-680XKBC	12 nH,10%, Coilcraft CS-680XKBC

续表

符号	工作频率与元件参数			
	315 MHz	433 MHz	868 MHz	915 MHz
L41	待定，nH，10%	6.2 nH，10%， Coilcraft HQ–6N2XKBC	2.5 nH，10%， Coilcraft HQ–6N2XKBC	2.5 nH，10%， Coilcraft HQ–6N2XKBC
L101	待定，　nH，10%	27 nH，5%， Koa KL732ATE27NJ	3.3 nH，5%， Koa KL732ATE27NJ	3.3 nH，5%， Koa KL732ATE27NJ
R131	82 kΩ，1%	82 kΩ，1%	82 kΩ，1%	82 kΩ，1%
XTAL	14.7456 MHz，晶振， 16 pF 负载	14.7456 MHz 晶振， 16 pF 负载	14.7456 MHz 晶振， 16 pF 负载	14.7456 MHz 晶振， 16 pF 负载

注：所有 R、C 的封装形式为 0603，L 的封装形式为 0805。

1. CC1010 的编程

为使用户在不同应用中得到最好的性能，通过可编程的组态寄存器，下面一些关键参数能够被编程：接收和发射模式，RF 输出功率电平，频率合成关键参数(RF 输出频率)，FSK 调制频率分离偏差，晶振基准频率，低功耗模式，基准振荡器在低功耗模式中启动或关闭，数据速率和数据形式选择等。Chipcon Compononts 公司提供给 CC1010 用户一个 Smart RF Studio (Windows 界面)的软件，Smart RF Studio 将根据用户的不同选择，产生设置 CC1010 工作状态所需的数据。这些数据必须输入到微控制器中，通过编程输入到 CC1010 的可编程的组态寄存器中，完成对 CC1010 工作状态的设置。另外，Smart RF Studio 将提供给用户 PLL 回路和输入/输出匹配电路所需的元件参数。Smart RF Studio (Windows 界面)的编程界面如图 3.2.3 所示。

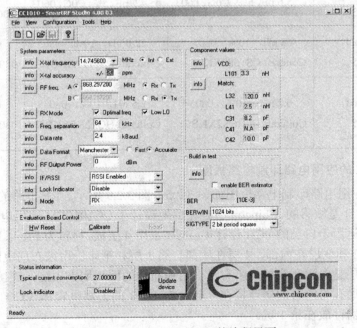

图 3.2.3　Smart RF Studio 的编程界面

2. 射频输入/输出匹配网络

射频输入/输出匹配网络如图 3.2.4 所示。不同频率范围的参数值如表 3.2.3 所示。

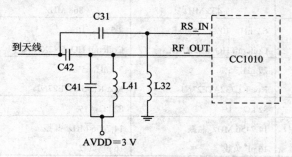

图 3.2.4　射频输入/输出匹配网络

表 3.2.3　射频输入/输出匹配网络的参数值

符号	工作频率与元件参数			
	315 MHz	433 MHz	868 MHz	915 MHz
C31	待定，pF，5%，C0G，0603	15 pF，5%，C0G，0603	10 pF，5%，C0G，0603	待定，pF，5%，C0G，0603
C41	待定，pF，5%，C0G，0603	8.2 pF，5%，C0G，0603	没有使用	没有使用
C42	待定，pF，5%，C0G，0603	5.6 pF，5%，C0G，0603	4.7 pF，5%，C0G，0603	待定，pF，5%，C0G，0603
L32	待定，nH，10%，0805	68 nH，10%，0805 Coilcraft CS-680XKBC	120 nH，10%，0805 Coilcraft CS-121XKBC	待定，nH，10%，0805
L41	待定，nH，10%，0805	6.2 nH，10%，0805 Coilcraft HQ-6N2XKBC	2.5 nH，10%，0805 Coilcraft HQ-2N5XKBC	待定，nH，10%，0805

3. CC1010 的应用电路印制电路板图

CC1010 的应用电路印制电路板图如图 3.2.5～图 3.2.9 所示。RF 电路的工作频率很高，对 PCB 的版面设计是敏感的。Chipcon 小心谨慎地设计了 CC1010EM 应用电路的 PCB 版面，推荐用户拷贝它运用于自己的 PCB 设计中。PCB 采用 4 层板，材料为 FR-4。PCB 厚 1.6 mm，第 1 层是顶部，2 和 3 层在内部，4 层在底部。第 1 层和第 4 层用来布局电路导线，第 2 层是接地板，第 3 层是电源布线板。所有没有用作布线的面积用铜填满，连接到地，提供 RF 屏蔽。地板通过通孔与所有的层连接在一起。CC1010 的去耦电容和 VCO 电感(L101)放在底板面，其他元器件放在第 1 层。

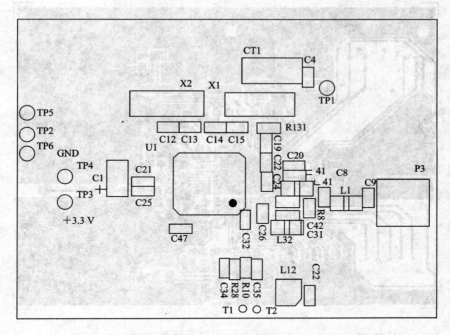

图 3.2.5　CC1010 的应用电路元器件布局图(顶层，第 1 层)

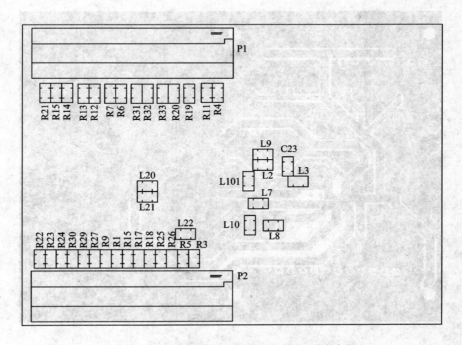

图 3.2.6　CC1010 的应用电路元器件布局图(底层)

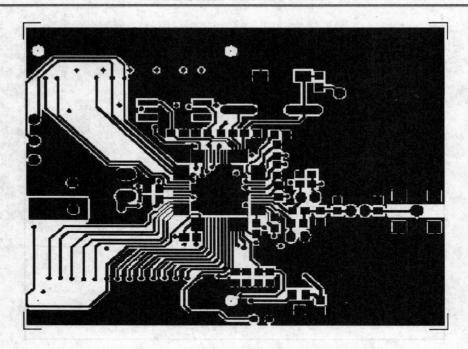

图 3.2.7　CC1010 的应用电路印制电路板图(元器件面，顶层)

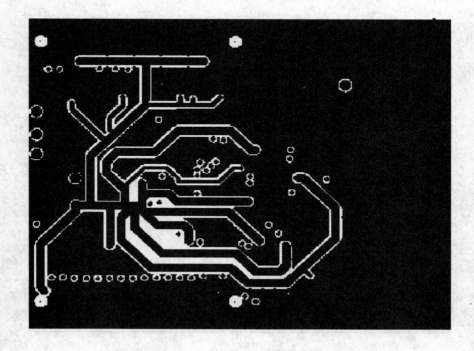

图 3.2.8　CC1010 的应用电路印制电路板图(电源层，第 3 层)

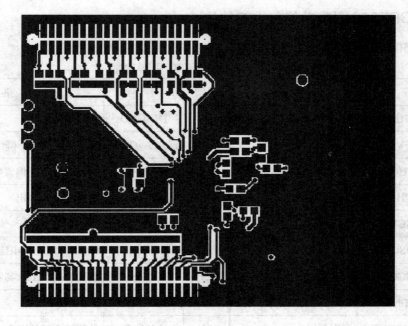

图 3.2.9　CC1010 的应用电路印制电路板图(底层，第 4 层)

3.3　MICRF500 700～1100 MHz FSK 收发电路

3.3.1　MICRF500 主要技术特性

　　MICRF500 是用于 ISM(工业、科学和医药)和 SRDC(短距离设备)的收发器芯片，适合应用在遥测、远距离测试仪表、无线控制、无线数据中继、无线控制系统、无线调制解调器、无线安全系统中。

　　MICRF500 的工作频率范围为 700～1100 MHz；采用 FSK(频移键控)调制方式；数据速率达 128 kBaud；RF 输出功率为 10 dBm；接收灵敏度为 –104 dBm(19.2 kBaud，BER=10^{-3})；电源电压(V_{IN})为 +2.5～+3.4V；发射模式电流消耗为 50 mA，接收模式电流消耗为 12 mA，低功耗模式电流为 2 μA；环境温度(T_A)为 –40～+85℃。

　　与 MICRF500 同类型产品的参数如表 3.3.1 所示。

表 3.3.1　与 MICRF500 同类型产品的参数

型　　号	频率范围	波特率 / kBaud	接收模 式电流	电源 电压/V	发射模式 电流/mA	调制 方式	封装
MICRF500	0.7～1.1 GHz	128	12 mA	2.5～3.4	50	FSK	LQFP–44
MICRF501	300～440 MHz	128	8 mA	2.5～3.4	45	FSK	LQFP–44
MICRF505	850～950 MHz	200	13 mA	2.0～2.5	28	FSK	MLF™–32
MICRF506	410～450 MHz	200	12 mA	2.0～2.5	21.5	FSK	MLF™–32
MICRF405	290～980 MHz	200	NA	2.0～3.6	18	FSK/ASK	MLF™–24

3.3.2　MICRF500 引脚功能与内部结构

MICRF500 采用 LQFP-44(BLQ)封装，其引脚功能如表 3.3.2 所示。

表 3.3.2　MICRF500 引脚功能

引　脚	符　号	功　能	引　脚	符　号	功　能
1	IFGND	IF 地	23	DIGGND	数字电路地
2	IFVDD	IF 电源	24	PA_C	减缓 PA 上升/下降沿斜率的电容
3	ICHOUT	I 信道输出	25	PABIAS	功率放大器外偏置电阻
4	QCHOUT	Q 信道输出	26	RFOUT	功率放大器输出
5	OSCVDD	振荡器电源电压	27	RFGND	LAN、PA 地
6	OSCIN	振荡器输入	28	RFVDD	LAN、PA 电源电压
7	OSCGND	振荡器地	29	RFIN	低噪声射频放大器输入
8	GND	地	30	RFGND2	LAN 第一级地
9	CMPOUT	充电泵输出	31	LNA_C	外接的 LAN 电容
10	CMPR	充电泵输入电阻	32	MIXGND	混频器地
11	MOD	VCO 调制输出	33	MIXVDD	混频器电源电压
12	XOSCIN	晶振输入	34	MIXIOUTP	I 信道混频器输出正端
13	XOSCOUT	晶振输出	35	MIXIOUTN	I 信道混频器输出负端
14	LD_C	锁定检测器外接电容	36	IFIINP	I 信道中频放大器输入正端
15	LOCKDET	锁定检测器输出	37	IFIINN	I 信道中频放大器输入负端
16	RSSI	接收信号强度显示输出	38	MIXQOUTP	Q 信道混频器输出正端
17	PDEXT	省电模式输入	39	MIXQOUTN	Q 信道混频器输出负端
18	DATAC	数据滤波器电容	40	IFQINP	Q 信道中频放大器输入正端
19	DATAIXO	数据输入/输出	41	IFQINN	Q 信道中频放大器输入负端
20	CLKIN	编程时钟输入	42	ICHC	I 信道放大器电容
21	REGIN	编程数据输入	43	QCHC	Q 信道放大器电容
22	DIGVDD	数字电路电源电压	44	VB_IP	滤波器电阻

MICRF500 的内部结构如图 3.3.1 所示。芯片内部包含接收部分、发射部分和控制接口 (Control Interface)部分。接收部分包含低噪声放大器(LNA)、混频器、RC 滤波器(RC Filters)、解调器(Demod)、RSSI 等电路。发射部分包含功率放大器(PA)、预置比例分频器(Prescaler)、A 计数器(A counter)、N 计数器(N counter)、M 计数器(M counter)、压控振荡器(VCO)、鉴相

器(Phase Detector)、充电泵(Charge Pump)、晶体振荡器(XCO)等电路。

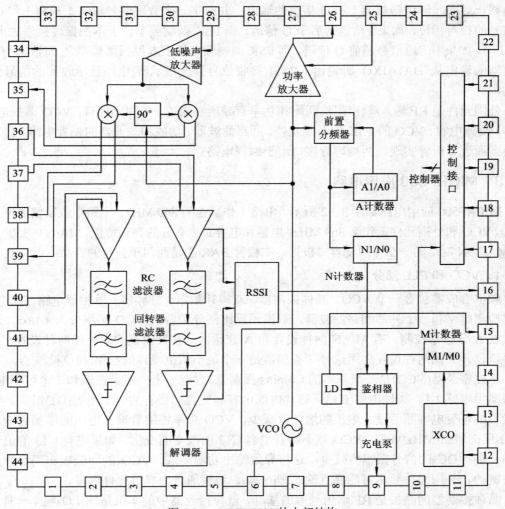

图 3.3.1　MICRF500 的内部结构

发射器由 PLL 频率合成器和功放组成。频率合成器由压控振荡器(VCO)、晶体振荡器、双模前置比例器、可编程分频器和鉴相器组成。环路滤波器是一个灵活且简单的外部电路。VCO 是一个需要外接谐振器和可变电抗器的 Colpittts 振荡器，FSK 调制到 VCO。合成器含有两个不同的 N、M 和 A 分频器。FSK 调制也能通过这两种分频器之间的切换来实现。N、M 和 A 寄存器的长度分别为 12、10 和 6 位。FSK 调制的数据从 DATAIXO 引脚端输入。功放的输出功率可通过编程分成 8 级。当 PLL 锁定时，锁定检测电路工作。

在接收模式，PLL 合成器产生本振振荡(LO)信号。N、M 和 A 的值给出的本振振荡频率被分别存储在 NO、MO 和 AO 寄存器中。

接收器是零中频结构，以便能使用低功耗的集成低通滤波器作为通道滤波器。接收装置的低噪声放大器(LNA)驱动一个正交混频器对。混频器输出馈送至两路相同的相位积分信道。每条信道包括前置放大器、三阶 Sallet-Key RC 低通滤波器和限幅器。主要的信道滤波器总电容最小时必须要能满足电路的选择性和动态范围。Sallen-Key RC 滤波器能通过编程划分成四个不同的截止频率：10 kHz、30 kHz、60 kHz 和 200 kHz。外围电阻可以调整滤波器的截止频率。解调器解调 I 和 Q 信道的输出，并产生一个数字信号输出。检测 I 和 Q 信道信号的相对相位，如果 I 信道落后于 Q 信道，则 FSK 调制频率位于本振振荡频率之上(数据"1")。如果 I 信道信号超前 Q 信道，则 FSK 调制频率位于本振振荡频率之下(数据"0")。接收器的输出从 DATAIXO 脚输出。RSSI(接收信号强度指示器)电路显示收到的信号强度级别。

　　外围元件是 RF 输入/输出阻抗匹配和功率衰减所必需的。外围元件有：VCO 谐振电路、晶体、反馈电容、VCO 的 FSK 的调制元件、回路滤波器、功放和滤波器的偏置电阻。TX/RX 转换则通过二极管实现。两端串行接口用于编程电路。

3.3.3　MICRF500 应用电路

　　MICRF500 应用电路如图 3.3.2 所示，电路工作频率为 869 MHz。电路中收发器调制加到 VCO，VCO 和外围元件工作于 869 MHz，电感和电容必须有好的高频特性。MA4ST-350-1141 是 MACON 制造的一个专用变容二极管，二极管 BAR63 是西门子公司的产品。

1. VCO 和 PLL 部分

　　频率合成器包含一个 VCO、晶体振荡器、双模计数器、分频器、鉴相器电路、充电泵、锁定检测电路和一个外部回路滤波器。双模预置比例分频器把 VCO 频率分为 64/65。这个模式被 A 分频器控制，有 M、N 两种设置和 A 分频器。在发射模式中使用两种设置，FSK 能够通过开关在两种设置之间选择。鉴相器是一个最小相位噪声的频率/相位检波器。

　　压控振荡器(VCO)是一个基本的 Colpitts 振荡器，含有一个外部谐振器和一个可变电感，谐振器由电感 L1、线性电容 C13、芯片内部电容和变容二极管的可变电容(D1)组成。变容二极管的可变电容随着输入电压的增加而减少。VCO 频率将随着输入电压的增加而增加。VCO 呈正增加(MHz/Volt)。VCO 频率随着电容 C13 的改变而变化，如果电容 C13 的值变得太小，则 VOC 的信号振幅将减少，这将导致输出功率降低。VCO 的印制板布局设计是非常关键的，外围元件要尽可能靠近输入脚(6 脚)。地线通孔应靠近元件焊盘。

　　晶体振荡器的晶振是 RF 输出频率的基准，就像接收器中的本机振荡(LO)频率一样。晶振是一个非常关键的部分，要求具有很好的相位和频率稳定性。

　　晶体振荡器通过调节可变电容 C20 来改变谐振频率。RF 频率漂移与晶振的频率漂移一致，为 10^{-6} 级。调谐的射频频率与频率漂移两者之差用 $\Delta f(10^{-6})$ 表示：

$$\Delta f(10^{-6}) = S_T \times \Delta T + n \times \Delta t$$

式中：S_T 为振荡频率的总温度系数(晶体和元件)，单位为 $10^{-6}/℃$；ΔT 为晶体谐振时的相对室温的变化量；n 为老化系数，单位为 $10^{-6}/$年；Δt 为收发器自上次调谐以来经过的时间。

　　当 $\Delta f(Hz) = \Delta f(10^{-6}) \times f_{RF}$ 比 FSK 频偏大时，解调器将不能译码数据。要获得小的频偏，晶体要预老化且要有小的温度系数。电路中采用 10 MHz 晶振，其他频率的晶振也可以使用。

　　晶体振荡器的启动时间是典型的毫秒级。为了降低功耗，MICRF500 电路设计 XCO 电路在其他电路模块开启之前启动。XCO 振幅达到足够的高度后去触发 M 计数器，在 M 计数器计数后输出两个脉冲后，其余电路启动。在准备启动期间，电路的电流消耗大约为 300 μA。

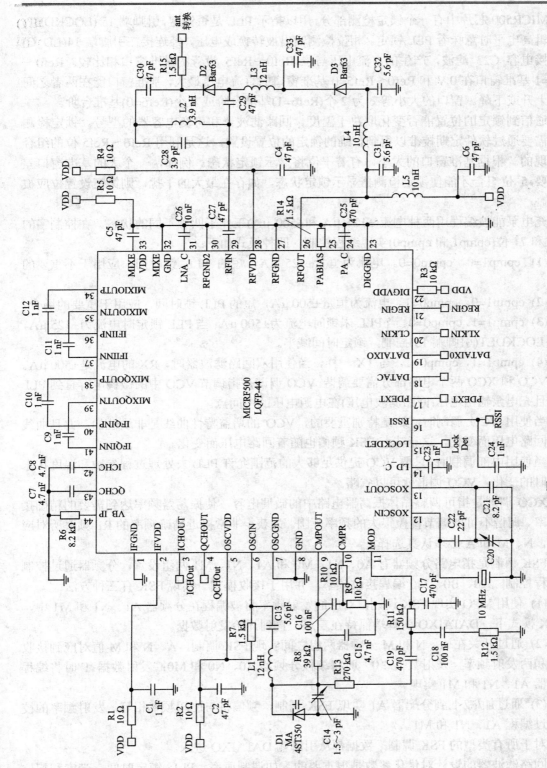

图 3.3.2　MICRF500 应用电路(869 MHz)

MICR500 芯片中有一个锁定检测部分,用以指示 PLL 是否锁定,引脚端 15 (LOCKDET) 呈逻辑高电平时意味着 PLL 锁定。相位检测输出被转换成电压,经连接在引脚端 14(LD_C) 的外接电容 C23 滤波,产生的直流电压与位 Ref0~Ref5 设置的基准窗口相比较。Ref0~Ref5=1 基准窗口在 0 V 和 Ref0~Ref5=0 基准窗口的直流电压最大,基准窗口能在两者之间线性上升或下降。窗口的大小等效为 2 个(Ref6=1)基准台阶或 4 个(Ref6=0)基准台阶。

通信到锁定的位置能否变化取决于温度、回路滤波器和可变电容器的型号。锁定检测电路需要通过软件定期校准以得到正确的锁定的位置设置,这是利用 Ref0~Ref5 位的组合来实现的。根据基准窗口的大小,有若干位将显示锁定状态。例如,一个大的基准窗口差不多要 5 位组合才能使锁定检测器显示锁定状态,如存在最大的干扰,则第三设置位应被选择。

充电泵能被编程用两种电流(±125 μA 和±500 μA)工作于四种不同的状态。在控制字的 70 位和 71 位(cpmp1 和 cpmp0)实现编程控制。四种模式如下:

(1) cpmp1=0,cpmp0=0。电流为恒量±125 μA,短的 PLL 锁时间,应用于不重要的场合。

(2) cpmp1=0,cpmp0=1。电流为恒量±500 μA,短的 PLL 锁时间,应用于重要的场合。

(3) cpmp1=1,cpmp0=0。当 PLL 未锁时电流为±500 μA;当 PLL 锁定时电流为±125 μA,通过 LOCKDET(引脚端 15)控制,锁定时间减半。

(4) cpmp1=1,cpmp0=1。与 TX 一样,当使用双回路滤波器时,RX 的电流是±500 μA。

VCO 和 XCO 两个电路部分需要调谐。VCO 调谐是指调节 VCO 中的微调电容直到 PLL 锁定且充电泵输出电压(回路滤波电压)在电源电压的中间点。

当使用 VCO 调制时,这是特别重要的,VCO 的增益特性曲线是非线性的,并且曲线随着回路电压而变化,这意味着 FSK 频偏也随着回路电压而变化。

当使用内部调制时,只要 VCO 提供足够大的范围允许 PLL 去处理过程参数和温度在未锁定时的变化,VCO 调谐就可以省略。

XCO 调谐是指可调整晶体振荡器电路中的微调电容,使振荡器频率达到需要的精确接收频率。调谐不可能调节覆盖很大的频率范围。为获得非常接近精确频率的 RF 频率所对应的值,N、M 和 A 必须认真选择。

FSK 调制是指电路分频器有 A0、N1、M0 和 A1、N1、M1 两组设置,分频器通过控制字编程控制。A0、B0、M0 编程接收频率,并用于接收模式。实现 FSK 有三种方法:

(1) 使用 VCO 实现 FSK 调制,对应的发射频率将被编程在分频器 A1、N1 和 M1 中,在 TX 模式下,DATAIXO 引脚端保持在三态,直到开始发射数据。

(2) 通过开关在 A、N 和 M 分频器两组之间实现 FSK 调制,A、N 和 M 值对应到接收频率和两发射频率。发射数据"0"时将编程分频器 A0、N0 和 M0;发射数据"1"时将编程分频器 A1、N1 和 M1 实现。

(3) 通过加/减 1 到分配器 A1 实现 FSK 调制,频偏将与比较频率相等,发射频率的校准通过编程 A1、N1 和 M1。

对于所有类型的 FSK 调制,数据都从引脚端 DATAIXO 进入。

回路滤波器的设计对优化参数是很重要的,如调制速率、PLL 锁定时间、带宽和相位噪声。低位率允许调制在 PLL 内,回路将锁定在不同的频率上,这能通过开关分频器(M、

N 和 A)实现。高调制率(超过 2400 b/s)靠 PLL 外调制来实现,直接加到 VCO 实现。回路滤波器的值能通过软件编程。

PLL 内部调制:快速的 PLL 要求回路滤波器有一个高的带宽。选用二阶回路滤波器,不能使比较频率有足够的衰减。一般选用三阶回路滤波器。

PLL 外部调制(闭合回路):当调制被加到 PLL 外部电路时,意味着 PLL 将不能跟踪调制信号在回路中的变化,因此一个相对较低带宽的回路滤波器是必需的。要求的带宽取决于实际的调制率。因为回路带宽比比较频率显著地降低,因此二阶环滤波器通常能获得比较频率足够的衰减。通过三阶环滤波器也能获得需要的衰减。

若希望较快的 PLL 锁定时间,则充电泵可以制作成每单位相位差释放 500 μA 的电流,芯片上 NMOS 管漏极开路(引脚端 10)接两阻尼电阻(R10、R9)到地,如图 3.3.2 所示,一旦锁定在正确的频率上,则 PLL 自动返回到标准低噪声操作(充电泵电流为 125 μA/rad)。如果校准设置在控制字中反映出来(cpmp1=1, cpmp0=0),则快速锁定特征是有效的,通过在回路中的参数来减少 PLL 锁定时间。

如果 FSK 调制加到 VCO,则元件 C18、C19、R11、R12 和 R13(见应用电路图)是必需的。当一个电流输出时,数据在 DATAIXO 脚输入,然后反馈到 MOD 脚(11 脚)。当逻辑"1"输入在 DATAIXO 引脚端和逻辑"0"进入漏极时,该引脚端为一个 50 μA 的电流源。电容 C17 为滤波基带信号而设置,如果电容大,则将获得一个慢上升沿的基带滤波信号;如果电容小,则将获得高速上升沿信号,也能得到更宽广的频谱,电阻 R11 和 R12 决定频偏。如果 C18 比 C17 大则频偏将大,R13 较大用于消除回路滤波器的影响。在 TX 模式下,直到开始发送数据时,引脚端 DATAIXO 必须保持三态。

PLL 外部调制需要一个相对调制率而言较低带宽的回路滤波器。这将导致一个相对长的回路锁定时间。在实际应用中,这种调制被加到 VCO,实现从节能模式到接收模式,需要在短的时间里启动双回路滤波器。

PLL 外部调制(开环回路)这种模式,充电泵输出状态有三态。回路是开环,因此不能跟踪调制。这意味着回路滤波器有高的带宽和短的开关时间。由于漏电流、回路电压将减少,发射时间将受限于滤波器的带宽,因此当发射时间更短时,高带宽要求低电容量的电容,回路电压下降得更快。回路在 PLL 锁定在需要的频率上和功放器被打开时构成闭环。当调制开始时,回路迅速打开,此时回路不能跟踪调制,在调制网络中采用 AC 耦合无 DC 成分。

2.PA 和阻抗匹配电路

发射功率放大器是基本的 AB 类,最后一级是开集电极(OC)电路。因此外接一负载电感(L2)是必不可少的,放大器的直流电流通过外接偏置电阻 R14 调整。当偏置电阻值为 1.5 kΩ 时,偏置电流为 50 μA。最后一级电路的偏置电流大约为 15 mA。

阻抗匹配电路取决于天线使用的类型,但将被设计成最大输出功率。对最大的功率输出,功率放大器必须接一个约为 100 Ω 的阻抗。输出功率能通过编程分成 8 级,每级大约相差 3 dB,通过控制字 Pa2~Pa0 控制。

为了预防干扰信号干扰功放,功放缓慢地导通和截止,通过外接电容 C25 连接到引脚端 24,允许偏置电流在被限定范围上升或下降。上升/下降电流的典型值为 1.1 μA,当电源为 3 V 时,开关速率为 2.6 μs/pF。转换功放开关会影响 PLL,所以开关速率必须与 PLL 带宽相对应。

缓冲放大器连接在 VCO 和功率放大器之间。功率放大器的输入信号将放大到期望的输出功率。通过设置位 Gc 为"0",缓冲级可以被旁路。

3. LNA 输入

RF 接收器的低干扰放大器利用提升输入信号来优化频率转变过程,其最主要是为了预防混频器干扰。LNA 是一个两级放大器,正常时在 900 MHz 处能获得 23 dB 增益,LNA 有一直流外馈环,为 LNA 提供偏置。外接电容 C26 对所有的直流反馈环路起退耦和稳定作用,有一个大的低频环路增益。为获得高的接收灵敏度,LAN 的输入阻抗、输入匹配是非常重要的。

LNA 能通过设置 ByLNA 位为"1"而被旁路,这对强信号是非常有用的。

4. 混频器

混频器在 900 MHz 有 12 dB 增益,微分输出在引脚端 34、35 和引脚端 38、39 时,每一路混频器的输出阻抗约为 15 kΩ。

每个通道包括前置放大器和前置滤波器,前置滤波器是一个衰减 20 dB 的三级椭圆 Sallen-Key 低通滤波器,可以阻止下列回转滤波器受邻频道强信号的干扰。前置放大器在 Gc=0 时有 20 dB 的增益,在 Gc=1 时有 30 dB 的增益。输出电压峰-峰值分别为 200 mV(30 dB 时)和 1 V(20 dB 时)。

三阶 Sallen-Key 低通滤波器可以用程序控制制成四种不同的截止频率,如表 3.3.3 所示。

表 3.3.3　四种不同的截止频率和推荐信道间隔

Fc1	Fc0	截止频率/kHz	推荐信道间隔
0	0	10 ±2.5	25
0	1	30 ±7.5	100
0	0	60 ±15	200
0	1	200± 50	700

对 10 kHz 的截止频率,第一级电路必须与每个混频器的输出端之间接一个 820 pF 的电容;对 30 kHz 的截止频率,则需要接一个 67 pF 的电容。

由于回转滤波器的截止频率可通过外接可变电阻来改变。最佳信道间隔将依赖于 Sallen-Key 滤波器的截止频率。

主要信道滤波器是通过七级椭圆低通滤波器的回转电容来实现的。椭圆滤波器为获得选择性和动态范围必须将电容减到最少。回转滤波器的截止频率通过外接电阻调整。表 3.3.4 给出了不同的偏置电阻对应的不同的截止频率。

表 3.3.4　不同的偏置电阻对应的不同的截止频率

偏置电阻/kΩ	截止频率/kHz	偏置电阻/kΩ	截止频率/kHz
2.2	175	15	30
6.8	70	30	14
8.2	55	47	8

回转滤波器的截止频率选择与 Sallen-Key 滤波器的截止频率一样。回转滤波器的最大截止频率为 175 kHz。截止频率必须足够高，以通过接收信号(频偏+调制)。最低截止频率为

$$f_{C(min)} = f_{DEV} + \frac{Baudrate}{2}$$

在频偏 f_{DEV}=30 kHz 和波特率为 20 kBaud 时，最低截止频率是 40 kHz。设置位 Fc1=1 和 Fc0=0，截止频率为 60±15 kHz 将是最佳的选择。回转滤波器偏置电阻为 7.5 kΩ 或 8.2 kΩ 时回转滤波器的截止频率约为 60 kHz。

当选择接收宽带时，晶体误差也必须考虑进去，如果晶体温度偏离整个温度范围 $\pm 10 \times 10^{-6}$，则输入的 RF 信号和 LO 信号理论上会互相偏离 20×10^{-6}。

解调器解调出来的信号的频偏必须永远比频漂大，最小的频偏(f_{DEVmin})等于波特率。频偏至少等于波特率加上频漂。

频偏可以在最小频偏到最小频偏加两个时段的最大频漂之间变化。当考虑晶体误差时，最低截止频率为

$$f_{C\,min} = \Delta f \times 2f_{DEV\,min} + \frac{Baudrate}{2}$$

式中，Δf 为考虑晶体误差时 LO 信号和输入 RF 信号之间的最大频漂。

偏离 20×10^{-6} 信号在 434 MHz 处的频漂为 8680 Hz。在 20 kBaud 波特率时，频偏必须比 28.68 kHz 更高。当 RF 信号比 LO 信号低 20×10^{-6} 时，频偏能从 20 kHz 变化，当 RF 信号比 LO 信号高 20×10^{-6} 时，频偏可以到 37.36 kHz，最低截止频率为 47.36 kHz。

限幅器是一个零点检波器，限幅器输出的是与 I-Q 相位差相对应的值，输出的是边缘陡峭的方波。

5. 解调器

解调器解调 I 和 Q 信道输出，并产生数字量输出。解调器检测 I 和 Q 信道信号之间的相位差。对于 I 信道限幅器输出的每一个边沿(上升沿和下降沿)，Q 信道限幅器输出的振幅被采样，反之也如此。解调器的输出在 DATAIXO 引脚端。数据输出被 IF 信号每周期更新四次。这意味着输出数据的最大抖动为 $1/(4 \times \Delta f)$(仅仅对零偏有效)。如果 I 信道信号滞后于 Q 信道，则 FSK 调制频率位于 LO 频率上方(数据"1")；如果 I 信道超前 Q 信道，则 FSK 调制频率位于 LO 频率下方(数据"0")。

解调器的输入和输出通过一阶 RC 低通滤波器滤波并经过施密特触发器放大产生方波。

建议在低位率时，增加电容连接于引脚端 18(DATAC)，以减少 RX 数据信号滤波器的带宽。滤波器的带宽必须根据位率而调整，这个功能通过 RXFilt 位来控制。

6. RSSI

RSSI(接收信号强度指示)电路输出对应于 RF 输入信号强弱的直流电压。超过 70 dB 的 RF 输入范围对应于 0.7～2.05 V。

当接收到的 RF 输入信号使 RSSI 输出增加时，RSSI 能作为信号有无指示器，用于唤醒电路。无信号时，电路可以处于休眠模式以延长电池寿命。

另一个应用是能测定发射功率是否可以在系统中减少一些，如果 RSSI 检测到一强信号，则将告诉发射器减少发射功率以减少电流消耗。

7. 编程

2 线(CLKIN 和 REGIN)式总线用来编程电路，2 线串行总线接口可以控制分频器、选择发射和接收工作状态、合成器电路功能模块。接口由一个 80 位编程寄存器组成。数据和第一有效位从 REGIN 线进入，第一位是输入 P1，最后一位是输入 P80。程序寄存器中的位分配如表 3.3.5 所示。

表 3.3.5　程序寄存器中的位分配表

P1～P6	P7～P12	P13～P24	P25～P36	P37～P46	P47～P56	P57	P58
A1	A0	N1	N0	M1	M0	Rxfilt	Pa2
P59	P60	P61	P62	P63	P64	P65	P66
Pa1	Pa0	Gc	Bylna	Ref6	Ref5	Ref4	Ref3
P67	P68	P69	P70	P71	P72	P73	P74
Ref2	Ref1	Ref0	Cpmp1	Cpmp0	Fc1	Fc0	Outs2
P75	P76	P77	P78	P79	P80	—	—
Oous1	Outs0	Mod1	Mod0	Rt	Pu	—	—

当 FSK 调制加到 VCO 时，PLL 使用分配器 A1、N1 和 M1。当 Mod1=1、Mod0=0 时会在不同的分频器中切换。当 DATAIXO0=0 时，PLL 使用分频器 A1、N1 和 M1，在不同的分频器间切换来实现 FSK 调制。

N、M 和 A 的值可用下列公式计算得到：

$$f_C = \frac{f_{XCO}}{M} = \frac{f_{RF}}{46 \times N + A}$$

式中，f_C 为相对频率。

当 CLKIN 信号为高电平时，80 位控制字首先读入移位寄存器，然后通过 REGIN 信号(正的或负的)装入并行寄存器。电路直接指定模式(如接收、发射等)。

3.4　nRF903 915/868/433 MHz GMSK/GFSK 收发电路

3.4.1　nRF903 主要技术特性

nRF903 是一种工作在 433/868/915 MHz 国际通用的 ISM 频段的单片 RF 收发芯片，仅需外接一个晶体和几个阻容、电感元件，即可构成一个完整的射频收发器，可方便地嵌入各种测量和控制系统中。由于其抗干扰能力强，因此适合工业控制应用，在仪器仪表数据采集系统、无线抄表系统、无线数据通信系统、计算机遥测遥控系统中得以广泛应用。

nRF903 具有 GMSK/GFSK 调制和解调能力；采用 DDS+PLL 频率合成技术，频率稳定性好；数据速率可达 76.8 kb/s；灵敏度高达−100 dBm；最大发射功率达+10 dBm；具有 170

个频道,适合需要多信道工作的特殊场合;可直接与微控制器接口;电源电压为 2.7～3.6 V;接收模式电流消耗为 22.5 mA,发射模式电流消耗为 41 mA,接收待机状态为 200 μA,低功耗模式为 1 μA。

nRF903 频道分配:433.05～434.79 MHz 分为 0～9 个频道,868～870 MHz 分为 0～11 个频道,920 MHz～928 MHz 分为 0～168 个频道。

3.4.2　nRF903 引脚功能与内部结构

1.引脚功能

nRF903 采用 TQFP-32 封装,引脚功能如下:

引脚 1,6,7,17,23,24,27,30,32:VSS,地(0 V)。

引脚 2:LF1,频率合成器 PLL 回路滤波器连接端。

引脚 3:LF2,频率合成器 PLL 回路滤波器连接端。

引脚 4:IND1,压控振荡器(VCO)外接电感。

引脚 5:IND2,压控振荡器(VCO)外接电感。

引脚 8,9,14,15,31:VDD,电源电压(+3 V)。

引脚 10:CFG_CLK,编程模式时钟(输入)。

引脚 11:CFG_DATA,收发器组态数据串行输入。

引脚 12:CS,片选。CS=“0”时为收发器正常工作模式;CS=“1”时为收发器编程模式。

引脚 13:XC1,晶体振荡器输入。

引脚 16:CLK_OUT,时钟输出。为外接微控制器提供时钟,输出频率由组态字中的 2 位设置,$f_{CLK\_OUT}=11.0592\ MHz/n$,n=1,2,4,8。

引脚 18:C_SENSE,载波检测。在接收通道中没有载波被检测到时,C_SENSE 是“0”;当功率电平大于−106 dBm 的载波被检测到时,C_SENSE 是“1”。

引脚 19:DATA,发射数据输入和接收数据输出。

引脚 20:TXEN,发射/接收模式选择。TXEN=“0”为接收模式;TXEN=“1”为发射模式。

引脚 21:FILT2,从第 1 级中频滤波器到中频放大器输入。

引脚 22:FILT1,中频输出到第 1 级中频滤波器。

引脚 25:PWR_DWN,低功耗模式控制,参见表 3.4.2。

引脚 26:STBY,待机模式控制,参见表 3.4.2。

引脚 28:ANT1,天线端。

引脚 29:ANT2,天线端。

2.内部结构

nRF903 内部结构如图 3.4.1 所示,可分为发射电路、接收电路、模式和低功耗控制逻辑电路及串行接口几部分。

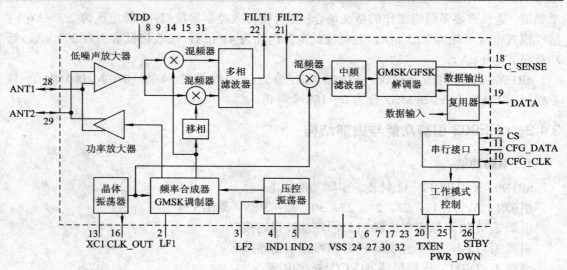

图 3.4.1 nRF903 内部结构

1) 发射电路

发射电路包含射频功率放大器(PA)、锁相环(PLL)、压控振荡器(VCO)、频率合成器等电路。要发射的数据通过 DATA 端输入。基准振荡器采用外接晶体振荡器产生电路所需的基准频率。本机振荡采用锁相环(PLL)方式，由在 DDS 基础上的频率合成器、外接的无源回路滤波器和压控振荡器组成。压控振荡器由片内的振荡电路和外接的 LC 谐振回路组成。射频功率放大器具有高达+10 dBm 的输出功率。

2) 接收电路

接收电路包含低噪声放大器(LNA)、混频器(RF Mixer)、中频放大器、GMSK/GFSK 解调器、滤波器等电路。接收电路中，低噪声放大器放大输入的射频信号，接收灵敏度为 −100 dBm。混频器采用 2 级混频结构，第一级中频为 10.7136 MHz，第二级中频为 345.6 kHz，中频放大器用来放大从混频器来的输出信号。中频放大器的输出信号经中频滤波器滤波后送入 GMSK/GFSK 解调器解调，解调后的数字信号在 DATA 端输出。

3) 用户接口

用户接口分为以下四大类：

(1) 数据接口：DATA(数据输入/输出)；

(2) 编程接口：CFG_CLK(编程模式时钟)、CFG_DATA(组态数据输入)、CS(片选)，对工作频率、通道、输出功率和输出时钟频率等参数进行设置；

(3) 芯片工作模式控制：STBY(待机模式控制)、PWR_DWN(低功耗模式控制)、TXEN(收/发模式控制)；

(4) CLK_OUT(时钟输出，可供外部 MCU 使用)、C_SENCE(载波检测)，可与微控制器等连接，实现所需操作。

nRF903 的用户接口由 7 个数字输入/输出引脚端组成，如图 3.4.2 所示。接口完成两个主要的功能：芯片组态配置和模式控制。图 3.4.2 中有另外两个引脚端 C_SENSE 和 CLK_OUT，当接收通道没有接收到载波时，C_SENSE 是稳定的"0"状态。CLK_OUT 的输出是晶振基准频率 11.0592 MHz 的 1、2、4、8 分频。

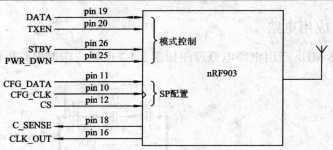

图 3.4.2　nRF903 的用户接口

nRF903 使用编程接口 CFG_CLK、CFG_DATA、CS，对工作频率、通道、输出功率和输出时钟频率等参数进行编程设置。设置 CS 为高电平，来自微控制器的 14 位控制字在编程模式时，在每一个 CFG_CLK 时钟信号的上升沿，在 CFG_DATA 端上的数据被写入组态寄存器中，完成对工作频率、通道、输出功率和输出时钟频率等参数的设置。组态控制字如表 3.4.1 所示。

表 3.4.1　组态控制字

位(bit)	参　数	符　号	功　　能	位数
0~1	频带	FB	"00" 频带=433.92±0.87 MHz "01" 频带=869±1 MHz "10" 频带=915±13 MHz "11" 未使用	2
2~9	通道中心位置	CH	$f_{center\ 433\ MHz}=433.152\times10^6+CH\times153.6\times10^3(Hz)$ $f_{center\ 868\ MHz}=868.1856\times10^6+CH\times153.6\times10^3(Hz)$ $f_{center\ 915\ MHz}=902.0928\times10^6+CH\times153.6\times10^3(Hz)$	8
10~11	输出功率	P_{OUT}	输出功率=−8 dBm+6 dBm×P_{OUT}[dBm]	2
12~13	微处理器用 时钟输出	F_{CLK_OUT}	"00"　F_{CLK_OUT}=晶振频率(MHz) "01"　F_{CLK_OUT}=晶振频率/2(MHz) "10"　F_{CLK_OUT}=晶振频率/4(MHz) "11"　F_{CLK_OUT}=晶振频率/8(MHz)	2

收发器的参数通过 CS、CFG_CLK 和 CFG_DATA 组成的串行接口输入到数据移位寄存器去配置内部结构单元。在配置模式，CS 使能。当组态控制字输入到数据移位寄存器，CS 无效，一个新的配置完成。CFG_DATA 的比特率不能超过 1 Mb/s。

芯片工作模式由 STBY、PWR_DWN、TXEN 引脚端的状态控制，如表 3.4.2 所示。

表 3.4.2　工作模式控制

工作模式	STBY	PWR_DWN	TXEN
接收模式	0	0	0
发射模式	0	0	1
低功耗模式	0	1	x
待机模式	1	0	x
错误模式	1	1	0
错误模式	1	1	1

3.4.3 nRF903 应用电路

nRF903 的 868 MHz 应用电路电原理图如图 3.4.3 所示。印制电路板图如图 3.4.4 所示。

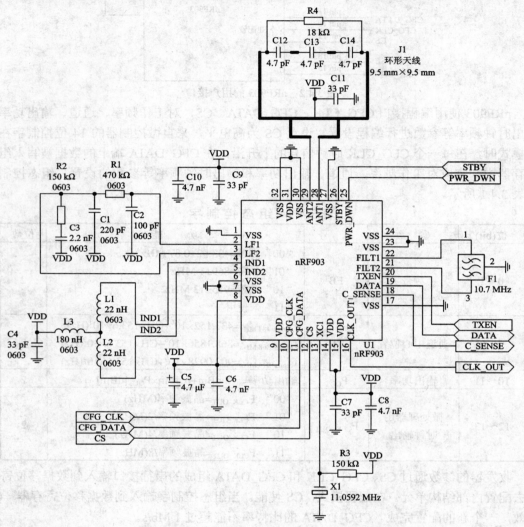

图 3.4.3 nRF903 的 868 MHz 应用电路电原理图

印制电路板(PCB)的设计直接关系到射频性能，PCB 使用 1.6 mm 厚的 FR-4 双面板，分元件面和底面。PCB 的底面有一个连续的接地面，射频电路的元件面以 nRF903 为中心，各元器件紧靠其周围，尽可能减少分布参数的影响。元件面的接地面保证元件充分接地，大量的通孔连接元件面的接地面到底面的接地面。nRF903 采用 PCB 天线，在天线的下面没有接地面。射频电路的电源使用高性能的射频电容去耦，去耦电容尽可能地靠近 nRF903 的 VDD 端，一般还在较大容量的表面安装的电容旁并联一个小数值的电容。射频部分的电源与数字电路部分的电源分离，nRF903 的 VSS 端直接连接到接地面。注意：不能将数字信号或控制信号引入到 PLL 回路滤波器元件上。nRF903 VCO 的电感位置的最佳设计是保证产生 1.1 ± 0.2 V 的 PLL 回路滤波器电压(LF2 端，引脚 3)。

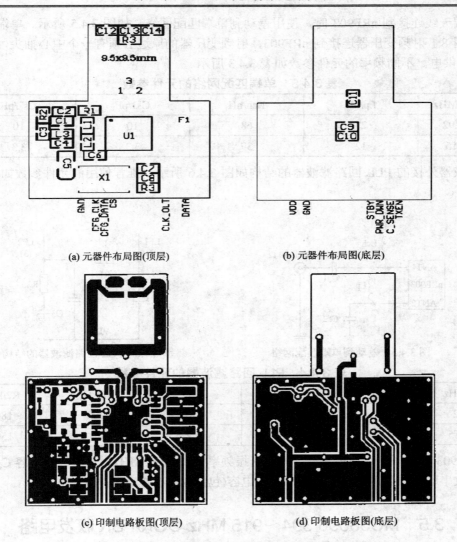

(a) 元器件布局图(顶层)　　　　　　　　(b) 元器件布局图(底层)

(c) 印制电路板图(顶层)　　　　　　　　(d) 印制电路板图(底层)

图 3.4.4　nRF903 的 868 MHz 应用电路印制电路板图

芯片使用过程：① 芯片初始化，通过微控制器等对芯片内部寄存器进行设置，设定工作频率、发射功率等参数；② 进入正常工作状态，通过微控制器等根据需要进行收发转换控制、发送/接收数据或状态转换。

一旦配置完成，芯片的工作状态由外部信号 TXEN、PWR_DWN、STBY 和 DATA(DATA 在发射模式是输入，在接收模式是输出)设置。除待机模式和低功耗模式外，配置可以在所有的模式下完成。寄存器的内容在待机模式和低功耗模式仍然有效。当没有电源电压时，配置数据消失。nRF903 工作模式的转换时间为 0.9～5.0 ms。

当 nRF903 是接收模式时，输入射频信号到 LNA(低噪声放大器)；当 nRF903 是发射模式时，输出来自 PA(功率放大器)的射频信号。连接到 nRF903 的天线是差动式的，推荐使用的天线通道阻抗是 180 Ω。输出级(PA)是由两个集电极开路的晶体管组成的差分对。VDD 必须通过集电极负载给 PA 供电。当使用回路天线时，VDD 将通过回路天线的中心给 PA 放大器供电。

　　单端天线连接到 nRF903 时，使用差动到单端匹配网络，如图 3.4.5 所示。单端天线也可以使用 8:1 射频变压器连接到 nRF903，射频变压器的原边必须有一个中心抽头，用于电源 VDD 供电。不同频率的元件参数如表 3.4.3 所示。

表 3.4.3　单端匹配网络的元件参数

频带/MHz	Lp/nH	Lch/nH	Cs1/pF	Cs2/pF
433.92	27	68	10	10
869 /915	12	39	3.3	3.3

　　合成器外接的 PLL 回路滤波器的结构如图 3.4.6 所示。推荐使用的元件参数如表 3.4.4 所示。

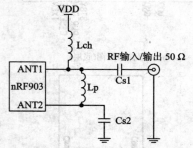

图 3.4.5　差动到单端匹配网络

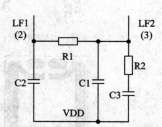

图 3.4.6　PLL 回路滤波器的结构

表 3.4.4　PLL 回路滤波器的元件参数

频带/MHz	C1/pF	C2/pF	C3/pF	R1/kΩ	R2/kΩ
433.92	180	12	0.82	1200	180
869 /915	220	100	2.2	470	150

　　nRF903 的晶振的特性要求是：并联谐振频率 f=11.0592 MHz，并联等效电容 $C_0 \pm 7$ pF，晶振等效串联电阻 ESR≤60 Ω，全部负载电容(包括印制板电容)C_L≤12 pF。

3.5　MC33696 304～915 MHz OOK/FSK 收发电路

3.5.1　MC33696 主要技术特性

　　MC33696 UHF 收发器和 MC33596 接收器为汽车、消费电子和工业应用提供经济、高效的解决方案。MC33696 和 MC33596 可以用于远程无匙进入、车库大门控制、射频 ID(RFID)产品、告警监控、无线告警与安全系统、家庭自动化和自动读表等。飞思卡尔半导体还可以提供一种免费的参考设计，帮助开发人员在多种应用中评估并展示与上述设备的低功率无线连接。

　　MC33696 的频率范围为 304 MHz、315 MHz、426 MHz、434 MHz、868 MHz 和 915 MHz；OOK 和 FSK 发射与接收；数据速率为 20 kb/s(曼彻斯特编码)；FSK 接收灵敏度为–106.5～–108 dBm(2.4 kb/s)；IF 滤波器带宽为 380 kHz；输出功率为 7.25 dBm；输出功率可编程；FSK 调制采用 PLL 编程实现；通过 SPI 接口可编程；PLL 频率步长为 6 kHz；电源电压为 2.1～3.6 V 或者 5 V；发射模式电流消耗为 13.5 mA，接收模式电流消耗为 10.3 mA，待机模式电流消耗为 260 nA；可选择的温度范围为–40～+85℃ 或–20～+85℃。

3.5.2　MC33696 引脚功能与内部结构

MC33696 采用 LQFP-32 封装，其引脚功能如表 3.5.1 所示。

表 3.5.1　MC33696 的引脚功能

引　脚	符　号	功　　能
1	RSSIOUT	RSSI 输出
2	VCC2RF	LNA 电源电压，2.1～2.7 V
3	RFIN	RF 输入
4	GNDLNA	LNA 地
5	VCC2VCO	VCO 电源电压，2.1～2.7 V
6	GNDPA1	PA 地
7	RFOUT	RF 输出
8	GNDPA2	PA 地
9	XTALIN	晶体振荡器输入
10	XTALOUT	晶体振荡器输出
11	VCCINOUT	电源电压/调节器输出，2.1～3.6 V
12	VCC2OUT	模拟和 RF 模块电路的电压调节器输出，2.1～2.7 V
13	VCCDIG	电压限幅器电源电压，2.1～3.6 V
14	VCCDIG2	数字模块的 1.5 V 电压限幅器输出
15	RBGAP	基准电压负载电阻
16	GND	地
17	GNDDIG	数字电路地
18	RSSIC	RSSI 控制输入
19	DATACLK	数据时钟输出到微控制器
20	CONFB	配置模式选择输入
21	MISO	数字接口 I/O
22	MOSI	数字接口 I/O
23	SCLK	数字接口时钟 I/O
24	SEB	数字接口使能控制
25	GNDIO	数字接口 I/O 地
26	VCCIN	2.1～3.6 V 或者 5.5 V 电源电压输入
27	NC	未连接
28	STROBE	选通振荡器电容器或者外部控制输入
29	GNDSUBD	地
30	VCC2IN	2.1～2.7 V 模拟电路电源电压，连接退耦电容器
31	SWITCH	RF 开关控制输出
32	GND	地

MC33696 内部结构方框图如图 3.5.1 所示，芯片内部包含接收通道、发射通道、频率合成器、基准振荡器、配置寄存器、SPI 接口、电源等电路。

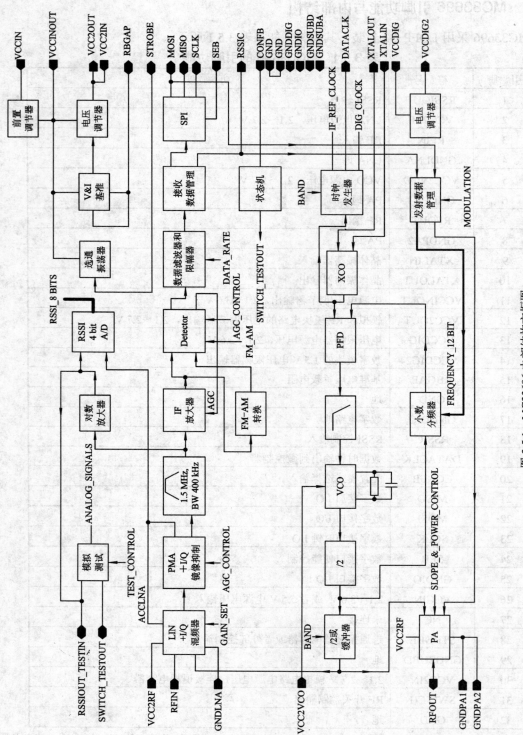

图 3.5.1 MC33696 内部结构方框图

3.5.3　MC33696 应用电路

MC33696 应用电路如图 3.5.2 所示。根据电路工作频率选择晶振的的参数如表 3.5.2 所示。

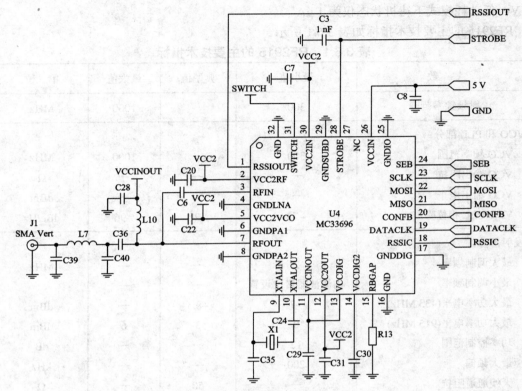

图 3.5.2　MC33696 应用电路

表 3.5.2　根据电路工作频率选择晶振的参数

参　数	315 MHz	434 MHz	868 MHz	单位
	LN-G102-1183	LN-G102-1182	EXS00A-01654	
	NX5032GA	NX5032GA	NX5032GA	
频率	17.5814	24.19066	24.16139	MHz
负载电容	8	8	8	pF
ESR	25	15	<70	Ω

3.6　RF2915 915/868/433 MHz 收发电路

3.6.1　RF2915 主要技术特性

RF2915 是一种工作在 433/868/915 MHz ISM 频段的单片 RF 收发芯片，仅需外接少数的元器件，即可构成一个完整的射频收发器，可方便地嵌入各种测量和控制系统中。由于其抗干扰能力强，适合工业控制应用，在仪器仪表数据采集、无线抄表、无线数据通信、计算机遥测遥控等系统中得到了广泛应用。

RF2915 具有 FSK/ASK/OOK 调制和解调能力；采用 PLL 频率合成技术，频率稳定性好；灵敏度高达 –96 dBm；最大发射功率达 +8.5 dBm；可直接与微控制器接口；工作电压为 2.4～5.0 V；低功耗模式下待机状态仅为 1 μA。

RF2915 的主要技术指标如表 3.6.1 所示。

表 3.6.1　RF2915 的主要技术指标

参　数	最小值	典型值	最大值	单　位
射频频率范围	300		1000	MHz
VCO 和 PLL 部分：				
VCO 频率范围	300	—	1000	MHz
VCO 输出阻抗	—	—		Ω
VCO 输出电平	—	50		dBm
VCO/PLL 相位噪声	–72	–20	–96	dBc/Hz
发射部分：				
最大调制频率	2	—	—	MHz
最小调制频率	由滤波器带宽设置			
最大功率电平(433 MHz)	+7	+8.5	—	dBm
最大功率电平(915 MHz)	0	3	6	dBm
功率控制范围	12			dB
最大频偏	200	—	—	kHz
天线通道阻抗	—	50		Ω
调制输入阻抗	4			kΩ
接收部分：				
频率范围	300	—	1000	MHz
级联电压增益	23	—	35	dB
接收灵敏度	–95	–99		dBm
本机振荡泄漏		–55		dBm
RSSI DC 输出范围	0.5	—	2.5	V
RSSI 灵敏度		22.5		mV/dB
RSSI 动态范围	70	80	—	dB
LNA 部分：				
电压增益	16	—	23	dB
天线通道阻抗		50		Ω
输出阻抗	集电极开路形式			

续表

参　数	最小值	典型值	最大值	单　位
混频器部分：				
转换电压增益	7	8		dB
第 1 级中频(IF)部分：				
IF1 频率范围	0.1	10.7	25	MHz
电压增益	—	34	—	dB
IF1 输入阻抗	—	330	—	Ω
IF1 输出阻抗	—	330	—	Ω
第 2 级中频(IF)部分：				
IF2 频率范围	0.1	10.7	25	MHz
电压增益		60		dB
IF2 输入阻抗		330		Ω
IF2 输出阻抗		1000		Ω
解调输入阻抗		10		MΩ
数据输出阻抗		1000		Ω
数据输出带宽	500	—	—	kHz
数据输出电平	0.3	—	VCC−0.3	V
低功耗控制：				
逻辑控制"导通 ON"	0	—	—	V
逻辑控制"关断 OFF"	0.25		1.0	V
控制输入阻抗	—	—	1	kΩ
导通时间	—	—	1	ms
关断时间			100	ms
发射到接收/接收到发射时间	—	—		μs
电源部分：				
电压	2.7	3.6	5	V
发射模式电流消耗	4.8	—	27.4	mA
接收模式电流消耗	4.4	5.6	6.8	mA
低功耗模式电流消耗	—	—	1	μA
仅 PLL 工作模式电流消耗	—	3.6	—	mA

3.6.2　RF2915 引脚功能与内部结构

RF2915 采用 LQFP-32 封装，其引脚功能如下所述。

引脚 1：TX ENABL，发射电路使能控制端。TX ENABL>2.0 V 时接通所有发射电路功能；TX ENABL<1.0 V 时关断除 PLL 之外的所有发射电路功能。

引脚 2：TX OUT，发射电路的射频输出端。当发射电路工作时，TX OUT 输出低阻抗；当发射电路不工作时，TX OUT 输出高阻抗。

引脚 3：GND2，40 dB IF(中频)限制放大器和 TX PA(功率放大器)的接地端，应使引线尽量短并直接连接到地，以求最佳的工作性能。

引脚 4：RX IN，接收电路的 RF(射频)输入脚。当接收电路工作时，RX IN 输入阻抗为低阻抗；当接收电路不工作时，RX IN 输入阻抗为高阻抗。

引脚 5：GND1，RF 电路的接地端。应使引线尽量短并直接连接到地，以求最佳的工作性能。

引脚 6：LNA OUT，接收电路 RF 低噪声放大器(LNA)的输出端。这个引脚是集电极开路输出，需要外接一个上拉线圈来提供偏置和调节 LNA 输出。与这个引脚串接的电容可用来使 LNA 和阻抗为 50 Ω 的镜像滤波器匹配。

引脚 7：GND3，与引脚 3 相同。

引脚 8：MIX IN，RF 混频器(MIX)的射频输入。在不使用镜像滤波器的应用中，在 LNA OUT 和 MIX IN 之间可用一个 LC 匹配网络来把 LNA 输出接到 RF 混频器的输入端。

引脚 9：GND5，GND5 是发射功率放大器输入级和接收机 RF 混频器的共享地。

引脚 10：MIX OUT，RF 混频器(MIX)的中频输出。如在应用电路中所示，可直接接到 10.7 MHz 的陶瓷中频滤波器。使用一个上拉电感和串联匹配电容来提供一个 330 Ω 的阻抗与陶瓷滤波器的终端阻抗匹配。另外，也可用一个中频振荡回路使中频频率和带宽满足和适应一些特定应用的需要。

引脚 11：VREF IF，中频放大器的参考电压。这个引脚需要连接一个 10 nF 的电容到地。

引脚 12：RSSI。从这个引脚输出一个对应于接收信号强度的直流电压，输出电压范围为 0.5～2.3 V，输出电压随着接收信号强度的增加而增加。

引脚 13：IF1 IN，40 dB 中频放大器(IF1)的中频输入。这个输入端需要连接一个 10 nF 的隔直电容。

引脚 14：IF1 BP+，40 dB 中频放大器(IF1)的直流反馈节点。这个引脚需要连接一个 10 nF 的旁路电容到地。

引脚 15：IF1 BP-，与引脚 14 相同。

引脚 16：IF1 OUT，40 dB 中频放大器(IF1)的中频输出。IF1 OUT 输出提供一个标称值为 330 Ω 的输出阻抗，并可与 10.7 MHz 陶瓷滤波器直接接口。

引脚 17：IF2 IN，60 dB 中频放大器(IF2)的中频输入。在这个输入端需要连接一个 10 nF 的隔直电容。IF2 IN 输入端提供一个标称值为 330 Ω 的输出阻抗，并和 10.7 MHz 陶瓷滤波器直接接口。

引脚 18：IF2 BP+，60 dB 中频放大器(IF2)的直流反馈节点。这个引脚需要连接一个 10 nF 的旁路电容到地。

引脚 19：IF2 BP-，与引脚 18 相同。

引脚 20：GND6，60 dB 中频放大器(IF2)的接地端。应使引线尽量短并直接连接到地，以求最佳的工作性能。

引脚 21：DEMOD IN，FM 解调器的输入端。这个引脚端是非 AC 耦合的，因此，这个引脚上需接一个隔直电容来避免解调器的输入与 LC 振荡回路短路。这个引脚连接一个陶瓷鉴相器或中频 LC 隔直谐振回路。

引脚 22：IF2 OUT，60 dB 限制放大器中频输出端。此引脚通过 5 pF 电容和调频回路与引脚 21 相连。

引脚 23：MOD IN。FM 模拟或数字调制可通过这个引脚传给 VCO，VCO 根据出现在这个引脚的电压而变化。要把偏差设置到预定的水平，建议使用一个相对于 VCC 的分压电路。这个偏差同时也取决于外部谐振电路的总容抗。

引脚 24：RESNTR+。这个端口用来给 VCO 提供直流电压，以及调节 VCO 的中心频率。引脚 24 和 25 应该接等值的电感。电感的微小不平衡可以用来调节 VCO 在适当的频率范围。

引脚 25：RESNTR-。见引脚 24 的描述。

引脚 26：VCO OUT。这个引脚用来给 PLL 芯片(如 LMX2316 PLL IC)提供缓冲的 VCO 输出，这个脚有直流偏置，需要交流耦合。

引脚 27：GND4。GND4 是 VCO、PLL 等的共同地。

引脚 28：VCC1。这个引脚用来给 LNA、混频器、第一级中频放大器提供直流偏置。应从这个引脚连接一个 RF 旁路电容到地。在 915 MHz 应用时，建议使用 22 pF 的电容；在 433 MHz 应用时，建议使用 68 pF 的电容。

引脚 29：DATA OUT，解调器的解调数据输出。这个引脚的输出电平与 TTL/CMOS 兼容。负载电阻的大小要求 1 MΩ 或更大。

引脚 30：VCC3。这个脚用来提供直流偏置和给发射电路的功率放大器(PA)提供集电极电流。它同时给第二级中频放大器、解调器和数据限幅器提供电压。这个脚应直接接一个旁路电容到地。在 915 MHz 应用时，建议使用 22 pF 的电容；在 433 MHz 应用时，建议使用 68 pF 的电容。

引脚 31：LVL ADJ。这个引脚被用来改变发射器的输出功率。通过对这个脚的模拟电压控制，可对输出功率进行调整，输出功率的调整范围大于 12 dB。发射电路的功率放大器的直流电流随输出功率降低而减少。注意：当不使用发射电路时，这个端子必须为低电平。

引脚 32：RX ENABL，接收机电路使能端。RX ENABL>2.0 V 时，接通所有接收电路功能；RX ENABL<1.0 V 时，关断除 PLL 和 RF 混频器电路之外的所有接收电路功能。

RF2915 的内部结构框图如图 3.6.1 所示。芯片内包含发射功率放大器(PA)、低噪声接收放大器(LNA)、压控振荡器(VCO)、混频器(MIXER)、中频放大器、使能控制逻辑(Control Logic)等电路。

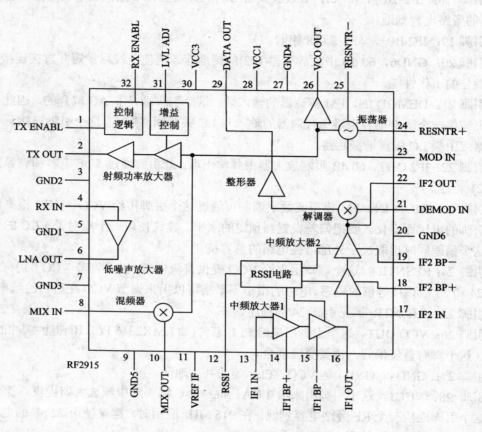

图 3.6.1   RF2915 的内部结构框图

在接收模式中，RF 输入信号被低噪声放大器(LNA)放大，经由混频器(MIXER)变换，这个被变换的信号在送入解调器(DEMOD)之前被两级中频放大(IF1 和 IF2)和滤波，经解调器解调，解调后的数字信号在 DATA OUT 端输出。在发射模式中，压控振荡器(VCO)的输出信号直接送入到功率放大器(PA)，MOD IN 端输入的数字信号被频移键控后馈送到功率放大器输出。由于采用了 PLL 合成技术，因此其频率稳定性极好。

3.6.3   RF2915 应用电路

1. 工作在 915 MHz 的应用电路

RF2915 工作在 915 MHz 的应用电路如图 3.6.2 所示。PA 的输出和 LNA 输入通过隔直电容连接在一起。在发射模式中，PA 的阻抗为 50 Ω，LNA 的阻抗为高阻状态；在接收模式中，LNA 的阻抗为 50 Ω，而 PA 呈现高阻抗状态。这样可不需要 TX/RX 转换开关，并允许使用单个的 RF 滤波器工作在发射和接收模式。对 PA 和 LNA 端，可接一些外部元件(如高功率 PA、低 NF LNA、上转换器和下转换器等)来满足各种应用。

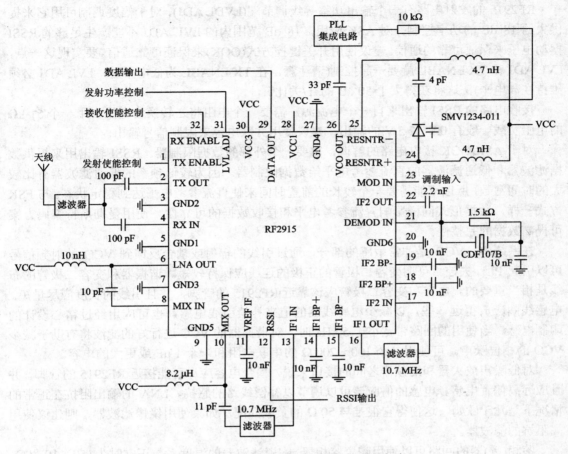

图 3.6.2　RF2915 工作在 915 MHz 的应用电路

MOD IN 引脚端驱动一个内部的变容二极管来进行 VCO 调制，这个引脚可用一个电压来驱动，以产生期望频偏。

在接收模式中，DATA OUT 引脚端提供逻辑电平输出。DATA OUT 引脚端有能力驱动到很高的阻抗和低电容状态。电容值可以决定 DATA 输出的带宽。对一个 3 pF 的负载电容，其带宽超过 500 kHz。数据输出同样受中频滤波器的频偏和带宽的限制。

直接对 VCO 进行调制时首先考虑的问题是对应 PLL 带宽的数据率。锁相环可能超出调制带宽允许的范围，从而使调制数据失真。因此应使调制数据频率的较低频率成分为锁相环带宽的 5~10 倍，以使失真最小。

系统从发射模式转换到接收模式时需要 VCO 转换到另一个频率。这个转换的速度是和环路带宽相对应的。环路带宽越大，转换的时间越快。VCO 的相位噪声是影响转换速度的另外一个因素。相位噪声如果在频带之外，则是由于 VCO 本身，而不是晶振基准。设计系统时，必须在可容许的相位噪声的 PLL 带宽、转换参数以及最小的调制数据失真度之间折中选择。

　　RF2915 的发射电路有一个输出功率等级调节端(LVDL ADJ)，对于幅度调制可用它来提供大约 18 dB 的功率控制。对 ASK 应用，18 dB 范围内的 LVL ADJ 不能产生足够的 RSSI 摆动电压来保证可靠的通信。建议使用开关键控方式(OOK)来保证可靠通信。要实现这一点，LVL ADJ 和 TX ENABL 就要一起控制(请注意，在 TX ENABL 为低电平时，LVL ADJ 必须维持在高电平)，这将获得大于 50 dB 的开/关比。

　　接收电路的 RSSI 输出来自一个电流源，需要一个电阻将之转换为电压。用一个 51 kΩ 的电阻负载一般有 0.7～2.5 V 的输出。建议使用并联电容来限制信号输出。

　　对于 ASK/OOK 接收电路的解调，需要一个外部的数据限制器。RSSI 输出用来提供数据滤波器和低通滤波器的直流参考电平给数据限制器。因为较低频率的低通滤波器有比较大的时间常数，所以可能需要一个较长的前置时间来使直流参考电平达到稳定状态。与 FSK 方式一样，数据形式同样影响直流参考电平和接收数据的可靠性。使用曼彻斯特编码方案可提高数据的完整性。

　　在系统中，VCO 是非常敏感的部分，通过引线的辐射或耦合反馈到 VCO 的射频信号可以引起 PLL 失控。可调变容二极管的正极的连线应保持较短。谐振器和变容二极管的布线是相当重要的。电容和变容二极管应该靠近 RF2915 的管脚，并且引线的长度应尽量短。电感线圈应放得远一些，以减少电感线圈的值来补偿引线电感，也可应用经过精心设计的印制电感。当使用的回路带宽小于 5 kHz 时，对谐振器的 VCC 进行好的滤波将有助于减少 VCO 的相位噪声。可使用一个 100～200 Ω 的串联电阻和一个 1 μF 或更大的电容。

　　对低噪声放大器和混频器之间的接口来说，耦合电容应尽可能接近 RF2915 的管脚，并且应远离偏置电感。电感的值应该可以调节以补偿线路的感抗。LNA 的输出阻抗在正常的情况下是几千欧姆，这使得它很难与 50 Ω 的负载匹配。如果使用镜像滤波器，则建议使用高阻抗的滤波器。

　　鉴相(频)器的回路可以使用陶瓷鉴相器，陶瓷滤波器的温度系数正常时为+50×10⁻⁶/℃。能用 LC 回路代替陶瓷鉴相器，它在高数据速率时能提供更有效的宽带鉴相(频)器。

　　RF2915 的 PLL 集成电路可采用国家半导体公司的 LMX2315 PLL 芯片，这个 PLL 芯片可由国家半导体公司提供的软件来编程(安装代码在 www.national.com/appi nfo/wireless/ 上)。PLL 芯片需外部基准振荡器来提供不同参考频率和步长的估算。国家半导体公司的软件同时还有一个计算器来决定给出的环路带宽的 R 和 C 的元件值。

　　RF2915 的收发模式由 RX ENABL 和 TX ENABL 来控制。RX ENABL 和 TX ENABL 都为"0"时，电路处于休眠模式；TX ENABL="1" 和 RX ENABL="0" 时，电路处于发射模式；TX ENABL="0" 和 RX ENABL="1" 时，电路处于接收模式；TX ENABL="1" 和 RX ENABL="1" 时，电路处于 PLL 锁定模式。发射模式转换到接收模式或者接收模式转换到发射模式所用时间是 100 μs。

2. 评估电路设计示例

　　RF2915 的评估电路板设计示例如图 3.6.3～图 3.6.6 所示。

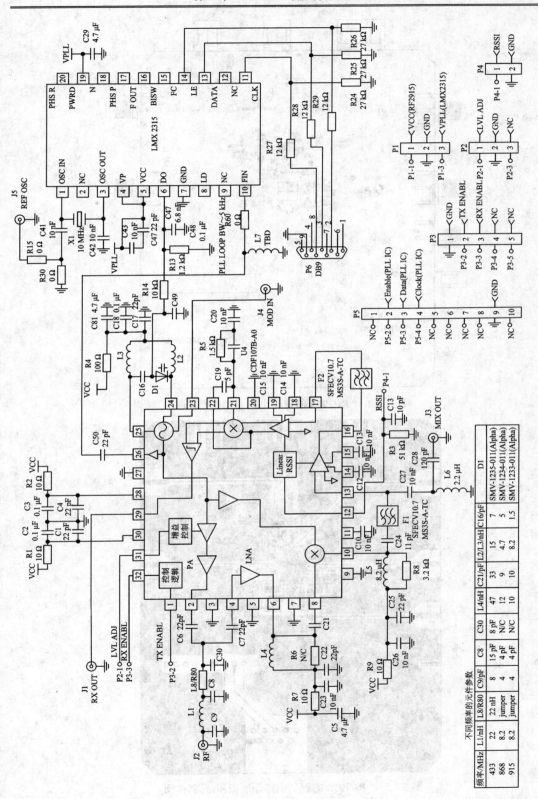

图 3.6.3　RF2915 的评估电路电原理图

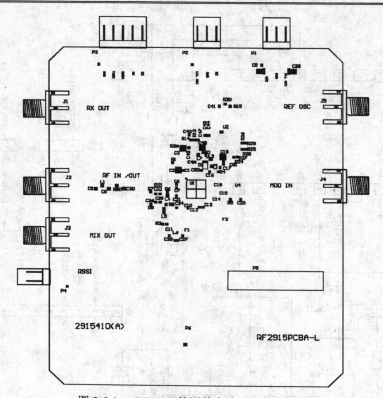

图 3.6.4 RF2915 的评估电路元器件布局图

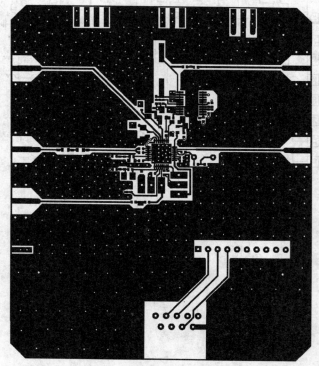

图 3.6.5 RF2915 的评估电路印制板图(元器件面)

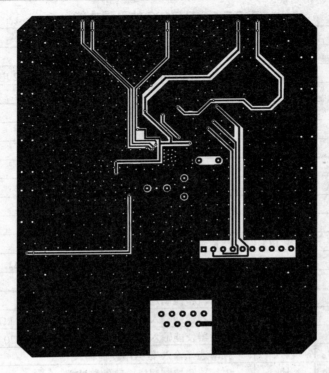

图 3.6.6　　RF2915 的评估电路印制板图(底板面)

3.7　TH7122 300～930 MHz FSK/FM/ASK 收发电路

3.7.1　TH7122 主要技术特性

　　TH7122 是 Melexis 公司推出的一种单片 FSK/FM/ASK 收发器芯片。TH7122 可工作在多信道可编程或单信道单机半双工传输系统中，如通用半双工数字或模拟信号传输系统、低功耗遥控遥测系统、安防系统、远程登录(RKE)、轮胎压力监测(TPMS)、车库门开启装置、智能遥控系统、家庭自动化系统等。TH7122 在可编程的用户模式下，可用一个外部 VCO 变容二极管工作在 27 MHz 的系统中。

　　TH7122 的工作频率范围为 300～930 MHz；接收灵敏度为−107 dBm；输出功率为 10 dBm；FSK 数据速率为 40 kb/s，ASK 数据速率为 40 kb/s，FM 带宽为 10 kHz；电源电压为 2.10～5.5 V；ASK 接收电流为 10.2 mA，FSK 接收电流为 10.8 mA，发射电流消耗为 24 mA，待机模式电流消耗为 100 nA；工作温度范围为−40～+85℃。

3.7.2　TH7122 引脚功能与内部结构

　　TH7122 采用 LQFP-32 封装，其引脚功能如表 3.7.1 所示。

表 3.7.1 TH7122 的引脚功能

引脚	符 号	I/O 类型	功 能
1	IN_IFA	输入	IF 放大输入，单端输入约 2 kΩ
2	VCC_IF	电源	LNA/MIX/IFA/FSK 解调器、PA/OA1/OA2 电源电压输入
3	IN_DEM	模拟 I/O	IF 放大输出和解调输入，外接陶瓷滤波器
4	INT2/PDO	输出	OA2 输出或峰值检波器输出
5	INT1	输入	OA1 和 OA2 的输入负端
6	OUT_DEM	模拟 I/O	解调输出和 OA1 输入正端
7	RSSI	输出	RSSI 输出
8	OUT_DATA	输出	OA1 输出
9	VEE_RO	地	RO 接地端
10	RO	输入	RO 输入，基于场效应管
11	FSK_SW	模拟 I/O	FSK 牵引端，转换到地或开路
12	IN_DATA	输入	FSK/ASK 调制数据输入，下拉电阻 120 kΩ
13	ASK/FSK	输入	ASK/FSK 模式选择输入
14	VCC_DIG	电源	串口和控制逻辑电路的电源电压输入
15	RE/SCLK	输入	接收器使能输入/时钟输入，下拉电阻 120 kΩ
16	TE/SDTA	输入	发射器使能输入/数据串输入，下拉电阻 120 kΩ
17	FS0/ SDEN	输入	频率选择输入/数据串使能输入
18	VEE_DIG	地	串行口和控制逻辑电路的接地端
19	FS1/LD	输入	频率选择输入/时钟检测输出
20	VCC_PLL	电源	PLL 频率合成器的电源电压输入
21	TNK_LO	模拟 I/O	VCO 集电极开路输出，外接 LC 回路
22	VEE_PLL	地	PLL 频率合成器的接地端
23	LF	模拟 I/O	充电泵输出，外接环路滤波器
24	PS_PA	模拟 I/O	功率设置输入
25	OUT_PA	输出	功率放大器输出，集电极开路输出形式
26	IN_LNA	输入	LNA 输入
27	VEE_LNA	地	LNA 和 PA 的接地端
28	OUT_ LNA	输出	LNA 集电极开路输出，外接 LC 回路
29	GAIN_LNA	输入	LNA 增益控制输入，低增益模式下引脚接 VCC，高增益模式下引脚接 GND
30	IN_MIX	输入	混频器输入，大约 200 Ω 的单端输入
31	VEE_IF	地	IFA、解调器、OA1 和 OA2 的接地端
32	OUT_MIX	输出	混频器输出，大约 330 Ω 的单端输出

　　TH7122 的内部结构方框图如图 3.7.1 所示。芯片内集成了低噪声放大器(LNA)、混频器(MIX)、IF 放大器(IFA)、FSK 解调器(FSK Demodulator)、两个操作放大器(OA1 和 OA2)、峰值检波器(PKDET)、基准晶振(RO)、相频检波器(PFD)、充电泵(CP)、功率放大器(PA)、压控振荡器(VCO)、串行控制口(SCL)等电路。

　　TH7122 可以工作在两个不同的用户模式下。它可以作为 3 线式总线控制的可编程器件，也可作为有固定频率的独立器件。

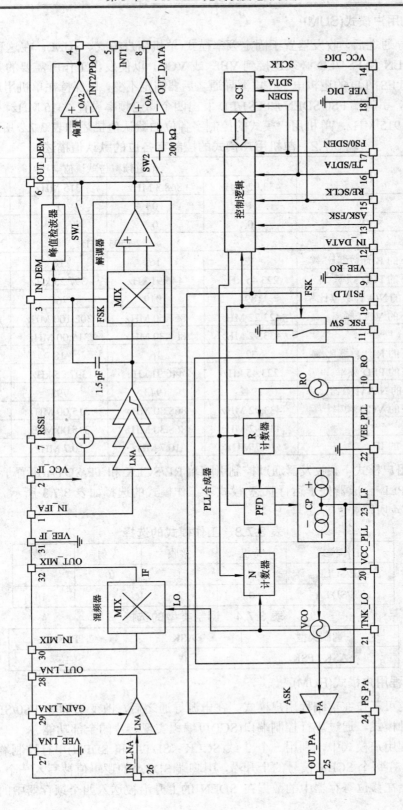

图 3.7.1　TH7122 内部结构方框图

1. 单机用户模式(SUM)

在电源导通之后，收发器置于固定频率模式(单机用户模式、SUM)。在这种模式下，引脚端 FS0/SDEN 和 FS1/LD 必须连接到 VEE 或 VCC，以便发出工作所需要的频率。引脚端 FS0/SDEN 和 FS1/LD 的逻辑电平在电源导通之后要固定不变，以保持在单机用户模式下。在 SUM 模式下，引脚端 FS0/SDEN 和 FS1/LD 发出四个固定频率设置：315 MHz、433.92 MHz、868.3 MHz、915 MHz。单机用户模式的控制字各位的默认值描述如表 3.7.2 所示。

表 3.7.2　单机用户模式的控制字各位的默认值描述

项　　目	信道频率与默认值			
	433.92 MHz	868.3 MHz	315 MHz	915 MHz
FS0/SDEN	1	0	1	0
FS1/LD	0	0	1	1
基准晶振频率	7.1505 MHz			
在 RX 模式下的 R 计数器比率	32	16	18	32
在 RX 模式下的 PFD 频率	223.45 kHz	446.91 kHz	397.25 kHz	223.45 kHz
在 RX 模式下的 N/A 计数器比率	1894	1919	766	4047
在 RX 模式下的 VCO 频率	423.22 MHz	857.60 MHz	302.100 MHz	902.100 MHz
RX 频率	433.92 MHz	868.30 MHz	315.00 MHz	915.00 MHz
在 TX 模式下的 R 计数器比率	32	16	18	32
在 TX 模式下的 PFD 频率	223.45 kHz	446.91 kHz	397.25 kHz	223.45 kHz
在 TX 模式下的 N/A 计数器比率	1942	1943	793	4095
在 TX 模式下的 VCO 频率	433.92 MHz	868.30 MHz	315.00 MHz	915.00 MHz
TX 频率	433.92 MHz	868.30 MHz	315.00 MHz	915.00 MHz
在 RX 模式下的 IF	10.7 MHz	10.7 MHz	10.7 MHz	10.7 MHz

在单机用户模式下，收发器通过控制引脚端 RE/SCLK 和 TE/SDTA 可置于待机、接收、发射和空闲(PLL 合成器处于运行状态)模式。工作模式的选择如表 3.7.3 所示。调制类型的选择如表 3.7.4 所示。

表 3.7.3　工作模式的选择

工作模式	待机	接收	发射	空载
RE/SCLK	0	1	0	1
TE/SDTA	0	0	1	1

表 3.7.4　调制类型的选择

调制类型	ASK	FSK
ASK / FSK	0	1

2. 可编程用户模式(PUM)

收发器也可工作在可编程用户模式。在电源导通之后，改变引脚端 FS0/SDEN 的逻辑状态进入这种模式，通过串行控制端口(SCI)可编程实现芯片的全部功能。

在可编程用户模式中，利用一个 3 线(SCLK、SDTA 和 SDEN)串行控制端口可对收发器进行编程。在每个 SCLK 信号的上升沿，引脚端 SDTA 的逻辑值被写入一个 24 位的移位寄存器，存储在移位寄存器中的数据在 SDEN 的上升沿被送入四个锁存器中的一个。控制字有 24 位，其中有 2 个地址位和 22 个数据位。前两位(位 22 和 23)是锁存器地址位。最先输入的位是 MSB 位。为了在多信道运行状态对收发器进行编程，可发出四个 24 位字：A字、B 字、C 字、D 字。如果必须改变一个字中的某一位，则只有 24 位字才能够完成编程。SCI 在运行模式和在待机模式一样都可对其进行编程。

模式控制逻辑控制四个不同的操作模式：待机、发射、接收和空闲模式。在 SUM 和PUM 模式，都可以置于不同的模式。在 SUM 模式，可以通过控制引脚端 RE/SCLK 和TE/SDTA 来设置不同的模式；在 PUM 模式，可以通过寄存器 OPMODE 位选择所需要的工作模式。在 SUM 模式，引脚端 RE/SCLK 和 TE/SDTA 是接收使能端和发射使能端，而在PUM 模式，这些引脚是 3 线式总线 SCI 的一部分。

3.7.3　TH7122 应用电路

TH7122 FSK 应用电路如图 3.7.2 所示，其元件参数如表 3.7.5 所示。不用额外的 VCO变容二极管，只能覆盖 300～930 MHz 的工作频率范围。要扩展频率范围到 27 MHz，可通过加一个外部的变容二极管到 VCO 回路来实现，如图 3.7.3 所示。TH7122 输出匹配网络结构与参数如图 3.7.4 和表 3.7.6 所示。

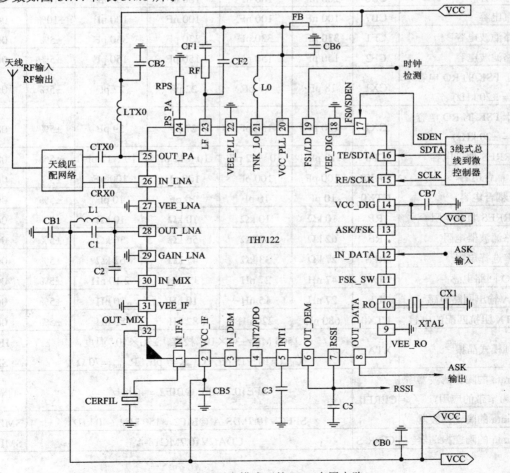

图 3.7.2　可编程用户模式下的 FSK 应用电路

表 3.7.5　　TH7122 FSK 应用电路所用元件的参数

名　称	符号	参　　数				误差	封装
		315 MHz	433.92 MHz	868.3 MHz	915 MHz		
LNA 输出回路电容	C1	5.6 pF	5.6 pF	NIP	NIP	±5%	0603
MIX 输入匹配电容	C2	4.7 pF	1 pF	1.5 pF	1.5 pF	±5%	0603
数据限幅器电容	C3	10 nF	10 nF	10 nF	10 nF	±10%	0805
解调输出低通电容 (与数据速率有关)	C4	330 pF	330 pF	330 pF	330 pF	±10%	0805
RSSI 输出低通电容	C5	1.5 nF	1.5 nF	1.5 nF	1.5 nF	±10%	0805
隔直电容	CB0	100 nF	100 nF	100 nF	100 nF	±10%	0805
隔直电容	CB1	330 pF	330 pF	330 pF	330 pF	±10%	0603
隔直电容	CB2	330 pF	330 pF	330 pF	330 pF	±10%	0805
隔直电容	CB4	330 pF	330 pF	330 pF	330 pF	±10%	0805
隔直电容	CB5	1.5 nF	1.5 nF	1.5 nF	1.5 nF	±10%	0603
隔直电容	CB6	100 nF	100 nF	100 nF	100 nF	±10%	0603
隔直电容	CB7	100 nF	100 nF	100 nF	100 nF	±10%	0603
环路滤波电容	CF1	330 pF	330 pF	330 pF	330 pF	±5%	0603
环路滤波电容	CF2	150 pF	150 pF	150 pF	150 pF	±5%	0603
用于 FSK 的 RO 电容 ($\Delta f = \pm20$ kHz)	CX1	18 pF	18 pF	22 pF	22 pF	±5%	0805
用于 FSK 的 RO 电容 ($\Delta f = \pm20$ kHz)	CX2	150 pF	150 pF	27 pF	39 pF	±5%	0805
CERRES 调谐电容	CP0	10 pF	10～12 pF	10～12 pF	10～12 pF	±5%	0805
RX 耦合电容	CRX0	100 pF	100 pF	100 pF	100 pF	±5%	0603
TX 耦合电容	CTX0	10 pF	10 pF	10 pF	10 pF	±5%	0603
CERRES 负载电阻	RP	10 kΩ	10 kΩ	10 kΩ	10 kΩ	±5%	0603
环路滤波器电阻	RF	62 kΩ	62 kΩ	56 kΩ	56 kΩ	±5%	0603
功率选择电阻	RPS	27 kΩ	33 kΩ	47 kΩ	62 kΩ	±5%	0603
VCO 回路电感	L0	47 nH	27 nH	3.3 nH	2.10 nH	±5%	0603
LNA 输出回路电感	L1	27 nH	15 nH	10 nH	10 nH	±5%	0603
与 TX 阻抗匹配的电感	LTX0	680 nH	220 nH	82 nH	82 nH	±5%	0603
基频模式晶振	XTAL	7.1505 MHz$\pm30\times10^{-6}$ 校准，$\pm30\times10^{-6}$ 温度， $C_{load} = 10\sim15$ pF，$C_{0\,max} = 7$ pF，$R_{m,max} = 70$ Ω				HC49 SMD	
Murata 的陶瓷滤波器 (作为窄带的应用)	CERFIL	SFE10.7 MFP @BIF2 = 40 kHz				间隔形式	
Murata 的陶瓷滤波器		SFECV10.7MJS-A @BIF2 = 150 kHz，40 kHz				SMD 形式	
Murata 的陶瓷振荡器	CERRES	CDACV10.7MG18-A				SMD 形式	

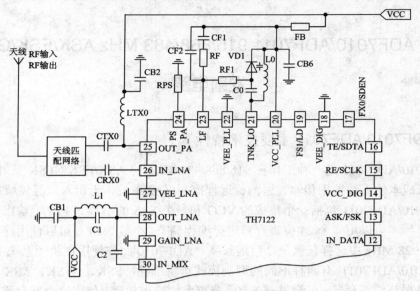

图 3.7.3   扩展的频率范围电路图

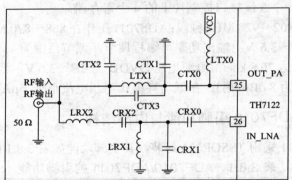

图 3.7.4   匹配网络结构

表 3.7.6   匹配网络参数

符号	参数				尺寸
	315 MHz	433.92 MHz	868.3 MHz	915 MHz	
CTX0	10 pF	10 pF	10 pF	10 pF	0603
CTX1	10 pF	NIP	NIP	NIP	0805
CTX2	18 pF	2.10 pF	3.9 pF	TBD	0805
CTX3	TBD	1.0 pF	TBD	TBD	0603
CRX0	100 pF	100 pF	100 pF	100 pF	0603
CRX1	NIP	NIP	NIP	NIP	0603
CRX2	TBD	3.3 pF	TBD	TBD	0603
LTX0	150 nH	150 nH	82 nH	TBD	0603
LTX1	TBD	33 nH	TBD	TBD	0603
LRX1	27 nH	18 nH	8.2 nH	TBD	0603
LRX2	TBD	10 nH	TBD	TBD	0603

3.8　ADF7010/ADF7011 915/868/433 MHz ASK/FSK/GFSK 发射电路

3.8.1　ADF7010/ADF7011 主要技术特性

ADF7010/ADF7011 是一种工作在 915/868/433 MHz 的 ASK/FSK/GFSK 发射器芯片。可以应用于低成本的无线数据传输、遥测、远程控制/安全系统、无钥入口等领域。

ADF7010/ADF7011 包括一个集成的 VCO 和一个 Σ-Δ 的小数 N PLL。输出功率、信道间隔和输出频率可以用 4 个 24 位寄存器进行编程调节。小数 N PLL 可以使用户在美国标准频带 902~928 MHz 中选择任意一个信道频率。ADF7010 允许使用在跳频系统中。

ADF7010/ADF7011 有四种不同的调制模式可供选择：FSK、GFSK、ASK、OOK。片内有一个晶振补偿寄存器，可提供 $\pm 1 \times 10^{-6}$ 分辨率的输出频率，使用这个寄存器可以完成晶振的温度补偿。通过一个 3 线接口控制片上的 4 个寄存器。

ADF7010 工作在 902~928 MHz 频段；ADF7011 工作在 868~870 MHz 及 433~435 MHz 频段；电源电压为 2.3~3.6 V；输出功率可编程调节，调节范围为 -16~+12 dBm，步矩为 0.3 dBm；数据速率可达 76.8 kb/s；电源电压 DVDD 为 2.3~3.6 V，低电流消耗，工作电流为 28 mA(在输出功率为 8 dBm 时)；在低功耗模式下，电流小于 1 μA。

3.8.2　ADF7010/ADF7011 引脚功能与内部结构

ADF7010/ADF7011 采用 TSSOP-24 封装，其引脚功能如表 3.8.1 所示。

表 3.8.1　ADF7010/ADF7011 的引脚功能

引脚	符　号	功　　　能
1	RSET	连接外部电阻，用来设置电荷泵电流以及一些内部偏置电流。默认值为 4.7 kΩ。$I_{CP\,MAX} = 9.5/R_{SET}$，$R_{SET} = 4.7$ kΩ，$I_{CP\,MAX} = 2.02$ mA
2	CPVDD	电荷泵电源。它应是和 RFVDD、DVDD 同样电平的偏置，并且这个引脚应连接 0.1 μF 退耦电容，电容应尽可能接近此引脚端
3	CPGND	电荷泵地
4	CPOUT	电荷泵输出。输出产生的电流脉冲会被环路滤波器积分。积分电流可用来改变 VCO 的输入控制电压
5	CE	芯片使能控制。此引脚上的逻辑低电平使芯片关断，必须有高电平才可使芯片工作。这也是使稳压器电路关断的唯一办法
6	DATA	串行数据输入。装入串行数据时，首先装入 MSB(最高有效位)和两个 LSB(最低有效位)，两个 LSB 作为控制位。这是一个高阻抗 CMOS 输入引脚端
7	CLK	串行时钟输入，作为将串行数据送入寄存器的时钟信号。在时钟信号 CLK 的上升沿，数据被锁存到 24 位移位寄存器中。这是一个高阻抗 CMOS 输入引脚端

引脚	符　号	功　　　能
8	LE	装入使能控制，CMOS 输入端。当 LE 为高电平时，存入移位寄存器中的数据被装入 4 个锁存器中的 1 个，可使用控制位来选择锁存器
9	TXDATA	发射数字数据输入引脚端
10	TXCLK	仅 GFSK 模式使用。此时钟信号输出用来同步到达 ADF7010/ADF7011 的 TXDATA 引脚之前的微控制器数据信号。时钟信号的频率应和数据速率一致
11	MUXOUT	多路复用器输出，允许数字时钟检测、RF 限幅(scaled)或者基准频率限幅由外部进行访问。通常作为系统测试用
12	DGND	RF 数字电路接地端
13	CLKOUT	分频后的基准晶振频率，占空比为 50∶50。可用来驱动微控制器的时钟输入。为了在输出频谱中减少寄生成分，串行 RC 可减少边缘的陡度。对于 4.8 MHz 输出时钟信号，串行一个 50 Ω 电阻和一个 10 pF 电容可将毛刺减少到小于-50 dBc。电源导通后，分频系数的默认值为 16
14	OSC2	振荡器引脚端。如果使用单端基准振荡器(如 TCXO)，则应该接入这个引脚端。当使用外部信号发生器时，这个引脚端应通过一个 51 Ω 的电阻接到地，而 R 寄存器中的 $\overline{\text{XOE}}$ 位应置为高
15	OSC1	振荡器引脚，只适用于基准晶振。当使用外部基准振荡器时，这个引脚为三态状态
16	VCOGND	压控振荡器接地端
17	TEST	RF 小数 N 分频器输入。此引脚允许用户连接一个外部 VCO，同时这个引脚会使内部 VCO 无效。如果使用内部 VCO，那么这个引脚应接地
18	DVDD	数字电路的电源正极。电压范围必须在 2.3～3.6 V 之间。接到模拟地板的退耦电容应尽可能接近此引脚
19	RFGND	发射器输出级接地端
20	RFOUT	调制信号输出。输出功率电平范围为-16～+12 dBm。该引脚端需阻抗匹配
21	AGND	RF 模拟电路接地端
22	VCOIN	此引脚输出的调整电压决定了 VCO 的输出频率。调整电压越高，输出频率就越高
23	CVCO	连接外部电容端，在 VCO 的偏置电路中应增加一个 0.22 μF 的电容来减少噪声
24	CREG	连接外部电容端，增加一个 2.2 μF 的电容来减少调压器的噪声并改善稳定性

ADF7010/ADF7011 的内部结构如图 3.8.1 所示，包括小数 N 分频器(Fractionaln)、鉴相器/充电泵(PFD/Charge Pump)、VCO、功率放大器(PA)、LDO 调节器(LDO Regulator)、串行接口(Serial Interface)、多路复用器(MUXOUT)、频率补偿(Frequency Compensation)、锁定检测(Lock Detect)、OOK/ASK、FSK/GFSK 等电路。

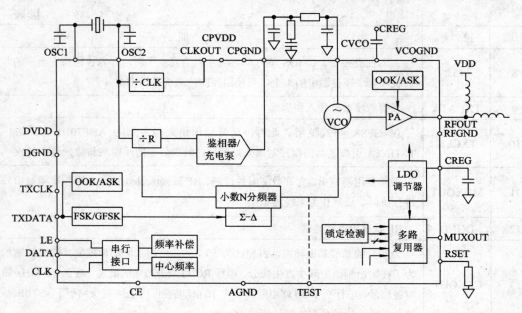

图 3.8.1　ADF7010/ADF7011 的内部结构

1．基准频率输入部分

片上晶体振荡器电路可使用廉价的晶振作为 PLL 的基准频率。当 $\overline{\text{XOE}}$ 为低电平时，晶体振荡器电路有效。当电源导通时，此电路默认为有效，而当 CE 为低电平时，此电路为无效。为了在正确的频率上达到谐振，此电路需要 2 个并联谐振电容，其值应根据晶振特性来决定。晶体振荡器的频率偏差可由 R 寄存器中的误差修正值来校正，也可使用一个外部单端基准振荡器(TCXO、CXO)。OSC2 引脚端输入电平应为 CMOS 电平，并且 $\overline{\text{XOE}}$ 应设置为高电平。

2．CLKOUT 分频器以及缓冲器

CLKOUT 电路从晶体振荡器电路接收基准时钟信号，并由 CLKOUT 引脚输出已分频的占空比为 50∶50 的时钟信号。分频系数范围为 2～30。分频系数由 R 寄存器的 4 个 MSB 位设定。当电源导通时，CLKOUT 的默认分频系数为 16。

3．R 计数器

4 位 R 计数器将基准输入频率按整数 1～15 分频，分频的信号作为相频检波器(PFD)的基准时钟。分频比由 R 寄存器设置，使 PFD 的频率从最大减小 N 值，这样可减小噪声，并且使输出速率增加了 20 log(N)倍，也可减小寄生成分。电源导通时，R 寄存器的默认值为 1。

4．前置分频器、相频检波器和电荷泵

双系数前置分频器(P/P+1)将 VCO 的 RF 信号进行分频，得到一个更低的频率，这样的低频信号可以被 CMOS 计数器检测。PFD 从 R 计数器和 N 计数器(N=整数+小数)得到输入信号，产生一个与相位和频率差成比例的输出信号。

5．多路输出和锁定检测

MUXOUT 引脚允许用户访问 ADF7010/ADF7011 内部的各个不同区域。MUXOUT 的状态由功能寄存器中的 M1～M4 位控制。

6．稳压器准备就绪

MUXOUT 默认的发射器的电源导通后，稳压器电源导通时间的典型值为 50 μs。当串行接口由稳压器供电时，在 ADF7010/ADF7011 写入程序前，稳压器电压必须为标称电压。稳压器的状态可以由 MUXOUT 监控。一旦稳压器准备就绪，在 MUXOUT 上的信号为高电平时，就可以开始对 ADF7010/ADF7011 进行编程。

7．数字锁定检测

数字锁定检测为高电平有效。锁定检测电路包含在 PFD 中。当相位误差在 5 个连续的周期内小于 15 ns 时，锁定检测被置为高电平。锁定检测高电平维持到 25 ns，表示在 PFD 检测到了相位误差。因为数字锁定检测不需要外部元件，所以它比模拟锁定检测应用更广泛。

8．模拟锁定检测

N 沟道开漏极(open-drain)FET 在锁定检测工作时，应有一个 10 kΩ 外部上拉电阻。当检测到锁定时，输出为高电平，并伴有窄的负脉冲。

9．电压稳压器

ADF7010/ADF7011 需要一个稳定的电源给 VCO 和调制模块供电。片上稳压器使用一个能隙基准来提供 2.2 V 的电压。CREG 引脚端到地连接一个 2.2 μF 的电容，以提高稳压器的输出稳定性。稳压器的输入电压为 2.3～3.6 V。稳压器的消耗电流小于 400 μA，并且只能使用 CE 引脚端使其关断。将 CE 引脚端置为低电平时，稳压器进入了无效状态，并且将寄存器中的设定值消除。串行接口的电源是由稳压器提供的，所以，用户必须将 CE 置为高，才可以使用串行接口。稳压器的状态可用 MUXOUT 的稳压器准备就绪信号监控。

10．环路滤波器

环路滤波器可将电荷泵的电流脉冲进行积分，从而得到一个电压信号，此信号可用来调整 VCO 的输出到达所需的频率。环路滤波器也可以削弱由 PLL 产生的寄生信号电平。

在 FSK 模式下，环路带宽(LBW)大约是数据速率的 5 倍。扩展 LBW 可以减少频率之间跳变的时间，但同时也会导致寄生衰减减弱。

在 ASK 系统中，LBW 越宽越好。高低电平突然大量发送会导致 VCO 频率抖动，并且输出的频谱比所需的要宽。当 LBW 大于 10 倍数据速率时，VCO 的频率抖动将减小，这是因为环路可以很快地回到正确的频率。与 FSK 系统相比，更宽的 LBW 可以限制 ASK 系统的输出功率和数据速率。

如果环路带宽很窄，那么将导致环路的锁定时间延长。正确地设计环路滤波器是 FSK/GFSK 调制的关键。对于 GFSK，被推荐的 LBW 是数据速率的 2.0～2.5 倍，这样可以保证对输入数据有足够的采样及滤除系统噪声。

11．电压控制振荡器(压控振 VCO)

发射器包括一个片上 VCO。VCO 将由环路滤波器产生的控制电压转换成输出频率，再通过功率放大器(PA)发送到天线上。VCO 的典型增益为 80 MHz/V，可工作在 900～940 MHz。功能寄存器中的 PD1 位为高电平有效，当它有效时就开启了 VCO。一个 2 分频器允许工作频率低于 450 MHz 频带。N 寄存器中的 V1 位设置为 1 时，芯片就可工作在低频带。VCO 和稳压器之间需要连接一个 220 nF 的外部电容，以减少内部噪声。

12．RF 输出级

RF 输出级包括一个 DAC 和几个电流源，可调节输出功率。功率设置如下：

FSK/GFSK 模式：通过对调制寄存器中的 P1～P7 位输入一个 7 位数值来设置其输出功率。2 个 MSB 位设置输出级的范围，5 个 LSB 位设置输出功率的选择范围。

ASK 模式：输出功率的设置和 FSK 输出功率的设置是一样的。零数据位的输出功率用 D1～D7 位来设置。通过将功能寄存器中的 PD2 置为 0，可设置输出级为低功耗模式。输出级匹配网络如图 3.8.2 所示。

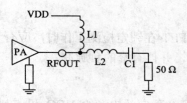

图 3.8.2　输出级匹配网络

13．串行接口

用户通过 3 线接口(CLK、Data 和 Load Enable)可以给 24 位寄存器编程。串行接口包括一个水平移位器、24 位移位寄存器和 4 个锁存器。信号应和 CMOS 兼容。串行接口由片上稳压器供电，所以当 CE 为低电平时，串行接口无效。

数据由时钟信号控制进入移位寄存器，在每个时钟信号的上升沿，数据被送入移位寄存器，MSB 先被送入。然后在每个 LE 信号的上升沿，数据被送到 4 个锁存器中的一个。目的锁存器由两个控制位(C1 和 C2)的值决定，这是两个 LSB 位，即 DB1 和 DB0。C1、C2 真值表如表 3.8.2 所示。

表 3.8.2　C1、C2 真值表

C1	C2	数据锁存器
0	0	R 寄存器
0	1	N 寄存器
1	0	调制寄存器
1	1	功能寄存器

14. 小数 N 分频器

1) N 计数器和误差修正

ADF7010/ADF7011 包含一个 15 位的 Σ-Δ 小数 N 分频器。N 计数器将输出频率进行分频，然后送给输出级，并反馈给 PFD。它还包括一个前置分频器及整数和小数部分。

前置分频器系数可以是 4/5 或 8/9。当系数是 4/5 时，可得到更好的抑制寄生性能，并且 N 值可以设得更低，N_{MIN} 为 $P^2 + 3P + 3$。

PLL 的输出频率为：

$$PFD\ 的频率 \times \frac{INT + (2^3 \times 小数) + 误差}{2^{15}}$$

2) 小数 N 寄存器

小数部分由一个 15 位分频器、N 寄存器中的 12 位 N 值及 R 寄存器中用来进行误差修正的 10 位(加上标志位)构成，如图 3.8.3 所示。每个寄存器的分辨率是输入频率的最小值，可由寄存器的 LSB 位来修改。

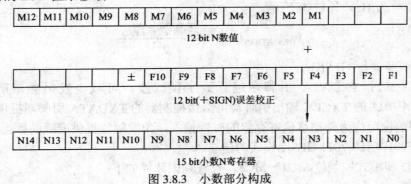

图 3.8.3　小数部分构成

3) 输出频率的改变

N 寄存器小数部分的输出频率是可变的，计算如下：

$$\frac{(f_{PFD})(N 寄存器数值)}{2^{12}}$$

R 寄存器中的频率误差修正也可改变输出频率，计算如下：

$$\frac{(f_{PFD})(频率误差校正值)}{2^{15}}$$

R 寄存器的默认值为 0。用户可校准系统并且只要向 R 寄存器中的 F1～F11 位写入 2 个完整的数据，就可设置此寄存器。这可以补偿内部误差、温度漂移以及由晶振老化引起的误差。

4) 整数 N 寄存器

N 计数器的整数部分包括前置分频器和 A、B 计数器。这是一个 8 位宽的寄存器，分频系数范围为 $P^2 + 3P + 3$～255。整数(255)和小数(31767/31768)合在一起的最大 N 分频器的分频系数为 256。最小 PFD 的计算如下：

$$f_{PFD}(min) = \frac{需要的最大输出频率}{255 + 1}$$

使用美国 902～928 MHz 频带时，PFD 的最小频率被限制为 3.625 MHz，这样用户的中心频率可以是 928 MHz。

15．PFD 频率

PFD 频率是基准频率和输出反馈信号频率的差值的倍数。PFD 频率越高，PFD 产生的差值就越大。若加宽环路的带宽，则不会降低频率的稳定性。当 PFD 频率从一个向另一个跳变增加时，这意味着频率锁定时间将减少。

减少 N 分频系数的整数部分，将使 PFD 的输出噪声减小，使 PFD 的相位噪声得到改善，使输出的分辨率减小。

16．调制部分

1) 频移键控(FSK)

设置调制寄存器中的 S1、S2 为 0，可选中 FSK 调制模式，调制数为 1～127。FSK 可通过 N 值设置中心频率，中心频率的偏移量可用调制寄存器中的 D1～D7 设定。中心频率的偏移量的单位为 Hz，计算如下：

$$f_{DEVIATION}(Hz) = \frac{调制数 \times f_{PFD}}{2^{12}}$$

2) 高斯频移键控(GFSK)

GFSK 通过对 TXDATA 引脚端进行数字预滤波，可减少发射频谱所占带宽。ADF7010/ADF7011 的 TXCLK 输出引脚端可给微控制器的 TXDATA 引脚端提供同步信号。TXCLK 引脚端也可作为外部移位寄存器的时钟输入，为发射器提供准确的数据速率时钟。

(1) ADF7010/ADF7011 GFSK 模式的建立。

设置 PFD 和模式控制位 MC1～MC3，设置频偏计算如下：

$$GFSK_{DEVIATION}(Hz) = \frac{2^m \times F_{PFD}}{2^{12}}$$

式中，m 为模数。

(2) 设置 GFSK 数据速率，计算如下：

$$数据速率(b/s) = \frac{f_{PFD}}{分频器系数 \times 整数计数器值}$$

3) 幅移键控(ASK)

ASK 可通过在两个离散的功率电平之间转换输出级来实现。这种实现方法必须锁定 DAC，而 DAC 用来控制两个不同的输出电平，输出电平又是由调制寄存器中的两个 7 位值来设定的，即由一个零 TXDATA 位将 D1～D7 送入 DAC 中，一个高 TXDATA 位将 P1～P7 位送入 DAC 中，可实现的最大调制深度为 30 dB。设置 Bit S2 = 1 和 Bit S1 = 0 可选择 ASK 调制模式。

4) 开关键控(OOK)

开关键控是通过 TXDATA 高位将输出级转换为特定的功率电平，通过 TXDATA 零位将输出级关断来实现的，可达到的最大调制深度为 33 dB。对于 OOK 来说，发射功率可由调制寄存器中的 P1～P7 位来设定。通过将调制寄存器中的 S1～S2 位设置为 1，可选择 OOK

调制模式。

17．信道选择及最佳系统性能

小数 N PLL 允许在 902～928 MHz 之间选择任意一个信道，分辨率小于 100 Hz，适合跳频系统。ADF7010/ADF7011 符合 FCC 标准 15.247 部分，可改善功率输出范围，最大可达到 1 W，通过常规改变 RF 信道，可提高抗干扰能力。

正确地选择 RF 发射信道可得到最好的抑制寄生特性。小数 N 结构可使邻近的整数信道电平通过环路进入到 RF 输出。如果所需 RF 信道和邻近整数信道间隔小于环路带宽，那么毛刺将不会得到衰减。毛刺的出现是极少的情况，因为整数频率是基准频率的倍数，典型值大于 10 MHz。通过去除小数寄存器中的极大值和极小值，可明显地减小毛刺的幅度。整数信道间隔为 1 MHz，一个 100 kHz 的环路滤波器可将电平减小到小于−45 dBc。当使用外部 VCO 时，快速锁定功能可将毛刺减小到小于−60 dBc。

3.8.3　ADF7010/ADF7011 应用电路

ADF7010 应用电路如图 3.8.4 所示。ADF7011 工作在 433 MHz 有+10 dBm 输出功率的应用电路如图 3.8.5 所示，ADF7011 工作在 868 MHz 有+10 dBm 输出功率的应用电路如图 3.8.6 所示。

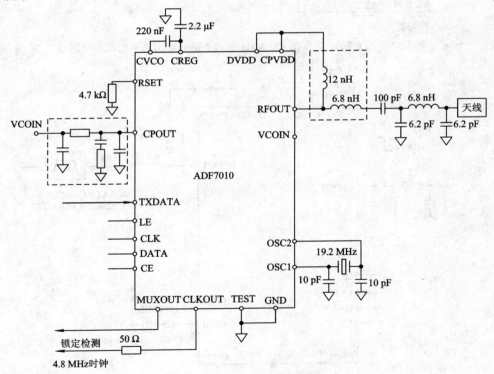

图 3.8.4　ADF7010 应用电路

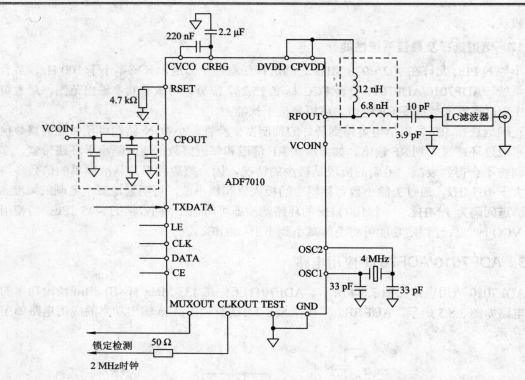

图 3.8.5　ADF7011 工作在 433 MHz 有+10 dBm 输出功率的应用电路

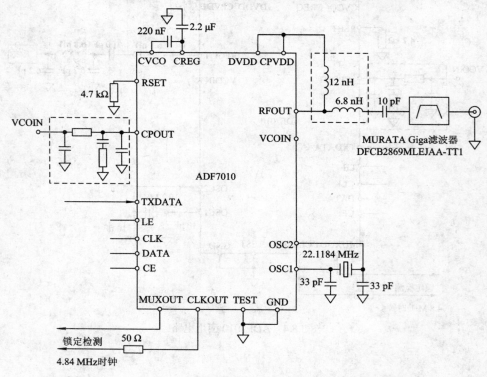

图 3.8.6　ADF7011 工作在 868 MHz 有+10 dBm 输出功率的应用电路

3.9　CC1050 915/868/433/315 MHz FSK 发射电路

3.9.1　CC1050 主要技术特性

CC1050 是一种为低功耗和低电压无线应用设计的单片 UHF 发射器，它工作在 ISM(工业、科学和医药)和 SRD(近距离设备)频段中 315、433、868 和 915 MHz 等频点，也可编程在 300～1 000 MHz 的频率范围工作。它的主要工作参数可通过串行接口总线进行编程，因此成为操作简单、灵活的发射器。在典型应用系统中，CC1050 将和微处理器及几个外部元件一起使用。CC1050 符合 EN 300 220 和 FCC CFR47 part 15 规范，可在低功耗 UHF 无线数据发射、无线报警安防系统、家庭自动化系统、无线自动读表系统等领域中应用。

CC1050 的工作频率范围为 300～1000 MHz；FSK 调制解调方式；FSK 数据速率达 76.8 kBaud；可编程输出功率为 -20～12 dBm；工作电压为 2.1～3.6 V，发射模式电流消耗为 24.9 mA，低功耗模式工作电流为 1 μA；单端天线连接；可编程频率为 250 Hz 的步距，可用于晶体温度漂移补偿，不需要使用有温度补偿的晶体振荡器；使用软件产生 CC1050 的配置数据。

3.9.2　CC1050 引脚功能与内部结构

CC1050 采用 TSSOP-24 封装，其引脚功能如表 3.9.1 所示。

表 3.9.1　CC1050 引脚功能

引脚	符　号	功　能	引脚	符　号	功　能
1	AVDD	模拟电路电源电压	13	XOSC_Q2	晶体振荡器输出
2	AGND	模拟电路地	14	XOSC_Q1	晶体振荡器输入
3	AGND	模拟电路地	15	AGND	模拟电路地
4	AGND	模拟电路地	16	DGND	数字电路地
5	L1	连接 VCO 谐振回路电感	17	DVDD	数字电路电源
6	L2	连接 VCO 谐振回路电感	18	DGND	数字电路地
7	AVDD	VCO 电源	19	DI	发射模式数据输入
8	CHP_OUT	充电泵电流输出	20	DCLK	发射模式数据时钟
9	R_BIAS	外接偏置电阻	21	PCLK	3 线总线编程时钟
10	AGND	模拟电路地	22	PDATA	3 线总线编程数据
11	AVDD	模拟电路电源	23	PALE	3 线总线编程地址锁存使能
12	AGND	模拟电路地	24	RF_OUT	射频输出到天线

CC1050 的内部结构方框图如图 3.9.1 所示。芯片由晶体振荡器(OSC)、分频器(/R)、鉴相器(PD)、充电泵(Charge Pump)、回路滤波器(LPF)、压控振荡器(VCO)、功率放大器(PA)、控制逻辑(Control Logic)及偏置电路组成。

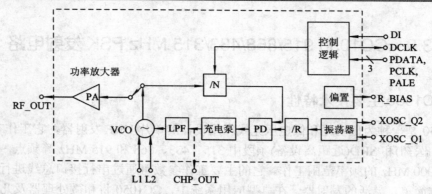

图 3.9.1　CC1050 的内部结构方框图

CC1050 的压控振荡器(VCO)输出信号直接馈送到功率放大器。RF 输出由 FSK 通过数据位流输入到 DI 引脚端。频率合成器产生本机振荡器信号，在发射模式馈送到 PA，频率合成器由晶体振荡器(OSC)、相位检波器(PD)、VCO、分频器(/R 和/N)组成。外部晶振连接到 XOSC，VCO 需要连接一个外部电感。3 线数据串行接口作为芯片配置使用。

3.9.3　CC1050 应用电路

1. 典型应用电路

CC1050 典型应用电路如图 3.9.2 所示，工作在不同频率时的元器件参数如表 3.9.2 所示。图 3.9.2 中，晶体振荡器电容 C3 和 C4 的容量根据晶振的负载电容大小来决定，通常选用晶振的参数如表 3.9.3 所示。L2 和 C1、C2 用来匹配发射器的输出阻抗 50 Ω；R1 为高精度电阻，可提供一个精确的偏置电流；VCO 是完全集成的，外部连接 L1 电感用来确定该电路的工作频率范围；其余电容为电源滤波电容。

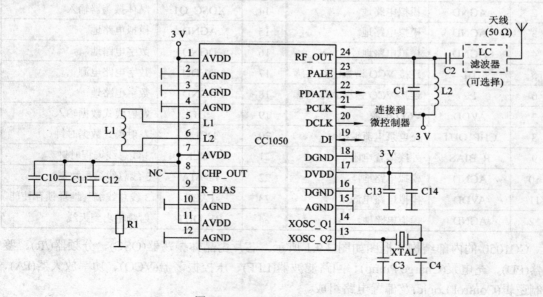

图 3.9.2　CC1050 典型应用电路

表 3.9.2　CC1050 典型应用电路工作在不同频率时的元器件参数

符号	工作频率与元件参数			
	315 MHz	433 MHz	868 MHz	915 MHz
C1	5.6 pF5%，C0G，0603	12 pF5%，C0G，0603	4.7 pF5%，C0G，0603	4.7 pF5%，C0G，0603
C2	8.2 pF5%，C0G，0603	6.8 pF5%，C0G，0603	5.6 pF5%，C0G，0603	5.6 pF5%，C0G，0603
C3	15 pF5%，C0G，0603	15 pF5%，C0G，0603	15 pF5%，C0G，0603	15 pF5%，C0G，0603
C4	15 pF5%，C0G，0603	15 pF5%，C0G，0603	15 pF5%，C0G，0603	15 pF5%，C0G，0603
C10	220 pF10%，C0G，0603	220 pF10%，C0G，0603	220 pF10%，C0G，0603	220 pF10%，C0G，0603
C11	82 pF10%，C0G，0603	82 pF10%，C0G，0603	82 pF10%，C0G，0603	82 pF10%，C0G，0603
C12	33 nF10%，X7R，0805	33 nF10%，X7R，0805	33 nF10%，X7R，0805	33 nF10%，X7R，0805
C13	1 nF10%，X7R，0603	1 nF10%，X7R，0603	1 nF10%，X7R，0603	1 nF10%，X7R，0603
C14	33 nF10%，X7R，0805	33 nF10%，X7R，0805	33 nF10%，X7R，0805	33 nF10%，X7R，0805
L1	56 nH5%，0805 (Koa KL732ATE56NJ)	33 nH5%，0805 (Koa KL732ATE33NJ)	5.6 nH5%，0805 (Koa KL732ATE5N6C)	5.6 nH 5%，0805 (Koa KL732ATE5N6C)
L2	20 nH10%，0805	6.2 nH10%，0805	2.5 nH10%，0805	2.5 nH10%，0805
R1	82 kΩ1%，0603	82 kΩ1%，0603	82 kΩ1%，0603	82 kΩ1%，0603
XTAL	14.7456 MHz 晶振，CL=16 pF(负载)	14.7456 MHz 晶振，CL=16 pF(负载)	14.7456 MHz 晶振，CL=16 pF(负载)	14.7456 MHz 晶振，CL=16 pF(负载)

表 3.9.3　CC1050 应用电路晶体振荡器电容选用参数

符　号	CL= 12 pF	CL= 16 pF	CL= 22 pF
C3	6.8 pF	15 pF	27 pF
C4	6.8 pF	15 pF	27 pF

2．配置概述

对于不同的应用，CC1050 都可以通过配置达到最佳性能。通过可编程配置寄存器，可对芯片操作的主要参数进行编程设置，如工作模式、RF 输出功率、频率合成器的主要参数(RF 输出频率、FSK 频偏、晶体振荡器的基准频率)、晶体振荡器上电/掉电控制、数据速率和数据格式(NRZ、曼彻斯特编码或 UART 接口)、合成器锁定指示器模式、调制频谱修正等。

3．配置软件

基于用户对不同参数的选择，Chipcon 公司给 CC1050 的用户提供了一个软件程序，SmartRF Studio(Windows 界面)可产生所有必需的 CC1050 配置数据。这些十六进制数字将输入到微控制器来对 CC1050 进行配置。这些程序将为用户提供输出匹配电路需要的元件值和 VCO 的电感。CC1050 配置软件的用户接口如图 3.9.3 所示。

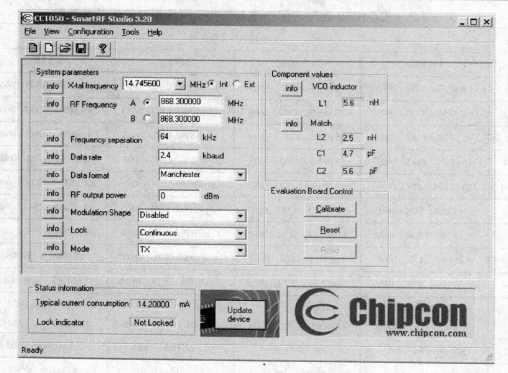

图 3.9.3　SmartRF Studio 用户接口(CC1050 版本显示)

4. 3 线串行配置接口

通过一个简单的 3 线接口(PDATA、PCLK、PALE)可对 CC1050 进行配置。芯片中有 33 个 8 位配置寄存器，每一个地址有 7 个寻址位、1 个读/写位启动读或者写操作。CC1050 的一个完整配置要求发送 33 个 16 位数据(7 个寻址位、1 个 R/$\overline{\text{W}}$ 位和 8 个数据位)。一个完整配置所需的时间取决于 PCLK 的频率。PCLK 频率为 10 MHz 时，一个完整的配置时间少于 53 μs，设置芯片为低功耗模式仅需要发送一个帧，则配置时间应少于 2 μs。所有寄存器都是可读的。

在每个写入周期，16 位数据由 PDATA 线发送。每个数据帧(A6：0)的 7 个最高位是地址位。A6 是地址位的 MSB(最高位)，并为发送的第一位。下一位是 R/$\overline{\text{W}}$ 位(为高电平时表示写入，为低电平时表示读出)。传递地址和 R/$\overline{\text{W}}$ 位时，PALE(编程地址锁存使能)必须保持低电平。然后，传递 8 个数据位(D7：0)。

当 8 数据位的最后一位 D0 载入完成时，表示数据字已载入内部配置寄存器。配置数据保持在片内 RAM 中，而且在低功耗模式下也有效，但电源关断时，配置数据将消失。寄存器可以以任意次序编程。

配置寄存器也可由微控制器通过相同配置接口读出。首先发送 7 位地址位，然后 R/$\overline{\text{W}}$ 位设置为低电平，用来读出数据，接着 CC1050 返回从地址寄存器中得到的数据。微处理器在数据读出时(D7：0)，PDATA 当作数据输出且为 3 态。

5. 微控制器接口

典型系统应用中，CC1050 应连接到微控制器上，微控制器必须能够通过 3 线串行配置接口(PDATA、PCLK 和 PALE)，编程使 CC1050 进入不同模式；CC1050 还应连接到双向同步数据信号接口(DI 和 DCLK)。微控制器可以随意地进行数据编码/解码；微控制器可以检测 CHP_OUT(LOCK)引脚端的频率锁定状态。

微处理器使用 3 个输出引脚端作为配置接口。PDATA 是双向接口，作为数据读出引脚端；DI 引脚端用于发射数据；DCLK 提供定时数据，连接到微处理器输入。利用 CHP_OUT 引脚端监测 LOCK 信号，当 PLL 锁定时，这个信号为低逻辑电平。

当配置接口不用时，微控制器引脚端连接到 PDATAH 和 PCLK 端具有其他用途。当 PALE 为无效时(低电平有效)，PDATA 和 PCLK 是高阻态输入。

PALE 有一个内部上拉电阻并且允许开路(其三态由微控制器控制)或在低功耗模式中设置为高电平，这样可防止上拉电阻中的漏电流。

6. 信号接口

DI 和 DCLK 组成信号接口，用来发射数据。DI 是数据输入线，DCLK 在数据发射时，提供同步时钟。

CC1050 可以用于 NRZ(非归零)数据或曼彻斯特(也叫做双向相位电平)编码数据。CC1050 可以配置为如下三种不同的数据格式。

1) 同步 NRZ 模式

在同步 NRZ 模式下，CC1050 在 DCLK 端提供数据时钟，DI 作为数据输入。数据在 DCLK 的上升沿进入 CC1050。数据在 RF 被调制不需要编码。CC1050 可以配置的数据速率有 0.6 kb/s、2.2 kb/s、2.4 kb/s、4.8 kb/s、9.6 kb/s、19.2 kb/s、38.4 kb/s 或者 76.8 kb/s。

2) 同步曼彻斯特编码模式

在同步曼彻斯特编码模式下，CC1050 向 DCLK 和 DI 提供数据时钟作为数据输入。数据在 DCLK 的上升沿，以 NRZ 格式进入 CC1050。数据在 RF 以曼彻斯特码调制，编码是由 CC1050 执行的。在这种模式下，CC1050 可以配置的数据速率有 0.3 kb/s、0.6 kb/s、2.2 kb/s、2.4 kb/s、4.8 kb/s、9.6 kb/s、19.2 kb/s 或者 38.4 kb/s。对于曼彻斯特编码，38.4 kb/s 速率相当于最大 76.8 kBaud。

3) 异步 UART 模式

当进行发射操作时，DI 用作数据输入，数据在 RF 被调制没有同步或编码。数据速率范围为 0.6~76.8 kBand。

4) 曼彻斯特编码模式

在同步曼彻斯特编码模式下，数据调制时 CC1050 使用曼彻斯特编码。曼彻斯特编码是建立在转换基础上的，"0"表示编码为一个由低到高电平转换，"1"表示编码为一个由高到低电平转换。

7. 频率编程

设置操作频率是在配置寄存器中编程频率字，有两个频率字寄存器 A 和 B。为了在 2 个不同信道间快速跳跃，它们能够对两个不同频率进行编程。用 MAIN 寄存器的 F_REG 位选择频率字寄存器 A 或 B。频率字寄存器 A 和 B 由主寄存器的 F_REG 位选择。频率字是 24 位(3 字节)，分别位于频率字寄存器 A 和 B 的 FREQ_2A：FREQ_1A：FREQ_0A 和 FREQ_2B：FREQ_1B：FREQ_0B 中。FSK 频偏在 FSEP1：FSEP0 寄存器(11 位)中编程。

频率字 FREQ 由下式计算:

$$f_{VCO} = f_{ref} \cdot \frac{频率 + 8192}{16\,384}$$

$$f_{ref} = \frac{f_{xosc}}{基准分频率}$$

式中，基准频率 f_{ref} 由晶体振荡器时钟分频得出，基准分频率(在 PLL 寄存器的 4 位)可在 2～15 之间选择设置。

8. VCO

VCO 需要连接一个外部电感 L1，这个电感决定电路的工作频率范围，电感的放置位置很重要，为了减少感应系数的漂移，电感尽可能靠近引脚端。推荐使用高 Q 值、低误差的电感，及典型调谐范围为 20%～25% 的变容二极管。表 3.9.2 列出了几种工作频率的元件值，其他工作频率的元件值可以由 SmartRF Studio 软件建立。

9. PLL 自校正

为了补偿电源电压、温度和工艺等的变化，VCO 和 PLL 必须校正。PLL 稳定性校正是通过自动完成设置最大 VCO 调谐范围、最佳电荷泵电流来实现的。在设置器件工作频率之后，自校正可以由设置 CAL_START 位启动。校正结果在芯片内部存储，电源不关断有效。在校正之后，如果出现大的电源电压变化(大于 0.5 V)或温度变化(大于 40℃)，则将执行一个新校正值。

自校正是通过 CAL 寄存器控制的，CAL_COMPLETE 位显示整个校正，用户可检测这个位或者等待 26 ms(CAL_WAIT=1 时，等待校正)。等待时间与内部 PLL 基准频率成比例。1 MHz 基准频率允许的最低等待时间为 26 ms。

CAL_COMPLETE 位也可以在 CHP_OUT (LOCK)引脚端监测(由 LOCK_SELECT[3：0] 配置)或作为微处理器的中断输入。完成校正之后，CAL_START 位必须由微处理器设置为 0。

对两个频率寄存器有分开的校正值，如果两个频率 A 和 B 的差小于 1 MHz，或者使用的 VCO 电流不同(在 CURRENT 寄存器 VCO_CURRENT[3：0])，则校正将分别进行。在 CAL 寄存器的 CAL_DUAL 位控制双校正或单独校正。

10. VCO 电流控制

VCO 电流是可编程的，根据工作频率和输出功率设置，推荐设置在 VCO 寄存器的 VCO_CURRENT 位。PA 缓冲器的偏置电流也是可编程的，推荐设置在 CURRENT 寄存器的 PA_DRIVE 位。

11. 电源管理

为了满足电池工作应用所要求的严格功耗性能，CC1050 提供了强有力的、灵活的电源管理。低功耗模式通过 MAIN 寄存器控制。TX 部分频率合成器和晶体振荡器是单独控制的。在应用中，为了尽可能降低电流消耗，采用这个单独控制是最优化的选择。

注意：在低功耗模式下，PSEL 设置为 3 态或者高电平，为防止一个电流流过，内部需上拉电阻。在低功耗模式下，为确保可能存在的泄漏电流为最小，应将 PA_POW 设置为 00h。

12. 输出匹配

在发射模式下，用很少的无源外部元件可保证输出阻抗匹配。一个匹配网络见图 3.9.2 中的 C1、C2、L2，在不同频率下它们的值也不同，见表 3.9.2。

13. 输出功率编程

芯片 RF 输出功率是可编程的，编程范围为 01H～FFH，对应输出功率为−20～12 dBm，由 PA_POW 寄存器控制。为使泄漏电流最小，在低功耗模式将 PA_POW 设置为 00H。

14. 晶体振荡器

一个外部时钟信号或内部晶体振荡器可以用作主要频率基准。当 XOSC_Q2 引脚端保持开路时，外部时钟信号将连接到 XOSC_Q1 引脚端。使用外部时钟信号时，XOSC 寄存器的 XOSC_BYPASS 位将设置。晶振频率范围为 3～4 MHz、6～8 MHz 或 9～16 MHz，因为晶振频率作为数据速率基准(除了其他内部功能之外)，所以推荐频率 3.6864 MHz、7.3728 MHz、12.2880 MHz、14.7456 MHz 将给出精确数据速率。晶振频率范围在 MODEM0 寄存器的 XOSC_FREQ1：0 位选择。数据速率以 2.2 kBaud、2.4 kBaud、4.8 kBaud 规格在同步模式工作，晶振频率是有标准规格的，因此配合数据速率(DR)将改变晶振频率(f)。新的晶振频率的计算式为

$$f_{xtal\_new} = f_{xtal} \frac{DR_{new}}{DR}$$

使用内部晶体振荡器时，晶振必须连接在 XOSC_Q1 和 XOSC_Q2 引脚之间。晶体振荡器设计为晶振的平行模式操作。另外，晶振要求增加负载电容(C4 和 C5)，负载电容值取决于总负载电容 CL，CL 为晶体到振荡器的值，由下式计算得出：

$$CL = \frac{1}{\frac{1}{C4} + \frac{1}{C5}} + C_{parasitic}$$

式中，$C_{parasitic}$ 为寄生电容，是由引脚输入电容和 PCB 杂散电容构成的。总寄生电容的典型值为 8 pF。为初始调谐，如果增加微调电容，则可以与 C5 并联放置。

晶体振荡器电路如图 3.9.4 所示。对于不同的 CL 值，对应选择 C4、C5 元件值如表 3.9.4 所示。为了满足在使用中所要求的频率精确度，对初始允许误差、温度漂移、老化和负载能力等都应该谨慎确定。

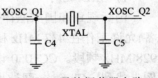

图 3.9.4　晶体振荡器电路

表 3.9.4　晶体振荡器元件值

符　号	CL=12 pF	CL=16 pF	CL=22 pF
C4	6.8 pF	15 pF	27 pF
C5	6.8 pF	15 pF	27 pF

15. 频谱校正和抖动

CC1050 具有独特的频谱校正和抖动能力，使用 FSK 调制给出一个宽的 RF 频谱来改善其内在的突变频率。

在两个 FSK 频率之间，通过几个中间频率分级来完成平稳的频率移动。C1050 采用 16 级频率，设置在 7 个 FSHAPE 寄存器中。频率分级是非对称产生的。数据校正利用 FSCTRL 寄存器的 SHAPE 位启动。

利用频率校正可获得最大频率偏移 FSEP=63。时间步距在 FSDELAY 寄存器中可编程，FSDELAY 寄存器中的值(FSDELAY)与所使用的数据速率(BaudRate)相适应，两者的关系如下：

$$\text{FSDELAY} = \frac{f_{\text{ref}}}{16 \cdot \text{BaudRate}} - 1$$

式中，基准频率 f_{ref} 是晶体振荡器时钟，由 REFDIV 分频得出。

PLL 的抖动能够用于减少来自内部基准频率引起的寄生信号，抖动由 FSCTRL 寄存器的 DITHER1 和 DITHER0 位启动。

16．LC 滤波器

在应用中，一个可选择的 LC 滤波器可以加在天线和匹配网络之间。LC 滤波器如图 3.9.5 所示。使用滤波器将减少谐波散发，滤波器设计为 50 Ω 的负载，在不同工作频率下所用的元件值如表 3.9.5 所示。

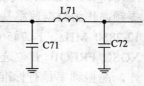

图 3.9.5　LC 滤波器

表 3.9.5　LC 滤波器在不同工作频率下所用的元件值

符号	315 MHz	433 MHz	868 MHz	915 MHz
C71	30 pF	20 pF	10 pF	10 pF
C72	30 pF	20 pF	10 pF	10 pF
L71	15 nH	12 nH	5.6 nH	4.7 nH

17．系统设计考虑

1）SRD 规则

国际规章和国家法律管制无线接收和发射的使用。在大多数欧洲国家，SRD(近距离设备)允许工作在 433 MHz 和 868～870 MHz 频段。在美国，允许工作在 260～470 MHz 和 902～928 MHz 频段。CC1050 设计满足了这些频带的工作。这些条例可以在 Note AN001 SRD 条例上找到，Chipcon 网站也有提供。

2）成本

CC1050 是性价比很高的芯片，其仅使用几个外部元件，总成本维持在最低的水平上。晶体振荡器可以使用低成本的有 50×10^{-6} 频率误差的晶振。

3）电池

在低电源应用中，当芯片未激活时，使用低功耗模式。在低功耗模式期间，晶体振荡器内核可以启动，取决于所需启动时间。

4）窄带体系

CC1050 也能够用于窄带系统。CC1050 的另一特性是频率分辨率为 250 Hz。如果温度变化曲线已知和温度传感器已包括在系统中，则利用这一特性就能够实现晶振的温度补偿，甚至可利用频率可编程来进行初始校正。这样在应用中免除了昂贵的温度补偿晶体振荡器

(TCXO)及应用软件。在没有过分要求的应用中，使用低温度漂移、低老化的晶振不需要更多的补偿。在晶体振荡器电路上采用一个微调电容(与 C4 并联)，就可以用于精确的初始频率设置。

为了改善相邻信道功率(ACP)，适应高数据速率，CC1050 还具有频谱校正特性。在"实际的" FSK 系统中，采用突然的频移而其频谱宽度是固定的，通过使用稍微缓慢的频移可以使频谱变窄。因此，在同样带宽时可以发射更高数据速率。

5) 高输出功率体系

CHP_OUT(LOCK) 引脚端可以配置成控制功率放大器，由 LOCK 寄存器中的 LOCK_SELECT 控制。

6) 跳频扩频体系

由于 PLL 的快速频率偏移的特性，CC1050 也非常适合于跳频系统。在每个发射期间，1～100 hops/s 的跳频速率一般取决于位比率和发送数据的总数。设计两个频率寄存器(FREQ_A 和 FREQ_B)，这样当"现行"频率使用的时候，可对"下一个"频率进行编程。两个频率之间的转换是通过主(MAIN)寄存器执行的。

18. PCB 设计建议

强烈推荐使用两层 PCB 板，PCB 的底层是"接地层"。为了获得最好的性能，Chipcon 公司提供了参考设计(请登录 www.Chipcon.com，查询资料"CC1050 Single Chip Very Low Power RF Transmitter"和"SmartRF® CC1050DK Development Kit")。

顶层用作信号路径，敞开区域用金属填满并用几个通孔连接到地。地引脚端连接到地，并通过单独的通孔尽可能靠近封装引脚。去耦电容尽可能地靠近电源引脚，并由单独的通孔连接到地平面。外部元件尺寸尽可能小，可采用表面安装元件。在引入微处理器时，为了避免与 RF 电路的干扰，需要采取预防措施。

在应用中，认为数字地是嘈杂的(即存在干扰噪声)，所以数字地和模拟地要分开。所有 AGND 引脚端和 AVDD 连接耦合电容到模拟地平面，所以 DGND 引脚端和 DVCC 连接耦合电容到数字地。两地间的连接和电源地采用星形连接。开发板由于是一个完全可使用的 PCB 装配板，因此它可以用来作为设计的样板。

19. 天线补偿

CC1050 可以和不同型号的天线一起使用。在短距离通信中，最通用的天线是单极的、螺旋的和环路天线。单极天线是谐振天线，长度对应为电波长的 1/4(λ/4)。它们容易设计并可以实现简单"电线模块"，甚至集成在 PCB 上面。

考虑到费用的因素，非谐振单极天线短于 λ/4 也可以使用。应用时这样的天线若可以很好地集成在 PCB 板上，则尺寸和成本就不是问题了。

螺旋天线可以认为是单极和环路天线的联合，螺旋天线比简单单极的更难优化。环路天线易于集成在 PCB 上，但效率较低，阻抗匹配较困难。

对于低功率应用，推荐使用 λ/4 单极天线。λ/4 单极天线的长度为：L=7125/f，f 单位为 MHz，长度单位为 cm。869 MHz 的天线将用 8.2 cm，434 MHz 的用 16.4 cm。

天线连接尽可能接近 IC。如果天线远离芯片输出引脚端，则天线将使用传输线(50 Ω)匹配。

　　为全面地了解天线部件，请参考 Chipcon 网站提供的 AN003 SRD 天线设计资料。

20．配置寄存器

　　CC1050 的配置是由 33 个 8 位配置寄存器编程实现的。配置数据建立在选择系统参数的基础上，用 SmartRF Studio 软件很容易生成。RESET 编程之后，所有寄存器都有默认值。在 RESET 之后，TEST 寄存器也给出默认值，并可由用户改变。

3.10　MAX2900～MAX9004 868/915 MHz 发射电路

3.10.1　MAX2900～MAX9004 主要技术特性

　　MAX2900～MAX9004 是一种完整的单片 200 mW 的发射器芯片。该芯片具有高的集成度；芯片内集成了发射调制器、功率放大器、射频 VCO、8 通道频率合成器、基带 PN 顺序低通滤波器；仅需要少数外接元件；通过滤波 BPSK 调制，寄生发射被减少，在 U.S.ISM 频段能够提供 8 个独立的发射通道；BPSK、ASK、OOK 信号直接输入，FM 可以通过直接调制 VCO 完成；使用外接的微分天线；可用于自动读表、无线安防系统、无线传感器、无线数据网络、无线建筑物控制等。

　　MAX2900～MAX9004 工作在 868/915 MHz 频段。MAX2900/MAX2901/MAX2902 适合工作在 FCC CFR47 part 15.247 规定的 902～928 MHz ISM 频段。MAX2903/MAX2904 适合工作在 ETSI EN330-220 规定的欧洲 868 MHz ISM 频段。它们有−7～+23 dBm 可调射频输出功率；支持 BPSK、OOK、ASK 和 FM 调制；电源电压为+2.7～+4.5 V；发射模式下电流消耗为 200 mA，低功耗模式下为 200 μA。

3.10.2　MAX2900～MAX9004 引脚功能与内部结构

　　MAX2900～MAX9004 采用 QFN-28 封装。MAX2900 各引脚功能如下：

　　引脚 1(VTUNE)：VCO 调谐电压输入。

　　引脚 2(GND)：地。

　　引脚 3(VREG)：调节的电压输出到 VCO，接一个 0.01 μF 的电容到地。0.01 μF 的电容应尽可能地靠近引脚部分。

　　引脚 4(VCC1)：VCO 电源电压，接一个 1000 pF 和一个 10 μF 电容到地。这两个电容应尽可能地靠近引脚部分。

　　引脚 5(RLPF)：电阻到地。在这个引脚端设置电阻到地控制调制滤波器的带宽。

　　引脚 6(EN)：芯片使能控制。EN 为低电平时，芯片在功耗模式下。

　　引脚 7(REFEN)：晶体振荡器和频率基准缓冲器使能。

　　引脚 8(MODIN)：BPSK 调制输入。

　　引脚 9(OOKIN)：导通-关断调制，导通状态为高电平。

　　引脚 10(VCC2)：射频缓冲放大器电源电压，接一个 100 pF 和一个 0.01 μF 电容到地。这两个电容应尽可能地靠近引脚部分。

引脚 11(VASK)：ASK 电压输入端。

引脚 12(LD)：锁相检测器数字输出端。当 PLL 在同步范围时，LD 输出高电平。

引脚 13(PWRSET)：电阻到地，电流输入设置，调节输出功率。

引脚 14(VCC3)：射频功率放大器电源电压，接一个 100 pF 电容到地。这个电容应尽可能地靠近引脚部分。

引脚 15(GND)：地。

引脚 16、17(RF−，RF+)：射频差动输出，集电极开路形式。

引脚 18、19(NC)：空脚。

引脚 20(D1)：数字输入通道选择 bit1。

引脚 21(D0)：数字输入通道选择 bit0。

引脚 22(OSC)：晶体振荡器连接。

引脚 23(REFIN)：基准输入端。

引脚 24(VCC4)：合成器电路电源电压，接一个 1000 pF 电容到地。这个电容应尽可能地靠近引脚部分。

引脚 25(REFOUT)：时钟输出。

引脚 26(D2)：数字输入通道选择 bit2。

引脚 27(VCC5)：充电泵电源电压，接一个 100 pF 电容到地。这个电容应尽可能地靠近引脚部分。

引脚 28(CPOUT)：充电泵输出。

MAX2900 的内部结构如图 3.10.1 所示，MAX2901～MAX2904 的内部结构如图 3.10.2 所示。

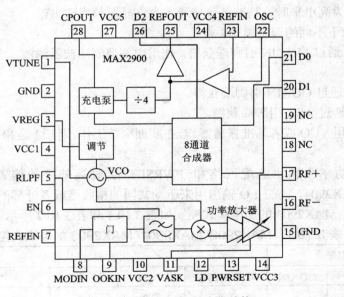

图 3.10.1　MAX2900 的内部结构

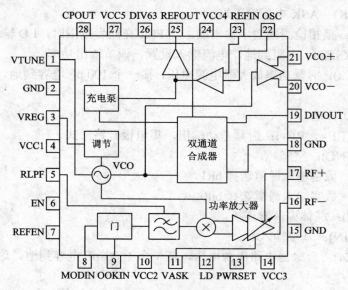

图 3.10.2　MAX2901～MAX9004 的内部结构

当 EN 为高电平时，基准振荡器和 VCO 启动，功率放大器 PA 在关断模式下。对于`MAX2900/MAX2901/MAX2903，当 EN 为高电平时，PLL 也启动。在锁定检测端 PD 为高电平时，功率放大器 PA 设置为待机(休眠)模式。对于 MAX2902/ MAX2904，VCO 回路利用外接的合成器关闭。此后，使 OOKIN 为高电平，导通功率放大器 PA。内部的调制滤波器平滑功率放大器 PA 的电源波动。在 1.22 Mb/s 速率时，调制滤波器的带宽 BW 的典型值为 0.8 MHz。带宽能够通过改变 RLPF 来调节。

当 REFEN 为高电平时，基准部分导通，允许晶振频率输出。

芯片支持如下不同的调制模式。

(1) BPSK：通过 MODIN 引脚端获得，使用内部调制滤波器滤波。这是 MAX2900 的首选模式。

(2) OOK：通过 OOKIN 引脚端获得。

(3) ASK：通过 ASK 引脚端获得。

(4) FM：利用 VCO 或者基准振荡器。若在欧洲窄带工作，则 FM 是 MAX2903/ MAX2904 的首选模式。

最大输出功率由输出匹配网络和 PWRSET 引脚端外接的偏置电阻设置。对于 MAX2901～MAX2904，差分 LO 输出用来驱动共同的接收器或者外部的合成器。

MAX2901～MAX2904 的加电模式控制如表 3.10.1 和表 3.10.2 所示。

表 3.10.1　MAX2900/ MAX2901/ MAX2903 加电模式控制

逻辑电平			内部功能块状态			
REFEN	EN	OOKIN	基准振荡器	VCO	合成器	功率放大器
0	0	x	关断	关断	关断	关断
1	0	x	导通	关断	关断	关断
1	1	0	导通	导通	导通	关断
1	1	1	导通	导通	导通	仅在 LD 为高电平之后导通

表 3.10.2 MAX2902/ MAX2904 加电模式控制

逻辑电平			内部功能块状态		
REFEN	EN	OOKIN	基准振荡器	VCO	功率放大器
0	0	x	关断	关断	关断
1	0	0	导通	关断	关断
0	1	0	关断	导通	关断
1	1	0	导通	导通	关断
0	1	1	关断	导通	导通
1	1	1	导通	导通	导通

电路有以下 4 个工作模式。

(1) 关闭模式：引脚端 EN 和 REFEN 为低电平，所有的功能被关断，仅有漏电流消耗。

(2) 合成器模式：引脚端 EN 和 REFEN 为高电平，引脚端 OOKIN 为低电平。基准振荡器、VCO、合成器导通，功率放大器在待机模式。电流消耗小于 50 mA。注意：只要 LD 引脚端不为高电平，表示 PLL 未锁定，引脚端 OOKIN 的高电平不被理睬。

(3) 发射模式：当引脚端 EN 和 REFEN 为高电平时，如果 LD 引脚端也为高电平，则器件准备发射。当 OOKIN 是高电平时，功率放大器导通，电流消耗在 50～120 mA 之间，与所要求的输出功率、OOK 的占空系数和输出匹配电路有关。

(4) 基准使能模式：这个模式使能晶体振荡器，用晶振基准去驱动外部的逻辑电路。设置 REFEN 为高电平，EN 为低电平能获得这个模式。在这个模式下仅基准电路导通，晶体振荡器启动，时钟信号在 REFOUT 引脚端输出。电流消耗比合成器模式低。当 EN 为高电平时，器件进入合成器模式。

3 个引脚端 D0～D2(MAX2900) 和 DIV63(MAX2901/MAX2903) 用来编程合成器的分频系数，分频系数为 249～256。

PWRSET 和 VASK 引脚端用来控制发射器的功率。PWRSET 引脚端设置放大通道的偏置。因为放大器的末级工作在饱和状态，所以输出功率主要与负载和电源电压有关。PWRSET 引脚端电阻完成最佳偏置设置，以获得最大输出功率。假设已知工作电压和峰值功率，电阻的值是固定的。在 -7～+23 dBm 输出功率范围内，电源电压为 4.5 V，推荐使用电阻为 22 kΩ。

VASK 引脚端输入到内部的增益控制电路。0～2.1 V 的 VREG 输入电压，增益控制达 30 dB。这个引脚端被用作 ASK 调制。在 1 V 时，典型输出峰值功率为 15 dB。当这个输入未使用时，连接 VASK 引脚端到 VREG 引脚端。

RLPF 输入控制调制滤波器的中心频率。RLPF 引脚端设置调制滤波器的带宽。使用 68 kΩ 电阻，滤波器带宽默认值是 1.2 Mchips/s。减少电阻到 26 kΩ，则带宽增加到 5 Mchips/s。减少电阻到 12 kΩ，可获得最大的滤波器带宽。

3.10.3 MAX2900～MAX9004 应用电路

MAX2900～MAX9004 应用电路电原理图和印制板图如图 3.10.3～图 3.10.7 所示。

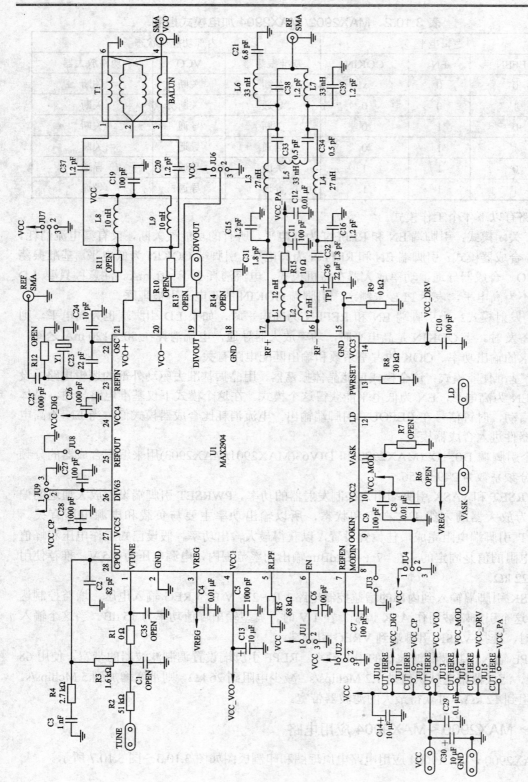

图 3.10.3　MAX2904 应用电路电原理图

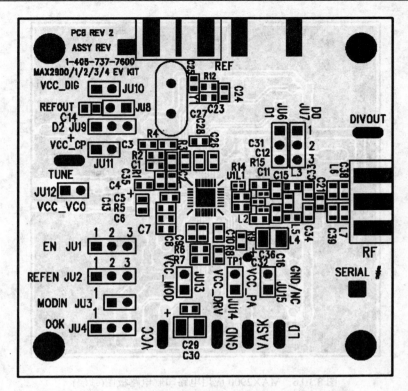

图 3.10.4   MAX2900 应用电路 PCB 元器件布局图(顶层)

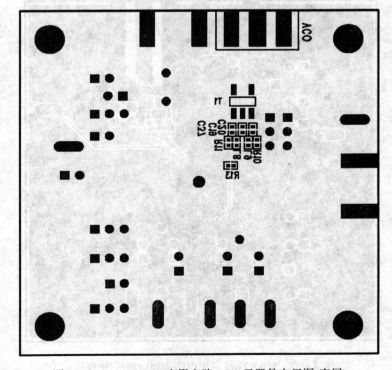

图 3.10.5   MAX2900 应用电路 PCB 元器件布局图(底层)

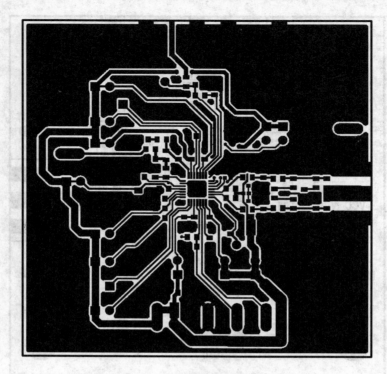

图 3.10.6　MAX2900 应用电路印制电路板图(顶层)

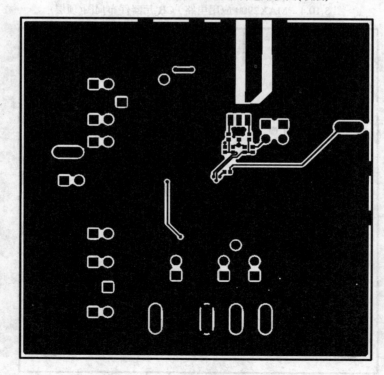

图 3.10.7　MAX2900 应用电路印制电路板图(底层)

3.11 MC33493 868～928 MHz/315～434 MHz

FSK/OOK 发射电路

3.11.1 MC33493 主要技术特性

MC33493 是一种用于数据传输 PLL 调谐 UHF 的发射器芯片。其频率范围为 315～434 MHz 和 868～928 MHz 两个频段，具有 FSK 和 OOK 调制功能，OOK 调制深度为 75～90 dBc，FSK 调制频偏为 100～200 kHz；可通过 BAND 引脚端控制分频比，当工作在 315 MHz 或 434 MHz 时，分频器的总分频比是 32，工作在 868 MHz 时，分频器的总分频比是 64；它的输出功率在 315～434 MHz 频段(使用 50 Ω 匹配网络)为 5 dBm，868 MHz 频段(使用) 50 Ω 匹配网络)为 1 dBm；其电源电压范围为 1.9～3.6 V，待机电流为 0.1 nA(T_A=25℃)，符合 ETSI 标准应用。

3.11.2 MC33493 引脚功能与内部结构

MC33493 采用 TSSOP-14 封装，其引脚功能如表 3.11.1 所示。

表 3.11.1 MC33493 引脚功能

引　脚	符　号	功　　能
1	DATACLK	时钟输出到微控制器
2	DATA	数据输入
3	BAND	频段选择
4	GND	接地
5	XTAL1	基准振荡器输入
6	XTAL0	基准振荡器输出
7	REXT	功率放大器输出电流设置端
8	CFSK	FSK 开关输出
9	VCC	电源
10	RFOUT	功率放大器输出
11	GNDRF	功率放大器接地
12	VCC	电源
13	ENABLE	使能控制
14	MODE	调制类型选择

MC33493 的芯片内部包含发射功率放大器(PA)、晶体振荡器(XCO)、压控振荡器(VCO)、相频检波器(PFD)、控制接口电路、电源电路等。

1. 锁相环和本机振荡器

锁相环电路中的 VCO 是完全集成的压控振荡器，有完全集成的相频检波器(PFD)和环路滤波器。精确的输出频率为：$f_{RFOUT}＝f_{XTAL}×[PLL 分频率]$。工作频段选择由 BAND 引脚控制，如表 3.11.2 所示。

表 3.11.2 频带选择和分频比

BAND 引脚输入电平	频率/MHz	PLL 分频比	晶体振荡器频率/MHz
高电平	315	32	9.84
	434	32	13.56
低电平	868	64	13.56

2. 调制方式选择

在 MODE 引脚为逻辑低电平时，选择 OOK 调制方式，调制通过控制功率放大器(PA)导通和截止来完成。逻辑电平加在 DATA 引脚端控制输出级的状态。DATA=0 使输出级截止，DATA=1 使输出级导通。

如果一个逻辑高电平加在 MODE 引脚端，则选择 FSK 调制方式。FSK 调制是通过牵引晶体(Crystal Pulling)频率来完成的。一个内部开关接到 CFSK 引脚端，通过 CFSK 引脚端，内部开关(转换)外部晶体的负载电容，其结构如图 3.11.1(a)、(b)所示。

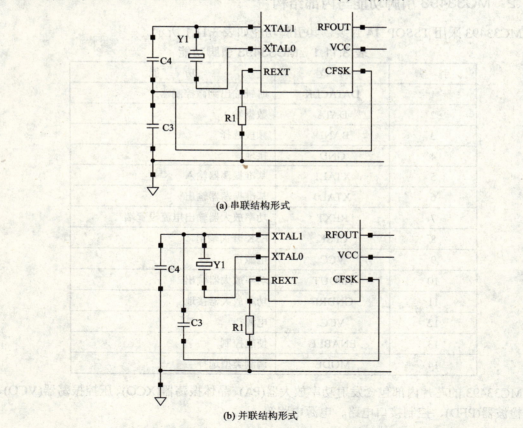

(a) 串联结构形式

(b) 并联结构形式

图 3.11.1 通过 CFSK 引脚端，内部开关(转换)外部晶体的负载电容的结构形式

　　逻辑电平加在 DATA 引脚端控制内部开关状态：DATA=0 使开关截止，DATA=1 使开关导通。DATA 引脚端输入在内部与基准信号同步。数据占空因数抖动不能超过基准周期±1(13.56 MHz 晶振，±75 ns)。FSK 调制是通过牵引晶体频率来完成的，这意味着 RF 输出频偏等于晶振的频偏乘以 PLL 分频率。

3．射频输出级

　　RF 输出级是一个单端的方波开关电流源，在输出电流中存在谐波，发射的绝对功率电平与天线特性和输出功率有关。在典型的应用中符合 ETSI 标准。

　　连接到 REXT 引脚端的电阻 R_{EXT} 控制输出功率，R_{EXT} 的大小根据发射功率和电流消耗选择。输出电压在内部被钳位到 VCC ±2Vbe(典型值为 VCC ±8.12 V，在 T_A=25℃时)。

4．微控制器接口

　　微控制器通过 4 个数字输入端口(EABLE、DATA、BAND、MODE)对芯片进行控制，可以设置频段、调制方式和使能电路。

　　一个数字输出(DATACLK)为微控制器提供频率等于基准频率 64 分频的数字时钟。晶体振荡器频率为 9.84/13.56 MHz 时，DATACLK(数字时钟)频率为 154/212 kHz。

5．状态机

　　状态机有以下 4 个工作状态。

　　(1) 状态 1：电路在待机模式，消耗极少的电流。

　　(2) 状状 2：在这个状态下，PLL 在锁定范围之外。RF 输出级为关闭状态，阻止 RF 发射。在 DATACLK 引脚端上的数据时钟信号是有效的。在任意时间使能芯片，状态机立即通过这个状态。

　　(3) 状态 3：在这个状态下，PLL 在锁定范围之内。如果 $t<t_{PLL\_lock\_in}$，则 PLL 保持在捕获模式下；如果 $t \geqslant t_{PLL\_lock\_in}$，则 PLL 锁定。在 DATA 引脚端上输入的数据在 RFOUT 引脚端输出，RFOUT 引脚端的输出信号的调制方式由 MODE 引脚端的电平控制。

　　(4) 状态 4：当电源电压下降到低于关闭阈值电压时，电路关闭。输入一个低电平在 ENABLE 端口上，可以脱离这个状态。

6．电源管理

　　当电池电压下降到低于关闭阈值电压时，电路关闭。直到有一个低电平输入到 ENABLE 端口上，才可以脱离这个状态。

3.11.3　MC33493 应用电路

　　MC33493 FSK 调制应用电路和印制板图如图 3.11.2～图 3.11.4 所示。应用电路中包含有一个 Motorola MC68HC908RK2 微控制器，工作在 FSK 调制方式，$f_{carrier}$=433.92 MHz。图 3.11.2 中，晶振 Y1 在不同的频段选择不同的数值，在 315 MHz 频段是 9.84 MHz，在 434 MHz 频段和 868 MHz 频段是 13.56 MHz；R1(R_{EXT})设置 RF 输出电平；C3、C4 为晶振负载电容，C3、C4 的值等于 PCB 中的杂散电容；C2、C6 为电源去耦电容。

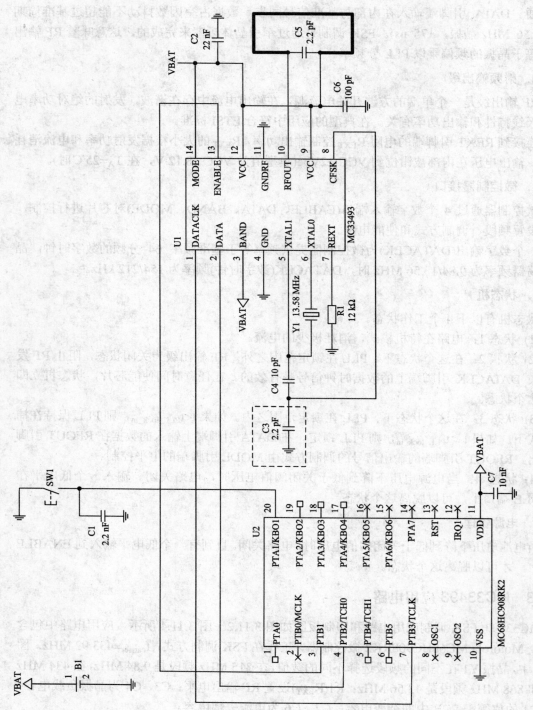

图 3.11.2　MC33493 FSK 调制应用电路电原理图

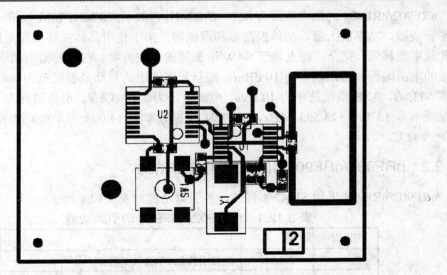

图 3.11.3   MC33493 FSK 调制应用电路印制电路板图(元器件面)

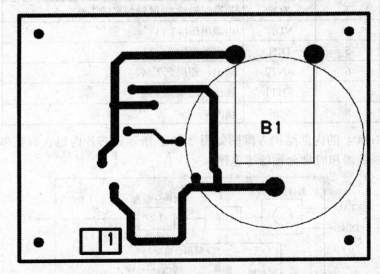

图 3.11.4   MC33493 FSK 调制应用电路印制电路板图(底层)

3.12   nRF902/nRF904 862~870 MHz/902~928 MHz

FSK/ASK 发射电路

3.12.1   nRF902/nRF904 主要技术特性

nRF902/nRF904 是一种符合欧洲 ETSI I-ETS 300 220 规范(nRF904 还符合北美(FCC)标准 CFR47 第 15 章的要求)的发射器芯片,适合在报警器、自动读表、无键进入、家庭自动化、遥控、无线数字通信等系统中应用。

nRF902/nRF904 的频率范围为 862～870 MHz /902～928 MHz ISM 频带。发射器集成有频率合成器、功率放大器、晶体振荡器和调制器。由于使用晶体振荡器稳定的频率合成器，因此频率漂移低，完全比得上基于 SAW 谐振器的解决方案。它们的输出功率和频偏可通过外接的电阻编程，输出功率为 10 dBm，推荐天线通道的差动负载阻抗为 400 Ω，FSK 数据速率 50 kb/s，ASK 数据速率为 10 kb/s，电源电压为 2.4～3.6 V，电流消耗为 9 mA。nRF902 晶振频率为 13.469～13.593 MHz，nRF904 晶振频率为 14.094～14.500 MHz，工作温度为 −40～+85℃。

3.12.2　nRF902/nRF904 引脚功能与内部结构

nRF902/nRF904 采用 SIOC-8 封装，各引脚功能如表 3.12.1 所示。

表 3.12.1　nRF902/nRF904 的引脚功能

引　脚	符　号	功　　能
1	XTAL	晶振引脚端/PWR-UP 控制
2	REXT	功率调节/时钟模式/ASK 调制数字输入
3	XO8	基准时钟输出(时钟频率的 1/8)
4	VDD	电源电压(+3 V)
5	DIN	数字数据输入
6	ANT2	输出，连接到天线
7	ANT1	输出，连接到天线
8	VSS	地(0 V)

nRF902/nRF904 的内部结构方框图如图 3.12.1 所示。芯片内包含有频率合成器、功率放大器、晶体振荡器和时钟分频器等电路。

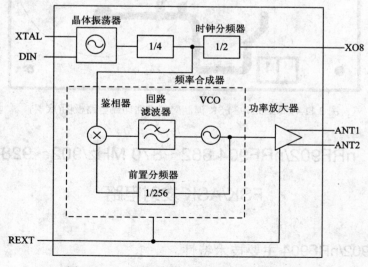

图 3.12.1　nRF902/nRF904 的内部结构方框图

天线输出端通过平衡的射频输出到天线，这个引脚端必须有直流通道到电源 VDD，电源 VDD 经过射频扼流圈或者环路天线的中心接入。在 ANT1/ANT2 输出端之间的负载阻抗为 200～700 Ω。如果需要 10 dBm 的输出功率，则推荐使用 400 Ω 的负载阻抗。低负载阻抗可以通过差动到单端匹配网络或者射频变压器(不平衡变压器)与 ANT1/ANT2 输出端连接，如图 3.12.2 所示。

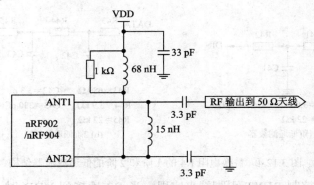

图 3.12.2　ANT1/ANT2 输出端差动到单端匹配网络结构

调制通过牵引晶振的电容来完成。要达到规定的频偏，晶振的特性要求满足：并联谐振频率 $f_p=$ 发射中心频率/64，并联等效电容 $C_0 \leqslant 7$ pF，晶振等效串联电阻 ESR$\leqslant 60$ Ω，全部负载电容(包括印制板电容)$C_L \leqslant 10$ pF。频率调制通过牵引晶振的负载(内部的变容二极管)完成。外接电阻 R4 将改变变容二极管的电压，如果使用图 3.12.4 所示的输入滤波器，则 R4 等于各电阻值的和。改变 R4 的值可以改变频偏。

调节输出功率，偏置电阻 R2 从 REXT 引脚端连接到电源端 VDD。在 nRF902 电路中，R2 的阻值(22 kΩ、68 kΩ、150 kΩ)设置输出功率电平(10 dBm、0 dBm、–10 dBm)，在 nRF904 电路中，R2 为 47 kΩ 和 120 kΩ，设置输出功率为 1 dBm 和–10 dBm 。

由于工作模式控制，nRF902/nRF904 可以设置工作在不同的模式，如图 3.12.3 和表 3.12.2 所示。

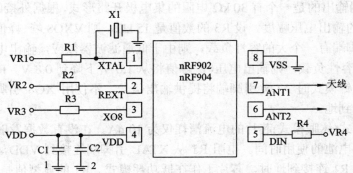

图 3.12.3　工作模式设置控制信号

表 3.12.2　nRF902/nRF904 的工作模式设置

工 作 模 式	VR1	VR2	VR3	VR4
低功耗模式(休眠模式)	GND	—	—	—
时钟模式	VDD	GND	VDD	—
ASK 模式	VDD	ASK 数据	VDD 或者 GND	VDD
FSK 模式	VDD	VDD	VDD 或者 GND	FSK 数据

　　在 FSK 模式, 调制数据从 DIN 引脚端输入, 这是 nRF902/nRF904 的标准工作模式。在高数据速率和低的频带宽度应用中, 一个低通滤波器将替换电阻 R4。1 阶和 2 阶的低通滤波器结构如图 3.12.4 所示。

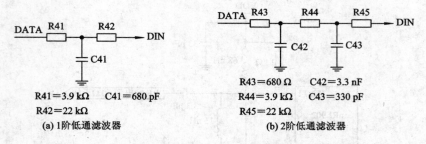

R41=3.9 kΩ　　C41=680 pF
R42=22 kΩ

(a) 1阶低通滤波器

R43=680 Ω　　C42=3.3 nF
R44=3.9 kΩ　　C43=330 pF
R45=22 kΩ

(b) 2阶低通滤波器

图 3.12.4　替换电阻 R4 的 1 阶和 2 阶的低通滤波器结构

　　ASK 调制通过控制 REXT 引脚端来实现。当 R2 连接到 VDD 时, 芯片发射载波。当 R2 连接到地时, 芯片内部的功率放大器关断。这两个状态表示 ASK 系统中的逻辑 "1" 和逻辑 "0"。在 ASK 模式, DIN 引脚端必须连接到 VDD。

　　时钟模式可应用于外接微控制器的情况, nRF902/nRF904 可以给微控制器提供时钟, 微控制器可以不使用晶体振荡器。在时钟模式, nRF902/nRF904 的晶体振荡器工作, XO8 输出基准时钟。注意当发射器休眠时, 此功能丧失。连接功率调节电阻 R2 到地, 设置时钟模式。当没有负载连接在 XO8 引脚端时, 时钟模式的电流消耗为 175 μA。如果一个容性的负载连接到 XO8 引脚端, 则电流消耗将增加。在时钟模式和发射模式之间转换时, 启动时间小于 50 μs。在 XO8 输出的时钟信号频率是晶振频率的 1/8。例如在 nRF902 中, 晶振频率为 13.567 MHz, 在 XO8 输出的时钟信号频率是 1.695 MHz。在 nRF904 中, 晶振频率为 14.2992 MHz, 在 XO8 输出的时钟信号频率是 1.7874 MHz。

　　XO8 引脚端输出的是一个有 30 kΩ 电阻的集电极开路形式, 根据外接的电阻 R3 可以计算 XO8 引脚端的输出电压幅度。设 R3 的数值是 15 kΩ, 则 VXO8 峰-峰值为 1.0 V。注意: 如果在 XO8 引脚端有一个大的容性负载, 则由于低通滤波器效应, 输出电压将降低。例如有一个 10 pF 的容性负载, 则输出电压峰-峰值将从 1.0 V 下降到 0.8 V。R3 连接到 VDD, 在发射模式和时钟模式时 XO8 引脚端将提供输出信号。不使用 XO8 引脚端信号时, XO8 引脚端直接连接到地。

　　在低功耗模式(休眠模式)芯片的电流消耗仅为 10 nA。在没有数据发射时, 工作在低功耗模式可以延长电池的使用时间。电阻 R1 从 XTAL 引脚端连接到 VDD, 提供给晶体振荡器偏置电流。当 R1 连接到地时, 芯片工作在低功耗模式。R1 的典型值是 150 kΩ。

　　电路从低功耗模式转换到发射模式需要 5 ms 的时间, 从时钟模式转换到发射模式需要 50 μs 的时间。

3.12.3　nRF902/nRF904 应用电路

　　nRF904 的应用电路如图 3.12.5 所示。nRF902 的应用电路与 nRF904 完全相同, 不同的是电路中的元器件参数不同。两个电路的印制板图完全相同, 如图 3.12.6 所示。

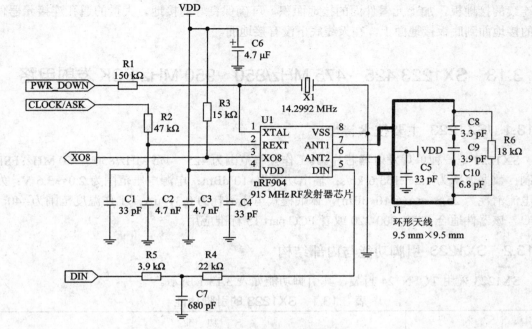

图 3.12.5　nRF904 的应用电路

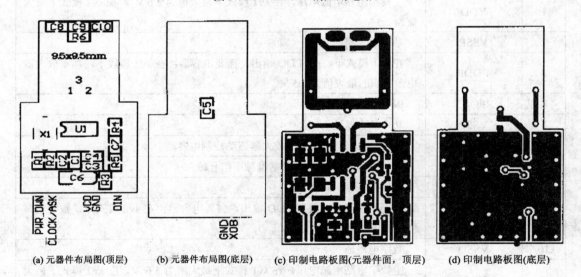

(a) 元器件布局图(顶层)　　(b) 元器件布局图(底层)　　(c) 印制电路板图(元器件面，顶层)　　(d) 印制电路板图(底层)

图 3.12.6　nRF902/nRF904 的元器件布局图和印制电路板图

　　为了获得好的射频性能，印制板(PCB)的设计是重要的。推荐使用最少两层 PCB 板，其中包括一个接地板。用高性能的射频电容紧密地靠近 VDD 引脚端，可完成 DC 电源去耦。推荐采用一个大容量的电容与一个小容量的电容并联连接在 VDD 与地之间。电源电压将被滤波，从电源分别发送到各数字电路。所有器件地、VDD 连接、VDD 旁路电容必须尽可能地靠近 nRF902/nRF904 芯片。PCB 使用上层射频接地板，VSS 引脚端将直接连接到接地板。PCB 使用底层接地板，最好的技术是通过一个通孔连接到 VSS。数字信号和控制信号通道不能靠近晶振和 XTAL 引脚端。图 3.12.6 所示为印制板使用双面 1.6 mm FR-4 板，底板层有连续的接地板，加上元器件面的接地面积，可确保良好的接地。大量的通孔连接元器件面的接地面到底板接地面上。在天线底下没有接地面。

3.13   SX1223 425～475 MHz/850～950 MHz FSK 发射电路

3.13.1   SX1223 主要技术特性

SX1223 是一种单片发射器芯片。其工作频率范围为 425～475 MHz/850～950 MHz；FSK 调制；数据速率为 1.2～153.6 kb/s；输出功率为+10 dBm；电源电压范围为 2.0～3.6 V；发射电流消耗为 25.8 mA(@10 dBm)，休眠模式电流消耗为 0.31 μA；工作温度范围为−40～85℃。该器件适合 ETSI-300-220 或者 FCC part 15 标准应用。

3.13.2   SX1223 引脚功能与内部结构

SX1223 采用 TQFN-24 封装，其引脚功能如表 3.13.1 所示。

表 3.13.1   SX1223 的引脚功能

引脚	符 号	功 能
1	VDD	主模拟电路电源电压，在 sv1 模式下最大值为 3.6 V，在 sv2 模式下最大值为 2.5 V
2	VSSP	功率放大器地
3	VDDP	在 sv1 模式下，PA LDO 输出，需要电容器；在 sv2 模式下，功率放大器电源电压的最大值为 2.5 V
4	RFOUT	RF 输出
5	VSSP	功率放大器地
6	PTATBIAS/PAC	PTAT 源偏置电阻/功率放大器驱动控制电容器
7	XTB	晶体振荡器引脚端/外部基准频率信号输入
8	XTA	晶体振荡器引脚端
9	VDDD	在 sv1 模式下，数字 LDO 输出，需要电容器；在 sv2 模式下，数字电路电源电压的最大值为 2.5 V
10	VSSD	数字电路地
11	VDD	主数字电路电源电压，在 sv1 模式下最大值为 3.6 V，在 sv2 模式下最大值为 2.5 V
12	LD	锁定检测输出
13	CLKOUT	输出时钟(1 MHz)
14	DCLK	数据时钟输出
15	DATAIN	数据输入
16	SCK	3 线式总线接口时钟输入
17	$\overline{\text{EN}}$	3 线式总线接口使能控制信号

引　脚	符　号	功　　能
18	SI	3 线式总线接口数据输入
19	SO	3 线式总线接口数据输出
20	CPOUT	PLL 充电泵输出
21	VARIN	VCO 变容二极管输入
22	VSSF	模拟电路
23	VDDF	在 sv1 模式下，模拟 LDO 输出，需要电容器；在 sv2 模式下，模拟电路电源电压最大值为 2.5 V
24	CIBIAS	CI 源偏置电阻

SX1223 的内部结构方框图如图 3.13.1 所示，芯片内部包含 PLL、PA(功率放大器)、串行接口等电路。

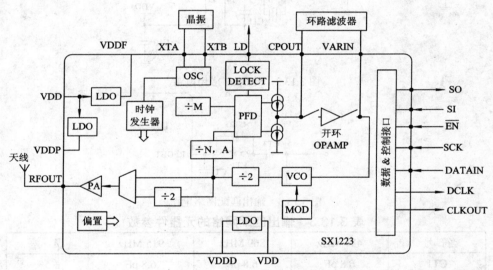

图 3.13.1　SX1223 的内部结构方框图

3.13.3　SX1223 应用电路

SX1223 应用电路如图 3.13.2 所示。不同频率时，PA(功率放大器)的最佳负载阻抗(输出功率为 +10 dBm)如表 3.1.2 所示。

表 3.13.2　不同频率时功率放大器的最佳负载阻抗

名　　称	工作频率与阻抗		
	434 MHz	869 MHz	915 MHz
PA 负载	19.4–j2.6 Ω	23.5–j1 Ω	23.5+j8 Ω

输出匹配网络电路如图 3.13.3 所示，其元器件参数如表 3.13.3 所示。推荐的晶振频率典型值为 16.0 MHz，负载电容为 9 pF。

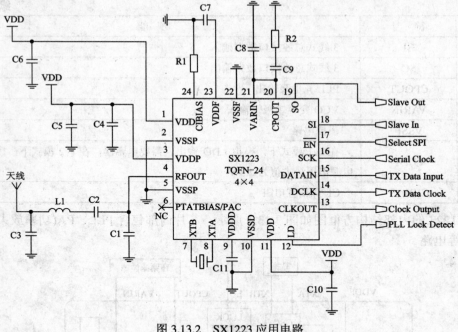

图 3.13.2　SX1223 应用电路

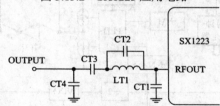

图 3.13.3　输出匹配网络电路

表 3.13.3　输出匹配网络的元器件参数

符　号	434 MHz	869 MHz	915 MHz	误　差
CT1	6.8 pF	6.8 pF	6.8 pF	±5%
CT2	1 pF	NC	NC	±5%
CT3	10 pF	15 pF	33 pF	±5%
CT4	10 pF	6.8 pF	4.7 pF	±5%
LT1	22 nH	4.7 nH	4.7 nH	±5%

环路滤波器可以采用图 3.13.4 所示的连接形式，其元器件参数如表 3.13.4 所示。

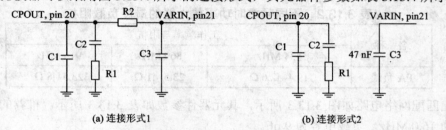

(a) 连接形式1　　　　　　　　　　(b) 连接形式2

图 3.13.4　环路滤波器的连接形式

表 3.13.4　环路滤波器的元器件参数

R1	R2	C1	C2	C3
12 kΩ	—	470 pF	4.7 nF	33 nF

3.14　TH7108 800～960 MHz FSK/FM/ASK 发射电路

3.14.1　TH7108 主要技术特性

　　TH7108 是 Melexis 公司推出的一种单片 FSK/FM/ASK 发射器芯片，可用于无钥匙进入、遥控遥测、数据通信和安防等系统中。

　　TH7108 可工作在 800～960 MHz 频段，芯片内集成了晶体振荡器、压控振荡器(VCO)、相频检波器、分频器、功率放大器等电路。TH7108 可完成 FSK/FM/ASK 调制，输出功率为 1 dBm，FSK 数据速率为 20 kb/s，ASK 数据速率为 40 kb/s，FM 频偏为±6 kHz，电源电压为 2.1～5.5 V，电流消耗为 12.5 mA，具有低功耗模式，低功耗模式下电流消耗为 100 nA，可为微控制器提供分频的时钟输出。

3.14.2　TH7108 引脚功能与内部结构

　　TH7108 采用 SSOP-16 封装，各引脚功能如下：
　　引脚 1：LF1，充电泵输出，连接到回路滤波器。
　　引脚 2：SUB，地。
　　引脚 3：DATA，FSK 数据输入。
　　引脚 4：RO2，晶体振荡器电路 FSK 引入端。
　　引脚 5：RO1，晶体振荡器电路连接到晶体振荡器。
　　引脚 6：ENTX，模式控制输入。
　　引脚 7：ENCK，模式控制输入。
　　引脚 8：CLKOUT，时钟输出。
　　引脚 9：PS，电源选择和 ASK 输入。
　　引脚 10：VCC，电源。
　　引脚 11：VEE，地。
　　引脚 12：OUT2，差分功率放大器输出，集电极开路。
　　引脚 13：OUT1，差分功率放大器输出，集电极开路。
　　引脚 14：VEE，地。
　　引脚 15：VCC，电源。
　　引脚 16：LF2，压控振荡器调谐输入，连接到回路滤波器。
　　TH7108 内部结构方框图和外部元件如图 3.14.1 所示。芯片内包含发射功率放大器(PA)、晶体振荡器(XOSC)、压控振荡器(VCO)、相频检波器(PFD)、分频器(div8 和 div32)、充电泵(CP)、电源电路(PS)、FSK 开关(SW)等电路。锁相环(PLL)合成器由压控振荡器(VCO)、分频器、相频检波器、充电泵和回路滤波器(LF)组成，在 LF 端外接的回路滤波器决定 PLL 的动态性能。VCO 的振荡器信号被馈送到分频器和功率放大器,分频器的分频比是 32。晶体振荡器(XOSC)作为 PLL 合成器的基准振荡器。发射器的载波频率 f_c 是由晶体振荡器的基准频率 f_{ref} 决定的,集成的 PLL 合成器利用 $f_{ref} = f_c/N$(N=32,分频器系数),保证在 800～960 MHz 频率范围内的每一个射频频点能够实现。

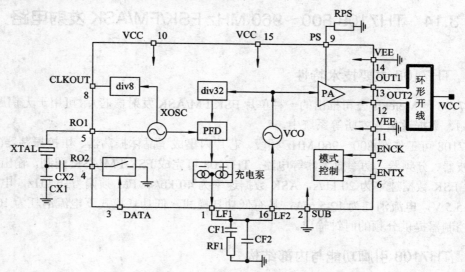

图 3.14.1　TH7108 内部结构方框图和外部元件

FSK 调制时,数据流加到 DATA 端,在数据="LOW"(低电平)时,外接的电容器 CX2 被芯片内的开关连接到与 CX1 并联,晶体振荡器的频率被设置到振荡频率的低端 f_{min};在数据="HIGH"(高电平)时,外接的电容器 CX2 被芯片内的开关断开与 CX1 的并联,晶体振荡器的频率被设置到振荡频率的高端 f_{max},实现 FSK 调制。两个外接的电容器 CX1 和 CX2 允许独立地调节 FSK 的频偏和中心频率。FM 调制需要一个外接的变容二极管,作为一个电容被串接到晶体振荡器回路中,模拟信号通过一个串联电阻直接调制晶体振荡器。ASK 调制时,数据信号直接加 PS 端,利用数据信号控制功率放大器(PA)"导通"和"关断",完成 ASK 调制。

功率放大器(PA)的输出功率可以通过改变 PS 端的外接电阻 RPS 的数值或改变在 PS 端的电压 V_{PS} 来完成。集电极开路的差分输出(OUT1 和 OUT2)能直接驱动一个环形天线,或者通过一个平衡-不平衡变换器转换为单端输出。

TH7108 模式控制逻辑如表 3.14.1 所示,模式控制允许芯片工作在四个不同的模式下。模式控制端 ENCK 和 ENTX 在芯片内部被下拉,以保证模式控制端 ENCK 和 ENTX 在浮置时,电路被关断。

表 3.14.1　TH7108 模式控制逻辑

ENCK	ENTX	模　式	电路状态
0	0	低功耗模式	待机状态
0	1	仅有发射	仅有发射功能,时钟不可用
1	0	仅有时钟	发射在待机状态,仅有时钟可用
1	1	所有电路导通	发射和时钟可用,工作状态

时钟输出端(CKOUT)的输出时钟信号能用来驱动微控制器，频率是基准振荡频率的 1/8。

3.14.3　TH7108 应用电路

TH7108 的应用电路如图 3.14.2 所示，其元器件参数如表 3.14.2 所示。

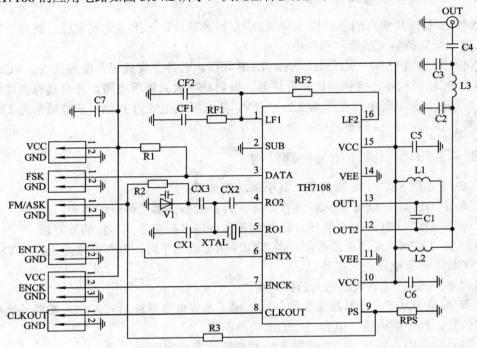

图 3.14.2　TH7108 的应用电路

表 3.14.2　TH7108 应用电路的元器件参数

符号	数值	描　述	符号	数值	描　述
CF1	10 nF	回路电容	L1	22 nH	阻抗匹配电感
CF2	12 pF	回路电容	L2	22 nH	阻抗匹配电感
CX1$_{FSK}$	56 pF	FSK XOSC 电容	L3	33 nH	阻抗匹配电感
CX1$_{ASK}$	18 pF	ASK XOSC 电容	RF1	2 kΩ	回路电阻
CX2	1 nF	仅 FSK 需要	RF2	4.3 kΩ	回路电阻
CX3	1 nF	仅 FM 需要	RPS	56 kΩ	功率选择电阻
C1	0.47 pF	阻抗匹配电容	R1	470 kΩ	FSK 上拉电阻
C2	1.0 pF	阻抗匹配电容	R2	30 kΩ	仅 FM 需要
C3	1.8 pF	阻抗匹配电容	R3	0 Ω	仅 ASK 需要
C4	150 pF	阻抗匹配电容	V1	BB535	仅 FM 需要
C5	330 pF	滤波电容	XTAL	27.1344 MHz	晶体振荡器
C6	330 pF	滤波电容			
C7	220 nF	滤波电容			

3.15 TX4915 100～900 MHz AM/ASK 发射电路

3.15.1 TX4915 主要技术特性

TX4915 是单片集成的低价格 AM/ASK 发射器芯片，可用于无线鼠标、键盘、汽车防盗、家庭安全防范等无线遥控系统中。

TX4915 工作在 100～900 MHz VHF/UHF 频段。芯片上集成了基准振荡器、VCO(压控振荡器)、PLL 锁相环、可预置比例分频器、发射功率放大器等电路，并且具有自动同步检测、低功耗模式，电源电压范围为 2.2～5.5 V，待机模式电流为 1 μA，基准频率为 17 MHz，工作温度范围为−45～+85℃。

3.15.2 TX4915 引脚功能与内部结构

TX4915 采用 SSOP-16 脚封装，其引脚功能如下：

引脚 1：OSCIN，OSC 输入，连接到芯片内基准振荡器晶体管的基极。

引脚 2：OSCOUT，OSC 输出，连接到芯片内基准振荡器晶体管的发射极。

引脚 3：TXEN，电路使能控制。当 TXEN 端加低电平时，所有电路截止；当 TXEN 端加高电平时，所有电路正常工作。

引脚 4：VSS，功率输出放大器接地端。

引脚 5：PAOUT，发射器输出端。这个端子是集电极开路形式(OC)，需要外接电感提供直流偏置，和外接电感、电容进行输出功率匹配。

引脚 6：VSS1，接地端，功率放大器的前置放大器接地端。

引脚 7：VCC1，电源端，为功率放大器的前置放大器提供电源偏置。

引脚 8：MODIN，AM 模拟信号和 ASK 数字信号输入端。

引脚 9：VCC2，电源端，为芯片内 VCO、晶体振荡器、比例分频器、充电泵、鉴相器提供直流电源偏置。

引脚 10：VSS2，接地端，数字 PLL 接地端。

引脚 11：VREFP，为旁路可前置分频器的偏置电压基准端。

引脚 12：RESB，提供 VCO 直流电压，用来调节 VCO 中心频率。

引脚 13：RES，功能同引脚 12。

引脚 14：DO，充电泵输出。通过一个 RC 网络连接到地，用来设置 PLL 带宽。

引脚 15：LD，这个端子用来设置同步检测电路的阈值电平。外接的电容和片内的 1 kΩ 电阻设定 RC 时间常数，时间常数是基准周期的 15 倍。

引脚 16：SW，前置分频器控制端。当 SW 为高电平时，选择 64 分频；当 SW 为低电平时，选择 128 分频。

TX4915 内部结构方框图如图 3.15.1 所示。芯片内包含发射功率放大器(PA)、晶体振荡器(OSC)、压控振荡器(VCO)、相位检波器(PD)和充电泵(Charge Pump)、前置分频器(Prescaler)、同步检测、直流偏置控制等电路。

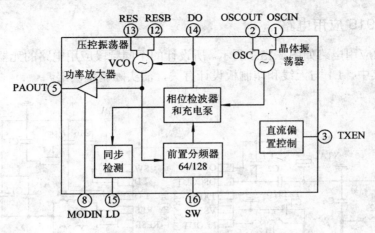

图 3.15.1 TX4915 内部结构方框图

基准晶体振荡器采用典型的科耳皮兹(Colpitts)振荡器电路。VCO 是采用基极和集电极交叉耦合提供反馈和 360° 相移可调谐的差分放大器电路。调谐电路设置在集电极,由内部的变容二极管和外接电感组成。设计人员可选择电感来满足所需的工作频率。这些电感也为 VCO 提供直流偏置。前置分频器采用双稳态触发 64 或 128 分频 VCO 频率。当 SW 端为高电平时,选择 64 分频;当 SW 端为低电平时,选择 128 分频器。这个被分频的信号被输入到相位检波器与基准频率比较。

相位检波器是采用"数字三态比较器"技术的双稳态触发器,用来比较基准振荡器和 VCO 的相位。充电泵由 2 个电阻、1 个充电回路滤波器和 1 个放电回路滤波器组成。当双稳态触发器的两个输入端相同时,表示两个频率和相位被同步。如果两者是不相同的,则将提供信号到充电泵,控制充电泵的充电或放电回路滤波,或者进入高阻状态。

同步检测电路连接到相位检波器的输出。当 VCO 与基准振荡器相位不同步时,发射器不工作,这对避免不需要的频率外发射是必需的。第 15 脚(LD 端)用来设置同步检测电路的阈值电平,外接的电容与片内电阻(1 kΩ)用来设置 RC 时间常数。这个时间常数大约是基准周期的 15 倍。功率放大器由驱动器和集电极开路的末级放大器组成。PAOUT 集电极开路输出需要外接电感线圈提供直流偏置。调谐线圈和 LC 电路,以得到与外接天线回路匹配的最佳性能。为了减少对其他电路的影响,功率放大器有自己单独的接地端 VSS 和 VSS1。

在 ASK 发射时,数字信号加在 MODIN 端上。当数字信号为逻辑高电平时,载波被发射;当数字信号为逻辑低电平时,载波不被发射。

芯片提供三种功率模式:低功率模式、PLL 使能模式和发射模式。由 TXEN 和 MODIN 端设置,如表 3.15.1 所示。

表 3.15.1 TX4915 芯片的三种功率模式

TXEN	MODIN	功率模式
L	X	低功率模式
H	L	PLL 使能模式
H	H	发射模式

3.15.3　TX4915 应用电路

TX4915 的应用电路如图 3.15.2 所示。所设计的不同频段应用电路的元器件参数值如表 3.15.2 所示。其中，L1 与天线和印制板设计有关，需实际调整决定。

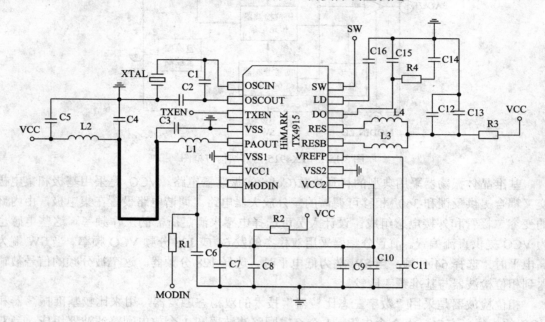

图 3.15.2　TX4915 应用电路

表 3.15.2　TX4915 应用电路所用元件的参数

符　号	频段/MHz				单位	特　性
	315	434	868	916.5		
XTAL	4.92188	6.78125	6.78125	7.16016	MHz	0603，±5%
C1	68	68	68	68	pF	0603，±5%
C2	33	33	33	33	pF	0603，±5%
C3	—	—	—	4.7	pF	0603，±5%
C4	—	—	—	4.7	pF	0603，±5%
C5	—	—	—	3.3	pF	0603，±5%
C6	100	100	100	100	pF	0603，±5%
C7	68	68	22	22	pF	0603，±5%
C8	10	10	10	10	nF	0603，±5%
C9	68	68	22	22	pF	0603，±5%
C10	10	10	10	10	nF	0603，±5%

符　号	频段/MHz				单位	特　性
	315	434	868	916.5		
C11	10	10	10	10	nF	0603，±5%
C12	68	68	22	22	pF	0603，±5%
C13	10	10	10	10	nF	0603，±5%
C14	1000	1000	470	470	pF	0603，±5%
C15	100	100	47	47	pF	0603，±5%
C16	18	10	18	18	nF	0603，±5%
R1	10	10	10	10	kΩ	0603，±5%
R2	10	10	22	22	Ω	0603，±5%
R3	10	10	10	10	Ω	0603，±5%
R4	10	10	10	10	Ω	0603，±5%
L1	11	11	22	22	nH	DELTA，0805CS

3.16　MC33596 304～915 MHz OOK/FSK 接收电路

3.16.1　MC33596 主要技术特性

MC33596 接收器和 MC33696UHF 收发器为汽车、消费电子和工业应用提供了经济、高效的解决方案。MC33596 和 MC33696 可以用于远程无匙进入、车库大门控制、射频 ID(RFID)产品、告警监控、无线告警与安全系统、家庭自动化和自动读表等。飞思卡尔半导体还可以提供一种免费的参考设计，帮助开发人员在多种应用中评估并展示与上述设备的低功率无线连接。

MC33596 的频率范围为 304 MHz、315 MHz、426 MHz、434 MHz、868 MHz 和 915 MHz；OOK 和 FSK 接收；数据速率为 20 kb/s(曼彻斯特编码)；FSK 接收灵敏度为-106.5～-108 dBm(2.4 kb/s)；IF 滤波器带宽为 380 kHz；通过 SPI 接口可编程；PLL 频率步长为 6 kHz；电源电压为 2.1～3.6 V 或者 5V；接收模式电流消耗为 10.3 mA，待机模式电流消耗为 260 nA；可选择的温度范围为-40～+85℃或者-20～+85℃。

3.16.2　MC33596 引脚功能与内部结构

MC33596 采用 LQFP-32 封装，其引脚功能如表 3.16.1 所示。其内部结构方框图如图 3.16.1 所示，芯片内部包含有接收通道、频率合成器、基准振荡器、配置寄存器、SPI 接口、电源等电路。

表 3.16.1　MC33596 引脚功能

引　脚	符　号	功　　能
1	RSSIOUT	RSSI 输出
2	VCC2RF	LNA 电源电压，2.1～2.7 V
3	RFIN	RF 输入
4	GNDLNA	LNA 地
5	VCC2VCO	VCO 电源电压，2.1～2.7 V
6，8，16，32	GND	地
7，27	NC	未连接
9	XTALIN	晶体振荡器输入
10	XTALOUT	晶体振荡器输出
11	VCCINOUT	电源电压/调节器输出，2.1～3.6 V
12	VCC2OUT	模拟和 RF 模块电路的电压调节器输出，2.1～ 2.7 V
13	VCCDIG	电压限幅器电源电压，2.1～3.6 V
14	VCCDIG2	数字模块的 1.5 V 电压限幅器输出
15	RBGAP	基准电压负载电阻
17	GNDDIG	数字电路地
18	RSSIC	RSSI 控制输入
19	DATACLK	数据时钟输出到微控制器
20	CONFB	配置模式选择输入
21	MISO	数字接口 I/O
22	MOSI	数字接口 I/O
23	SCLK	数字接口时钟 I/O
24	SEB	数字接口使能控制
25	GNDIO	数字接口 I/O 地
26	VCCIN	2.1～3.6 V 或者 5.5 V 电源电压输入
28	STROBE	选通振荡器电容器或者外部控制输入
29	GNDSUBD	地
30	VCC2IN	2.1～2.7 V 模拟电路电源电压，连接退耦电容器
31	SWITCH	RF 开关控制输出

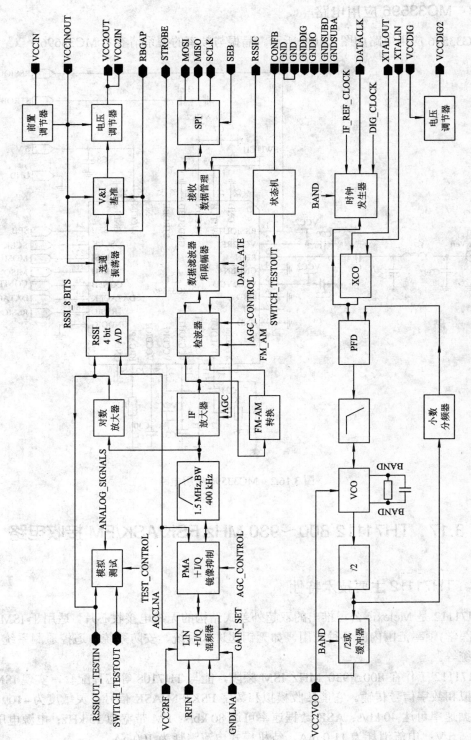

图 3.16.1　MC33596 内部结构方框图

3.16.3　MC33596 应用电路

MC33596 应用电路如图 3.16.2 所示。晶振与频率的关系请参考 MC33696。

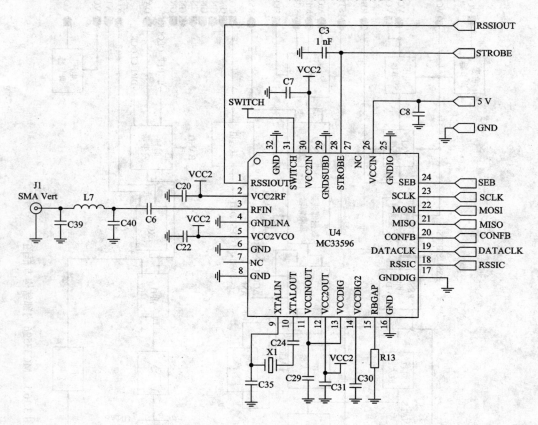

图 3.16.2　MC33596 应用电路

3.17　TH71112 800～930 MHz FSK/ASK/FM 接收电路

3.17.1　TH71112 主要技术特性

TH71112 是 Melexis 公司推出的双超外差式结构的无线电接收芯片，适用于 ISM(工业、科学和医学)频率范围内的各种应用，如无钥匙进入系统、安防系统、遥控遥测系统、数据通信系统等。

TH71112 工作在 800～930 MHz ISM 频段，能与 TH7108 等芯片配套，实现 ISM 频段无线模拟和数字信号传输。它能接收模拟和数字 FSK/FM/ASK 信号；灵敏度为 −109 dBm；FSK 数据速率可达 40 kb/s；ASK 数据速率可达 80 kb/s；FM 带宽为 15 kHz；电源电压 VCC 为 2.5～5.5 V；电流消耗为 11.0 mA，待机模式电流消耗为 100 nA。

3.17.2 TH71112 引脚功能与内部结构

TH71112 采用 LQFP-32 封装，各引脚功能如下：

引脚 1，5，10，22，25，30：VEE，地。

引脚 2：GAIN_LNA，低噪声放大器(LNA)增益控制。

引脚 3：OUT_LNA，LNA 输出，连接到外接的 LC 调谐回路。

引脚 4：IN_MAX1，混频器 1(MAX1)输入，单端阻抗约 33 Ω。

引脚 6：IF1P，中频 1(IF1)输出正端，集电极开路输出，连接到第一级 IF 的外接 LC 回路。

引脚 7：IF1N，中频 1(IF1)输出负端，集电极开路输出，连接到第一级 IF 的外接 LC 回路。

引脚 8，14，17，27，32：VCC，电源输入。

引脚 9：OUT_MIX2，混频器 2(MAX2)输出，输出阻抗约 330Ω。

引脚 11：IN_IFA，中频放大器(IFA)输入，输入阻抗约 2.2 KΩ。

引脚 12：FBC1，连接外接的中频放大器反馈电容。

引脚 13：FBC2，连接外接的中频放大器反馈电容。

引脚 15：OUT_IFA，中频放大器输出。

引脚 16：IN_DEM，解调器(DEMOD)的输入，到混频器 3。

引脚 18：OUT_OA，运算放大器(OA)输出。

引脚 19：OAN，运算放大器(OA)负极输入。

引脚 20：OAP，运算放大器(OA)正极输入。OAN 和 OAP 之间的输入电压峰-峰值限制为大约 0.7 V。

引脚 21：RSSI，RSSI 输出，输出阻抗约 36 kΩ。

引脚 23：OUTP，FSK/FM 输出正端，输出阻抗为 100～300 kΩ。

引脚 24：OUTN，FSK/FM 输出负端，输出阻抗为 100～300 kΩ。

引脚 26：RO，基准振荡器输入，外接晶体振荡器和电容。

引脚 28：ENRX，模式控制输入。

引脚 29：LF，充电泵输出和压控振荡器 1(VCO1)控制输入。

引脚 31：IN_LNA，LNA 输入，单端阻抗约 26 Ω。

TH71112 内部结构方框图如图 3.17.1 所示。芯片内包含低噪声放大器(LNA)、两级混频器(MIX1 和 MAX2)、锁相环合成器(PLL Synthesizer)、基准晶体振荡器(RO)、中频放大器(IFA)、相频检波器(PFD)等电路。

LNA 是一个高灵敏度的接收射频信号的共发-共基放大器。混频器 1(MAX1)将射频信号下变频到中频 1(IF1)，混频器 2(MAX2)将中频信号 1 下变频到中频信号 2(IF2)，中频放大器(IFA)放大中频信号 2 和限幅中频信号并产生 RSSI 信号。相位重合解调器和混频器 3 解调中频信号。运算放大器(OA)进行数据限幅、滤波和 ASK 检测。锁相环合成器由压控振荡器(VCO1)、反馈式分频器(DIV16 和 DIV2)、基准晶体振荡器(RO)、相频检波器(PFD)、充电泵(CP)等电路组成，产生第 1 级和第 2 级本振信号 LO1 和 LO2。

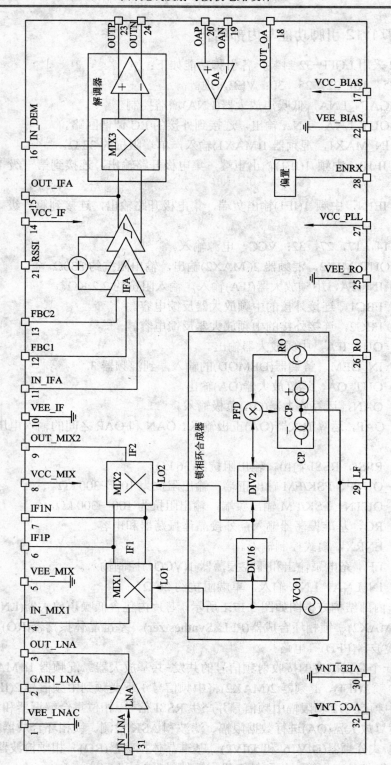

图 3.17.1 TH71112 内部结构方框图

使用 TH71112 接收器芯片可以组成不同的电路结构，以满足不同的需求。对于 FSK/FM 接收，在相位重合解调器中使用 IF 谐振回路，谐振回路可由陶瓷谐振器或者 LC 谐振回路组成。在 ASK 结构中，RSSI 信号馈送到 ASK 检波器，ASK 检波器由 OA 组成。

TH71112 采用两级下变频，MAX1 和 MAX2 由芯片内部的本振信号 LO1 和 LO2 驱动，与射频前端滤波器共同实现一个高的镜像抑制。有效的射频前端滤波是在 LNA 的前端使用 SAW、陶瓷或者 LC 滤波器，以及在 LNA 的输出使用 LC 滤波器。

3.17.3　TH71112 应用电路

TH71112 应用电路如图 3.17.2～图 3.17.4 所示，其元器件参数值如表 3.17.1 所示。

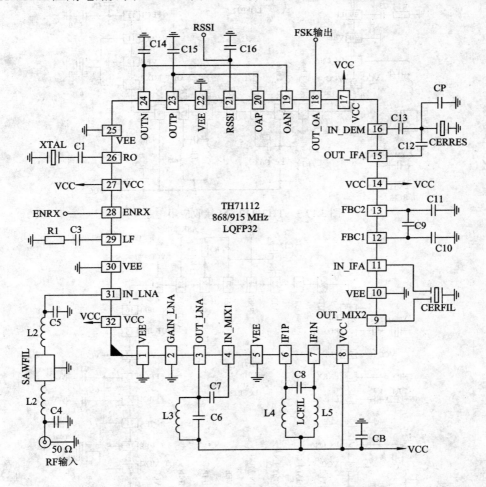

图 3.17.2　TH71112 FSK 接收应用电路

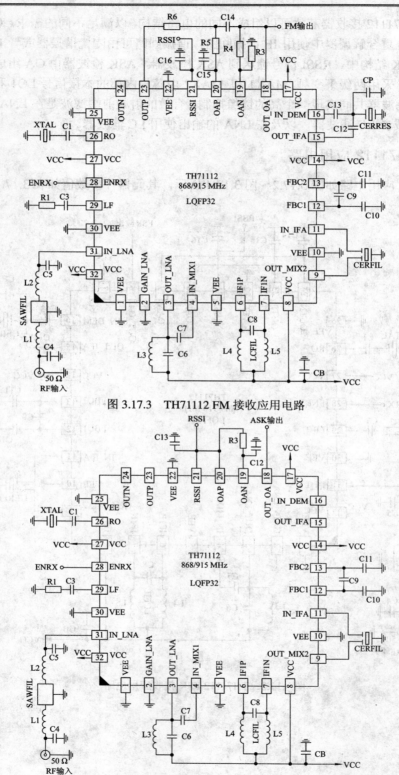

图 3.17.3　TH71112 FM 接收应用电路

图 3.17.4　TH71112 ASK 接收应用电路

表 3.17.1　TH71112 FSK/FM/ASK 应用电路的元器件参数

符号	FSK 接收 数值	FM 接收 数值	ASK 接收 数值	单 位	描　　述
C1	15	15	15	pF	晶体振荡器串联电容
C2	330	330	330	pF	电源滤波电容
C3	1	1	1	nF	回路滤波器电容
C4	4.7	4.7	4.7	pF	SAW 输入匹配电容
C5	2.7	2.7	2.7	pF	SAW 输出匹配电容
C6	NIP	NIP	NIP		LNA 输出谐振回路电容
C7	1.2	1.2	1.2	PF	MAX1 输入匹配电容
C8	22	22	22	pF	IF1 谐振回路电容
C9	33	33	33	nF	IFA 反馈电容
C10	1	1	1	nF	IFA 反馈电容
C11	1	1	1	nF	IFA 反馈电容
C12	10	1.5	1～10	pF	解调器相移电容
C13	680	680	330	pF	解调器耦合电容
C14	10～47	100		pF	低通滤波器电容
C15	10～47	100		pF	低通滤波器电容
C16	330	330		pF	RSSI 输出低通滤波器电容
C17	1.5	10		pF	陶瓷谐振器并联电容
R1	10	10	10	kΩ	回路滤波器电阻
R2		12	100	kΩ	滤波器电阻
R3		6.8		kΩ	滤波器电阻
R4		33		kΩ	滤波器电阻
R5		33		kΩ	滤波器电阻
L1	12	12	12	nH	SAW 滤波器匹配电感
L2	12	12	12	nH	SAW 滤波器匹配电感
L3	6.8	6.8	6.8	nH	LNA 输出谐振回路电感
L4	100	100	100	nH	IF1 谐振回路电感
L5	100	100	100	nH	IF1 谐振回路电感
XTAL	25.223 53	25.223 53	25.223 53	MHz	RF = 868.3 MHz
	26.597 06	26.597 06	26.597 06	MHz	RF = 915 MHz
SAW	B3570	B3570	B3570		RF = 868.3 MHz
	B3569	B3569	B3569		RF = 915 MHz
CER	SFE10.7	SFE10.7	SFE10.7	MHz	BIF2 =40 kHz
	SFECV10.7	SFECV10.7	SFECV10.7	MHz	BIF2 =150 kHz

第 4 章　868 MHz 无线收发电路设计

4.1　MICRF610 868～870 MHz FSK 收发电路

4.1.1　MICRF610 主要技术特性

MICRF610 是一个完整的 FSK 收发器芯片，符合 ETSI(European Telecommunication Standard Institute)规范 EN300 220。

发射器部分由一个完全可编程的 PLL 合成器和 PA 组成。频率合成器由 VCO、晶体振荡器、双模数前置分频器、可编程分频器、鉴相器组成。PA 的输出功率是可编程的。一个锁定检测电路用于检测 PLL 电路的锁定状态。

在接收模式，PLL 产生 LO 信号。产生 LO 信号频率的 N、M 和 A 数值存储在 N0、M0 和 A0 寄存器中。

接收器是一个零 IF 的接收机结构。接收器由 LNA 和正交混频器对组成。混频器的输出馈送到两个在相位上正交的通道。每个通道包含有前置放大器、3 阶 Sallen-Key RC 低通滤波器和限幅器。Sallen-Key RC 滤波器的截止频率是可编程的，可编程为 100 kHz、150 kHz、230 kHz 和 350 kHz。

MICRF610 的电源电压为 2.0～2.5 V，低功耗模式电流消耗为 0.3 μA；在发射模式，输出功率为 -6～8.5 dBm，电流消耗为 14～26 mA，在接收模式，接收灵敏度为 -107～-111 dBm，电流消耗为 13.6 mA；接收输入最大功率为 -8 dBm。

与 MICRF610 同类型的产品参数如表 4.1.1 所示。

表 4.1.1　与 MICRF610 同类型的产品参数

型　号	频率范围	数据速率	接收模式	电源电压	发射模式	调制类型	封　装
MICRF600	902～928 MHz	<20 kb/s	13.5 mA	2.0～2.5 V	28 mA	FSK	11.5 mm× 14.1 mm
MICRF610	868～870 MHz	<15 kb/s	13.5 mA	2.0～2.5 V	28 mA	FSK	11.5 mm× 14.1 mm
MICRF620	430～440 MHz	<20 kb/s	12.0 mA	2.0～2.5 V	24 mA	FSK	11.5 mm× 14.1 mm
RFB433B	430～440 MHz	19.2 kBaud	8 mA	2.5～3.4 V	42 mA	FSK	1"×1"
RFB868B	868～870 MHz	19.2 kBaud	10 mA	2.5～3.4 V	50 mA	FSK	1"×1"
RFB915B	902～928 MHz	19.2 kBaud	10 mA	2.5～3.4 V	50 mA	FSK	1"×1"

4.1.2　MICRF610 引脚功能与内部结构

MICRF610 采用模块式封装,其封装形式如图 4.1.1 所示,其引脚端功能如表 4.1.2 所示。

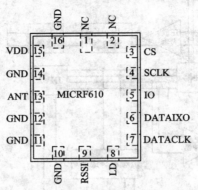

图 4.1.1　MICRF610 的封装形式

表 4.1.2　MICRF610 的引脚端功能

引　脚	符　号	功　能
1，2	NC	未连接
3	CS	片选,3 线式可编程接口
4	SCLK	3 线式可编程接口时钟
5	IO	3 线式可编程接口数据
6	DATAIXO	数据接收/发射,双向
7	DATACLK	数据时钟接收/发射
8	LD	锁定检测
9	RSSI	RSSI 指示器
10，11，12，14，16	GND	地
13	ANT	RF 输入/输出
15	VDD	电源电压输入,2.0～2.5 V

MICRF610 内部结构框图如图 4.1.2 所示,芯片内部包含有 LNA、PA、IF 放大器、混频器、Sallen-Key 滤波器(Sallen-Key Filter)、主滤波器(Main Filter)、解调器(Demodulator)、调制器(Modulator)、时钟恢复(Clock Recovery)、偏移控制(Deviation Control)、LO 缓冲器(LO-Buffer)、PA 缓冲器(PA-Buffer)、频率合成器(Frequency Synthesiser)、RSSI、VCO、晶体振荡器(XCO)、偏置(Bias)、控制逻辑电路(Control Logic)。

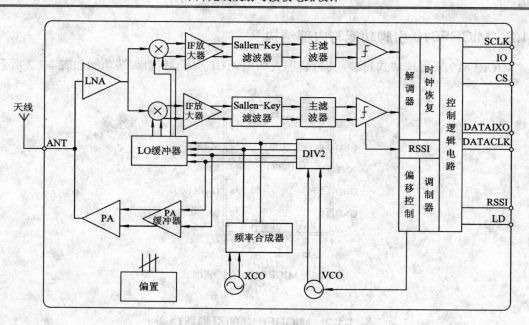

图 4.1.2　MICRF610 内部结构框图

4.1.3　MICRF610 应用电路

MICRF610 与微控制器连接即可直接应用,其连接电路形式如图 4.1.3 所示。图中,MCU 工作电源电压为 3.0 V,而 MICRF610 工作电源电压为 2.5 V。

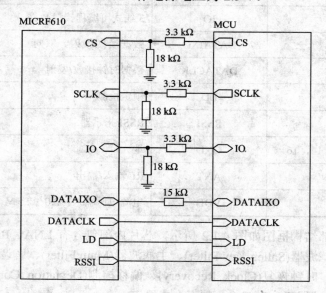

图 4.1.3　MICRF610 与微控制器的连接电路形式

推荐的模块引脚端 PCB 图如图 4.1.4 所示。

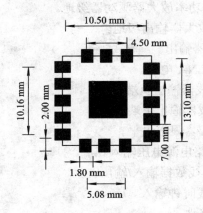

图 4.1.4 推荐的模块引脚端 PCB 图

4.2 TDA5250 868 MHz ASK/FSK 收发电路

4.2.1 TDA5250 主要技术特性

TDA5250 是一个低功率的单片 FSK/ASK 收发器芯片, 适合在 868～870 MHz 半双工低数据速率通信中应用。该芯片具有很高的集成度, 仅需要外接几个元器件。芯片内部包含有功率放大器、低噪声放大器、AGC 控制电路、双平衡混频器、合成的转换器、I/Q 限幅器、RSSI 发生器、FSK 解调器、完全集成的 VCO 和 PLL 合成器、可调的晶体振荡器、数据滤波器、数据比较器、正负峰值检测器、数据速率检测电路和 I^2C 3 线总线接口。该芯片提供低功耗模式; 电源电压为 2.1～5 V; 接收模式下电流消耗为 9 mA, 发射模式下电流消耗为 12 mA; FSK/ASK 调制和解调; I^2C 3 线微控制器接口; 芯片内部低通通道选择滤波器和数据滤波器可以调节带宽; 数据限幅器自调节阈值; FSK 接收灵敏度为 -109 dBm, 发射功率为 +13 dBm, 数据速率为 64 kb/s; 可以应用在低数据速率通信系统、无键进入系统、遥控系统、报警系统、遥测系统、家庭自动化系统中。

4.2.2 TDA5250 引脚功能与内部结构

TDA5250 采用 P-TSSOP-38-1 封装, 引脚功能如下:

引脚 1: VCC, 模拟电源电压输入。

引脚 2: BUSMODE, 总线模式选择。

引脚 3: LF, 连接回路滤波器和 VCO 控制电压。

引脚 4: ASK/FSK, FSK/ASK 模式转换输入。

引脚 5: RX/TX, RX/TX 模式转换输入、输出。

引脚 6: LNI, 射频输入到差动低噪声放大器 LNA。

引脚 7：LNIX，射频输入到差动低噪声放大器 LNA。

引脚 8：GND1，LNA 和功率放大器驱动器级地。

引脚 9：GNDPA，功率放大器输出级地。

引脚 10：PA，功率放大器输出。

引脚 11：VCC1，PA 和 LNA 电源。

引脚 12：PND，峰值检波器输出负端。

引脚 13：PDP，峰值检波器输出正端。

引脚 14：SLC，数据限幅器限幅电平。

引脚 15：VDD，数字电路电源电压输入。

引脚 16：BUSDATA，总线数据输入/输出。

引脚 17：BUSCLK，总线时钟输入。

引脚 18：VSS，数字电路地。

引脚 19：XOUT，晶体振荡器输出，也能够作为外部基准频率输入。

引脚 20：XSWF，FSK 调制开关。

引脚 21：XIN，参见引脚 20。

引脚 22：XSWA，ASK 调制/FSK 中心频率。

引脚 23：XGND，参见引脚 22，晶体振荡器地。

引脚 24：$\overline{\text{EN}}$，3 线使能输入。

引脚 25：$\overline{\text{RESET}}$，整个系统复位(到默认值)，低电平有效。

引脚 26：CLKDIV，时钟输出。

引脚 27：PWDDD，低功耗控制输入(高电平有效)，数据检测输出(低电平有效)。

引脚 28：DATA，发射数据输入，接收数据输出(接收低功耗模式，引脚端 28 接地)。

引脚 29：RSSI，RSSI 输出。

引脚 30：GND，模拟地。

引脚 31：CQ2x，外接电容端，Q 通道，2 级。

引脚 32：CQ2，Q 通道，2 级。

引脚 33：CI2x，I 通道，2 级。

引脚 34：CI2，通道，2 级。

引脚 35：CQ1x，Q 通道，1 级。

引脚 36：CQ1，Q 通道，1 级。

引脚 37：CI1x，I 通道，1 级。

引脚 38：CI1，I 通道，1 级。

　　TDA5250 内部结构如图 4.2.1 所示。TDA5250 内部包含有控制接口、基准电源、ADC、数据限幅器、数据滤波器、IQ 正交相关器、PLL 回路、混频器、LNA、功率放大器等电路，可分为发射电路、接收电路、PLL 合成器、电源电路、控制逻辑电路等。

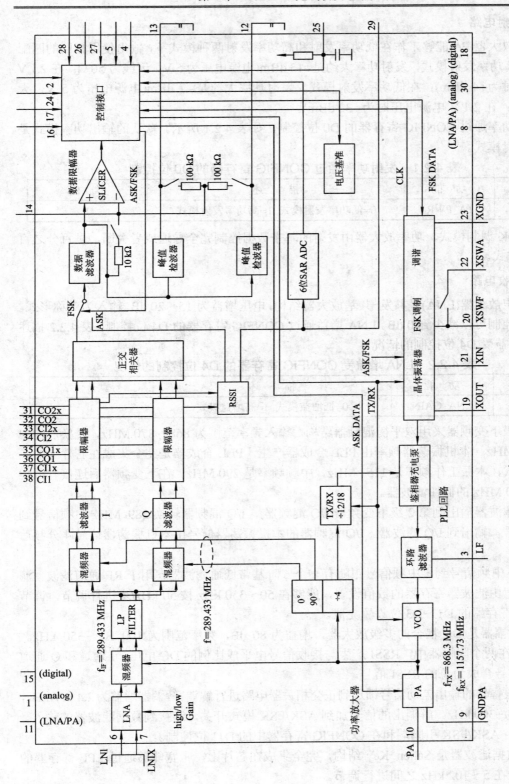

图 4.2.1　TDA5250 内部结构

1. 发射电路

功率放大器 PA 能够工作在低功率发射和高功率发射两种模式下，输出使用相同的匹配网络。在高功率发射模式，发射功率大约是+13 dBm(电源电压为 5 V，天线为 50 Ω；在 2.1 V 电源电压时为+4 dBm)；在低功率发射模式，发射功率大约是−7 dBm(电源电压为 5 V，天线为 50 Ω；在 2.1 V 电源电压时为−32 dBm)。

发射功率通过 CONFIG 寄存器的 D0 位控制，如表 4.2.1 所示。默认的输出功率模式是高功率发射模式。

表 4.2.1 发射功率通过 CONFIG 寄存器的 D0 位控制

位	功　能	描　　述	默认值
D0	PA_PWR	0=低功率发射模式, 1=高功率发射模式	1

在 ASK 调制模式，功率放大器由发射的基带数据控制完全导通或者关断，是百分之百的 OOK 方式。

2. 接收电路

低噪声放大器(LNA)是共发-共基放大器结构，电压增益为 15～20 dB，输入为对称形式。通过逻辑控制可以减少到 0 dB。LNA 增益通过 CONFIG 寄存器的 D4 位控制。表 4.2.2 描述了 LNA 增益受 D4 位控制的情况。

表 4.2.2 LNA 增益受 CONFIG 寄存器的 D4 位控制的情况

位	功　能	描　　述	默认值
D4	LNA_GAIN	0=低增益模式, 1=高增益模式	1

第 1 级下变频器采用双平衡混频器结构，输入频率范围为 868～870 MHz，转换后的中频为 290 MHz。本机振荡器频率由 PLL 合成器产生。PLL 合成器是完全集成在芯片上的。在接收模式，本振工作频率是 1157 MHz，中频频率是 290 MHz。在下变频器后连接有截止频率为 350 MHz 的低通滤波器。

低通滤波器输出到第 2 级下变频器(I/Q 混频器)，I/Q 混频器转换 289 MHz 中频信号到零中频信号，输出到 I/Q 滤波器。I/Q 混频器的本机振荡器信号由本机振荡器信号 4 分频后产生。

从 I/Q 中频信号到零中频信号跟随有一个 6 阶基带低通滤波器，用于 RF 通道滤波。滤波器的带宽由滤波器寄存器的数值设置，能够在 50～350 kHz 按 50 kHz/步进行调节，调节通过 LPF 寄存器的 D1～D3 位设置完成。

I/Q 限幅器是 DC 耦合的多级放大器，增益为 80 dB，频率范围为 100 Hz～350 kHz。RSSI 包含在两个限幅器中，RSSI 产生与接收信号电平成比例的 DC 电压。I 通道和 Q 通道的 RSSI 信号合成为总的 RSSI 信号。

FI/Q 限幅器的输出差动信号馈送到正交相关器电路进行解调。解调器增益为 2.4 mV/kHz，最大频偏为±300 kHz。解调出的信号加到 ASK/FSK 模式开关，连接到数据滤波器的输入。开关能够由 ASK/FSK 引脚端和在 CONFIG 寄存器中的 D11 位控制。

2 级数据滤波器是 Sallen-Key 结构，完全集成在芯片上，带宽能够通过 LPF 寄存器的 D4～D7 位在 5～102 kHz 之间进行调节。

数据限幅器是一个带宽为 100 kHz 的快速比较器。自调节阈值由 RC 网络(LPF)产生，或者取决于峰值检波器在基带编码上的形式。这能够通过 CONFIG 的 D15 位控制，D15=0，选择低通滤波器，D15=0，选择峰值检波器。

电路使用两个峰值检波器产生与数据信号相适应的正、负峰值电压，时间常数由外接的 RC 网络决定。

3. PLL 合成器电路

PLL 合成器由两个 VCO(发射和接收 VCO)、4 分频器、鉴相器、回路滤波器等组成，完全集成在芯片上。VCO 包含有螺旋电感和变容二极管。发射 VCO 的中心频率是 868 MHz，接收 VCO 的中心频率是 1156 MHz。在接收模式，本机振荡器频率与接收器的射频 RF 频率 f_{RF} 和 IF 频率 f_{IF} 相关，加到 I/Q 混频器的频率由下式决定：

$$f_{osc} = \frac{4}{3f_{RF}} = 4f_{IF}$$

标准的晶体振荡器频率是 18.083 MHz。分频率由引脚端 RX/TX 和 CONFIG 寄存器的 D10 位控制。

晶体振荡器是 NIC(Negative Impedance Converter)振荡器，晶振工作在串联谐振形式。标准工作频率是 18.083 MHz。对于 FSK 调制，可以通过外接的 3 个电容调节。通过微控制器和总线接口芯片内部的电容可以调节标准频率和 FSK 调制频率。调整晶体振荡器元件参数可以消除晶振或者元器件引起的误差。

4. 电源电路

能隙基准电路为器件提供一个稳定的 1.2 V 基准电压。低功耗模式可以关断所有附加电路，低功耗模式通过引脚端 PWDDD 控制，当 PWDDD 为 VDD 时，器件工作在低功耗模式；当 PWDDD 为地/VSS 时，器件为工作模式。在低功耗模式下，器件的电源电流是 100 nA。

5. 控制逻辑部分

定时和数据控制单元包含一个唤醒逻辑电路、I^2C 3 线微控制器接口、数据有效检测、寄存器结构设置等电路。I^2C 3 线总线接口提供给微控制器一个完整的控制能力。微控制器通过 I^2C 3 线总线接口可以设置器件工作在 3 个不同的模式：被动模式、自检测模式和定时器模式。

TDA5250 提供 I^2C 总线协议和 3 线总线协议，可以通过 BUSMODE 引脚端选择，见表 4.2.3。所有的总线引脚端(BUSDATA、BUSCLK、EN、BUSMODE)都有一个施密特整形输入电路。BUSDATA 引脚端是双向的，输出是漏极开路形式。

表 4.2.3　总线接口形式

功　能	BUSMODE	EN	BUSCLK	BUSDATA
I^2C 模式	0	"0" 表示有效，"1" 表示无效	时钟输入	数据输入/输出

4.2.3　TDA5250 应用电路

TDA5250 应用电路电原理图和印制板图如图 4.2.2 和图 4.2.3 所示，其元器件参数如表 4.2.4 所示。

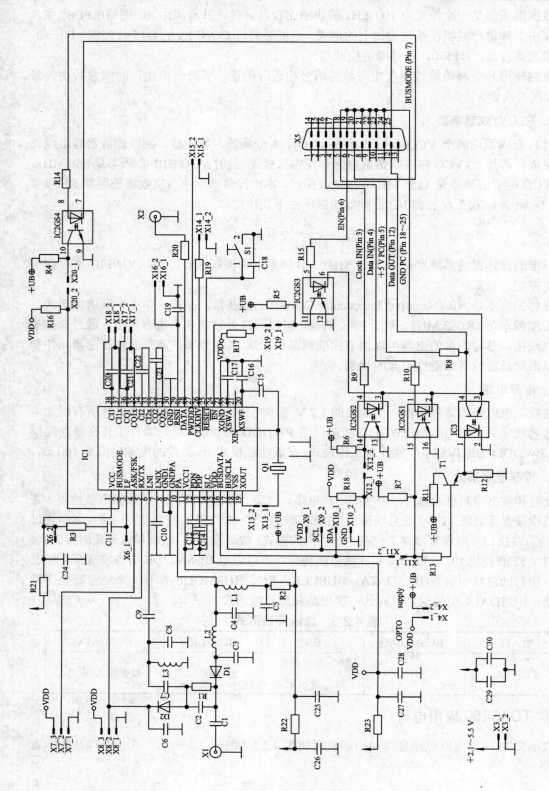

图 4.2.2 TDA5250 应用电路电原理图

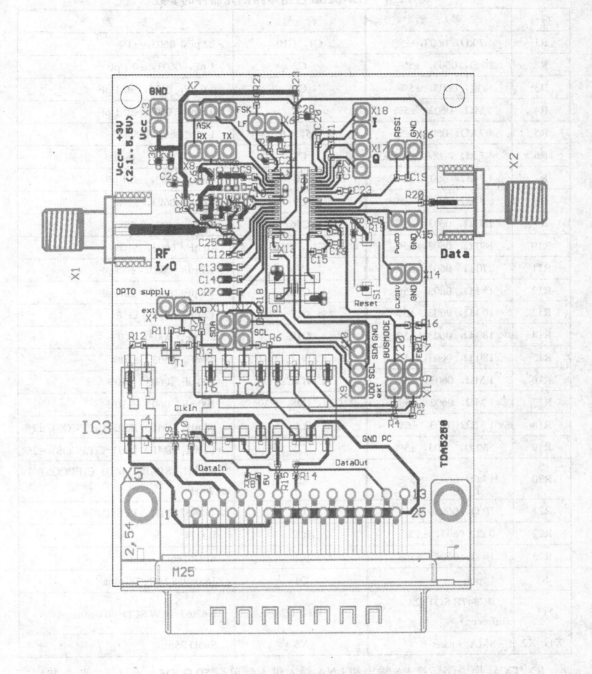

图 4.2.3　TDA5250 应用电路元器件印制板图

表 4.2.4　TDA5250 应用电路的元器件的参数

符号	参　　数	符　号	参　　数
R1	4.7 kΩ，0603，±5%	C1，C10	22 pF，0603，±1%
R2	10 Ω，0603，±5%	C2	1 pF，0603，±0.1 pF
R3	待定，0603，±5%	C3	5.6 pF，0603，±0.1 pF
R4	1 MΩ，0603，±5%	C4	2.2 pF，0603，±0.1 pF
R5	4.7 kΩ，0603，±5%	C5，C6	1 nF，0603，±5%
R6	4.7 kΩ ，0603，±5%	C7	15 pF，0603， ±−1%
R7	4.7 kΩ，0603，±5%	C8	待定，0603，±0.1 pF
R8	6.8 kΩ，0603，±5%	C9	47 pF，0603，±1%
R9	180 Ω，0603，±5%	C11，C26，C30	待定，0603，±5%
R10	180 Ω，0603，±5%	C12，C13，C14，C18	10 nF，0603，±10%
R11	270 Ω，0603，±5%	C15	4.7 pF，0603，±0.1 pF
R12	15 kΩ，0603，±5%	C16	1.8 pF，0603，±0.1 pF
R13	10 kΩ，0603，±5%	C17	12 pF，0603，±1%
R14	180 Ω，0603，±5%	C19	2.2 nF，0603，±10%
R15	180 Ω，0603，±5%	C20，C21，C22，C23	47 nF，0603，±10%
R16	1 MΩ，0603，±5%	C24，C25	100 nF，0603，±10%
R17	1 MΩ，0603，±5%，	C27，C28，C29	100 nF，0603，±10%
R18	1 MΩ，0603，±5%	L1	68 nH，SIMID，0603−C(EPCOS)，±2%
R19	560 Ω，0603，±5%	L2	12 nH，SIMID，0603−C(EPCOS)，±2%
R20	1 kΩ，0603，±5%	L3	8.2 nH，SIMID，0603−C(EPCOS)，±0.2 nH
R21	10 Ω，0603，±5%	IC1	TDA5250 D2，PTSSOP38
R22	0 Ω，0603，±5%	IC2	ILQ74
R23	10 Ω，0603，±5%	IC3	SFH6186
S1	1−pol.	Q1	18.08958 MHz Telcona
T1	BC847B SOT−23 (Infineon)	D1，D2	BAR63−02W SCD−80 (Infineon)
X1，X2	SMA−socket	X5	SubD 25p

　　RX/TX 转换电路转换 PA 输出和 LNA 输入进入到单端 50 Ω SMA 连接器。两个 PIN 二极管作为开关元件。如果没有电流流过 PIN 二极管，则 PIN 管为 RF 提供一个高的阻抗。如果 PIN 管是正向偏置，则为 RF 提供一个低的阻抗。

　　功率放大器工作在 C 类模式。在放大器的输出端的频率选择网络输出集电极电流到负载。负载为 L、C 和 R 的并联形式，谐振在发射器的工作频率上。

4.3　DK1002T 868 MHz OOK(带滚动码编码器)发射模块

4.3.1　DK1002T 主要技术特性

DK1002T 是采用 RF2514 发射芯片和滚动码编码器芯片组成的发射模块。DK1002T 与 DK1002R 接收器模块配套使用，适合在无键进入系统、无线安全系统、远距离监控和遥控中应用。

DK1002T 的工作频率为 868 MHz；采用滚动码编程，OOK 调制方式；调制频率为 1 kHz；输出功率为 70 dBμV/m(用 GTEM 测试盒测量)；电源电压为 3 V；电流消耗为 9 mA；基准频率为 13.577 MHz；天线印制在印制板上。

4.3.2　DK1002T 封装形式与内部结构

DK1002T 模块采用印制板结构，DK1002T 模块 PCB 板的尺寸为 29.8 mm × 27.5 mm。

DK1002T 内部结构框图如图 4.3.1 所示，包含 RF2514、滚动码编码器(Rolling Code Encoder)、晶振和天线(Antenna)。

4.3.3　DK1002T 应用电路

DK1002T 模块电原理图如图 4.3.2 所示。

868 MHz 发射器使用一个 13.57 MHz 晶振，可以使用 3 V 纽扣电池。安装好电池，发射器开

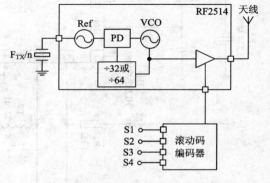

图 4.3.1　DK1002T 内部结构框图

始工作，这时接收器不认识发射器，接收器必须学习发射器，按下列程序即可完成学习过程。

(1) 安装好电池。

(2) 导通接收器电源开关，接通电源。

(3) 迅速按下接收器上的"LEARN"按钮，这可使用一个微型工具穿过在接收器前端盖子中的一个口子直接接触到"LEARN"按钮。

(4) 按发射器的任一键，接收器上学习指示灯 LED 亮。

(5) 按下发射器键，直到接收器的 LED 开始闪亮，再释放发射器键。

(6) 接收器的 LED 停止闪亮，学习过程完成。

(7) 检验操作，按发射器的任一键，接收器上学习指示灯 LED 亮，按接收器的"LEARN"按钮，学习指示灯 LED 亮必须闪亮。

发射器有 4 个按键，各有不同的作用。为了确保发射安全，可使用微型编码器来显示这个装置有效，包括对 HC300 装置编程。天线印制在电路板上，发射器通过按下任一键可进行简单操作。

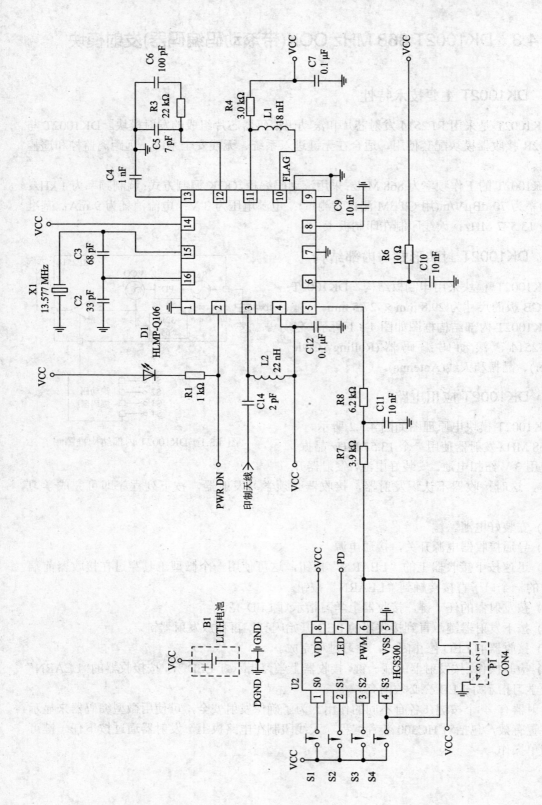

图 4.3.2　DK1002T 模块电原理图

4.4　MC68HC908RF2 868/434/315 MHz OOK/FSK 发射电路

4.4.1　MC68HC908RF2 主要技术特性

MC68HC908RF2 是内含高性能 8 位微控制单元、闪存和 UHF 发射电路的芯片,其内部包括存储器、CPU、配置寄存器、计算机操作控制模块、内部时钟发生器模块、键盘/外部中断模块、低电压控制模块、定时器模块、PLL 调谐和 UHF 发射器模块、系统综合模块、输入/输出接口等电路。MC68HC908RF2 是一个性能良好的遥控无键进入(RKE)发射器的解决方案。

MC68HC908RF2 采用高性能 M68HC08 体系结构;完全与 M6805、M146805 和 M68HC05 系列向上目标代码兼容;4 MHz 内部总线频率的最高极限电压为 3.3 V,2 MHz 内部总线频率的最高极限电压为 1.8 V,可由软件选择总线频率;片内有 2 KB 闪存,128 B RAM,16 bit 二信道定时接口模块;输入/输出接口 6 路可作为键盘唤醒中断,2 路用于定时模块,A 端口有 3 mA 吸入能力。

MC68HC908RF2 输出功率为 –7~0 dBm,数据速率 10 kBaud,电源电压为 3~3.7 V,发射模式电源电流为 15.1 mA,待机模式电源电流为 100 nA。

4.4.2　MC68HC908RF2 引脚功能与内部结构

MC68HC908RF2 采用 LQFP-32 封装形式。MC68HC908RF2 的内部结构框图如图 4.4.1 所示。

其引脚功能如下:

(1) 引脚端 24 和 23:VDD 和 VSS,电源电压引脚端。MC68HC908RF2 采用单电源工作,VDD 和 VSS 是电源和地引脚端。为了减小噪声,在 VDD 和 VSS 引脚端连接旁路电容。对于 C_{Bypass},要选择高频陶瓷电容并尽可能贴近电源引脚端,C_{Bulk} 可选择大电流旁路电容,以满足端口引脚端对源高电流电平的要求。

(2) 引脚端 22 和 21:OSC1 和 OSC2,晶体振荡器引脚端。OSC1 和 OSC2 引脚端连接到一个外部时钟源或者晶振/陶瓷谐振器。

(3) 引脚端 26:$\overline{RST}$,外部复位。在 $\overline{RST}$ 引脚端加一个逻辑 0 电平,MC68HC908RF2 进入启动状态,$\overline{RST}$ 引脚端是双向的,内部有上拉电阻。允许对整个系统复位。

(4) 引脚端 25:$\overline{IRQ}$,外部中断。这是一个异步外部中断引脚端。内部有上拉电阻。

(5) 引脚端 27、28~32、1、2:PTA7、PTA6/KBD6~PTA1/KBD1、PTA0,端口 A 输入/输出引脚端。端口 A 是一个 8 位特殊功能端口,与键盘中断共享这些引脚端。端口 A 的 6 个引脚(PTA6~PTA1)一旦使能,可以向外部中断服务编程。这些引脚内部有上拉电阻,端口 A 为吸收高电流引脚端。

(6) 引脚端 20、5、4、3:PTB3/TCLK、PTB2/TCH0、PTB1、PTB0/MCLK,端口 B 输入/输出引脚端。端口 B 是一个 4 位通用的双向 I/O 端口。它的一些引脚和定时器模块共享。

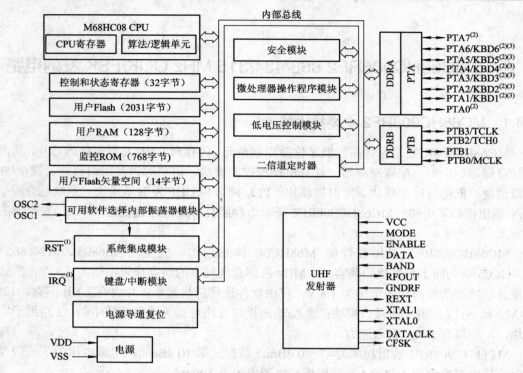

图 4.4.1 MC68HC908RF2 的内部结构框图

(7) UHF 发射器引脚端：在 MC68HC908RF2 中，与 UHF 发射器模块有关的引脚功能如表 4.4.1 所示。

表 4.4.1 UHF 发射器引脚功能

引脚	符号	功 能
6	GND	地
7	XTAL1	基准晶体振荡器输入
8	XTAL0	基准晶体振荡器输出
9	REXT	输出放大器电流设置电阻
10	CFSK	FSK 开关输出
11	VCC	电源
12	RFOUT	功率放大器输出
13	GNDRF	功率放大器地
14	VCC	电源
15	ENABLE	使能控制输入

1. 调谐 PLL UHF 发射器模块

MC68HC908RF2 的 UHF 发射器由内部微控制器通过几个数字输入引脚端控制其工作在不同的模式。其工作电源电压范围为 1.9～3.7 V，可允许用单锂电池供电。UHF 发射器的特性有：开关可选择 315 MHz、434 MHz 和 868 MHz 频带；OOK 和 FSK 调制方式；输出功率范围可调节；完全集成的 VCO；电源电压范围为 1.9～3.7 V；待机电流非常低(0.5 nA，在 T_A = 25℃时)；提供数据时钟输出到微控制器；外围元件少，成本低。UHF 发射器模块的结构框图如图 4.4.2 所示。

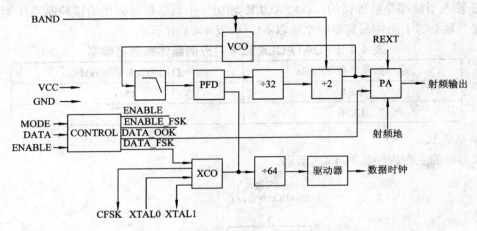

图 4.4.2   UHF 发射器模块的结构框图

1) 锁相环(PLL)与本机(LO)振荡器

压控振荡器(VCO)是完全集成的张弛振荡器，相频检波器(PFD)和环路滤波器是完全集成的。输出频率=f_{XTAL} × PLL 分频比，工作频带通过 BAND 引脚端选择，如表 4.4.2 所示。

表 4.4.2   频带选择与分频比的关系

BAND 输入电平	频带/MHz	PLL 分频比	晶体振荡器频率/MHz
高	315	32	9.84
	434		13.56
低	868	64	13.56

2) RF 输出级

RF 输出级的输出电平取决于天线特性和输出功率。其典型应用遵循欧洲无线电通信标准协会(ETSI)标准，在 REXT 引脚端连接一个电阻(R_{EXT})，可控制输出功率，可以在输出功率和电流消耗之间取得平衡。内部控制输出级电压为 VCC ± 2 VBE(为 VCC ± 1.5 V，在 T_A = 25℃时)。

3) 调制

如果在 MODE 引脚端施加一个逻辑低电平，则选择了 OOK 调制，由 RF 输出级的接通/关断开关完成 OOK 调制。在 DATA 引脚端施加逻辑电平控制输出级的状态，DATA = 0，输出级断开；DATA = 1，输出级接通。

如果在 MODE 引脚端施加一个逻辑高电平，则选择了 FSK 调制，通过调整基准振荡器的频率来完成 FSK 调制，基准振荡器的频率改变由开关转换外部晶振的负载电容来获得，如在 FSK 应用电路中的 C9 和 C6 串联。在 DATA 引脚端施加逻辑电平来控制内部开关连接到 CFSK 引脚端，DATA = 0，内部开关断开；DATA = 1，内部开关接通。也就是说，当 DATA = 0 时，致使载波频率为高；当 DATA = 1 时，致使载波频率为低。晶振频率牵引的解决方案意味着 RF 输出频率偏移等于晶振频率偏移乘以 PLL 分频比。

4) 微控制器接口

由微控制器控制的 4 个数字输入引脚端(ENABLE、DATA、BAND、MODE)可控制电路工作。推荐在运行电路工作之前，配置芯片的频带和调制模式。典型应用中，BAND 和 MODE 输入引脚端是被连接的，DATACLK 输出一个数字信号提供给微控制器作为基准频率。这个频率等于晶体振荡器频率除以 64，如表 4.4.3 所示。

表 4.4.3　DATACLK 频率对应的晶体振荡器频率

晶体振荡器频率/MHz	DATACLK 频率/kHz
9.84	154
13.56	212

5) 状态机

状态机的工作程序如图 4.4.3 所示。

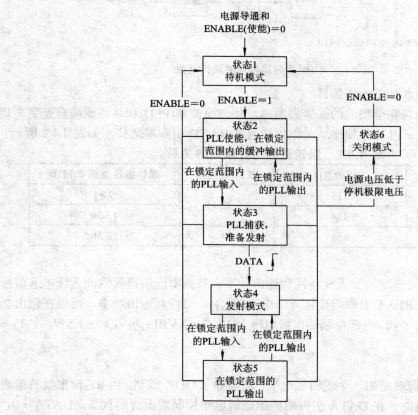

图 4.4.3　状态机的工作程序

(1) 状态 1：电路在待机模式，仅消耗极少的电源电流。

(2) 状态 2：PLL 使能状态，PLL 在未锁定状态。因此，RF 输出级开关开路，无任何数据发射。在 DATACLK 引脚端的数据时钟是可用的。在正常运行中，这个状态是过渡状态。

(3) 状态 3：PLL 在锁定范围内，如果 $t < t_{PLL\_LOCK\_IN}$，则 PLL 仍然在捕获模式；如果 $t \geqslant t_{PLL\_LOCK\_IN}$，则 PLL 被锁定。电路准备发射并等待初始数据。

(4) 状态 4：DATA 引脚端信号的上升沿启动发射，数据信号从 DATA 引脚端输入，从 RFOUT 引脚端输出，通过在 MCDE 引脚端施加的电平选择调制方式。

(5) 状态 5：当检测到 PLL 脱离锁定状态时，RF 输出切断，防止任何数据发射。在 DATACLK 引脚端锁定的数据时钟信号是可用的。

(6) 状态 6：当电源电压下降到停机极限电压(VSDWN)时，整个电路断开；在 ENABLE 引脚端加上低电平才能脱离这种状态。

2. 存储器

MC68HC908RF2 的存储器(Memory)包括 2031 位用户闪存、128 位 RAM、14 位用户定义的闪存向量和 768 位监控 ROM。$7FEF 地址是生产厂商保留的，详细性能和使用可参考摩托罗拉公司提供的相应技术资料。

3. 配置寄存器

配置寄存器(Configuration Register，CONFIG)用于各种操作的初始化，推荐在每一次复位之后写入一次。配置寄存器的位置在$001F。

配置寄存器使能或者不使能下列选项：

停机模式恢复时间(32 CGMXCLK 周期或 4096 CGMXCLK 周期)，COP 暂停周期(2^{18}～2^4 或 2^{13}～2^4 CGMXCLK 周期)，STOP 指令，计算机操作模块(COP)，低电压限制模块控制。

4. 中央处理器

MC68HC908RF2 的中央处理器采用增强型，M68HC08 CPU 完全与 M68HC05 CPU 兼容。详细技术性能请参考摩托罗拉公司的技术手册。MC68HC908RF2 的主要技术特点为：目标代码完全与 M68HC05 系列 CPU 向上兼容；16 位堆栈指示器使用堆栈操作指令；16 位指针寄存器使用 X-寄存器操作指令；8 MHz CPU 内部总线频率；64 KB 编程/数据存储器空间；16 位寻址方式；存储器到存储器数据传输不使用累加器；快速的 8 位和 16 位指令；增强型二进制码-十进制(BCD)数据处理；低功耗停止和等待模式。

5. 内部时钟发生器模块

MC68HC908RF2 的内部时钟发生器(Internal Clock Generator，ICG)模块包含有：内部时钟发生器(Internal Clock Generator)、外部时钟发生器(External Clock Generator)、时钟使能电路(Clock Enable Circuit)、时钟监控/开关电路(Clock Monitor/Switcher Circuit)和时钟选择电路(Clock Selection Circuit)。

6. 键盘/外部中断模块

MC68HC908RF2 的键盘/外部中断模块(Keyboard/External Interrupt Module)包含有：向量解码器(Vector Fetch Decoder)、中断请求锁定(IRQ1 Latch)、同步(Synchronizer)、键盘中断请求(Keyboard Interrupt Request)、高电压检测(High Voltage Detect)、内部上拉(Internal Pullup Device)等触发器和门电路。

7. 低电压约束模块

MC68HC908RF2 的低电压约束模块(Low-Voltage Inhibit，LVI)包含有能隙基准电路和 2 个比较器。当 MC68HC908RF2 运行正常时，LVI 模块监控 VDD 电压，当 VDD 下降到极限

电压 V_{LVR} 时，LVI 模块发出复位信号。该模块的主要功能是低电压检测和低电压复位，用户可用于停机模式配置。

8. 输入/输出端口

MC68HC908RF2 采用 LQFP-32 引脚封装形式，有 12 个双向输入/输出引脚，形成 2 个并行端口，所有引脚可编程为输入或输出方式，端口 A PTA6～PTA1 位已经作为键盘唤醒中断引脚并且内部有上拉电阻。

4.4.3　MC68HC908RF2 应用电路

1. OOK 应用电路

飞思卡尔推荐的 MC68HC908RF2 OOK 调制应用电路如图 4.4.4 所示。该电路的载波频率 $f_{Carrier} = 433.92\ MHz$。不同频率的应用电路其元器件参数如表 4.4.4～表 4.4.6 所示。

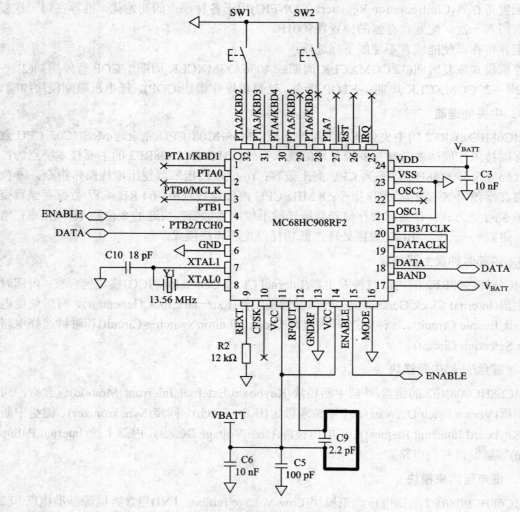

图 4.4.4　MC68HC908RF2 OOK 应用电路

表 4.4.4　不同频率的应用电路的元器件参数

符　号	名　　称	数　　值	单位
Y1	晶振	315 MHz 频带：9.84	MHz
		434 MHz 频带：13.56	MHz
		868 MHz 频带：13.56	MHz
R2(R_{EXT})	RF 输出电平设置电阻	12	kΩ
C6	晶振负载电容	OOK 调制：18	pF
		FSK 调制：22	pF
C7	电源去耦电容	10	nF
C8		100	pF

表 4.4.5　推荐使用晶振的特性(TTS-3B，13568.750 kHz，SMD 陶瓷封装，东芝公司)

参　　数	数　　值	单　　位
负载电容	20	pF
动态电容	6.7	pF
静态电容	2	pF
损耗电阻	40	Ω

表 4.4.6　晶振牵引电容值(C9)相对应的载波频率总偏移量

载波频率/MHz	载波频率总偏移量/kHz	C9 的电容值/pF
434	40	18
434	70	10
	100	6.8
868	80	18
	140	10
	200	6.8

2．射频输出功率测量

射频输出功率测量电路如图 4.4.5 所示，图中使用 50 Ω 负载直接连接到 RFOUT 引脚端，图(a)所示的电路结构在输出功率范围内有很好的效率和谐波抑制，图(b)所示的电路为 RFOUT 引脚端的等效电路和输出匹配网络，图中标出的元件值为工作在 434 MHz 频带的元件值。负载电阻的大小影响输出功率。

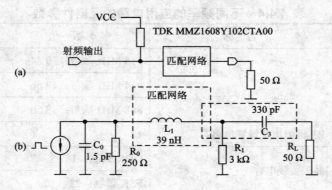

图 4.4.5　射频输出功率测量电路

4.5　TX6001 OOK/ASK 868.35 MHz 发射电路

4.5.1　TX6001 主要技术特性

TX6001 是一种单片发射器芯片，工作频率为 868.15～868.55 MHz，调制类型为 OOK/ASK，数据传输速率可达 115.2 kb/s，发射输出功率为 0.75 mW，电源电压为 2.7～3.5 V，发射模式工作电流为 12 mA，休眠模式电流为 0.75 μA，工作温度范围为−40～+85℃，符合 ETSI I-ETS 300 220 规范要求以及类似标准，适合高稳定、小尺寸、低功耗、低价格的短距离无线控制和应用。

4.5.2　TX6001 引脚功能与内部结构

1．TX6001 引脚功能

TX6001 采用 SM-20H 封装，各引脚功能如下所述。

引脚 1：GND1，RF 地。GND2 与 GND3 应采用导线或低阻抗的印制板导线相连。

引脚 2：VCC1，输出放大器和基带电路电源。通过一个 RF 去耦磁环与电源相连，其中，去耦磁环接一个 RF 电容旁路。其他详情请参阅 VCC2(16 脚)。

引脚 3～7：NC，印制电路板可接地或悬空。

引脚 8：TXMOD，调制输入。在引脚端内部有类似于一个二极管和一个电阻串联的结构。RF 输出电压与此引脚端的电流成比例。RF 输出电压峰值用一串联电阻调节，该调节电阻的误差为±5%。最大饱和输出功率需 450 μA 输入电流。

在 ASK 模式，当此引脚端的调制输入电流小于 10 μA 时，有最小输出功率。在 ASK 模式，此引脚端接收的是模拟调制信号(尖脉冲或非尖脉冲)。在实际应用中，ASK 调制脉冲宽度为 8.7 μs 或更长。在低功耗(休眠)模式，此引脚端驱动电阻必须很低。

在 OOK 模式，当振荡器停振时，输入信号小于 220 mV。在 3 V 电源电压下，输出功率峰值 P_o 约为 $P_o = 4.8(I_{TXM})^2$。在 OOK 模式，此引脚端通常由一逻辑电平数据输入(非尖脉冲)驱动。在实际应用中，使用 200 μs 或更长的脉冲。

引脚 9：NC，印制电路板可接地或悬空。

引脚 10：GND2，芯片地。此引脚应采用导线或低阻抗的印制板导线与 GND1 相连。

引脚 11～15：NC，印制电路板可接地或悬空。

引脚 16：VCC2，控制电路电源，外接 RF 旁路电容。

引脚 17(18)：CNTRL1(CNTRL0)，发射/休眠模式控制。CNTRL1 为高阻态输入(与 CMOS 兼容)。逻辑低电平为 0～300 mV，逻辑高电平为 VCC−300 mV 或更高，但不应超过 VCC+200 mV。逻辑高电平需 40 μA 的电源，逻辑低电平则需 25 μA(休眠模式下为 1 μA)。此引脚必须维持在逻辑电平，不能悬空。

引脚 19：GND3，芯片地。同 GND2。

引脚 20：RFIO，RF 输入/输出。此引脚端与 SAW 滤波器变频器直接相连。天线阻抗为 35～72 Ω，用一个串联的线圈可以与引脚端匹配。为了 ESD 保护，RFIO 引脚端必须有一个到地的 DC 通道。

2．TX6001 内部结构

TX6001 内部结构框图如图 4.5.1 所示。该芯片内包含有：SAW 谐振器、SAW 滤波器、RF 放大器、调制和偏置控制等电路。RF 输出端 RFIO 阻抗范围为 35～75 Ω，外接一个天线串联匹配线圈和一个并联的 ESD 保护线圈。SAW 谐振器和发射放大器 1 组成振荡器，要发射的数字信号经 TXMOD 端输入，调制后由发射放大器 2 放大，经 SAW 滤波器滤波后输出。发射器有 3 个工作模式：ASK 发射、OOK 发射和低功耗(休眠)。模式控制由 CNTRL0 和 CNTRL1 完成，设置 CNTRL1 为"高电平"，CNTRL0 为"低电平"，芯片工作在 ASK 发射模式下；设置 CNTRL1 为"低电平"，CNTRL0 为"高电平"，芯片工作在 OOK 发射模式下；设置 CNTRL1 和 CNTRL0 都为"低电平"，芯片工作在低功耗模式下。

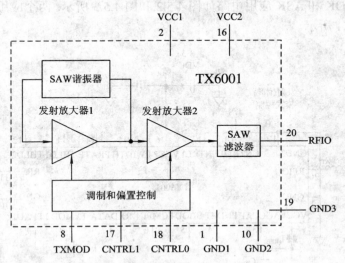

图 4.5.1　TX6001 内部结构框图

天线的外部 RF 部件对于发射芯片是必要的，天线阻抗范围为 35～72 Ω，它外接一个串联匹配线圈和一个并联的 ESD 保护线圈(ESD 保护需一条从 RFIO 到地的直流通道)，能对 RFIO 进行满意的匹配。对于某些阻抗来说，天线则可能需要 2～3 个元件进行匹配，如需要 2 个电感和 1 个电容。

发射电路中使用 SAW 耦合谐振器。

发射芯片操作支持两种调制模式,即 OOK 和 ASK 模式。OOK 模式下,"1"脉冲之间的信号将不被传输;ASK 模式下,"1"脉冲代表发射的电平能量较高,"0"脉冲则代表发射的电平能量较低。OOK 调制与第一代 ASH(Amplifier-Sequenced Hybrid,时序放大器)技术兼容,同时能量损耗也很低。ASK 调制则必须用于高数据速率模式(数据脉冲宽度应小于 200 μs),它减小了其他形式干扰的影响,而且允许发射尖脉冲来控制调制带宽。

模式的选择由 CNTRL0 和 CNTRL1 模式控制端完成。在 OOK 模式时,如果 TXMOD 输入电压小于 220 mV,则 SAW 谐振器和发射放大器 1 就会停止工作,数据速率被谐振器的 40 μs 开关次数限制(谐振器周期的理想值为 12 μs 和 6 μs)。在 ASK 模式下,TXA1 被连续偏置为接通状态,TXA2 的输出由 TXMOD 输入电流调制。当调制驱动电路得到 TXMOD 的输出电流小于 10 μA 时,ASK 模式有最小输出功率。

RF 放大器的输出功率与 TXMOD 的输入电流成比例,其中用一个串联电阻调节芯片输入功率的峰值,产生最大饱和输出功率需要 450 μA 的输入电流。

芯片有三种模式:ASK 发射、OOK 发射和低功耗,它们由调制和偏置控制电路的 CNTRL1 和 CNTRL0 端控制。CNTRL1 为高电平,CNTRL0 为低电平时,为 ASK 发射模式; CNTRL1 为低电平,CNTRL0 为高电平时,为 OOK 发射模式;二者均为低电平时,为低功耗(休眠)模式。CNTRL1 和 CNTRL0 输入与 CMOS 兼容,输入端必须维持在一个逻辑电平,不能悬空。另外,这些端口电压应随电源电压的接通而上升。

4.5.3　TX6001 应用电路

TX6001 的 OOK 和 ASK 应用电路如图 4.5.2 和图 4.5.3 所示。两个应用电路所用元器件的参数值如表 4.5.1 所示。

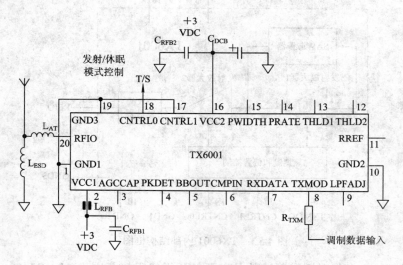

图 4.5.2　TX6001 OOK 调制发射电路

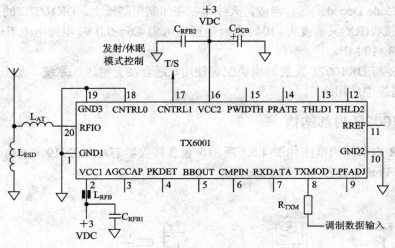

图 4.5.3　TX6001 ASK 调制发射电路

表 4.5.1　TX6001 应用电路的元器件参数

符号	OOK	OOK	ASK	单位	注　释
DR_{NOM}	2.4	19.2	115.2	kb/s	
SP_{MIN}	416.67	52.08	8.68	μs	单一 bit
SP_{MAX}	1666.68	208.32	34.72	μs	相同的 4 bit
R_{TXM}	8.2	8.2	8.2	kΩ	±5%，0.25 mW 输出
C_{DCB}	10	10	10	μF	钽电容
C_{RFB1}	27	27	27	pF	±5%NPO
C_{RFB2}	100	100	100	pF	±5%NPO
L_{RFB}	Fair-Rite	Fair-Rite	Fair-Rite	vendor	2506033017YO
L_{AT}	10	10	10	nH	50 Ω 天线
L_{ESD}	100	100	100	nH	50 Ω 天线

4.6　DK1002R 868 MHz OOK 接收模块

4.6.1　DK1002R 主要技术特性

DK1002R 是遥控无键进入系统的接收器模块，它采用 RF2919 接收器芯片和滚动码解码器(Rolling Code Decoder)芯片组成，天线印制在印制电路板上。DK1002R 的工作频率范围为 868 MHz，接收(RX)灵敏度为−104 dBm，电源电压为 4.6～9.0 V，电源电流消耗为 20.0 mA，基准频率为 13.410 MHz。

DK1002R 与 DK1002T 发射器模块配套使用，适合在无键进入系统、无线安全系统、远距离监控和遥控中应用。

4.6.2　DK1002R 内部结构

DK1002R 内部结构框图如图 4.6.1 所示，包含接收器芯片 RF2919、滚动码解码器、中频滤波器(IF Filter)、晶振和天线(Antenna)。

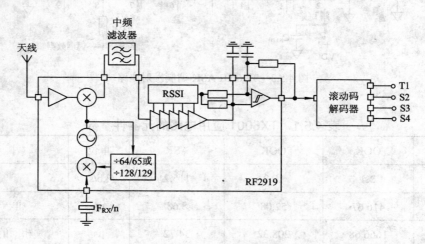

图 4.6.1　DK1002R 内部结构框图

4.6.3　DK1002R 应用电路

DK1002R 模块内部电路的电原理图如图 4.6.2 所示。该接收器工作在 868 MHz，解码器的型号为 HCS512，晶振频率为 13.410 MHz，印制电路板设计如图 4.6.3 和图 4.6.4 所示。

在接收器上有一个开关控制电源接通或断开，有一个按钮用来学习发射器。在接收器 PCB 板上有 6 个发光二极管 LED，其功能为：① LED 是接收器的电源接通指示；② LED 在接收器正常操作期间接收一个信号时，接收器学习发射器过程中产生闪烁指示；③ 有 3 个 LED 标记为 "S1"、"S2"、"S3"，使其发光，作为发射器信号的通信按钮；④ 标志为 "VLOW" 的 LED 用来指示低电池，发光时，指示需要更换电池。

最初，接收器不认识发射器，必须先学习发射器，接收器按下列程序完成学习过程。

首先接收器安装好 9 V 电池，移动开关到 "ON" 位置，接收器通电，发光二极管 LED 亮。然后使发射器工作，接收器的 "LEARN" LED 闪烁，这时接收器解码一个发射器的信号。观察对应发射器信号强度指示发光二极管 LED 亮。蜂鸣器在发射器通信减弱时作用。

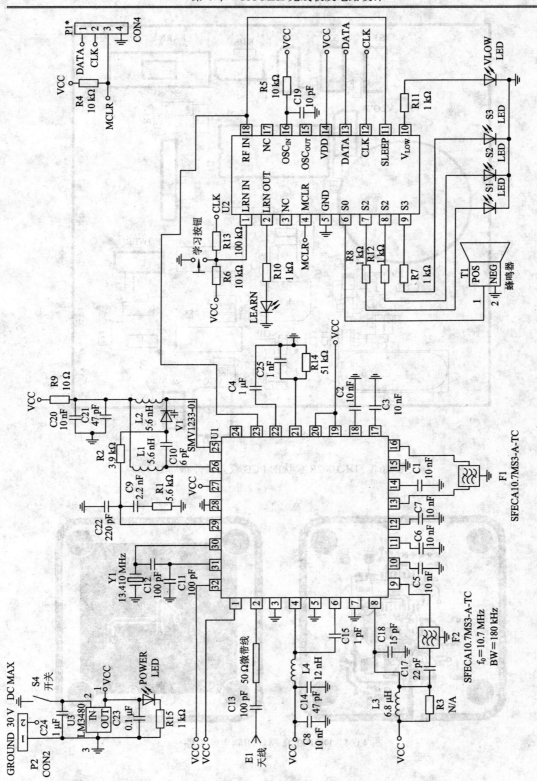

图 4.6.2　DK1002R 模块内部电路的电原理图

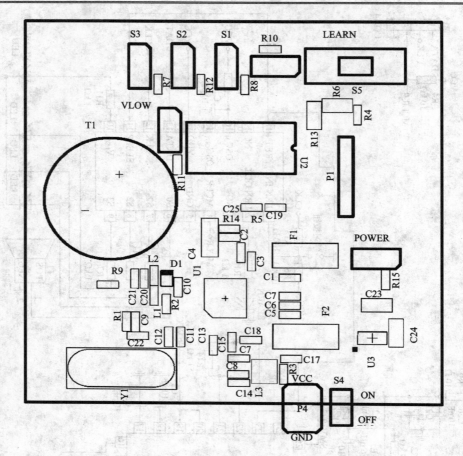

图 4.6.3　DK1002R 模块的 PCB 板元器件布局图

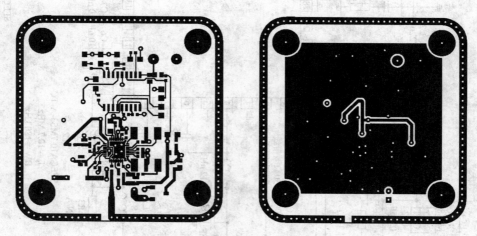

图 4.6.4　DK1002R 模块印制电路板图

4.7　RX6501 868.35 MHz OOK 接收电路

4.7.1　RX6501 主要技术特性

RX6501 是一种单片接收器芯片，适合高稳定、小尺寸、低功耗、低价格的短距离无线控制和数据传输应用，发射器配套芯片为 TX6001，符合 ETSI I-ETS 300 220 规范和类似标准要求。

RX6501 的工作频率为 868.15～868.55 MHz；可接收数字 OOK 调制信号；数据传输速率可达 19.2 kb/s；接收灵敏度为 –98 dBm；电源电压为 2.7～3.5 V；接收模式下工作电流为 4.25 mA，休眠模式下电流为 0.75 μA；工作温度范围为 –40～+85℃。

4.7.2　RX6501 引脚功能与内部结构

1．RX6501 引脚功能

RX6501 采用 SM-20H 封装，各引脚功能如下所述。

引脚 1：GND1，RF 地。GND2 与 GND3 采用短的导线或低感应系数的印制板导线相连。

引脚 2：VCC1，接收器基带电路电源正端。它常通过一个 RF 去耦铁芯与电源相连。电源必须采用 RF 旁路电容。

引脚 3：RFA1，使能第 1 级 RF 放大器为高增益模式。这个引脚端通常连接到 VCC。

引脚 4：NC，空脚。

引脚 5：BBOUT，接收器基带输出端。在 BBOUT 与 CMPIN 间使用 ±10% 陶瓷电容器，通过一个为内部数据限幅器工作的耦合电容 C_{BBO} 来驱动 CMPIN 引脚端。时间常量为

$$t_{BBC} = 0.064 C_{BBO}$$

式中：t_{BBC} 的单位为 μs；C_{BBO} 的单位为 pF。时间常量应随电源电压、温度等参数的变化而在 t_{BBC}～$1.8 t_{BBC}$ 间变化。最佳时间常数取决于数据速率、数据长度和其他因素。在最大信号脉冲宽度 SP_{MAX} 内，一般的标准应是在电压下降不超过 20% 时设置时间常量。由此有：

$$C_{BBO} = 70 SP_{MAX}$$

最大信号脉冲宽度的单位是 μs。此引脚端的输出能驱动一个外部数据恢复处理器(DSP 等)，标称输出阻抗为 1 kΩ。当 RF 放大器的工作占空比为 50% 时，BBOUT 信号变化为 10 mV/dB，峰-峰值电压超过 685 mV。占空比降低时，mV/dB 斜率和峰-峰值电压也会相应减小。BBOUT 信号电压值为 1.1 V，在电源电压、温度等因素下有微小变化，所以它应以耦合电容与外部负载相连。在并联的负载阻抗范围为 50～500 kΩ 时，和其并联的电容不应大于 10 pF。当一个外部处理器用于 AGC 时，BBOUT 必须用分离的串联电容与外部数据恢复处理器和 CMPIN 耦合。AGC 的复位功能是由 CMPIN 信号驱动的。当收发机在低功耗(休眠)模式时，输出阻抗将会很高，以保持耦合电容电荷。

引脚 6：CMPIN，内部数据限幅器输入。通过一耦合电容由 BBOUT 输出信号驱动，输入阻抗为 70～100 kΩ。

引脚 7：RXDATA，接收器数据输出端，可以驱动一个 10 pF 电容和一个 500 kΩ 电阻的并联负载。此引脚端峰值电流随低通滤波器截止频率的增加而增加。在低功耗或休眠模式下，引脚端成为高阻态。如果需要，此引脚在高阻态时，可用一个 1000 kΩ 的上拉电阻或下拉电阻确定逻辑电平。如果使用上拉电阻，则将连接电源正端，电源电压应不高于 VCC+200 mV。

引脚 8：NC，此引脚应悬空或接地。

引脚 9：LPFADJ，接收器低通滤波器带宽调节。低通滤波器带宽通过电阻 R_{LPF} 调节。电阻 R_{LPF} 连接在此引脚端与接地之间，R_{LPF} 阻值范围为 330～820 Ω。滤波器 3 dB 带宽 f_{LPF} 为 4.5～1.8 MHz，R_{LPF} 的阻值由下式给出：

$$R_{LPF} = \frac{1445}{f_{LPF}}$$

阻值误差为±5%。电源电压、温度等因素变化时，滤波器频带变化范围应为 f_{LPF}～$1.3f_{LPF}$。滤波器还提供一个 3 级、0.05 度等纹响应。RXDATA 输出的电流峰值随滤波器带宽成比例增加。

引脚 10：GND2，芯片地。应采用短的导线或低感应系数的印制板导线与 GND 相连。

引脚 11：RREF，外接基准电阻。阻值为 100 kΩ 的基准电阻连接在此引脚端与地之间，误差范围应为±1%。为维持电流源的稳定，使地、VCC 与此节点间的总电容低于 5 pF 是很重要的。如果 THLD1 和 THLD2 通过一阻值小于 1.5 kΩ 的电阻与 RREF 相连，则此节点的电容加上 RREF 节点电容不应大于 5 pF。

引脚 12：NC，此引脚应悬空或接地。

引脚 13：THLD1，数据限幅器 1 的阈值设置。此引脚通过一接至 RREF 的电阻 R_{TH1} 设置标准数据限幅器 DS1 的阈值，阈值随着电阻值的增加而增加。如果直接将此引脚接至 RREF，那么阈值为 0。如果 THLD2 未被使用，则电阻值为 0～100 kΩ，THLD1 电压范围为 0～90 mV。阻值大小由下式给出：

$$R_{TH1} = 1.11V_{TH}$$

阻值误差为±1%。

引脚 14：PRATE，脉冲上下沿设置。电阻 R_{PR} 接地。t_{PR1} 用 51～2000 kΩ 的电阻设置在 0.1～5 μs 的范围。R_{PR} 的阻值大小由下式给出：

$$R_{PR} = 404t_{PR1} + 10.5$$

阻值误差范围为±5%。当 PWIDTH 通过 1 M 电阻接至 VCC 时，RF 放大器的工作占空比为 50%，有利于以高数据速率工作。RFA1 的周期 t_{PRC} 用一阻值范围为 11～220 kΩ 的 PRATE 外接电阻设置在 0.1～1.1 μs 的范围。R_{PR} 阻值大小由下式给出：

$$R_{PR} = 198t_{PRC} - 8.51$$

阻值误差为±5%。为维持稳定，使此引脚与 VCC、地间的总电容小于 5 pF 是很重要的。

引脚 15：PWIDTH，脉冲宽度设置。此引脚设置 RFA1 的接通脉冲宽度 t_{PW1}，它是由一个接地电阻 R_{PW} 实现的(RFA2 的接通脉冲宽度 t_{PW2} 为 $1.1t_{PW1}$)。t_{PW1} 能用一电阻范围为 200～390 kΩ 的电阻在 0.55～1 μs 的范围内调节。R_{PW} 由下式给出：

$$R_{PW} = 404t_{PW1} - 18.6$$

阻值范围为±5%。当此引脚通过 1 MΩ 电阻与 VCC 相连时，RF 放大器的工作占空比为 50%，有利于高数据速率工作。因此 RF 放大器的接通时间是由 PRATE 电阻控制的。为维持稳定性，应使引脚与 VCC、地之间的电容小于 5 pF。当在休眠模式下以高数据速率工作时，此引脚与 CNTRL1(17 脚)的连接电阻应为 1 MΩ，这样引脚电压才会较低。

引脚 16：VCC2，RF 部分电源。此引脚必须接一旁路电容，电容必须是 1～10 μF 的钽电容或电解电容。

引脚 17(18)：CNTRL1(CNTRL0)，接收/休眠模式控制。CNTRL1 为高阻态输入(与 CMOS 兼容)，逻辑低电平为 0～300 mV，逻辑高电平为 VCC−300 mV 或更高，但不应超过 VCC +200 mV。逻辑高电平需 40 μA 的电源，逻辑低电平则需 25 μA(休眠模式为 1 μA)。此引脚必须维持在逻辑电平。在接通后，CNTRL1 与 CNTRL0 电压应随 VCC 上升直至 VCC 为 2.7 V。

引脚 19：GND3，芯片地。同 GND2。

引脚 20：RFIO，RF 输入/输出。此脚与 SAW 滤波器的传感器直接相连。

2．RX6501 内部结构与工作原理

RX6501 的内部结构框图如图 4.7.1 所示。

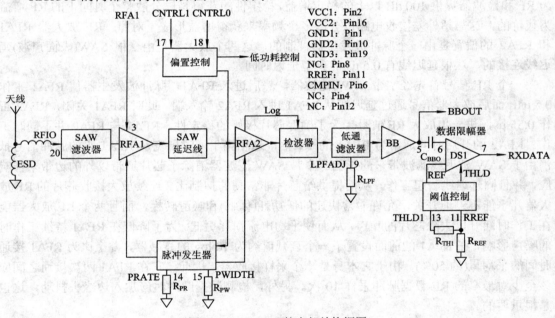

图 4.7.1　RX6501 的内部结构框图

该芯片内包含有：SAW 滤波器、SAW 延迟线、RF 放大器、检波器、数据限幅器、低通滤波器等电路。RFIO 的阻抗范围为 35～75 Ω，外接一个天线串联匹配线圈和一个并联的 ESD 保护线圈。RF 信号经 SAW 滤波器到达射频放大器 RFA1。RFA1 包括饱和启动检测(AGC 设置)，可在增益 35～5 dB 之间转换(增益选择)。AGC 的设置为输入到 AGC 控制电路，增益选择从 AGC 控制电路输出。RFA1(和 RFA2)的接通/断开控制是由脉冲发生器和 RF 放大器偏置电路产生的。RFA1 输出到 SAW 延迟线，SAW 延迟线有一标准的 0.5 μs 的延时。第 2 级射频放大器 RFA2 的增益为 51 dB。检波器输出驱动回转滤波器，滤波器提供一个 3 级、0.05 度等纹波低通滤波器响应。滤波器的 3 dB 带宽能用一个外接电阻设置在 4.5 kHz～1.8 MHz。滤波器的输出由基带放大器放大后到 BBOUT 端。当接收器 RF 放大器工作在 50%

占空比时，BBOUT 端信号变化大约是 10 mV/dB，峰-峰值信号电平达到 685 mV。对于较低的占空比，mV/dB 斜率和峰-峰值信号电平按比例减少。BBOUT 的输出信号通过串联的电容耦合到 CMPIN 输入端或者外接的数据恢复处理器(DSP 等)。当接收器设置为低功耗(休眠)模式时，BBOUT 端的输出阻抗为高阻状态。

数据限幅器 DS1 是一个电容耦合可调阈值的比较器。比较器的限制电平为 0～90 mV，由在 RFEF 和 THLD1 端之间的电阻设置。阈值为零，灵敏度最好。DS1 在 RXDATA 端输出数字信号。

接收器的放大器时序操作是由脉冲发生器和 RF 放大器偏置控制的，在运行中由 PRATE 和 PWIDTH 端外接电阻与来自偏置控制电路的低功耗(休眠)控制信号控制。

接收器有两种工作模式：接收和低功耗(休眠)，由 CNTR1 和 CNTR0 端控制。CNTR1 和 CNTR0 为高时，接收器工作在接收模式；CNTR1 和 CNTR0 为低时，接收器工作在低功耗模式。

接收芯片的核心是时序放大器的接收部分，它在不需任何屏蔽或去耦装置的情况下能为 RF 和检波器提供 100 dB 以上的稳定增益，稳定性的获得是以分散整个时间上的 RF 增益为代价的，这与超外差接收电路以分散多个频率来获得增益形成了对照。RF 放大器 RFA1 和 RFA2 的偏置是由一个脉冲波发生器控制的，这两个放大器是由一根 SAW(表面声波)延迟线连接的，这根延迟线有 0.5 μs 的典型延迟时间。

一个 RF 信号首先经窄带 SAW 滤波器，然后进入 RFA1。脉冲波发生器使 RFA1 工作 0.5 μs，而后放大器信号通过延迟线从 RFA1 进入 RFA2 输入端。此时 RFA1 关闭，RFA2 工作 0.55 μs，进一步放大 RF 信号。为了确保芯片极好的稳定性，RFA1 与 RFA2 并不同时工作。RFA2 的开启时间通常为 RFA1 的 1.1 倍，这相当于通过展宽从 RFA1 来的脉冲信号抵消由于 SAW 延迟线滤波带来的影响。窄带 SAW 滤波器消除了芯片通带以外的边带采样响应，并且同延迟线一起工作，从而提供给芯片非常高的抑制比。连续放大接收芯片的 RF 放大器几乎能不停地开关，允许非常快速的低功耗(休眠)和唤醒转换，而且两个 RF 放大器能在工作时断开以去除芯片的噪声，从而使平均电流损耗更低。为了降低在 RFA1 持续工作时的噪声影响，在 RFA1 的前面设置了一个衰减值约为 10 log 的衰减器，占空比为 RFA1 接通时间的平均量(约 50%)。由于它本身是一个采样接收器，因此，它在 RFA1 两次接通之间应该至少对最窄的 RF 数据脉冲采样 10 次。另外，检测数据脉冲时应加入边缘去抖动，这也是很重要的。

天线这个外部 RF 部件对于接收芯片是必要的，天线阻抗范围为 35～72 Ω，它外接一个串联匹配线圈和一个并联的 ESD 保护线圈，能对 RFIO 进行匹配。对于某些阻抗的天线，则可能需要 2～3 个元件进行匹配，例如需要两个电感和一个电容。

RF 接收信号经 SAW 滤波器到达放大器 RFA1。RFA1 包括饱和启动检测(AGC 设置)和增益选择(在增益 35～5 dB 之间转换)。AGC 设置是 AGC 控制电路的输入信号，而增益选择则是 AGC 控制电路的输出信号。RFA1(和 RFA2)的接通/断开控制是由 RF 放大器偏置电路和脉冲发生器产生的。RFA1 的输出驱动 SAW 延迟线。

第 2 级放大器 RFA2 在未饱和时增益为 51 dB。RF 接收信号经放大器 RFA2 到达一阈值增益为 19 dB 的全波滤波器。RFA2 的每一部分在饱和启动时都可以检测和用对数来计算响应，其结果加到全波检波器的输出端来将整个检波器低电平信号的平方律相应转换成高电平的对数响应，这种结合有极好的阈值灵敏度且使检波器有大于 70 dB 的动态范围。在这种结合方式中，如果 RFA1 的 AGC 有 30 dB 的增益，那么接收芯片将得到超过 100 dB 的动态范围。

检波器输出驱动回转滤波器，滤波器能用极好的群时延平直度和最小脉冲阻尼振荡提供一个 3 级、0.05 度的等纹波低通响应。一个外接电阻能将 3 dB 带宽滤波器的带宽设置在 4.5 kHz～1.8 MHz。

滤波器的输出信号由基带放大器放大后到 BBOUT 端。当 RF 放大器的工作占空比为 50%时，BBOUT 信号变化约 10 mV/dB，峰-峰值达到 685 mV。当占空比较低时，mV/dB 斜率和峰-峰值是按比例减少的。被检测信号加在一个能随电源电压、温度等参量改变的 1.1 V 电平上。BBOUT 的输出信号通过一串联电容与 CMPIN 端或外接的数据恢复处理器 (DSP 等)相耦合，电容的值取决于数据速率和数据运行周期等因素。

当一个外接数据恢复处理器用于 AGC 时，BBOUT 必须通过一串联电容与 CMPIN 端或外接的数据恢复处理器(DSP 等)相耦合，AGC 的复位功能是由 CMPIN 信号驱动的。

当在低功耗模式下时，BBOUT 的输出阻抗会非常高。这项特征可以保护耦合电容因最小化数据限制器的稳定时间而带来的损耗。

CMPIN 端的输入信号驱动两个数据限幅器，而数据限幅器的作用是将从 BBOUT 来的模拟信号转换成数字流，最好的数据限幅器选择由系统工作参数决定。数据限幅器 DS1 是一个电容耦合、阈值可调的比较器，它在低信噪比时提供最好的性能。比较器的限制电平为 0～90 mV，由在 RFEF 和 THLD 端之间的电阻设置。无信号时，阈值允许用接收芯片的灵敏度和输出噪声密度来换取。阈值越低，灵敏度越高。信号为 0 时，噪声仍是连续输出的。

峰值检波器的输出同时也通过 AGC 比较器，为 AGC 控制电路提供一个 AGC 复位信号。AGC 的作用是扩展芯片的动态工作范围，使收发机能在 ASK 和/或高数据速率调制时同时工作。RFA1 输出级的饱和启动被检测后产生 AGC 控制电路的 AGC 置位信号，AGC 控制电路控制 RFA1 的增益为 5 dB。当峰值检波器输出(乘 0.8)下降到 DS1 的阈值电压时，AGC 比较器将产生一个复位信号。

信号在低通滤波器传递和峰值检波器放电所耗的时间段内为了避免 AGC 发生"颤动"，在 AGCCAP 端接入了一只电容。AGC 电容也允许抑制时间比峰值滤波器的衰减时间设置得更长，以防止接收的数据流全为"0"时引起的"颤动"。在 AGC 有效时，需要峰值检波器处在工作状态。将 AGCCAP 端连接到 VCC 可使 AGCCAP 停止工作。一旦 AGCCAP 与地之间用一只 150 kΩ 电阻代替电容，则 AGC 将会被锁定在接通状态。

接收芯片的放大器时序操作是由脉冲发生器和 RF 放大器偏置电路控制的，在运行中由 PRATE 和 PWIDTH 输入端和来自偏置控制电路的待机(休眠)控制信号控制。

在低数据速率模式，一个 RFA1 接通脉冲下降沿到下一个 RFA1 接通脉冲上升沿的时间 t_{PRL} 是由一个位于 PRATE 端和地之间的电阻设置的，这个时间能够在 0.1～5 μs 之间进行调节。在高数据速率模式(由 PWIDTH 端选择)，实际上 RF 放大器工作时的占空比为 50%。这样 RFA1 接通脉冲周期 t_{PRC} 由 PRATE 外接电阻控制在 0.1～1.1 μs 的范围内。

在低数据速率模式，PWIDTH 端通过一个接地电阻设置 RFA1 的接通脉冲 t_{PW} 宽度(在低数据速率模式，RFA2 的接通脉冲宽度 t_{PW2} 设置为 1.1 t_{PW1})，接通脉冲宽度 t_{PW1} 可以在 0.55～1 μs 之间调节。但是当 PWIDTH 端由一个 1 MΩ 电阻接至 VCC 时，RF 放大器工作时的占空比为 50%，有利于高数据速率工作。也就是说，RF 放大器由 PRATE 电阻控制。此外，RFA1 和 RFA2 都是通过调用休眠模式的待机控制信号来关断的。

接收芯片有两种工作模式：接收模式和低功耗(休眠)模式，由偏置控制电路控制，由 CNTRL1 和 CNTRL0 选择。二者均为高电平时为接收模式，二者均为低电平时为低功耗(休眠)模式。CNTRL1 和 CNTRL0 输入与 CMOS 兼容，输入必须维持在一个逻辑电平，它们不能悬空。另外，这些端口电压应随电源电压的接通而上升。

4.7.3　RX6501 应用电路

RX6501 的 OOK 应用电路如图 4.7.2 所示。电路所用元器件的参数值如表 4.7.1 所示。

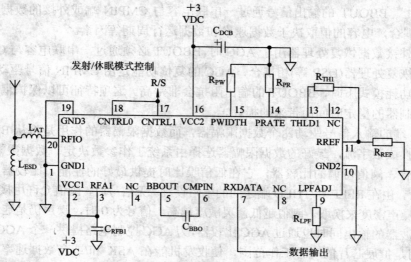

图 4.7.2　RX6501 的 OOK 接收电路

表 4.7.1　RX6501 应用电路的元器件参数值

符号	OOK	OOK	OOK	单位	注　释
DR_{NOM}	1.2	2.4	19.2	kb/s	
SP_{MIN}	833.33	416.67	52.08	μs	单一 bit
SP_{MAX}	3333.33	1666.68	208.32	μs	相同的 4 bit
C_{BBO}	0.2	0.1	0.015	μF	±10%陶瓷电容
R_{LPF}	330	240	30	kΩ	±5%
R_{REF}	100	100	100	kΩ	±1%
R_{TH1}	4.7	10	27	kΩ	±1%
R_{PR}	2000	2000	270	kΩ	±5%
R_{PW}	270	270	270	kΩ	±5%
C_{DCB}	10	10	10	μF	钽电容
C_{RFB1}	27	27	27	pF	±5%NPO
L_{AT}	10	10	10	nH	50 Ω 天线
L_{ESD}	100	100	100	nH	50 Ω 天线

第 5 章　433 MHz/315 MHz 无线收发电路设计

5.1　nRF401/nRF403 433 MHz /315 MHz FSK 收发电路

5.1.1　nRF401/nRF403 主要技术特性

nRF401/nRF403 是一种单片 RF 收发芯片，工作在 433 MHz ISM 频段和 315 MHz 频段 (433.92/315.16 MHz)。它采用 PLL 频率合成技术，频率稳定性好，抗干扰能力强。它们仅需外接一个晶体和几个阻容、电感元件，即可构成一个完整的射频收发器。电路模块尺寸为 30 mm×22 mm×6 mm，可方便地嵌入各种测量和控制系统中。在仪器仪表数据采集系统、无线抄表系统、无线数据通信系统、计算机遥测遥控系统中得到了广泛应用。

nRF401/nRF403 采用 FSK 调制和解调；频偏为±15 kHz；接收灵敏度高达−105 dBm；最大发射功率达+10 dBm；具有 2 个信号通道，适合需要多信道工作的特殊场合；可直接与微控制器接口；数据速率可达 20 kb/s；nRF401 的电源电压为 2.7～5.25 V，nRF403 的为 2.7～3.6 V，发射时电源电流为 8 mA，接收时电流消耗为 250 μA，接收待机状态仅为 8 μA。

nRF401/nRF403 两者之间只有电源电压不同，nRF401 的电源电压最高为 5.25 V，nRF403 的电源电压最高为 3.6 V。

5.1.2　nRF401/nRF403 引脚功能与内部结构

nRF403 采用 SSOIC-20 封装，其引脚功能如表 5.1.1 所示，芯片的工作状态与控制引脚关系如表 5.1.2 所示。

表 5.1.1　nRF403 的引脚功能

引脚	符　号	功　能	引脚	符　号	功　能
1	XC1	晶振输入	11	RF_PWR	发射功率设置
2	VDD	电源(+3 V DC)	12	FREQ	通道选择
3	VSS	地(0 V)	13	VDD	电源(+3 V DC)
4	FILT	回路滤波器	14	VSS	地(0 V)
5	VCO1	VCO 外接电感	15	ANT2	天线端
6	VCO2	VCO 外接电感	16	ANT1	天线端
7	VSS	地(0 V)	17	VSS	地(0 V)
8	VDD	电源(+3 V DC)	18	PWR_UP	电源开关
9	DIN	数据输入	19	TXEN	发射/接收控制
10	DOUT	数据输出	20	XC2	晶振输出

引脚的功能说明如下：

引脚9和引脚10：DIN输入数字信号和DOUT输出数字信号均为标准的逻辑电平信号，需要发射的数字信号通过DIN输入，解调出来的信号经过DOUT输出。

引脚12：通道选择，FREQ="0"为通道#1(433.92 MHz)，FREQ="1"为通道#2 (315.16 MHz)。

引脚18：电源开关，PWR_UP="1"为工作模式，PWR_UP="0"为待机模式。

引脚19：发射/接收控制，TXEN="1"为发射模式，TXEN="0"为接收模式。

表5.1.2　芯片的工作状态与控制引脚关系

输　入			响　应	
TXEN	FREQ	PWR_UP	通道号	模式
0	0	1	1	433 MHz 接收
0	1	1	2	315 MHz 接收
1	0	1	1	433 MHz 发射
1	1	1	2	315 MHz 发射
x	x	0	—	待机

nRF403内部结构框图如图5.1.1所示。芯片内包含有发射功率放大器(PA)、低噪声接收放大器(LNA)、晶体振荡器(OSC)、锁相环(PLL)、压控振荡器(VCO)、混频器(MIXER)等电路。在接收模式，RF输入信号被低噪声放大器放大，经由混频器变换，这个被变换的信号在送入解调器(DEM)之前被放大和滤波，经解调器解调，解调后的数字信号在DOUT端输出。在发射模式，压控振荡器的输出信号直接送入到功率放大器，DIN端输入的数字信号被频移键控后馈送到功率放大器输出。由于采用了晶体振荡和PLL合成技术，因而频率稳定性极好。

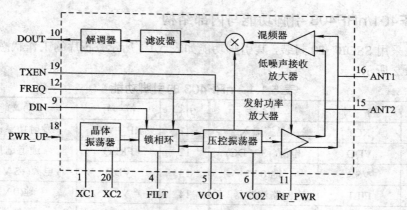

图5.1.1　nRF403内部结构框图

当nRF403为接收模式时，ANT1和ANT2引脚端提供射频输入到低噪声放大器LNA；当nRF403为发射模式时，从功率放大器提供射频输出到天线。天线连接到nRF401/nRF403是差动形式，在天线通道推荐的负载阻抗是400 Ω。在印制板(PCB)上，差动回路天线如图5.1.2所示。功率放大器输出级由差动结构的集电极开路的晶体管组成，电源VDD到功率放大器必须通过集电极负载供电。当连接差动回路天线到ANT1/ANT2引脚端时，电源VDD

将通过回路天线的中心供电。

　　单端天线连接到 nRF403 时，使用差动到单端匹配网络，如图 5.1.2 所示。单端天线也可以使用 8∶1 射频变压器连接到 nRF403，工作在 315/433 MHz。射频变压器的原边必须有一个中心抽头，用于电源 VDD 供电。

　　连接在 RF_PWR 端和 VSS 之间的电阻 R3 用来设置输出功率。射频输出功率可以设置为−8～+10 dBm。

　　PLL 回路滤波器是外接的单端 2 阶滤波器。滤波器元件推荐值是：C3 = 820 pF，C4 = 15 nF，R2 = 4.7 kΩ。

　　对于 VCO 电路，外接 22 nH(433 MHz)或者 47 nH(315 MHz)电感在 VCO1 引脚端和 VCO2 引脚端之间是必需的。电感使用高质量的片式电感，Q>45(在 433/315 MHz)，最大误差为±2%。

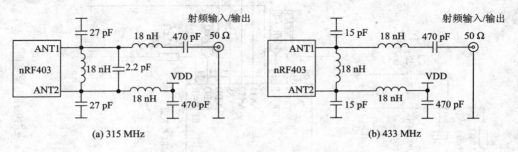

(a) 315 MHz　　　　　　　　　　　　　　　(b) 433 MHz

图 5.1.2　差动到单端匹配网络

　　晶体振荡器需要外接晶振，晶振的特性要求是：并联谐振频率 f=4.000 MHz，并联等效电容 C_o=5 pF，晶振等效串联电阻 ESR=150 Ω，全部负载电容，包括印制板电容 C_L=14 pF。

　　nRF403 可以使用微控制器的晶体振荡器，其连接电路如图 5.1.3 所示。

　　当引脚端 TXEN="1"时，选择发射模式，当引脚端 TXEN="0"时，选择接收模式。

　　引脚端 FREQ="0"时，选择 433.92 MHz；引脚端 FREQ="1"时，选择 315.16 MHz。

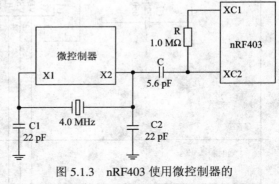

图 5.1.3　nRF403 使用微控制器的晶体振荡器连接图

　　D_{IN}(数据输入)引脚端输入数字信号到发射器的调制器，输入信号是标准的 CMOS 逻辑电平，数据速率为 20 kb/s。

　　解调的数字输出数据以标准的 CMOS 逻辑电平呈现在 D_{OUT}(数据输出)引脚端。

　　引脚端 PWR_UP 控制电路工作在正常的工作模式或者休眠模式。PWR_UP = "1"时，选择正常工作模式；PWR_UP = "0"时，选择休眠模式。

5.1.3　nRF401/nRF403 应用电路

　　nRF403 的 433 MHz 应用电路如图 5.1.4 所示，印制电路板图如图 5.1.5 所示。nRF403 的 315 MHz 应用电路如图 5.1.6 所示，印制电路板图如图 5.1.7 所示。

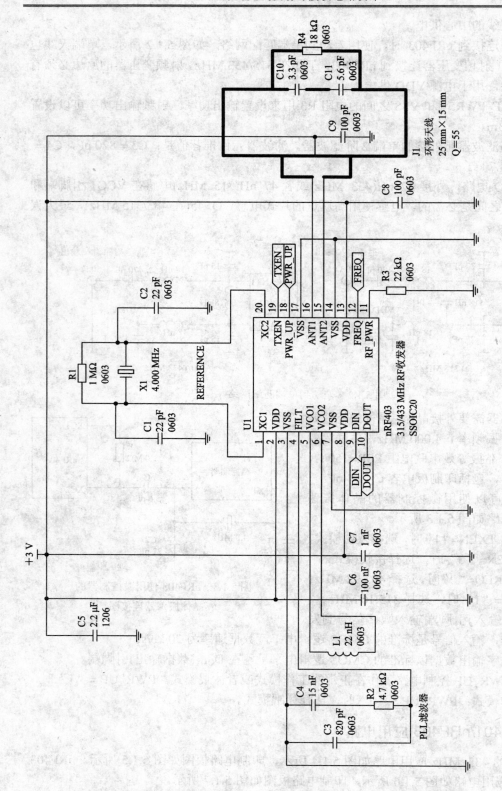

图 5.1.4　nRF403 的 433 MHz 应用电路电路原理图

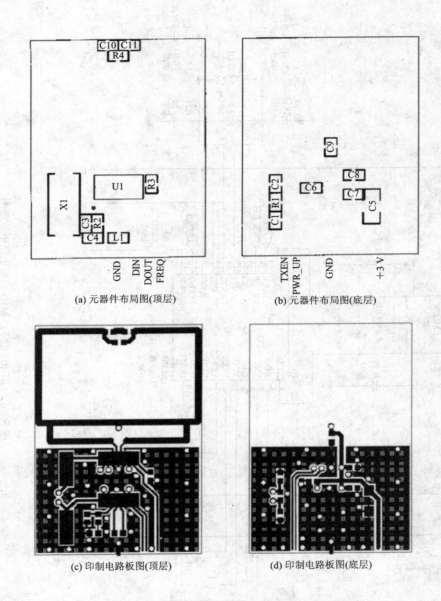

(a) 元器件布局图(顶层)   (b) 元器件布局图(底层)

(c) 印制电路板图(顶层)   (d) 印制电路板图(底层)

图 5.1.5   nRF403 的 433 MHz 应用电路印制板图

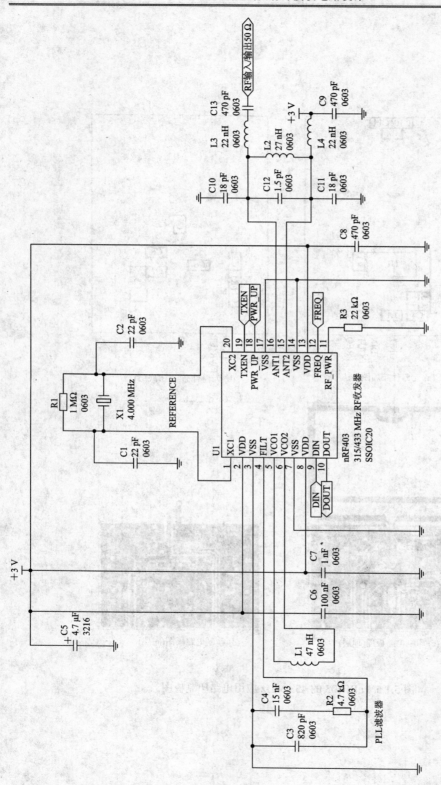

图 5.1.6　nRF403 的 315 MHz 应用电路电原理图

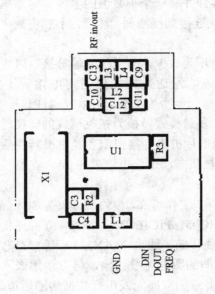

(a) 元器件布局图(顶层)

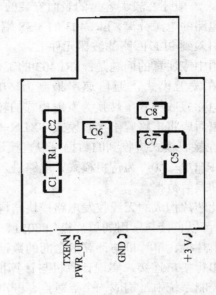

(b) 元器件布局图(底层)

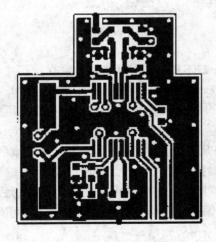

(c) 印制电路板图(顶层)

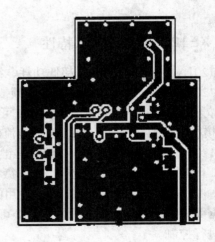

(d) 印制电路板图(底层)

图 5.1.7   nRF403 的 315 MHz 应用电路印制板图

印制电路板(PCB)的设计直接关系到射频性能，PCB 使用 1.6 mm 厚的 FR-4 双面板，分元件面和底面。PCB 的底面有一个连续的接地面，射频电路的元件面以 nRF403 为中心，各元器件紧靠其周围，尽可能减少分布参数的影响。元件面的接地面保证元件充分接地，大量通孔连接元件面的接地面到底面的接地面。nRF403 采用 PCB 天线，在天线的下面没有接地面。射频电路的电源使用高性能的射频电容去耦，去耦电容尽可能地靠近 nRF403 的 VDD 端，一般还在较大容量的表面安装的电容旁并联一个小数值的电容。射频电路的电源与接口电路的电源分离，nRF403 的 VSS 端直接连接到接地面。注意：不能将数字信号或控制信号引入到 PLL 回路滤波器元件上。

使用中应注意的问题是：nRF403 的工作电压为 3 V，与微控制器等接口时应注意电平匹配。在发射模式，通信速率最高为 20 kb/s，发送数据之前需将电路置于发射模式 (TXEN=1)；接收模式下转换为发射模式的转换时间至少为 1 ms，可以发送任意长度的数据，发送结束后应将电路置于接收模式(TXEN=0)。发射模式转换为接收模式的转换时间至少为 3 ms。在接收模式接收到的数据可以直接送到单片机串行接口或者经电平转换后送入计算机。PWR_UP="0" 为待机模式，电路进入待机状态，工作电流为 8 μA，在待机状态电路不接收和发射数据。

由此芯片构成的无线收发电路模块结构简单，工作可靠，模块尺寸仅为 30 mm×22 mm× 6 mm，可以直接与常用的单片机如 8051、68HC05、PIC16C5X、MSP430 等连接，实现单片机与单片机、单片机与计算机之间的数据无线传输。通过 MAX232A 等接口芯片可以与计算机串行接口连接，实现计算机与计算机之间的数据无线传输，可方便地嵌入仪器仪表和自动控制系统中，构成一个点对点、一点对多点的双向无线串行数据传输通道。

5.2　XE1201A　300～500 MHz FSK 收发电路

5.2.1　XE1201A 主要技术特性

XE1201A 是一种高速率、超低功耗、符合 I-ETS300-220 标准的射频收发芯片。

XE1201A 可工作在 433 MHz ISM 频带和 300～500 MHz 频带；发射输出功率为−23～ −2 dBm；射频灵敏度为−99～−109 dBm；可编程的数据速率为 4～64 kb/s；电源电压为 2.7～ 5.5 V；接收电流消耗为 7.5 mA，发射电流消耗为 10 mA，待机电流消耗为 65 μA。

XE1201A 采用连续相位的 2 级频移键控(CPFSK)方式。接收部分集成有低噪声放大器 (LNA)和下变频器，采用直接变频方式；微控制器接口可直接对数据进行处理，并产生同步数据时钟(CLKD)；具有滤波通道和接收用的解调器。发射部分可提供一个完整的通道，完成从数据到天线的传送，该部分带有一个可对频偏进行编程的直接上变频器，并可对 RF 输出功率进行控制。

XE1201A 具有 3 线式总线接口，可通过 3 线总线以及外部引脚来设置传输状态，仅需极少的外部元件(无线匹配网络、振荡电路、SAW 振荡器)即可完成接收和发射的双重功能。发射功率也可以通过总线来控制。

5.2.2　XE1201A 引脚功能与内部结构

XE1201A 采用 TQFP-32L 封装，各引脚功能如表 5.2.1 所示。

表 5.2.1　XE1201A 引脚功能

引脚	符号	功　　能	引脚	符号	功　　能
1	EN	芯片使能	17	TXD	发射数据输入
2	DE	总线数据使能	18	CLKD	标准数据时钟
3	AVDD	模拟电路电源输入端	19	RXD	接收数据输出
4，5	TPA/TPB	功率放大器谐振回路	20	DGND	数字地
6	AGND	模拟地	21，22	XTAL	基准振荡器
7	SC	总线时钟	23	DVDD	数字电路电源电压
8	SD	总线数据输入	24	QO	测试端
9	LOGND	本机振荡器接地	25	IO	测试端
10，11	TKA/TKB	振荡器谐振回路	26，27	RFA/RFB	射频放大器输入
12	TKC	振荡器储能电路 C	29	RFOUT	射频输出
13，14	SWA/SWB	SAW 谐振器	28	RFGND	射频接地
15	RXTX	接收/发射使能	30，31	TLA/TLB	低噪声放大器谐振回路
16	VREF	稳压器退耦	32	RFVDD	电源电压

　　XE1201A 的内部结构框图如图 5.2.1 所示，主要由接收、发射、本振以及 3 线总线接口四部分组成。XE1201 的接收部分由低噪声放大器(LNA)、下变频器、自激消除模块、基带滤波器以及位同步器等部分组成。LNA 提供的低噪声增益可通过外部电路(分立元件)进行调节，该外部电路由输出 LC 谐振回路和 RF 输入 LC 匹配网络组成；下变频器具有 90° 相移电路和 2 个合成器及通道(I/O)，完成零中频接收器的直接下变频；自激消除模块则对 DC 和低频输出信号进行 50 dB 衰减，避免本振上的自激振荡；基带滤波器由两个级联的 Sallen&key 低通滤波器组成，每级有 10 dB 的增益，可实现具有 30 kHz 截止频率的 Butterworth 低通滤波，AC 耦合(截止频率为 64 kHz)可以避免偏移量的增加，并可衰减 1/f 的噪声；位同步器是一个可被 ALU 控制的数字 PLL，为系统提供同步数据时钟。为了提高性能，可根据所需的数据速率，通过 3 线总线对位同步器进行编程设计。

　　XE1201 的发射部分由 DDS 调制器、单边带上变频器及功率放大器组成。FSK 偏频可直接通过数字合成器(DDS)来实现，所以 XE1201 的 FSK 频偏相当精确，并可以通过 3 线总线进行调节。I 和 Q 基带可经过抗干扰滤波器后，直接上变频到 UHF 频段。DDS 调制器由数字和模拟两个模块构成。在数字模块中，内部时钟设在 2 MHz，由 DDS 将数据位流转换成正、余弦信号。当相位累加位为 7 bit 时，频偏最小的步进频率(每位)为 3.9 kHz，频偏差(FSK)的可编程调节范围为 0～127(7 位)，因此，理论上频偏的范围为 295 kHz，开机时频偏值为 32(125 kHz)。当 Data 为 0 时，$f = f_{Lo} - f_{dev}$；Data 为 1 时，$f = f_{Lo} + f_{dev}$。另外，也可以对调解器的频率偏移进行调节，f_{dev} 必须满足 Filter BW(滤波器带宽)>f_{dev}>Data rate。DDS 模块中的模拟模块(DDSA)的任务是将正、余弦信号从 DDS 转换成模拟的 I 和 Q 信号，该转换通常由 2 个 8 位 DAC 来完成。单边带上变频器完成基带 FSK 信号到 UHF 频率的频率转换。功率放大器为天线发射 FR 信号提供驱动，功率放大器不能直接驱动天线，需要外部匹配网络。功率放大器的输出功率也是可编程的(4 级)。

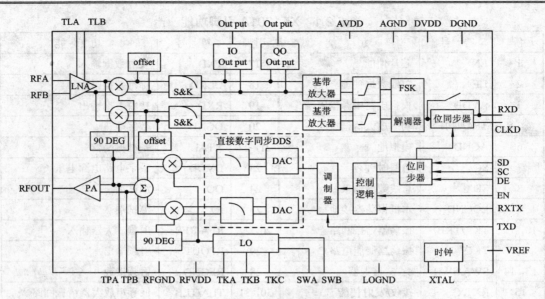

图 5.2.1　XE1201A 的内部结构框图

本机振荡器的电路以一个标准的 SAW 振荡器为基准，这个 SAW 振荡器可提供最快的开关时间，同时也可改变 UHF 振荡器的频率。对于 433 MHz 的 ISM 频带来说，SAW 可在 433.92 MHz 频率上产生谐振，其时钟产生信号可驱动一个 90°的相移器，而这个相移器连接到单边带上变频器。

XE1201A 最主要的特点是可通过 3 线式总线接口对 FSK 频偏、时钟使能、RF 输出功率和数据速率及其他辅助功能等进行设计编程，并可通过此接口和相关引脚设置其接收、发射和待机状态。3 线式总线数据接口电路由 3 个内部寄存器(A、B、C)组成，可在 SC 的上升沿采集数据位。内部电路通过 SC 的上升沿采集数据位，内部电路通过对 SC 的上升沿进行计数来检测输入数据的有效性。如果在 SC 上检测到的边沿数为 16 个，则数据将从输入移位寄存器转到相应的寄存器中。内部寄存器的数据格式如表 5.2.2 所示。其中，前两位 D15 和 D14 用于选择寄存器 A、B、C，如表 5.2.3 所示。

表 5.2.2　内部寄存器的数据格式

D15	D14	D13	D12	D11	D10	D9	D8	D7	D6	D5	D4	D3	D1	D1	D0
MS															LS

表 5.2.3　数据位 D15 和 D14 确定的寄存器

D15	D14	寄存器名称
0	0	寄存器 A
0	1	寄存器 B
1	0	寄存器 C
1	1	寄存器 D

寄存器 A 用于设置收发器的工作模式(发射、接收和待机模式)，选择接收数据的速率，如表 5.2.4 所示；寄存器 B 可在整个发射期间调节中心频率，如表 5.2.5 所示；寄存器 C 则用于设置频偏，激活功放、发射功率以及其他辅助功能等，如表 5.2.6 所示。

表 5.2.4　寄存器 A 的数据格式

A13	A12	A11	A10	A9	A8	A7	A6
控制模式	控制时钟	芯片使能	RXTX	0100=典型旁路，0101=比特同步断开			
A5	A4	A3	A2	A1			A0
接收数据速率　　DR=64474×2exp(-n/8)							

表 5.2.5　寄存器 B 的数据格式

B13	B12	B11	B10	B9	B8	B7
发射补偿频率　f_{DFC}=3906.25 n，n 为 B13～B7 所确定的值						
B6	B5	B4	B3	B2	B1	B0
测试比特位：全部置 0						

表 5.2.6　寄存器 C 的数据格式

C13	C12	C11	C10	C9	C8
C13　C12　PA 功率 0　　0　　20 dBm 0　　1　　12 dBm 1　　0　　−8 dBm 1　　1　　−5 dBm		比特数据倒置	比特测试 1	比特测试 0	允许 PA
C7	C6	C5	C4	C3	C2	C1	C0
TDX3 线式总线	传输频移　f_{dev}=3906.25n，n 为 C6～C0 所确定的值						

在使能后，内部 3 线式总线寄存器 A、B 和 C 是由如表 5.2.7 所示的值来初始化的。引脚控制，时钟停止，Dr(数据速率)=16 kb/s，PA = 12 dBm，f_{dev}= ±125 kHz。

表 5.2.7　寄存器的默认值

寄存器	13	12	11	10	9	8	7	6	5	4	3	2	1	0
A	0	0	0	0	0	0	0	0	0	1	0	0	0	0
B	0	0	0	0	0	0	0	0	0	0	0	0	0	0
C	0	1	0	1	0	1	0	0	1	0	0	0	0	0

发射电路中调制通过一个直接数字合成器实现，I 和 Q 基带信号在数字模拟转换之前用数字方法产生。通过直接数字合成的方法，FSK 的频偏是非常精确的。直接数据合成调制器结构中包含一个数字时钟和一个模拟时钟。

直接数据合成器将比特数字流合成为正弦和余弦信号。系统内部时钟设定为 2 MHz。频偏的最小步进为 3.9 kHz。

频偏(频移键控)是可编程的，可在 0～127(7 bit)之间进行调整，每一步相当于 3.9 kHz。频偏的理论范围是 0～295 kHz。在加电之后，偏移值等于 32(125 kHz)。如果 Data =0≥f_{LO}−f_{dev}，Data=1≥f_{LO}+f_{dev}，则 7 bit 是用来校正解调器的频率偏差的，f_{dev}= 3906.25n(Hz)。其中，n 是 7 bit 字节中定义的十进制常数。频率偏差必须比数据速率大，比接收器滤波器带宽小，即 f_{dev}>Dr(数据速率)，f_{dev}<Filter BW(滤波器带宽)。在频率补偿的条件下，通过 3

线总线，本机振荡器的偏差可以被补偿。偏移频率的默认设置是 0。默认覆盖为 265 kHz，每步 3.9 kHz。默认数值在−64～63 之间(在两者间补充 7 bit)。

　　DDSA 部件(见图 5.2.2)转换从 DDS 到模拟 I 和 Q 信号的正弦和余弦字数据，是两个 8 bit D/A 变换器，带有 160 kHz 的标称截止频率，用来消除在 $f_s±f_o$ 处的混叠。f_s 是 2 MHz 的抽样频率，f_o 是典型的 125 kHz 输出频率。

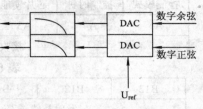

图 5.2.2　DDSA 部件

　　单边带上变频器完成从基带频移键控信号到超高频的上变频。单边带调制器是通过 I/Q 基带信号和本振频率来激励的。输出是一个射频单边带信号。

　　功率放大器为发射天线提供射频信号，输入连接到上变频输出信号。功率放大器不能直接激励天线，需要一个外部网络，输出功率是可编程的(4 级)，输出是电流源形式。功率放大器需要一个正电压偏置。

　　接收电路中，LNA(低噪声放大器)提供一个低噪声系数的放大增益，此电路在天线匹配网络和混频器之间。LNA 通过两个外部 LC 回路来调谐：一个是连接到输出的 LC 谐振回路；另一个是连接到射频输入的 LC 匹配网络。

　　正交下变频部分包括一个 90° 移相器和两个混频器，每个信道有一个 I/Q。正交下变频部分用来完成一个零中频接收器($f_{LO} = f_{RF}$)的直接下变频，输入连接到低噪声放大器输出。基带 I/Q 输出时直接连接到基带模拟滤波电路。在 IFP(如果为正)和 IFN(如果为负)节点之间提供了一个有源阻抗。基带滤波器提供接收信道中所有的基带滤波功能，可以提供 20 dB 的电压增益。交流耦合(截止频率=6 kHz)避免频移的发生，衰减 1/f 噪声。此回路包含两个级联滤波器，每级提供了大约 10 dB 的增益。同时，提供了一个有 330 kHz 截止频率的 4 级低通滤波器。一个温度校正电阻用来减少转移函数对温度的依赖性。I/Q 模拟输出元件用来把一个模拟差动信号转换为一个单边带信号。模拟输出(I 和 Q)用于测试或作为内部解调器之前的另一个解调器的输入。

　　基带放大器回路为基带滤波器输出信号提供 50 dB 的电压增益，可提供足够的信号电平去激励序列限频器。限频器电路将模拟差动转变成数字信号。FSK 解调器在放大器输出提供一个数字解调器，将 I 和 Q 信号解调成一个比特数字信号(RXD 接收数据)。如果没有使用比特同步时钟，则不必设定数据速率接收器。解调器的性能取决于指数调制系数(β)。

　　比特(位)同步电路中，比特(位)同步操作是通过相关的可积分输入数据流的计数器实现的。位流(比特流)、RXD 和时钟 CLKD 是同步的。为了提供一个同步数字时钟，比特(位)同步电路的结构是一个被运算器控制的数字锁相环。

　　比特(位)同步电路必须根据数据输入率由 3 线式总线编程。为了确定要求的数据率(单位为 Hz)，使用者必须通过下面的公式计算：

$$n = \text{round}[-8 × \lg(61 × Dr/f_{XTAL})/\lg 2]$$

式中，n 是一个对应于 6 bit 的无符号整数，Dr 是以 Hz 为单位的输入数据率。比特同步电路可以以 5% 的精度操作。位速率的值可以影响接收器的灵敏度，灵敏度取决于 β 调制指数和频移，其参数可以通过下列公式定义：

$$β = \frac{f_{dev}}{Dr}$$

或
$$Dr = \frac{f_{dev}}{\beta}$$

参数 β 作为调制指数，f_{dev} 是频移。这个公式反映了调制指数、频移和数据速率之间的关系。灵敏度取决于数据速率。表 5.2.8 所示为 $f_{dev}=125$ kHz 时的灵敏度与其所对应的调制指数之间的关系。

表 5.2.8   XE1201 在 $f_{dev}=125$ kHz 时的灵敏度和 β 的关系

数据速率(b/s)	β	在误码率为 1%时的灵敏度/ dBm
1024	122	−112
4873	25.6	−112
9747	12.8	−110
16 393	7.6	−108
50 564	2.4	−103
60 131	2	−102

本机振荡电路使用一个高 Q 值的 SAW 谐振器和 LC 电路。SAW 谐振器确定了谐振频率。SAW 谐振器的要求是：谐振频率为 4339.2 MHz；无负载 Q 值为 13000；中心频率容差为± =75 kHz；频率迟滞<±10×10^{-6}/年。SAW 谐振器的信号通过一个输出接到单边带上变频的 90°相移器。

收发器可以通过 3 线接口设置成多种配置模式。接口由一个位移寄存器、采样串行时钟脉冲(Serial CLK，SC)的上升沿电路组成，电路计数串行时钟上升边沿的数目，当第 16 上升沿在串行时钟中被探测到时，数据从输入转换寄存器传送到相应的配置寄存器。在第 16 上升沿之后，SE(使能)的上升沿锁定数据。如果电路探测到 SE 的上升沿在第 16 和第 17 上升沿之间，SE 上升沿将在配置寄存器中锁定这个数据。

XE1201A 的主要特性可以通过软件或者由 3 线接口和内寄存器(RegA、RegB 和 Reg C)来设定。频移键控、时钟使能、射频输出功率和数据速率可以像其他辅助函数一样被编程。

SAW 谐振器决定载波频率，频率可在 300～500 MHz 之间选择。SAW 谐振器通过一个寄生电容器 C_p(约为 3.1 PF)在 SWA 和 SWB 引脚之间形成了负阻。一个电感与 SAW 并联，用来补偿 SAW 的寄生电容器 C_p 和 SAW 的 C_s 的影响，电感线圈的值为 L =27 nH。

LNA 谐振回路的功能是获得最大的功率增益(GPAV)，与并行寄生电容 C_p 在 TLA 和 TLB 引脚间产生一个电流源。为了补偿 C_p 的影响，一个电感 L(L1+L2)被设置。回路谐振在 433.92 MHz 上，补偿值为 L1=L2=12 nH，C=2.2 pF。注意：电感 L1 和 L2 可以印制在 PCB 上。

上变频回路是为发射通道工作的，上变频器是必需的。上变频谐振回路的参数值是：L1=L2=12 nH，C=2.2 pF。

LO(本机振荡器)必须连接 LC 谐振回路，在 TKA 和 TKB 之间形成了 LC 谐振。TKB 必须通过 C2 接地。参量定义为 L1=L2=12 nH，C=2.7 pF。

所设计的天线匹配网络的天线被匹配和调谐到接收器和发射器时，必须体现出良好的频率特性。天线匹配网络包括：射频输出匹配网络、射频输入匹配网络和转换器。

　　射频输出匹配网络用来将射频输出的最大功率输出到天线上。射频输出必须通过电感线圈连接到正电压 VDD。阻抗变频器实现 50～600 Ω 变换，最大功率可被传送到 50 Ω 的天线上。

　　射频匹配网络(见图 5.2.7)实现一个阻抗变换和单端到差动输入，产生了两个输入信号，一个输入信号的相位差为 π。在并联模式，LNA 电路输入的实数阻抗值是 1 kΩ。输入阻抗量值为：并联实数部分 R_p=1 kΩ，并联电容部分 C_p=4 pF，天线阻抗=50 Ω，C=2.2 pF，L=18nH。

　　射频输入/输出转换：接收器和发射器可以用一个天线，通过两个 PIN 二极管和已知的接收或发射配置来实现(见图 5.2.7)。二极管型号为 BA6798，R=4.7 kΩ，信号(TX)附加上一个 DC 电平，一个串行电容 C 用来隔离 DC，C=470 pF。

　　发射范围显然取决于天线的性能。在自由空间中，在距离为 d、波长为 λ 时，接收功率 P_r 的理论公式是：

$$P_r = \frac{P_t \times G_t \times G_r}{(4\pi d / \lambda)^2}$$

式中，P_t 是发射功率，功率随天线增益(G_t)的增加而增加。接收功率(P_r)取决于接收天线增益(G_r)。通常的允许模式是：在 1 m 以内，模型为(1/2)d。

$$P_r(dB) = P_t(dB) + G_t(dB) + G_r(dB) - 20\lg(4\pi d / \lambda)$$

在 1 m 以外，模型为(1/4)d。功率与天线的关系如图 5.2.3 所示。

$$P_r(dB) = P_t(dB) + G_t(dB) + G_r(dB) - 25(dB) - 40\lg(d / l)$$

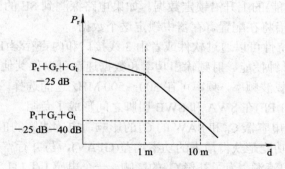

图 5.2.3　功率与天线的关系

　　计算举例：一个 10^{-2} bit 误码率接收功率需要 −109 dBm。没有外部功率放大器时，发射功率是 −5 dBm，有外部功率放大器时是 +10 dBm。假设 λ/4 天线增益为 −10 dBm，范围是：在自由空间(以(1/2)d 衰减模式)没有外部 PA，d=870 m，有外部 PA，d=4900 m；在建筑物内(以(1/4)d 衰减模式)没有外部 PA，d=30 m，有外部 PA，d=70m。

　　鞭式天线：鞭式天线是最简单的。在平面图上，鞭式天线是四分之一波长导线，如图 5.2.4 所示。

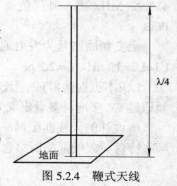

图 5.2.4　鞭式天线

长度：

$$l = \frac{\lambda}{4} = \frac{c}{4f_o}$$

式中，f_o 是载波频率，λ 是波长，c 是光速。在工业频带使用时，$f_o = 433.92$ MHz。

$$l = \frac{3 \times 10^8}{4 \times 433.92 \times 10^6} = 17.3 \text{(cm)}$$

鞭式天线增益在 $-10 \sim 0$ dBm 之间。

小矩形天线：回路天线可以由一个小的细导线、印制板上的导线或别的材料组成。回路天线的优点是手不会影响天线的调谐。回路天线简单，价格低，在便携式方式中被普遍应用。回路天线的缺点是天线增益差（$-20 \sim -5$ dB），而且带宽很窄，需要调谐，调谐需要增加一个可调电容。如果回路较大，则可以使用非可调电容。

回路面积 A 定义为：$A = l_a \times l_b$，如图 5.2.5 所示。回路天线的系统增益 $G(G$ 或 $G_t)$ 与频率的关系如图 5.2.6 所示。

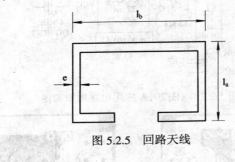

图 5.2.5　回路天线

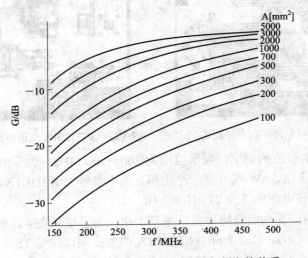

图 5.2.6　回路天线的系统增益 G 与频率的关系

5.2.3　XE1201A 应用电路

XE1201A 应用电路电原理图和印制板图如图 5.2.7～图 5.2.9 所示。

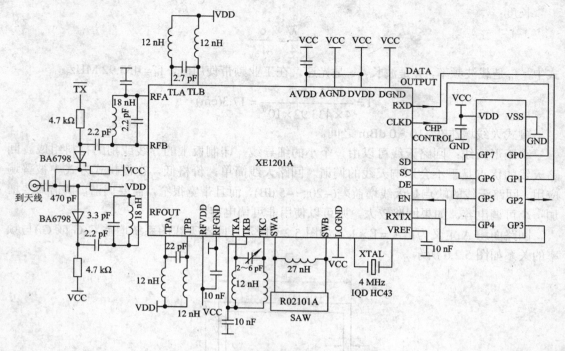

图 5.2.7　XE1201A 应用电路电原理图

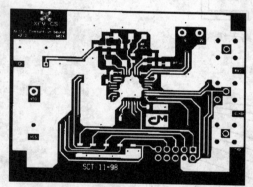

图 5.2.8　XE1201A 应用电路印制电路板图(顶层)

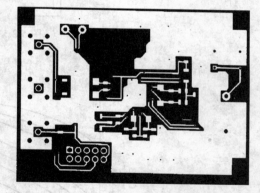

图 5.2.9　XE1201A 应用电路印制电路板图(底层)

SAW 谐振器决定载波的频率，频率范围为 300～500 MHz。为了消除寄生电容器 C_p 和 SAW 的 C_s 的影响，应在 SAW 端并联一个电感。由于型号为 R02101A 的 SAW 谐振器分布电容为 1.9 pF，因此该电感的值为 27 nH。

LNA 谐振电路的主要功能是将增益功率最大化，为了使其在 433.92 MHz 时产生谐振，一般应选择 L1=L2=12 nH，C=2.2 pF。XE1201A 的本振端口应与 TKA 和 TKC 两脚相连，而 TKB(内部基准)则必须通过电容 C 接地。

天线匹配网络由 RF 输出、RF 输入网络以及它们的转换电路组成，必须与整个电路相匹配，并可随收发器进行调节。其中，射频输出匹配网络可以使射频输出向天线发射最大功率，它输出的是一个电流源，通过一个电感接到 VDD 来提供一个正偏压，其幅度为 VDD 的 2 倍。如果能够实现 50～600 Ω 的阻抗变换，那么 50 Ω 的天线将以最大功率进行发射。

通常，$C_p = 2.4$ pF，$Z_i = 50$ Ω，$Z_{out} = (600+j0)$ Ω。

利用射频输入匹配网络还可以实现阻抗的变换以及单端的差分变换，生成的 2 差分输入信号之间的相位差为 180°。在并行模式，LNA 电路的实际输入阻抗为 1 kΩ。在谐振时可实现 1～50 Ω 的阻抗转换，射频输出与射频输入转换由一个转换电路来完成。

为了延长电池的寿命，所有的接收设备在无传输任务时都应处于待机模式。XE1201A 从待机状态转到接收状态的响应时间最多为 1 s。芯片的接收与前端信息、方式信息段及 ID 号有关(如 ID=1、2、3)，前端信息用于同步时钟，方式信息段则用于识别传输是否开始，而 ID 号则用于识别接收器。

在接收模式下，如果微处理器接收不到或者识别不出该模式，那么开关将一直处于待机模式；若识别出，则继续接收后面的内容，同时还为微处理器提供同步时钟(由内部的位同步器产生)。在这种情况下，接收器需要满足以下两个条件：第一是能够全部解读前端信息以产生同步时钟；第二是射频输入与射频输出的转换电路必须为识别提供一个完整的模式帧。此二者若有一项不能够完全满足，则系统将不能够接收，同时其开关电路也将回到待机模式。

由于发送器要传递信息给指定的接收器，因此每个接收器都必须有一个用于识别自身的 ID 号。对 ID 号的处理是由微控制器来完成的，若 ID 号正确，则可通过微控制器使系统处于接收模式；若 ID 号错误，则将切换到待机模式。

一个适当的输出需要得到最佳的回路性能。所有的谐振回路元件、匹配网络和退耦都是射频元件，需要尽量简单且紧密地靠近 XE1201A。

通过 3 线式总线，微控制器可对 XE1201A 进行控制，完成 XE1201A 的收、发和待机模式设置及控制。芯片使能和 RXTX 模式是通过硬件经由微控制器来设定的。3 式式串行总线包括：总线数据开关 DE、串行时钟 SC 和串行数据 SD。输入/输出引脚包括：接收数据输出 RXD、接收数据时钟 CLKD、片选开关 EN 和接收发射开关 RXTX。

待机模式到接收模式：在接收器设定为待机模式时，时钟关闭。微控制器通过 3 线式总线使时钟开启，通过引脚 1 使接收器工作。

从接收模式到待机模式：在接收器模式时，微控制器通过引脚 1 不允许接收器工作，通过 3 线式总线关闭时钟。

5.3　MAX7044 300～450 MHz ASK 发射电路

5.3.1　MAX7044 主要技术特性

MAX7044 是基于晶振 PLL 的 VHF/UHF 发射器芯片。它可以与接收器芯片 MAX1470、MAX1473 或者 MAX17033 配套构成无线数据收发系统，适合汽车遥控、无键进入系统、安防系统、车库门控制、家庭自动化、无线传感器等应用。

MAX7044 在 300～450 MHz 频率范围内发射 OOK/ASK 数据；数据速率达到 100 kb/s；输出功率为+13 dBm(50 Ω 负载)；电源电压为+2.1～+3.6 V；电流消耗在 2.7 V 时仅为 7.7 mA；待机电压电流消耗为 130 nA；时钟输出频率为 $f_{XTAL}/16$ Hz；工作温度范围为 −40～+125℃。

5.3.2　MAX7044 引脚功能与内部结构

MAX7044 采用 SOT-8 封装(3 mm × 3 mm)，其引脚功能如表 5.3.1 所示。

表 5.3.1　MAX7044 的引脚功能

引脚	符号	功　　能
1	XTAL1	晶振输入端 1。$f_{XTAL} = f_{RF} / 32$
2	GND	地。连接到系统地
3	PAGND	功率放大器地。连接到系统地
4	PAOUT	功率放大器输出。功率放大器输出需要上拉电感到电源电压，上拉电感可以成为输出匹配网络的一部分，输出匹配网络连接到天线
5	CLKOUT	时钟缓冲器输出。CLKOUT 引脚端的输出频率是 $f_{XTAL} / 16$
6	DATA	CCK 数据输入。DATA 也控制电源导通状态(见低功耗模式)
7	VDD	电源电压。尽可能地靠近这个引脚端连接一个 100 nF 电容到地
8	XTAL2	晶振输入端 2。$f_{XTAL} = f_{RF} / 32$

MAX7044 的内部结构框图如图 5.3.1 所示，芯片内部包含功率放大器(PA)、晶体振荡器(Crystal Oscillator)、驱动器(DRIVER)、数据有效检测电路(Data Activity Detector)、锁定检测电路(Lock Detect)、锁相环(PLL)、分频器(/16)等电路。

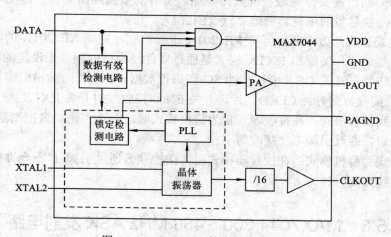

图 5.3.1　MAX7044 的内部结构框图

1. 低功耗模式

MAX7044 有一个自动的低功耗模式(Shutdown Mode)控制方式。如果 DATA 引脚端输入在一个确定的时间(等待时间)内没有动作，则器件自动进入低功耗模式。等待时间大约是 216 个时钟周期，在 315 MHz 频率大约为 6.66 ms，在 433 MHz 频率大约为 4.84 ms，有

$$t_{WAIT} = \frac{2^{16} \times 32}{f_{RF}}$$

式中，t_{WAIT} 是进入低功耗模式的等待时间；f_{RF} 是射频发射频率。

当器件在低功耗模式时，在 DATA 信号的上升沿"暖"启动晶振和 PLL，晶振和 PLL 在数据发射前需要 220 μs 的建立时间。

2. 锁相环

锁相环(Phase-Locked Loop，PLL)功能块包含有相位检波器、充电泵、集成的回路滤波器、VCO、异步时钟分频器、驱动器和晶体振荡器。除了晶振，PLL 不需要其他外部元器件。基准频率和载波频率的关系如下：

$$f_{XTAL} = \frac{f_{RF}}{32}$$

在 PLL 锁定前，锁定检测电路防止功率放大器发射。另外，如果失去载波频率，则器件将关闭功率放大器。

3. 功率放大器

MAX7044 的功率放大器是一个高效率的漏极开路的 C 类放大器，使用合适的输出匹配网络，功率放大器能够驱动简单的 PCB 环行天线和各种形式的 50 Ω 天线。

在典型应用电路中，使用电源电压+2.7 V，电路输出功率可达到+13 dBm，整个效率可以达到 48%。一个功率调整电路如图 5.3.2 所示。

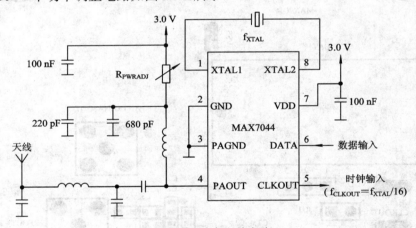

图 5.3.2 功率调整电路

4. 时钟缓冲输出

MAX7044 在 CLKOUT 引脚端提供一个时钟缓冲输出(Buffered Clock Output)，可供微控制器等器件使用。CLKOUT 的输出频率是晶振频率的 1/16。对于 315 MHz 射频发射频率，使用的晶振频率是 9.843 75 MHz，提供的时钟频率是 615.2 kHz。对于 433.92 MHz 射频发射频率，使用的晶振频率是 13.56 MHz，提供的时钟频率是 847.5 kHz。当器件在低功耗模式时，时钟输出无效。数据发射时，在 220 μs 时间之后，时钟输出稳定。

5.3.3 MAX7044 应用电路

MAX7044 应用电路电原理图和印制板图如图 5.3.3～图 5.3.6 所示。注意：图中 C1、C2、C6、L1、L3、Y1 对于不同工作频率有不同的数值。

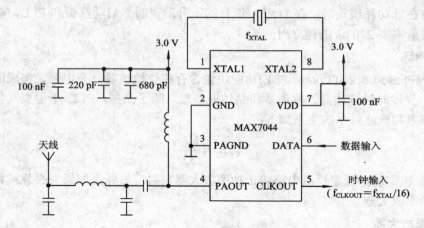

图 5.3.3　MAX7044 应用电路电原理图

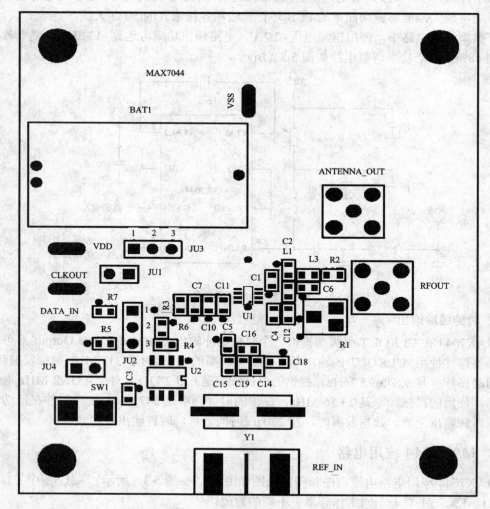

图 5.3.4　MAX7044 应用电路 PCB 元器件布局图

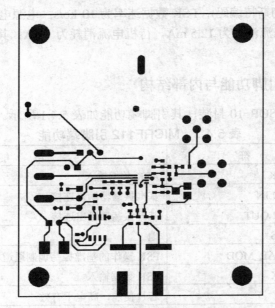

图 5.3.5　MAX7044 应用电路印制电路板图(顶层)

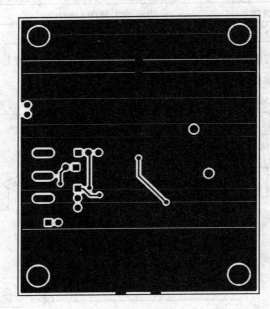

图 5.3.6　MAX7044 应用电路印制电路板图(底层)

5.4   MICRF112 300～450 MHz ASK/FSK 发射电路

5.4.1   MICRF112 主要技术特性

MICRF112 是一种高性能的、容易使用的单片 ASK/FSK 发射器芯片,是一种真正的"数据输入-天线输出"芯片。其工作频率范围为 300～450 MHz;输出功率为+10 dBm(50 Ω 负载);

数据速率为 50 kb/s(曼彻斯特编码)；FSK 数据速率为 10 kb/s；电源电压范围为 3.6～1.8 V，最低可工作在 2.0 V；电流消耗为 12.5 mA，待机电流消耗为 1 μA；其工作温度范围为 –40～+125℃。

5.4.2　MICRF112 引脚功能与内部结构

MICRF112 采用 MSOP-10 封装，其引脚端功能如表 5.4.1 所示。

表 5.4.1　MICRF112 引脚端功能

引 脚 端	符 号	功 能
1	ASK	ASK 数据输入
2	XTLIN	基准振荡器输入连接
3	XTLOUT	基准振荡器输出连接
4	VSS	地
5	XTAL_MOD	FSK 操作的基准振荡调制通道
6	FSK	FSK 数据输入
7	EN	芯片使能，高电平有效
8	VSSPA	功率放大器(PA)地
9	PAOUT	功率放大器(PA)输出
10	VDD	电源电压输入

MICRF112 内部结构框图如图 5.4.1 所示，芯片内部包含有 PLL、功率放大器、晶体振荡器、使能控制、低电压检测、FSK 调制开关等电路。

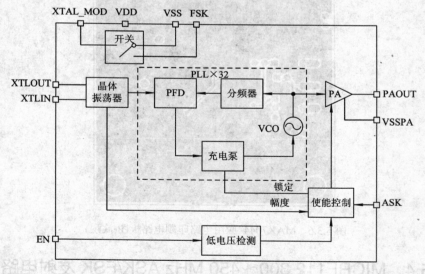

图 5.4.1　MICRF112 内部结构框图

5.4.3　MICRF112 应用电路

MICRF112 应用电路的电原理图如图 5.4.2 所示。ASK 和 FSK 操作有不同的元件参数，见表 5.4.2。MICRF112 应用电路印制板图如图 5.4.3～图 5.4.5 所示。

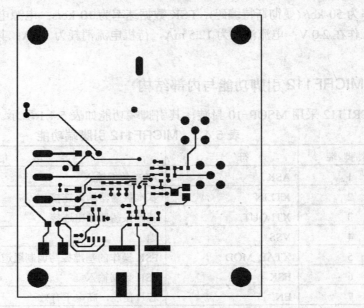

图 5.3.5　MAX7044 应用电路印制电路板图(顶层)

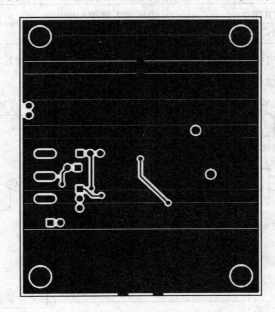

图 5.3.6　MAX7044 应用电路印制电路板图(底层)

5.4　MICRF112 300～450 MHz ASK/FSK 发射电路

5.4.1　MICRF112 主要技术特性

MICRF112 是一种高性能的、容易使用的单片 ASK/FSK 发射器芯片，是一种真正的"数据输入-天线输出"芯片。其工作频率范围为 300～450 MHz；输出功率为+10 dBm(50 Ω 负载)；

数据速率为 50 kb/s(曼彻斯特编码)；FSK 数据速率为 10 kb/s；电源电压范围为 3.6～1.8 V，最低可工作在 2.0 V；电流消耗为 12.5 mA，待机电流消耗为 1 μA；其工作温度范围为−40～+125℃。

5.4.2 MICRF112 引脚功能与内部结构

MICRF112 采用 MSOP-10 封装，其引脚端功能如表 5.4.1 所示。

表 5.4.1 MICRF112 引脚端功能

引 脚 端	符 号	功 能
1	ASK	ASK 数据输入
2	XTLIN	基准振荡器输入连接
3	XTLOUT	基准振荡器输出连接
4	VSS	地
5	XTAL_MOD	FSK 操作的基准振荡调制通道
6	FSK	FSK 数据输入
7	EN	芯片使能，高电平有效
8	VSSPA	功率放大器(PA)地
9	PAOUT	功率放大器(PA)输出
10	VDD	电源电压输入

MICRF112 内部结构框图如图 5.4.1 所示，芯片内部包含有 PLL、功率放大器、晶体振荡器、使能控制、低电压检测、FSK 调制开关等电路。

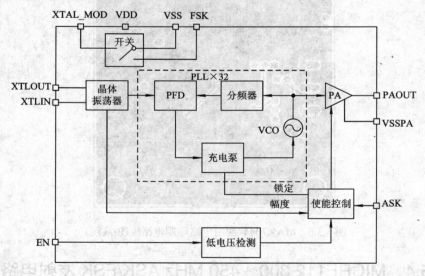

图 5.4.1 MICRF112 内部结构框图

5.4.3 MICRF112 应用电路

MICRF112 应用电路的电原理图如图 5.4.2 所示。ASK 和 FSK 操作有不同的元件参数，见表 5.4.2。MICRF112 应用电路印制板图如图 5.4.3～图 5.4.5 所示。

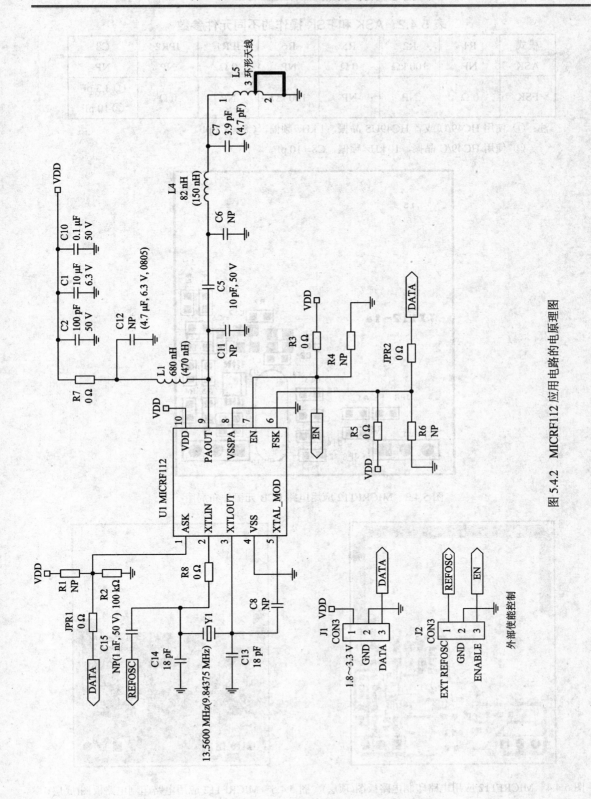

图 5.4.2　MICRF112 应用电路的电原理图

表 5.4.2　ASK 和 FSK 操作的不同元件参数

模式	R1	R2	R5	R6	JPR1	JPR2	C8
ASK	NP	100 kΩ	0 Ω	NP	0 Ω	NP	NP
FSK	0 Ω	NP	NP	100 kΩ	NP	0 Ω	① 3.3 pF ② 10 pF

注：① 使用 HC49/U 或者 HC49US 晶振，1 kHz 频偏，C8 = 3.3 pF。

　　② 使用 HC49/U 晶振，10 kHz 频偏，C8= 10 pF。

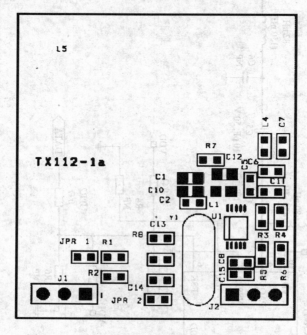

图 5.4.3　MICRF112 应用电路 PCB 元器件布局图

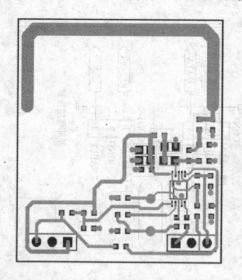 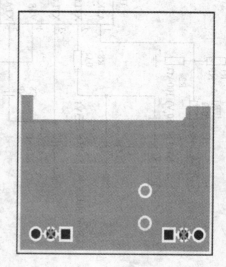

图 5.4.4　MICRF112 应用电路印制电路板图(顶层)　图 5.4.5　MICRF112 应用电路印制电路板图(底层)

MICRF112 可以驱动一个 50 Ω 的单极天线或者环形天线、315.0 MHz 和 433.92 MHz ASK 配置的环形天线，元件参数如表 5.4.3 所示。

表 5.4.3　ASK 配置的环形天线元件参数

频率/MHz	L1/nH	C5/pF	L4/nH	C7/pF	Y1/MHz
315.0	470	10	150	6.8	9.84375
433.92	680	10	82	4.7	13.5600

R7 为输出功率调节电阻，阻值范围为 0～1000 Ω，输出功率调整范围为 10～ −3.8 dBm(315 MHz)或者 8.68～0.42 dBm (433.92 MHz)。

R3 和 R4 的数值与芯片的工作状态有关，如表 5.4.4 所示。

表 5.4.4　R3 和 R4 的数值与芯片的工作状态的关系

工作状态	R3	R4
导通	0 Ω	NP
外部待机控制	NP	100 kΩ

5.5　RF2516 100～500 MHz AM/ASK 发射电路

5.5.1　RF2516 主要技术特性

RF2516 是一种带有锁相环的 AM/ASK VHF/UHF 发射芯片，工作在 100～500 MHz 频带，AM/ASK 调制，调制频率为 1 MHz。该芯片内含有集成压控振荡器、鉴相器、预定标器、基准晶体振荡器和锁相环回路，能够发射数字信号。除了标准的低功耗模式外，芯片还有一个自动闭锁功能，当 PLL 失锁时，发射器的输出无效。RF2516 的电源电压为 2.25～3.6 V，该器件能够对 50 Ω 的负载提供+10 dBm 的输出功率，基准频率为 17 MHz。

5.5.2　RF2516 引脚功能与内部结构

RF25 16 采用 QSOP-16 封装，各引脚的功能如下：

引脚 1(OSCB)：直接连接到基准振荡器晶体管的基极，基准振荡器的结构是 Colpitts 的改进型，一个 68 pF 的电容被连接在引脚 1 与 2 之间。

引脚 2(OSCE)：直接连接在基准振荡器晶体管的发射极，在这个引脚与地之间需连接一个 33 pF 的电容器。

引脚 3($\overline{\text{PD}}$)：低功耗模式控制。这个引脚控制所有的电路，当其为低电平时，所有的电路都被关断；当其为高电平时，所有的电路均正常工作，高电平电压为 VCC。

引脚 4(GND)：发射输出放大器地。必须保持好的接地，连接线要短。

引脚 5(TXOUT)：发射器输出。它是晶体管的集电极开路(OC)形式，需要连接一个偏置(或匹配)电感和一个匹配电容。

引脚 6(GND1)：TX 输出缓冲放大器地。

引脚 7(VCC1)：TX 缓冲放大器提供电源。

引脚 8(MODIN)：调制输入。信号通过这个引脚的输入，可以把调幅信号或者数字调制信号加到载波上,外接的一个电阻通过这个引脚被用来偏置输出放大器。在这个引脚的电压不能超过 1.1 V,更高的电压可能会烧坏这个芯片。

引脚 9(VCC2):压控振荡器、预定标器、鉴相器和充电泵电源。一个中频旁路电容需连接在引脚与地之间。

引脚 10(GND2):数字锁相环地。

引脚 11(VREFP):基准电压的旁路。应该选择合适的电容器来对基准频率进行滤波。电容连接在这个引脚与地之间。

引脚 12(RESNTR–):这个引脚被用来为压控振荡器(VCO)提供直流电压,同时也调节压控振荡器的中心频率。一个电感应连接在这个引脚与引脚 13 之间。

引脚 13(RESNTR+):见引脚 12。

引脚 14(LOOPFLT):充电泵的输出端。引脚 14 与地之间的 RC 回路用来控制锁相环的带宽。

引脚 15(LDFLT):这个引脚用来设定锁定检测电路的阈值。旁路电容器与芯片内部的阻值为 1 kΩ 的电阻用来设定 RC 时间常数,这个信号被用来钳位 MODIN 电路,这个时间常数大约是基准频率的 10 倍。

引脚 16(DIVCTRL):分频控制。这个引脚的电平为高电平时,选中 64 分频的前置分频器;反之,当这个引脚为低电平时,选中 32 分频的前置分频器。

RF2516 是一个具有锁相环的 AM/ASK 甚高频/超高频发射器,由功率放大器、集成压控振荡器、鉴相器、预定标器、锁存器和直流偏置等电路组成,其内部结构框图如图 5.5.1 所示。

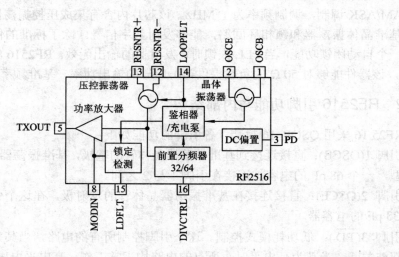

图 5.5.1　RF2516 内部结构框图

RF2516 的锁相环包括一个基准振荡器、鉴相器、环路滤波器、VCO 及反馈通道中的一个可编程分频器,只需要外接一个晶振和两个反馈电容。基准振荡器是一个 Colpitts 型的振荡器,引脚 1(OSCB)和引脚 2(OSCE)与振荡器使用的晶体管连接。一个外部信号能被输入到晶体管的基极,任一情况下,驱动电平峰值应在 500 mV 左右,以防止过度驱动,保持相位噪声最小。

前置分频器以 64 或 32 为基数对 VCO 进行分频，根据引脚 DIVCTRL 所处逻辑电平的高低来确定分频系数。引脚 DIVCTRL 为高电平时，用基数 64 来分频；引脚 DIVCTRL 为低电平时，用基数 32 来分频。分频信号被输入到鉴相器，在鉴相器中，分频信号与基准信号频率相比较。

RF2516 内含鉴相器和电荷泵。鉴相器用来比较基准振荡器的相位和 VCO 的相位，由数据鉴频鉴相器和数据三态比较器组成，电路包括两个 D 触发器，D 触发器的输出和与非门相结合来重置 D 触发器，其输出也连接到电荷泵。每个触发器的输出信号是一系列与触发器输入频率相关的的脉冲，当触发器的两个输入端信号相同时，信号为锁频和锁相；当两个信号不同时，将提供信号给电荷泵使环路滤波器充放电或进入高阻状态。鉴频鉴相器被锁时，通过相位来纠错；未锁时，通过频率来纠错。电荷泵由 2 个三极管、1 个可充电环路滤波器和其他放电环路滤波器组成，其输入是相位检波器中触发器的输出。此处有两个触发器，有四种可能的状态，若两个放大器的输入均为低，则放大器进入高阻态，两个输入均为高的情况将不会出现，另两个状态用于环路滤波器的充放电控制，环路滤波器的整合脉冲来自 VCO 中电荷泵产生的控制电压。

压控振荡器是一个调谐的微分放大器，集电极提供一个正反馈，并且产生 360° 的相移，调谐电路在集电极，包含内部的可变电容和外接的一个电感。为了得到设定的工作频率，设计者必须选择合适的电感，电感也为 VCO 提供直流偏压。VCO 输出到预定标器，在预定标器中信号频率将以 32 和 64 为基数进行分频，与基准振荡频率相比较。

发射器是一个两级放大器，它包括一个驱动器和一个集电级开路的晶体管。当电源为 3.6 V 时，可提供 10 dBm 的输出功率到 50 Ω 的负载。

锁定检测电路连接着鉴相器的输出，当 VCO 没有锁住基准振荡器的相位时，它能使发射器失去发射能力。导致 PLL 失锁有多方面的原因，例如，任何一个 VCO 的启动都有一个短时间的间隔，此时，VCO 开始振荡，基准振荡器也建立起完全振幅，在这段时间里，频率可能会出现在规定频段外，典型的是 VCO 启动比基准振荡器快，一旦 VCO 启动，鉴相器就开始定位，VCO 来纠正频率偏差，占用频带范围为 200 MHz 的频谱，VCO 处在全功率辐射状态。

RF2516 中锁定保护电路，当电源加到芯片中之后，很快使鉴相器锁住，振荡器锁定电路将会使引脚 MODIN 传输预设好的信号，不再需要微处理机来检测锁定状态。锁定检测电路含有一个内部电阻器，设计者可选择电容器来确定 RC 时间常数。

5.5.3　RF2516 应用电路

RF2516 315 MHz 应用电路电原理图和印制板图如图 5.5.2 和图 5.5.3 所示。433 MHz 应用电路电原理图和印制板图如图 5.5.4 和图 5.5.5 所示。

RF2516 提供了一个接口连接微控制器或者其他类型的信号发生器，可以对引脚 8 (MODIN)、引脚 16(DIVCTRL) 和引脚 3(PD) 进行设置，作为控制引脚使用。15 脚 (LDFLT) 的锁定检测电路输出电压可以被微控制器监测。引脚 15(LDFLT) 用来设置锁定检测电路的阈值，外接的电容与芯片上阻值为 1 kΩ 的电阻一起设定时间常数，时间常数大约是基准周期的 10 倍。

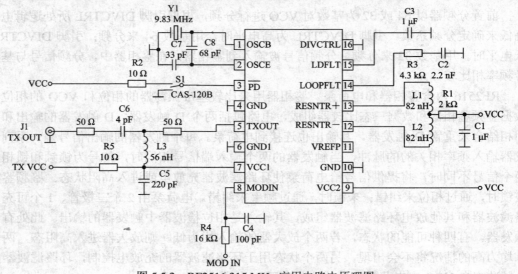

图 5.5.2　RF2516 315 MHz 应用电路电原理图

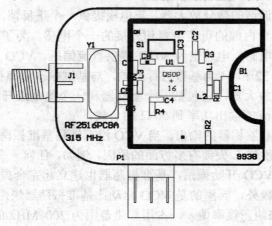

(a) 元器件布局图

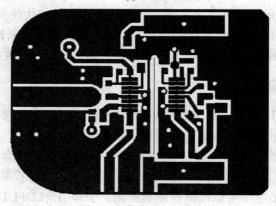

(b) 印制电路板图
(印制板尺寸1.285"×1.018"，板厚0.062"，材料FR-4)

图 5.5.3　RF2516 315 MHz 应用电路印制电路板图

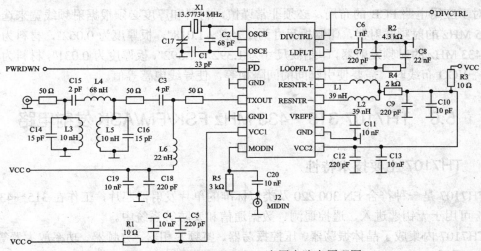

图 5.5.4　RF2516 433 MHz 应用电路电原理图

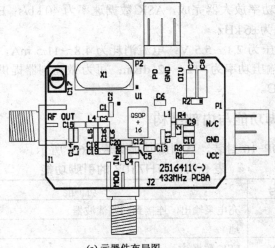

(a) 元器件布局图

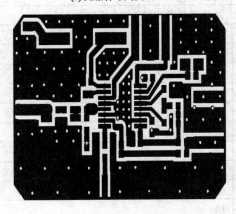

(b) 印制电路板图
(印制板尺寸1.392"×1.392"，板厚0.031"，材料FR-4)

图 5.5.5　RF2516 433 MHz 应用电路印制电路板图

对于应用电路 PCB 的布局，必须非常谨慎，材料和厚度必须根据射频线宽来选择。对于 315 MHz 的射频发射器，印制板尺寸为 1.285"×1.018"，板厚度为 0.062"，材料为 FR-4；对于 433 MHz 的射频发射器，印制板尺寸为 1.392"×1.392"，板厚度为 0.031"，材料为 FR-4。当围绕 VCO 布线时，需要使引脚间的间隔相等，使导线电感等值。

5.6 TH7107 315～433 MHz FSK/FM/ASK 发射电路

5.6.1 TH7107 主要技术特性

TH7107 是一种符合 EN 300 220 及类似标准的单片发射器芯片，工作在 315～433 MHz 频段，可用于无钥匙进入、遥控遥测、数据通信和安防等系统中。

TH7107 内集成了晶体振荡器、压控振荡器、鉴频鉴相器、分频器、功率放大器等电路。TH7107 采用 FSK/FM/ASK 调制，FSK 调制通过拉动晶振进行调制，FSK 数据速率为 20 kb/s；ASK 通过开/关内部的功率放大器完成，ASK 数据速率为 40 kb/s；FM 利用外接的变容二极管进行调制，FM 频偏为 ±6 kHz。

TH7107 的电源电压为 2.1～5.5 V；电流消耗为 4.8～11.5 mA，提供低功耗模式，待机电流消耗为 0.1 μA；输出功率为 −12～+2 dBm；可为微控制器提供分频的时钟输出；工作温度范围为 −40～+85℃。

5.6.2 TH7107 引脚功能与内部结构

TH7107 采用 QSOP-16 封装，其引脚功能如表 5.6.1 所示。

表 5.6.1 TH7107 的引脚功能

引脚	符号	功　　　能
1	LF1	充电泵输出，连接到回路滤波器
2	SUB	地
3	DATA	FSK 数据输入
4	RO2	晶体振荡器电路 FSK 引入端
5	RO1	晶体振荡器电路连接到内部晶体振荡器
6	ENTX	模式控制输入
7	ENCK	模式控制输入
8	CLKOUT	时钟输出
9	PS	电源选择和 ASK 输入
10	VCC	电源电压输入
11	VEE	地
12	OUT2	差分功率放大器输出，集电极开路形式
13	OUT1	差分功率放大器输出，集电极开路形式
14	VEE	地
15	VCC	电源电压输入
16	LF2	压控振荡器调谐输入，连接到回路滤波器

TH7107 内部结构框图如图 5.6.1 所示。芯片内包含发射功率放大器(PA)、晶体振荡器(XOSC)、压控振荡器(VCO)、鉴频鉴相器(PFD)、分频器、充电泵(CP)、电源电路(PS)、FSK开关等电路。

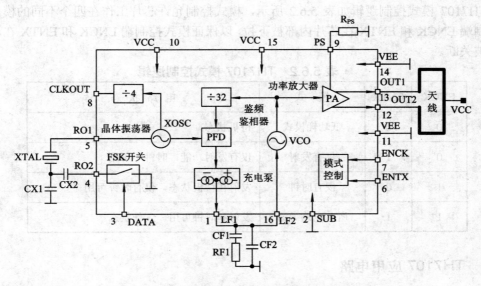

图 5.6.1　TH7107 内部结构框图和外部元件

锁相环(PLL)合成器由压控振荡器、分频器、鉴相器、充电泵和回路滤波器组成，在 LF端外接的回路滤波器决定 PLL 的动态性能。VCO 的振荡器信号被馈送到分频器和功率放大器，分频器的分频比是 32。晶体振荡器为 PLL 合成器的基准振荡器。射频输出功率从−12～+2 dBm 分 6 挡，可以通过改变电阻 R_{PS} 或者改变在 PS 引脚端的电压 V_{PS} 来进行调节。集电极开路的差动输出(OUT1、OUT2)能被用来直接驱动环形天线或者通过平衡-不平衡变换器转换为单端输出。发射器的载波频率 f_C 是由晶体振荡器的基准频率 f_{REF} 决定的，集成的 PLL合成器利用 $f_{REF}=f_C/N$ (N=32，分频器系数)，保证在 310～440 MHz 的频率范围内的每一个射频频点都能够实现。

晶体振荡器为 PLL 的基准振荡器。FSK 调制通过拉动晶振的频率来完成。FSK 调制时，数据流加到 DATA 端，在数据="LOW"(低电平)时，外接的电容器 CX2 被芯片内开关连接到与 CX1 并联，晶体振荡器的频率被设置到振荡频率的低端 f_{min}；在数据="HIGH"(高电平)时，外接的电容器 CX2 被芯片内开关断开与 CX1 的并联，晶体振荡器的频率被设置到振荡频率的高端 f_{max}，实现 FSK 调制。两个外接的电容器 CX1 和 CX2 允许独立地调节FSK 的频偏和中心频率。FM 调制需要一个外接的变容二极管，作为一个电容被串接到晶体振荡器回路中，模拟信号通过一个串联电阻直接调制晶体振荡器。ASK 调制时，数据信号直接加到 PS 端，利用数据信号控制功率放大器 "导通"和"关断"，完成 ASK 调制。

时钟输出端(CLKOUT)的输出时钟信号能用来驱动微控制器，频率是基准振荡频率的 1/8。

功率放大器的输出功率可以通过改变 PS 端的外接电阻 R_{PS} 的数值或改变在 PS 端的电压 V_{PS} 完成。集电极开路的差分输出(OUT1、OUT2)能直接驱动一个环形天线，或者通过一个平衡–不平衡变换器转换为单端输出。

TH7107 模式控制逻辑如表 5.6.2 所示，模式控制允许芯片工作在四个不同的模式。模式控制端 ENCK 和 ENTX 在芯片内部被下拉，以保证模式控制端 ENCK 和 ENTX 在浮置时电路被关断。

表 5.6.2　TH7107 模式控制逻辑

ENCK	ENTX	模 式	电 路 状 态
0	0	低功耗模式	待机状态
0	1	仅有发射	仅有发射功能，时钟不可用
1	0	仅有时钟	发射在待机状态，仅有时钟可用
1	1	所有电路导通	发射和时钟可用，工作状态

5.6.3　TH7107 应用电路

TH7107 采用 PCB 天线的应用电路电原理图和印制板图如图 5.6.2 和图 5.6.3 所示，电路所用元器件的参数值如表 5.6.3 所示。采用 50 Ω 天线的应用电路电原理图如图 5.6.4 所示，所用元器件的参数如表 5.6.4 所示。

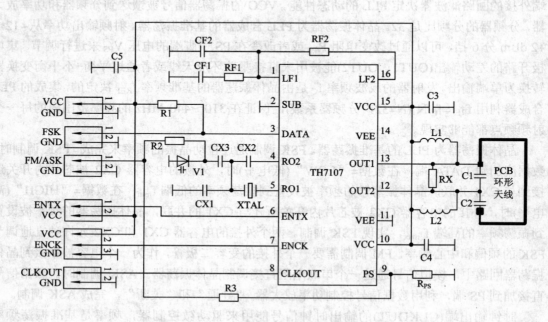

图 5.6.2　TH7107 采用 PCB 天线的应用电路电原理图

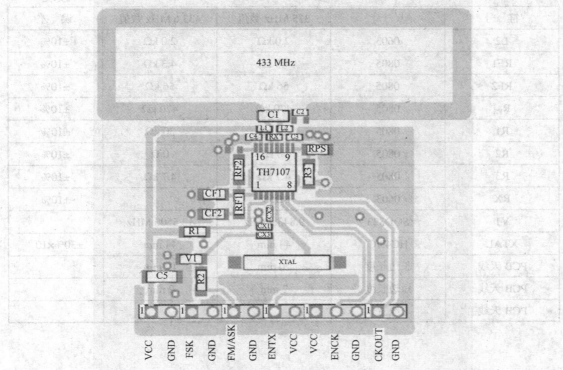

图 5.6.3　TH7107 采用 PCB 天线的应用电路印制板图

表 5.6.3　TH7107 采用 PCB 天线的应用电路的元器件参数

符　号	尺　寸	315 MHz 数值	433.6 MHz 数值	误　差
CF1	0805	12 nF	10 nF	±10%
CF2	0805	15 pF	12 pF	±10%
CX1_FSK	0603	39 pF	39 pF	±5%
CX1_ASK	0603	68 pF	68 pF	±5%
CX2	0603	1 nF	1 nF	±10%
CX3	0603	1 nF	1 nF	±2%
C1	1206	3.9 pF	3.9 pF	±2%
C2	0805	3.9 pF	2.2 pF	±10%
C3	0603	330 pF	330 pF	±10%
C4	0603	330 pF	330 pF	±20%
C5	1206	220 pF	220 nF	±10%
L1	0603	220 pF	220 nH	±10%

续表

符　号	尺　寸	315 MHz 数值	433.6 MHz 数值	误　差
L2	0603	2.0 kΩ	2.0 kΩ	±10%
RF1	0805	4.3 kΩ	4.3 kΩ	±10%
RF2	0805	56 kΩ	56 kΩ	±10%
R_{PS}	0805	470 kΩ	470 kΩ	±10%
R1	0805	30 kΩ	30 kΩ	±10%
R2	0805	0 Ω	0 Ω	±10%
R3	0805	4.7 kΩ	4.7 kΩ	±10%
RX	0603	BB535		±10%
V1	SOD323	9.8438 MHz	13.5500 MHz	
XTAL	HC49/C	44 mm	44 mm	$±30\% × 10^{-6}$
PCB 天线	长边长度	20 mm	12 mm	
PCB 天线	短边长度	2 mm	2 mm	
PCB 天线	线宽			

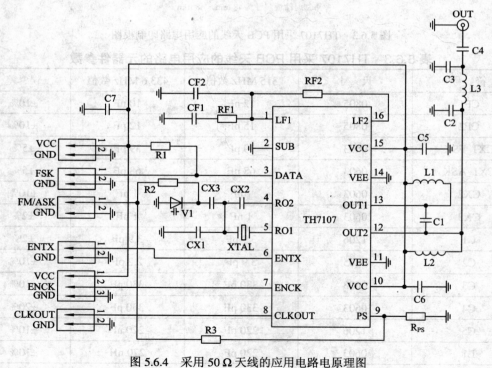

图 5.6.4　采用 50 Ω 天线的应用电路电原理图

表 5.6.4　采用 50 Ω 天线的应用电路的元器件参数

符　号	尺　寸	数　值	误　差
CF1	0603	10 nF	±10%
CF2	0603	12 pF	±10%
CX1_FSK	0603	39 pF	±5%
CX1_ASK	0603	68 pF	±5%
CX2	0603	1 nF	±5%
CX3	0603	1 nF	±10%
C1	0603	2.7 pF	±5%
C2	0805	0.68 pF	±5%
C3	0805	3.9 pF	±5%
C4	0603	150 pF	±5%
C5	0603	330 pF	±10%
C6	0603	330 pF	±10%
C7	1206	220 nF	±20%
L1	0603	22 nH	±5%
L2	0603	22 nH	±5%
L3	0805	33 nH	±5%
RF1	0805	2.0 kΩ	±10%
RF2	0805	4.3 kΩ	±10%
R_{PS}	0805	56 kΩ	±10%
R1	0805	470 kΩ	±10%
R2	0805	30 kΩ	±10%
R3	0805	0 Ω	±10%
V1	SOD323	BB535	
XTAL	HC49/S	13.55 MHz 基波	$±30×10^{-6}$

输出功率可以通过改变电阻 R_{PS} 来选择，如表 5.6.5 所示。

表 5.6.5　输出功率的选择

R_{PS}/kΩ	≥68	56	47	39	27	15
V_{PS}/V	≥2	1.1	0.9	0.7	0.5	0.3
I_{CC}/mA	11.5	8.6	7.3	6.2	5.3	4.8
P_o/dBm	2	−1	−4	−7	−10	−12
P_{ham}/dBm	≤−40	≤−40	≤−40	≤−45	≤−45	≤−50

载波频率 f_C、频偏 Δf 与 CX1 和 CX2 的关系分别如表 5.6.6 和表 5.6.7 所示。

表 5.6.6　载波频率 f_C 与 CX1 和 CX2 的关系
(晶振频率为 13.55 MHz，负载电容为 15 pF)

CX1/pF	CX2=1 nF	CX2=100 pF	CX2=47 pF
	f_C/MHz	f_C/MHz	f_C/MHz
22	433.612	433.619	433.625
32	433.604	433.610	433.614
40	433.598	433.604	433.608
49	433.596	433.601	433.604
61	433.593	433.598	433.600
104	433.587		

表 5.6.7　频偏 Δf 与 CX1 和 CX2 的关系
(晶振频率为 13.55 MHz，负载电容为 15 pF)

CX1/pF	CX2=1 nF	CX2=100 pF	CX2=47 pF
	±Δf/kHz	±Δf/kHz	±Δf/kHz
22	34	27	21
32	25	19	14
40	20	14	10
49	17	11.5	8
61	13	9	5.5
104	8		

5.7　MAX7033 300～450 MHz ASK 接收电路

5.7.1　MAX7033 主要技术特性

MAX7033 是一种低功耗的 CMOS 超外差接收器芯片，接收频率范围在 300～450 MHz 的 ASK 信号，适合汽车遥控、无键进入系统、安防系统、车库门控制、家庭自动化、无线传感器等应用。

MAX7033 接收器射频输入信号范围为 -120～-114 dBm，最大数据速率为 86 kb/s；工作电压为 $+3.3$ V 或 $+5.0$ V，250 μs 启动时间，电流消耗为 6.88 mA，低功耗模式电流消耗 <3.5 μA；$f_{RF}=433$ MHz 时，晶体振荡器频率为 6.6128/13.2256 MHz，$f_{RF}=315$ MHz 时，晶体振荡器频率为 4.7547/9.5094 MHz；工作温度为 -40～$+105$℃。

5.7.2　MAX7033 引脚功能与内部结构

MAX7033 采用 TSSOP-28 和薄形 QFN-EP-32 两种封装，引脚功能如表 5.7.1 所示。

表 5.7.1   MAX7033 引脚功能

封 装		符 号	功 能
TSSOP-28	QFN-EP-32		
1	29	XTAL1	晶振输入引脚端 1
2，7	4，30	AVDD	模拟电源正端。对于+5 V 电源电压，AVDD 连接到片内的+3.2 V 电压调节器。两个 AVDD 必须相互连接在一起。尽可能地靠近每个引脚端连接一个 0.01 μF 的旁路电容到地
3	31	LNAIN	低噪声放大器(LNA)输入
4	32	LNASRC	低噪声放大器(LNA)源极，通过连接电感到地来设置 LNA 的输入阻抗
5，10	2，7	AGND	模拟地
6	3	LNAOUT	LNA 输出。通过一个 LC 谐振滤波器连接到混频器输入
8	5	MIXIN1	差分混频器输入端 1。连接到来自 LNAOUT 引脚端的 LC 谐振滤波器
9	6	MIXIN2	差分混频器输入端 2。通过一个 100 pF 的电容连接到 LC 谐振回路的 AVDD 端
11	8	IRSEL	镜像抑制选择。设置 VIRSEL = 0 V，镜像抑制中心频率为 315 MHz；设置 VIRSEL = VDD5，镜像抑制中心频率为 433 MHz
12	9	MIXOUT	330 Ω 混频器输出。连接到 10.7 MHz 带通滤波器的输入
13	10	DGND	数字地
14	11	DVDD	数字电源电压正端。连接到 AVDD。尽可能地靠近引脚端连接一个 0.01 μF 的旁路电容到数字地(DGND)
15	12	AC	自动增益控制。利用一个 100 kΩ 的电阻，内部下拉到 AGND
16	14	XTALSEL	晶振分频率选择。设置 XTALSEL 为低电平，选择分频器的分频率为 64；设置 XTALSEL 为高电平，选择分频器的分频率为 32
17	15	IFIN1	差分中频(IF)限幅放大器输入端 1。尽可能地靠近引脚端连接一个 1500 pF 的旁路电容到地(AGND)
18	16	IFIN2	差分中频(IF)限幅放大器输入端 2。连接到 10.7 MHz 带通滤波器的输出
19	17	DFO	数据滤波器输出
20	18	DSN	数据限幅器输入负端
21	19	OPP	Sallen-Key 数据滤波器的运算放大器同相输入
22	20	DFFB	数据滤波器反馈连接点。Sallen-Key 数据滤波器的反馈输入端
23	22	DSP	数据限幅器输入正端
24	23	VDD5	+5 V 电源电压。VDD5 是片内电压调节器的输入，电压调节器输出+3.2 V 的电压到 AVDD
25	24	DATAOUT	数字基带数据输出
26	26	PDOUT	峰值检波器输出
27	27	$\overline{\text{SHDN}}$	低功耗选择输入。低电平有效。内部连接一个 100 kΩ 的电阻，下拉到地(AGND)
28	28	XTAL2	晶振输入引脚端 2。该引脚端也可以作为外部基准振荡器的输入端
—	1，13，21，25	NC	没有连接

　　MAX7033 的内部结构框图如图 5.7.1 所示，芯片内部包含有 LNA、差分镜像抑制混频器、PLL、VCO、10.7 MHz IF 限幅放大器、AGC、RSSI、模拟基带数据信号恢复等电路。

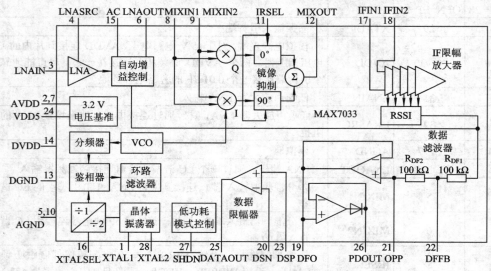

图 5.7.1　MAX7033 的内部结构框图

1. 电压调节器

　　MAX7033 使用单 3.0～3.6 V 电源电压，直接连接 AVDD、DVDD 和 VDD5 到电源电压；MAX7033 使用单 4.5～5.5 V 电源电压，连接 VDD5 到电源电压。片上的电压调节器 (Voltage Regulator) 产生 AVDD 引脚端需要的 3.2 V 电压。DVDD 和 AVDD 两个引脚端必须连接在一起，尽可能地靠近 DVDD 和 AVDD 引脚端连接一个 0.01 μF 的旁路电容到地 (AGND)。

2. 低噪声放大器

　　低噪声放大器 (Low-Noise Amplifier，LNA) 是一个 nMOS 的共基共射放大器，需要使用片外的电感，具有 3.0 dB 的噪声系数和 −12 dBm 的 IIP₃。增益和噪声系数与在天线和 LNA 输入端之间的匹配网络以及在 LNA 输出和混频器之间的 LC 谐振网络有关。需要从 LNASRC 引脚端连接一个电感到地 (AGND)，这个电感设置在 LNAIN 引脚端的输入阻抗的实部，可以实现更多灵活的阻抗匹配，如使用 PCB 导线得到天线形式。对于 50 Ω 的输入阻抗，这个电感值为 15 nH。注意：这个电感值会受 PCB 导线长度的影响。

　　LC 谐振滤波器连接到 LNAOUT 引脚端，由 L3 和 C2 组成 (见典型应用电路)。选择 L3 和 C2，谐振在要求的射频输入频率。谐振频率由下式计算：

$$f_{RF} = \frac{1}{2\pi\sqrt{L_{TOTAL} \times C_{TOTAL}}}$$

式中，$L_{TOTAL} = L3 + L_{PARASITICS}$；$C_{TOTAL} = C2 + C_{PARASITICS}$。

　　$L_{PARASITICS}$ 和 $C_{PARASITICS}$ 包括 PCB 板、引脚端、混频器输入阻抗、LNA 输出阻抗的电感和电容。这些寄生参数不能够忽略，否则会影响谐振滤波器的中心频率。

3．自动增益控制

当 AC 引脚端是低电平时，自动增益控制(Automatic Gain Control，AGC)电路监控 RSSI 输出。RSSI 的输出达到 1.98 V 时，对应的射频输入电平为−62 dBm。AGC 开关通过减少电阻控制 LNA 增益。当 RSSI 电平下降到低于 1.39 V(对应射频输入电平为−70 dBm)时，LNA 恢复高增益模式。

当 AC 引脚端是高电平和 $\overline{\text{SHDN}}$ 转向高电平时，AGC 电路不使能，LNA 总是在高增益模式；当 AC 引脚端是低电平和 $\overline{\text{SHDN}}$ 是高电平时，AGC 功能恢复。

4．混频器

MAX7033 采用独特的镜像抑制混频器(MIXER)结构，可以不使用高价的 SAW 滤波器。混频器单元是一个双平衡的混频器对，完成射频信号到 10.7 MHz IF 的 IQ 下变频，本振(LO)频率采用低端注入形式。电路具有 44 dB 的镜像抑制能力。IF 输出阻抗为 330 Ω，可以采用 330 Ω 的陶瓷滤波器。

IRSEL 引脚端是一个逻辑电平输入，可用来选择 3 个镜像抑制频率中的一个。当 V_{IRSEL} = 0 V 时，镜像抑制频率调谐在 315 MHz；当 V_{IRSEL}=VDD5/2 时，镜像抑制频率调谐在 375 MHz；当 V_{IRSEL} = VDD5 时，镜像抑制频率调谐在 433 MHz。当 IRSEL 引脚端不连接时，在内部设置到 VDD5/2，不需要外部 VDD5/2 电压。

5．PLL

PLL(Phase-Locked Loop)功能块包含有鉴相器、充电泵、集成的回路滤波器、VCO、异步时钟分频器和晶体振荡器驱动器。除了晶振，PLL 不需要其他外部元器件。VCO 产生低端 LO。基准频率、RF 频率和 IF 频率的关系如下：

$$f_{\text{REF}} = \frac{f_{\text{RF}} - f_{\text{IF}}}{32 \times M}$$

式中：M = 1 (V_{XTALSEL} = VDD5)，或者 M =2 (V_{XTALSEL} = 0 V)。

6．中频和 RSSI

IF 部分提供差分 330 Ω 输出阻抗，可以与片外的陶瓷滤波器匹配。6 个内部 AC 耦合限幅放大器提供大约 65 dB 的增益，IF 带通滤波器的中心频率为 10.7 MHz，3 dB 带宽大约为 10 MHz。

RSSI 电路解调 IF 信号，产生与 IF 信号电平成比例的直流电压输出，大约为 14.2 mV/ dB。

7．晶体振荡器

MAX7033 中的晶体振荡器(Crystal Oscillator)在 XTAL1 和 XTAL2 引脚端之间呈现的电容大约为 3 pF。使用不同的负载电容，将改变晶振的标准基准频率。例如，4.7547 MHz 的晶振使用 10 pF 的负载电容，MAX7033 的振荡器频率为 4.7563 MHz，有大约 100 kHz 的误差。

此外，也可以使用外部基准振荡器驱动 VCO，使用一个 1000 pF 的电容交流耦合连接到 XTAL2 引脚端。

8．数据滤波器

数据滤波器(Data Filter)是一个 2 阶低通 Sallen-Key 滤波器，需要 2 个片上的电阻和外部电容组合。调节外部电容的数值，可以改变滤波器的截止频率，以适应不同的数据速率。

一个 Butterworth 滤波器电路如图 5.7.2 所示。

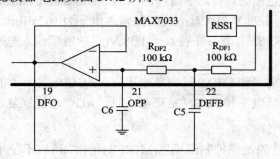

图 5.7.2　Butterworth 滤波器电路

电路中：

$$C5 = \frac{b}{a \cdot (100\ \mathrm{k\Omega}) \cdot (\pi) \cdot (f_C)}$$

$$C6 = \frac{a}{4 \cdot (100\ \mathrm{k\Omega}) \cdot (\pi) \cdot (f_C)}$$

式中，f_C 是 3 dB 截止频率。

例如，Butterworth 滤波器的截止频率为 5 kHz，有：

$$C5 = \frac{1.000}{(1.414) \cdot (100\ \mathrm{k\Omega}) \cdot (3.14) \cdot (5\ \mathrm{kHz})} \approx 450\ \mathrm{pF}$$

$$C6 = \frac{1.414}{(4) \cdot (100\ \mathrm{k\Omega}) \cdot (3.14) \cdot (5\ \mathrm{kHz})} \approx 225\ \mathrm{pF}$$

选择 C5 = 470 pF，C6 = 220 pF。

9. PCB 设计考虑

适当的 PCB 板设计是射频/微波电路的重要部分。在高频输入和输出引脚端使用控制阻抗的导线并使导线尽可能短，可以减少损耗和辐射。在高频，导线长度为 λ/10 或者更长，其作用类似天线。保持导线尽可能短可以减少寄生电感。一般情况下，1 英寸的 PCB 导线长度大约附加 20 nH 的寄生电感。寄生电感将影响实际的元件参数。例如，0.5"长的导线与一个 100 nH 的电感器连接，将增加额外的 10 nH 电感。使用宽的导线、可靠的接地或者电源板在信号导线的下面可以减少寄生电感。另外，所有的 GND 引脚端要求使用低电感连接到地，尽可能地靠近所有的 VDD 引脚端连接退耦电容到地。

5.7.3　MAX7033 应用电路

MAX7033 的应用电路电原理图和印制板图如图 5.7.3～图 5.7.6 所示。注意：图中 C9、L1、L2 和 Y1 工作在 315 MHz 和 433.92 MHz 时数值不同。

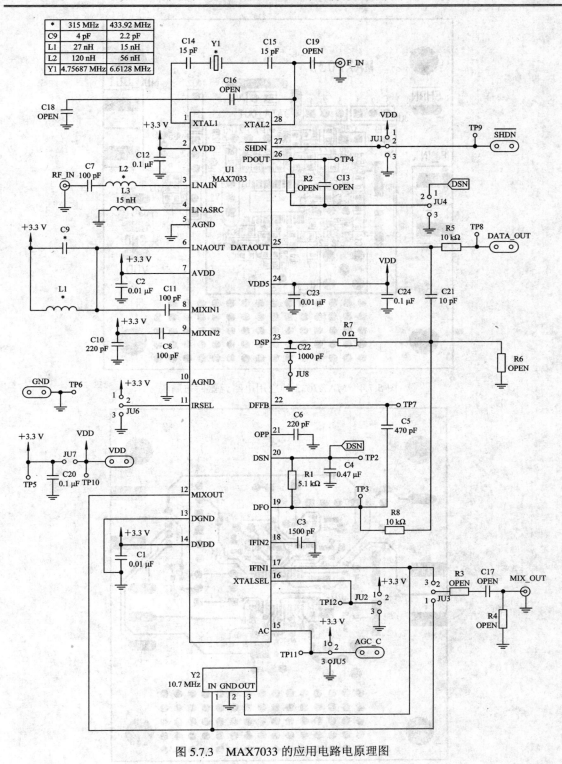

图 5.7.3　MAX7033 的应用电路电原理图

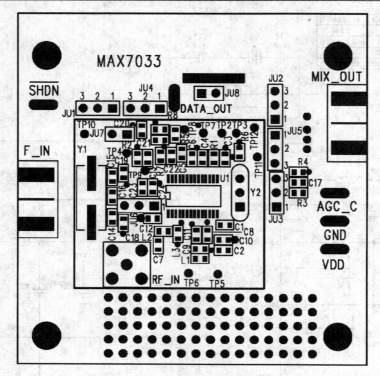

图 5.7.4　MAX7033 的应用电路元器件布局图

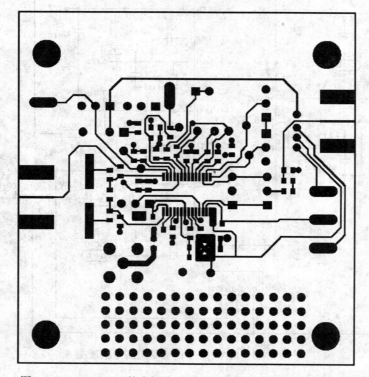

图 5.7.5　MAX7033 的应用电路印制电路板图(顶层，元器件面)

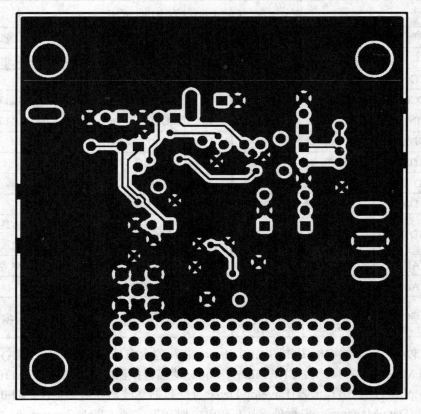

图 5.7.6　MAX7033 的应用电路印制电路板图(底层)

5.8　MC33594 434/315 MHz OOK/FSK 接收电路

5.8.1　MC33594 主要技术特性

MC33594 是一种用于数据传输的单片集成接收器,芯片包含 660 kHz 中频带通滤波器、完全集成的 VCO、可消除镜像的混频器、曼彻斯特编码时钟再生电路(仅限 FSK)和完整结构的 SPI 接口,并有内部和外部选通端,只需要很少的外部元件,不需要射频调节。MC33594 适合在无线电遥测、保安和无键输入等系统中应用。

MC33594 具有 OOK 和 FSK 解调、识别字和音频检测等功能。其工作频带为 315 MHz,434 MHz;数据速率为 1~11 kBaud;RF 灵敏度为 −105 dBm;中频带宽为 500 kHz。MC33594 工作电流消耗低,在运行模式下仅为 5 mA,休眠模式下电流消耗为 250 μA,最快唤醒时间为 1 ms。

5.8.2　MC33594 引脚功能与内部结构

MC33594 采用 LQFP-24 封装,引脚功能如表 5.8.1 所示。

表 5.8.1　MC33594 的引脚功能

引脚	符　号	功　能	引脚	符　号	功　能
1	VCC	电源，5 V	13	DMDAT	解调数据(OKK 和 FSK 解调)
2	VCC	电源，5 V	14	RESETB	状态机复位
3	VCCLNA	LNA 电源，5 V	15	MISO	SPI 输入/输出接口
4	RFIN	RF 输入	16	MOSI	SPI 输入/输出接口
5	GNDLNA	LNA 接地	17	SCLK	SPI 接口时钟
6	GNDSUB	辅助接地	18	VCCDIG	数据电源 5 V
7	PFD	连接到 VCO 控制电压	19	GNDDIG	数据接地
8	GNDVCO	VCO 接地	20	RCBGAP	输出参考电压
9	GND	接地	21	STROBE	选通振荡器控制输入，待机/工作控制信号外部输入
10	XTAL1	基准晶振	22	CAFC	自动频率控制电容
11	XTAL2	基准晶振	23	MIXOUT	混频输出
12	CAGC	OOK IF AGC(自动增益控制)电容，FSK 基准	24	CMIXAGC	混频 AGC(自动增益控制)电容

MC33594 的内部结构框图如图 5.8.1 所示。芯片包含有低噪声放大器(LNA)、输入/输出混频器(I/O Mixers)、中频滤波器(IF Filter)、调频−调幅转换器(FM to AM Converter)、中频放大器(IF Amplifier)、包络检波器(Envelop Detector)、数据滤波器和限幅器(Data Filter&Slicer)、数据管理器(Data Manager)、串行外部接口(SPI)、时钟发生器(Clock Generator)、状态机(State Machine)、配置寄存器(Config Register)、压控振荡器(VCO)、分频器相位比较器(Divider Phase Comp)、基准晶体振荡器(XCO)、选通振荡器(Strobe Oscillator)等电路。

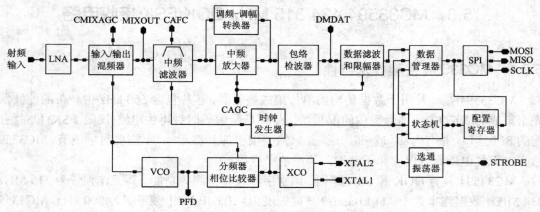

图 5.8.1　MC33594 的内部结构框图

1. 本机振荡器 PLL

PLL 是通过将本机振荡器频率与晶体振荡器基准频率经适当分频后的频率相比较来调谐的。环路滤波器被集成在芯片内，在实际应用中，由于元件值的差异被结合到本振参数，因此在 PFD 引脚端连接一个外部滤波器可稍作改进，如图 5.8.2 所示。图中 C1 = 4.7 nF，

C2 = 390 pF，R=1 kΩ。用这种方法，使用者可以通过选择外部滤波器元件获得最佳性能。PLL 增益可以由 PG 位编程，PG 位设置为 1 时，环路为低增益状态。

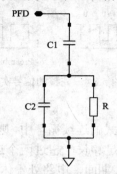

图 5.8.2　外部环路滤波器

2．通信协议

1) 曼彻斯特编码

曼彻斯特编码(Manchester coded)的定义如下：在一位(bit)中，前半位(bit)传输的是数据，后半位(bit)传输的是数据的补码。

信号平均值是常数(恒量)，在 FSK 调制中(MOD=1)，允许从数据流中再生时钟，为了得到恰当的再生时钟脉冲，曼彻斯特编码数据必须有 45%～55%的占空系数。

2) 前同步、识别、报头字和信息

当数据管理器使能(DME=1，MOD=1)时，以下描述适用。

识别(ID)字内容是按曼彻斯特编码的字节，被预先装入配置寄存器 2 中。识别字的补码被认为是一个识别字。识别字的传输速率与数值的传输速率一致。

一个前同步(Preamble)是必需的，前同步一般在 ID 前，如果 HE=1，则在报头前；如果 HE=0，则在数据前。

使用 FSK 调制，使能设置数据限幅基准电压和再生时钟，FSK 调制的前同步字的定义如图 5.8.3 所示。为了与识别或报头字编码不同，前同步字的内容必须仔细定义。

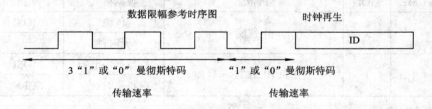

图 5.8.3　FSK 调制前同步字定义

报头(Header)字是 4 位曼彻斯特编码 "0110" 或者是它的补码，以特定数据速率发送，这些位顺序和它们的补码禁止在前同步字与识别字顺序中出现，数据紧跟报头而没有任何延迟。

数据由一个信息结束命令(End Of Message，EOM)结束。EOM 由两个 NRZ 连续的 1 或 0 组成。当 FSK 调制时，数据由一个 EOM 结束，而不能简单地被射频信号终止。如果报头字的补码被接收，则输出数据也是补码。

一个完整的信号实例如图 5.8.4 所示，它描述一个带有前同步字、识别字、报头字跟随的数据位及结束字的完整信号，前同步被放在识别和报头两个字的前面。

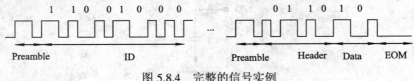

图 5.8.4　完整的信号实例

3. 信息协议

如果接收机运行在休眠/运行模式的连续循环中，则在运行模式下识别字必须被辨别出。因此，传输的识别字脉冲时间必须足够长，超过两个连续的接收运行周期。如果选通振荡器使能(SOE=1)，则在 $SR \times T_{STROBE}$ 期间，电路处于休眠模式，而在 T_{STROBE} 期间，电路处于运行模式(此处 T_{STROBE} 是选通振荡器周期，SR 是选通系数)。因此，休眠/运行模式下循环周期=$(SR+1) \times T_{STROBE}$。如果 SOE=0，则定时限制与 STROBE 引脚端的外部控制信号有关。

4. 数据管理

当只用 FSK 调制时，这个功能模块有五个用途：① 识别字检测；② 报头识别；③ 再生时钟；④ 在 SPI 通道上数据输出和再生时钟；⑤ 信息结束检测。接收器(ROMEO2)状态与 DME、SOE 值的关系如表 5.8.2 所示。接收器与 DME 值的关系如表 5.8.3 所示。

表 5.8.2　接收器状态与 DME、SOE 值的关系

DME	MOD	SOE	定　时　器	ROMEO2 在工作模式	由微处理器唤醒
0	x	0	由 STROBE 端外部控制	STROBE 端	原始数据
		1	由 STROBE 端内部和外部控制		
1	1	0	由 STROBE 端外部控制	STROBE 端	信息检测字
		1	由 STROBE 端内部和外部控制	识别检测和 STROBE 端	数据时钟

表 5.8.3　接收器与 DME 值的关系

DME	MOD	SPI 状态	数据格式	输出
0	x	不使能	位流	MOSI
			无时钟	—
1	1	当主机 RESETB = 1 时	数据字节	MOSI
			再生时钟	SCLK

5. 时钟发生器

315 MHz 频带时晶振频率为 9.864 375 MHz，434 M 频带时为 13.580 625 MHz。

6. 串行接口

接收器和微控制器通信通过一个串行外部接口 SPI 完成。SPI 使能，微控制器设置和检测接收器的配置，使接收器传输接收数据。如果不使用 SPI 接口，则电源导通复位 POR(Power On Reset)设置接收器为默认配置，从而完成正确的操作。SPI 接口通过三个输入/输出端来实现操作，即串行时钟 SCLK、主设输出从设输入端 MOSI、主设输入从设输出端

MISO。

主设时钟通过 MOSI 和 MISO 对数据输入/输出进行同步，主设或从设在 8 个时钟周期可以交换一个字节信息。由主设产生 SCLK 时，从设作为输入。MOSI 在主设配置为输入，而在从设中就作为输出线。主设 MOSI 线配置作为输出，而在从设中就作为输入线。

MISO 和 MOSI 线向一个方向传输串行数据，并且最高位先发送。数据在 SCLK 的下降沿捕获，在 SCLK 的上升沿传递。当没有数据输出时，SCLK 和 MOSI 强制为低电平。使用 Motorola 的微控制器，其 SPI 的时钟相位和极性控制位必须是 CPOL=0，CPHA=1。

在配置模式中，只要一个长时间的低电平加在复位端(RESETB)，微控制器作为主设提供时钟信号在 SCLK 上输入，控制和配置位提供在 MOSI 线上。如果不希望为默认配置，则微控制器(MCU)能够通过写入配置字到配置寄存器来改变配置。配置寄存器的内容可以通过微控制器读出检验。配置寄存器不能单独寻址，整个配置字必须采用一个 3×8 位流(bitstream)一起发送，采用一个 24 位串行数据流将内容写出来。但不能超过 24 位传送，这样系统可能会导致意外的配置。在 MOSI 上传输的第一位不改变配置寄存器的内容，在 RESETB 引脚端上加一个低电平也不会影响配置寄存器的内容。

当 RESETB 引脚端设置为高电平时，如果数据管理器是使能的(DME=1)，则接收器成为主设，并且在 MOSI 线上发送接收到的数据，在 SCLK 上发送接收到的时钟信号。推荐将 MCU SPI 设置为从设装置。如果接收到的数据与一个完整的数据字节不匹配，则数据管理器将填满最后的字节。如果接收到的数据构成一个完整的数据字节，则数据管理器可产生并发送一个与内容不相关的附加字节。如果 DME=0，则 SPI 不使能，原始数据被发送到 MOSI 线上。

当接收器的 SPI 由主设(运行模式)变为从设(配置模式)，或者由从设变为主设时，在模式转换前 MCU SPI 推荐设置为从设。

在接通电源时，POR 复位内部寄存器，接收器系统被设置为默认配置模式。在这个配置中，SPI 是不使能的，接收器在 MOSI 线上发送原始数据。默认配置使能电路作为一个没有外部控制的独立的接收器来运行。通电复位(POR)后，TRSETB 端被强制为低电位，因此，为了避免进入配置模式，在 TRSETB 端连接一个外部上拉电阻。

7. 配置寄存器

1) 寄存器 1 的配置

寄存器 1 的配置如表 5.8.4 所示。

表 5.8.4　寄存器 1(CR1)的配置

	bit 7	bit 6	bit 5	bit 4	bit 3	bit 2	bit 1	bit 0
位名称	R/$\overline{\text{W}}$	CF	MOD	SOE	SR1	SR0	DME	HE
复位值	1	1	0	1	0	1	0	0

表中：R/$\overline{\text{W}}$：控制 3 个寄存器存取(读或写)，0=写 CR1、CR2、CR3，1=读 CR1、CR2、CR3。

CF：定义载波频率的选择，0=选择 315 MHz，1=选择 434 MHz。

MOD：设置数据调制方式，0=OOK 调制，1=FSK 调制。

SOE：控制选通振荡器使能，0=不使能，1=使能。无论 SOE 为"0"或"1"，当 STROBE

端为高电平时，电路进入工作模式。

SR0/SR1：定义选通比(Strobe Ratio，SR)的选择，如表 5.8.5 所示。SR 是休眠时间与运行时间之比，休眠时间和运行时间=T_{STROBE}，T_{STROBE} 是选通振荡器周期。

表 5.8.5　选通比的设置

SR1	SR0	选通比
0	0	3
0	1	7
1	0	15
1	1	31

DME：控制数据管理器使能，0=不使能，1=使能。在 MOSI 上输出数据并且在 SCLK 上有相关的时钟信号。

HE：定义出现一个报头字(如果 DME=1，则 HE 位是唯一有效的)，0=没有报头，1=有报头。

2) 配置寄存器 2(CR2)

配置寄存器 2 定义了识别字的内容，各位将是曼彻斯特编码。寄存器 2 和 3 的配置如表 5.8.6 和表 5.8.7 所示。

表 5.8.6　寄存器 2 的配置

	bit 7	bit 6	bit 5	bit 4	bit 3	bit 2	bit 1	bit 0
位名称	ID7	ID6	ID5	ID4	ID3	ID2	ID1	ID0
复位值	0	0	0	0	0	0	0	0

表 5.8.7　寄存器 3 的配置

	bit 7	bit 6	bit 5	bit 4	bit 3	bit 2	bit 1	bit 0
位名称	DR1	DR0	MG	MS	PG	—	—	—
复位值	1	0	0	0	0	0	0	0

DR0/DR1：定义了数据速率(在曼彻斯特编码前)，如表 5.8.8 所示。

MG：设置混频器增益，0=正常，1=−17 dB(典型值)。

MS：控制 MIXOUT 引脚端转换。混频器和混频器输出脚的配置如表 5.8.9 所示。0 表示为混频器输出；1 表示为中频(IF)输入。MG=1，MS=1 在应用中是禁止的，它配置接收器处于测试模式，这时的混频器工作在 $F_{VCO}/4$ 模式。

表 5.8.8　DR0/DR1 数据速率的设置

DR1	DR0	速率选择
0	0	1.0～1.4 kBaud
0	1	2～2.7 kBaud
1	0	4～5.3 kBaud
1	1	8.6～10.6 kBaud

表 5.8.9　混频器和混频器输出脚的配置

MG	MS	混频器增益	混频器输出端
0	0	正常	混频器输出
0	1	正常	IF 输入
1	0	减少	混频器输出
1	1	禁用，仅混频器测试模式用	

PG：设置相位比较器增益，0=高增益模式，1=低增益模式。

8．工作模式

接收机有三种不同的工作模式：休眠模式、配置模式和运行模式。

1) 休眠模式

休眠模式也就是低功耗模式。如果 SOE=0，则接收器处于低功耗状态；如果 SOE=1，则选通振荡器持续工作。

2) 配置模式

配置模式用于对内部寄存器进行读或写操作。在这种模式中，SPI 处于从设位置，接收器被使能。晶体振荡器振荡运行，为 SPI 产生时钟信号。在此之前电路处于休眠状态，必须在 RESETB 的下降沿和在 SPI 线启动传递之间，插入一个对应唤醒晶体振荡器起振的延迟时间。本机振荡器也正常工作。这种模式解调的数据可以由 DMDAT 读出，但是不能通过 SPI 发送。

3) 运行模式

运行模式下，接收器被使能(晶体振荡器和本机振荡器都工作)，它等待射频信号或接收信息。状态机由晶体振荡器产生的 615 kHz(采样周期 T_s=1.6 μs)采样时钟来同步。在状态 1 和状态 2 或 6 之间的转变时间小于 $3 \times T_s$。

通电复位后，电路处于状态 0，配置寄存器的内容刷新，在没有任何外部控制的情况下，对 ROMEO2 进行配置。当 RESETB 为低电平时，电路处于状态 1。在配置模式下，通过 SPI 接口能够对内部寄存器进行读或写操作。

9．选通振荡器

选通振荡器是一个张弛振荡器，见图 5.8.5 所示。它的外部电容 C5 通过外部电阻 R2 进行充电，当达到或超过阈值时，C5 就开始放电，反复进行，其周期时间 T_{STROBE}=0.12×R2 ×C5。当在 STROBE 端加上 VCC 时，这个电路可以迫使机器进入状态 6、状态 3 或者状态 7 等。有关 MC33594 状态机的内容，请登录 www.freescale.com 查询 Freescale Semiconductor，MC33596PLL Tuned UHF Receiver for Data Transfer Applications。VCC 是振荡器的门限电压。这种情况下，STROBE 引脚端被置到 VCC，被芯片内部检测到，此时振荡器的下拉电路不能限制必须提供的工作电流。

5.8.3　MC33594 应用电路

MC33594 应用电路如图 5.8.5 所示。MC33594 应用电路的元器件参数如表 5.8.10 所示。其中，R2 和 C5 的值用来选通振荡器周期，T_{STROBE}=3.8 ms，C2 对应数据速率的取值范围如

表 5.8.11 所示。选用晶振的特性如表 5.8.12 所示。

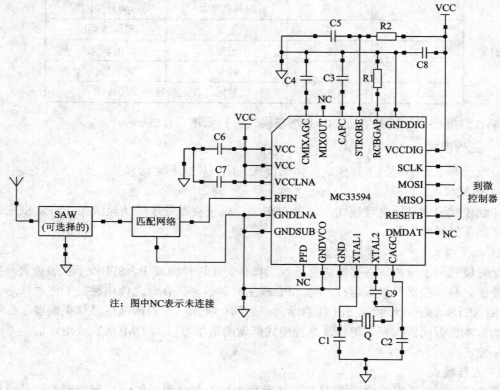

图 5.8.5 MC33594 应用电路

表 5.8.10 MC33594 应用电路的元器件参数

符号	名 称	参 数	单位
Q	基准晶体振荡器	315 MHz 频带：9.864 375	MHz
		434 MHz 频带：13.580 625	MHz
R1	基准电阻	180±1%	kΩ
R2	选通振荡器电阻	470	kΩ
C1	晶体负载电容	10	pF
C2	OOK 调制 AGC 放大器电容	100+10%	nF
	FSK 调制低通滤波器电容	见表 5.8.11	
C3	AFC 电容	100+10%	pF
C4	混频器 AGC 电容	10+10%	nF
C5	选通振荡器电容	68	nF
C6	电源去耦电容	100	nF
C7		100	pF
C8		1	nF
C9	晶体 DC 去耦电容	10	nF

表 5.8.11　C2 对应数据速率的取值范围

符　号	数据速率对应电容值				单位
	1.2	2.4	4.8	9.6	kBaud
C2	100±10%	47±10%	22±10%	12/10±10%	nF

表 5.8.12　典型的晶振特性

参　数	NDK LN-G102-952(315 MHz 频带)	NDK LN-G102-877(434 MHz 频带)	单位
晶体频率	9.864375	13.580625	MHz
负载电容	12	12	pF
静态电容	1.22	1.36	pF
最大耗损电阻	100	50	Ω

5.9　MICRF211 380～450 MHz OOK/ASK 接收电路

5.9.1　MICRF211 主要技术特性

MICRF211 是一种通用的 3 V QwikRadio 接收器芯片，工作在 433.92 MHz，接收灵敏度为-110 dBm。MICRF211 采用一个超外差式的接收机结构，不需要 IF 滤波器，接收 OOK 和 ASK 数据速率为 10 kb/s。在 433.92 MHz 时，电源电压为 3 V，电流消耗为 6.0 mA，低功耗模式电流消耗为 0.5 μA。

5.9.2　MICRF211 引脚功能与内部结构

MICRF211 采用 QSOP-16 封装，其引脚端功能如表 5.9.1 所示。

表 5.9.1　MICRF211 的引脚端功能

引脚	符号	功　　能
1	RO1	基准谐振器输入，连接到内部 Colpitts 振荡器。也可以采用外部基准信号源驱动，信号的峰-峰值为 1.5 V
2	GNDRF	电源电压输入负端，与 ANT 组合
3	ANT	来自天线的 RF 信号输入，内部 AC 耦合，推荐使用外部匹配网络
4	GNDRF	电源电压输入负端，与 ANT 组合
5	VDD	电源电压输入正端
6	SQ	压制控制逻辑输入，内部上拉
7	SEL0	与 SEL1 一起控制解调器低通滤波器的带宽，内部上拉

引脚	符号	功　　　能
8	SHDN	低功耗模式控制，内部上拉
9	GND	除 RF 输入外，所有电路的地
10	DO	解调数据输出
11	SEL1	与 SEL0 一起控制解调器低通滤波器的带宽，内部上拉
12	CTH	连接解调阈值电压积分电容器，推荐采用 1 nF 电容器
13	CAGC	连接 AGC 滤波器电容，推荐采用 0.47 μF 电容器
14	RSSI	RSSI 输出
15	NC	未连接，连接到地
16	RO2	基准谐振器输入，连接到内部 Colpitts 振荡器，7 pF

　　MICRF211 内部结构框图如图 5.9.1 所示，芯片内部包含有 RF 放大器、混频器、合成器、镜像抑制滤波器、IF 放大器、检波器、可编程低通滤波器、AGC、RSSI、限幅电平(Slicing Level)、基准振荡器、控制逻辑等电路，可以完成"RF 输入-数据输出"。

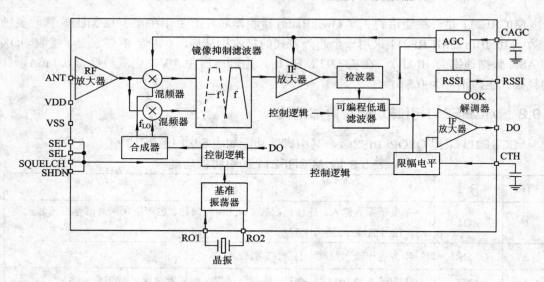

图 5.9.1　MICRF211 内部结构框图

5.9.3　MICRF211 应用电路

　　MICRF211 应用电路电原理图和印制板图如图 5.9.2～图 5.9.6 所示。

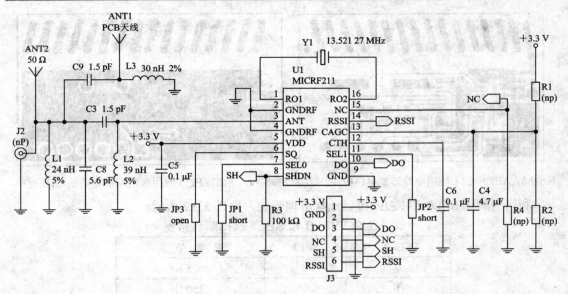

图 5.9.2　MICRF211 应用电路电原理图

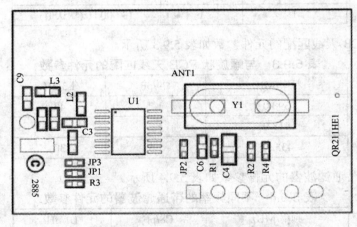

图 5.9.3　MICRF211 应用电路元器件布局图(顶层)

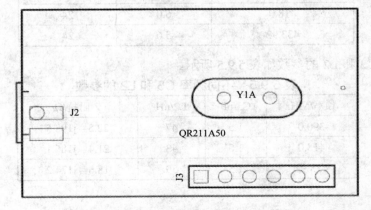

图 5.9.4　MICRF211 应用电路元器件布局图(底层)

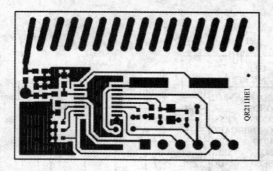 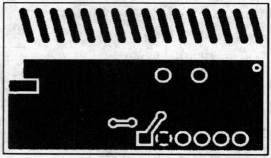

图 5.9.5　MICRF211 应用电路印制电路板图(顶层)　图 5.9.6　MICRF211 应用电路印制电路板图(底层)

利用引脚端 SEL0 和 SEL1 可以选择解调带宽，如表 5.9.2 所示。

表 5.9.2　SEL0 和 SEL1 选择解调带宽

SEL0	SEL1	解 调 带 宽
0	0	1625 Hz
1	0	3250 Hz
0	1	6500 Hz
1	1	13 000 Hz(默认值)

与螺旋状 PCB 天线匹配的元件参数如表 5.9.3 所示。

表 5.9.3　与螺旋状 PCB 天线匹配的元件参数

频率/MHz	C9/pF	L3/nH
390.0	1.2	43
418.0	1.2	36
433.92	1.5	30

不同频率的带通滤波器的元件参数如表 5.9.4 所示。

表 5.9.4　不同频率的带通滤波器的元件参数

频率/MHz	C8/pF	L1/nH
390.0	6.8	24
418.0	6.0	24
433.92	5.6	24

不同频率 C3 和 L2 的参数如表 5.9.5 所示。

表 5.9.5　不同频率 C3 和 L2 的参数

频率/MHz	C3/pF	L2/nH	Z 阻抗/Ω
390.0	1.5	47	$22.5 - j198.5$
418.0	1.5	43	$21.4 - j186.1$
433.92	1.5	39	$18.6 - j174.2$

5.10　MICRF213 380～450 MHz OOK/ASK 接收电路

5.10.1　MICRF213 主要技术特性

MICRF213 是一种通用的 3.3 V QwikRadio 接收器芯片，工作在 315 MHz，接收灵敏度为 −110 dBm。MICRF213 采用一个超外差式的接收机结构，不需要 IF 滤波器，接收 OOK 和 ASK 数据速率为 7.2 kb/s。在 433.92 MHz 时，电源电压为 3.3 V，电流消耗为 3.9 mA，低功耗模式电流消耗为 0.33 μA。

5.10.2　MICRF213 引脚功能与内部结构

MICRF213 采用 QSOP-16 封装，引脚端功能与 MICRF211 相同，请参考 MICRF211 有关部分。

MICRF213 内部结构与 MICRF211 相同，请参考 MICRF211 有关部分。

5.10.3　MICRF213 应用电路

MICRF213 应用电路如图 5.10.1 所示。印制电路板图设计请参考 MICRF211 的有关部分。

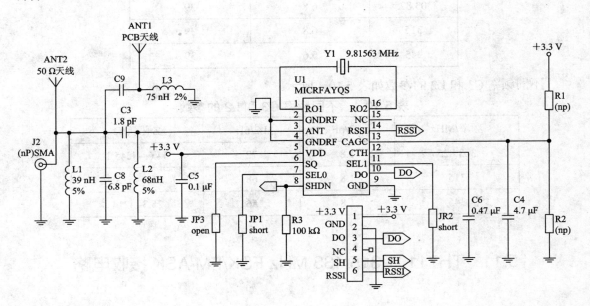

图 5.10.1　MICRF213 应用电路

利用引脚端 SEL0 和 SEL1 可以选择解调带宽，如表 5.10.1 所示。

表 5.10.1　SEL0 和 SEL1 选择解调带宽

SEL0	SEL1	解调带宽
0	0	1180 Hz
1	0	2360 Hz
0	1	4270 Hz
1	1	9400 Hz(默认值)

与螺旋状 PCB 天线匹配的元件参数如表 5.10.2 所示。

表 5.10.2　与螺旋状 PCB 天线匹配的元件参数

频率/MHz	C9/pF	L3/nH
303.825	1.2	82
315	1.2	75
345	1.5	62

不同频率的带通滤波器的元件参数如表 5.10.3 所示。

表 5.10.3　不同频率的带通滤波器的元件参数

频率/MHz	C8/pF	L1/nH
303.825	6.8	39
315	6.8	39
345	5.6	39

不同频率 C3 和 L2 的参数如表 5.10.4 所示。

表 5.10.4　不同频率 C3 和 L2 的参数

频率/MHz	C3/pF	L2/nH	Z 阻抗/Ω
303.825	1.8	72	34.6 − j245.1
315	1.8	68	32.5 − j235
345	1.8	56	25.3 − j214

5.11　TH71101 315/433 MHz FSK/FM/ASK 接收电路

5.11.1　TH71101 主要技术特性

TH71101 是一种双超外差式结构的无线电接收芯片。它包含一个低噪声放大器、双混频器、压控振荡器、PLL 合成器、晶体振荡器等电路；工作在 300～450 MHz ISM 频段，能与 TH7107 等芯片配套，实现 ISM 频段无线模拟和数字信号传输；能接收模拟和数字 FSK/FM/ASK 信号；FSK 数据速率可达 40 kb/s，ASK 数据速率可达 80 kb/s，FM 带宽为 15 kHz；灵敏度为 −111 dBm；电源电压为 2.5～5.5 V，工作电流为 8.2 mA，待机电流 <100 nA；适用于 ISM(工业、科学和医学)频率范围内的各种应用，如无钥匙进入系统、安防系统、遥控遥测系统、数据通信系统等。

5.11.2　TH71101 引脚功能与内部结构

TH71101 采用 LQFP-32 封装，各引脚功能如下：

引脚 1，5，10，22，25，30：VEE，地。

引脚 2：GAIN_LNA，低噪声放大器(LNA)增益控制。

引脚 3：OUT_LNA，LNA 输出，连接到外部的 LC 调谐回路。

引脚 4：IN_MIX1，混频器 1(MIX1)输入，单端阻抗约 33 Ω。

引脚 6：IF1P，中频 1(IF1)集电极开路输出，连接到第一级 IF 的外部 LC 回路。

引脚 7：IF1N，中频 1(IF1)集电极开路输出，连接到第一级 IF 的外部 LC 回路。

引脚 8，14，17，27，32：VCC，电源电压输入。

引脚 9：OUT_MIX2，混频器 2(MIX2)输出，输出阻抗约 330 Ω。

引脚 11：IN_IFA，中频放大器(IFA)输入，输入阻抗约 2.2 kΩ。

引脚 12：FBC1，连接外部的中频放大器反馈电容。

引脚 13：FBC2，连接外部的中频放大器反馈电容。

引脚 15：OUT_IFA，中频放大器输出。

引脚 16：IN_DEM，解调器(DEMOD)的输入，到混频器 3。

引脚 18：OUT_OA，运算放大器(OA)输出。

引脚 19：OAN，运算放大器(OA)负极输入。

引脚 20：OAP，运算放大器(OA)正极输入。OAN 和 OAP 之间的输入电压的峰-峰值限制在大约 0.7 V。

引脚 21：RSSI，RSSI 输出，输出阻抗约 36 kΩ。

引脚 23：OUTP，FSK/FM 输出正端，输出阻抗为 100～300 kΩ。

引脚 24：OUTN，FSK/FM 输出负端，输出阻抗为 100～300 kΩ。

引脚 26：RO，基准振荡器输入，外接晶体振荡器和电容。

引脚 28：ENRX，模式控制输入。

引脚 29：LF，充电泵输出和压控振荡器 1(VCO1)控制输入。

引脚 31：IN_LNA，LNA 输入，单端阻抗约 26 Ω。

TH71101 内部结构框图如图 5.11.1 所示。芯片内包含低噪声放大器(LNA)、两级混频器 (MIX1 和 MIX2)、锁相环合成器(PLL Synthesizer)、基准晶体振荡器(RO)、充电泵(CP)、中频放大器(IFA)、相频检波器(PFD)等电路。

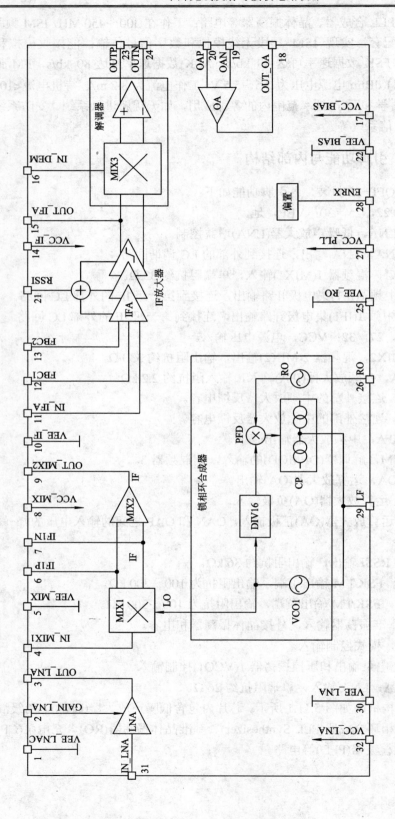

图 5.11.1　TH71101 内部结构框图

LNA 是一个高灵敏度的接收射频信号的共发-共基放大器。混频器 1(MIX1)将射频信号下变频到中频 1(IF1)，混频器 2(MIX2)将中频信号 1 下变频到中频信号 2(IF2)，中频放大器(IFA)放大中频信号 2 和限幅中频信号并产生 RSSI 信号。相位重合解调器和混频器 3 解调中频信号。运算放大器(OA)进行数据限幅、滤波和 ASK 检测。锁相环合成器由压控振荡器(VCO1)、反馈式分频器(DIV16 和 DIV2)、基准晶体振荡器(RO)、相频检波器(PFD)、充电泵(CP)等电路组成，产生第 1 级和第 2 级本振信号 LO1 和 LO2。

使用 TH71101 接收器芯片可以组成不同的电路结构，以满足不同的需求。在 FSK/FM 接收时，在相位重合解调器中使用 IF 谐振回路，谐振回路可由陶瓷谐振器或者 LC 谐振回路组成；在 ASK 接收时，RSSI 信号馈送到 ASK 检波器，ASK 检波器由 OA 组成。

TH71101 采用两级下变频，MIX1 和 MIX2 由芯片内部的本振信号 LO1 和 LO2 驱动，与射频前端滤波器共同实现一个高的镜像抑制。有效的射频前端滤波是在 LNA 的前端使用 SAW、陶瓷或者 LC 滤波器，以及在 LNA 的输出端使用 LC 滤波器。

基准频率 REF、本振频率 LO、中频 IF 与 RF 镜像抑制的关系如表 5.11.1 和表 5.11.2 所示。

表 5.11.1   基准频率 REF、本振频率 LO、中频 IF 与 RF 镜像抑制的关系

注 入 类 型	低 端	高 端
REF	(RF−IF)/16	(RF+IF)/16
LO	16×REF	16×REF
IF	RF−LO	LO−RF
RF 镜像	RF−2IF	RE+2IF

表 5.11.2   在 IF=10.7 MHz 时，基准频率 REF、本振频率 LO 与 RF 镜像抑制的关系

参 数	RF=315 MHz 低端	RF=315 MHz 高端	RF=433.6 MHz 低端	RF=433.6 MHz 高端
REF/MHz	19.018 75	20.356 25	26.431 25	27.768 75
LO/MHz	304.3	325.7	422.9	444.3
RF 镜像/MHz	293.6	336.4	412.2	455.0

5.11.3   TH71101 应用电路

TH71101 FSK 接收电路电原理图和印制板图如图 5.11.2 和图 5.11.3 所示，电路所用元器件的参数值如表 5.11.3 所示。ASK 接收电路电原理图和印制板图如图 5.11.4 和图 5.11.5 所示，电路所用元器件的参数如表 5.11.4 所示。

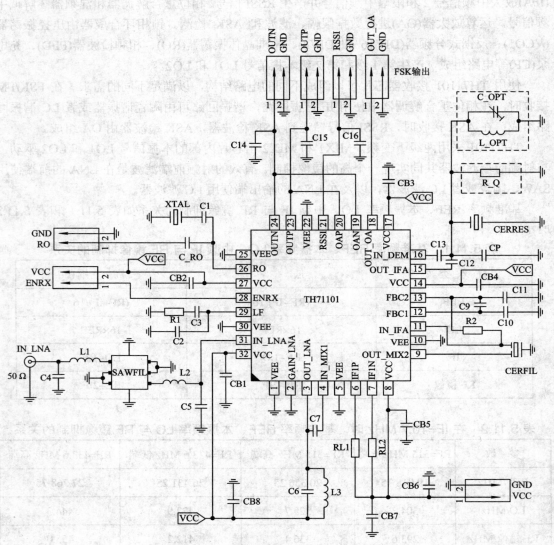

图 5.11.2　TH71101 FSK 接收电路电原理图

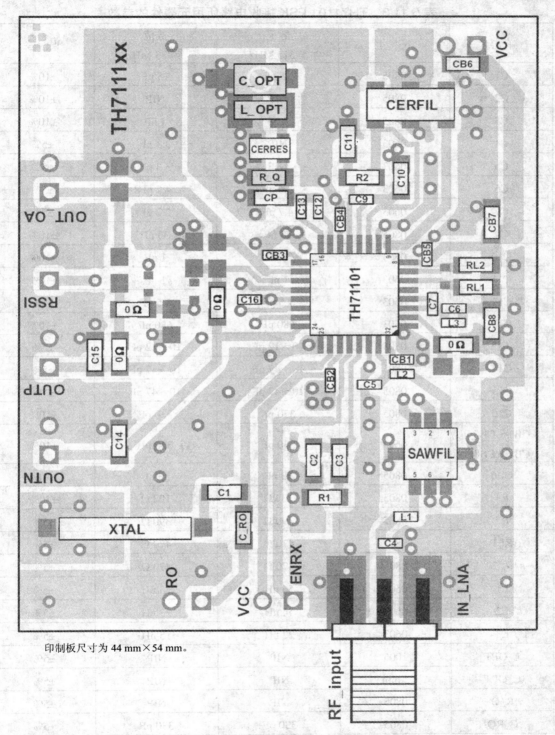

印制板尺寸为 44 mm×54 mm。

图 5.11.3　TH71101 FSK 接收电路元器件布局与印制板图

表 5.11.3　TH71101 FSK 接收电路所用元器件的参数

符　号	尺　寸	数值 @315 MHz	数值 @433 MHz	误　差
C1	0805	15 pF	15 pF	±10%
C2	0805	NIP	NIP	±10%
C3	0805	1 nF	1 nF	±10%
C4	0603	NIP	3.3 pF	±5%
C5	0603	NIP	3.3 pF	±5%
C6	0603	5.6 pF	4.7 pF	±5%
C7	0603	4.7 pF	2.2 pF	±5%
C9	0805	33 nF	33 nF	±10%
C10	0603	1 nF	1 nF	±10%
C11	0603	1 nF	1 nF	±10%
C12	0603	1.5 pF	1.5 pF	±5%
C13	0603	680 pF	680 pF	±10%
CP	0805	10～12 pF	10～12 pF	±5%
C14	0805	10～47 pF	10～47 pF	±5%
C15	0805	10～47 pF	10～47 pF	±5%
C16	0805	330 pF	330 pF	±10%
CB1～CB5 CB7～CB8	0603	330 pF	330 pF	±10%
CB6	0805	33 nF	33 nF	±10%
R1	0805	10 kΩ	10 kΩ	±10%
R2	0805	390 Ω	390 Ω	±5%
RL1	0805	470 Ω	470 Ω	±5%
RL2	0805	470 Ω	470 Ω	±5%
L1	0603	56 nH	33 nH	±5%
L2	0603	56 nH	33 nH	±5%
L3	0603	22 nH	15 nH	±5%
L_OPT	1006	NIP	NIP	±5%
C_OPT	3 mm	NIP	NIP	±5%
R_Q	0805	NIP	NIP	±5%
C_RO	0805	330 pF	330 pF	±5%
XTAL	HC49 SMD	20.356 25 MHz @RF=315 MHz	26.431 25 MHz @RF=433.6 MHz	$\pm 25 \times 10^{-6}$

续表

符　号	尺　寸	数值 @315 MHz	数值 @433 MHz	误　差
SAWFIL	QCC8C		B3555 (f_0=433.92 MHz)	±100 kHz $B_{3\,dB}$=860 kHz
		B5331 (f_0=315.00 MHz)		±175 kHz $B_{3\,dB}$=900 kHz
CERFIL	Leaded type	SFE10.7MFP @B_{IF2}=40 kHz	SFE10.7MFP @B_{IF2}=40 kHz	TBD
	SMD type	SFECV10.7MJS-A @B_{IF2}=150 kHz	SFECV10.7MJS-A @B_{IF2}=150 kHz	±40 kHz
CERRES	SMD type	CDACV10.7MG18-A Murata	CDACV10.7MG18-A Murata	

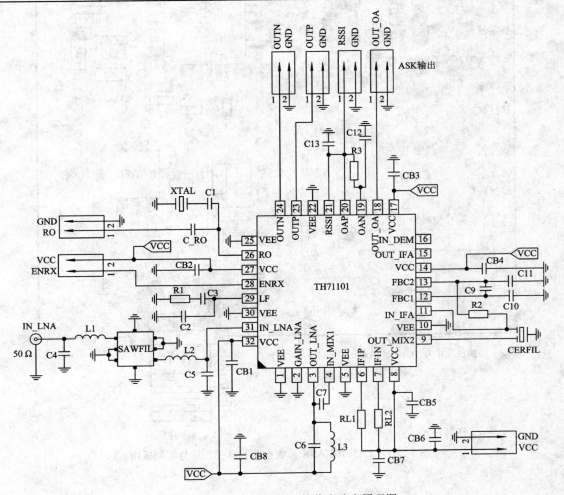

图 5.11.4　TH71101 ASK 接收电路电原理图

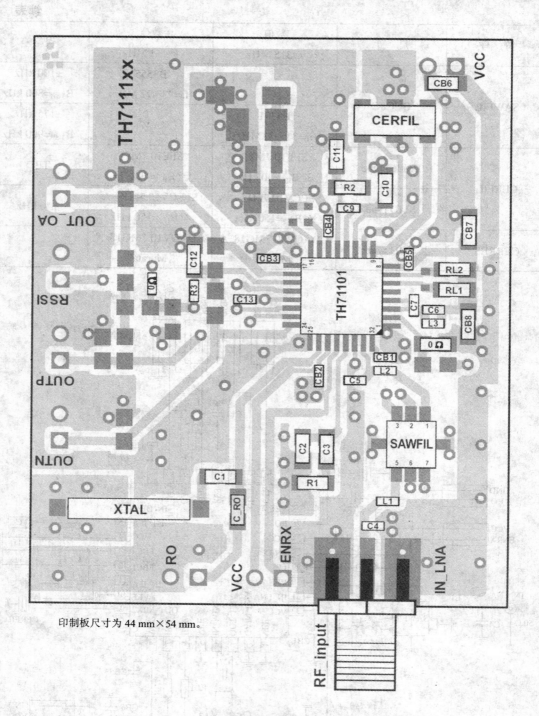

印制板尺寸为 44 mm×54 mm。

图 5.11.5　TH71101 ASK 接收电路元器件布局与印制板图

表 5.11.4　TH71101 ASK 接收电路所用元器件的参数

符　号	尺　寸	数值 @315 MHz	数值 @433 MHz	误　差
C1	0805	15 pF	15 pF	±10%
C2	0805	NIP	NIP	±10%
C3	0805	1 nF	1 nF	±10%
C4	0603	NIP	3.3 pF	±5%
C5	0603	NIP	3.3 pF	±5%
C6	0603	5.6 pF	4.7 pF	±5%
C7	0603	4.7 pF	2.2 pF	±5%
C9	0805	33 nF	33 nF	±10%
C10	0603	1 nF	1 nF	±10%
C11	0603	1 nF	1 nF	±10%
C12	0805	1～10 nF	1～10 nF	±10%
C13	0603	330 pF	330 pF	±10%
CB1～CB5 CB7～CB8	0603	330 pF	330 pF	±10%
CB6	0805	33 nF	33 nF	±10%
R1	0805	10 kΩ	10 kΩ	±10%
R2	0805	390 Ω	390 Ω	±5%
R3	0603	100 kΩ	100 kΩ	±5%
RL1	0805	470 Ω	470 Ω	±5%
RL2	0805	470 Ω	470 Ω	±5%
L1	0603	56 nH	33 nH	±5%
L2	0603	56 nH	33 nH	±5%
L3	0603	22 nH	15 nH	±5%
C_RO	0805	330 pF	330 pF	±5%
XTAL	HC49 SMD	20.356 25 MHz @RF=315 MHz	26.431 25 MHz @RF=433.6 MHz	$±25×10^{-6}$
SAWFIL	QCC8C	B3551 (f_0=315.00 MHz)	B3555 (f_0=433.92 MHz)	±100 kHz $B_{3\,dB}$=860 kHz ±175 kHz $B_{3\,dB}$=900 kHz
CERFIL	Leaded type	SFE10.7MFP @B_{IF2}=40 kHz	SFE10.7MFP @B_{IF2}=40 kHz	TBD
	SMD type	SFECV10.7MJS-A @B_{IF2}=150 kHz	SFECV10.7MJS-A @B_{IF2}=150 kHz	±40 kHz

第 6 章　调频无线收发电路设计

6.1　CRF16B 27 MHz 多信道 FM/FSK 收发电路

6.1.1　CRF16B 主要技术特性

CRF16B 是一种专为 27 MHz 频段设计的半双工模式的射频收发器，采用高度集成化的 CMOS 工艺。该芯片内包含有麦克风放大器、频率调制、VCO、RF 放大、低噪音放大、混频器、中频放大、解调器、数据限幅器等功能模块。用户只需对 CRF16B 外加一个 10.24 MHz 的晶体、455 kHz 的中周以及少量的 RC 元件就可完成一个性能优良的无线收发模块的制作。该芯片非常适用于要求价格低廉的、适合短距离的语音/数据传输、无线遥控的汽车及其他玩具、对讲机等应用。

CRF16B 芯片内有 FM/FSK 两种调制解调模式；接收灵敏度为 –107 dBm；PA 输出功率为 11 dBm；提供 8 个通信信道；信道的选择是通过 CHS2、CHS1、CHS0 三个引脚来实现的；同时用户也可以通过工厂对芯片的内部硬件操作来改变 PLL 锁相环，从而实现任意 8 个通信信道组合的选择。

CRF16B 工作电压为 2.4～3.6 V，具有很低的工作电流，发射模式时为 15 mA，接收模式时为 3 mA。该芯片具有低功耗模式，10 mW RF 输出，也可以通过内部硬件操作实现 1 mW 输出，还具有 ESD 保护。

6.1.2　CRF16B 引脚功能与内部结构

CRF16B 芯片采用 42 脚模块封装，引脚的封装形式如图 6.1.1 所示，引脚功能如表 6.1.1 所示。

表 6.1.1　CRF16B 的引脚功能

引脚	符　号	功　　能
1	CHS2	信道选择 2，禁止开路
2	CHS1	信道选择 1，禁止开路
3	CHS0	信道选择 0，禁止开路
4	MICO	麦克风放大输出
5	MODI	FM 调制输入
6	VDDH	电源电压输入为 3.0～5.5 V
7	VCC	内部 2.7 V 稳压电源，给 VCO、LNA 混频器供电
8	PA	发射输出
9	VEE	RF 前端地

引脚	符　号	功　　能
10	LNAI	RF 接收输入
11	MIXO	混频器输出，Ro=1.8 kΩ
12	IF1I	中频放大输入，Ri=1.8 kΩ
13	IF1O	中频放大输出，Ro=1.8 kΩ
14	LMTI	限幅放大器输入
15	RSSI	40 dB 接收信号强度指示器输出，2 μA/dB
16	CF	比较器输入的偏置旁路电容，推荐使用 0.1 μF
17	AVSS3	扬声器驱动地
18	SPKO	扬声器驱动放大输出
19	AVDD3	扬声器驱动电源电压正端
20	AVDD2	IF 放大器电源电压正端
21	QUAD	鉴频器输入
22	AVSS2	IF 放大器地
23	OPO	音频放大器输出
24	OPI	音频放大器的负端输入
25	DEMO	FM 调制输出
26	CF1	鉴频器旁路电容
27	VREF	0.5 V 基准电压，通过一旁路电容连接到地
28	MICI	麦克风放大器的负端输入
29	MICEN	麦克风使能端，Ron<2 kΩ
30	DO	FSK 调制数据输出
31	RV	接收有效指示
32	T/R	T/R 转换端，内部设置为低电平。"H"(高电平)= 发送模式；"L"(低电平)= 接收模式
33	XI	10.24 MHz 晶振输入
34	XO	10.24 MHz 晶振输出
35	VDD	数字电路的电源电压正端
36	VSS	数字电路的电源地
37	CPPO	充电泵输出
38	VCT	VCO 控制电压，正常工作不超过 0.5 V
39	OSC2	VCO 回路脚 2
40	OSC1	VCO 回路脚 1
41	PD	低功耗模式控制脚端，内部设置为高电平。"H"(高电平)= 芯片低功耗；"L"(低电平)=芯片使能激活
42	PAEN	功率放大器使能端，内部设置为低电平。"H"(高电平)= PA 使能激活；"L"(低电平)= PA 失效

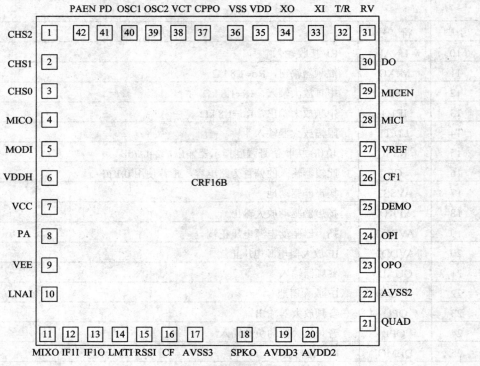

图 6.1.1　CRF16B 的引脚封装形式

CRF16B 的内部结构框图如图 6.1.2 所示，内含有频率合成器、压控振荡器、RF 功率放大器、低噪音放大器、混频器、IF 限幅放大器、FM 解调器、晶体振荡器、麦克风放大器及扬声器放大驱动等电路。

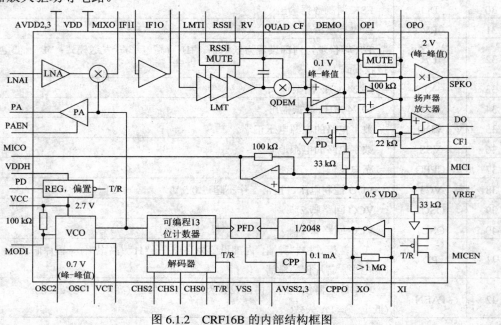

图 6.1.2　CRF16B 的内部结构框图

1．低功耗模式

当 PD = H(高电平)或浮接时，整个芯片处于低功耗状态，所有的功能都无效。

2．发射模式

当 PD = L(低电平)与 T/R = H(高电平)时，麦克风放大器与麦克风偏置电路被激活。此时，1/2048 的分频器产生一个 5 kHz 基准时钟源到 PFD，13 位计数器的倍乘数(N)已经通过内部的解码器定义好了，VCO 将锁定在一个频率上，这个频率是通过 CHS0～CHS2 引脚选择的。通过 MODI 调制 VCO 信号产生 FM/FSK 信号。

设置 PAEN = H(高电平)将打开 PA 发射信号。

3．接收模式

当 PD = L(低电平)，PAEN = L(低电平)，T/R = L(低电平)时，VCO 将作为本机振荡器，并通过混频器将 LNA 放大后的 RF 信号转变为一个 455 kHz 的中频信号。为了提高信道选择性，外接 455 kHz 的滤波器是非常必要的，RSSI 探测接收信号的强度，从而控制 MUTE 是否需要工作。QDEN 与一个外接的 LC 回路将 RF 信号转变为基带信号，扬声器驱动输出可以通过一个直流耦合电容带动一个 16 Ω 的扬声器，比较器工作是为了对数据信号限幅，DO 脚是数字数据输出引脚端。

6.1.3　CRF16B 应用电路

CRF16B 应用电路如图 6.1.3 所示。频率分配表如表 6.1.2 所示。

表 6.1.2　频 率 分 配 表

(X1= 10.240 MHz，N 为 13 bit 计数器的数值，$f_{req}=N\times10.24 / 2048$)

编　码　表			信道	信道频率	发　射　器		接　收　器	
CHS2	CHS1	CHS0		f_{req}/ MHz	f_{VCO}/ MHz	N	f_{LO}/ MHz	N
0	0	0	RC7	27.195	27.195	5439	26.740	5348
0	0	1	RC6	27.145	27.145	5429	26.690	5338
0	1	0	RC3	27.095	27.095	5419	26.640	5328
0	1	1	RC2	27.045	27.045	5409	26.590	5318
1	0	0	25	27.245	27.245	5449	26.790	5358
1	0	1	19	27.185	27.185	5437	26.730	5346
1	1	0	7	27.035	27.035	5407	26.580	5316
1	1	1	3	26.985	26.985	5397	26.530	5306

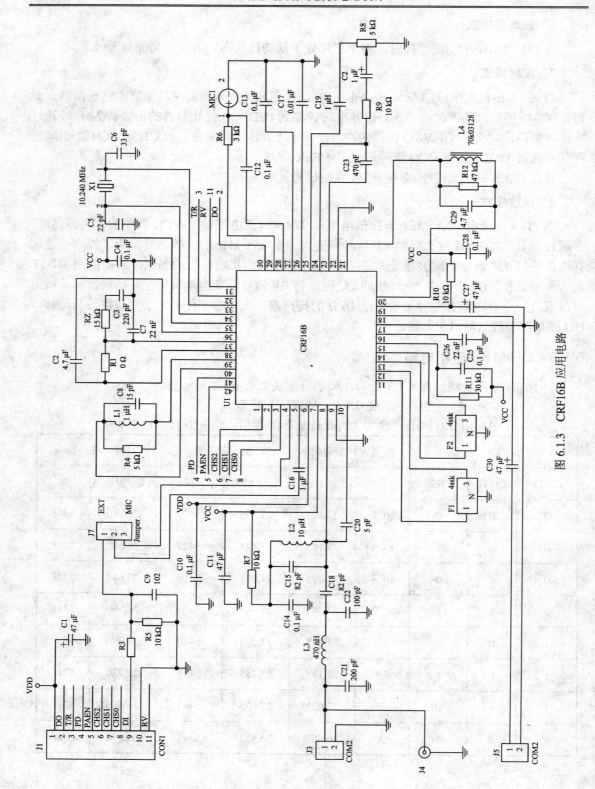

图 6.1.3　CRF16B 应用电路

6.2　CRF19T 27 MHz 多信道 FM/FSK 发射电路

6.2.1　CRF19T 主要技术特性

　　CRF19T 是一种专为 27 MHz 频段设计的高度集成化的发射器芯片，只需要在外围接上少量的无源元件，如 1 个 10.24 MHz 晶体、1 个 1.0 μH 电感、1 个 LC π 型匹配滤波器及一些 RC 元件，就可以制作出一个性能优良的无线发射器。该芯片非常适合廉价的短距离的 FM/FSK 两种调制模式的通信应用，如在短距离的语音/数据传输、无线遥控的汽车及其他玩具、无线鼠标、键盘中使用。

　　CRF19T 提供 8 个通信信道，信道的选择是通过 CHS2、CHS1、CHS0 三个引脚来实现的。同时用户也可以通过工厂对芯片的内部硬件操作来改变 PLL 锁相环，从而实现任意 8 个通信信道组合的选择。该芯片提供一个麦克风放大器与一个单独的频率调制输入端，因此它非常容易实现 FM/FSK 两种调制技术的应用。该芯片同时提供一个内置的 10 mW RF 输出放大器。

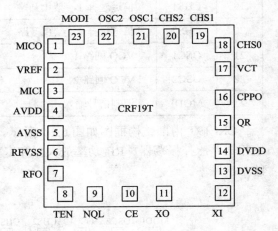

图 6.2.1　CRF19T 引脚封装形式

　　CRF19T 工作电压为 2.4～3.6 V，电流消耗为 14 mA/3.0 V，RF 输出为 10 mW，也可以通过内部硬件操作实现 1 mW RF 输出，内置快速的频率锁定功能，具有 ESD 保护。

6.2.2　CRF19T 引脚功能与内部结构

　　CRF19T 采用 23 脚模块式封装，引脚封装形式如图 6.2.1 所示，引脚功能如表 6.2.1 所示。

表 6.2.1　CRF19T 引脚功能

引脚	符号	功　　能
1	MICO	麦克风放大器输出，限幅 MICO
2	VREF	基准电压，推荐外接 0.1 μF 电容
3	MICI	基准电压，推荐外接 0.1 μF 电容
4	AVDD	模拟电路电源电压输入
5	AVSS	模拟电路地
6	RFVSS	RF 放大器地
7	RFO	RF 放大器输出，源极开路形式(需外接电源电路)
8	TEN	RF 放大器控制，"高电平"=使能激活，"低电平"=电路失效，开路="低电平"
9	NQL	快速锁定控制，"高电平"=正常，"低电平"=快速锁定，开路="高电平"
10	CE	芯片使能激活控制，"高电平"=使能激活，"低电平"=失效，开路="低电平"
11	XO	晶体振荡器输出，10.240 MHz

引脚	符号	功　　能
12	XI	晶体振荡器输入，10.240 MHz
13	DVSS	数字电路电源电压输入正端
14	DVDD	数字电路地
15	QR	第 2 CPPO 端(当快速锁定功能被激活时)
16	CPPO	相位比较器充电电流输出。NQL=低电平时，为±100 μA，NQL=高电平时，为±900 μA
17	VCT	VCO 输入控制
18	CHS0	信道选择 0，禁止开路
19	CHS1	信道选择 1，禁止开路
20	CHS2	信道选择 2，禁止开路
21	OSC1	VCO 回路 1
22	OSC2	VCO 回路 2
23	MODI	调制信号输入

CRF19T 内部结构框图如图 6.2.2 所示。芯片内含有解码器、13 bit 可编程计数器、鉴频鉴相器、压控振荡器、RF 功率放大器和麦克风放大器等电路。晶体分频产生一个 5.0 kHz 的基准频率。

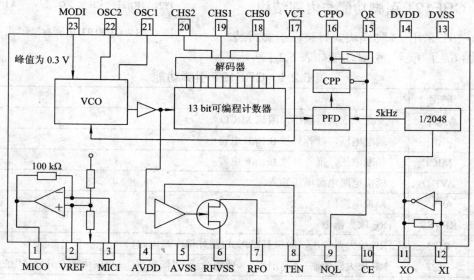

图 6.2.2　CRF19T 内部结构框图

1) 解码器(Decoder)

解码器解码 CHS0、CHS1 与 CHS2 引脚的信号，从而产生 8 个不同信道，但这 8 个信道的频率是已经通过内部硬件定义好的。

2) 13 bit 可编程计数器(Programmable 13 bit counter)

13 bit 可编程计数器将 VCO 的频率分割为 1/N，N 的大小是来自于译码器的并且在 5306～5449 之间的一个值(可以参考表 6.2.2)。例如，13 bit 计数器的 N= 5400，X1= 10.24 MHz，则 RF 频率= N×X1 / 2048 = 27.000 MHz。

表 6.2.2　CRF19T 频率分配表

(X1= 10.24 MHz，N 为 13 bit 计数器数值，f_{req}= N ×10.24 / 2048)

编　码　表			信道	信道频率	发　射　器			接　收　器	
CHS2	CHS1	CHS0		f_{req}/ MHz	f_{VCO}/ MHz	N		f_{LO}/ MHz	N
0	0	0	RC7	27.195	27.195	5439		26.740	5348
0	0	1	RC6	27.145	27.145	5429		26.690	5338
0	1	0	RC3	27.095	27.095	5419		26.640	5328
0	1	1	RC2	27.045	27.045	5409		26.590	5318
1	0	0	RC8	27.245	27.245	5449		26.790	5358
1	0	1	RC5	27.135	27.135	5427		26.680	5336
1	1	0	RC4	27.120	27.120	5424		26.665	5333
1	1	1	RC1	26.995	26.995	5399		26.540	5308

3) PFD

鉴频鉴相器带有一个内部 CPP 电路，PLL 内置有快速锁定功能。当 NQL=0 时，CPP 电流增加到 0.9 mA，则 PLL 工作在宽的环路带宽。当 NQL=1 时，PLL 的带宽转变为 NQL=0 时的 3 倍，且内置在 QR 与 CPPO 之间的开关立即翻转，所以在快速锁定期间利用外接的电阻可以使环路的 Q 值最优化。

4) VCO

OSC1、OSC2 外接一个 LC 回路(L=1 μH，C=15 pF)完成压控振荡功能。VCO 也可完成一个闭环调制功能。

5) RF 功率放大器

RF 功率放大器(PA)加上 10 mA 的直流偏置可以产生 10 mW 输出功率到天线，而且谐波畸变(失真)非常小。同时 PA 也可以通过在厂家内部硬件的操作将偏置电流定为 2 mA，输出功率也相应变为 1 mW，这一点对于低功率的应用是非常有用的。

6) 麦克风放大器

麦克风放大器是一个负端输入的放大器并有限幅输出。

6.2.3　CRF19T 应用电路

CRF19T 的应用电路如图 6.2.3 所示。

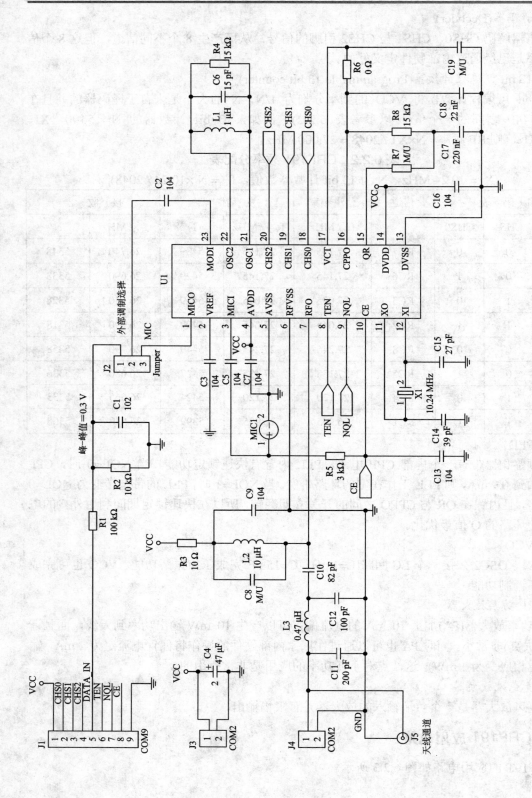

图 6.2.3　CRF19T 的应用电路

6.3　MC2833 调频发射电路

6.3.1　MC2833 主要技术特性

MC2833 是飞思卡尔半导体公司生产的单片调频发射器电路,芯片内部包含有麦克风放大器、压控振荡器、晶体管等电路,使用片上晶体管放大器可获得 +10 dBm 功率输出,使用直接射频输出,–30 dBm 功率输出到 60 MHz,工作电源电压为 2.8～9.0 V,电流消耗为 2.9 mA。

6.3.2　MC2833 应用电路

MC2833 的应用电路电原理图和印制板图如图 6.3.1～图 6.3.4 所示。对于不同输出频率,电路所用元器件的参数如表 6.3.1 所示。晶振 X1 使用基频模式,校准采用 32 pF 电容。

表 6.3.1　MC2833 不同输出频率电路中所用元器件的参数

符　号	参　数			单　位
	49.7 MHz	76 MHz	144.6 MHz	
X1	16.5667	12.6	12.05	MHz
Lt	3.3～4.7	5.1	5.6	mH
L1	0.22	0.22	0.15	mH
L2	0.22	0.22	0.10	Ω
Re1	330	150	150	Ω
Rb1	390 k	300 k	220 k	Ω
Cc1	33	68	47	pF
Cc2	33	10	10	pF
C1	33	68	68	pF
C2	470	470	1000	pF
C3	33	12	18	pF
C4	47	20	12	pF
C5	220	120	33	pF

MC2833 的 RF 缓冲器输出(引脚端 14)和晶体管 V2 用作 3 倍频和 2 倍频,是频率为 76 MHz 和 144.6 MHz 的发射器。

在 49.7 MHz 和 76 MHz 发射器中,V1 晶体管作为一个线性放大器,在 144.6 MHz 发射器中,V1 晶体管作为倍频器。

所有的线圈使用 7 mm 的屏蔽电感,如 CoilCraft 系列的 M1175A、M1282A～M1289A 和 M1312A,或者使用同类型产品。

在电源电压为 VCC = 8.0 V 时,对于 49.7 MHz 和 76 MHz 发射器,输出功率为+10 dBm；对于 144.6 MHz 发射器,输出功率为+5.0 dBm。

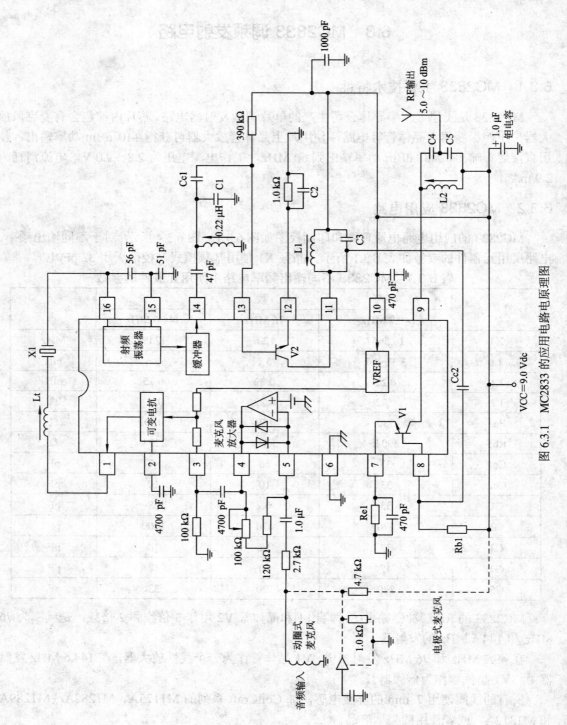

图 6.3.1 MC2833 的应用电路电路原理图

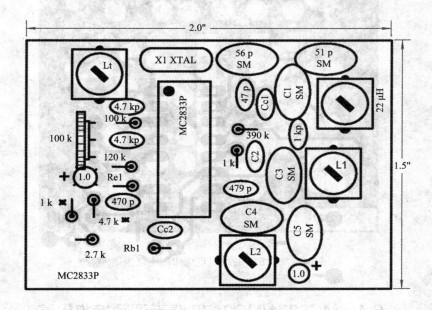

图 6.3.2　MC2833 的应用电路 PCB 元器件布局图

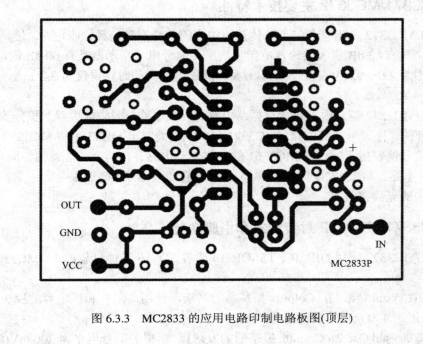

图 6.3.3　MC2833 的应用电路印制电路板图(顶层)

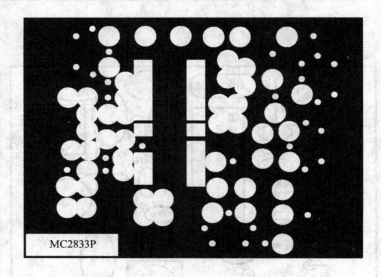

图 6.3.4　MC2833 的应用电路印制电路板图(底层)

6.4　MC3371/MC3372 窄带调频接收电路

6.4.1　MC3371/MC3372 主要技术特性

MC3371/MC3372 是飞思卡尔半导体公司生产的单片窄带调频接收电路,最高工作频率达 100 MHz,具有−3 dB 极限的输入电压灵敏度,信号电平指示器具有 60 dB 的动态范围,工作电压范围为 2.0～9.0 V,在 VCC=4.0 V,静噪电路关闭时耗电仅为 3.2 mA,工作温度范围为−30～+70℃。

MC3371/MC3372 芯片内部包含有振荡电路、混频电路、限幅放大器、积分鉴频器、滤波器、静噪开关、仪表驱动等电路。MC3371/MC3372 类似于 MC3361 和 MC3359 等接收电路,除了用信号仪表指示器代替 MC3361 的扫描驱动电路外,其余功能特性相同。MC3371 使用 LC 鉴频电路,MC3372 则可使用 455 kHz 陶瓷滤波器或 LC 谐振电路,主要应用于语音或数据通信的无线接收机。

6.4.2　MC3371/MC3372 封装形式和引脚功能

MC3371/MC3372 采用 DIP-16、TSSOP-16 或者 SO-16 三种封装形式。MC3371 引脚功能如下:

引脚端 1(Crystal Osc 1):Colpitts 振荡器的基极,使用高阻抗和低电容的探头,可观察到一个峰−峰值为 450 mV 的交流波形。

引脚端 2(Crystal Osc 2):Colpitts 振荡器的发射极,典型的信号电平为 200 mV(峰−峰值)。注意:信号波形与引脚端 1 的波形相比较有些失真。

引脚端 3(MIXER OUTPUT)：混频器输出，射频载波成分叠加在 455 kHz 信号上，典型值是 60 mV(峰–峰值)。

引脚端 4(VCC)：电源电压范围为–2.0～9.0 V，VCC 和地之间加退耦电容。

引脚端 5(LIMITER INPUT)：IF 放大器输入，混频器输出通过 455 kHz 的陶瓷滤波器后输入到 IF 放大器，典型值是 50 mV(峰–峰值)。

引脚端 6 和 7(DECOUPLING)：IF 放大器退耦，外接一个 0.1 μF 的电容到 VCC。

引脚端 8(QUAD COIL)：积分调谐线圈，呈现一个 455 kHz 的 IF 信号，典型值为 500 mV(峰–峰值)。

引脚端 9(RECOVERED AUDIO)：恢复的音频信号输出，是 FM 解调输出信号，包含有载波成分，典型峰–峰值是 1.4 V。经过滤波后，恢复音频信号，典型值是 800 mV 峰–峰值。

引脚端 10(FILTER INPUT)：滤波放大器输入。

引脚端 11(FILTER OUTPUT)：滤波放大器输出，典型值为 400 mV(峰–峰值)。

引脚端 12(SQUELCH INPUT)：抑制输入。

引脚端 13(RSSI)：RSSI 输出。

引脚端 14(MUTE)：静音输出。

引脚端 15(GND)：地。

引脚端 16(Mixer Input)：混频器输入。串联输入阻抗在 10 MHz 时为 309–j33，在 45 MHz 时为 200–j13。

MC3372 引脚功能与 MC3371 基本相同，引脚端 9 恢复的音频信号是 FM 解调输出信号，包含有载波成分，其典型值是 800 mV(峰–峰值)。经过滤波后，恢复音频信号，典型值是 500 mV(峰–峰值)。

6.4.3　MC3371/MC3372 应用电路

1. MC3371 在 10.7 MHz 的典型应用电路

MC3371 在 10.7 MHz 的典型应用电路电原理图如图 6.4.1 所示。MC3371 的内部振荡电路与引脚端 1 和引脚端 2 的外接元件组成第二本振级，第一中频 IF 输入信号 10.7 MHz 从 MC3371 的引脚端 16 输入，在内部第二混频级进行混频，其差频为：10.700–10.245= 0.455 MHz，即产生频率为 455 kHz 的第二中频信号。

第二中频信号由引脚端 3 输出，由 455 kHz 陶瓷滤波器选频，再经引脚端 5 送入 MC3371 的限幅放大器进行高增益放大，限幅放大级是整个电路的主要增益级。引脚端 8 的外接元件组成 455 kHz 鉴频谐振回路，经放大后的第二中频信号在内部进行鉴频解调，并经一级音频电压放大后由引脚端 9 输出音频信号，送往后级的功率放大电路。

引脚端 12～15 通过外接少量的元件即可构成载频检测电路，用于调频接收机的静噪控制。MC3371 内部还置有一级滤波信号放大级，加上少量的外接元件可组成有源选频电路，为载频检测电路提供信号，该滤波器引脚端 10 为输入端，引脚端 11 为输出端。引脚端 6 和引脚端 7 连接第二中放级的退耦电容。

MC3371 在 10.7 MHz 的典型应用电路 PCB 元器件布局图和印制板图如图 6.4.2 和图 6.4.3 所示。

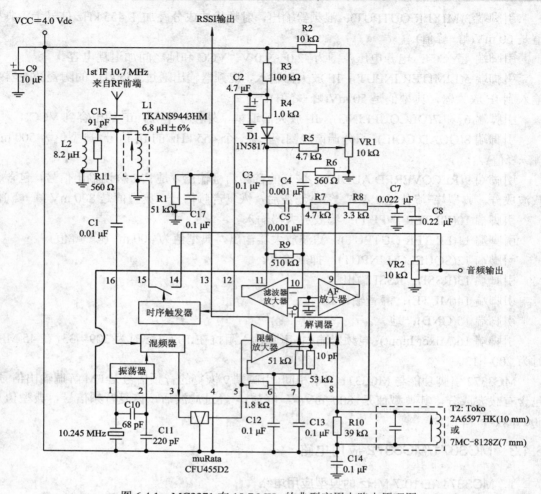

图 6.4.1　MC3371 在 10.7 MHz 的典型应用电路电原理图

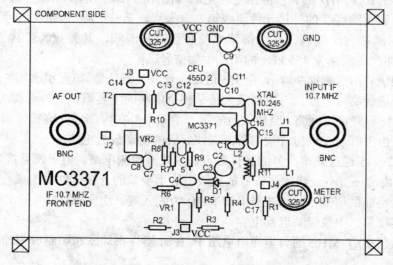

图 6.4.2　MC3371 在 10.7 MHz 的典型应用电路 PCB 元器件布局图

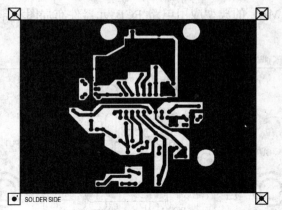

图 6.4.3　MC3371 在 10.7 MHz 的典型应用电路印制板图

2. MC3372 在 10.7 MHz 的典型应用电路

MC3372 在 10.7 MHz 的典型应用电路电原理图如图 6.4.4 所示。其构成及工作原理文字叙述同"MC3372 在 10.7 MHz 的典型应用电路"，不再赘述。

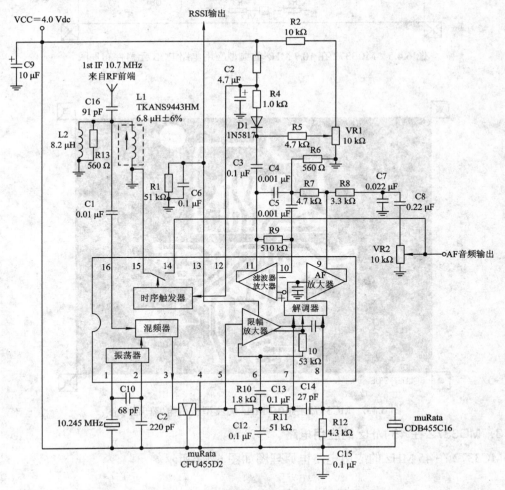

图 6.4.4　MC3372 在 10.7 MHz 的典型应用电路电原理图

　　MC3372 在 10.7 MHz 的典型应用电路 PCB 元器件布局图和印制板图如图 6.4.5 和图 6.4.6 所示。

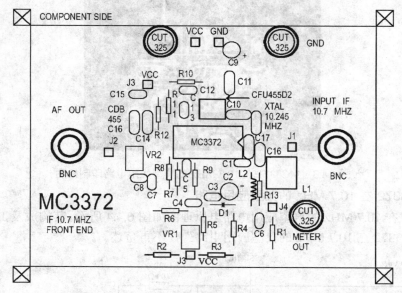

图 6.4.5　MC3372 在 10.7 MHz 的典型应用电路 PCB 元器件布局图

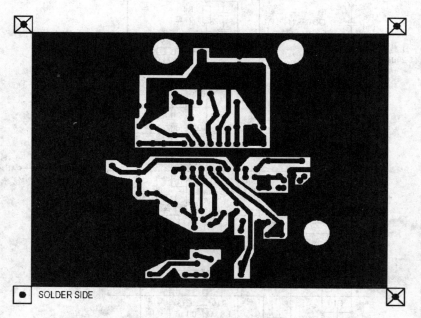

图 6.4.6　MC3372 在 10.7 MHz 的典型应用电路印制板图

3. MC3372 在 45 MHz 的应用电路

MC3372 在 45 MHz 的应用电路电原理图如图 6.4.7 所示。

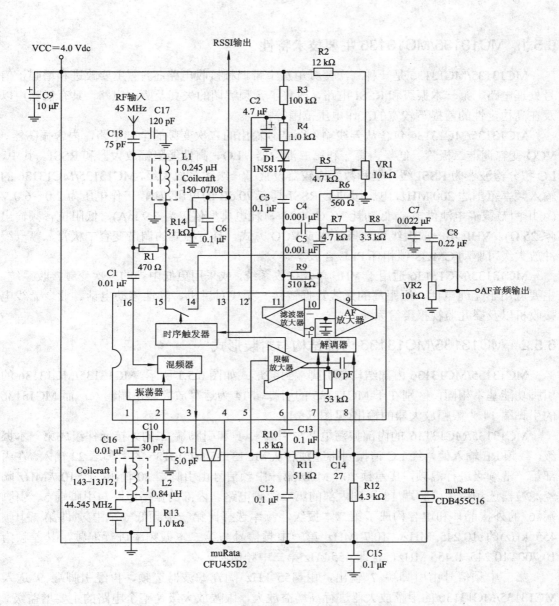

图 6.4.7　MC3372 在 45 MHz 的应用电路电原理图

6.5　MC13135/MC13136 单片窄带调频接收电路

6.5.1　MC13135/MC13136 主要技术特性

MC13135/MC13136 是一种二次变频单片窄带调频接收电路芯片，主要改进和增强了信号处理电路、第一本振级和 RSSI 电路，改善了音频解调的失真及驱动电路，具有低噪声以及在高稳定性的前提下较宽的工作电压范围等特点。

MC13135/MC13136 包含从天线输入至音频输出的二次变频的全部电路，内含振荡器、VCO 变容调谐二极管、低噪声第一和第二混频器、LO、高性能限幅放大器和 RSSI。其中，LC 积分检波器为 RSSI 缓冲器和数据比较器设置了一级运算放大级，MC13135/MC13136 的输入频率范围达 200 MHz，电压缓冲器 RSSI 具有 70 dB 的可用范围，工作电压为 2.0～6.0 V (可用两节镍镉电池供电)，低功耗(VCC=4.0 V，耗电典型值仅为 3.9 mA)，低阻抗音频输出 (≤25 Ω)，VHF 第一放大级可选择晶体或 VCO 方式，具有独立的调谐变容二极管，第一缓冲放大级可驱动 CMOS 锁相环 PLL 合成器。

MC13135/MC13136 适用于 VHF 单片接收系统，或采用更低中频的三次变频接收系统，主要应用于无绳电话、短距离的无线数据链接、无线对讲机、陆地移动电话、业余无线电接收机以及婴儿监视报警等系统。

6.5.2　MC13135/MC13136 内部结构与封装形式

MC13135/MC13136 内部结构与引脚端封装形式如图 6.5.1 所示。MC13135/MC13136 的引脚功能基本相同，区别在于 MC13135 的引脚端 14 为运算放大器正端输入，而 MC13136 的引脚端 14 为限幅放大器的输出(见图 6.5.1)。

MC13135/MC13136 的内部振荡电路与引脚端 1 和引脚端 2 的外接元件组成第一本振级，载频 RF 输入信号经 LC 谐振回路选频后从 MC13135/MC13136 的引脚端 22 输入，在内部第一混频级进行混频，其差频 10.7 MHz 第一中频信号由引脚端 20 输出，经 10.7 MHz 陶瓷滤波器选频后由引脚端 18 送到内部的第二混频电路。内部的振荡电路与引脚端 5、引脚端 6 的外接晶体和电容构成了第二本振级，频率选择比第一中频低一个中频(即第二中频 455 kHz)的 10.245 MHz。10.7 MHz 第一中频信号与第二本振频率进行混频，其差频为 10.700–10.245=0.455 MHz，也即 455 kHz 第二中频信号。

第二中频信号由引脚端 7 输出，由 455 kHz 陶瓷滤波器选频，再经引脚端 9 送入 MC13135/MC13136 的限幅放大器进行高增益放大，限幅放大级是整个电路的主要增益级。引脚端 13 的外接 LC 元件组成 455 kHz 鉴频谐振回路，经放大后的第二中频信号在内部进行鉴频解调，并经一级音频电压放大后由引脚端 17 输出音频信号。

MC13135 内部还置有一级数据信号放大级，引脚端 12 为 RSSI 输入端，引脚端 15 为运算放大级的输入端，引脚端 16 为 RSSI 缓冲放大的输出端，引脚端 10 和引脚端 11 为退耦电容，用来保证电路稳定工作。

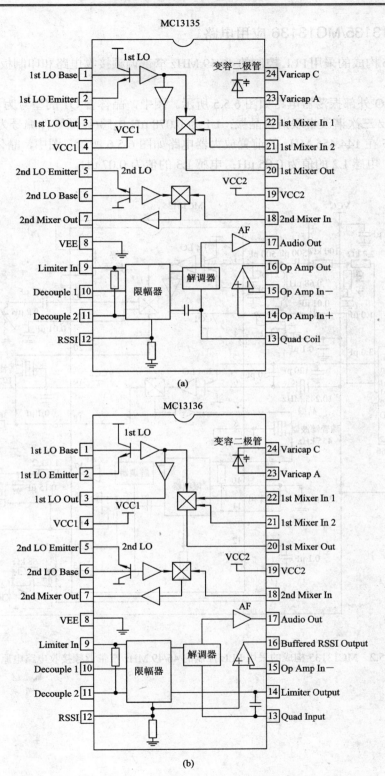

图 6.5.1　MC13135/MC13136 内部结构与引脚端封装形式

6.5.3 MC13135/MC13136 应用电路

MC13135 构成的采用 PLL 控制的 46/49 MHz 窄带调频接收电路和印制板图如图 6.5.2～图 6.5.4 所示。

第 1 级 LO 外部振荡器电路如图 6.5.5 所示。图中，晶体管 Q1 的型号为 MPS5179；X1 为 44.585 MHz 三次谐波串联谐振晶振；L1 为 0.078 μH 电感(线圈零件编号为 146-02J08)。

MC13135 在 144.455 MHz 的前置放大器电路如图 6.5.6 所示。图中，晶体管 Q1 的型号为 MPS5179；电感 L2 的值为 0.05 μH；电感 L3 的值为 0.07 μH。

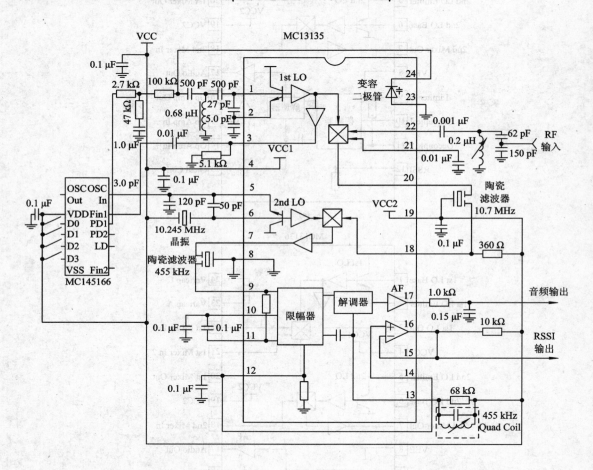

图 6.5.2　MC13135 构成的采用 PLL 控制的 46/49 MHz 窄带调频接收电路电原理图

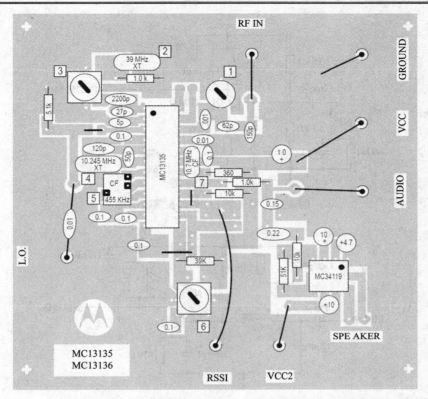

图 6.5.3　MC13135 构成的 46/49 MHz 窄带调频接收电路 PCB 元器件布局图

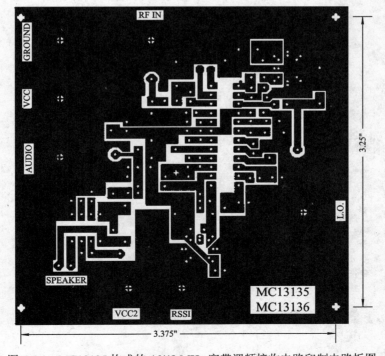

图 6.5.4　MC13135 构成的 46/49 MHz 窄带调频接收电路印制电路板图

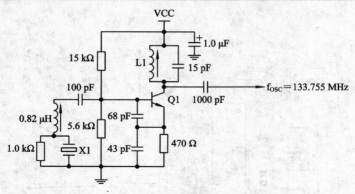

图 6.5.5　第 1 级 LO 外部振荡器电路

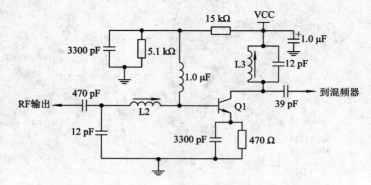

图 6.5.6　MC13135 在 144.455 MHz 的前置放大器电路

第 7 章 单片蓝牙系统

7.1 BCM2033/BCM2035 单片蓝牙系统

7.1.1 BCM2033/BCM2035 主要技术特性

BCM2033/BCM2035 是蓝牙无线通信和网络领域的理想解决方案之一。其完全符合蓝牙 V1.1 规范，可广泛使用在 GSM、CDMA、WCDMA、GPRS、UMTS、PC、膝上型设备、个人数字助理、打印机及一些外围设备上。

BCM2033/BCM2035 的主要特点如下：

- 在强干扰环境下，BCM2033 接收器的灵敏度为−80 dBm，BCM2035 接收器的灵敏度为−90 dBm。
- 支持外接功率放大器的蓝牙 1 级输出功率操作，具有可满足蓝牙 2 级或 3 级要求的可编程输出功率控制。BCM2035 可编程输出功率控制高达+7 dBm。
- 支持多点和散射网操作。
- 拥有标准 HCI 接口、USB、UART、PCM 编解码器接口及可选择的 8 位从属接口。支持完全的 723 kb/s 数据速率，可同时有 3 个 SCO 通道。
- N 分频合成器提供了选择晶振频率的灵活性，消除了对专用的基准晶体振荡器的要求。BCM2035 支持 12～40 MHz 的任何晶振和 TCXO 源。
- 芯片内的嵌入式微控制器和基带控制器减少了主计算机的信息处理强度。
- 固件提供了 LMP 和 HCI，在片上存储器装载固件，消除了对外部闪存的需求。
- 具有嵌入式微控制器、单独的功率控制单元(具有停/保持/开功能)，可以在芯片上电时复位。
- 采用低功率待机模式，提高了电源管理的效率。
- 与其他芯片相比，外界元件数最少，减少了总体设计和开发的周期。
- 工作在商业温度范围(0～70℃)和工业温度范围(−40～105℃)。
- BCM2033 采用 fpBGA-64(8 mm×8 mm)和 fpBGA-100(9 mm×9 mm)两种封装形式；BCM2035 采用 fpBGA-100(9 mm×9 mm)、fpBGA-104(7 mm×7 mm)、LCSP-71(5 mm×6 mm)和 WSCSP-95(4 mm×5 mm)四种封装形式。

7.1.2 BCM2033/BCM2035 内部结构

BCM2033/BCM2035 的内部结构框图如图 7.1.1 所示，包括微处理器单元(uP Unit)、外设传输单元(Peripheral Transport Unit)、蓝牙基带处理器核(Bluetooth Baseband Core)、频率合

成器(Frequency Synthesizer)、电源管理器(Power Management)及 2.4 GHz 无线电收发器 (Transceiver)。

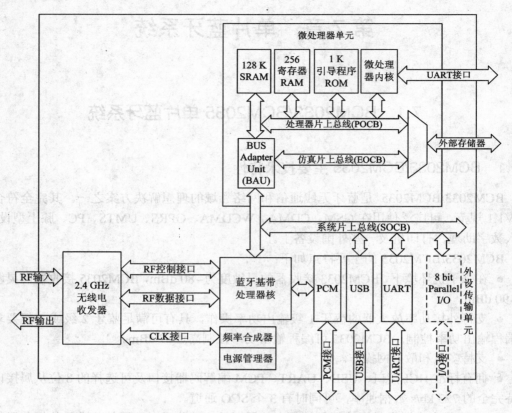

图 7.1.1　　BCM2033/ BCM2035 的内部结构框图

BCM2033/BCM2035 的无线电部分包含了完整的发射和接收通路，包括锁相环(PLL)、 VCO、低噪声放大器(LNA)、功率放大器(PA)、上变频器、下变频器、调制解调器和信道选 择滤波器等电路。BCM2033 的基带控制器部分控制着从物理层无线电到 HCI 层的所有蓝牙 功能。它包括一个位处理器、事件调度器、数据流和音频流、片上 USB/UART/音频 PCM 接口。

BCM2033/BCM2035 支持下列接口：

(1) UART 通用异步收发器：支持 RXD、TXD、RTS 和 CTS 信号，UART 可兼容 16C550。

(2) PCM 音频编码串行接口：音频代码转换器接口支持 8 位 μ 律、8 位 A 律和 CVSD 音频及数据形式。串联音频接口支持标准的音频编解码器(CODEC)。

(3) USB：片上 USB 接口符合 USB 收发器 1.1 规范的全速要求(12 Mb/s)。

(4) 8051 总线接口：8 位 GPIO 可访问 64～256 KB 的地址空间。

(5) 可选的 8 位输出/输入从接口：支持一般的异步方式。

7.1.3　BCM2033/BCM2035 应用电路

BCM2033 构成的单片蓝牙系统如图 7.1.2 所示。BCM2035 移动电话应用模式电路如图

7.1.3 所示。BCM2035 PC 应用模式电路如图 7.1.4 所示。

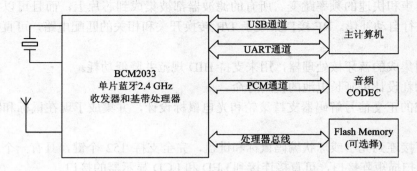

图 7.1.2　BCM2033 构成的单片蓝牙系统

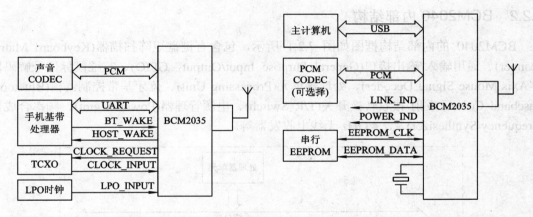

图 7.1.3　BCM2035 移动电话应用模式电路　　　图 7.1.4　BCM2035 PC 应用模式电路

7.2　BCM2040 单片蓝牙无线鼠标和键盘电路

7.2.1　BCM2040 主要技术特性

BCM2040 是低成本的蓝牙鼠标和键盘电路，它在一个单芯片上集成了完整的界面、应用操作和蓝牙堆栈协议。BCM2040 完全符合蓝牙 V1.1 规范，支持蓝牙 V1.2 的主要特性，也完全符合蓝牙 SIG 对于人性界面的规范，适合在蓝牙鼠标、蓝牙键盘、遥控 HID 设备、游戏控制器及组合鼠标和键盘等领域应用。

BCM2040 的主要技术特点如下：

- 具有 8051 微处理器和 RAM/ROM 存储器。
- 发射器提供+4 dBm 的输出功率，满足蓝牙功率 2 级操作。
- 接收器的接收灵敏度为−85 dBm。

● 内部集成的无线电收发器，包含一个专用的自校的 VCO 结构，在整个频带内具有极好的相位噪声和快速的频率跳变。所有的滤波器都被集成到芯片上，而且可以根据温度和其他变化进行自动补偿。RF 接口集成了 T/R 转换开关和相关的匹配电路，可直接与外部的天线连接。

● 使用集成的蓝牙核处理器，用来支持 HID 规范并降低功耗。

● 低功耗设计可延长电池的使用寿命。

● 集成的正交信号解码器支持滚轮和光电鼠标设计，并集成了现在鼠标和键盘的所有元件。

● 可直接连到光学或球状编码鼠标和键盘，完全支持 152 个键，具有一个用户自定义热键的键盘扫描矩阵接口，可直接连接到 LED 和 LCD 显示器的接口。

● 可直接驱动外部光电子器件。

● 使用 fpBGA-64 和 fpBGA-100 封装。

7.2.2　BCM2040 内部结构

BCM2040 的内部结构框图如图 7.2.1 所示，包含有键盘矩阵扫描器(Keyboard Matrix Scanner)、通用输入/输出接口(General Purpose Input/Output，GPIO)、3 维鼠标信号解码器(3-Axis Mouse Signal Decoder)、处理器单元(Processing Unit)、蓝牙基带控制器核(Bluetooth Baseband Core)、发射/接收转换开关(T/R Switch)、电源管理器(Power Mgmt)、频率合成器(Frequency Synthesizer)及 2.4 GHz 无线电收发器等。

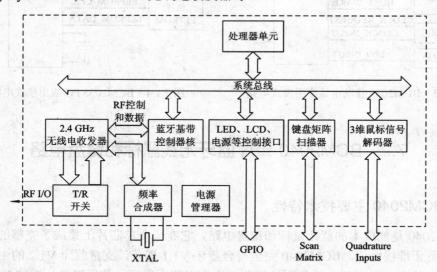

图 7.2.1　BCM2040 的内部结构框图

7.2.3　BCM2040 应用电路

BCM2040 的鼠标应用电路如图 7.2.2 所示。BCM2040 的键盘应用电路如图 7.2.3 所示。

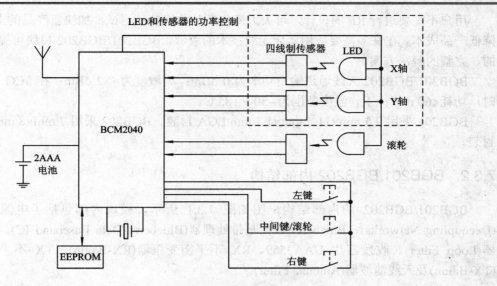

图 7.2.2　BCM2040 的鼠标应用电路

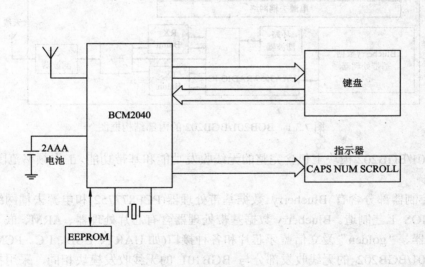

图 7.2.3　BCM2040 的键盘应用电路

7.3　BGB201/BGB202 即插即用型蓝牙模块

7.3.1　BGB201/BGB202 主要技术特性

BGB201/BGB202 是即插即用型蓝牙模块。BGB201 包含蓝牙无线收发器、基带控制器和 224 KB 的嵌入式闪存；BGB202 包含无线收发器、基带控制器和 ROM。

用户不需要进行 RF 的设计，可大大简化产品的组装和测试，加快新产品的上市时间，降低产品成本。在许多需要应用蓝牙无线技术的领域，BGB201/BGB202 模块可提供超紧凑的、完整的解决方案。

BGB201/BGB202 天线通道输出功率为 0 dBm；灵敏度为−82 dBm；在 SCO HV3 连接时，功耗<60 mW；工作温度范围为−30～+85℃。

BGB201 采用 9.5 mm×11.5 mm×1.7 mm LGA 封装。BGB202 采用 7 mm×8 mm HVQFN 封装。

7.3.2　BGB201/BGB202 内部结构

BGB201/BGB202 的内部结构框图如图 7.3.1 所示，模块内部包括了电源去耦网络 (Decoupling Networks)、Blueberry 数据基带处理器(Blueberry-Data Baseband IC)、环路滤波器(Loop Filter)、收发芯片 UAA3559、RX 不平衡变压器(RX-Balun)、TX 不平衡变压器 (TX-Balun)及天线滤波器(Antenna Filter)。

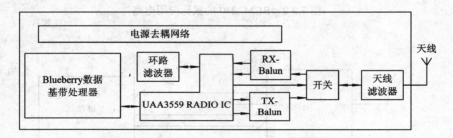

图 7.3.1　BGB201/BGB202 的内部结构框图

BGB201/BGB202 模块上包含完整的无线收发功能和基带功能，工作频率范围为 2402～2480 MHz。

基带控制器部分含有 Blueberry 数据基带处理器(PCF877752)和电源去耦网络，采用深亚微米 CMOS 工艺制造。Blueberry 数据基带处理器含有芯片处理器、ARM、嵌入式闪存或 ROM 存储器、"golden"爱立信蓝牙芯片和各种接口(如 UART、USB、I^2C、PCM、JTAG)。

BGB201/BGB202 的无线收发部分与 BGB101 的无线收发模块相同，采用接近零中频 (N−ZIF)收发芯片 UAA3559，强带外屏蔽性能的天线滤波器、TX/RX 开关、TX/RX 不平衡变压器、VCO 谐振器和电源去耦电路。

BGB201/BGB202 是一个真正的即插即用模块，只需要一个外部时钟脉冲源和一个外接天线即可工作。

7.3.3　BGB201/ BGB202 应用电路

BGB202 的应用电路如图 7.3.2 所示。

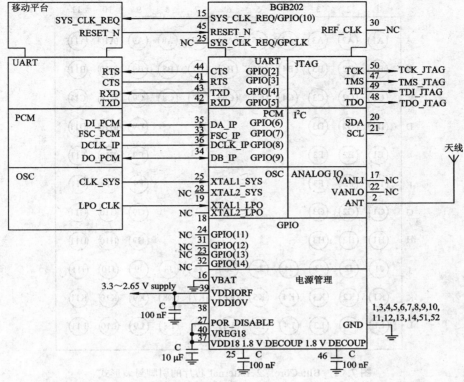

图 7.3.2　BGB202 的应用电路

7.4　BlueCore™2-External 单片蓝牙系统

7.4.1　BlueCore™2-External 主要技术特性

BlueCore™2-External 是一种包含有无线收发器和基带控制器的单片蓝牙系统。它支持 8 Mb 外部闪存，采用 96-ball VFBGA 和 LFBGA 封装。外加存有 CSR 蓝牙协议栈软件的外部 Flash 时，BlueCore™2-External 可以构成一个用于音频和数据通信的完整的蓝牙系统。

BlueCore™2-External 的主要技术指标与 BlueCore™2-Flash 相同(详见 7.5 节)，可应用于 PC、手机耳机、无线耳机、个人数字助理、计算机附件(闪存卡、PCMCIA 卡、SD 卡和 USB Dongles)、鼠标、键盘、操纵杆、数码相机、便携式摄影机等产品。

7.4.2　BlueCore™2-External 封装形式与引脚功能

BlueCore™2-External 芯片可采用 96-ball LFBGA 10 mm×10 mm×1.4 mm 封装、96-ball VFBGA 8 mm×8 mm×1.0 mm 封装、96-ball VFBGA 6 mm×6 mm×1.0 mm 封装或 96-ball VFLGA 6 mm×6 mm×0.65 mm 封装，其引脚封装形式如图 7.4.1 所示，其引脚功能如表 7.4.1 所示。

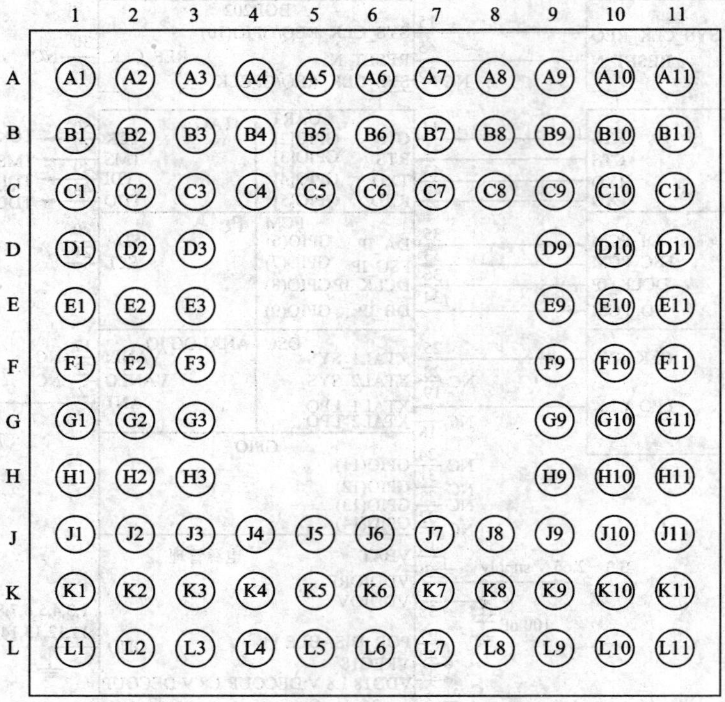

图 7.4.1　BlueCore™2-External 芯片的引脚封装形式

表 7.4.1　BlueCore™2-External 的引脚功能

引　脚	符　号	功　能
收发器射频端口		
E1	RF_IN	接收器的单端输入
C1	PIO[0]/RXEN	外部低噪声放大器的控制输出
C2	PIO[1]/TXEN	外部功率放大器控制输出，仅用于蓝牙输出功率 1 级
G1	TX_A	发射器输出/可转换为接收器输入
F1	TX_B	TX_A 的互补端
D2	AUX_DAC	电压 DAC 输出
合成器与振荡器端口		
L1	XTAL_IN	晶振或者外部时钟输入
L2	XTAL_OUT	晶振的驱动输出
J1	LOOP_FILTER	与外部锁相环环形滤波器连接
外部存储器端口		
D10	REB	外部存储器读使能(低电平有效)
E10	WEB	外部存储器写使能(低电平有效)
C10	CSB	外部存储器的片选(低电平有效)

引　脚	符　号	功　能
地址总线端口		
D9，E9，E11，F9，F10，F11，G9，G10，G11，H9，H10，H11，J8，J9，J10，J11，K9，K10，K11	A[0]～A[18]	地址总线
数据总线端口		
L8，L9，L10，L11，K8，J7，K7，L7，J6，K6，L6，J5，K5，L5，J4，K4	D[0]～D[15]	数据总线
PCM 接口		
B9	PCM_OUT	PCM 数据输出
B10	PCM_IN	PCM 数据输入
B11	PCM_SYNC	PCM 数据同步
B8	PCM_CLK	PCM 数据时钟
USB 和 UART 端口		
C8	UART_TX	UART 数据输出，高电平有效
C9	UART_RX	UART 数据输入，高电平有效
B7	UART_RTS	UART 发送请求端口，低电平有效
B6	UART_CTS	UART 清除发送端口，低电平有效
A7	USB_D+	USB 数据正端，带可选择的内部 1.5 kΩ 上拉电阻
A6	USB_D-	USB 数据负端
测试与调试端口		
F3	RST	高电平复位，必须保持高电平时间>5 ms
A4	SPI_CSB	串行外围接口片选，低电平有效
B5	SPI_CLK	串行外围接口时钟
A5	SPI_MOSI	串行外围接口数据输入
B4	SPI_MISO	串行外围接口数据输出

引　脚	符　号	功　能
G3	TEST_EN	只用于测试(不连接)
可编程的输入/输出端口		
B3	PIO[2]/USB_PULL_UP	PIO，USB 上拉(通过一个 1.5 kΩ 电阻连接 USB_D+)
B2	PIO[3]/USB_WAKE_UP/RAM_CSB	PIO，当在 USB 模式下或者选择外部 RAM 芯片时，输出口变为高电平来唤醒 PC
B1	PIO[4]/USB_ON	PIO，USB 导通(当 VBUS 为高电平时，输入唤醒 BlueCore™2-External)
A3	PIO[5]/USB_DETACH	PIO，当输入为高电平时，芯片从 USB 中分离
C3	PIO[6]/CLK_REQ	PIO ，或者时钟请求输出，使能外部时钟
E3，D3，C4，C5，C6	PIO[7]～PIO[11]	可编程的输入/输出口
K3，L4，J3	AIO[0]～AIO[2]	可编程的输入/输出口
电源与控制端口		
D1，H3	VDD_RADIO	RF 电路的电源
H1	VDD_VCO	VCO 和合成器电路的电源
K1	VDD_ANA	模拟电路的电源
A8	VDD_CORE	内部数字电路的电源
A1	VDD_PIO	PIO 和 AUX DAC 的接地
A10	VDD_PADS	所有其他数字输入/输出端口的电源
D11	VDD_MEM	外部存储器端口和 AIO 端口的电源
E2，F2，G2	VSS_RADIO	RF 电路的接地
J2，H2	VSS_VCO	VCO 和合成器电路的接地
L3，K2	VSS_ANA	模拟电路的接地
A9	VSS_CORE	内部数字电路的接地
A2	VSS_PIO	PIO 和 AUX DAC 的接地
A11	VSS_PADS	除了存储器端口的输入/输出口的接地
C11	VSS_MEM	外部存储器端口的接地
C7	VSS	内部封装的接地

7.4.3　BlueCore™2-External 内部结构与工作原理

　　BlueCore™2-External 的内部结构框图如图 7.4.2 所示，它集成了射频(7.4 GHz Radio)、RAM、数字信号处理器(DSP)、单片机(MCU)以及 I/O 接口，其内部电路的工作原理与 BlueCore™2-Flash 芯片相同。

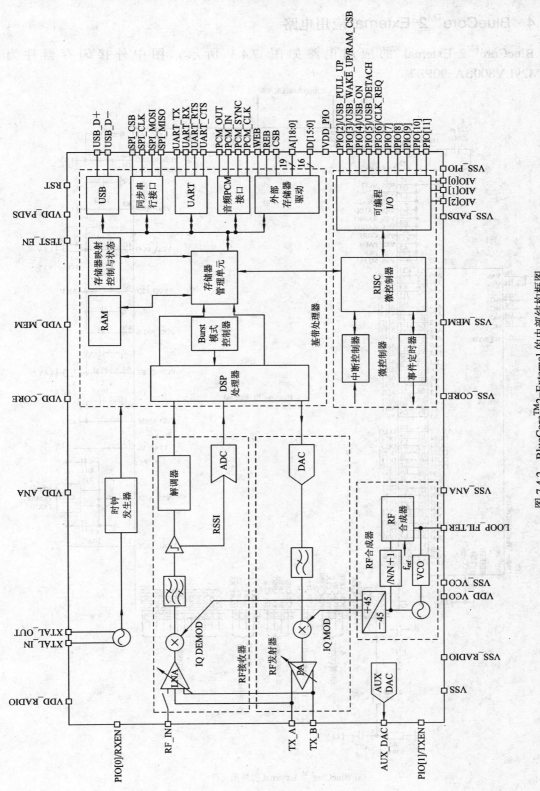

图 7.4.2 BlueCore™2–External 的内部结构框图

7.4.4　BlueCore™2-External 应用电路

BlueCore™2-External 的应用电路如图 7.4.3 所示，图中外接闪存器件为 MBM29LV800BA-90PBT。

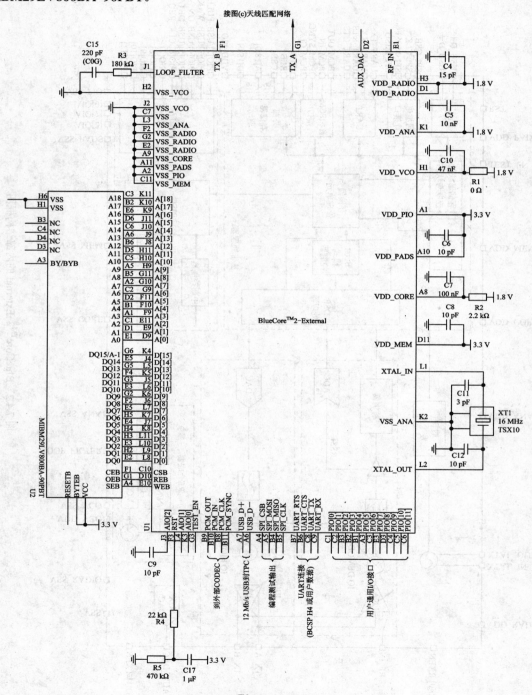

(a) BlueCore™-External 的外围元件

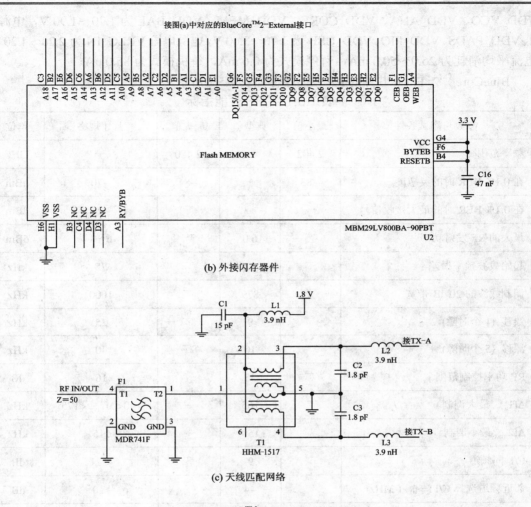

(b) 外接闪存器件

(c) 天线匹配网络

图 7.4.3 BlueCore™2-External 的应用电路

7.5 BlueCore™2-Flash 单片蓝牙系统

7.5.1 BlueCore™2-Flash 主要技术特性

BlueCore™2-Flash 芯片是一个单片蓝牙系统。该芯片包括无线电收发器和基带控制器硬件电路,以及实现蓝牙应用框架所必需的协议。所有的硬件和固件都符合蓝牙 V1.1 规范。片内包含有自动校准和内置的自检程序,从而简化了开发、应用和产品测试,可应用于耳机、手机、个人数字助理、鼠标、键盘等。

BlueCore™2-Flash 芯片具有 15 位线性音频 CODEC(多媒体数字信号编解码器)、双 UART 端口;采用 0.18 μm CMOS 工艺制造和 TFBGA、LFBGA 两种封装;工作温度范围为 −40～105℃,可保证 RF 性能的温度范围为 −25～85℃;电源电压 VDD_RADIO、

VDD_VCO、VDD_ANA、VDD_CORE、VDD_MEM、VDD_BAL 为 1.70～1.90 V，电源电压 VDD_PADS、VDD_PIO、VDD_USB 为 1.70～3.60 V，电源电压 VREG_IN 为 2.20～4.20 V；电流平均消耗为 26.0～50.0 mA，暂停模式为 0.6 mA，待机模式为 85.0 μA。

BlueCore^{TM}2-Flash 芯片的 RF 性能指标如表 7.5.1 所示。

表 7.5.1　　RF 性能指标

参数与测试条件	最小值	典型值	最大值	蓝牙规格	单位
频率范围	2.402	—	2.480	—	GHz
在 0.1% BER 时的灵敏度	−83	—	−84	−70	dBm
在 0.1% BER 时的最大接收信号	—	+3	—	−20	dBm
最大的 RF 发射功率	—	6.0	—	−6～+4	dBm
起始载波频率误差	—	12	—	75	kHz
调制载波的 20 dB 带宽	—	879	—	1000	kHz
漂移（1 个时隙）	—	9	—	25	kHz
漂移（5 个时隙）	—	10	—	40	kHz
RF 功率控制范围	—	35	—	16	dB
$\Delta f1_{avg}$ 最大调制	—	165	—	$140<\Delta f_{1avg}<175$	kHz
$\Delta f2_{max}$ 最小调制	—	150	—	115	kHz
C/I 同频道	—	9	—	$\leqslant 11$	dB
邻近频道选择 C/I f= f_0+1 MHz	—	−4	—	$\leqslant 0$	dB
邻近频道选择 C/I f= f_0−1 MHz	—	−4	—	$\leqslant 0$	dB
邻近频道选择 C/I f= f_0+2 MHz	—	−35	—	$\leqslant -30$	dB
邻近频道选择 C/I f= f_0−2 MHz	—	−21	—	$\leqslant -20$	dB
邻近频道选择 C/I f=f_{Image}	—	−18	—	$\leqslant -9$	dB
邻近频道发射功率 f= f_0±2 MHz	—	−35	—	$\leqslant -20$	dBc

7.5.2　BlueCore^{TM}2-Flash 芯片封装与引脚功能

BlueCore^{TM}2-Flash 芯片可采用 84-ball TFBGA 6 mm×6 mm×1.2 mm 封装(BC215159A-HK 和 BC215159A-TK)，或者采用 96-ball LFBGA10 mm×10 mm×1.4 mm 封装(BC219159A-BN)，其引脚封装形式如图 7.5.1 和图 7.5.2 所示，引脚功能如表 7.5.2 所示。

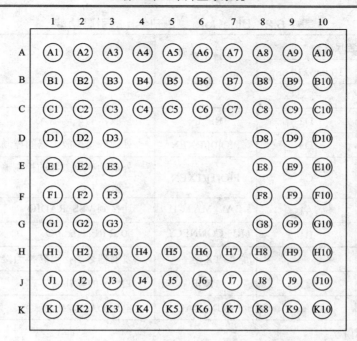

图 7.5.1   BlueCore™2-Flash 的引脚封装形式(6 mm×6 mm)

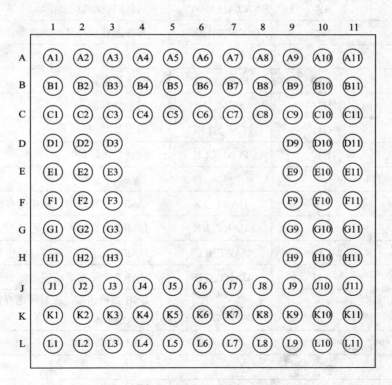

图 7.5.2   BlueCore™2-Flash 的引脚封装形式(10 mm×10 mm)

表 7.5.2 BlueCore™2-Flash 的引脚功能

引脚(封装尺寸)		符 号	功 能
6 mm×6 mm	10 mm×10 mm		
收发器射频端口			
D1	D2	RF_IN	接收器的单端输入
B1	D3	PIO[0]/RXEN	外部低噪声放大器的控制输出
B2	C4	PIO[1]/TXEN	外部功率放大器的控制输出,仅用于蓝牙输出功率 1 级
	A1	BAL_MATCH	连接到 VSS_RADIO
	B1	RF_CONNECT	50 Ω RF 匹配 I/O
F1		TX_A	发射器输出,可转换为接收器输入
E1		TX_B	TX_A 的互补端
D3	C2	AUX_DAC	电压 DAC 输出
合成器与振荡器端口			
K3	L3	XTAL_IN	晶振或者外部时钟输入
J3	L4	XTAL_OUT	晶振的驱动输出
H2	J2	LOOP_FILTER	与外部锁相环环形滤波器连接
PCM 接口			
G8	G10	PCM_OUT	同步数据输出
G9	H11	PCM_IN	同步数据输入
G10	G11	PCM_SYNC	同步数据同步
H10	H10	PCM_CLK	同步数据时钟
USB 和 UART 端口			
J10	J10	UART_TX	UART 数据输出,高电平有效
H9	J11	UART_RX	UART 数据输入,高电平有效
H7	L11	UART_RTS	UART 发送请求端口,低电平有效
H8	K11	UART_CTS	UART 清除发送端口,低电平有效
J8	L9	USB_DP	USB 数据正端,带有可选择的内部 1.5 kΩ 上拉电阻
K8	L8	USB_DN	USB 数据负端
编解码器端口			
H3	K2	MIC_P	耳机输入正端

引脚(封装尺寸)		符　号	功　　能
6 mm×6 mm	10 mm×10 mm		
G3	L2	MIC_N	耳机输入负端
J1	J5	SPKR_P	喇叭输出正端
K1	J4	SPKR_N	喇叭输出负端
测试与调试端口			
C7	F9	RESET	高电平复位，必须保持高电平时间>5 ms
D8	G9	RESETB	低电平复位，必须保持低电平时间>5 ms
C9	C10	SPI_CSB	串行外围接口片选，低电平有效
C10	D10	SPI_CLK	串行外围接口时钟
C8	D11	SPI_MOSI	串行外围接口数据输入
B9	C11	SPI_MISO	串行外围接口数据输出
C6	E9	TEST_EN	只用于测试(不连接)
B8	B10	FLASH_EN	上拉到 VDD_MEM
可编程的输入/输出端口			
B3，B4，E8，F8，F10，F9，C5，C3，C4，E3	C3，B2，H9，J8，K8，K9，B3，B4，A4，A5	PIO[2]～PIO[11]	可编程的输入/输出口
H4，H5，J5	K5，J6，K7	AIO[0]～AIO[2]	可编程的输入/输出口
PIO 端口			
	B5，C6，B6，A7，A8，B8，A9，A10，C5，A6，C7，B7，C8，C9，B9，A11	D[0]～D[15]	可编程的输入/输出口
B3，B4，E8，F8，F10，F9，C5，C3，C4，E3	H9，J8，K8，K9，B3，B4，A4，A5	PIO[2]～PIO[11]	可编程的输入/输出口
H4，H5，J5	K5，J6，K7	AIO[0]～AIO[2]	可编程的输入/输出口

引脚(封装尺寸)		符　号	功　　能
6 mm×6 mm	10 mm×10 mm		
电源与控制端口			
K6	L7	VREG_IN	2.2～3.6 V 电压输入端
K9	L10	VDD_USB	UART/USB 端口电源
A3	A3	VDD_PIO	PIO 和 AUX DAC 电源
D10	E11	VDD_PADS	所有其他的数字输入/输出端口电源
A6，A7，A9，H6，J6，K7	B11，K6	VDD_MEM	ROM 存储器和 AIO 端口电源
—	L6	VDD_DIG	用于 VDD_MEM 和 VDD_CORE 的 1.8 V 基准电压输出
E10	F11	VDD_CORE	内部数字电路电源
C1，C2	E3	VDD_RADIO	RF 电路电源
H1		VDD_VCO	VCO 和合成器电路电源
K4	L5	VDD_ANA	模拟电路和 1.8 V 校准输出电源
J9，K10	K10	VSS_USB	UART/USB 端口的接地
A1，A2	A2	VSS_PIO	输入/输出的接地
D9	E10	VSS_PADS	ROM 存储器和 AIO 端口的接地
A10，B5，B7，B10，J7	D9，J9	VSS_MEM	PIO 和 AUX DAC 的接地
E9	F10	VSS_CORE	内部数字电路的接地
F2，D2，E2	E2，F3，G2	VSS_RADIO	RF 电路的接地
G1，G2	G3，H2，H3	VSS_VCO	VCO 和合成器的接地
J2，J4，K2	K4	VSS_ANA	模拟电路地
F3	G1，J1，K1	VSS	芯片屏蔽地
不连接端口			
A4，A5，A8，B6，K5	C1，D1，E1，F2，H1，J3，J7，K3，L1	未使用的端口	不能连接在一起

7.5.3　BlueCore™2-Flash 内部结构与工作原理

BlueCore™2-Flash 的内部结构框图如图 7.5.3 所示，它集成了射频无线收发器(2.4 GHz Radio)、ROM、RAM、数字信号处理器(DSP)、单片机(MCU)以及 I/O 接口。

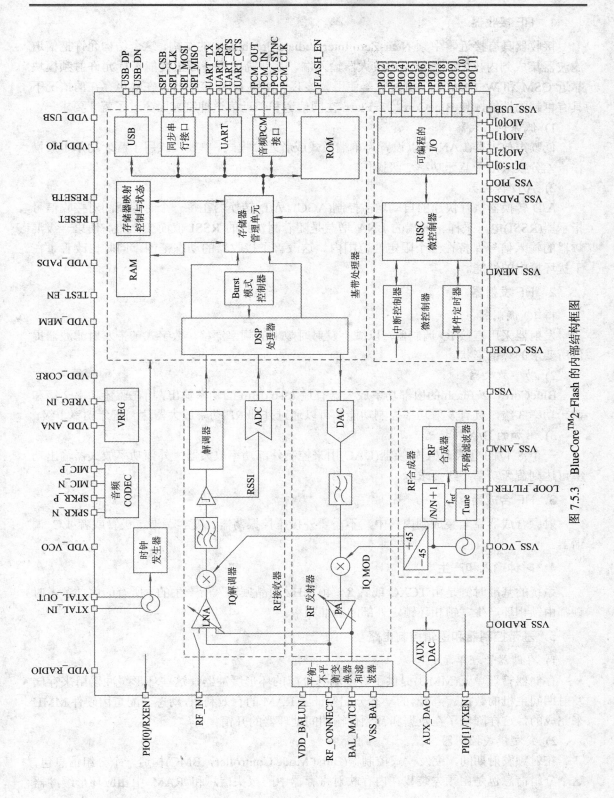

图 7.5.3　BlueCore™2-Flash 的内部结构框图

1．RF 接收器

接收器具有接近零中频(Near-Zero Intermediate Frequency)的结构，这个结构允许把信道滤波器集成到内核中。在低噪声放大器输入端，足够高的带外截止性能指标允许射频模块靠近 GSM 和 W-CDMA 手机发射器使用。该芯片使用 FSK 鉴频器，在噪声存在的情况下具有卓越的性能，使 BlueCore™2-Flash 在同信道和邻近信道抑制方面超过了蓝牙要求。

1) 低噪声放大器

低噪声放大器(LAN)可以设置为单端模式或者差分模式。单端模式用于蓝牙功率 1 级操作，差分模式用于蓝牙功率 2 级操作。

2) A/D 转换器

A/D 转换器执行快速的自动增益控制(AGC)。A/D 转换器在每一个时隙期间对接收信号指示器(RSSI)电压采样。前端的 LNA 增益是随着测量到的 RSSI 值而变化的，使第一级混频器的输入信号保持在一个限定的范围内。这改善了接收器的动态范围，同时也改善了在干扰环境中的性能。

2．RF 发射器

1) IQ 调制器

发射器采用直接 IQ 调制器，以减小发射时隙上的频率漂移。数字式基带发射滤波器提供所要求的频谱形状。

2) 功率放大器

BlueCore™2-Flash 的内部功率放大器有最大+6 dBm 的功率输出，用在蓝牙功率 2 级和蓝牙功率 3 级，具有发射功率控制功能，可以通过外部 RF 功率放大器达到蓝牙功率 1 级。

3) 附加的 D/A 转换器

一个 8 位的电压 D/A 转换器(DAC)用来控制外部功率放大器，外部功率放大器输出功率可达到蓝牙功率 1 级要求。

3．RF 合成器

射频合成器完全集成到内核中，不需要外接压控振荡器、变容调谐二极管或者 LC 调谐器。

4．时钟输入和产生

系统的基准时钟是由 TCXO 或者 8～40 MHz 的晶振输入所产生的。所有的内部参考时钟都由锁相环产生，锁相环锁定外部的基准频率。

5．基带控制器和逻辑控制电路

1) 存储器管理单元

存储器管理单元(MMU)提供了许多动态分配的环形缓冲器，这些环形缓冲器用来存储发射期间主机的数据。存储器的动态分配保证了 RAM 的有效利用，动态分配是由硬件 MMU 来完成的，这样降低了在数据和音频传输期间处理器的开销。

2) 突发模式控制器

在射频发射期间，突发模式控制器(Burst Mode Controller，BMC)构造一个分组信息包，这个分组信息包是由预先装载在内存映射寄存器中的报头信息和 RAM 中相应环形缓冲器里的有效数据/音频数据组成的。在射频接收期间，BMC 把分组信息包中的报头存储在内存映射寄存器中，把分组信息包中的有效载荷数据存储在 RAM 的相应环形缓冲器中。这种方式在发射和接收期间减少了对处理器的中断。

3) 物理层硬件

专用的逻辑电路执行的功能有：前向错误纠正，分组报头错误控制，循环冗余码校验，加密，数据白化，存储码相关，音频传输编码。

由固件来完成音频数据的转换和操作有：A 律/μ 律/线性音频数据(来自主机)，A 律/μ 律/连续变化斜率增量调制(CVSD)，重发音频数据用来补偿丢失的数据包，速率失配。

4) RAM

该芯片提供有 32 KB 片上 RAM，RAM 是共享的，用来作为存储每个有效连接的音频/数据的环形缓冲器和具有蓝牙协议栈功能的存储器。

5) 闪存

闪存用来存放系统固件。在 BC215159A 封装中有 4 Mb 的闪存用来存放系统固件。在 BC219159A 封装中有 8 Mb 闪存。

6) USB

全速的 USB 接口用来与其他兼容的数字设备通信。BlueCore^{TM}2-Flash 像一个 USB 外设，响应来自主机控制器(例如 PC 机)的请求。

7) 同步串行接口

同步串行接口(Synchronous serial Port Interface，SPI)用来与其他数字设备接口。SPI 接口可以用来作为系统调试。

8) UART

这是一个用来与其他串行设备通信的通用异步收发接口。

9) 音频脉冲编码接口

音频脉冲编码接口(audio Pulse Code Modulation，PCM)支持蓝牙器件连续的脉冲编码形式数据的发射和接收。

6. 微控制器

微控制器、中断控制器和事件定时器都运行蓝牙软件栈，并控制无线电和主机接口。16 位的精简指令集计算机(RISC)微控制器用来满足低功耗要求和存储器的高效利用。

1) 可编程的输入/输出口

BlueCore^{TM}2-Flash 共有 15 个(12 个数字的和 3 个模拟的)可编程的输入/输出端口。这些端口由运行在设备上的固件控制。

2) 扩展的可编程的输入/输出口

另外，BC219159A-BN 还有 16 个可用的 I/O 口。这些 I/O 口也是由运行在器件上的固件所控制。这些扩展口仅用来实现一些特定功能。

7. 音频编码器

BlueCore^{TM}2-Flash 有一个采样频率为 8 kHz 的 15 位音频编解码器(Audio CODEC)，用于音频领域，如耳机和免提设备。编解码器集成了输入/输出放大器，用最少的元器件能够驱动麦克风和喇叭。

7.5.4　BlueCore™2-Flash 接口电路

1．发射器/接收器输入和输出

端口 TX_A 和 TX_B 形成一个平衡电流输出。端口 TX_A 和 TX_B 需要一个连接到 VDD 的直流通路，并通过一个不平衡变压器接到天线上。输出阻抗是容性的，无论发射器是否在工作都保持常数。在蓝牙功率 2 级工作时，这些端口也作为差分接收输入端，通过内部的 TX/RX 转换开关转换。端口 TX_A 和 TX_B 电路如图 7.5.4 所示。

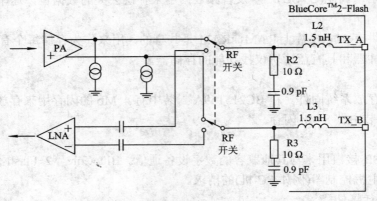

图 7.5.4　端口 TX_A 和 TX_B 电路

在蓝牙功率 1 级工作时，RF_IN 端口是一个单端的，在端口允许有均方值达 0.5 V 的摆幅。一个外部天线可以连接上 RF_IN。RF_IN 端口电路如图 7.5.5 所示。

2．RF 即插即用

对于 BC219159A-BN，端口 RF_CONNECT 形成一个 50 Ω 的不平衡输入/输出。RF_CONNECT 可以直接连接到天线，不需要阻抗匹配网络。RF_CONNECT 电路如图 7.5.6 所示。

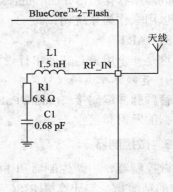

图 7.5.5　RF_IN 端口电路

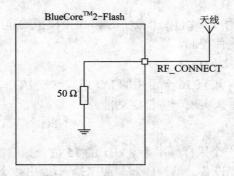

图 7.5.6　RF_CONNECT 电路

3. 异步串行数据端口(UART)和 USB 端口

UART_TX、UART_RX、UART_RTS 和 UART_CTS 端口组成了一个通用的异步串行数据接口。这个接口可以与其他 UART 器件(如 16550A)连接。信令电平是 0 V 和 VDD_USB，也可以根据 RS232 电缆上的信令而转化。这个接口是可编程的，可以对位速率、奇偶校验、停止位、硬件数据流控制等进行编程。上电时的默认状态是由 ROM 存储器指定的。

最大的 UART 数据速率是 1.5 MBaud(波特)。两种方向的硬件数据流控制由 UART_RTS 和 UART_CTS 端口来完成。UART_RTS 是输出，低电平有效。UART_CTS 是输入，低电平有效，这些信号按照通常的工业标准规定来操作。

UART 端口承载的逻辑信道有：HCI(主机连接接口)数据(SCO 和 ACL)、HCI 指令和事件、L^2CAP API(应用程序接口)、RFCOMM API、SDP 和设备管理器。对于 UART 来说，这些被集合在一个强有力的管道协议栈、BlueCore 串行协议(BCSP)中。在这些协议中，每一个信道都有它自己的软件数据流控制，不会干扰其他数据信道。此外，蓝牙 1.1 版本也支持 HCI UART 传输层(H4)的形式。

按照蓝牙 V1.1 规范，HCI USB 传输层(H2)支持全速的 USB(12 Mb/s)，端口 USB_DP 和 USB_DN 可专用，支持开放式的主机控制器接口(OHCI)和通用的控制器接口(UHCI)。

4. UART 旁路结构

UART 的旁路结构如图 7.5.7 所示。

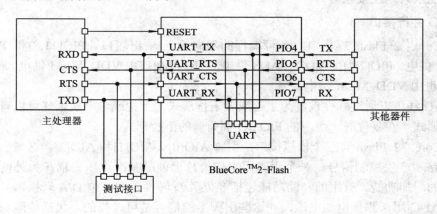

图 7.5.7　UART 的旁路结构

1) 复位键有效时的 UART 接口状态

当芯片在复位状态时，BlueCore™2-Flash 的 UART 接口是三态的，这样允许用户把其他器件连接到 UART 物理总线上。这种方法要求当 BlueCore™2-Flash 复位并且固件开始运行时，任何连接到总线的器件必须是三态的。

2) UART 旁路模式

对于那些不是三态 UART 总线的器件来说，可采用 BlueCore™2-Flash UART 旁路模式。复位以后，BlueCore™2-Flash 的默认状态是不确认的，主机的 UART 总线连接到 BlueCore™2-Flash UART 总线上，通过 UART 与 BlueCore™2-Flash 通信。

为了应用 UART 旁路模式，BlueCore™2-Flash 专门有一条运行这种模式的 BCCMD 指令，它将选择 PIO[7:4]口。一旦旁路模式被调用，BlueCore^{TM}2-Flash 将进入深度休眠状态。为了重新建立与 BlueCore^{TM}2-Flash 的通信，芯片必须复位才能使默认配置有效。

对主机来说，在应用旁路模式之前确保任何有效链接断开是很重要的。

5. PCM CODEC 接口

PCM_OUT、PCM_IN、PCM_CLK 和 PCM_SYNC 四个端口负责 3 个双向 8 kS/s 音频数据信道。PCM 采样的形式可以是 8 位 A 律、8 位 μ 律、13 位线性或者 16 位线性。PCM_CLK 和 PCM_SYNC 端口能够作为输入或者输出口使用，这取决于 BlueCore^{TM}2-Flash 是主机的还是从机的 PCM 接口。可以与 BlueCore^{TM}2-Flash 直接接口的 PCM 音频器件如下：

Qualcomm MSM 3000 系列和 MSM 5000 系列的 CDMA 基带器件，OKI MSM7705 4 通道 A 律和 μ 律 CODEC，Motorola MC145481 8 位 A 律和 μ 律 CODEC，Motorola MC145483 13 位线性 CODEC，STW 5093 和 STW 5094 14 位线性 CODEC，BlueCore^{TM}2-Flash 也与 Motorola 的 SSITM 接口兼容。

6. 串行外围接口

BlueCore^{TM}2-Flash 作为一个从设备，可以使用 SPI_MOSI、SPI_MISO、SPI_CLK 和 SPI_CSB 端口。这个接口用来编程仿真/调试以及集成电路测试。

注意：设计者应该知道这个端口没有相关的硬件和固件建立的安全保护，以至于在 PC 应用时不能永久地连接在端口。

7. I/O 并行接口

BlueCore^{TM}2-Flash 提供 15 个可编程的双向输入/输出端口。PIO[11:8]和 PIO[3:0]由 VDD_PIO 供电。PIO[7:4]由 VDD_PADS 供电。AIO [2:0]口由 VDD_MEM 供电。扩展的 I/O D[15:0]口也由 VDD_MEM 供电。

PIO I/O 线可以通过软件设置为上拉或者下拉形式，上拉或者下拉形式可以有弱的或者强的两种形式。在复位时，所有的 PIO I/O 都为弱的下拉形式。

BlueCore^{TM}2-Flash 有三个模拟接口：引脚 AIO[0]、AIO[1]和 AIO[2]。这些引脚用来访问内部电路和产生控制信号。一个引脚用来作为片上能隙基准电压去耦，另外两个可用来完成其他的附加功能。有用的辅助功能包括 8 位 A/D 转换器和 8 位 D/A 转换器。特别要说明的是，ADC 用来测量电池电压，在这些引脚上的信号是可选择的，包括能隙基准电压和许多时钟信号，时钟信号频率可为 48 MHz、24 MHz、16 MHz、8 MHz 和晶振时钟频率。当模拟信号使用时，电压范围受 1.8 V 模拟电压源所限制。当配置为输出数字电平信号时，数字信号电平由器件的模拟部分所产生，输出电平由 VDD_MEM(1.8 V)所决定。

8. I^{2}C 接口

可编程端口 PIO[8:6]能够用来形成一个主机 I^{2}C 接口。这个接口的形成和驱动是由软件来完成的，可驱动一个点阵液晶显示器(LCD)、键盘扫描或者 EEPROM。但可编程端口需要连接一个阻值为 2.2 kΩ 的上拉电阻。BlueCore^{TM}2-Flash 芯片与 EEPROM 的连接如图 7.5.8 所示。

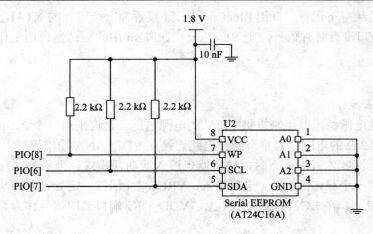

图 7.5.8　BlueCore™2-Flash 芯片与 EEPROM 的连接

9. TCXO 使能 OR 功能

OR(或)功能用来处理来自主机控制器和 BlueCore™2-Flash 的时钟使能信号，任一个器件都可以启动时钟而不必唤醒其他器件。端口 PIO[3]作为主机时钟使能输入，PIO[2]用来输出 BlueCore™2-Flash TCXO 使能信号的 OR 输出信号。TCXO 使能 OR 功能如图 7.5.9 所示。

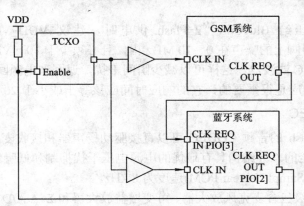

图 7.5.9　TXCO 使能 OR 功能

10. 复位

BlueCore™2-Flash 的复位途径有：RESET 或者 RESETB 引脚端复位，上电复位(电源导通复位)，UART 中断复位，一个软件设置的看门狗定时器复位。

RESET 引脚端复位是高电平有效，复位(高电平有效时间)在 1.5～4.0 ms 之间才完成，建议复位周期超过 5 ms。

RESETB 引脚端复位是低电平有效。

电源导通复位，当 VDD_CORE 端口上的电压下降到 1.5 V 以下时复位，但当 VDD_CORE 端口上的电压上升到 1.6 V 以上时复位释放。

复位时，数字 I/O 引脚为输入状态，输出置成高阻态。这些引脚有弱下拉。

复位以后，BlueCore™2-Flash 工作在最高的 XTAL_IN 频率，这个频率确保了内部时钟在一个安全的频率下运行，直到 BlueCore ROM 设置为一个可行的 XTAL_IN 频率。如果在 XTAL_IN 端口没有时钟信号，则 BlueCore^{TM}2-Flash 中的振荡器自由工作在一个安全频率下。

11. 电源

1) 电压稳压器

片上的线性电压稳压器用来提供 1.8 V 的电源电压。建议采用一个 2.2 μF 低 ESR 电容和一个阻值为 2.2 Ω 的电阻作为平滑滤波电路连接在 VDD_ANA 输出端口上。

当器件处于深度休眠模式下时，稳压器也进入低功耗模式。当不使用片上稳压器时，VDD_ANA 上有一个稳定的 1.8 V 电压输入，VREG_IN 端口一定处在开路状态或者连接到 VDD_ANA 端口上。在 BC219159A-BN 上，VDD_DIG 端口上的信号作为数字电路的滤波输出。

2) 加电顺序

建议 VDD_CORE、VDD_RADIO、VDD_VCO 和 VDD_MEM 四个引脚上同时加电压，而 VDD_CORE、VDD_PIO、VDD_PADS 和 VDD_USB 的上电顺序不重要。尽管如此，如果 VDD_CORE 引脚上没有信号，则所有的输入端口都要有一个弱下拉，不管它们是不是处在复位状态下。

3) 噪声

当使用外部电压给 BlueCore^{TM}2-Flash 供电时，建议 VDD_VCO、VDD_ANA 和 VDD_RADIO 三个引脚上的噪声在 0～10 MHz 内，且必须少于 10 mVrms。VDD_CORE 引脚需要一个简易的 RC 滤波器，这样可以减少瞬间干扰，返回到电源回路中。

稳压器的瞬间响应是很重要的，它的响应时间应该等于或小于 20 μs。

12. 音频 CODEC

BlueCore^{TM}2-Flash 的音频 CODEC 可以直接驱动扬声器和接收麦克风的输入信号。电源电压为 1.8 V。完全的差分结构具有最优的电源电压干扰抑制和低噪声性能。15 位的采样线性脉冲编码(15 bit Sample Linear PCM)速度为 8 kHz。

CODEC 的输入级包含麦克风放大器、可变增益放大器和 Σ-Δ A/D 转换器。输出级包含 D/A 转换器、低通滤波器和输出放大器。

1) 输入级

可变增益的低噪声放大器用来放大 MIC_N 和 MIC_P 两个端口的差分信号。输入信号可以来自麦克风或者信号线。被放大的信号被 Σ-Δ A/D 转换器数字化。ADC 的输出信号被转换成 15 位 8 kHz 线性 PCM 数据。

增益可以通过 PSKEY 来编程，动态范围为 42 dB，分辨率为 3 dB。在最大增益时，满刻度输入电平是 3 mVrms。麦克风输入要求有一个偏置网络，信号线输入采用交流耦合。BlueCore^{TM}2-Flash 也支持单端输入信号，单端输入信号可以通过 MIC-N 或者 MIC-P 端口输入，没有使用的输入端通过一个电容接地。在最大增益时，信噪比大于−60 dB。在低增益情况下，信噪比大于−75 dB。

2) 麦克风输入端

BlueCore^{TM}2-Flash 音频 CODEC 是为灵敏度介于−60 dBv 和−40 dBv 之间的麦克风所设

计的。在 94 dB SPL 输入电平和负载是 1 kΩ 时，－60 dBv 的灵敏度相当于 1 μA 的麦克风输出。

BlueCore™2-Flash 芯片麦克风偏置电路如图 7.5.10 所示。

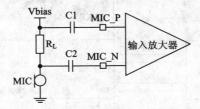

图 7.5.10 麦克风偏置电路

MIC_N 和 MIC_P 端口的输入阻抗是 20 kΩ，电容 C1 和 C2 是 47 nF。电阻 R_L 为麦克风的负载电阻，阻值通常在 1～2 kΩ 之间。麦克风电源 Vbias 应该选择适合麦克风的低噪声电源，可以通过 PIO 的输出滤波来获得。

3) 信号线输入

如果输入增益设定为少于 21 dB，则 BlueCore™2-Flash 会自动选择信号线输入模式。在信号线输入模式，MIC_N 和 MIC_P 两端口之间的输入阻抗增加到 130 kΩ。在设定最小增益的情况下，最大的输入信号电平为 380 mVrms。

4) 输出级

数字信号通过 D/A 转换器变换为模拟信号，滤波后经输出放大器放大，作为 SPKR_N 和 SPKR_P 两端口之间的差分输出信号。如果喇叭的内阻大于等于 8 Ω，则输出放大器输出的信号可以直接驱动喇叭。放大器可以带 500 pF 容性负载稳定工作。

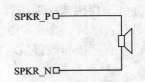

图 7.5.11 喇叭输出电路

增益可以在 21 dB 的范围内编程，分辨率为 3 dB。在高阻抗负载下，最大的输出电平为 700 mVrms；在低阻抗负载下，输出电流为 20 mA。信噪比大于－70 dB，失真小于－75 dB。

喇叭输出电路如图 7.5.11 所示。

7.5.5 BlueCore™2-Flash 蓝牙协议栈

BlueCore™2-Flash 提供运行在内部 RISC 微控制器上的蓝牙协议栈固件。所提供的蓝牙协议栈固件符合蓝牙 V1.1 规范。

BlueCore™2-Flash 软件结构使得蓝牙处理开销可以由内部的 RISC 微控制器和主机处理器以不同的方式来分担。蓝牙协议栈的上层(HCI 之上)可以运行在芯片上或者运行在主机处理器上。

在 BlueCore™2-Flash 上的上层协议栈的运行可以减少(或者消除，在虚拟机应用情况下)对主机软件和处理时间的要求。在主机处理器上运行上层协议栈具有更大的灵活性。

1. BlueCore HCI 协议栈

BlueCore HCI 协议栈如图 7.5.12 所示。在执行中，内部处理器运行蓝牙协议栈到主机控制器接口(HCI)，所有的上层蓝牙协议栈由主机处理器提供。

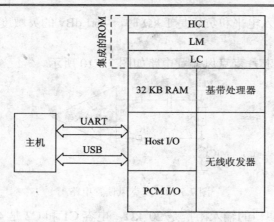

图 7.5.12　BlueCore HCI 协议栈

1) BlueCore HCI 协议栈的主要特点

BlueCore HCI 协议栈的主要特点如下：

固件是根据蓝牙 V1.1 规范编写的；蓝牙协议栈有基带(包括 LC)、LM 和 HCI；标准的 USB1.1 和 UART(H4)HCI 传输层；所有标准的射频信息包类型；蓝牙速率达到不对称传输速率 727.5 kb/s；最大支持 7 个从设备工作；同时进行有效 ACL 连接的最大数目为 7；同时进行有效 SCO 连接的最大数目为 3；能够同时有 3 个 SCO 连接，发送到一个或者更多的从设备；主/从关系可以转换；所有标准的 SOC 编码；具有寻呼、查询、查询扫描、寻呼扫描的标准工作模式；能进行所有标准的配对、鉴权、链路密钥和加密操作；有标准的蓝牙节电机制，保持、呼吸和停止模式，包括强制保持；通过 LMP 动态控制发射功率；有主/从开关；具有广播和改善信道质量、提高数据速率的功能；有所有标准的蓝牙测试模式。

2) 附加功能

固件扩展的蓝牙功能如下：

支持 BlueCore 串行协议(BlueCore Serial Protocol，BCSP)，可选择标准蓝牙 H4 UART 主机传输。

BlueCore HCI 协议栈提供一组将近 50 个制造厂家制定的 HCI 扩展指令。这个指令组(称为 BCCMD，全称为 BlueCore Command)具有对芯片的 PIO 口的访问；对片上蓝牙时钟的访问；转移对其他蓝牙设备的连接；在已连接的蓝牙链路上，确定经过协商的有效加密密钥的长度；访问固件的随机数字发生器；控制发射功率，减小在固定位置的微微网之间的干扰；动态配置 UART；射频发射器使能/不使能控制等功能。

固件能够读取芯片一对引脚端上的外部输入电压值。通常用虚拟机或者主机编码来设置一个电池监测器。

BCCMD 指令提供对芯片上配置数据库的访问。数据库设置了蓝牙设备的地址、设备的类型、射频(发射功率级别)配置、SCO 路径、LM、USB 和 DFU 常数等。

UART 的"中断"状态可以用在以下三方面：

(1) 芯片的 UART 中断状态将迫使芯片硬件重新启动。

(2) 在重启期间呈现的中断使芯片保持在低功耗状态，阻止正常的初始化。

(3) 利用 BCSP，固件能够被配置为在主机发送数据前发送一个中断给主机，用来唤醒深度休眠状态下的主机。

无线收发测试模块或者 BIST 指令允许对芯片的无线收发部分直接控制。这有助于模块的射频设计的开发，同时可用来支持蓝牙规范。

固件提供一个虚拟机(Virtual Machine，VM)环境，在这个环境下运行应用程序代码。尽管 VM 主要和 BlueLab 以及 "RFCOMM builds" 一起使用(可选择的固件有 L^2CAP、SDP 和 RFCOMM)，但 VM 和固件一起来执行简单任务，比如通过片上的 PIO 口控制 LED 发光。

硬件的低功耗模式有：轻度休眠和深度休眠。当没有运行软件时，芯片进入低功耗模式。

SCO 信道在 HCI 上(或者 BCSP)上。单个 SCO 信道能够建立在片上的 PCM 通道上，可同时在 HCI 上建立其他两个 SCO 信道。BlueCore 的固件通过单个 PCM 端口建立 3 个 SCO 信道。

2. BlueCore RFCOMM 协议栈

BlueCore RFCOMM 协议栈如图 7.5.13 所示。

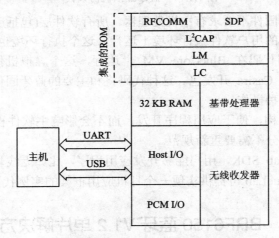

图 7.5.13 BlueCore RFCOMM 协议栈

这个版本的协议栈固件的 RFCOMM 在蓝牙协议栈的上层，片内运行。因此，减少了对主机的软件和硬件要求。

BlueCore™2-Flash RFCOMM 协议栈的主要特性如下：

(1) 与主机接口有 RFCOMM、RS232 串行电缆仿真协议和 SDP。

(2) 可连接的处于有效状态的从设备的最大数为 3，同时有效的 ACL 链接的最大数为 3，同时建立的有效 SOC 链接的最大数为 3，数据传输速度最高达 350 kb/s。

(3) 支持所有的蓝牙安全性能，包括 128 位的加密。

(4) 支持所有的蓝牙节电模式(保持、呼吸和停止)。

(5) CQDDR 支持在噪声背景下增加有效数据速率。RSSI 用来减小处在 ISM 频段的其他无线电设备之间的干扰。

3. 蓝牙虚拟机协议栈

BlueCore^{TM}2-Flash 蓝牙虚拟机协议栈如图 7.5.14 所示。

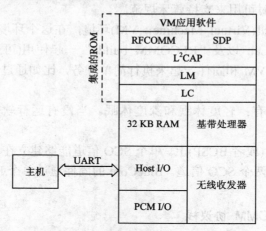

图 7.5.14　蓝牙虚拟机协议栈

这个版本的协议栈固件不要求有主机处理器。所有软件层(包括应用软件)在内部 RISC 处理器上的一个受保护的用户软件执行环境下运行，这个执行环境也就是虚拟机。

用户可以编写应用代码在 BlueCore VM 上运行，这个虚拟机使用 CSR 公司提供的 BlueLab 软件开发包和 Casira 开发包。这种代码将和主要的蓝牙固件一起执行。用户可以调用蓝牙固件来实现各种操作。

采用执行环境的结构，便于应用程序开发，而不会影响主软件程序。当应用程序改变时，蓝牙协议栈软件成分不需要重新规范。

用虚拟机和 BlueLab SDK，用户能够开发应用程序，比如无线耳机或者其他没有主机控制器要求的框架。BlueLab 可提供实现一个耳机应用框架的实例代码。

7.6　BRF6150 蓝牙 V1.2 单片解决方案

7.6.1　BRF6150 主要技术特性

BRF6150 是高集成度的符合蓝牙 V1.2 规范的移动终端单片解决方案。BRF6150 在一个芯片上集成了 TI 公司的蓝牙基带控制器、射频收发器、ARM7TDM(微处理器)和电源管理等，从而降低了成本，缩小了芯片面积。

BRF6150 包含了 TI 公司的数字无线电处理器(Digital Radio Processor，DRP)的改进版，这在 RF 技术领域中是一次革命，具有卓越的性能、最低功耗、小的面积以及最低的成本等主要优点。

BRF6150 基于 BRF6100 器件，改进了射频性能以及电源管理能力，提高了集成度，减小了封装尺寸，采用 4.5 mm×4.5 mm 的超薄 MBGA 封装。

BRF6150 作为应用于移动终端的最优解决方案，能够满足手机应用的所有要求，包括射频性能、功耗、芯片尺寸、集成度以及成本。TI 公司先进的处理工艺以及新颖的设计使得 BRF6150 可以直接使用高达 5.5 V 的电池电压。

BRF6150 可以集成到 GSM/GPRS 和 OMAP 平台上。BRF6150 包含了符合蓝牙 V1.2 规范和 eSCO 的协作共存机制。在集成到移动产品(比如智能电话和无线 PDA)时，能够支持蓝牙音频连接，取得最大性能的 WLAN 数据吞吐量。

BRF6150 基于 BRF6100，但又超过了其主要性能和特点：改进了电源管理，可直接使用 2.7～5.5 V 的电池电压；具有关断功能，电流为 6 μA；LDO 上的电压为 1.65～3.6 V；射频发射电流为 25 mA；射频接收电流为 37 mA；休眠状态下的电流为 30 μA；接收灵敏度为 −85 dBm；发射功率为+7 dBm，用于功率 1 级；内置射频自检功能(RF BIST)；PCB 板面积为 50 mm²。

BRF6150 采用 4.5 mm × 4.5 mm 的超薄 MBGA 封装。

7.6.2　BRF6150 应用电路

BRF6150 可以应用于智能电话，与 OMAP、GSM/GPRS 芯片组和无线局域网相连，其应用电路框图如图 7.6.1 所示。

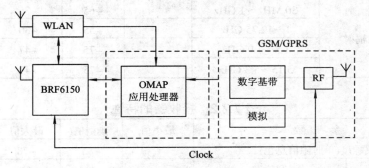

图 7.6.1　BRF6150 与 OMAP、GSM/GPRS 芯片组和无线局域网相连的框图

7.7　CXN1000/CXN1010 蓝牙模块

7.7.1　CXN1000/CXN1010 主要技术特性

CXN1000/CXN1010 模块内包含有蓝牙功率 2 级无线收发器、基带控制器和 8 Mb 快闪存储器(Flash Memory)。它符合蓝牙规范 V1.1，具有 UART、USB、PCM 编解码、PIO 和 AIO 接口；电源电压为 2.7～3.6 V，不使用内部电压稳压器(用户选择)时，需要在外部加一个 1.75(+0.15/−0.05) V 的电源；天线连接器阻抗为 50 Ω。CXN1000/CXN1010 基于 CXD3251GL，并与 CSR 的 BlueCore2−EXT 完全兼容。一个主设备最多可支持 7 个从设备，信道的质量决定数据的传输速率。CXM1000 的封装尺寸为 11 mm×11 mm×2.2 mm。CXM1010 的封装尺寸为 10 mm×14 mm×1.5 mm。电源电压：VDD1.8 最大值为 2 V，VDD3.0 为 3～4 V；平均电流消耗为 15.5～53 mA，休眠状态为 2.2 mA。

CXN1000/CXN1010 的主要技术指标如表 7.7.1 和表 7.7.2 所示。

表 7.7.1　发射器的特性

参　　数		最小值	典型值	最大值	单位
输出功率(平均值)		−6	0	4	dBm
调制特性	Δf1 平均值	140	165	175	kHz
	Δf2 最大值	115	140		kHz
初始载波频率误差			10	75	kHz
载波频率漂移	DH1		12	25	kHz
	DH3		12	40	kHz
	DH5		15	40	kHz
漂移率	DH1		8	20	kHz/50 μs
	DH3		10	20	kHz/50 μs
	DH5		12	20	kHz/50 μs
20 dB 带宽			900	1000	kHz
邻近信道功率	IM−NI=2		−40	−20	dBm
	IM−NI≥3		−50	−40	dBm
带外寄生辐射	30 MHz～1 GHz		−65	−36	dBm
	1～12.75 GHz		−55	−30	dBm
	1.8～1.9 GHz		−75	−47	dBm
	5.15～5.3 GHz		−75	−47	dBm

表 7.7.2　接收器的特性

参　　数		最小值	典型值	最大值	单位
灵敏度(单时隙信息包)			−85	−78	dBm
C/I 性能	同信道		9	11	dB
	1 MHz		−2	0	dB
	2 MHz		−34	−30	dB
	≥3 MHz		−43	−40	dB
	镜像抑制		−18	−9	dB
	镜像±1 MHz		−23	−20	dB
阻塞性能	30～2000 MHz	−10			dBm
	800～1000 MHz		10		dBm
	1800～1900 MHz		10		dBm
	2000～2399 MHz	−27			dBm
	2498～3000 MHz	−27			dBm
	3～12.75 GHz	−10			dBm
互调特性		−39	−30		dBm
寄生辐射	30 MHz～1 GHz		−78	−57	dBm
	1～12.75 GHz		−55	−47	dBm
最大输入电平		−20	2	5	dBm

7.7.2 CXN1000/CXN1010 芯片封装与引脚功能

CXN1000 的引脚封装形式如图 7.7.1 所示，CXN1010 的引脚封装形式如图 7.7.2 所示，各个引脚的功能如表 7.7.3 所示。

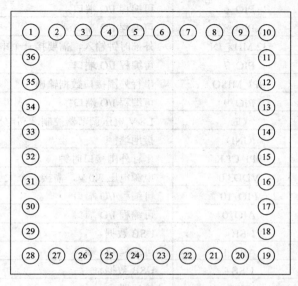

图 7.7.1 CXN1000 的引脚封装形式

图 7.7.2 CXN1010 的引脚封装形式

表 7.7.3 CXN1000/CXN1010 的引脚功能

引脚		符 号	功 能
CXN1000	CXN1010		
1	1	GND	接地端
11	2	RF	RF 输入/输出
10	3	GND	接地端
6	4	PIO_4/USB_ON	可编程 I/O 端口或 USB

引　　脚		符　号	功　　能
CXN1000	CXN1010		
7	5	PIO_3/USB_WAKE_UP	在 USB 模式,可编程 I/O 端口或使输出升高以激活 PC
8	6	PIO_6	可编程 I/O 端口
9	7	PIO_8	可编程 I/O 端口
	8	32 MHz_IN	外部时钟输入,需要接一个电容
13	9	PIO_7	可编程 I/O 端口
16	10	SPI_MISO	串行外围接口数据输出
34	11	PIO_9	可编程 I/O 端口
3	12	CE	1.8 V 电压调节器控制,高电平时启用电压调节器
12	13	GND	接地端
17	14	SPI_CLK	串行外围接口时钟
2	15	VDD3.0	电源电压 3.0 V,需接一个大于 2.2 μF 的去耦电容
33	16	PIO_10	可编程 I/O 端口
14	17	AIO_0	可编程 I/O 端口
26	18	USB−	USB 数据−
21	19	AIO_1	可编程 I/O 端口
27	20	USB+	USB 数据+
19	21	GND	接地端
	22	AIO_2	可编程 I/O 端口
	23	PIO_2	可编程 I/O 端口
	24	PIO_1	可编程 I/O 端口
5	25	PD_RST	高电平时复位。输入是跳变的,因此引脚端应保持 5 ms 或更长时间的高电平,以产生一个复位
	26	PIO_0	可编程 I/O 端口
35	27	PIO_11	可编程 I/O 端口
31	28	UART_RTS	弱内部上拉,UART 需要设置低电平,低电平有效
30	29	UART_TX	UART 数据输出,高电平有效
29	30	UART_RX	UART 数据输入,高电平有效
25	31	PCM_IN	PCM 数据输入
24	32	PCM_SYNC	PCM 数据同步
20, 28	33	GND	接地端
23	34	PCM_OUT	PCM 数据输出
22	35	PCM_CLK	PCM 数据时钟
32	36	UART_CTS	清 UART 设置,低电平有效
	37	SPI_MOSI	串行外围接口数据输入
36	38	PIO_5/USB_DETACH	当输入为高电平时,可编程 I/O 线路或从 USB 的芯片分离
15	39	SPI_CSB	串行外围接口的片选,低电平有效
4	40	VDD1.8	电源 1.8 V,此引脚需要接一个大于 2.2 μF 的去耦电容

7.7.3 CXN1000/CXN1010 内部结构

CXN1000/CXN1010 的内部结构框图如图 7.7.3 和图 7.7.4 所示。CXN1000/CXN1010 包括可选择的电压调节器(Option Regulator)、8 Mb 快闪存储器(Flash Memory 8 Mb only)、天线(ANT)、BlueCore2-Ext、带通滤波器(BPF)、不平衡变压器(Balun)、可选择的 32 MHz 振荡器(Option 32 MHz)以及 UART、USB、PCM、SPI、PIO、AIO 接口。

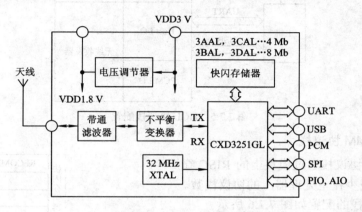

图 7.7.3 CXN1000 的内部结构框图

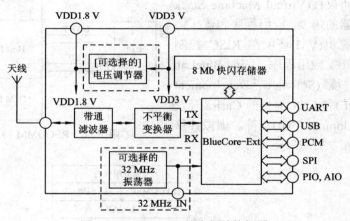

图 7.7.4 CXN1010 的内部结构框图

7.7.4 CXN1000/CXN1010 软件协议栈

CXN1000/CXN1010 内置一个 16 bit RISC 微控制器，可运行符合蓝牙规范 V1.1 的软件协议栈。下面是集成在 CXN1000/CXN1010 内的三个软件协议栈。

1. HCI 协议栈

HCI 协议栈通过模块上的 RISC 控制器执行。HCI 协议栈是具有一般用途的、最常用的协议栈配置。HCI 以上的所有协议层由主处理器处理。HCI 协议栈配置如图 7.7.5 所示。

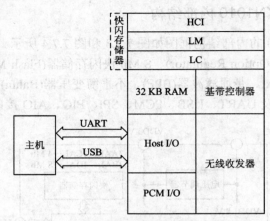

图 7.7.5　HCI 协议栈配置

2．RFCOMM 协议栈

RFCOMM 协议栈通过模块上的 RISC 微控制器执行，可减少在主处理器上的协议栈数。RFCOMM 协议栈的配置如图 7.7.6 所示。

3．虚拟计算机协议栈

虚拟计算机协议栈(Virtual Machine Stack)可消除对主处理器的需要。应用程序和蓝牙协议可通过虚拟计算机(VM)环境在 RISC 控制器上运行。为了开发应用程序，需要 BlueLab 软件开发环境(Software Development Environment，SDE)和 CSR 提供的 Casira 开发工具(Casira Development Kit)支持。虚拟计算机协议栈配置如图 7.7.7 所示。

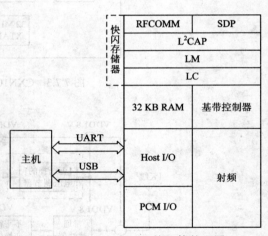

图 7.7.6　RFCOMM 协议栈的配置

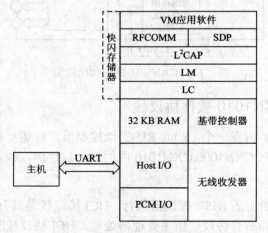

图 7.7.7　虚拟计算机协议栈配置

7.7.5　CXN1000/CXN1010 外部接口

1. UART 接口

UART 接口可以方便地与其他 RS232 标准串行设备进行通信。UART 接口使用四个信号来实现UART功能。当CXN1000/CXN1010 与其他的数字器件相连时，数据通过UART_TX 和 UART_RX 信号在两器件之间传输。剩下的两个信号 UART_CTS 和 UART_RTS 是低电平有效，可以用 RS232 硬件控制。所有的 UART 引脚端为 CMOS I/O 引脚端，信号电平为 0 V 和 VDD3.0V。UART 的波特率、封装格式和其他配置参数可以通过 PS 工具(PS Tool) 和其他的 BlueCore 软件来设置。对于标准 PC，为了以最大数据速率与 UART 通信，需要在 PC 内安装一个带有加速器的串行端口适配器卡。使用 RS232 协议，电压电平为 0～ VDD3.0V(需要外部附加一个 RS 232 收发器芯片)。

使用 UART 接口，只要 CXN1000/CXN1010 接收到一个中断信号，就可以产生复位。如图 7.7.8 所示，在 UART_RX 引脚端保持连续逻辑低电平产生中断。如果 t_{BRK} 比由 PSKEY_HOST_IO_UART_RESET_ TIMEOUT (0x1A4) 的存储值定义的值长，则产生复位。利用这一功能，系统可以被

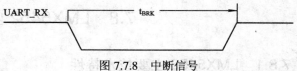

图 7.7.8　中断信号

初始化，进入主机已知的状态。CXN1000/CXN1010 也能发送中断信号启动主机。

常用的波特率和 PSKEY_UART_BAUD_RATE (0x204) 的存储值有关。这些波特率不是必需的条件，在此范围内的所有波特率可以由存储值设置，满足下列方程式：

$$BaudRate = \frac{PSKEY\_UART\_BAUD\_RATE的存储值}{0.004\,096}$$

2. USB 接口

CXN1000/CXN1010 的 USB 引脚端支持一个全速(12 Mb/s)的 USB 接口。它们能够直接驱动 USB 电缆，因此不需要连接外部 USB 收发器。使用这一 USB 接口，CXN1000/CXN1010 可以作为一个 USB 单元操作，响应来自 PC 机或其他主控制器的请求。USB 接口支持 OHCI 和 UHCI 标准，并符合蓝牙协议 1.1 和 H2 部分。尽管 USB 能够进行主从操作，但 CXN1000/CXN1010 只支持 USB 从操作。

3. 串行外围接口

当数据通过串行外围接口(Serial Peripheral Interface，SPI)引脚端发射或接收数据时，CXN1000/CXN1010 采用 16 位数据和 16 位地址。当内部处理器正在工作或不工作时，都可以通过这些引脚端来发射和接收数据。CXN1000/CXN1010 一次读或写一个数据字，除非使用自动增量函数来访问字组。

4. PCM 端口

CXN1000/CXN1010 的 PCM 端口利用硬件支持连续的 PCM 数据发射和接收，可减少头戴式无线耳机应用时的处理器。CXN1000/CXN1010 提供一个双向的数字音频接口(Digital Audio Interface)，可直接连接到片上固件的基带层。双向数字音频接口不通过 HCI 协议层。使用 CXN1000/CXN1010 硬件，可以通过一个或更多 SCO 链路发射或接收数据。PCM 接口

一次支持 3 个 SCO 链路。CXN1000/CXN1010 可以作为 PCM 接口主设备操作, 产生一个 128 kHz、256 kHz 或 512 kHz 的输出时钟。另外, 当 CXN1000/CXN1010 作为 PCM 接口从设备时, 它可以用一个 2048 kHz 的内部时钟。CXN1000/CXN1010 可以支持很多不同的时钟类型, 包括长帧同步、短帧同步和 GCI 定时。如果采用每秒 8 K(次)的采样, 则 CXN1000/CXN1010 支持 13 或 16 位线性、8 位 μ 律和 8 位 A 律压缩扩展采样格式。用 PSKEY_PCM_CONFIG (0x1B3)存储位可以完成 PCM 设置。

当 CXN1000/CXN1010 设置为主设备 PCM 接口时, PCM_CLK 和 PCM_SYNC 产生。

当 CXN1000/CXN1010 设置为从设备 PCM 接口时, 采用 PCM_CLK 的速率为 2048 kHz。

5. PIO 端口

并行输入、输出(PIO)端口作为 CXN1000/CXN1010 的通用 I/O 口使用。它包括 9 个可编程双向 I/O 线路, 可以通过 CXN1000/CXN1010 运行的安装程序、专用通道或厂商指定的 HCI 命令来访问这些可编程 I/O 端口。

7.8   LMX5452 蓝牙解决方案

7.8.1   LMX5452 主要技术特性

LMX5452 是高效率、低成本的蓝牙解决方案, 符合蓝牙 V1.2 规范。该芯片包含蓝牙基带控制器、2.4 GHz 无线电收发器、内置 ROM 和 RAM、完全的 HCI(主机控制接口)固件。

LMX5452 的接收灵敏度为–84 dBm; 输出功率为蓝牙 2 级; 工作电压为 2.5~3.0 V; 接口输入/输出电压范围为 1.6~3.6 V; 电流消耗低于 45 mA; 同时支持两路语音或 SCO 连接; 采用 0.18 μm CMOS 工艺制造; 引脚采用 BGA-60(6 mm×9 mm)封装。

7.8.2   LMX5452 内部结构

LMX5452 内部结构框图如图 7.8.1 所示, 芯片包含锁相环的时钟脉冲发生器(Clock Generator Including PLL)、链接管理器(Link Manager)、主机控制器接口传送器(HCI Transport)、RISC 处理器(Compact RISC Processor)、基带控制器(Baseband Controller)、无线电部分(Radio)、电压管理器(Voltage Manager)、ROM(只读存储器)、系统和局部存储器 (Combined System and Patch RAM)、USB 接口、UART 接口和音频端口(Audio Port)等电路。

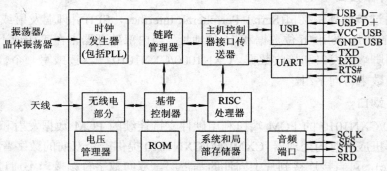

图 7.8.1   LMX5452 内部结构框图

1．基带控制器

LMX5452 的基带控制器具有标准的主机控制器接口(HCI)以及基于松下半导体 CompactRISC^{TM} 的 16 位处理器，可以实现蓝牙连接要求，完成音频、数据和链接管理。基带控制器具有 ROM 和 RAM，可以减少系统的功耗以及减少固件升级的风险。蓝牙链接管理器和主机控制器通过 USB 或者 UART 接口连接，数据速率为 723 kb/s。

2．无线电部分

无线电部分集成了天线滤波器、转换开关、接收器和发射器的不平衡变压器、小数 N 分频 ΔΣ 合成器和晶体振荡器，支持宽的时钟频率和晶振频率，具有低功耗模式下的 32.768 kHz 时钟振荡器，时钟频率为 10～40 MHz。

3．接口

LMX5452 具有全双工的 UART 接口，数据速率高达 921.6 kb/s，包括主机控制器接口的波特率检测，还具有与主机控制器连接的全速(12 Mb/s)USB 接口，与外部存储器连接的 I^{2}C 和 SPI/Microwire(微线)接口，以及与 8/13 bit PCM CODEC 连接的高级音频接口(Advanced Audio Interface，AAI)和单端的 RX/TX(接收/发射)无线电接口。

7.9 MC72000 蓝牙无线电解决方案

7.9.1 MC72000 主要技术特性

MC72000 是完整的低功耗的蓝牙无线电解决方案，其采用 Motorola 的第三代蓝牙结构，符合蓝牙规范的高标准要求。

MC72000 把 RF 无线电收发器、蓝牙协议中的基带主机控制器接口(Host Controller Interface，HCI)封装在 7 mm×7 mm BGA 中，该芯片结构具有成本低、功耗低以及尺寸小的特点。

MC72000 的 RF 无线电部分采用一个高灵敏度、出色的 C/I 性能和低功耗的独特电路组合。其技术性点有：低功耗模式；使用片上滤波器的低 IF 接收器；使用 A/D 转换器的完全集成的解调器；直接调制发射的发射器；多累加器、双通道、小数 N 分频合成器；使用 A/D 转换器的接收信号强度指示器；蓝牙输出功率 2 级(使用外部功率放大器，支持蓝牙功率 1 级)；12～15 MHz 基准振荡器或者使用外部 12～26 MHz 时钟；电源电压范围为 2.5～3.1 V。在移动电话、高密集的蓝牙网络、802.11b 网络和微波炉产生的高 RF 干扰环境中，这些技术性能参数对保持有效的链接是非常重要的。

MC72000 的基带控制器部分符合蓝牙 1.1 规范。其技术特性有：可以与 7 个从设备进行单点对多点通信；支持所有连接类型、所有信息包类型、所有省电模式、主设备/从设备转换、加密和 HCI UART 传输层；具有出色的音频性能；CODEC 和蓝牙时钟采样速率同步；同时支持 3 个 SCO 信道；支持所有的蓝牙编码/译码方案(CVSD、A 律和 μ 律)；支持 8 kHz、16 kHz、32 kHz 和 64 kHz 采样率 CODEC；具有蓝牙链接控制器、蓝牙音频信号处理器和 ARM7 处理器；具有速度达 2 Mb/s 的高速 UART、SSI 、SPI 外围设备接口；具有嵌入式

SRAM (64 KB)、ROM(256 KB)存储器；具有 JTAG 测试接口控制器；低功耗运行采用 32.768 kHz 振荡器；电源电压为 1.65～1.95 V。

　　MC72000 的主要技术性能如表 7.9.1～表 7.9.3 所示。

表 7.9.1　推 荐 工 作 条 件

参　　数	符号	最小值	典型值	最大值	单位
RF 无线电部分电源电压	VCC_{RF}	2.5	2.7	3.1	VDC
BB 基带控制器部分电源电压	VDD_{BB}	1.65	1.8	1.95	VDC
IO 接口部分电源电压	VDD_{IO}	1.8	—	3.3	VDC
输入频率	f_{in}	2.4	—	2.5	GHz
环境温度范围	T_A	−40	—	85	℃
基准振荡器频率范围(只使用在 20 kHz 的整数倍)					
使用晶振	f_{ref}	12	13	15	MHz
外部时钟源		12	—	26	MHz
低功耗振荡器的频率范围					
使用晶振	f_{ip}		32.768		kHz
外部时钟源			32.768		kHz

表 7.9.2　接 收 器 特 性

参　　数	符号	最小值	典型值	最大值	蓝牙规格	单位
接收器灵敏度						
$T_A = 25$℃	$SENS_{min}$	—	−85	—	≤−70	dBm
$T_A = -40\sim85$℃			−80	−75		dBm
同信道干扰@ −60 dBm	C/I	—	9	11	≤11	dB
邻近信道(±1 MHz)干扰@ −60 dBm	C/I 1 MHz	—	−7	−3	≤0	dB
镜像频率干扰@−67 dBm	C/I 镜像	—	−16	−12	≤−9	dB
带内镜像频率的邻信道干扰@−67 dBm	C/I 镜像=±1	—	−32	−28	≤−20	dB
互调特性		−39	−33	—	≥−39	dBm
−40～85℃，GSM/DCS 和 UMTS 下行链路						
接收器寄生辐射 2110～2170 MHz (WCDMA-FDD)		—	−186	−180		dBm /100 Hz
接收器阻塞特性，2.498～2.999 GHz		TBD	TBD	—	≥−27	dBm
RSSI 转换值，1000 (二进制)	RSSI	−60	−56	−52		dBm
RSSI 转换值，1111(二进制)		—	−70	−66		dBm
RSSI 分辨率，R4/6 和 R9/8 = 1	$RSSI_{RES}$		1.8			dB/bit
RSSI 动态范围						dB

表 7.9.3　发 射 器 特 性

参　　数	符号	最小值	典型值	最大值	蓝牙规格	单位
RF 发射输出功率 T_A=25℃	P_{OUT}	−3.5	1.5	4.0	−6～4	dBm
−20 dB 占用带宽	OccBW	—	930	1000	≤1000	kHz
带内寄生辐射，邻近信道 ±2 MHz 偏移	Inb2	—	−53	−20	≤−20	dBm/100 kHz
带外寄生辐射：1.8～1.9 GHz	Outb3	—	−76	−47	≤−47	dBm/100 kHz
带外寄生辐射：2110～2170 MHz (WCDMA-FDD)			−177	−168		dBm/Hz
平均频率偏移	Dev	140	160	175	140～175	kHz
最小频率偏移	DevMin	115	152	—	≥115	kHz
高频与低频调制百分比	Modin	80	95	—	≥80	%
初始频率精确度	InitFA	−75	±5	75	±75	kHz
发射中心频率漂移						
单时隙信息包	d1	−25	±8	25	±25	kHz
三时隙信息包	d3	−40	±12	40	±40	kHz
五时隙信息包	d5	−40	±12	40	±40	kHz
最大漂移率	Dmax	−20	±8	20	±20	kHz/50 μs

7.9.2　MC72000 芯片封装与引脚功能

　　MC72000 采用 MAPBGA-100 封装，引脚封装形式如图 7.9.1 所示，图中颜色加深的引脚是基带控制器的引脚，其余是 RF 部分的引脚。其引脚功能与特性如表 7.9.4 所示。

	1	2	3	4	5	6	7	8	9	10	
A	NC	VDD_BB	GND_BB	UART_TXD	GPIO_BB_C9	CLK1	VDD_IO	GND_IO	VCC_DC	DCLF1	A
B	VDD_RF	REFCTRL	VDD_BB	VDD_BB	UART_CTS	SPI1_MISO	UART_RXD	SSI_STD	SSI_SRD	NC	B
C	VCC_CP	GND_RF	GND_BB	OSC32K	SPI1_SS	SPI1_SCK	SPI1_MOSI	SSI_SCK	SSI_FS	GPIO_BB_B10	C
D	MNLF	GND_RF	GND_RF	GND_RF	GND_RF	GND_RF	UART_RTS	GPIO_BB_B12	VCC_RF_XTAL	XEMIT	D
E	VCC_VCO	VCC_PRE	GND_RF	GND_RF	GND_RF	GND_RF	GND_BB	NC	VCC_DEMO	XBASE	E
F	GND_BB	VDD_BB	GND_RF	GND_RF	GND_RF	GND_RF	GND_RF	VDD_BB	VCC_LIM	MODE1	F
G	VCC_MOD	GND_BB	VDD_BB	GND_RF	GND_RF	GND_RF	RTCK	RESET_BB	TTS	RFTEST−	G
H	VCC_MIX	GND_BB	GND_RF	GND_RF	GND_RF	GND_RF	GND_RF	RFTEST+	TMS	NC	H
J	VCC_LNA	VCC_PA	VDD_BB	GND_RF	GND_RF	GND_RF	GND_RF	XTAL_BB	TDI	TCK	J
K	RFIN	EPAEN	PAOUT+	PAOUT−	GPO	EPADRV	GND_RF	EXTAL_BB	TRST_B	TDO	K
	1	2	3	4	5	6	7	8	9	10	

图 7.9.1　MC72000 的引脚封装形式

表 7.9.4　MC72000 的引脚功能与特性

球符号	引脚符号	功　　能	电源组	引脚类型	复位状态	功能变换
A1	NC	未连接	—	—	—	—
A2	VDD_BB	基带接口电源	CORE(内核)	电源线	—	—
A3	GND_BB	基带地	CORE(内核)	电源线	—	—
A4	UART_TXD	UART 数据发射	I/O		Z/H	GPIO_C0，CSPI0_REQ
A5	GPIO_BB_C9	通用 I/O	I/O	数字 I/O	Z/H	XACK
A6	CLK1	可编程时钟输出	I/O	数字 I/O	O/L	GPIO_C8，TIM_0_O
A7	VDD_IO	I/O 通道 B 和 C 电源	I/O	电源线	—	—
A8	GND_IO	I/O 地	I/O	电源线	—	—
A9	VCC_DC	RF 数据时钟电源	RF	电源线	—	—
A10	DCLF1	RF 数据时钟环路滤波器	RF	模拟输出	—	—
B1	VDD_RF	RF 逻辑电源	RF	电源线	—	—
B2	REFCTRL	RF 基准时钟控制	CORE(内核)	数字输出	O/L	—
B3	VDD_BB	基带辅助电源	CORE(内核)	电源线	—	—
B4	VDD_BB	基带内核电源	CORE(内核)	电源线	—	—
B5	UART_CTS	UART 发射清除	I/O	三态输出	Z/H	GPIO_C1，CSPI1_REQ
B6	SPI1_MISO	SPI1 主设入/从设出	I/O	数字 I/O	O/L	GPIO_C6，ABORT
B7	UART_RXD	UART 接收数据	I/O	数字 I/O	Z/H	GPIO_C2，TIM_0_I
B8	SSI_STD	SSI 串行发射数据	I/O	数字 I/O	Z/H	GPIO_B2，BT_TP2
B9	SSI_SRD	SSI 串行接收数据	I/O	数字 I/O	Z/H	GPIO_B5，BT_TP5
B10	NC	未连接	—	—	—	—
C1	VCC_CP	小数 N 分频器充电泵电源	RF	电源线	—	—
C2	GND_RF	RF 前端地	RF	电源线	—	—
C3	GND_BB	基带辅助地	CORE(内核)	电源线	—	—
C4	OSC32K	低功耗 32.768 kHz 时钟缓冲器	I/O	数字 I/O	O/L	GPIO_C10，TIM_1_O
C5	SPI1_SS	SPI1-从选择	I/O	数字输出	O/H	GPIO_C4，SYSCLK
C6	SPI1_SCK	SPI1-串行时钟	I/O	数字输出	O/H	GPIO_C5，SH_STROBE
C7	SPI1_MOSI	SPI1-主设出/从设入	I/O	数字 I/O	Z/H	GPIO_C7，REFCLK
C8	SSI_SCK	SSI-串行时钟	I/O	数字 I/O	Z/H	GPIO_B0/GPIO_B3 BT_TP0/BT_TP3
C9	SSI_FS	SSI-帧同步	I/O	数字 I/O	Z/H	GPIO_B1/GPIO_B4 BT_TP1/BT_TP4
C10	GPIO_BB_B10	通用 I/O	I/O	数字 I/O	Z/H	UART_TXD
D1	MNLF	小数 N 分频器环路滤波器	RF	模拟输出	—	—
D2	GND_RF	RF 前端地	RF	电源线	—	—
D3	GND_RF	RF 前端地	RF	电源线	—	—
D4	GND_RF	RF 前端地	RF	电源线	—	—
D5	GND_RF	RF 前端地	RF	电源线	—	—

球符号	引脚符号	功　　能	电源组	引脚类型	复位状态	功能变换
D6	GND_RF	RF 前端地	RF	电源线	—	—
D7	UART_RTS	UART 发送请求	I/O	数字 I/O	Z/H	GPIO_C3，TIM_1_I
D8	GPIO_BB_B12	通用 I/O	I/O	数字 I/O	Z/H	UART_RXD
D9	VCC_RF_XTAL	RF 晶振电源	RF	模拟输出	—	—
D10	XEMIT	RF 晶振发射极	RF	电源线	—	—
E1	VCC_VCO	RF VCO 电源	RF	电源线	—	—
E2	VCC_PRE	小数 N 前置分频器电源	RF	电源线	—	—
E3	GND_RF	RF 前端地	RF	电源线	—	—
E4	GND_RF	RF 前端地	RF	电源线	—	—
E5	GND_RF	RF 前端地	RF	电源线	—	—
E6	GND_RF	RF 前端地	RF	电源线	—	—
E7	GND_BB	基带地	CORE(内核)	电源线	—	—
E8	NC	未连接	—	—	—	—
E9	VCC_DEMO	RF 解调器电源	RF	电源线	—	—
E10	XBASE	晶体振荡器基极	RF	模拟输入	—	—
F1	GND_BB	基带地	CORE(内核)	电源线	—	—
F2	VDD_BB	基带内核电源	CORE(内核)	电源线	—	—
F3	GND_RF	RF 前端地	RF	电源线	—	—
F4	GND_RF	RF 前端地	RF	电源线	—	—
F5	GND_RF	RF 前端地	RF	电源线	—	—
F6	GND_RF	RF 前端地	RF	电源线	—	—
F7	GND_RF	RF 前端地	RF	电源线	—	—
F8	VDD_BB	基带内核电源	CORE(内核)	电源线	—	—
F9	VCC_LIM	RF 限幅器电源	RF	电源线	—	—
F10	MODE1	基带导入模式选择 1	CORE(内核)	数字输入	I	—
G1	VCC_MOD	RF 调制 DAC 电源	RF	电源线	—	—
G2	GND_BB	基带地	CORE(内核)	电源线	—	—
G3	VDD_BB	基带 EIM 电源	CORE(内核)	电源线	—	—
G4	GND_RF	RF 前端地	RF	电源线	—	—
G5	GND_RF	RF 前端地	RF	电源线	—	—
G6	GND_RF	RF 前端地	RF	电源线	—	—
G7	RTCK	JTAG –测试时钟输出	CORE(内核)	数字输出	O	—
G8	RESET_BB	基带复位	CORE(内核)	施密特触发器输入	I	—
G9	TTS	JTAG–测试端选择	CORE(内核)	数字输入	I	—
G10	RFTEST–	RF 检测差分负输出 (只用于工厂测试，开路)	RF	模拟输出	—	—
H1	VCC_MIX	RF 混频器电源	RF	电源线	—	—

球符号	引脚符号	功　　能	电源组	引脚类型	复位状态	功能变换
H2	GND_BB	基带地	CORE(内核)	电源线	—	—
H3	GND_RF	RF 前端地	RF	电源线	—	—
H4	GND_RF	RF 前端地	RF	电源线	—	—
H5	GND_RF	RF 前端地	RF	电源线	—	—
H6	GND_RF	RF 前端地	RF	电源线	—	—
H7	GND_RF	RF 前端地	RF	电源线	—	—
H8	RFTEST+	RF 检测差分正 出 (只用于工厂测试,开路)	RF	模拟输出	—	—
H9	TMS	JTAG–测试模式选输入	CORE(内核)	数字输入	I	—
H10	NC	未连接	—	—	—	—
J1	VCC_LNA	RF LNA 电源	RF	电源线	—	—
J2	VCC_PA	RF 功率放大器电源	RF	电源线	—	—
J3	VDD_BB	基带内核电源	CORE(内核)	电源线	—	—
J4	GND_RF	RF 前端地	RF	电源线	—	—
J5	GND_RF	RF 前端地	RF	电源线	—	—
J6	GND_RF	RF 前端地	RF	电源线	—	—
J7	GND_RF	RF 前端地	RF	电源线	—	—
J8	XTAL_BB	32.768 kHz 基带晶振时钟输出	CORE(内核)	数字输出	O	—
J9	TDI	JTAG–测试数据输入	CORE(内核)	数字输入	I	—
J10	TCK	JTAG–测试时钟输入	CORE(内核)	施密特触发器输入	I	—
K1	RFIN	RF LNA 输入	RF	RF 输入 (无 ESD)	—	—
K2	EPAEN	RF 外部功率放大器使能	RF	数字输出	—	—
K3	PAOUT+	RF PA 差分正输出	RF	RF 输出 (无 ESD)	—	—
K4	PAOUT−	RF PA 差分负输出	RF	RF 输出 (无 ESD)	—	—
K5	GPO	通用输出	RF	数字输出	—	—
K6	EPADRV	外部 PA 驱动 DAC 输出	RF	模拟输出	—	—
K7	GND_RF	RF 逻辑地	RF	电源线	—	—
K8	EXTAL_BB	32.768 kHz 基带外部晶振时钟输入	CORE(内核)	数字输入	I	—
K9	TRST_B	JTAG –测试复位	CORE(内核)	施密特触发器输入	I	—
K10	TDO	JTAG–测试数据输出	CORE(内核)	三态输出	O/L	—

7.9.3　MC72000 内部结构与工作原理

　　MC72000 内部结构框图如图 7.9.2 所示。

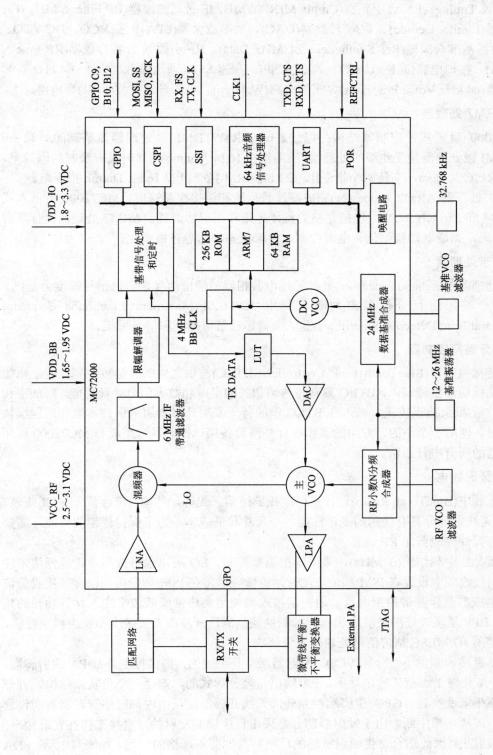

图 7.9.2 MC72000 内部结构框图

　　包括有 ARM7 处理器、256 KB ROM、64 KB RAM、基带信号处理和定时(BB Signal Processing & Timing)、LNA、混频器(Cmplx MIX)、6 MHz IF 带通滤波器(BP Filter 6 MHz IF)、限幅解调器(Limiter Demod)、数/模转换器(DAC)、功率放大器(LPA)、主 VCO、DC VCO、24 MHz 数据基准合成器(Ref Synthesizer 24 MHz Data)、RF 小数 N 分频合成器(RF Frac-N Synthesizer)、接口电路(高速 UART、高速 CSPI、高速 SSI、通用输入/输出)、64 kHz 音频信号处理器(64 kHz Voice Processor)、唤醒电路(Wakeup)、电源导通复位(POR)等电路。

1. ARM7 处理器

　　MC72000 蓝牙基带控制器结构是以 32 bit ARM7TDMI 微处理器为基础的。32 bit ARM7TDMI 微处理器是工业级的处理器,当工作在 16 bit Thumb 模式时具有极好的码效率。其结构以 RISC 为基础,支持两个指令组:32 bit ARM 指令组和 16 bit Thumb 指令组。

　　ARM7 处理器(ARM7 Processor)完成高速数据流和链接控制管理。MC72000 有嵌入式 64 KB RAM 和 256 KB ROM,包括完整的蓝牙基带和上层协议栈。ARM7 处理器执行来自 ROM 的编码,完成器件初始化、电源控制、协议状态和信息包格式化。

2. 基带处理器

　　基带处理器(Baseband Processor)处理无线电鉴相器的输出信号。它以信号幅度为基础,通过对多个波形进行分析做出判断。利用 JD/MLSE(Maximum Likelihood Sequence Estimation and Joint Detection algorithms)算法改善邻近信道抑制和信号采集。

3. 蓝牙链接控制器

　　蓝牙链接控制器(BlueTooth Link Controller,BTLC)模块完成所有链接控制功能。原始数据可以从模块读出或写入,BTLC 具有与传输相关的定时和数据信号处理功能,如加密和循环冗余校验/报头错误校正。嵌入在 BTLC 中的蓝牙专用计时器用来保持本地和远程模块精确的定时。使用一个小的、专用的蓝牙串行外围设备接口控制器可完成与 MC72000 蓝牙无线电电路的所有串行通信。

4. 蓝牙无线电

　　蓝牙无线电(BlueTooth Radio)设计采用摩托罗拉第三代蓝牙结构,符合蓝牙 V1.1 规范。MC72000 无线电部分具有优越的 RF 性能、小尺寸和低成本。为了保持优越的性能,需要少量的外部元件完成蓝牙 RF 链路。

　　接收器是低中频结构(6 MHz),采用模拟镜像抑制。LO 可以设置成高边带或低边带注入,因此当接收频率设置在 ISM 频带边侧时,镜像频率将在 ISM 频带内。以有效接收信道为基础,集成的蓝牙基带控制器自动地决定接收器使用高边带或低边带注入。低功耗的集成 LNA 和 BPF 呈现较好的灵敏度和噪声抑制性能,需进一步改善灵敏度和噪声抑制性能,可以通过使用 JD/MLSE 基带信号处理来系统解决。

　　发射器直接调制主小数分频 VCO。发射器增益是可调的,提供控制外部 PA 的引脚端,控制外部 PA 获得 1 级蓝牙输出功率。PA 输出是差分形式的,需要一个带状线结构或者分离元件的不平衡变换器。GPO 引脚端控制外部天线开关,这是由内部时序管理器自动设置的,因此不需要基带中断。由于发射器部分是采用直接调制发射的,直接工作在发射频率,带外寄生辐射小,因此适合寄生辐射敏感的环境和其他要求严格的应用,如蜂窝电话、PDA

和电脑附件。

5．时钟复位模块

在 MC72000 蓝牙基带控制器中，时钟复位模块(Clock Reset Module，CRM)专用来完成时钟、复位和电源管理功能。它确保提供给 MC72000 蓝牙基带控制器内部逻辑电路的不同时钟和复位信号是稳定的。CRM 是按照蓝牙标准设计的，能充分利用电源，节省功率。CRM 与片上的低功耗振荡器连接，振荡器使用低成本的 32.768 kHz 晶振。

CRM 模块还包含有看门狗电路。

6．高速 UART 模块(High-Speed UART)

通用异步收发器(UART)模块是 MC72000 蓝牙基带控制器的主要接口之一，速度达 2 Mb/s @ 24 MHz。UART 波特率的生成以可配置的约数和输入时钟为基础。它可以配置成发送一个或两个停止位、奇位、偶位或无奇偶位形式。UART 发射和接收缓冲器的大小是 32 B。

7．高速 CSPI(High-Speed CSPI)

MC72000 蓝牙基带控制器包含 1 个可配置的串行外围设备接口(Configurable Serial Peripheral Interface，CSPI)模块 CSPI1，速度可达 2 Mb/s @ 24 MHz。CSPI0 可以连接到不同类型的 SEEPROM 和串行闪存器件。

CSPI 模块可以配置成主设/从设结构，具有 16 B 数据缓冲器(发射和接收 FIFO)，允许 MC71000 蓝牙基带控制器与外部的 CSPI 主设或从设器件接口。通过合并 SPIRDY 和 SS 控制信号，使用少量的软件中断，能够使能快速数据传输。

8．高速 SSI(High-Speed SSI)

同步串行接口(Synchronous Serial Interface，SSI)模块是一个完全的双向串行端口，速度达 2 Mb/s @ 24 MHz，可以使数字信号处理器(Digital Signal Processors，DSP)与不同的串行器件通信，包括工业标准的 CODEC、其他 DSP、微处理器和外围设备。SSI 模块由不同的寄存器组成，用来完成通道、状态、控制、发射、接收、串行时钟发生和帧同步等处理。

9．蓝牙音频信号处理器

蓝牙音频信号处理器(BlueTooth Audio Signal Processor，BTASP)模块为用户提供优越的音频性能。BTASP 模块完成滤波、插入、编码或译码(A 律、μ 律和 CVDS)处理。滤波和接收 CODEC 速率为 8 kb/s、16 kb/s、32 kb/s 和 64 kb/s。如果需要，则可以连接一个外部 CODEC 到 SSI(同步串行接口)，作为音频处理。

10．定时器

双定时(Timer，TMR)模块是通用模块，用来完成定时控制和特殊应用任务。TMR 可以配置成脉冲宽度调制(PWM)或求积计数模式。TMR 包括两个 16 位计数器/定时器，每一个都支持计数、前置分频系数、比较、装入、捕获和保持选择。

11．通用输入/输出

MC72000 蓝牙基带控制器支持两通道(端口)、最大 16 个通用输入/输出(General Purpose I/O，GPIO)口。通道 B 有 6 个 GPIO 口，通道 C 有 10 个 GPIO 口。这些端口可以配置为

GPIO 引脚端或专用的外围设备接口引脚端。

12. JTAG 测试接口控制器

JTAG 测试接口控制器(JTAG Test Interface Controller，JTIC)为调试和产品测试提供完全的 JTAG 和边界扫描功能，而且为 ARM 提供路径到 JTAG 接口。

7.9.4　MC72000 应用电路

MC72000 应用系统框图如图 7.9.3 所示，该系统由 MC72000、RF 信号通道(RF Signal Path)、SEEPROM、12～15 MHz 和 32.768 kHz XTAL 组成。

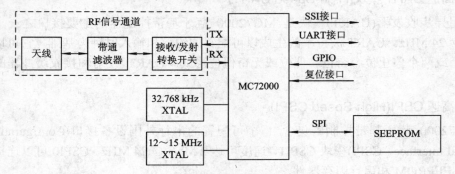

图 7.9.3　MC72000 应用系统框图

RF 信号通路包含有天线(Antenna)、带通滤波器(Bandpass Filter)、接收/发射转换开关(RX/TX Switch)。

SEEPROM 用来存储应用软件配置数据。

MC72000 使用两个时钟。当 MC72000 有效工作时，使用 12～26 MHz 基准时钟。注意：连接到芯片振荡器上的晶振频率范围为 12～15 MHz。在低功耗模式，使用 32.768 kHz 时钟。

MC72000 有四个双向接口和一个复位接口。复位接口仅用于主设初始化。SSI 接口用于音频处理。UART 接口用于完成所有到主设备或来自主设备的通信(如 HCI 命令)。SPI 用于与 SEEPROM 的连接。GPIO 引脚端用于进行不同的 MC72000 结构配置。

1. RF 接收链路(RF Receive Chain)

MC72000 通过内部 RXTXEN 主设备信号，在设置无线电接收使能位(R2/13)时，清除无线电发射使能位(R2/14)，清除无线电窄带宽使能位(R2/12)后，从空闲模式进入接收模式。数据位为 6 bit，2 个补码数字位，每个数据位采样 4 次。一旦完成接收周期，RXTXEN 主设备信号使无线电部分不使能，MC72000 启动内部低功耗时序。这些都由内部基带处理器控制。

接收链路具有高的相邻信道抑制能力，在高干扰环境下这是最重要的技术指标。MC72000 通过设置 IF 带通滤波器到 720 kHz，以及在基带处理器中使用最大可能时序估算(Maximum Likelihood Sequence Estimation，MLSE)消除码间干扰来实现。

无线电部分和基带处理器之间使用低电压 SPI 接口连接。基带同步与无线电定时均通过主设备 RXTXEN 信号控制。主设备 RXTXEN 信号跳变到逻辑低电平表示空闲状态开始，跳变到逻辑高电平表示进入发射或接收周期。

2. RF 发射链路(RF Transmit Chain)

MC72000 通过设置在无线电寄存器中的无线电发射使能位(R2/14)，设置无线电窄带宽使能位(R2/12)，清除无线电接收使能位(R2/13)，使能器件内部的 RTXEN 信号，MC72000 从空闲模式到发射模式。一旦发射完数据流，RTXEN 信号消失，MC72000 开始进入内部低功耗时序。这时，由于 RF 功率仍在 PA 输出端存在，因此在无线电部分和基带处理器之间没有 SPI 操作也可能执行发射。除非在 RXTXEN 信号不使能后，通过内部基带处理器提供一定数量的延迟，使 RF 功率为足够低的电平，以保证不产生不希望的发射。

3. 接收器部分(Receiver)

MC72000 接收器是为时分复用(Time Division Duplex，TDD)、跳频扩频(Frequency Hopping Spread Spectrum，FHSS)蓝牙应用设计的。接收器采用 6.0 MHz 低中频结构，在 2.4 GHz ISM 频带能够接收高达 1.0 Mb/s 的 GFSK(Gaussian Frequency Shift Keyed，高斯频移键控)串行数据。接收器输出是解调的、串行的 2.4 Mb/s 比特流数据。这个数据是过采样的 4 倍，通过 6 bit D/A(数/模转换器)可还原成实际解调的模拟数据。

1) 低噪声放大器(LNA)

接收器链路的第一个部分是低噪声放大器(Low Noise Amplifier，LNA)。LNA 是双极性的共发-共基放大器，在 RF 频率提供低噪声的增益。LNA 设计为单端(不平衡的)输入，通过芯片上集成的不平衡变换器转换为差分输出(平衡的)。为优化性能，LNA 输入阻抗必须与信号源的源阻抗(一般为 50 Ω)相匹配。通过一个简单的电容、电感网络，LNA 输入端可以匹配到 50 Ω，其电路如图 7.9.4 所示。

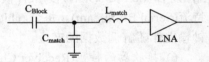

图 7.9.4　简单电容/电感网络
(LNA 输入端匹配)

在实际操作过程中，在接收和发射模式时，使用 RF 单刀双掷开关来隔离 PA 输出与 LNA 输入。使用蓝牙功率 1 级的蓝牙器件时，必须使用一个外部开关，如果没有把外部 PA 输出有效分离，则 LNA 输入将过载。当适当匹配时，LNA 提供 6.7 dB 增益。当编程为接收模式时，在 RTXEN 引脚端的信号使能后，LNA 激活大约需要 150 µs。在 RTXEN 引脚端的信号不使能后，在空闲模式或在发射模式期间，LNA 不工作。

2) 高/低镜像抑制混频器(High/Low Image Reject Mixer)

混频器用来转换 RF 信号频率到 6.0 MHz 中频。混频器在所有端口是完全平衡的，本机振荡器(Local Oscillator，LO)信号来自芯片上的压控振荡器(Voltage Controlled Oscillator，VCO)。

一般来说，希望保持所有镜像频率在带内。因此，当接收 6 个最低信道时，混频器可以编程为上边带注入，LO 可以编程为在接收信道频率 6.0 MHz 以上。当接收 6 个最高信道时，混频器可以编程为下边带注入，LO 可以编程为在接收信道频率 6.0 MHz 以下。选择上边带注入或下边带注入是通过设置寄存器的位 R2/11 完成的，R2/11=1 选择上边带注入，R2/11=0 选择下边带注入。对于其他所有带内信道，选择上边带注入或下边带注入是任意的。频率超过 2.441 GHz，基带控制器使用上边带注入，然后使用下边带注入。

混频器具有大约 15.8 dB 的电压增益和 22 dB 的镜像抑制能力。在接收模式时，在器件内部的 RTXEN 信号确定后，混频器激活大约需要 150 µs。在 RTXEN 信号不使能后，在空闲模式或发射模式，混频器不工作。

3) 带通滤波器(BandPass Filter，BPF)

6.0 MHz 带通滤波器用来阻塞不希望的信道。在每个接收周期，滤波器能以内部产生的 6.0 MHz 信号为基准进行自我调节和校准。滤波器增益固定在 4.0 dB。滤波器标准通频带为 720 kHz。对于 1 Mb/s 数据速率的 GFSK 调制信号，这个低的通频带会引起严重的码间干扰 (InterSymbol Interference，ISI)，而它的优点是增加了灵敏度，提高了相邻信道的干扰抑制特性，且容易制造。由这个低通频带引起的码间干扰可以通过设置数字解码器来消除码间干扰。在接收模式时，在 RTXEN 信号确定后，带通滤波器激活大约需要 10 μs，大约在 140 μs 后完成自动调整。在 RTXEN 信号不使能后，在空闲模式或发射模式，带通滤波器不工作。

4) 限幅器与接收信号强度指示器(Limiter with Received Signal Strength Indicator)

接收信号强度指示器(RSSI)集成在限幅器中。RSSI 模/数转换器(ADC)将 RSSI 电流转换成为 4 bit 数字信号。当 RSSI 使能(R4/6)和 RSSI 读使能(R9/8)被设置并在空闲模式时，4 bit RSSI 转换值可以从 MC72000 无线电寄存器中读出(R29/3~0)。在接收周期，RSSI 接收到第 1 个比特数据后，大约在 40 μs 后更新。使能 RSSI 将增加额外的电流消耗。

5) 解调器(Demodulator)

MC72000 中的接收器下变频 RF 信号并解调它。解调器从限幅器获得 IF 信号，并传递基带信号到模/数转换器(ADC)。6 bit ADC 使用冗余符号位(Redundant Sign Digit，RSD)循环结构，以 4.0 MS/s(采样/秒)采样模拟输入信号。MC72000 产生的解调数据是 24 Mb/s 串行比特流(Serial Bit Stream)。每个 6 bit 数据流的启动通过内部帧同步到基带处理器。24 MHz 时钟输出伴随解调数据的产生。

6) 接收器的特性(Receiver Characteristics)

为了获得优化的互调和 C/I 性能，MC72000 GND_RF 引脚端需要很好地连接到 PCB 板的接地层。

4. 发射器(Transmitter)

MC72000 采用直接调制发射的发射器结构，直接调制本地振荡器(LO)输出。在一个发送周期，本地振荡器的压控振荡器(VCO)自动调整。连接 LO 的是输出功率放大器级。为了使抖动最小，可编程低功率放大器(Low Power Amplifier，LPA)由一个平衡的斜坡上升/斜坡下降的发生器驱动，LPA 提供一个平衡的输出到不平衡变换器，通过不平衡变换器提供一个单端输出到外部天线开关。

1) 发射同步延迟(Transmit Synchronization Delay)

可编程延迟存在于 RTXEN 上升沿和在发射周期传播的数据的第 1 个有效位之间。延迟范围是 TX$_{SYNC}$，由无线电寄存器的发射同步时间延迟值的比特位(R8/15~8)设置，延迟时间的单位为微秒。信息包数据可在延迟大约 2.5 μs 后出现在天线上。所有蓝牙信息包都需要设置形式为 0101 或 1010 的导入位。为使功率消耗最小，需要设置延迟 TX$_{SYNC}$ 到最小值。如果需要附加稳定时间或导入位，则必须使用延迟，直至达到 TX$_{SYNC}$ 的最大值。

2) 主要合成器操作(Main Synthesizer Operation)

MC72000 的内部本机振荡器是一个由外部基准频率信号驱动、累加器和小数 N 分频器组成的合成器。根据外部基准频率，需要两个或三个无源元件(见图 7.9.5 中的 C14 和 R1)组成外部低通滤波器，其截止频率大约为 140 kHz。

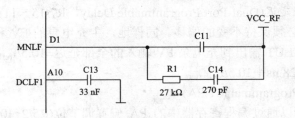

图 7.9.5　外部低通滤波器

小数合成器的整数部分(I)和小数部分(R)可由下式计算:

$$I = \left(\frac{LO}{f_{refExternal}} - \frac{f_{dev}}{f_{refExternal}} \right) - 3$$

$$R = REM\left(\frac{LO}{f_{refExternal}} - \frac{f_{dev}}{f_{refExternal}} \right) \times 2^{16}$$

式中: $f_{refExternal}$ 是外部基准频率; f_{dev} 是标称的发射 ROM 频偏(典型值为 157.5 kHz); LO 是所希望的本机振荡器频率。计算结果建议至少精确到小数。

3) 发射 ROM 操作(Transmit ROM Operation)

MC72000 使用查找表(LUT 或者发射 ROM)来修整输入发射数据位,产生 BT=0.5 的高斯滤波形式。查找表(LUT)的输出供给小数合成器的累加器,在发射操作时,7 个最高有效位(MSB)馈送到主 VCO 的第二端口。在接收操作时,LUT 输出是不变的,保持为 RICI 中包含的数值。11 个修整常数(RxCx)如表 7.9.5 所示。

表 7.9.5　RxCx 常数

RxCx	数　值	RxCx	数　值	RxCx	数　值
R1C1	0.9999739537	R3C1	0.1881990082	R4C2	0.5229292198
R2C2	0.9980246857	R3C2	0.5249014674	R4C3	0.7572459756
R2C3	0.9911665663	R3C3	0.7660791186	R4C4	0.8722099597
R2C4	0.9678427310	R3C4	0.9043672052		

4) M-双端口乘法器和 B-双端口乘法器(M-Dual Port Multiplier and B-Dual Port Multiplier)

为了正确地操作双端口合成器,必须在 VCO 端口 2 保持恒定的偏移注入。在输入到调制 DAC 之前,LUT 提供输出到数字乘法器。一旦 LUT 数值与输入的基准频率按比例减少,乘法器就必须按比例去实现不变的偏移。这个比例是线性的。两个可编程的常数用来形成 M-双端口乘法器和 B-双端口乘法器的线性方程。M-双端口数字乘法器数值(R17/15~8)可确定斜率; B-双端口数字乘法器数值可确定截距。

M-双端口数字乘法器= $f_{refExternal}$ /13 MHz×108$_{10}$

B-双端口数字乘法器= $f_{refExternal}$ /13 MHz×97$_{10}$

5) 双端口可编程延迟(Dual-Port Programmable Delay，R7/15～11)

在 VCO 端口 2 必须保持不变的偏移。同样地，主充电泵的 FV 和 FR 输入必须保持不变的状态。因此要求 LUT 输出到充电泵 FV 输入的全部延迟$=10.5/f_{refExternal}$；LUT 到充电泵 FR 输入的全部延迟$=28 \text{ ns}+10.5/f_{refExternal}$。

6) 可编程 LPA(Programmable LPA)

LPA 输出功率可以通过编程寄存器中的 PA 偏置调节位(R5/2～0)来改变。使用外部功率放大器可以支持蓝牙功率 1 级操作。LPA 也包括有斜坡发生器，具有指数斜坡上升或下降功能，最大设置时间为 20 μs。按指数渐增的输出功率对消除抖动和最小化负载影响是非常有用的。

7) 外部不平衡变压器(External Balun)

LPA 提供一个差分输出，通过使用便宜的印制电路板不平衡变压器转变为单端信号输出，如图 7.9.6 所示，也可以使用一个外部的分离元件的不平衡变换器。

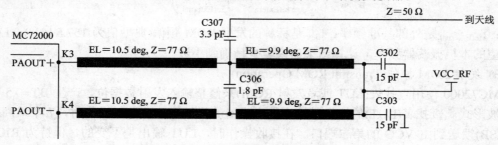

图 7.9.6 印制电路板不平衡变换器的结构与参数

8) 晶体振荡器(Crystal Oscillator)

晶体振荡器为数据时钟 PLL 和主 PLL 提供基准频率。MC72000 可利用外部并联谐振晶振配置成科耳皮兹(Colpitts)型(负阻抗)振荡器，或者利用外部基准频率源驱动。振荡器电路在芯片上有一个电容微调网络，为晶振和负载电容误差提供补偿电容，允许使用相对便宜的、误差为 50×10^{-6} 的晶振。振荡器提供 3 种偏置电流模型。编程 Xtal Enable (R11/0)位使能/不使能偏置电流，编程 Xtal Boost Enable (R11/4)位使能/不使能高电流模式。编程寄存器的 Xtal Trim (R6/14～10)位可以编程并联微调电容，编程电容调节范围为 0～9.3 pF。典型的杂散电容为 1.0 pF。

晶体振荡器由外部基准频率源驱动时，编程 Xtal Enable (R11/0)位为 0，使用一个 15～100 pF 的电容，交流耦合外部基准频率信号到振荡器的基极。同时也推荐设置无线电寄存器 Xtal Trim (R6/14～10)位为 0，以减少外部基准频率源的负载。采用交流耦合，并且保持相位噪声、幅度、占空系数满足要求，外部基准频率源可以是正弦波或是矩形波。

9) 数据时钟操作(Data Clock Operation)

数据时钟锁相环为整个器件提供了一个不变的 24 MHz 基准频率。MC72000 使用一个简单的整数 N 合成器，从基准频率获得 24 MHz 时钟(CLK)。这使得 MC72000 可以适应外部基准振荡器或 12～26 MHz 范围的晶振。计数器值必须设置成适当的值，以产生 24 MHz 时钟频率。

合成器的 R 计数器(R6/9～0)位的数值用来设置内部基准频率 $f_{refInternal}$(内部基准频率)，有 R = $f_{refInternal}$/20 kHz。合成器 N 计数器(R7/10～0)位的数值用来设置 $f_{refInternal}$ 为 24 MHz，

有 N = 24 MHz/ $f_{refInternal}$。对于 13 MHz 外部基准频率，R = 650_{10}，N = 1200_{10}。

如果 $f_{refInternal}$>20 MHz，则外部低通滤波器的截止角频率(LBW)仍选择为 1.0 kHz。例如对于 26 MHz 的外部基准频率，R = 650_{10}，N = 600_{10}。

N 和 R 计数器只可以被整数相除。

10) 外部天线开关(External Antenna Switch)

图 7.9.7 给出外部天线开关电路，提供 PA 输出和 LNA 输入之间的隔离，电路按发射和接收时序使能，开关由 GPO(通用输出引脚端，General Purpose Output pin)和 EPAEN(外部功率放大器使能引脚端，External Power Amplifier ENable pin)控制(分别是 MC72000 器件的引脚端 9 和 4)。当 GPO 为高电平时，开关设置为发射模式。EPAEN 在这个结构中作为补充的驱动器。

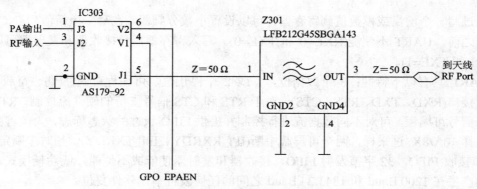

图 7.9.7 天线开关电路

MC72000 的 GPO 位于器件的引脚端 K5。它的输出是可编程的，通过设置在无线电寄存器的 R2/8 位控制，GPO 可以作为外部天线开关的控制线使用。

MC72000 的 EPAEN 位于器件的引脚端 K2。EPAEN 有两个用途：一是可以驱动外部功率放大器，完成蓝牙功率 1 级操作；二是作为双端口天线开关的补充驱动，如图 7.9.7 所示。如果在设计中不需要使用 EPAEN 引脚端，则可以设置 R11/6 位=0。

5．时钟复位模块(CRM)

时钟复位模块(Clock Reset Module，CRM)是 MC72000 专门用来处理所有时钟和复位功能的模块。CRM 保证不同的时钟和复位信号在馈送到 MC72000 内部逻辑电路之前是稳定的和同步的。

CRM 具有以下功能：控制系统复位，休眠模式管理，定时器用来记录休眠模式有效周期和启动唤醒，控制时钟恢复和重启，看门狗监控，时钟控制和产生，软件启动系统复位。

CRM 操作模式有电源导通模式、普通工作模式和休眠模式。

在电源导通模式，当 CRM 模块电源导通复位后，系统复位，将延迟解除 32 kHz 振荡器时钟，直到振荡器稳定为止。在 ARM 核开始操作后，它将控制切换到 REFCLK 信号。

在普通操作模式，MC72000 系统时钟运行在 12～32 MHz 基准时钟(REFCLK)。

在休眠模式，来自无线电部分高的基准时钟将断开，只有 32 kHz 时钟用于 CRM 模块。休眠模式设置唤醒控制寄存器(Wake Up Control Register)的 PDE 位启动。休眠模式可以由内部唤醒定时器或四个外部唤醒中断中的任一个来结束。

CLK1_CNTRL 寄存器控制 REFCLK 的整数分频,产生 CLK1 输出。时钟 1 分频器(Clock1 Divisor)控制位为 CLK1_DIV[3:0]。当 CLK1_DIV[3:0]不使能时,CLK1 输出为低电平。

6. 通用异步收发器(Universal Asynchronous Receiver/Transmitter,UART)

UART 发射和接收字符的长度为 8 bit。数据发射通过发射器 32 字节/字符深度的 FIFO(先进先出)到外围设备总线。数据通过移位寄存器串行移位在 TXD 引脚端输出。数据从 RXD 引脚端串行接收,存储在 32 字节/字符深度的 FIFO 接收器中。接收器和发射器 FIFO 包含一个可屏蔽的中断,它可设置成在达到一定电平时中断。

以分频器系数和输入时钟为基础可产生 UART 的波特率。它可以设置成传送一个或两个停止位、奇位、偶位或无奇偶位。接收器检测帧错误、起始位错误、奇偶校验错误和超限错误。

通过写一个增量或模数值到寄存器,可以设置小数分频器。在写一个新值到 INC/MOD 寄存器之前,UART 不使能(RXE=0 和 TXE=0)。写入寄存器后,接收器和发射器可以使能(RXE=1 和 TXE=1)。

UART 具有以下特性:8 个数据位,1 或 2 个停止位,可编程奇偶性(偶、奇或无),4 线串行接口(RXD、TXD、RTS、CTS),对于 RTS 和 CTS 信号支持的硬件流控制,RTS/CTS 引脚端信号可编程,可对不同数据流进行控制并提供 FIFO 状态的状态标志,为改善噪声干扰可选择 16X/8X 过采样,两个可屏蔽中断(IPI_RXRDY、IPI_TXRDY),超时中断定时器,32 字节接收 FIFO,32 字节发射 FIFO,接收器和发射器使能或不使能,低功耗模式,小数分频器产生在 1200 Baud 和 1843.2 kBaud 之间的任何波特率,软件复位。

7. 可配置串行外围设备接口(Configurable Serial Peripheral Interface,CSPI)

CSPI 是主设/从设可配置串行外围设备接口模块,允许与其他外围设备实现全双工、同步、串行通信。CSPI 配备有 8×16 RXFIFO 和 8×16 TXFIFO 装备。CSPI 与 DATAREADY_B 和 SS_B 控制信号组合,利用少数软件中断,实现数据快速通信。

CSPI 具有以下特性:全双工操作,主设和从设模式,独立的 8×16 发射 FIFO 寄存器和 8×16 接收 FIFO 寄存器,8 个主设模式频率(最大频率=总线频率÷4,最小频率=总线频率÷51),从设模式频率(最大频率=总线频率÷4,最小频率=0),可选择发射和接收字长(1~16 bit),具有可编程极性和相位的串行时钟,具有接收器满(可编程电平)、发射器空(可编程电平)、溢出误差、RXFIFO、位计数中断。

CSPI 内部结构包括 IP 总线接口(IP Bus Interface)、时钟发生器(Clock Generator)、控制器(Control)和移位寄存器(Shift Register)。

8. 同步串行接口(Synchronous Serial Interface,SSI)

SSI 是全双工的串行端口,允许 MC72000 与不同的串行接口的外设连接,包括工业标准的 CODEC、其他 MCU 和具有飞思卡尔串行外围设备接口(Serial Peripheral Interface,SPI)的外围器件。SSI 由独立的发射器和接收器部分组成,发射器和接收器采用独立的时钟和帧同步。

SSI 具有以下特性:独立(异步)或共享(同步)发射或接收部分,使用独立或共享内部/外部时钟和帧同步,使用帧同步标准模式操作,网络模式操作允许连接多个器件共享端口,选通时钟模式操作不需要帧同步,可编程内部时钟分频器;可编程字长(8 bit、10 bit、12 bit 或 16 bit);编程选择帧同步和时钟,低功耗。

SSI 内部结构分为 3 个部分：发射器部分包含发射控制和状态机(TX Control and State Machines)、发射时钟发生器(TX Clock Generator)、发射同步发生器(TX Sync Generator)；接收器部分包含有接收控制和状态机(RX Control and State Machines)、接收时钟发生器(RX Clock Generator)、接收同步发生器(RX Sync Generator)；寄存器部分包含有发射控制寄存器(Transmit Control Reg)、接收控制寄存器(Receive Control Reg)、控制/状态寄存器(Control/Status Reg)、控制寄存器(Control Reg 2)、时隙寄存器(Time Slot Reg)、发射数据寄存器(Transmit Data Reg)、发射移位寄存器(Transmit Shift Reg)、接收数据寄存器(Receive Data Reg)、接收移位寄存器(Receive Shift Reg)、发射屏蔽寄存器(Transmit Mask Reg)、接收屏蔽寄存器(Receive Mask Reg)、帧状态寄存器(Frame Status Reg)、选项寄存器(Option Reg)、FIFO 控制状态寄存器(FIFO Control Status Reg)。

9. 蓝牙基带控制器

MC72000 中的蓝牙基带控制器运行在 ARM 微控制器的基础上，具有第三代 LC(Link Control)、LM(Link Manager)和 HCI(Human-Computer Interface)协议栈，完全符合蓝牙 V1.1 规范。

集成的协议栈能够并行处理执行多重 HCI、LM 和 LC 程序，并已通过一个独立的测试机构彻底测试。此外，通过使用 EEPROM，基带协议栈固件可升级。

10. 天线开关(Antenna Switch)

采用 PIN 二极管的天线开关电路如图 7.9.8 所示。当两个 PIN 二极管都在高阻抗状态(没有偏置)时，发射器与天线和 LNA 输入端隔离。相反地，当两个 PIN 二极管都在低阻抗状态(正向偏置)时，从发射器输出到 LNA 输入部分呈现开路，通过带通滤波器，发射器输出直接耦合到天线。在接收模式，GPO 设置为低电平。在发射模式，GPO 设置为高电平。电路在接收或空闲模式时具有非常低的电流消耗。

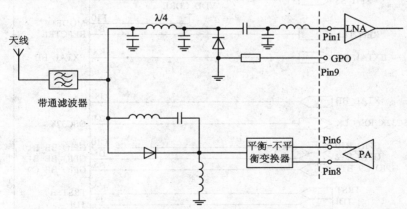

图 7.9.8 采用 PIN 二极管的天线开关电路

11. JTAG 接口(JTAG Interface)

JTIC 接口用于调试和产品测试，可以连接到外部 JTAG 控制器。如果 JTAG 在设计中被忽略，则所有 JTAG 接口引脚必须开路。TRST_B 可以下拉，TMS 可以上拉，以增强可靠性。应保证 JTAG 接口在所有的时间内一直不使能。

12. MC72000 应用电路示例

MC72000 应用电路如图 7.9.9 所示。

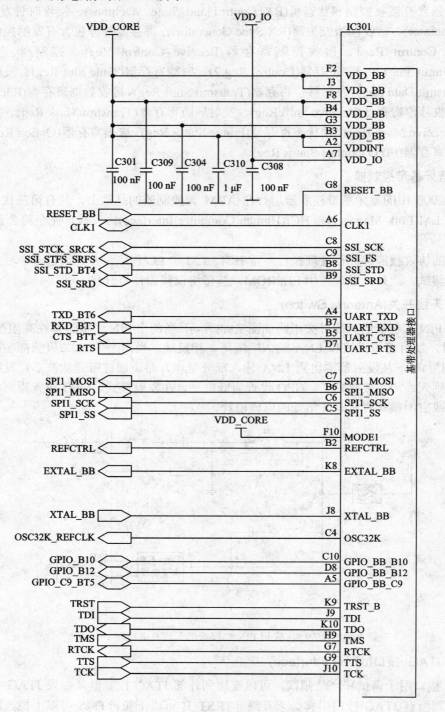

(a) 接口电路与基带控制器电源部分

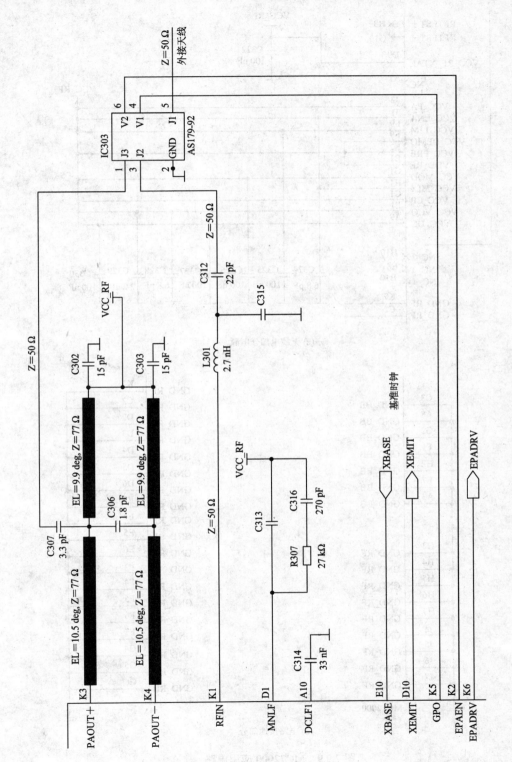

(b) 无线电接收和发射电路部分

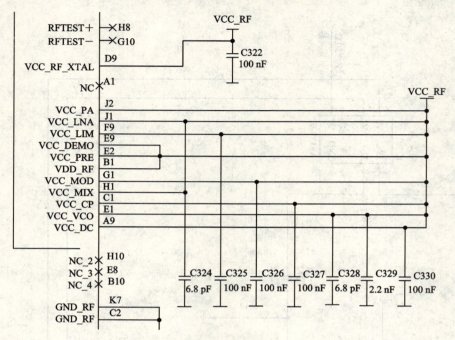

(c) 无线电部分电源

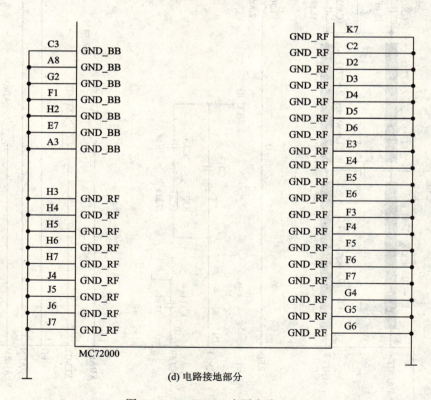

(d) 电路接地部分

图 7.9.9　MC72000 应用电路

7.10　MK70110/MK70120 蓝牙系统

7.10.1　MK70110/MK70120 主要技术特性

MK70110/MK70120 是一种包含有蓝牙基带控制器、RF 收发器集成电路、RF 滤波器、闪存和 TCXO 的蓝牙系统模块。HCI 的低级协议栈应用软件已经安装在模块中。通过模块的连接器，可以与使用者的板级产品相连。模块提供 UART 和 USB 接口作为通信控制接口，还提供 PCM 作为语音控制接口。

MK70110 有一个射频同轴连接器，MK70120 具有内置片式天线。使用 MK70110/MK70120 可以大大缩短蓝牙产品的开发时间。MK70110/MK70120 适合在数据处理和语音通信设备中应用。

MK70110/MK70120 符合蓝牙 V1.1 规范，功率等级为 2 级，频率范围为 2.402～2.480 GHz，信道数为 79 通道，信道间隔为 1 MHz，调制模式为 GFSK，RF 输入/输出阻抗为 50 Ω(2.402～2.480 GHz)，数据速率为 1 Mb/s，电源电压 VDD 为 3.2～3.45 V，电流消耗为 10～135 mA，工作温度范围为 0～50℃。MK70110/MK70120 的 RF 部分的主要技术指标如表 7.10.1 和表 7.10.2 所示。

表 7.10.1　RF 发射器特性

参　数	最小值	最大值	单位
输出功率	−6	+4	dBm
频偏	−50	+50	kHz
频率漂移 DH1	−25	+25	kHz
频率漂移	140	175	kHz
20 dB 带宽	—	1	kHz
带内寄生辐射：f_{req} 偏移 ＝±2 MHz	—	−20	dBm
带外寄生辐射：30 MHz≤f < 1 GHz	—	−36	dBm

表 7.10.2　RF 接收器特性

参　数	最小值	最大值	单位
接收灵敏度(在−70 dBm 输入)	—	−70	dBm
邻近信道 C/I=1 MHz	—	4	dB
镜像频率±1 MHz	—	−16	dB
带外阻塞(蓝牙 V1.1 测试规范)30 MHz≤f <2000 MHz	−10	—	dBm
互调特性(蓝牙 V1.1 测试规范)	−25	—	dB

7.10.2　MK70110/MK70120 芯片封装与引脚功能

MK70110/MK70120 引脚封装形式如图 7.10.1 所示，引脚功能如表 7.10.3 所示。

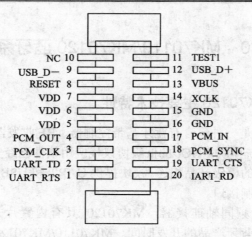

图 7.10.1　MK70110/MK70120 引脚封装形式

表 7.10.3　MK70110/MK70120 引脚功能

引脚	符号	功能	备注(在引脚不使用时)
5，6，7	VDD	电源引脚端	—
15，16	GND	接地引脚端	—
1	UART_RTS	UART 准备发射(准备发送数据)	上拉或 VDD
19	UART_CTS	UART 清除发射(发送准备)	下拉或接地
2	UART_TD	UART 发送数据	上拉或 VDD
20	UART_RD	UART 接收数据	上拉或 VDD
12	USB_D+	USB 数据+	开路
9	USB_D–	USB 数据–	开路
13	VBUS	HCI 传送器选择引脚，高电平时，USB 作为 HCI 使用；低电平时，UART 作为 HCI 使用	—
4	PCM_OUT	PCM 数据输出	开路
17	PCM_IN	PCM 数据输入	开路
3	PCM_CLK	PCM 时钟输出(64 kHz/128 kHz)	开路
18	PCM_SYNC	PCM 同步信号输入(8 kHz)	开路
8	RESET	复位信号输入引脚，低电平有效，有效复位脉冲宽度>10 μs	上拉
14	XCLK	32 kHz 时钟输入引脚	接地
11	TEST1	测试引脚端	开路
10	NC	NC	开路

7.10.3　MK70110/MK70120 内部结构与工作原理

MK70110/MK70120 内部结构框图如图 7.10.2 所示，内部包含片式天线(ANT Chip)(对于 MK70120)、电压调节器(Voltage Regulator)、射频芯片(RF_LSI ML7050LA)、13 MHz 晶振(OSC13 MHz)、基带控制器芯片(BB_LSI ML70Q511LA)，基带控制器芯片内部包含有

PCM I/F、USB I/F、4 Mb 闪存(4 Mb Flash ROM)、32 KB SRAM、CPU ARM7TDMI。

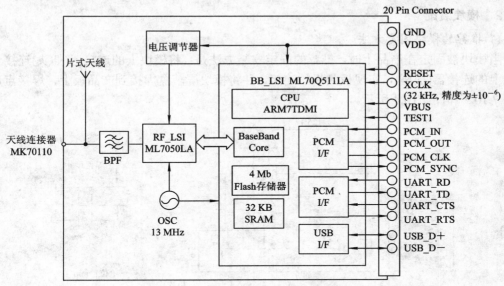

图 7.10.2　MK70110/MK70120 内部结构框图

7.10.4　MK70110/MK70120 应用电路

1. 接口规范

1) USB 接口

USB 接口符合 USB 1.1 规范要求，支持 12 Mb/s 数据速率。USB 接口特性如表 7.10.4 所示。

表 7.10.4　USB 接口特性

参　数	符号	条　件	最小值	典型值	最大值	单位
上升时间	TR	$C_L = 50$ pF	4	—	20	ns
下降时间	TF		4	—	20	ns
输出信号电压	VCRS	$C_L = 50$ pF	1.3	—	2	V
驱动器输出阻抗	ZDRV	在稳定状态驱动	28	—	44	Ω
数据速率	TDRATE	平均位速率(12 Mb/s±0.25%)	11.97	—	12.03	Mb/s

2) UART 接口

通过使用特殊命令可对 UART 接口进行不同设置。默认值如下：

波特率：115.2 kb/s；

奇偶校验：无奇偶性；

数据长度：8 位；

停止位：1 位；

流控制：断开。

3) PCM 接口

应用格式：PCM 线性(8 位/采样，16 位/采样，64 kHz 采样频率)/A 率/μ率。

蓝牙格式：CVSD/A 率/μ率。

2．模块装配

1) 推荐的模块固定方法

当模块被固定在产品上时，推荐的固定安装方法是：将模块上的连接器(插头)连接到产品板上的连接器(插座)，实现板到板的连接，并将模块屏蔽盒焊接到产品板上，焊接点形式如图 7.10.3 和图 7.10.4 所示。

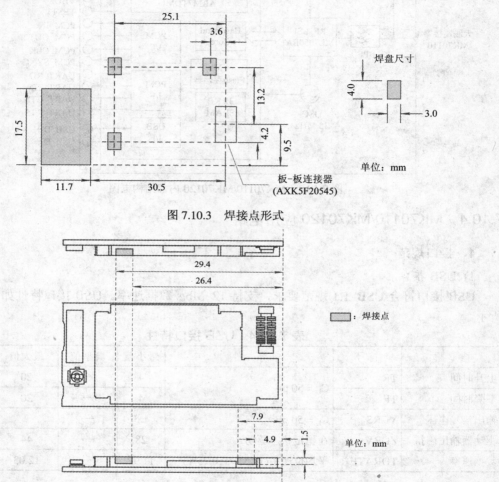

图 7.10.3　焊接点形式

图 7.10.4　在屏蔽盒内的焊接点

2) 安装模块时的注意事项

(1) 模块不适用回流设备装配，当焊接屏蔽盒到产品板时，使用烙铁。

(2) 如果将金属放置在天线周围，则天线特性会变化。尽可能不要放置金属在天线周围(只对 MK70120 而言)。

(3) 模块的屏蔽盒接地。安装模块时，注意产品板的布线不要接触到屏蔽盒。

(4) 产品电路板的噪声与 GND/NC 连接到固定焊盘的连线有关。在安装模块时，选择电气特性较好的接线方式。

7.11　MK70215 蓝牙模块

7.11.1　MK70215 主要技术特性

　　MK70215 是应用在 2.4 GHz 频带的蓝牙模块，内部包含基带控制器 IC、RF 收发器 IC、EEPROM、晶振以及协议栈和串行端口协议(SPP)。MK70215 适合在数据和语音无线电链接中应用。

　　MK70215 的主要技术指标与 MK70110/MK70120 相同。MK70215 模块符合蓝牙规范 V1.1；RF 输出功率为 2 级；提供 UART/PCM 接口；采用表面安装形式，可以通过焊接容易地安装到用户板块上；利用 MK70215，可以大大缩短蓝牙产品的开发时间。

7.11.2　MK70215 芯片封装与引脚功能

　　MK70215 引脚封装形式如图 7.11.1 所示，引脚功能如表 7.11.1 所示。

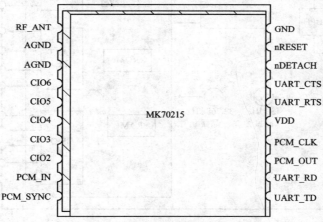

图 7.11.1　MK70215 引脚封装形式

表 7.11.1　MK70215 引脚功能

符　号	功　　能	符　号	功　　能
RF_ANT	Z0=50 Ω，连接到 50 Ω 天线(ANT)	CIO2	控制输入
UART_TD	UART 数据输出	CIO3	控制输出
UART_RD	UART 数据输入	CIO4	控制输出
UART_RTS	UART 准备传送	CIO5	控制输入
UART_CTS	UART 清除传送	CIO6	控制输入
PCM_IN	同步数据输入	GND	地
PCM_OUT	同步数据输出	AGND	模拟地
PCM_SYNC	同步数据闸门信号	VDD	电源电压，在电源输入引脚安装一个大约 10 μF 的钽或电解电容器。电容器尽可能安装在靠近模块的电源引脚
PCM_CLK	同步数据时钟		
nRESET	复位，低电平有效		
nDETACH	休眠，低电平有效		

7.11.3　MK70215 内部结构与工作原理

MK70215 内部结构框图如图 7.11.2 所示，内部包含有天线(RF_ANT)、13 MHz 晶振、32.768 kHz 晶振、发射/接收转换开关(T/R SW)、射频收发器芯片(RF-LSI)和基带控制器芯片(BaseBand-LSI)，基带控制器芯片包含有 ARM7TDMI、PCM I/F、UART I/F、GPIO I/F、基带控制器核心(BaseBand Core)、ROM、RAM。

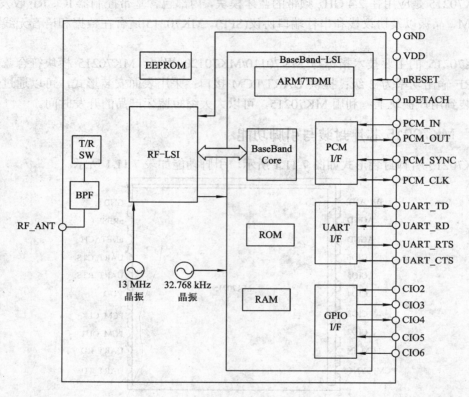

图 7.11.2　MK70215 内部结构框图

7.11.4　MK70215 应用电路

1．接口规范

UART 接口的技术特性与 MK70110/MK70120 相同。

PCM 应用格式、输入/输出时序等与 MK70110/MK70120 相同。

2．模块装配

1) 推荐的模块固定方法

模块适合采用无铅、回流焊接。推荐的回流焊接条件如图 7.11.3 所示。推荐的焊盘 PCB 尺寸(尺寸精度为±0.05 mm)，如图 7.11.4 所示。

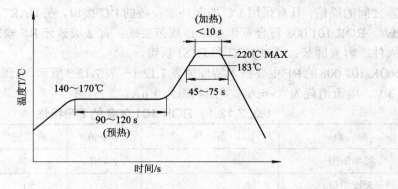

图 7.11.3 推荐的回流焊接条件

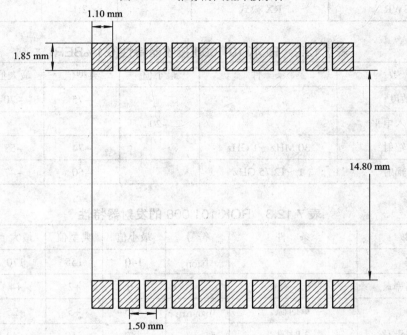

图 7.11.4 推荐的焊盘 PCB 尺寸(尺寸精度为±0.05 mm)

2) 安装模块时的注意事项

(1) 模块不适用回流设备装配,在焊接屏蔽盒到产品板时,应使用烙铁。

(2) 模块的屏蔽盒接地。安装模块时,注意产品板的布线不要接触到屏蔽盒。

7.12 ROK 101 008 蓝牙模块

7.12.1 ROK 101 008 主要技术特性

ROK 101 008 是由基带控制器、快闪存储器、PBA 313 01/2 无线电收发器三个芯片组成的蓝牙模块。它同时支持数据和语音的传送,通过一个 UART/PCM 接口来实现模块和主机控制器之间的通信；具有采用 I^2C 控制外部设备的 I^2C 接口，在 UART 上的最高传输速率为 460 kb/s。ROK 101 008 符合蓝牙 V1.0B 规范要求；有 2 级蓝牙 RF 输出功率(0 dBm)；具有 HCI 固件；内置屏蔽；通过 FCC 和 ETSI 认可。

　　ROK 101 008 的 RF 主要技术特性如表 7.12.1～表 7.12.3 所示。电源电压 VCC 和 VCC-IO 为+3.3 V，电流消耗为 35 mA，关闭状态为 1 μA。

表 7.12.1　ROK 101 008 的 RF 特性

参　数	条　件	最小值	典型值	最大值	单位
频率范围		2.420	—	2.480	GHz
天线负荷			50		Ω
VSWR	RX 模式		2:1		

表 7.12.2　ROK 101 008 接收器特性(0.1%BER)

参　数	条　件	最小值	典型值	最大值	单位
灵敏度			−75	−70	dBm
最大输入电平		−20			dBm
寄生辐射	30 MHz～1 GHz		−74	−57	dBm
寄生辐射	1～12.75 GHz		−60	−47	dBm

表 7.12.3　ROK 101 008 的发射器特性

参　数	条　件	符号	最小值	典型值	最大值	单位
频偏		f_{MOD}	140	155	170	kHz
发射功率			−6	+2	+4	dBm
发射载波漂移	单时隙	$f_{DRIFT(1)}$	−25	+5	+25	kHz
	3 时隙	$f_{DRIFT(3)}$	−40	+10	+40	kHz
	5 时隙	$f_{DRIFT(5)}$	−40	+15	+40	kHz
20 dB 带宽寄生辐射	峰值检波器			750	1000	kHz
	10 MHz～1 GHz				−36	dBm
	1～12.75 GHz				−30	dBm
	1～1.9 GHz				−47	dBm
	7.12～5.13 GHz				−47	dBm

7.12.2　ROK 101 008 芯片封装与引脚功能

　　ROK 101 008 引脚封装形式如图 7.12.1 所示，引脚功能如表 7.12.4 所示。

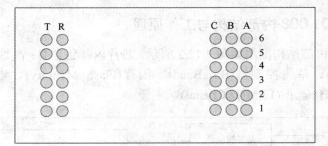

图 7.12.1　ROK 101 008 引脚封装形式

表 7.12.4　ROK 101 008 引脚功能

引脚	符　号	引脚类型	功　　能
A1	PCM_IN	CMOS，输入	PCM 数据
A2	PCM_OUT	CMOS，输出	PCM 数据
A3	PCM_SYNC	CMOS，输入/输出	设置 PCM 数据采样速率
A4	PCM_CLK	CMOS，输入/输出	PCM 时钟，设置 PCM 数据速率
A5	RXD	CMOS，输入	RX 数据到 UART
A6	$\overline{\text{RTS}}$	CMOS，输入	数据流控制信号，要求从 UART 发送数据
B1	NC		空脚
B2	NC		空脚
B3	GND	Power，电源	信号地
B4	NC		空脚
B5	TXD	CMOS，输出	从 UART 输出发射数据
B6	$\overline{\text{CTS}}$	CMOS，输出	数据流控制信号，清除从 UART 发送的数据
C1	NC		空脚
C2	ON	Power，输入	当连接到 VCC 时，模块被使能
C3	$\text{I}^2\text{C\_CLK}$	CMOS，输出	I^2C 时钟信号
C4	VCC_IO	Power，电源	外接电源到输入/输出端口
C5	NC		空脚
C6	VCC	Power，电源	电源电压
R1	GND	Power	信号地
R2	GND	Power	信号地
R3	RESET#	CMOS，输入	有效低复位
R4	NC		空脚
R5	NC		空脚
R6	NC		空脚
T1	GND	Power	信号地
T2	ANT	RF，输入/输出	连接到 50 Ω 天线
T3	GND	Power	信号地
T4	NC		空脚
T5	NC		空脚
T6	$\text{I}^2\text{C\_DATA}$	CMOS	I^2C 数据信号

7.12.3　ROK 101 008 内部结构与工作原理

ROK 101 008 内部结构框图如图 7.12.2 所示，芯片内部包含有：高性能集成无线电收发器(PBA 313 01/2)、基带控制器(BaseBand)、闪存(Flash Memory)、电压调节器(Voltage Regulation)、13 MHz 晶振(13 MHz Crystal)。

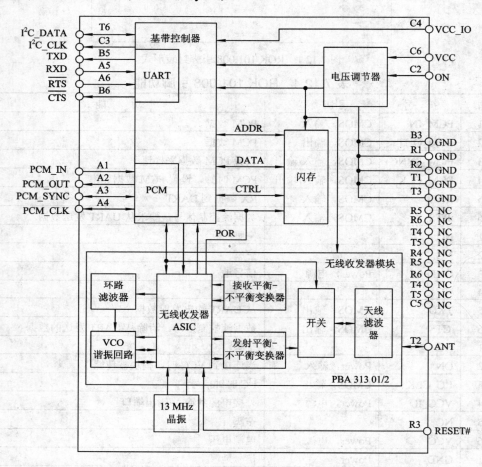

图 7.12.2　ROK 101 008 内部结构框图

各部分的功能如下：

(1) 无线电功能通过蓝牙无线电收发器 PBA 313 01/2 来实现。无线电部分包含有六个可操作模块，它们的作用如下：

① VCO 谐振回路是锁相环的一部分，调制直接在 VCO 上完成。为确保高的性能，VCO 谐振回路是采用激光微调的。

② 回路滤波器滤波 VCO 回路的调谐电压。

③ RX-平衡转换器完成从不平衡到平衡传输的转换。

④ TX-平衡转换器提供输出放大级偏置，完成从平衡到不平衡传输的转换。

⑤ 天线开关直接完成从天线滤波器到接收端口，或从 ASIC 输出端口到天线滤波器的转换控制。

⑥ 天线滤波器是带通滤波器，滤波无线电信号。

(2) 基带控制器是一个以 ARM7-Thumb 为基础的芯片，通过 UART 接口控制无线电收发器。基带控制器有一个 PCM 语音接口和 I^{2}C 接口。使用的基带控制器是 ROP 101 1112/C。

(3) 闪存和基带控制器同时使用。

(4) 电压调节模块用来调节和滤波电源电压。VCC 的典型值是 3.3 V，产生两个可调电压。

(5) 在模块上，安装一个内置时钟。时钟频率是 13 MHz，由晶体振荡器产生，精度保证在 $\pm 20 \times 10^{-6}$ 之内。

1. 蓝牙模块堆栈

主机控制器接口(HCI)由传输层通过 UART 或 USB 接口与主机通信。基带控制器和无线收发器为更高层提供安全、可靠的无线链接。蓝牙模块堆栈如图 7.12.3 所示，它符合蓝牙规范 V1.1。

2. 蓝牙无线电接口

蓝牙模块的输出功率为 2 级，最大输出功率为 4 dBm，不需要功率控制。模块使用典型的天线，额定范围达到 10 m(在 0 dBm 时)。在 ISM 频带，符合 FCC 和 ETSI 规则。

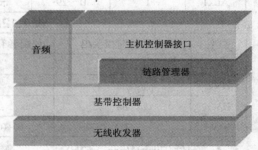

图 7.12.3　爱立信蓝牙模块的 HW/FW 部分

3. 基带控制器

蓝牙使用一个特殊的网络结构，在单个微微网中最大可以有 8 个有效的单元；默认设置第一个单元是链接的主设备；主控器在偶时隙发射，从设备在奇时隙发射；为满足双向传输，使用一个时分双工(TDD)设计；数据包发送时间的额定长度为 625 μs；数据包可以最大扩展到 5 时隙，使用相同的 RF 信道发送完整的数据包；提供两种类型的链接，即数据的异步无连接链接(Asynchronous Connectionless Link，ACL)和语音的同步连接导向链接(Synchronous Connection Oriented Link，SCO)；同时支持 3 条 64 kb/s 语音信道；具有纠错功能的不同类型的数据包和数据速率可在空中接口，见表 7.12.5～表 7.12.7。不对称通信还可用于单方向的高速通信。基带控制器为上层提供链接设置和控制程序。此外，基带控制器还提供蓝牙安全设置(如加密、鉴定和密钥管理)。

表 7.12.5　链接控制数据包

类　型	使用者有效载荷/B	FEC	CRC	对称最大速率	不对称最大速率
ID	na	na	na	na	na
NULL	na	na	na	na	na
POLL	na	na	na	na	na
FHS	18	2/3	yes	na	na

表 7.12.6　ACL 数据包

类型	有效载荷报头/B	使用者有效载荷/B	FEC	CRC	对称最大速率	不对称最大速率/(kb/s)	
						正向	反向
DM1	1	0～17	2/3	yes	108.8	108.8	108.8
DH1	1	0～27	no	yes	172.8	172.8	172.8
DM3	2	0～121	2/3	yes	258.1	387.2	54.4
DH3	2	0～183	no	yes	390.4	585.6	86.4
DM5	2	0～224	2/3	yes	286.7	477.8	36.3
DH5	2	0～339	no	yes	433.9	723.2	57.6
Aux1	1	0～29	no	no	185.6	185.6	185.6

表 7.12.7　SCO 数据包

类型	有效载荷报头/B	使用者有效载荷/B	FEC	CRC	对称最大速率/(kb/s)
HV1	na	10	1/3	no	64.0
HV2	na	20	2/3	no	64.0
HV3	na	30	no	no	64.0
DV	1D	10+(0～9)D	2/3 D	Yes D	64.0+57.6 D

4．固件(FirmWare，FW)

模块包括主控制器接口(HCI)和链路管理器(LM)固件。FW 存储在闪存中，为目标代码格式。模块通过 UART 或 USB 支持器件固件升级(Device Firmware Upgrade，DFU)。

5．链路管理器(LM)

模块使用对等的网络链路管理器协议(Link Manager Protocol，LMP)，通过 RF 物理层(Physical Layer)，每一个蓝牙模块的链路管理器可以与另一个蓝牙模块的链路管理器通信，如图 7.12.4 所示。LMP 管理具有最高优先权，用于链路建立、安全、控制和省电模式设置。接收链路管理器可以滤除不需要回答的发射 LM 的信息，由基带控制器和无线电提供可靠的连接。不需要主机作用，LM 到 LM 就能通信，可以发现其他激活的蓝牙设备。

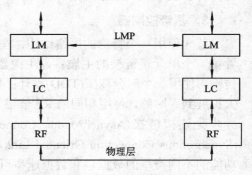

图 7.12.4　链路管理器

6．主机控制接口(HCI)

HCI 为基带控制器、链路管理器和 HW 状态寄存器提供一个统一的 I/F 命令。HCI I/F 通过 UART 或 USB 访问。有如下三种不同类型的 HCI 数据包：

(1) HCI 命令数据包：从主机到蓝牙模块 HCI。

(2) HCI 事件数据包：从蓝牙模块 HCI 到主机。

(3) HCI 数据数据包：双向。

在一个应用中，不需要使用所有不同的命令和事件。如果应用中需要一个指定的框架，则必须具有适应这种框架的性能。

(1) 通过 HCI UART 传输层到 HCI 顶层，模块将通过 UART I/F 与主机通信。PCM I/F 也可用于传输语音。

(2) 通过 HCI UART 传输层到 HCI 顶层，模块将通过 USB 与主机通信。分离和唤醒信号也可用于笔记本操作。

7. 模块 HW 接口

1) UART 接口

模块的 UART 符合工业标准 16C450，支持以下传输速率：300、600、900、1200、1800、2400、4800、9600、19 200、38 400、57 600、115 200、230 400 和 460 800 b/s。128 字节 FIFO 与 UART 相联系。UART 接口提供四个信号，TXD 和 RXD 用于数据流传输，RTS 和 CTS 用于数据流控制。

2) USB 接口

模块的 USB 具有 USB 从设备的全部功能，符合 USB 2.0 规范(如果 VCC_IO>3.11 V)(12 Mb/s)，通过双向端口 D+和 D−传输数据。另外，对于笔记本应用有两个边带信号，即唤醒和分离边带信号，用来控制笔记本的状态。当主机处于低功耗模式，引入蓝牙系统接收连接时，Wake_Up 唤醒主机。主机通过使用分离信号显示处于悬挂模式。

3) PCM 语音接口

PCM 标准接口具有 8 kHz(PCM_SYNC)采样率。PCM 时钟在 8～2.0 kHz 之间变化。PCM 数据可以是线性 PCM(13～16 bit)、μ 率(8 bit)或 A 率(8 bit)。PCM I/F 可以是主设备或是从设备，提供或接收 PCM_SYNC。PCM_OUT 和 PCM_IN 可以通过改变方向来完成。在传输中编码可以按 CVDS、A 率或 μ 率编程。建议使用 CVDS 编码。

4) I^{2}C 接口

在模块上主设备 I^{2}C I/F 是有用的，它用来控制外部 I^{2}C 器件。I^{2}C 引脚控制可以利用爱立信在 FW 中的 HCI 命令来完成。

5) 天线

ANT 引脚端被连接到 50 Ω 天线，因此可以得到最好的信号性能，电压驻波比(VSWR)不应高于 2:1。爱立信建议采用特定的天线。

7.12.4　ROK 101 008 应用电路

ROK 101 008 应用时的加电顺序、电源、屏蔽/EMC 要求、接地、布局、装配、焊接、存储等要求与 ROK 101 007 相同。

1. 模块应用

ROK 101 008 符合蓝牙系统规范 V1.0B。当设计一个蓝牙系统时，使用 ROK 101 008 蓝牙模块是容易的。在设计终端消费产品时，产品符合蓝牙系统规范 V1.0B 的要求。采用 ROK 101 008 可以使一些设计简化，具体如下：

(1) 蓝牙模块。

(2) 蓝牙规范中关于 HCI 的命令的专门技术。

(3) UART/PCM 或 USB I/F 测试板。

(4) PC 软件设计所需的 Visual C++。

(5) 合适的 HCI 驱动器、L²CAP、RFCOMM 和 SDP。

2. ROK 101 008 的 UART 或 PCM 配置

ROK 101 008 典型的 UART 或 PCM 配置应用框图如图 7.12.5 所示。

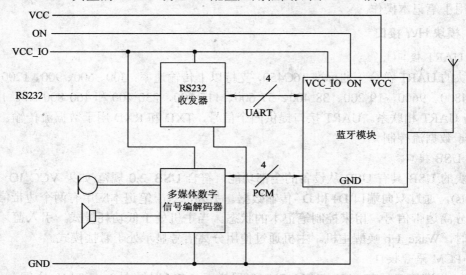

图 7.12.5　ROK 101 008 典型的 UART 或 PCM 配置应用框图

3. UART 互连电路

当设计一块测试板时，UART 相互连接的电平移位电路如图 7.12.6 所示。蓝牙模块可以像 DCE/DTE 一样连接，在测试板和 PC 机之间有无调制解调器都可以使用。

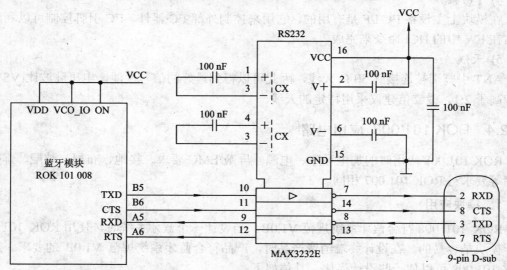

图 7.12.6　蓝牙模块通过电平移位器作为 DCE 连接电路

4. 设置一个蓝牙点到点连接

在模块中的主机控制器接口(HCI)是命令 I/F。主机提供命令到模块的 HCI 和接收 HCI 的事件反馈。模块的链接管理器(LM)提供到 HCI 的链接。

(1) 主机 B 蓝牙模块设置在内存分页查询模式下,用来建立一个新的链接收听蓝牙设备的询问。

(2) 主机 A 蓝牙模块设定在内存分页模式,用来查询到主机 B 的连接。

首先通过设置主机和模块的链接,随后使用 HCI 命令在模块之间建立链接。

5. 通过 UART 进行主机设置

在 UART I/F 上有 4 种不同类型的 HCI 信息包,如表 7.12.8 所示。

表 7.12.8　HCI 信息包

HCI 信息包类型	HCI 信息包指示器
HCI 命令信息包	0x01
HCI ACL 数据信息包	0x02
HCI SCO 数据信息包	0x03
HCI 事件信息包	0x04

HCI 信息包指示器在 HCI 信息包之前被送出。当整个 HCI 信息包被接收到后,将等候一个新的 HCI 信息包指示器。

默认速度设定为 57.6 kb/s,也可通过发送特殊的位流到 I/F 来改变。如何改变 UART 的速度设定请参见有关的资料。

当 UART 的速度设置通过主机 A 和主机 B 来实现时,通过主机可以进行命令包发送和事件包接收。关于参数和协议的详细信息请参见 UART 上 HCI 蓝牙系统 V1.0B 的 H:4 部分。

1) 软件复位

首先被发送的 HCI 命令信息包应是复位信息包。命令完成事件(Command_Complete_Event)与状态参数将返回到主机。

2) 缓冲器信息

缓冲器信息通过使用 HCI 命令在模块和各主机之间交换。

(1) 读缓冲器大小:对于 ACL 和 SCO 数据信息包,模块使用一个命令完成事件信息包返回,提供给主机有关缓冲器的大小信息。主机将使用此信息去控制发射。

(2) 主机缓冲器尺寸:ACL 和 SCO 信息包到主机提供给模块主机缓冲器的大小信息。主机可以控制模块上主机控制器的数据缓冲器。

3) 定时器

模块操作设置定时器是必需的。定时器通过使用 HCI 命令写到寄存器来设置。默认值可以选择蓝牙系统 V1.0B H:1 部分的规格,或使用 Read_xxx_xxx 命令。

4) 蓝牙地址

主机使用 HCI 命令 Read_BD_ADDR 将发现模块的蓝牙地址。通过 Remote_Name_Request,遥控模块的 BD_ADDR 也可以被发现。

5) 查询

为了搜集遥控蓝牙单元的 BD_ADDR,HCI 命令查询 LAP 参数、长度及响应数目。

7.13　SiW3000 UltimateBlue™无线电处理器

7.13.1　SiW3000 主要技术特性

SiW3000 UltimateBlue™无线电处理器采用 0.18 μm 的 CMOS 工艺制造，具有 2.4 GHz 无线电收发器、基带控制器和片上协议栈。其采用直接变频结构(zero-IF)，低层的协议栈程序集成在芯片的 ROM 上，也可选外部闪存支持。SiW3000 完全符合蓝牙 V1.1 规范，也可通过升级软件向上兼容蓝牙 V1.2 规范。SiW3000 UltimateBlue™无线电处理器适合在移动电话、笔记本电脑、台式电脑、无绳话筒、个人数字助理(PDA)、计算机附件、外围设备和无线的打印机/键盘/鼠标中应用。

SiW3000 具有如下技术特点：模拟电路和数字电路内核电压为 1.8 V；外部输入/输出接口电压为 1.62～3.63 V；接收机的灵敏度为−85 dBm(典型值)；发射功率为+2 dBm；理想覆盖范围为 100 m；片内的压控振荡器(VCO)和 PLL 支持多重 GSM/GPRS/CDMA 基准时钟频率；采用一个 6 mm×6 mm×1 mm 的 VFBGA-96 封装；安全工作温度范围为−40～+85℃，最高可延伸到+105℃；硬件 AGC 动态调整接收器的性能，已适应变化的工作环境；集成了有 32 位的 ARMTDMI 处理器；微微网连接支持 7 个激活和 8 个休眠的从设备；兼容 Microsoft® HID 设备的散射网；支持三个 SCO(同步面向连接)音频信道；信道质量驱动数据率(Channel Quality Driven Data Rate，CQDDR)控制多时隙信息包，降低信息包开销，提高数据速率。

SiW3000 RF 的主要技术特性如表 7.13.1～表 7.13.3 所示。电源电压 VCC 为 1.71～1.89 V，数字接口输入/输出电源电压 VDD_P 为 1.6～3.63 V。

说明：RF Micro Devices 公司已收购专业开发蓝牙芯片的 Silicon Wave 公司。Silicon Wave 公司的蓝牙产品系列包括集成、单芯片 CMOS 射频处理器和独立的 CMOS 射频 Modem 解决方案。Silicon Wave 公司将被合并到 RF Micro 公司无线连接业务部，该部门着重开发和生产面向蓝牙、全球定位系统(GPS)和无线局域网(WLAN)的元件和系统级芯片(SoC)。

表 7.13.1　射 频 特 性

参　　数	条　　件	最小值	典型值	最大值	单位
VCO 工作频率范围		2402		2480	MHz
PLL 锁定时间			60	100	μs
射频阻抗	TX 导通		769//1.1		Ω/pF
	TX 关断		26//2.4		Ω/pF
	RX 导通		142//1.8		Ω/pF
	RX 关断		45.7//0		Ω/pF

表 7.13.2 发 射 机 特 性

参 数	条 件	最小值	典型值	最大值	单位
射频最大输出功率		0	+2	+4	dBm
调制系数	—	0.28	0.306	0.35	—
最初载波频率精确度		−75		+75	kHz
载波频率漂移	一个时隙的信息包	−25	—	+25	kHz
	两个时隙的信息包	−40	—	+40	kHz
	五个时隙的信息包	−40	—	+40	kHz
	最大漂移率	—	—	400	Hz/μs
20 dB 的占用带宽	蓝牙特性	—	—	1000	kHz
带内寄生辐射	2 MHz 偏移量	—	—	−40	dBm
	>3 MHz 偏移量	—	—	−60	dBm
带外寄生辐射	30 MHz～1 GHz，工作模式	—	—	−55	dBm
	30 MHz～1 GHz，空闲模式	—	—	−57	dBm
	1～12.75 GHz，工作模式	—	—	−50	dBm
	1～12.75 GHz，空闲模式	—	—	−47	dBm
	1.8～1.9 GHz	—	—	−62	dBm
	7.13～5.3 GHz	—	—	−47	dBm

表 7.13.3 接 收 机 特 性

参 数	条 件	最小值	典型值	最大值	单位
接收机灵敏度	BER < 0.1%	—	−85	−80	dBm
最大可用信号	BER < 0.1%	—	0	—	dBm
同信道选择性 C/I$_{C_0}$	0.1% BER	—	8.0	10.0	dB
邻近信道选择性 C/I$_{1\,MHz}$	0.1% BER	—	−4.0	−3.0	dB
带外阻塞	30～2000 MHz	—	−10	—	dBm
	2000～2399 MHz	—	−27	—	dBm
	2498～3000 MHz	—	−27	—	dBm
	3～12.75 GHz	—	−10	—	dBm
互调	0.1% BER	−39	−36		dBm
接收寄生辐射	30 MHz～1 GHz	—	—	−57	dBm
	1～12.75 GHz	—	—	−47	dBm

7.13.2 SiW3000 芯片封装与引脚功能

SiW3000 采用 6 mm×6 mm×1 mm 的 VFBGA-96 封装，引脚封装形式如图 7.13.1 所示，引脚功能如表 7.13.4 所示。

表 7.13.4 SiW3000 引脚功能

引 脚	符 号	信号形式	功 能
无线电部分			
A2	RF_IN	模拟	射频信号输入到接收器
A4	RF_OUT	模拟	射频信号从发射器输出
A6	VTUNE	模拟	连接 PLL 回路滤波器基准
F1	CHP_PUMP	模拟	连接射频回路滤波器
A7	XTAL_N	模拟	系统时钟晶振输入负端,如果使用一个外部基准时钟,则这个引脚端必须断开连接
B7	XTAL_P/CLK	模拟	系统时钟晶振输入正端或外部基准时钟输入端
B1	IDAC	模拟	外部功率放大器的功率控制,这个输出提供可以控制外部功率放大器的一个变化的电流源,如果不使用,则断开连接
C1	VREFP_CAP	模拟	内部 A/D 转换器电压基准的去耦电容
C2	VREFN_CAP	模拟	内部 A/D 转换器电压基准的去耦电容
振荡器和复位			
G1	PWR_REG_EN/PIO[8]	CMOS 双向	用于一个外部的电压调整器。可编程的高电平有效或低电平有效。也可作为 PIO[8] 使用。这个默认的配置可以通过编程改变,如果不使用,则接地
J9	TX_RX_SWITCH	CMOS 输出	输出信号用来显示无线电收发器的电流状态。这也可用来直接控制一个外部功率放大器。默认设置可通过编程改变,如:低电平=发射模式,高电平=接收模式
可编程的输入/输出端			
K5	PIO[0]	CMOS 双向	可编程的输入/输出 不使用时必须内部设置为高或接地
B8	PIO[1]	CMOS 双向	可编程的输入/输出。如果 UART 口被选定或 PIO[1]=0,则频率由 USB_DPLS_PULLUP 引脚端的状态选择;如果 UART 口被选择或 PIO[1]=1,则频率从 NVM 参数中选择。默认的 UART 操作为 32 MHz。如果 USB 口被选择,则 PIO[1] 被忽略,而频率默认为 32 MHz

续表(一)

引　脚	符　号	信号形式	功　能
J10	PIO[2]	CMOS 双向	可编程的输入/输出。PIO[2]=0，选择 UART 通道；PIO[2]=1，选择 USB 通道
PCM 接口			
E10	PCM_IN	CMOS 输出	PCM 数据到 PCM CODEC
F10	PCM_OUT	CMOS 输入	外设 PCM 数据输入
G10	PCM_CLK	CMOS 双向	PCM 同步数据时钟到外设
H10	PCM_SYNC	CMOS 双向	PCM 同步数据选通输出
UART 接口			
K7	UART_RXD	CMOS 输入	UART 接收数据
K3	UART_TXD	CMOS 输出	UART 发送数据
K6	UART_CTS	CMOS 输入	UART 流程控制，清除发射
G9	UART_RTS	CMOS 输出	UART 流程控制，准备发射
F3	EXT_WAKE	CMOS 输入	来自主机的唤醒信号
G2	HOST_WAKEUP	CMOS 输出	到主机的唤醒信号
USB 接口			
K9	USB_DPLS	模拟	USB 差分对正信号
K8	USB_DMNS	模拟	USB 差分对负信号
J8	USB_DPLS_PULLUP	CMOS 双向	输出信号，控制 USB_DPLS 线的上拉导通/关断。对于 UART 传输，这个引脚为频率选择，如果 PIO[1]=0，则 USB_DPLS_PULLUP=0，选 13 MHz；若 USB_DPLS_PULLUP=1，则选 26 MHz
外存接口			
L1 G3 H1 A8，H2 C9，H3 J1，K4 J7，L4	A[18] A[17]/EEPROM_SCL A[16]/EEPROM_SDA A[15]，A[14] A[13]，A[12] A[11]，A[10] A[9]，A[8]	CMOS 输出	地址线

引　脚	符　号	信号形式	功　能
A11，L7 F9，E11 E9，D11 D9	A[7]，A[6] A[5]，A[4] A[3]，A[2] A[1]	CMOS 输出	地址线
B11，C10 C11，B10 G11，H11 H9，J2 J11 D10 L3 L2 J4，J3 K2，K1	D[15]，D[14] D[13]，D[12] D[11]，D[10] D[9]，D[8]/PIO[3] D[7]/PIO[7] D[6]/PIO[6] D[5]/PIO[5] D[4]/PIO[4] D[3]，D[2] D[1]，D[0]	CMOS 双向	数据线
A10	OE_N	CMOS 输出	外部存储器输出使能，低电平有效
K11	WE_N/EEPROM_WP	CMOS 输出	外部存储器写使能，低电平有效
B9	FCS_N	CMOS 输出	外部存储器片选，低电平有效
电源和地			
D3	VBATT_ANA	电压	内部模拟电路部分电压调节器的正端
L8	VBATT_DIG	电压	内部数字电路部分电压调节器的正端
D1	VCC_OUT	电压	从内部模拟电路部分电压调节器的校准输出
F11，L5	VDD_P	电压	数字输入/输出接口电压正端，包括外围设备接口、外存接口和 UART 接口
L10	VDD_USB	电压	USB 接口的电压正端
A9，L6	VDD_C	电压	数字电路或内部数字电压调节器输出的正端
A1，B6 C4，C5	VCC	电压	射频和模拟电路的电源电压正端
C7，J5	VSS_P	地	数字输入/输出接口地
C8，J6	VSS_C	地	内部数字电路地
L9	VSS_USB	地	USB 接口地

续表(三)

引　脚	符　号	信号形式	功　能
A3，A5，B2，B3，B4，B5，C3，D2，E2，F2	GND	地	射频和模拟电路地

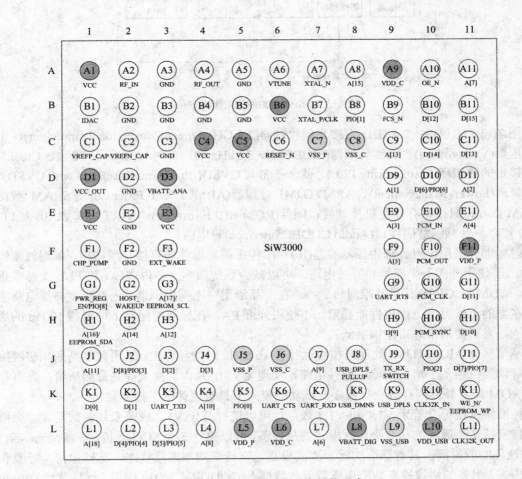

图 7.13.1　SiW3000 引脚封装形式

7.13.3　SiW3000 内部结构与工作原理

SiW3000 芯片内部结构框图如图 7.13.2 所示。

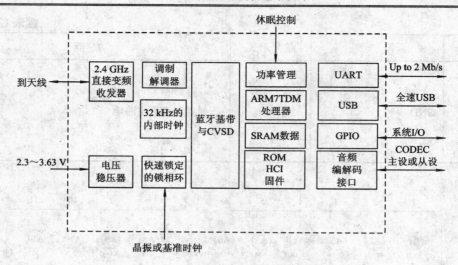

图 7.13.2　SiW3000 内部结构框图

图 7.13.2 中包括：2.4 GHz 直接变频收发器(2.4 GHz Direct Conversion Transceiver)、电压稳压器(Voltage Reg)、调制解调器(MODEM)、32 kHz 的内部时钟(Internal 32 kHz Clock)、快速锁定的锁相环(Fast Locking PLL)、蓝牙基带与 CVSD(BlueTooth BaseBand with CVSD)、功率管理(Power Management)、ARM7TDMI 处理器(ARM7TDMI Processor)、SRAM 数据(SRAM Data)、只读寄存器主机控制接口固件(ROM HCI Firmware)、UART 接口、USB 接口、GPIO 接口、音频编解码接口(Audio CODEC Interface)等电路。

射频部分采用没有外部中频滤波器(IF)和压控振荡器器件的直接变频结构。单端射频输入/输出不使用外部不平衡器和开关电路，可以减少系统成本。芯内 VCO 和 PLL 支持多重 GSM、CDMA、GPRS 标准基准时钟频率。在产品应用中不需要调谐，内部温度补偿电路能保证在宽的工作温度范围内性能稳定。不使用外部 PA，在标准的配置下可覆盖 100 m 的通信范围。发射器的带外寄生辐射低。

基带部分 ARM7TDMI 处理器核心运行在 16 MHz 时钟频率上；采用数字高斯频移键控调制解调器；用基于增益调整的硬件电路，实现 CVSD 片内转换来提高音频质量；具有存放在 ROM 或者外部闪存的执行程序；低功耗模式下具有"休眠"控制接口。

标准协议栈符合蓝牙 V1.1 和 V1.2 规范，可以进行蓝牙 V1.2 规范系统参数配置。微微网连接支持 7 个激活的和 8 个休眠模式的从设备，可以建立 3 个 SCO 连接，兼容 Microsoft® HID 设备的散射网，具有标准的蓝牙测试模式，支持低功率连接状态，支持保持、呼吸和休眠模式。另外的协议栈支持信道质量驱动数据率(CQDDR)、VOIP 应用、支持蓝牙+Wi-Fi 共存技术等。

7.13.4　SiW3000 应用电路

SiW3000 外接闪存的应用电路如图 7.13.3 所示。SiW3000 使用内部 ROM 的应用电路如图 7.13.4 所示。外部系统接口如下所述。

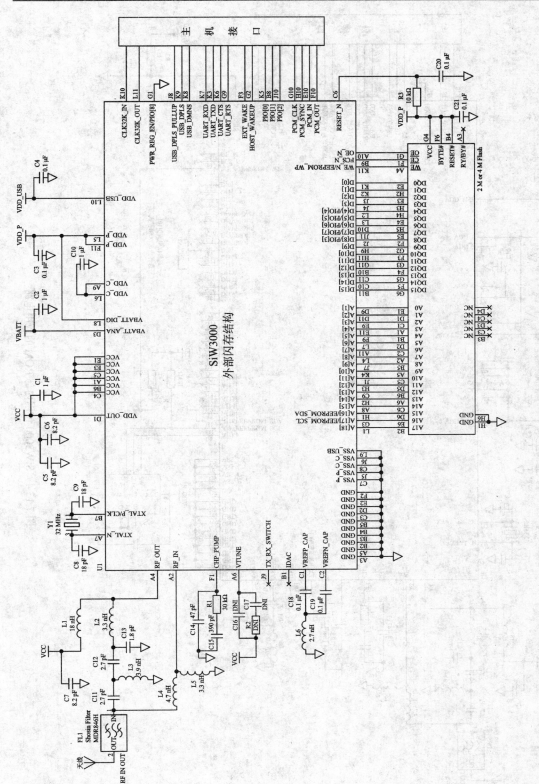

图 7.13.3 SiW3000 外接闪存的应用电路

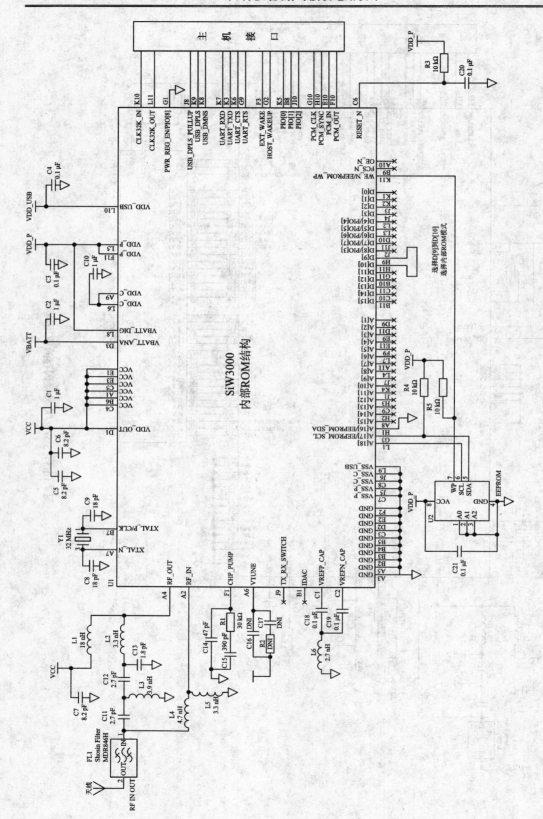

图 7.13.4　SiW3000 使用内部 ROM 的应用电路

1．H:2 USB 主机控制接口(Host HCI)

USB 器件接口提供了一种在 SiW3000 和主机之间的物理传输端口，用来传输蓝牙控制信号和数据。这个传输层符合蓝牙规范中的 H:2 部分要求，支持所有的端点。SiW3000 USB 接口包括三个 I/O 信号：USB_DPLS、USB_DMNS 和 USB_DPLS_PULLUP。如果 USB 传输接口没有被使用，则 USB_DPLS 和 USB_DMNS 引脚端应接地，以减少电流的消耗。

2．H:4 UART 主机控制接口(Host HCI)

这个高速 UART 接口提供了一种在 SiW3000 和主机之间的物理传输端口，传输符合蓝牙规范 H:4 部分的蓝牙控制信号和数据。表 7.13.5 给出的是所支持的波特率。默认波特率是 115.2 kb/s，但可以依据应用要求来配置。

表 7.13.5　主机控制接口传输

SiW3000 无线电处理器的 HCI UART 参数	必需的主机设置
数据位	8 位
奇偶校验位	无
停止位	1 位
流程控制	RTS/CTS
来自 SiW3000 的主机溢出响应所需的条件	8 个字节
来自主机的 SiW3000 溢出响应所需的条件	2 个字节
支持的波特率(b/s)	9.6 k，19.2 k，38.4 k，57.6 k，115.2 k，230.4 k，460.8 k，500 k，921.6 k，1 M，1.5 M，2 M

3．H:5 3 线 UART 主机控制接口(Host HCI)

为了减少信号的数量和增加 HCI UART 接口的可靠性，由 SiW3000 支持一个 3 线的 UART 协议。在标准的 H:4 和 H:5 之间，由 SiW3000 自动选择，这与 BCSP 接口兼容。其参数如表 7.13.6 所示。

表 7.13.6　H:5 3 线 UART 主机控制传输配置

SiW3000wxd 处理器 HCI 3 线 UART 参数	必需的主机设置
数据位	8 位
奇偶校验位	偶数
停止位	1 位
错误检测	求和校验
休眠模式	深度休眠和浅休眠

4．音频 CODEC(多媒体数字信号编解码器)接口

SiW3000 支持与外部主机设备的音频 CODEC 或 PCM(脉冲编码调制)直接接口；接口支持标准 64 kHz 的 PCM(脉冲编码调制)时钟速率；支持多时隙的握手和同步，时钟速率高达 2 MHz；支持主设备或从设备模式；音频 CODEC 接口的配置在启动期间通过读取非易失性存储器(Non-Volatile Memory，NVM)参数值来完成；所支持的音频 CODEC 模式有普通的 64 kHz 音频 CODEC(例如，OKI MSM-7702)、摩托罗拉公司的 MC145481 或与类似的编解码器、QUALCOMM MSM 芯片组音频端口和 GSM/GPRS 基带控制器音频端口。

5．可编程的输入/输出口(PIO)

在 SiW3000 中有 29 个可编程的输入/输出端口可供用户使用。这些可编程的输入/输出端口有 3 个是专用的，其余端口具有其他功能。可编程输入/输出端口功能是由系统设置的，可以设置为输入或输出。PIO 引脚的读、写和控制由主机应用软件通过 HCI 指令来完成。

6．外部存储器接口

SiW3000 无线电处理器是一个真正的单芯片器件，对于标准的低层 HCI 协议不需要附加存储器。外部存储器接口可用于扩展可选择的存储器。如果使用一个外部闪存，则器件的访问时间必须在 100 ns 或 100 ns 以下。

外部存储器接口(见表 7.13.7)允许连接闪存和 SRAM 器件，具有 18 位地址线和 16 位数据线，可寻址具有 16 位数据线的 512 KB 存储器。在某些嵌入式应用中，可以同时安装 SRAM 和 Flash，用高位地址线作为芯片选择。

表 7.13.7　外部存储器接口

信　号	描　述
A[1]～A[18]地址	18 位的地址线
D[0]～D[15]数据	16 位的数据线
FCS_N	芯片选择
OE_N	输出使能
WE_N	写使能

7．外部 EEPROM(电可擦除只读存储器)控制器和接口

这个接口用于基于 ROM(只读存储器)的解决方案中。EEPROM 不要求外部闪存对它进行配置。EEPROM 在系统中是非易失性内存，存储蓝牙设备地址、CODEC 类型等系统配置参数和其他参数。这些默认的参数在出厂时已经被设定了，还有一些参数可随着系统结构的配置而改变。非易失性参数也可直接从主机处理器导入，可不使用 EEPROM。EEPROM 应具有串行 I^2C 接口，具有一个最小为 2 kb 的存储空间和 16 B 的写缓冲器。

8．电源管理

HOST_WAKEUP 和 EXT_WAKE 信号用作电源管理。HOST_WAKEUP 是一个输出信号，用来唤醒主机。EXT_WAKE 是一个输入信号，由主机发出，用来唤醒 SiW3000 无线电处理器。

9．复位

SiW3000 处理器可以被加到 RESET_N 引脚端的信号(低电平有效)复位。在加电时，RESET_N 必须在电源电压和内部电压调节器稳定后才能出现。利用一个简单的 RC 电路可以提供上电复位信号，使得 SiW3000 复位。

7.14　SiW3500 单片蓝牙技术解决方案

7.14.1　SiW3500 主要技术特性

SiW3500 是一个完整的蓝牙技术解决方案的单片集成电路，包含一个 2.4 GHz 的收发器、基带处理器和蓝牙协议栈软件，可用于移动电话(手机)、PDA(个人数据处理)、音频、计算机外部设备和其他蓝牙嵌入式应用中。SiW3500 符合蓝牙 V1.2 规范，包括 AFH 和扩展的 SCO。

SiW3500 标准软件包含到 HCI(Host Control Interface)的低层协议栈。SiW3500 为开发高层协议栈、框架和应用程序提供了开放式的平台。

SiW3500 采用低成本 0.18 μm CMOS 工艺制造，减少了待机电流的消耗；片上具有 50 Ω 匹配网络，不需要外部阻抗匹配器件；集成的 32 位 ARM7TDMI 处理器可以处理复杂的音频运算规则，不需要专门的数字信号处理器；具有开放式的软件开发平台，更易于集成高层协议栈和框架；支持 7 个子设备的微微网和散射网；频道质量驱动数据速率(Channel Quality Driven Data Rate，CQDDR)控制多时隙信息包，增大了数据吞吐量；内置蓝牙终端共存软件(UltimateBlue Coexistence Software)，减少了对 802.11 设备的干扰；温度范围为 −40～+85℃，最高可用(有效的)温度为+105℃。

7.14.2 SiW3500 内部结构

SiW3500 采用一个 96 引脚 VFBGA(6 mm×6 mm×1 mm)封装，内部结构框图如图 7.14.1 所示。

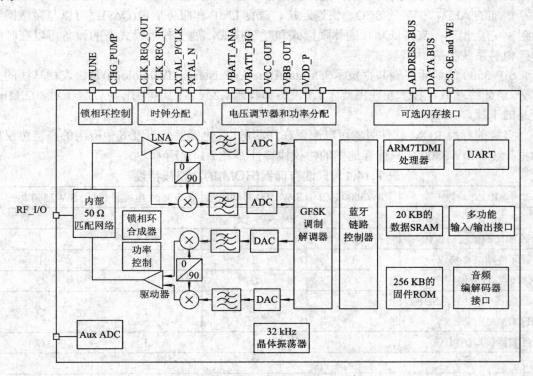

图 7.14.1 SiW3500 内部结构框图

该芯片包含锁相环控制(PLL Control)、时钟分配(Clock Distribution)、电压调节器和功率分配(Voltage Regulators and Power Distribution)、可选闪存接口(Optional Flash Interface)、ARM7TDMI 处理器(ARM7TDMI Processor)、通用异步收发器(UART)、20 KB 的数据

SRAM(20 KB Data SRAM)、多功能输入/输出接口(Multi-Function I/O)、256 KB 的固件 ROM(FirmWare ROM 256 KB)、音频编解码器接口(Audio CODEC Interface)、蓝牙链路控制器(BlueTooth Link Controller)、高斯频移键控调制解调器(GFSK Modem)、32 kHz 晶体振荡器(32 kHz Oscillator)、数/模转换器(DAC)、模/数转换器(ADC)、内部 50 Ω 匹配网络(Internal 50-Ohm Match Network)、锁相环合成器(PLL Synthesizer)、功率控制(Power Control)、低噪声放大器(LNA)、辅助的模/数转换器(Aux ADC)等电路。

7.14.3 SiW3500 应用电路

SiW3500 的射频部分采用直接转换结构，适合在高 RF 干扰环境下应用。片上的 50 Ω 匹配网络不需要外部阻抗匹配器件，减少了系统的成本，产品中不需要调谐电路和调节电路。快速合成器给予即时开/关响应，使电路运行时间周期的占空因数减到最小，减少了平均耗电量，从而延长了电池的寿命。

SiW3500 的基带部分采用功能强大的 ARM7TDMI 处理器，处理器执行所有的协议栈和应用程序，以及附加的复杂的音频执行运算法则。扩展的多功能 I/O 允许用户灵活使用。辅助模拟/数字控制器(ADC)可以在电池电平检测或位置检测中应用。

SiW3500 具有完整的协议栈，包括链接管理层和主机接口(HCI)；符合蓝牙 V1.2 规范，包括增加的 AFH、扩展的 SCO、快速连接、改良 LMP 和服务质量(QoS)；可以与微微网和散射网完全相连；支持低功耗的休眠模式和呼吸模式，处于呼吸模式下的设备可以在呼吸间隔内与系统唤醒/休眠模式同步。

SiW3500 的蓝牙终端共存技术(UltimateBlue Coexistence Technology)是协议栈基线的一部分。蓝牙终端共存技术在使用蓝牙 1.1 设备和蓝牙 1.2 设备的环境中，可以减少对 802.11b/g 产品的干扰。

多样的标准 ROM 软件版本可以配置在移动电话、电缆替代以及其他应用的高层协议栈和框架上。SiW3500 的只读存储器的协议栈特性如表 7.14.1 所示。

表 7.14.1 只读存储器(ROM)的协议栈特性

ROM 特性	SiW3500 HCI	SiW3500 移动电话	SiW3500 电缆替代	SiW3500 用户
协 议 栈				
到 HCI 的低层协议栈	I	I	I	I
蓝牙终端共存协议	I	I	I	I
CVC 噪音取消程序	O	O	O	O
上层栈(L²CAP、SDP、RFCOMM)	—	I	I	O
可编程接口(API)	—	I	I	O
框 架				
耳机网关(HSP)	—	I	—	O
免提话筒网关(HFP)	—	I	—	O
串行端口(SPP)	—	I	I	O
传真、拨号网络	—	I	—	O

ROM 特性	SiW3500 HCI	SiW3500 移动电话	SiW3500 电缆替代	SiW3500 用户
话筒通路(PAP)	—	—	—	O
SIM 通路(SAP)	—	—	—	O
文件传输(FTP)	—	—	—	O
普通对象的交换(GOEP)	—	—	—	O
同步(SYNC)	—	—	—	O
个人区域网(PAN)	—	—	—	O
个人输入设备(HID)	—	—	—	O
音频分配框架(VDP)	—	—	—	O

注：I 表示包含在 SiW3500 ROM 内；O 表示需要时选择。

7.15　STLC2400 单片蓝牙解决方案

7.15.1　STLC2400 主要技术特性

STLC2400 采用 ST 公司先进的 RFCMOS 技术设计制造,在一个芯片上集成了一个完整的 RF 收发器、蓝牙数字内核和一个 ARM7 微控制器, 仅需少量的外部器件即可完成蓝牙无线链接。

STLC2400 的无线电收发器支持 1、3、5 时隙的高位率数据模式及音频模式,直接支持蓝牙功率 2 级操作,利用一个外部的功率放大器芯片 STB7710 还可以执行功率 1 级应用。STB7710 采用硅-锗 BiCMOS 技术制造,便于接口的级间匹配。

蓝牙的协议栈在 STLC2400 的嵌入式 ARM7 微控制器中运行。STLC2400 采用灵活的存储器管理,可以广泛应用在嵌入式蓝牙设备中。

STLC2400 RF 收发器符合蓝牙 V1.1 规范；电流消耗低,连接模式为 50 mA,寻呼模式为 400 μA；接收灵敏度为−81 dBm；最大输出功率为+4 dBm；发射功率控制为 24 dB；具有 32 dB 的 RSSI 输出范围；电源电压为 2.7 V；采用最少外部元件的高级结构,不需要外部信道滤波器；具有完全集成的带有调谐回路的压控振荡器,具有自动校准功能。

STLC2400 基带控制器采用具有所有低层的链路控制功能的蓝牙专用硬件 ARM7TDMI 微控制器。其主要技术特性有：可选用 8～26 MHz 的单晶体振荡器；2.75 V 输入/输出和 1.8 V 输入/输出；接口类型有 UART、GPIO、SPI、I²C、PCM、JTAG；具有定时器和看门狗两个外部中断；A 律、μ 律和 CVSD；48 KB 内部 RAM,200 KB 内部 ROM；支持所有蓝牙分组类型,支持微微网音频和散射网数据结构。

STLC2400 采用 BGA84(6 mm×6 mm)封装。

7.15.2　STLC2400 内部结构

STLC2400 内部结构框图如图 7.15.1 所示。它包括低噪声放大器(LNA)、脉冲编码调制(PCM)、I/Q、锁相环(PLL)、功率放大器(PA)、功率放大器控制(PA CTRL)、数/模转换器(DAC)、

LPO、蓝牙内核(BlueTooth Core)、ARM7 TDMI、直接存储器存取(DMA)、ROM、随机读取存储器(RAM)、Program Memory(可编程存储器)、APB 桥(APB Bridge)、定时器(Timer)、启动检测(Start Detect)、通用异步收发器先进先出(UART FIFO)、中断控制器 (Interrupt Controller)、串行外围接口(SPI)、I²C、通用异步收发器(UART)、GPIO、EMI、系统控制(System Control)。

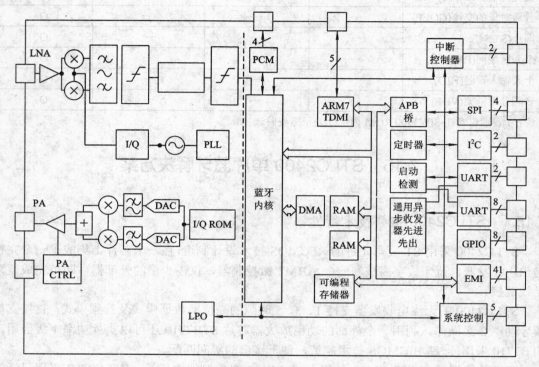

图 7.15.1　STLC2400 内部结构框图

7.15.3　STLC2400 应用电路

STLC2400 的无线电前端包括接收和发射不平衡变压器、一个 ISM 带通的天线滤波器、一个天线开关和一个环路滤波器。无线电接收通道采用一个低中频结构，片内集成了信道滤波器。无线电发射通道采用直接正交调制，内置的自我调整功能可以校准中心频率，补偿因温度和电源的改变而引起的频率变化，以及在接收通道和发射通道的滤波器对带宽的影响。频率合成器具有 N 分频的 PLL，完全集成调谐回路的 5 GHz VCO，由硬件来调整压控振荡器(VCO)的谐振回路。

STLC2400 的数字基带部分是建立在爱立信蓝牙核(EBC)和 ARM7 微控制器的基础上的。EBC 执行的是蓝牙协议栈的所有低层功能，使用原始的 EBC 的优点是保证了符合相应的标准，保证了互操作性，还保证了标准升级和加强性能的途径。STLC2400 的操作符合蓝牙 V1.1 规范，包括支持所有的异步无连接(ACL)，所有同步连接(SCO)、微微网(Piconet)和散射网(Scatternet)的操作。

STLC2400 的微控制器包括 48 KB 的 SRAM 和可以运行 200 KB 的内部程序的 ROM。采用内部程序 ROM 或者是将程序存储在外部闪存取决于软件结构的成熟度。

STLC2400 的 JTAG 仿真接口提供了仿真和高级调试特性，用户应用软件集成，使用户的开发变得简单、方便。

ST 公司的软件是以爱立信公司的蓝牙协议栈为基础的。蓝牙协议栈有 3 个可用的结构：HCI/LM、细微嵌入(remote embedded)或完全嵌入。结构的选择是由应用对象所决定的。

7.16　STLC2500 单片蓝牙解决方案

7.16.1　STLC2500 主要技术特性

STLC2500 是一个基于 ROM 的蓝牙系统解决方案(HCI 层)。该芯片内部包含 RF 收发器、32 bit ARM7TDMI CPU、AMBA (AHB-APB)总线结构、片上 RAM 和 ROM，ROM 预先装载有软件(到 HCI 层)。STLC2500 使用单电源电压，利用内部稳压器产生芯片内核的工作电压；支持 1.65～2.85 V I/O 接口；只需要 7 个外部元件、6 个退耦电容和 1 个滤波器；采用标准的 TFBGA 84 封装。

STLC2500 符合蓝牙功率 2 级要求；具有定时器和看门狗；有 3 种不同的低功耗模式(休眠模式、深休眠模式和完全低功耗模式)，低功耗模式利用软件控制；具有两个唤醒机制，即启动唤醒以及被主机或者其他蓝牙设备唤醒。

STLC2500 符合蓝牙规范 V1.1 和 V1.2 的要求；支持点到点、一点到多点(7 个从设)和散射网；支持 ACL 异步连接和 SCO 同步连接(2 个 SCO 通道)，可扩展 SCO 连接；支持 PPEC(Pitch-Period Error Concealment)，改善了语音质量，改善了与 WLAN 的共存；工作在接收器状态(非蓝牙连接)；跳频。硬件支持的信息包类型：① ACL 有 DM1、DM3、DM5 和 DH1、DH3、DH5；② SCO 有 HV1、HV3 和 DV；③ eSCO 有 EV3、EV5。时钟支持：① 13 MHz、26 MHz、19.2 MHz 或者 38.4 MHz 系统时钟输入；② 3.2 kHz、16.384 kHz、32 kHz 或者 32.768 kHz LPO 时钟输入。通信接口有：快速 UART 和 PCM 接口；4 个可编程的 GPIO，利用 GPIO 可实现外部中断；快速 I^2C 接口。软件支持：低层协议栈(到 HCI)、HCI 传输层(H4)、HCI 命令(例如外部设备控制)、HCI 命令修补和升级下载。

STLC2500 RF 主要技术特性如表 7.16.1 和表 7.16.2 所示。电源电压 VDD_HV 为 2.65～2.85 V，I/O 口电源电压 VDD_IO_A 为 1.65～2.85 V，电流消耗为 34 mA，低功耗模式为 6 μA。工作环境温度为-40～+85℃。

表 7.16.1　接 收 器 性 能

参　　数	符　　号	测 试 条 件	最小值	典型值	最大值	单位
输入频率范围	RFin		2402		2480	MHz
接收器灵敏度	RXsens	@ BER 0.1%		−85		dBm
最大输入信号电平	RXmax	@ BER 0.1%		+15		dBm
同信道干扰	C/Ico-channel	@输入信号强度=−60 dBm			9	dB
邻近信道 (1 MHz)干扰	C/I1 MHz	@输入信号强度=−60 dBm			−2	dB
互调	IMD	根据在 BT 测试规范中的定义进行互调测试		−35		dBm

表 7.16.2　发 射 器 性 能

参　数	符　号	测试条件	最小值	典型值	最大值	单位
输出频率范围	RFout		2402		2480	MHz
标准输出功率	TXpout	@2402-2480 MHz	0	3	5	dBm
带内寄生发射 FCC's 20 dB BW	FCC			932		kHz
初始载波频率容差|f_TX-f0|	ΔF		−75		75	kHz
载波频率漂移						
1 个时隙信息包	|Δf_p1|				25	kHz
3 个时隙信息包	|Δf_p3|				40	kHz
5 个时隙信息包	|Δf_p5|				40	kHz

7.16.2　STLC2500 芯片封装与引脚功能

　　STLC2500 采用 TFBGA-84 封装,引脚封装形式如图 7.16.1 所示,引脚端功能如表 7.16.3 所示。

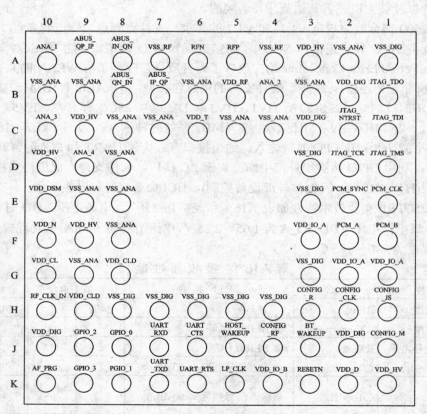

图 7.16.1　STLC2500 引脚封装形式

表 7.16.3 STLC2500 引脚端功能

名称与符号	引脚端	功 能	方向	复位后默认状态
时钟和复位引脚端				
RESETN	K03	全部复位，低电平有效	I	输入
RF_CLK_IN	H10	基准时钟输入	I	输入
LP_CLK	K05	低功耗模式时钟输入	I	输入
开关启动低功耗模式				
HOST_WAKEUP	J05	唤醒信号到 HCI	I/O	输出高电平
BT_WAKEUP	J03	唤醒信号到蓝牙设备	I	输入
UART 接口				
UART_RXD	J07	UART 接收数据	I	输入
UART_TXD	K07	UART 发射数据	O/t (I/O)	输出高电平
UART_CTS	J06	UART 请求发送	I	输入
UART_RTS	K06	UART 请求发送	O/t (I/O)	输出低电平
PCM 接口				
PCM_SYNC	E02	PCM 帧信号	I/O	输入 PD
PCM_CLK	E01	PCM 时钟信号	I/O	输入 PD
PCM_A	F02	PCM 数据	I/O	输入 PD
PCM_B	F01	PCM 数据	I/O	输入 PD
JTAG 接口				
JTAG_TDI	C01	JTAG 数据输入	I	输入 PU
JTAG_TDO	B01	JTAG 数据输出	O/t	三态
JTAG_TMS	D01	JTAG 模式信号	I	输入 PU
JTAG_NTRST	C02	JTAG 复位，低电平有效	I	输入 PD
JTAG_TCK	D02	JTAG 时钟输入	I	输入
通用 I/O 接口				
GPIO_0	J08	通用 I/O 接口 0	I/O	输入 PD
GPIO_1	K08	通用 I/O 接口 1	I/O	输入 PD
GPIO_2	J09	通用 I/O 接口 2	I/O	输入 PD
GPIO_3	K09	通用 I/O 接口 3	I/O	输入 PD
配置引脚端				
CONFIG_JS	H01	配置信号	I	输入
CONFIG_CLK	H02	配置信号	I	输入
CONFIG_R	H03	配置信号	I	输入
CONFIG_M	J01	配置信号	I	输入
CONFIG_RF	J04	配置信号	I	输入

名称与符号	引脚端	功　　能	方向	复位后默认状态
射 频 信 号				
RFP	A05	差分射频通道	I/O	
RFN	A06	差分射频通道	I/O	
电 源 电 压				
VDD_HV	A03，C09，D10，F09，K01	电源电压(连接到 2.75 V)		
VDD_D	K02	稳压器输出到内核逻辑电路		
VDD_DIG	B02，C03，J02，J10	内核逻辑电路电源电压		
VDD_IO_A	F03，G02，G01	1.65～2.85 V I/O 引脚端电源电压		
VDD_IO_B	K04	1.35～2.85 V I/O 引脚端电源电压		
VDD_CLD	G08，H09	系统时钟电源，电压为 1.65～2.85 V		
VDD_DSM	E10	内部电源电压退耦		
VDD_N	F10	内部电源电压退耦		
VDD_CL	G10	内部电源电压退耦		
VDD_RF	B05	内部电源电压退耦		
VSS_DIG	A01，D03，E03，G03，H04，H05，H06，H07，H08	数字地		
VSS_ANA	A02，B03，B06，B09，B10，C04，C05，C07，C08，D08，E08，E09，F08，G09	模拟地		
VSS_RF	A04，A07	射频地		
测 试 引 脚 端				
VDD_T	C06	测试电源电压	I/O	输入
ABUS_IN_QN	A08	测试引脚端	I/O	输入
ABUS_QP_IP	A09	测试引脚端	I/O	输入

名称与符号	引脚端	功　能	方向	复位后默认状态
ABUS_IP_QP	B07	测试引脚端	I/O	输入
ABUS_QN_IN	B08	测试引脚端		
ANA_1	A10	类测试引脚端		
ANA_2	B04	类测试引脚端		
ANA_3	C10	类测试引脚端		
ANA_4	D09	类测试引脚端		
AF_PRG	K10	测试引脚端	I/O	开路

7.16.3　STLC2500 内部结构与工作原理

STLC2500 的内部结构框图如图 7.16.2 所示，芯片内部包含有：发射器(Transmitter)、接收器(Receiver)、自动校准(Auto Calib)、小数 N 分频射频 PLL(RF PLL (FracN))、调制器(Modulator)、解调器(Demodulator)、控制与寄存器(Control & Registers)、时钟输入缓冲器(Sq)、PLL、基带内核 EBC(Baseband Core EBC)、微处理器(ARM7TDMI CPU Wrapper)、ROM、RAM、AMBA 外设总线(AMBA Peripheral Bus)、中断源(Interrupt)、定时器(Timer)、输入/输出接口(Input/Output)、UART、JTAG、PCM、I^2C、WLAN、内部电源管理(Internal Supply Management)等电路。

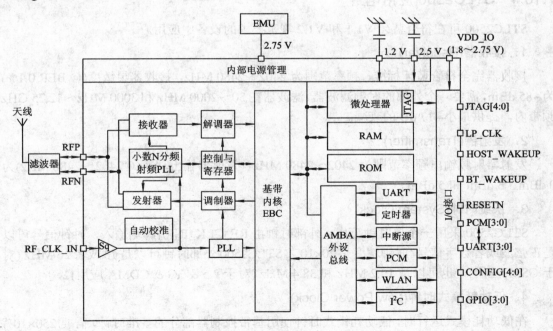

图 7.16.2　STLC2500 的内部结构框图

1．发射器(Transmitter)

发射器用来发射来自基带控制器的串行数据。发射器调制器转换这个数据成为被 GFSK 调制的 I 和 Q 数字信号。这些信号在进入上变频之前，通过低通滤波器转换成模拟信号。

利用闭环 PLL 可限制载波频率的漂移。

2．接收器(Receiver)

STLC2500 采用低 IF 的接收器,完成对蓝牙调制输入信号的接收。无线电信号通过平衡射频输入端输入,由 LNA 放大。混频器被两个正交的 LO(本机振荡器)信号驱动,LO(本机振荡器)信号由片内的 VCO 产生。I 和 Q 混频器输出信号通过带通滤波器(Poly-Phase Filter)滤波,进行频道滤波和镜像抑制。带通滤波器的输出信号被 VGA 放大,放大到 A/D 转换器的最佳输入信号范围。此外,频道滤波也在数字部分进行。数字部分解调 GFSK 编码位流,检测在数字 I 和 Q 信号中的相位信息。RSSI 数据被获取。在接收通道的全自动增益放大由数字控制。模拟滤波器的 RC 时间常数在芯片上被自动校准。

3．PLL

片内的 VCO 是 PLL 的一部分。VCO 的谐振回路完全集成在芯片上,不需要外部元件。VCO 中心频率的变化被自动校准。

4．基带控制器部分(BaseBand Controller)

基带控制器部分由基带核 EBC、微处理器、ROM、RAM、AMBA 外设总线、中断源、定时器、UART、JTAG、PCM、I^{2}C、WLAN 输入/输出接口等电路组成,符合蓝牙 V1.1 和 V1.2 规范要求。

7.16.4　STLC2500 应用电路

STLC2500 可在符合蓝牙 V1.1 和 V1.2 规范要求的设备中应用。

1．接收器(Receiver)

接收器完全符合蓝牙标准,频率范围为 2402～2480 MHz,接收器灵敏度(@ BER 0.1%)为-85 dBm,需要一个外部的射频滤波器,滤波器在 30～2000 MHz 和 3000 MHz～12.75 GHz 频带内,提供最小-17 dB 的衰减。

2．发射器(Transmitter)

发射器射频输出频率范围为 2402～2480 MHz,发射器输出功率(@2402～2480 MHz)为 0 dBm、3 dBm 和 5 dBm。

3．系统时钟(System Clock)

STLC2500 采用一个单时钟工作。外部时钟由 RF_CLK_IN 引脚端输入,时钟信号可以是正弦波或者数字信号。时钟精度是 20×10^{-6}。STLC2500 外部时钟可以是 13 或者 26 MHz (对于 GSM 应用),也可以是 19.2 MHz 和 38.4 MHz (对于 2.5 & 3G & CDMA 应用)。

4．低功耗模式时钟(Low Power Clock)

在低功耗模式运行时,低功耗模式时钟使用基带控制器部分的基准时钟,需要 250×10^{-6} 的精确度。STLC2500 的外部低功耗模式时钟由 LP_CLK 引脚端输入,时钟频率为 3.2 kHz、16.384 kHz、32 kHz 和 32.768 kHz。低功耗模式下,时钟在所有的时间内必须有效。

5．时钟检测(Clock Detection)

系统时钟和低功耗时钟能够利用专门的 HCI 命令或者集成的自动检测算法进行检测,

时钟检测的任务是：辨认系统时钟频率(13 MHz、26 MHz、19.2 MHz 或者 38.4 MHz)，辨认低功耗时钟频率(3.2 kHz、16.384 kHz、32 kHz 或者 32.768 kHz)。

注意：STLC2500 设定低功耗时钟在所有的时间内有效。

6. 中断(Interrupts)

用户能够编程 GPIO 引脚端作为外部中断源输入。

7. 低功耗模式(Low Power Modes)

为了节省功率消耗，STLC2500 支持 3 个低功耗模式。根据蓝牙应用和 HCI 状态，STLC2500 自动决定进入深休眠模式(Deep Sleep Mode)、休眠模式(Sleep Mode)或者有效模式(Active Mode)。完全低功耗模式由来自主机的命令控制。

1) 休眠模式

在休眠模式，STLC2500 能够接收来自主机的 HCI 命令；支持所有类型的蓝牙链接；传递数据到蓝牙链接；当有需要时，可以在休眠模式和有效模式之间动态转换；系统时钟总是有效；根据蓝牙有效状态，芯片中的部分电路可以动态地关断电源。

2) 深休眠模式

在深休眠模式，STLC2500 能够不接收来自主机的 HCI 命令；支持寻呼扫描和查询扫描；支持呼吸、保持、等待蓝牙链接；不能传递数据到蓝牙链接；在蓝牙有效时，在休眠模式和有效模式之间动态转换；系统时钟是无效的；根据蓝牙有效状态，芯片中的部分电路可以动态地关断电源。

3) 完全低功耗模式

在完全低功耗模式，STLC2500 能够有效地降低功耗，STLC2500 不支持蓝牙有效；HCI 结构关闭；系统时钟无效；芯片的大部分电路电源关断；RAM 连接不维持。

8. 数字接口(Digital Interfaces)

1) UART 接口

STLC2500 包含有 4 引脚端(UART_RXD、UART_TXD、UART_RTS 和 UART_CTS)的 UART 接口，与 16450、16550 和 16750 标准兼容；运行速率达到 1842 kb/s(+1.5%或−1%)，配置结构是 8 个数据位、1 个启动位、1 个停止位，没有奇偶校验位；具有可配置的 128 字节 FIFO；在硬件中自动完成 RTS/CTS，可以利用开关工作；UART 接受所有在蓝牙规范中描述的 HCI 命令，支持 H4 命令和 4 线 UART 休眠模式；利用 HCI 命令可以改变传输速率，默认的传输速率是 115 200 b/s。

2) PCM 接口

芯片内包含有 4 引脚(PCM_CLK、PCM_SYNC、PCM_A 和 PCM_B)的音频接口，可直接与标准的 CODEC 连接。对于音频传输(8 kHz PCM_SYNC 和 8 或者 16 bit 数据)，完全符合 MP-PCM 要求。

PCM 接口的 4 个信号是：① PCM_CLK：PCM 时钟；② PCM_SYNC：PCM 8 kHz 同步信号；③ PCM_A：PCM 数据；④ PCM_B：PCM 数据。

数据可以是线性的 PCM(13～16 bit)、μ 律(8 bit)或者 A 律(8 bit)。

利用 HCI 命令，接口可以编程为主设或者从设模式。两个附加的 PCM_SYNC 信号可以利用 GPIO 提供。

3) JTAG 接口

JTAG 接口符合 JTAGIEEE 标准 1149.1。它可以利用标准的 ARM7 开发工具调试 ARM7TDMI 应用程序，也可以用来进行器件的测量。

4) 通用 I/O 接口(GPIO)

STLC2500 有 4 个 GPIO 引脚端。它们可以通过 HCI 命令编程。它们可以配置为：输入、输出、中断(同步或者异步，边沿或者电平触发)、唤醒。GPIO 是一个多功能的引脚端。GPIO 可选择的功能有：WLAN 共存控制、I^2C 接口、PCM 同步、GPIO。

7.17　TC2000 单片蓝牙解决方案

7.17.1　TC2000 主要技术特性

TC2000 是一个集成了无线电、链路控制、CPU 功能的高集成度的单片蓝牙解决方案。TC2000 采用 ARM7TDMI CPU 内核，有足够的带宽来支持嵌入式领域的应用。TC2000 采用 0.18 μm CMOS 工艺制造，集成了 RF 滤波/RF/模拟/数字电路和快闪(Flash，4 Mb)存储器，整个蓝牙解决方案仅需晶振、去耦电容、基准电阻和天线等外部元器件。

TC2000 由固件、蓝牙协议堆栈软件和蓝牙规范所支持，已经完成互操作性和蓝牙测试，这样可帮助用户产品快速上市。

TC2000 RF 主要性能指标如表 7.17.1 所示，RF 频率为 2400～2483.5 MHz，电源电压 VDD 为 3.0～3.6 V，信号引脚端电压为 3.3 V，工作温度范围为 0～70℃。

TC2000 可应用在个人电脑、个人数字助理(PDA)、打印机、数码相机、扫描仪、工业应用等领域。

说明：蓝牙立体声耳机芯片商 Zeevo 公司已被 Broadcom 公司收购。

表 7.17.1　TC2000 RF 主要性能指标

参　　数	条　件	最小值	典型值	最大值	单位
天线负载		—	50	—	Ω
灵敏度	误码率<0.001	—	−77	—	dBm
最大灵敏度	误码率<0.001	—	−18.5	—	dBm
输入 VSWR			2.5:1		
最大输出功率	50 Ω 负载	—	0.5	—	dBm
功率控制范围			30		dB
功率控制分辨率			2		dB
初始载波频率允许误差			18		kHz
对于调制载波 20 dB 带宽			930	—	kHz

7.17.2　TC2000 芯片封装与引脚功能

TC2000 采用 LTCC-65 球型引脚封装(10.9 mm×13.1 mm)，其引脚功能如表 7.17.2 所示。

表 7.17.2　TC2000 引脚功能

引　脚	符　号	类型	功　能
B15	RESET_B	I	输入复位(低电平有效)；施密特触发
D15	SLP_XTAL_IN	I	休眠状态时，晶体振荡器输入
D14	SLP_XTAL_OUT	O	休眠状态时，晶体振荡器输入
B1	XTAL_IN	I	晶体振荡器输入，外部时钟输入
C1	XTAL_OUT	O	晶体振荡器输出
G3	GPIO[0]	I/O-PD	通用输入/输出口、可编程、下拉电阻
F3	GPIO[1]	I/O-PD	通用输入/输出口、可编程、下拉电阻
F2	GPIO[2]	I/O-PD	通用输入/输出口、可编程、下拉电阻
F1	GPIO[3]	I/O-PD	通用输入/输出口、可编程、下拉电阻
E3	GPIO[4]	I/O-PU	通用输入/输出口、可编程、上拉电阻
E2	GPIO[5]	I/O-PU	通用输入/输出口、可编程、上拉电阻
E1	GPIO[6]	I/O-PU	通用输入/输出口、可编程、上拉电阻
D2	GPIO[7]	I/O-PU	通用输入/输出口、可编程、上拉电阻
K14	RXD	I-PD	接收数据，可编程，下拉电阻
J14	TXD	O	发射数据
K15	CTS_B	I-PD	清除发送(低电平有效)，可编程，下拉电阻
L15	RTS_B	O	发送请求(低电平有效)
H15	DM	I/O	USB 数据引脚负端
J15	DP	I/O	USB 数据引脚正端
L1	ANT	RF I/O	50 Ω RX/TX 连接到天线
A2	BIAS_REF	I	模拟偏置电阻
H2	ATDO	O	ARM JTAG 输出数据测试
G1	ATDI	I-PU	ARM JTAG 输入数据测试，上拉电阻
D1	ATCK	I-PD	ARM JTAG 时钟，可编程，下拉电阻
H1	ATMS	I-PU	ARM JTAG 模式选择，上拉电阻
J3	ATRST_B	I-PD	ARM JTAG 复位(低电平有效)，可编程，下拉电阻
C14，E14，E15，F13，G15，H14，F15，G14，J1，J2，J13，K3，K13，L3		I/O	无连接
B3，C3	VDD _VCO		压控振荡器电源
B13	VDD _PLL		锁相环电源
A3，A13	RFVDD		RF 电源
A15，C15，K1，K2，L2	RFVSS		RF 地
B14，C2，D13，E13，G2，H13，L14	VDD		电源
A14，B2，C13，D3，F15，G13，H3，L13	VSS		地

7.17.3　TC2000 内部结构与工作原理

TC2000 内部结构框图如图 7.17.1 所示，包含有滤波器/开关/匹配网络(Filter/Switch/Matching Network)、无线收发器(Radio)、链路控制器(Link Controller)、CPU、数据存储器控制(Data Memory Control)、RAM/ROM、Flash、GPIO、UART、USB 接口等。

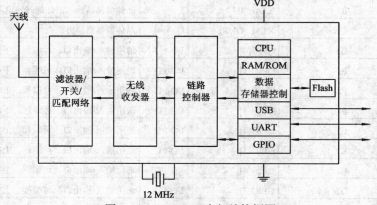

图 7.17.1　TC2000 内部结构框图

1．无线收发器

无线收发器包括以下 4 个功能块：天线接口、接收器、发射器和锁相环合成器。TC2000 采用中频直接转换接收结构。

1) 天线接口

TC2000 把 T/R 转换开关、不平衡变压器和匹配网络集成到 LTCC 封装中，提供一个很简单的用户接口。该结构不需要复杂的外部 RF 电路，缩短了用户的设计周期。

2) 接收器

接收器的第 1 级采用直接转换结构，具有高选择性的完整的 IF 低通滤波器和相对低的增益特性，通过单一的处理路径下变频到低的中频频率，放大 IF 信号到需要的水平。在中频的第 2 级，采用高增益放大器并且不用考虑 DC 偏置或增益以及相位匹配。这些使得采用简单的滤波器可提高接收机选择性，不会受到镜像频率下降的影响，并且能使整个功率损耗降低。

3) 发射器

发射器有两个主要的功能模块：IF 部分和功率放大器(PA)/上变频器部分。IF 部分使数字信号转换为模拟信号。PA 输出通过天线接口完成。

4) 锁相环合成器

锁相环合成器集成了基准晶体振荡器，外接 12 MHz 晶振。锁相环包括环路滤波器，环路滤波器是完全集成的，不需要附加外部元器件。

2．基带调制解调器

基带调制解调器包含有调制器、解调器、接收器/发射器自校准控制、发射接收定时脉冲控制、发射脉冲整形等功能模块。

3．链路控制器

链路控制器执行基带协议和其他的低层程序，包括 FEC 编码器/解码器、数据写入、加密/解密、循环冗余码校验。链路控制器能够使蓝牙相关链接、频道跳跃控制和发射器/接收器时隙时序同步。

4. 存储器

1) 启动 ROM

TC2000 集成了 8 KB 内部启动 ROM，当上电时，被启动的 ROM 寻找 UART 接口的有效信息，并且接收主机的控制信息。如果在 UART 接口端没有有效信息，则驻留在 Flash 存储器上的代码将会被执行。

2) 内部 RAM

CPU 在芯片上集成了 64 KB 的 RAM，并被分成了两块。高速存储器允许 CPU 去执行那些没有写入 Flash 存储器的代码的关键部分。

3) 闪存(Flash Memery)

TC2000 有 4 Mb 内部闪存可用，TC2000 与 Zeevo's HCI 固件交换数据，其中包括一个唯一的可编程蓝牙闪存地址。闪存能够被擦除，通过 Zeevo 公司的 Falsh Utility Program 重复编写有用的程序。

5. 主控接口(Host Control Interface，HCI)

HCI 提供统一的接口接入到基带控制器和链接控制器。TC2000 遵守蓝牙 V1.1 规范。

6. 外部硬件接口

1) UART

UART 符合 16450 工业标准，支持 9600 b/s、19.2 kb/s、38.4 kb/s、57.6 kb/s、115.2 kb/s、230.4 kb/s、460.8 kb/s 和 921.6 kb/s 的波特率。UART 接口提供四个信号，TX 和 RX 用来发送和接收数据，CTS 和 RTS 用于发送和接收数据控制。

2) USB

USB 支持蓝牙 V1.1 协议。除此之外，USB 还支持主控制器需要的唤醒(Wakeup)和分离(Detach)信号。

3) GPIO 接口

有 8 个通用的输入和输出接口。当上电时，默认为输入状态，极性可单独编程。

4) 上电复位

在上电时，TC2000 内部的上电复位能够使硬件初始化。随后，固件开始执行和配置系统。

5) ARM JTAG 接口

ARM JTAG 接口用来开发和调试代码。

7. 晶振(12 MHz)

晶振采用 12 MHz 和 32 kHz。

8. ARM7TDMI™

TC2000 采用 32 位 RISC 微处理器 ARM7TDMI 核。ARM7DMI 提供出色的代码密度、快速的执行时间、小的系统存储容量，以及低的功率消耗和低成本。

ARM7TDMI 包括以下特征：支持 32 位 ARM 指令；支持 16 位 Thumb 指令；ARM 和

Thumb 指令能被混合设置，使其操作简单；内部具有 32 位 ALU 和高性能的乘法器；3 级指令高速通道；低静态功耗设计；出色的实时中断响应；可通过 ARM JTAG 接口进行编译。

9. TC2000 软件

1) 软件堆栈的特点

TC2000 符合蓝牙 V1.1 规范。TC2000 采用 ARM7TDMI 处理器支持蓝牙固件。软件堆栈有如下特点：蓝牙数据速率为 723.2 kb/s(最大值)；支持所有的 ACL 信息包类型(DM1、DH1、DM3、DH3、DM5、DH5、AUX1)；支持多点传输和散射网，1 个单元能与 10 个有效单元链接(3 个主设备和 7 个从设备)；Zeevo HCI 固件支持先进的程序编制技术，能跨过多个 Piconets 网络；进行链接时，能优化带宽；主从设备能够转换，支持部分连接；鉴权和加密，加密支持最高 128 位；保持(Hold)、呼吸(Sniff)和等待(Park)模式；支持最多达 255 个从设备；专用的查询选取代码，能被查询扫描；动态功率控制，符合蓝牙 V1.1 规范的蓝牙测试，支持 TC2000 功率模式(有效、休眠和深度休眠模式)；UART 和 USB 固件升级与 802.11 b 共存；支持采用 AWMA 协议矢量的特别指令，操作修改主机控制器硬件接口的工作参数；修改鉴权和编码参数；修改 GPIO 功能到定制系统中应用；调试应用程序；使测试更加方便、简单。

2) TC2000 协议栈的选择

TC2000 提供两个不同的协议栈：HCI 协议栈和嵌入式协议栈，供用户选择。

(1) HCI 协议栈如图 7.17.2 所示。HCI 协议栈的模型能使软件处理过程被主机控制器和内部的 ARM 处理器共享。HCI 协议栈支持符合蓝牙 V1.1 规范的传输协议，如 HCI USB 传输层(H2)和 HCI UART 传输层(H4)，并支持 UART 和 USB 接口固件升级。

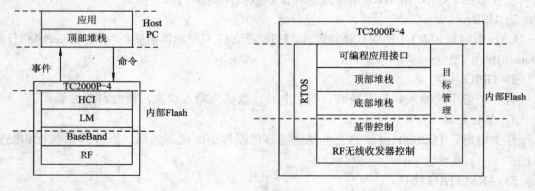

图 7.17.2　HCI 协议栈　　　　　　　　图 7.17.3　蓝牙软件平台

(2) 嵌入式协议栈。TC2000 蓝牙软件平台如图 7.17.3 所示，够支持顶层和底层的协议栈，并且不需要外部的主机控制器来使能蓝牙微控制器的应用。

TC2000 可用的存储器有内部 64 KB SRAM 和 512 KB 闪存，适合小的嵌入式系统应用。所有的固件直接通过 ARM7TDMI 处理器运行。为了便于软件的开发，Zeevo 公司提供了一个完全的嵌入式开发环境。

(3) 嵌入式开发环境。Zeevo 公司的嵌入式开发环境能使开发者在蓝牙顶层协议栈的基础上创造自己的应用。Zeevo 采用了 ARM7TDMI 处理器，其软件结构特点能给开发者更大的灵活性。

Zeevo 公司的嵌入式开发环境可提供以下功能：

(1) 软件方面：Zeevo 提供链接库，包括基带控制器驱动、LM、L^{2}CAP、SDP 和 RFCOMM，包括支持 SPP、DUN、LAP 和 GAP 的协议代码。这些硬件驱动器和链接库的源代码能用于可编程接口。软件支持一定范围的编译，提供用户程序装入能力。

(2) 操作系统：Zeevo 设计和发展了 Blue OS 操作系统。

(3) 资料：嵌入式开发环境包括说明书、参考书和笔记等文件。

7.17.4　TC2000 应用电路

TC2000 在打印机上的应用电路如图 7.17.4 所示，在 PC 上的应用电路如图 7.17.5 所示。

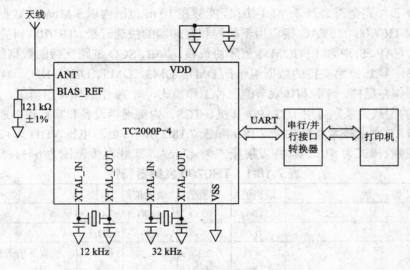

图 7.17.4　TC2000 在打印机上的应用电路

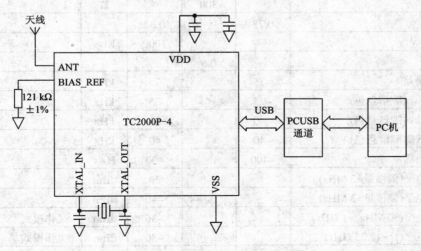

图 7.17.5　TC2000 在 PC 上的应用电路

7.18　TR0700 单片蓝牙解决方案

7.18.1　TR0700 主要技术特性

　　TR0700 芯片内部集成了 2.4 GHz 收发器、基带控制器、64 KB 快速程序存储器、8051 微处理器(带有 4 个 8 位通用输入/输出端口)、4 KB 的 SRAM、RF 功率控制器、2 个串行端口和双高性能 UART、1 个串行外围设备接口(SPI)、32 个可编程 GPIO、用于无线音频连接的音频接口(支持电话通信)和 USB 接口。TR0700 可以替代传统的串行、音频和 USB 接口电缆，为语音和数据通信提供无线连接。

　　TR0700 芯片完全符合蓝牙 V1.1 协议，能够在 10 m 范围内以 1 Mb/s 的数据传输速率进行数据传输。TR0700 的 JTAG 接口用于检测和存储器的快速升级。TR0700 可完全执行 LC、LM、HCI、L^2CAP、SDP 和 RFCOMM 蓝牙协议栈。其中，SCO 链路支持的数据组包括 HV1、HV2 和 HV3；ACL 链路支持的数据组包括 DM1、DM3、DM5、DH1、DH3、DH5、AUX1。TR0700 可工作在保持、呼吸和休眠节能三种工作模式，有 79 个跳频可用信道，支持点对点、一点对多点的主从关系，可用于 GAP、耳机、TCS、内部通话设备和串行接口连接等领域。

　　TR0700 RF 主要技术指标如表 7.18.1 和表 7.18.2 所示。电源电压 VDD 为+2.5～+3.0 V，电流消耗在接收模式为 51 mA，在发射模式为 42 mA。工作温度范围为 0～+85℃。

表 7.18.1　TR0700 发射器特性

参　　数	最小值	典型值	最大值	单位	说　　明
频率范围	2400		2490	MHz	
RF 输出功率	0		3	dBm	
VSWR 输出		2:1			平衡环形天线，频率= 2.4 GHz
输出阻抗		300		Ω	
调制系数	0.28		0.32		
比特率			1000	Kb/s	
BT 积		0.5			
载波频率误差	−75		75	kHz	
频率漂移(1 时隙信息包)	−25		25	kHz	
频率漂移(3 时隙信息包)	−40		40	kHz	
频率漂移(5 时隙信息包)	−40		40	kHz	
最大频率漂移率	−400		400	Hz/s	
带内寄生电平(偏移量=2 MHz)			20	dBm	
带内寄生电平(偏移量>3 MHz)			−40	dBm	
带外寄生电平(30 MHz～1 GHz)			−36	dBm	工作模式
带外寄生电平(1～12.75 GHz)			−30	dBm	工作模式
带外寄生电平(1.8～1.9 GHz)			−47	dBm	工作模式
带外寄生电平(5.15～5.3 GHz)			−47	dBm	工作模式

表 7.18.2 TR0700 接收器特性

参　数	最小值	典型值	最大值	单位	说　明
RF 频率范围	2400		2490	MHz	
转换增益		50		dB	LNA 输入到滤波器输出
IIP3		−15		dBm	
寄生电平(30 MHz～1 GHz)			−57	dBm	
寄生电平(1～12.75 GHz)			−47	dBm	频率 = 2.4 GHz
VSWR 输入		1.5:1			
频率间隔		1		MHz	
输入灵敏度		−75		dBm	0.1%误码率
Co 信道干扰		11	14	dB	
第一相邻信道干扰		1	4	dB	1 MHz 偏移量
第二相邻信道干扰		−35	−30	dB	2 MHz 偏移量
镜像频率干扰		−20	−9	dB	
相邻信道到镜像频率干扰		−25	−16	dB	1 MHz 偏移量
镜像干扰抑制	−40		−35	dB	最小值
阻塞抑制		−10		dBm	30 MHz～2.0 GHz
		−27		dBm	2.0～3.0 GHz
		−10		dBm	3.0～12.6 GHz
输入阻抗		73		Ω	

7.18.2　TR0700 芯片封装与引脚功能

　　TR0700 采用了 BGA(9 mm×9 mm)封装，引脚封装形式如图 7.18.1 所示。TR0700 各个引脚的功能如表 7.18.3 所示。

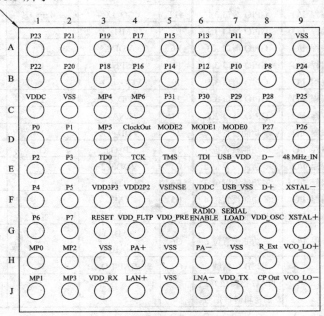

图 7.18.1　TR0700 的引脚封装形式

表 7.18.3　TR0700 引脚功能

引脚	信号名	I/O 类型	功　能	引脚	信号名	I/O 类型	功　能
D1	P0	可编程 I/O	GPIO 端口 0.0	D4	ClockOut	O	时钟输出
D2	P1	可编程 I/O	GPIO 端口 0.1	F9	XSTAL−	I	24 MHz 晶体振荡器
E1	P2	可编程 I/O	GPIO 端口 0.2	G9	XSTAL+	I	24 MHz 晶体振荡器
E2	P3	可编程 I/O	GPIO 端口 0.3	J6	LNA−	I	接收天线
F1	P4	可编程 I/O	GPIO 端口 0.4	H6	PA−	O	发射天线
F2	P5	可编程 I/O	GPIO 端口 0.5	H4	PA+	O	发射天线
G1	P6	可编程 I/O	GPIO 端口 0.6	E3	TD0	O	JTAG 检测端口输出
G2	P7	可编程 I/O	GPIO 端口 0.7	C2	VSS	I	电源地
B8	P8	可编程 I/O	GPIO 端口 1.0	H3	VSS	I	电源地
A8	P9	可编程 I/O	GPIO 端口 1.1	H5	VSS	I	电源地
B7	P10	可编程 I/O	GPIO 端口 1.2	H7	VSS	I	电源地
A7	P11	可编程 I/O	GPIO 端口 1.3	J5	VSS	I	电源地
B6	P12	可编程 I/O	GPIO 端口 1.4	C1	VDDC	I	数字电源
A6	P13	可编程 I/O	GPIO 端口 1.5	E7	USB_VDD	I	USB 电源
B5	P14	可编程 I/O	GPIO 端口 1.6	D7	MODE0	I	模式 0 连接
A5	P15	可编程 I/O	GPIO 端口 1.7	D6	MODE1	I	模式 1 连接
B4	P16	可编程 I/O	GPIO 端口 2.0	D5	MODE2	I	模式 2 连接
A4	P17	可编程 I/O	GPIO 端口 2.1	F4	VDD2P2	I	模拟电源(调节在 2.5 V)
B3	P18	可编程 I/O	GPIO 端口 2.2	H8	R_Ext	—	充电泵电流限流电阻
A3	P19	可编程 I/O	GPIO 端口 2.3	G3	RESET	I	8051 复位
B2	P20	可编程 I/O	GPIO 端口 2.4	F8	D+	I	USB 数据线
A2	P21	可编程 I/O	GPIO 端口 2.5	F7	USB_VSS	I	USB 地
B1	P22	可编程 I/O	GPIO 端口 2.6	G4	VDD_FLTR	I	滤波器电源
A1	P23	可编程 I/O	GPIO 端口 2.7	G5	VDD_PRE	I	多相放大器电源
B9	P24	可编程 I/O	GPIO 端口 3.0	G8	VDD_OSC	I	晶体振荡器电源
C9	P25	可编程 I/O	GPIO 端口 3.1	H9	VCO_LO+	—	仅内部用
D9	P26	可编程 I/O	GPIO 端口 3.2	E9	48 MHz_IN	—	仅内部用
D8	P27	可编程 I/O	GPIO 端口 3.3	F6	VDDC	I	数字电源
C8	P28	可编程 I/O	GPIO 端口 3.4	F5	VSENSE	I	电源电压为 2.5 V
C7	P29	可编程 I/O	GPIO 端口 3.5	J9	VCO_LO−	—	仅内部用
C6	P30	可编程 I/O	GPIO 端口 3.6	J3	VDD_RX	I	接收器电源
C5	P31	可编程 I/O	GPIO 端口 3.7	J4	LNA+	I	接收天线
H1	MP0	可编程 I/O	多功能设置位 0	J7	VDD_TX	I	发射器电源
J1	MP1	可编程 I/O	多功能设置位 1	J8	CP_Out	O	充电泵输出(仅内部用)
H2	MP2	可编程 I/O	多功能设置位 2	F3	VDD3P3	I	模拟电源(调节在 3.0 V)
J2	MP3	可编程 I/O	多功能设置位 3	E6	TDI	I	JTAG 检测端口输出
C3	MP4	可编程 I/O	多功能设置位 4	E5	TMS	I	JTAG 检测端口控制
D3	MP5	可编程 I/O	多功能设置位 5	A9	VSS	I	电源地
C4	MP6	可编程 I/O	多功能设置位 6	G6	RADIO ENABLE	—	仅内部用
E8	D−	I	USB 数据线	G7	SERIAL LOAD	—	仅内部用
E4	TCK	I	JTAG 检测边界扫描逻辑时钟信号				

7.18.3　TR0700 内部结构与工作原理

TR0700 内部包括有 8 个功能模块，如图 7.18.2 所示。

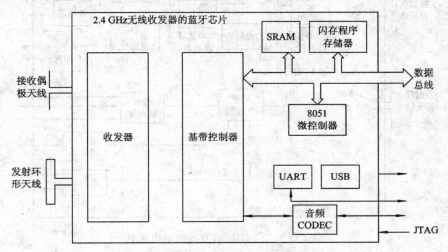

图 7.18.2　TR0700 的内部结构框图

TR0700 包含 2.4 GHz 无线收发器(Transceiver)的蓝牙芯片与基带控制器(Baseband)进行数字通信，并提供 2.3 V 直流电源电压到基带控制器。

基带控制器(Baseband)可以读/写数据到收发器，它们之间的通信包括频率、调谐和控制指令。基带控制器控制两个串行和四个 8 位(bit)I/O 端口，并直接与内部的 8051 微处理器相连，以便执行蓝牙功率管理。基带控制器通过两种链路来处理数据：① 用于实时声音模拟通信的同步连接链路(SCO)；② 用于数字通信的异步连接链路(ACL)。基带控制器也处理数据的流量、方向和时序。TR0700 内置 64 KB 的快闪程序存储器(Flash Program Memory)和 4 KB 的 SRAM。8051 微控制器(8051 Microprocessor)增强了进行蓝牙操作和管理蓝牙协议栈的能力。8051 微控制器通过用户寄存器来支持 TR0700 的特性。TR0700 内部还包含有 UART、USB、Audio CODEC 接口。

7.18.4　TR0700 应用电路

1．收发器(Transceiver)

2.4 GHz 收发器的结构框图如 7.18.3 所示。芯片内部包含低噪声放大器(LNA)、低通复合滤波器(Complex Filter)、Poly-Phase 滤波器(Poly-Phase Filter)、功率放大器(PA)、振荡器(Oscillator)、发射滤波器(Transmit Filter)、Q 鉴相器(Q Discriminator)、I 鉴相器(I Discriminator)、频率合成器(Synthesizer)、控制寄存器(Control Registers)、位定时(Bit Timing)、加法器(Summer)、Q 混频器(Q Mixer)和 I 混频器(I Mixer)等电路。收发器的接收器和发射器的功能如表 7.18.4 所示。

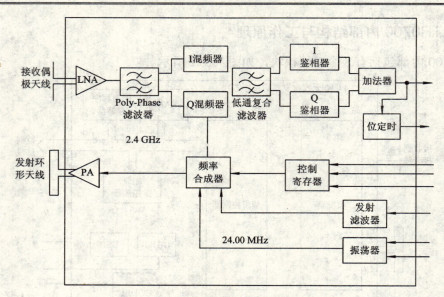

图 7.18.3　2.4 GHz 收发器的结构框图

表 7.18.4　收发器的功能

符　号	功　　能
接 收 器 部 分	
LNA	低噪声放大器，放大从接收天线获得的信号
Poly-Phase Filter	Poly-Phase 滤波器是一个前置选择器，限制 LNA 的输出信号在 2.4 GHz ISM 范围内，消除了其他频率信号成分，并输出一个适合直接下变频到接近零中频的混合信号
I and Q Mixers	I 和 Q 混频器，将一个蓝牙频带的(2.402～2.480 GHz)调制信号变换为一个低 IF 载波信号
Complex Filter	低通复合滤波器，从下变频信号中滤除不需要的信号和噪声
Discriminator	数字鉴相器，采用过采样技术来恢复蓝牙的低调制指示信号。使用硬件数字差分检测器判断来自 I 和 Q 信道的信号。位定时是从恢复的数据流中获取的
发 射 器 部 分	
Transmit Filter	发射滤波器，在芯片的 TX 输入端，需要发射的数据首先通过发射数据滤波器进行滤波。高斯发射数据滤波器确保发射数据符合 BT = 0.5 的蓝牙规范
Power Amplifier	功率放大器，把合成器的输出放大到 1 mW 的发射电平。当需要输出功率 1 级时，双重天线结构简化了附加的外部功率放大器的连接。当发射器没有激活时，加到发射数据滤波器合成器和功率放大器的偏置电压开路，以节省功率消耗

符 号	功 能
Synthesizer	小数 N 分频合成器，包括一个压控振荡器(VCO)、一个充电泵、一个 64 模数分频器和相频检波器。VCO 的输出频率是由装入分频器的值和一个固定的基准频率决定的。在 2.4～2.5 GHz 之间，VCO 的输出电压与充电泵提供的输入电压成比例。在发射时，VCO 的输出为载波输出。在接收时，VCO 的输出未调制，并馈送到接收混频器。一个高速相频检波器比较分频器输出以及 24 MHz 振荡器提供的基准信号的相位和频率。相频检波器输出的电压与两个信号的差值成比例，并送到充电泵。合成器产生一个控制电压，加到 VCO 的频率控制部分，以保证 VCO 工作在需要的频率
Oscillator	振荡器模块，连接一个外部晶振或者接收一个外部时钟信号，以提供给合成器一个 24 MHz 的低噪声基准频率信号
Antenna	天线，如果需要在发射天线输出端附加一个外部的功率放大器，则不需要附加一个外部带通滤波器。当 LNA 采用差分输入时，为了得到低的噪声性能，接收天线采用一个平衡的双极子形式

2．基带控制器(Baseband)

基带控制器可以运行在三种模式下：数据/地址、端口和参数。表 7.18.5 所示为基带控制器的 3 个工作模式和用于模式选择的引脚端状态。在表 7.18.5 中，"0"表示在此模式下引脚端接地，而"1"表示接电源。注意：在 TR0700 上，只有端口模式是普遍应用的。

表 7.18.5 基带控制器的模式控制方式

模式 0 (D7)	模式 1(D6)	模式 2(D5)	模 式
0	0	0	数据/地址
0	1	0	端口
0	0	1	参数(只用于工厂生产)

3．8051 微控制器编程

微控制器执行一个完整的蓝牙协议栈。通过一个增强的指令设定、第 2 级数据指示器、扩展的 SRAM 缓冲器和双重通用异步收发器(UART)，8051 微控制器的性能得到了改善。

重复的处理(包括信息包的打包/卸包、加密、地址编码/解码、纠错、同步等)通过硬线连接到基带控制器，以减小微处理器的系统开销并改善响应。

8051 内部 RAM 访问采用的是直接寻址，对 8051 内部 RAM 在 80h～FFh 之间的 SRF 进行寻址。

标准的 8051 微处理器 SFR 如表 7.18.6 所示。Transilica 增加了几个 SFR 到 8051，如表 7.18.7 所示。表中显示了 Transilica 增加的 SFR 及其存储器位置(加粗的字体)。表 7.18.8 详细说明了 TR0700 的 SFR。

表 7.18.6　标准的 8051 微处理器 SFR

寄存器	地址	复位	说　明	寄存器	地址	复位	说　明
P0	80h	FFh	端口 0	P1	90h	FFh	端口 1
SP	81h	07h	堆栈指示器	S0CON	98h	00h	串行端口 0 控制寄存器
DPL	82h	00h	数据指示器低 8 位	S0BUF	99h	00h	串行端口 0 缓存器
DPH	83h	00h	数据指示器高 8 位	P2	A0h	FFh	端口 2
PCON	87h	00h	功率控制寄存器	IEN0	A8h	00h	中断使能寄存器 0
TCON	88h	00h	定时/计数控制寄存器	IP0	A9h	00h	中断优先寄存器 0
TMOD	89h	00h	定时模式寄存器	P3	B0h	FFh	端口 3
TL0	8Ah	00h	定时器 0 低 8 位	IEN1	B8h	00h	中断使能寄存器 1
TL1	8Bh	00h	定时器 1 低 8 位	IP1	B9h	00h	中断优先寄存器 1
TH0	8Ch	00h	定时器 0 高 8 位	PSW	D0h	00h	程序状态字
ACC	E0h	00h	累加器	B	F0h	00h	B 寄存器

表 7.18.7　Transilica 增加的 SFR

	X000	X001	X010	X011	X100	X101	X110	X111	
80	P0	SP	DPL	DPH	DPL1	DPH1	WDTREL	PCON	87
88	TCON	TMOD	TL0	TL1	TH0	TH1	CKCON		8F
90	P1								97
98	S0CON	S0BUF	INE2	DPSEL	S1BUF	S1RELL			9F
A0	P2								A7
A8	IEN0	IP0	S0RELL						AF
B0	P3								B7
B8	IEN1	IP1	S0RELH	S1RELH	RXWTM	TXWTM	S0STAT	S1STAT	BF
C0	IRCON								C7
C8									CF
D0	PSW								D7
D8	S1CON	ADCON							DF
E0	ACC								E7
E8									EF
F0	B								F7
F8									FF

注：为了详细说明 GPIO 的数据用法，端口 0～31 写入 0xFDC3、0xFDC2、0xFDC1 和 0xFDC0。

表 7.18.8　TR0700 的 SFR

寄存器	地址	复位	描　述	寄存器	地址	复位	描　述
DPL1	84h	00h	数据指示器低 8 位	IP1	B9h	00h	中断优先寄存器 1
DPH1	85h	00h	数据指示器高 8 位	S0RELH	BAh	00h	串行端口 0 重载寄存器，高 8 位
WDTREL	86h	00h	水印标记重载寄存器	S1RELH	BBh	00h	串行端口 1 重载寄存器，高 8 位
CKCON	8Eh	01h	时钟控制寄存器	RXWTM	BCh	00h	接收 FIFO 水印标记
INE2	9Ah	00h	中断使能寄存器 2	TXWTM	BDh	00h	发射 FIFO 标记
DPSEL	9Bh	00h	数据指示器选择	S0STAT	BEh	00h	串行端口 0 状态寄存器
S1BUF	9Ch	00h	串行口 1 数据缓存器	S1STAT	BFh	00h	串行端口 1 状态寄存器
S1RELL	9Dh	00h	串口 1，重载寄存器，低字节	IRCON	C0h	00h	中断请求控制寄存器
IP0	A9h	00h	中断优先寄存器 0	S1CON	D8h	00h	串行端口 1 控制寄存器
S0RELL	AAh	00h	串行端口 0，重载寄存器低 8 位	ADCON	D9h	00h	A/D 转换器

4．多功能 I/O 口

根据模式(模式 0、模式 1 和模式 2)选择输入，通过软件可以选择多功能 I/O 口。

每一个多功能 I/O 端口的操作是由 XDATA(地址 0xFDC4)的寄存器模式设置(register mode_set)决定的。多功能操作也可以应用在数据/地址模式和端口模式。多功能 I/O 配置结构如表 7.18.9～表 7.18.13 所示。

注意：端口模式通过多功能端口 0～6(MP0～6)提供完整的 32 个 GPIO。

1) 多功能 I/O 设置结构 1

模式设置：00000000。

I/O 容量：测试端口与两个 UART。

表 7.18.9　多功能 I/O 设置结构 1

多功能端口序号	功　能	类　型	多功能端口序号	功　能	类　型
0	ser_rx_data0	输入	6	TestPoint2	输出
1	ser_tx_data0	输出	7	TestPoint3	输出
2	ser_rx_data1	输入	8	TestPoint4	输出
3	ser_tx_data1	输出	9	TestPoint5	输出
4	TestPoint0	输出	10	TestPoint6	输出
5	TestPoint1	输出	11	TestPoint7	输出

2) 多功能 I/O 设置结构 2

模式设置：00000001。

I/O 容量：多功能端口与两个 UART。

表 7.18.10　多功能 I/O 设置结构 2

多功能端口序号	功能	类型	多功能端口序号	功能	类 型
0	ser_rx_data0	输入	6	port1.2	端口 0.2
1	ser_tx_data0	输出	7	port1.3	端口 0.3
2	ser_rx_data1	输入	8	port1.4	端口 0.4
3	ser_tx_data1	输出	9	port1.5	端口 0.5
4	port1.0	端口 0.0	10	port1.6	端口 0.6
5	port1.1	端口 0.1	11	port1.7	端口 0.7

3) 多功能 I/O 设置结构 3

模式设置：00000010。

I/O 容量：两个完全的串行端口和 SPI。

表 7.18.11　多功能 I/O 设置结构 3

多功能端口序号	功能	类型	多功能端口序号	功能	类型
0	ser_rx_data0	输入	6	spi_clko0	未用
1	ser_tx_data0	输出	7	spi_cso0	未用
2	ser_rx_data1	未用	8	ctsin0	输入
3	ser_tx_data1	未用	9	dtrout0	输出
4	spi_clko0	未用	10	ctsin1	输入
5	spi_cso0	未用	11	dtrout1	输出

4) 多功能 I/O 设置结构 4

模式设置：00000011。

I/O 容量：编解码器、四个多功能端口和两个 UART。

表 7.18.12　多功能 I/O 设置结构 4

多功能端口序号	功　能	类型	多功能端口序号	功　能	类型
0	ser_rx_data0	输入	6	Sclk	输出
1	ser_tx_data0	输出	7	LrClk	输出
2	ser_rx_data1	输入	8	port1.4	端口 0.4
3	ser_tx_data1	输出	9	port1.5	端口 0.5
4	SDout	输入	10	port1.6	端口 0.6
5	Sdin	输出	11	port1.7	端口 0.7

5) 多功能 I/O 设置结构 5

模式设置：00000100。

I/O 容量：编解码器、四个检测端口和一个 UART。

表 7.18.13 多功能 I/O 设置结构 5

多功能端口序号	功　能	类型	多功能端口序号	功　能	类型
0	ser_rx_data0	输入	6	Sclk	输出
1	ser_tx_data0	输出	7	LrClk	输出
2	PLLPD	输出	8	TestPoint0	输出
3	TrigOut	输出	9	TestPoint1	输出
4	SDout	输入	10	TestPoint2	输出
5	SDin	输出	11	TestPoint7	输出

7.19　TR0740/TR0750/TR0760 单片蓝牙解决方案

7.19.1　TR0740/TR0750/TR0760 主要技术特性

TR0740/TR0750/TR0760 芯片内包含一个 2.4 GHz 扩频收发器、一个基带调制解调器、8051 处理器、64 KB 快闪程序存储器和 4 KB SRAM。TR0740/TR0750/TR0760 数据传输速率为 1 Mb/s,内部是 CMOS 集成电路,可工作在保持、呼吸、休眠、激活和待机模式。其工作电压为 2.6~3.2 V,传输范围在 10 m 之内。TR0740/TR0750/TR0760 具有成本低、功耗低、体积小、需要外加元件少等优点。其工作环境温度为–20~+80℃。

TR0740/TR0750/TR0760 的主要技术指标如表 7.19.1 和表 7.19.2 所示。

表 7.19.1 发 射 器 特 性

参　数	最小值	典型值	最大值	单　位
频率范围	7.1900		7.19835	GHz
输出功率	0		3	dBm
寄生辐射		符合 FCC17.195 要求		
输出阻抗		300		Ω
调制系数	0.28		0.35	
速率		1000		kb/s

表 7.19.2 接 收 器 特 性

参　数	最小值	典型值	最大值	单　位
频率范围	7.1900		7.19835	GHz
频率间隔		1		MHz
输入灵敏度(在 0.1%BER 内)		–80		dBm
同组信道干扰		11		dB
第一相邻信道干扰		0/1(TR0740)		dB
第二相邻信道干扰		–35		dB
第三相邻信道干扰		–48		dB
镜像频率干扰		–20		dB
相邻信道的镜像干扰		–20		dB
阻塞衰减		–10(30 MHz~2 GHz) –27(2~3 GHz) –10(3~12.6 GHz)		dBm
输入阻抗		73		Ω

7.19.2 TR0740/TR0750/TR0760 封装形式

TR0740/TR0750/TR0760 采用 64ball(球)BGA(8 mm×8 mm×1.4 mm、0.80 mm)封装，封装尺寸参考图 7.18.1(注意：比 TR0700 少 1 行和 1 列)。

7.19.3 TR0740/TR0750/TR0760 内部结构

TR0740/TR0750/TR0760 内部结构与 TR0700 类似，包含有蓝牙无线电 2.4 GHz 收发器(Transceiver)、基带控制器(Baseband)、64 KB 闪存程序存储器(Flash Program Memory)、4 KB SRAM、8051 微处理器(8051 Microprocessor)、UART 接口(TR0740)或者 UART 和音频 CODEC 接口(TR0750)，或者 USB 接口(TR0760)。

各部分功能与 TR0700 相同。

7.20 UGNZ2/UGZZ2 系列蓝牙模块

7.20.1 UGNZ2/UGZZ2 主要技术特性

UGNZ2/UGZZ2 符合蓝牙 V1.1/1.2 规范，集成有蓝牙协议栈和框架、DSP、闪存、UART/USB 接口等，是一个完整的蓝牙解决方案。UGNZ2 采用 LGA 封装，尺寸为 7.3 mm× 7.3 mm×1.4 mm。UGZZ2 采用 LGA 封装，尺寸为 19.5 mm×12 mm×2 mm。

UGNZ2/UGZZ2 的频率范围为 2402～2480 MHz，调制方式为 GFSK，信道间隔为 1 MHz，信道数为 79，速率为 1 Mb/s，输入灵敏度为−80 dBm(典型值)，输出功率为 4 dBm(最大值)，2 级，电源电压为 2.8～3.3 V。

7.20.2 UGNZ2/UGZZ2 内部结构

UGNZ2 内部结构如图 7.20.1 所示，UGZZ2 内部结构如图 7.20.2 所示，模块内部包含有：蓝牙无线电收发器、基于 DSP 的蓝牙协议栈管理器(Bluetooth Protocol Management)、蓝牙链接控制器(Bluetooth Link Controller)、S-RAM、闪存(Flash Memory)和接口等电路。接口有 UART2、PCM 接口、USB、VART、SPI。

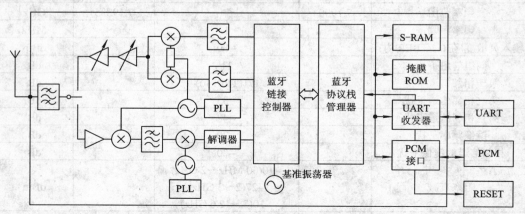

图 7.20.1　UGNZ2 内部结构

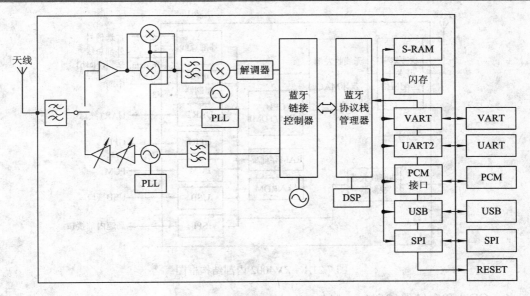

图 7.20.2　UGZZ2 内部结构

7.21　ZV4002 嵌入式应用单片蓝牙解决方案

7.21.1　ZV4002 主要技术特性

ZV4002 是 Zeevo 公司推出的嵌入式单片蓝牙解决方案。它完全集成了 RF 收发器和数字电路，内嵌 32 bit ARM7TDMI CPU 核，支持广泛的嵌入式微控制器应用，仅需要天线、晶振、基准电阻、闪存、退耦电容等少量外部元器件即可构成一个完整的嵌入式蓝牙系统。

ZV4002 符合蓝牙 V1.2 规范所有强制的和可选择的要求，具有快速连接、扩展的 SCO 链接、AFH(适应跳频)、QOS、流控制、Zeevo 专有的选择跳频算法、大于 600 kb/s 的高速数据吞吐量、在片晶振调节等能力，还具有通过 Zeevo Partner Program ZPP™ 验证的完整的协议栈，支持休眠和深度休眠的低功耗模式，音频在 SCO 通道上。ZV4002 采用 8.6 mm× 8.6 mm×1.76 mm LTCC-100 封装。

ZV4002 适合便携式打印机、打印机适配器、PDA、无线传感器等嵌入式无线应用。

7.21.2　ZV4002 内部结构

ZV4002 内部结构如图 7.21.1 所示，包含有滤波器+开关+匹配网络(In-package Filter+Switch+MatchingNetwork)、无 线 收 发 器 + 蓝 牙 MAC(RadioTransceiver+Bluetooth MAC)、功率放大器控制器(PA Controller)、CPU ARM7TDMI、RAM 存储器、导入 ROM(Boot ROM)、USB、UART、GPIO、SPI、PCM、外部总线(External Bus)、中断控制器(Interrupt Controller)等电路。

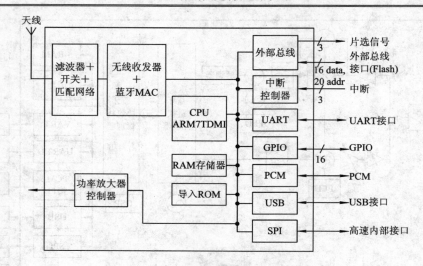

图 7.21.1　ZV4002 内部结构框图

1．CPU 和存储器(CPU and Memory)

CPU 采用 ARM7TDMI 处理器核，32/16 bit RISC 体系结构，包括：32 bit ARM 指令系统，增加编码密度的 16 bit Thumb 指令系统，统一的总线接口，3 态传输通道，32 bit ALU 和高性能乘法器，灵活的调试工具——嵌入式 ICE-RT、JTAG 和 ETM，8 KB 的导入 ROM，64 KB 的 SRAM。

2．无线收发器(Radio Transceiver)

无线收发器的射频接口(RF Interface)可直接与外部天线连接，灵敏度为−86 dBm，具有完整的 RF 屏蔽和支持蓝牙功率 1 级操作的外部功率放大器接口。

3．基带控制器(Baseband)

基带控制器具有如下特点：标准的蓝牙接口，支持所有的蓝牙数据速率(57.6/723.2 kb/s)，所有的 ACL 信息包类型，等待、查询、保持模式，点到点和一点到多点操作，以及高达 128 bit 的密钥。

4．用户接口(User Interfaces)

用户接口包括：符合 USB2.0 规范的全速 USB 接口，可编程波特率的 UART(9.6～921.6 kb/s)，16 个可中断的通用 I/O，外部存储器接口(20 位地址、16 位数据总线)，PCM 音频(1 通道)，3 个专用的中断线，3 个专用的芯片选择线，SPI 接口。

7.21.3　ZV4002 应用电路

1．ZV4002 软件协议栈结构

ZV4002 与 ZPP^{TM} 软件协议栈一起为系统设计者提供一个快速开发蓝牙嵌入式应用的平台。ZPP^{TM} 软件协议栈如图 7.21.2 所示。

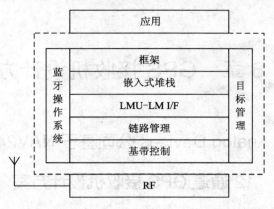

图 7.21.2 ZPP™ 软件协议栈

2．ZV4002 开发装置

ZV4002 Blue Shark III 开发装置(型号为 ZBDK-4002-001)为设计者提供了一个迅速开发嵌入式蓝牙应用软件的一个硬件平台，结构如图 7.21.3 所示。

图 7.21.3 ZV4002 开发装置

第 8 章　GPS 接收机设计方案

8.1　Analog Devices 公司基于 NAV2400 的
12 通道 GPS 接收机设计方案

8.1.1　NAV2400 GPS 接收机芯片组主要技术特性

　　Analog Devices 公司的 NAV2400 是一个 L1 频带、12 通道的 GPS 接收机芯片组。NAV2400 芯片组由 GPS 射频下变频器和可编程的 NAV DSP 处理器组成。

　　GPS 射频下变频器 ADSST-GPSRF01 是一个高集成度的芯片，芯片内部包含有射频低噪声放大器(LNA)、双中频(IF)放大器、2 位 ADC(模/数转换器)、VCO(压控振荡器)和 PLL(锁相环)等电路。

　　可编程的 NAV DSP 处理器 ADSST-NAVDSP 直接与 GPS 射频下变频器 ADSST-GPSRF01 接口，其运行完全基于软件的 12 通道相关器，提供符合 GPS NMEA0183 规定的导航处理，并且提供二进制信息到主机系统接口。

　　NAV2400 GPS 接收机芯片组可提供每秒 4 次定位，具有低功耗模式，可支持便携式应用。

8.1.2　基于 NAV2400 的 GPS 接收机电路板

　　Analog Devices 公司提供基于 NAV2400 的 GPS 接收机电路板，接收机电路板的尺寸仅为 35 mm×35 mm×7 mm，重量为 26 g。

　　基于 NAV2400 的 GPS 接收机电路板包含 ADSST-GPSRF01 射频下变频器前端、带通滤波器、低噪声放大器和基准时钟等电路。连接有源天线和 3.3 V 电源电压，基于 NAV2400 的 GPS 接收机电路板即可工作，并可以通过它的串行通道提供已定义的输出信息。

　　基于 NAV2400 的 GPS 接收机电路板的内部结构如图 8.1.1 所示，其实物图如图 8.1.2 所示。基于 NAV2400 的 GPS 接收机电路板适合 OEM 应用。

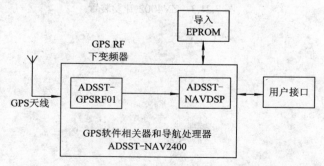

图 8.1.1　基于 NAV2400 的 GPS 接收机电路板的内部结构

图 8.1.2　基于 NAV2400 的 GPS 接收机电路板的实物图

8.1.3　NAV2400 评估系统

　　NAV2400 评估系统型号为 ADSST-NAV24-EV，包含有：由 NAV2400 GPS 接收机电路板、电源电压板和金属外壳组成的 GPS 接收机单元，有源天线与电缆，RS232 电缆和电源电缆，GVISION、PC 用户接口软件(软件在 3.5 英寸磁盘上，提供用户位置、速度、前进方向、路标和图形)，NAV2400 用户指南。

　　由 NAV2400 评估系统组成的 12 通道、L1-C/A 码、SPS(标准定位精度)的 GPS 接收机的主要性能指标如表 8.1.1 所示。

表 8.1.1　NAV2400 评估系统的主要性能指标

参　　数	条　　件	数　　值	单位
第 1 次定位时间			
冷启动	没有年历、时间或者位置	65	s
从低功耗模式唤醒		< 3	s
精　确　度			
水平位置	95%	10	m
速度	1σ 没有 S/A	0.1	m/s
灵　敏　度			
截获		−135	dBm

参　数	条　件	数　值	单位
重新截获		−139	dBm
跟踪		−144	dBm
动　态			
速度		600	m/s
加速度		4	g
颠簸地行进		7	m/s^3
重新截获		< 1	s
定位		< 1	s
定位数据更新率		1 或者 4	Hz
时间输出(PTTI)			
精确度	1σ 没有 S/A	100	ns
接口电平		TTL 兼容	
上升时间	在 GPS 接收机板连接器引脚端	< 10	ns
DGPS			
水平定位精度		10	m
速度精度		0.05	m/s
与 RS232 兼容的接口的波特率		300/600/1200/2400/4800/9600/19200	Baud
信息格式		RTCM−104 类型 1，类型 2，类型 9	
输出信息		NMEA $GPGGA/$GPGSA/$GPRMC/$GPGLL $GPGSV/$GPVTG/$GPZDA/电源管理输出信息	
输入信息		ASCII NMEA 信息控制和配置，波特率信息，DGPS 控制，电源管理信息	
电源电压		3.3 (±300 mV)	V
功率消耗		95～450	mW
工作温度范围		−40～+85	℃
存储温度范围		−65～+150	℃
湿度		95	%
海拔高度		18 000	m
与 PC 机/主机通信(与 RS232 兼容的接口)			
波特率		4800/9600/19200	Baud
信息格式		NMEA0183Ver，2.00ASCII，或者类似的二进制信息	

8.2　Atmel 公司基于 ATR06xx 的 16 通道 GPS 接收机设计方案

8.2.1　ATR06xx 系列芯片主要技术特性

Atmel 公司的 GPS 接收机系列芯片 ATR06xx 包含 GPS 射频接收机 IC ATR0600、LNA ATR0610、GPS 基带处理器 IC ATR0620。

GPS 射频接收机 IC ATR0600 的主要特性如下：采用单 IF 结构；具有极低的功率消耗，典型值为 50 mW；高集成度，VCO 谐振回路、回路滤波器、增益控制滤波器都集成在芯片上，仅需要一个外部的 LC 滤波器；射频 LNA 噪声系数<1.2 dB；1.5 位 ADC；采用 QFN-28 封装，尺寸为 5 mm×5 mm。

低噪声放大器(LNA)ATR0610 的主要特性如下：具有极好的噪声系数(Nf_{min}<1.6 dB)；很低的功率消耗(<10 mW)；高的增益系数(>16 dB)；芯片内集成有电源导通控制，输出匹配网络；采用 PLLP-6 封装，尺寸为 1.6 mm×2 mm。

GPS 基带处理器 IC ATR0620 的主要特性如下：由片上 ARM7TDMI CPU 核驱动高性能的 16 通道 GPS 核；具有 SPI、GPIO 和 3 个 USART 接口；片上 ROM/SRAM；电源电压为 2.3～3.6 V 或者 1.8 V；采用 BGA-100 封装，尺寸为 9 mm×9 mm。

8.2.2　基于 ATR06xx 的 GPS 接收机设计方案

由 GPS 射频接收机 IC ATR0600、LNA ATR0610 和 GPS 基带处理器 IC ATR0620 组成的 GPS 接收机框图如图 8.2.1 所示。它是一个 16 通道、L1 频率、C/A 码的 GPS 接收机。GPS 接收机的主要性能指标如下：最大数据更新速率为 4 Hz；定位精度 3 m；热启动时间为 2.5 s，冷启动时间为 41 s，"暖"启动时间为 31 s；信号重新捕获时间<1 s；动态范围<4 g；低功率消耗<100 mW；PCB 板尺寸<400 m^2。

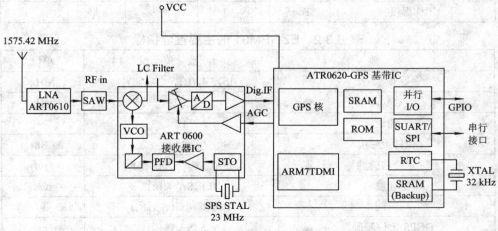

图 8.2.1　基于 ATR06xx 的 GPS 接收机框图

8.3　Eazix 公司基于 EZGPM01 的 12 通道 GPS 接收机电路

8.3.1　EZGPM01 主要技术特性

EZGPM01 是一种功能完整的 GPS 接收机芯片，它基于 SiRFstar™IIe/LP 体系结构，可完成 12 通道 GPS 信号处理，提供精确的卫星定位数据。EZGPM01 是一个具有完全 EMI 屏蔽的器件，适合在航海、航空、汽车等 GPS 接收机中应用。

EZGPM01 内部包含有低噪声放大器、射频滤波器、GRF2i/LP 射频前端 IC、GSP2e/LP GPS 引擎(高性能的 SiRFstar™IIe/LP 内核)、8 Mb Flash 存储器等。EZGPM01 的主要技术特性为：使用 1920 time/frequency 搜索信道，可高速地捕获信号，快速地写第 1 次定位时间；支持 SBAS(Satellite Based Augmentation System)；具有先进的低功耗控制模式；工作电源电压为 3.3 V；通过电池备用引脚端为芯片内部的备用存储器和实时时钟提供电源；支持无源和有源的天线，具有有源天线偏置电源电压引脚端和过电流保护；工作温度范围为−40～85℃；封装尺寸为 25.4 mm×2.4 mm×3 mm。

EZGPM01 的工作条件和主要性能指标如表 8.3.1 和表 8.3.2 所示。

表 8.3.1　EZGPM01 的工作条件

参　数	符　号	最小值	典型值	最大值	单位
电源电压	VCC	3.0	3.3	6	V
备用电池电压	Vbat	2.5	3.0	3.6	V
天线偏置电压	Vant	2.0	3.0	12	V
电源电流	Icc		67		mA
待机电池电流	Ibat		3.8		μA
天线偏置电流	Iant		18		mA
工作温度	Topr	−40		85	℃

表 8.3.2　EZGPM01 的主要性能指标

参　数	数　值	单位
频率	1575.42(L1，CA 码)	MHz
CA 码	1.023	MHz
通道	12	
保持灵敏度	−144	dBm
定位精确性	25(CEP，SA 关闭)	m
速度	0.1 (SA 关闭)	m/s
时间	1(同步到 GPS 时间)	s
DGPS 定位精确性	< 5 (SA 关闭)	m
DGPS 速度	0.05(典型值)	m/s
数据形式	WGS−84	

续表

参　数		数　值	单位
到第 1 次定位时间	重新取得(捕获)时间	100	ms
	瞬时启动	<3	s
	热启动	<8	s
	温热启动	<38	s
	冷启动	<45	s
串行通道		2 个全双工通信，支持 NMEA、SiRF 二进制、RTCM SC-104 协议	
1PPS CMOS 电平，脉冲持续时间		100	ms

8.3.2　EZGPM01 封装形式与引脚功能

　　EZGPM01 外形尺寸为 25.4 mm×25.4 mm×3 mm，如图 8.3.1 所示。其引脚封装形式如图 8.3.2 所示，引脚功能如表 8.3.3 所列。

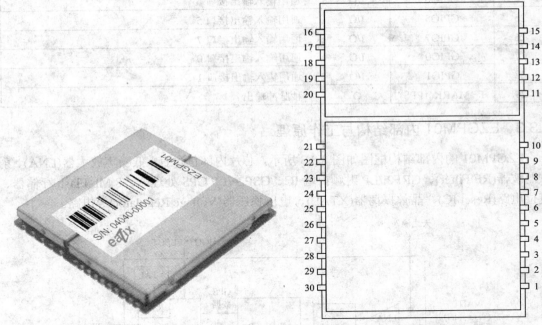

图 8.3.1　EZGPM01 的外形　　　　　　图 8.3.2　EZGPM01 引脚封装形式

表 8.3.3　EZGPM01 的引脚功能

引脚	符　号	I/O 类型	功　　能
1	VCC	I	3.3 V 电源电压
2，30	DGND		数字电路地
3	BOOTSELECT	I	模式更新，当 BOOTSELECT 为高电平时，导入更新模式
4	RXA	I	串行数据输入 A
5	TXA	O	串行数据输出 A
6	RXB	I	串行数据输入 B

引 脚	符　号	I/O 类型	功　能
7	TXB	O	串行数据输出 B
8	GPIO3	I/O	通用输入/输出接口 3
9	RF_ON	O	指示射频部分导通
10	DGND		数字电路部分地
11～16	AGND		模拟电路部分地
17	RF_IN	I	射频输入
18	AGND		模拟电路部分地
19	V_ANT	I	有源天线电源电压
20	VCC_RF	O	射频部分的 2.85 V 输出
21	V_BAT	I	外部备用电池
22	RESET_N	I	复位，低电平有效
23	GPIO10	I/O	通用输入输出接口 10
24	GPIO6	I/O	通用输入输出接口 6
25	GPIO5	I/O	通用输入输出接口 5
26	GPIO7	I/O	通用输入输出接口 7
27	GPIO0	I/O	通用输入输出接口 0
28	GPIO1	I/O	通用输入输出接口 1
29	T-MARK(1PPS)	O	秒脉冲输出

8.3.3　EZGPM01 内部结构与工作原理

　　EZGPM01 的内部结构框图如图 8.3.3 所示，芯片内部包含有：低噪声放大器(LNA)、射频滤波器(RF Filter)、GRF2i/LP 射频前端 IC、GSP2e/LP GPS 处理器、8 Mb Flash 存储器、复位电路(Reset IC)、晶体振荡器(XTAL)、电压稳压器(Voltage Regulator)等电路。

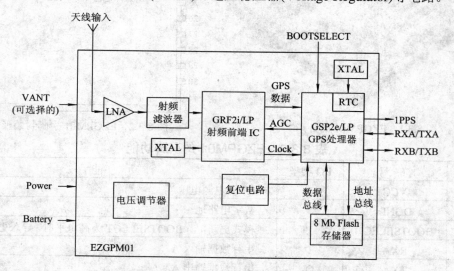

图 8.3.3　EZGPM01 的内部结构框图

8.3.4   EZGPM01 应用电路

登录 eazix 公司网站 http://www.eazix.com/或者 E-mail:info@eazix.com，可以获得详细的 EZGPM01 GPS 接收机电路参考设计资料。推荐的 EZGPM01 印制板和焊盘设计尺寸如图 8.3.4 所示。

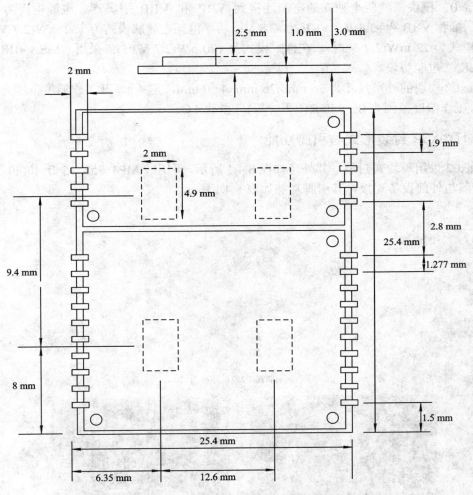

图 8.3.4   推荐的 EZGPM01 印制板和焊盘设计尺寸

8.4   Fastrax 公司基于 iTrax02 模块的 12 通道 GPS 接收机电路

8.4.1   iTrax02 主要技术特性

利用 iTrax02 模块可以构成一个完整的 GPS 接收机。iTrax02 模块包含 GPS 射频前端 (uN8021 RF 芯片)、GPS 基带处理器(uN8031 芯片)、晶体振荡器(16.3676 MHz TCXO，

32.768 Hz RTC)。iTrax02 模块具有双 UART 接口(3 V，CMOS 电平)、SPI 接口和 16 bit GPIO 接口；1PPS 输出信号(3 V，CMOS 电平)；8 Mb Flash 存储器(512 k×16 bit)。

iTrax02 模块可接收 L1、C/A 编码信号；具有 12 通道；数据更新率为 1 Hz 或者由用户配置；AGC 范围为 0～+32 dB；外部复位信号输入；GPS 天线可使用有源或者无源天线，采用 AMP4-353515-0-40(40 个引脚端)系统连接器，可以为有源天线提供偏置电压。

iTrax02 模块需要两个独立的电源连接到 VRF 和 VBB 引脚端，电源电压为+2.7～+3.3 V，推荐 VBB 为+2.8 V，VRF 为+2.8 V；功率消耗在导航模式为 130 mW(2.7 V 时)，在空闲模式为 22 mW(2.7 V 时)，在休眠模式为 120 μW(2.7 V 时)；采用 NMEA-0183 V3.0 和 iTALK 二进制协议。

iTrax02 模块的外形尺寸为 26 mm×26 mm×4.60 mm，重 4 g，其工作温度范围为-40～+85℃，工作湿度范围为 0～95%RH(无冷凝)，振动 4 G。

8.4.2　iTrax02 封装形式与引脚功能

iTrax02 采用模块式封装，其外形如图 8.4.1 所示，利用 AMP4-353515-0-40(40 个引脚端)连接器与外部设备连接，其引脚功能如表 8.4.1 所示。

(a) iTrax02模块外形

(b) iTrax02印制板顶部视图

(c) iTrax02印制板底部视图

图 8.4.1　iTrax02 模块的封装形式

表 8.4.1 iTrax02 的引脚功能

引　脚	符　号	I/O 类型	功　　能
1~11	GPIO0~GPIO10	I/O	通用输入/输出引脚端
12	GPIO11	I	外部唤醒输入
13	GPIO12	O	内部保留(FLASH READY/BUSY)
14	GPIO13	O	LNA 控制，0 表示 LNA 导通，1 表示 LNA 关断
15	GPIO14	I	导入模式选择，1 表示 UART，0 表示 SPI
16，18，39，40，34~36	GND	地	电源和信号地
17	GPIO15	I	导入模式选择，1 表示 FLASH，0 表示 UART/SPI
19	PM0	I	脉冲测量输入 0
20	PM1	I	脉冲测量输入 1
21	SPI_SDI	I	SPI 接口数据输入
22	SPI_SDO	O	SPI 接口数据输出
23	SPI_SCK	O	SPI 接口时钟输出
24	SPI_XCS0	O	SPI 接口片选 0 输出
25	RXD0	I	UART 通道 0 接收数据
26	TXD0	O	UART 通道 0 发射数据
27	RXD1	I	UART 通道 1 接收数据
28	TXD1	O	UART 通道 1 发射数据
29	VBB	电源	电源，2.7~3.3 V 直流电压
30	PPS	O	1PPS 信号输出
31	XRESET	I	外部复位，低电平有效
32	GND	地	电源和信号地
33	VRF	电源	电源，2.7~3.3 V 直流电压
37	RFIN	模拟	射频输入，50 Ω
38	V_ANTENNA	电源	天线配置直流电源

8.4.3　iTrax02 内部结构与工作原理

iTrax02 内部结构框图如图 8.4.2 所示，模块内包含有天线偏置网络(Antenna Bias Network)、2 级低噪声放大器(LNA)、带通滤波器(BPF)、uN8021 射频前端(uN8021 RF Front-End)、uN8031 基带处理器(uN8031 Baseband Processor)、Flash 存储器、VCO 回路滤波器(VCO Loop Filter)、16.3676 MHz TCXO、32768 Hz RTC、系统连接器(System Connector)等电路。

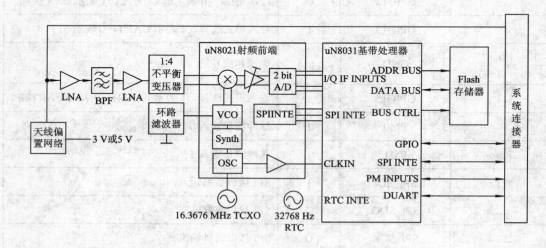

图 8.4.2　iTrax02 内部结构框图

8.4.4　iTrax02 应用电路

1．系统连接器(System Connector)

iTrax02 通过一个 49 引脚的连接器 X2(2×20 pin，0.50 mm pitch AMP connector 4-353515-0)与外部电路连接。连接到 X2 的一些信号如表 8.4.1 所示，分别为射频输入，通用输入/输出引脚端 GPIO[0~15]，脉冲测量输入 PM[0~1]，SPI 总线接口，UART 通道，PPS 输出，外部复位，射频电路部分电源电压 VRF，基带部分电源电压 VBB，外部天线偏置 V_ANTENNA。在连接器端口的 I/O 信号通过一个串联的 220 Ω 电阻连接到 uN8031。uN8031 的一些输入端包括上拉或者下拉电阻，因此不需要连接外部电阻到 iTrax02。未使用的引脚端可以不连接。

2．电源电压(Power Supply)

iTrax02 需要两个独立的电源电压 VBB 和 VRF，电源要求能够提供 50 mA 的峰值电流。推荐的电源电路如图 8.4.3 所示。

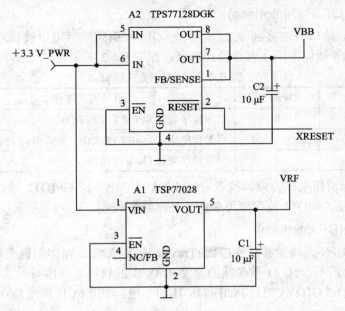

图 8.4.3　推荐的电源电路

3．SPI 接口(SPI Interface)

uN8031 的 SPI 接口用来选择外部 EEPROM 存储器(如 25LC640)和有效控制 uN8021 射频芯片。SPI 外围设备有专门的片选信号。数据信号线是共用的。uN8031 的 SPI 引脚端(除 SPI_XCS1 外)也被连接到系统连接器 X2，可以与外部的 SPI 器件连接。uN8031 总是作为主设，而其他 SPI 外部器件总是作为从设。SPI 接口 EEPROM 读时序如图 8.4.4 所示。

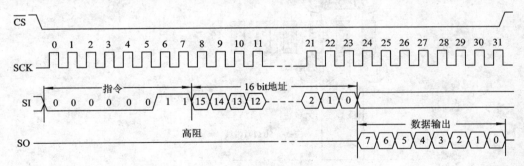

图 8.4.4　SPI 接口 EEPROM 读时序

4．UART 接口(UART Interface)

两个异步的 UART 接口连接到 X2，波特率是可编程的，数据格式如图 8.4.5 所示，无奇偶位(Parity: N)，数据位为 8 位(Data bits: 8)，停止位为 1 位(Stop bits: 1)，为 CMOS 信号电平。

Start	D0	D1	D2	D3	D4	D5	D6	D7	Stop

图 8.4.5　UART 接口数据格式

5．GPIO 接口(GPIO Interface)

16 bit GPIO 接口被连接到 X2。每一个 GPIO 引脚端都可以被编程产生中断信号。GPIO14 和 GPIO15 被保留用作引导模式选择，如表 8.4.2 所示。

表 8.4.2　引导模式选择

GPIO15	GPIO14	引导模式选择
0	0	引导程序通过 SPI 来自 EEPROM
0	1	引导程序通过 UART PORT0，波特率为 15 200 Baud
1	x	引导程序来自 Flash 存储器

GPIO13 被保留用来作为内部或者外部 LNA 电源控制。GPIO12 被保留用来作为内部 Flash 存储器控制。GPIO11 被保留用来作为外部唤醒控制。

6．射频接口(RF Interface)

一个外部的 GPS 天线能够被连接到 iTrax02 连接器 X2。在印制板上设计了 50 Ω 的微带线，如图 8.4.6 所示。50 Ω 微带线的宽度与 PCB 的材料和厚度有关。例如，使用 FR-4 材料，宽度 W(在 1.5 GHz)大约是 PCB 厚度 H 的 2 倍。如果 PCB 厚度是 0.8 mm，则宽度 W 将是 1.6 mm。

外部有源天线的天线偏置可以通过 X2 上的 V_ANTENNA 提供。V_ANTENNA 电压将根据天线选择，最大电源电流限制为 100 mA。

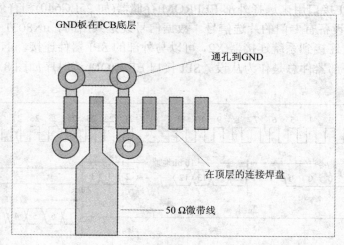

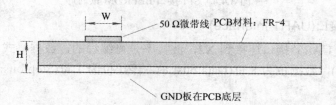

图 8.4.6　50 Ω 微带线印制板设计示意图

7．X2 接口电路

X2 接口电路如图 8.4.7 所示。

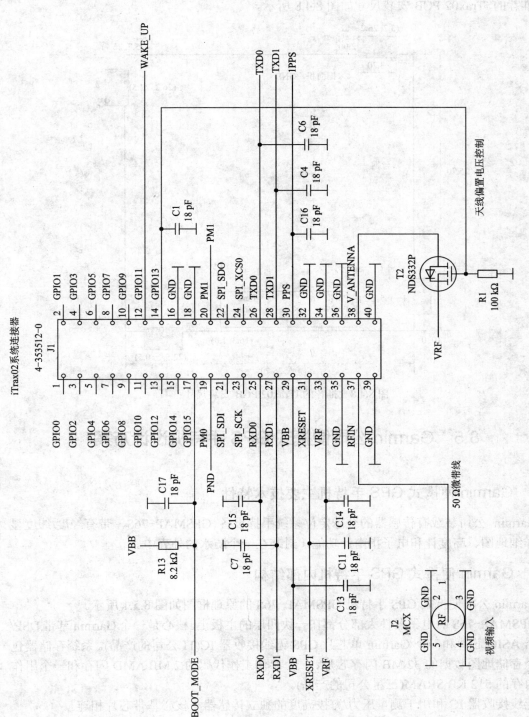

图 8.4.7　X2 接口电路

8. 推荐的 iTrax02 PCB 安装尺寸

推荐的 iTrax02 PCB 安装尺寸如图 8.4.8 所示。

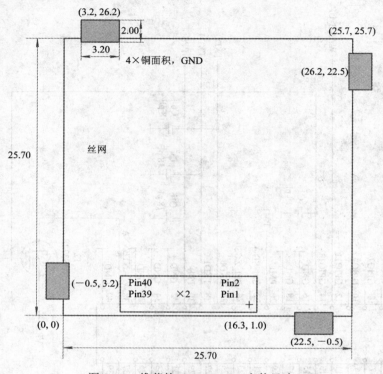

图 8.4.8　推荐的 iTrax02 PCB 安装尺寸

8.5　Garmin 公司便携式 GPS 手持机设计方案

8.5.1　Garmin 便携式 GPS 手持机主要技术特性

Garmin 公司装载有传感器的全球定位系统手持设备 GPSMAP-76S，带有经度/纬度显示、详细地图、高度计和电子指南针功能，封装在一个防水的外壳中。

8.5.2　Garmin 便携式 GPS 手持机内部结构

Garmin 公司便携式 GPS 手持机 GPSMAP-76S 的原理框图如图 8.5.1 所示。

GPSMAP-76S 的电子器件大部分都在一块四层的主板上。核心是一个 Garmin 基带 DSP/控制器 ASIC 芯片和一个 Garmin 单芯片 GPS 无线接收器 IC(TI 公司的产品)。系统存储器包括一个存储地图数据的 32 MB 闪存芯片、一个存储工作代码的 2 MB AMD 闪存和一个用作工作内存的 512 KB SRAM(三星公司的产品)。

无线接收器 IC 和用于测量压力/海拔高度的独立传感器与核心基带芯片相连。

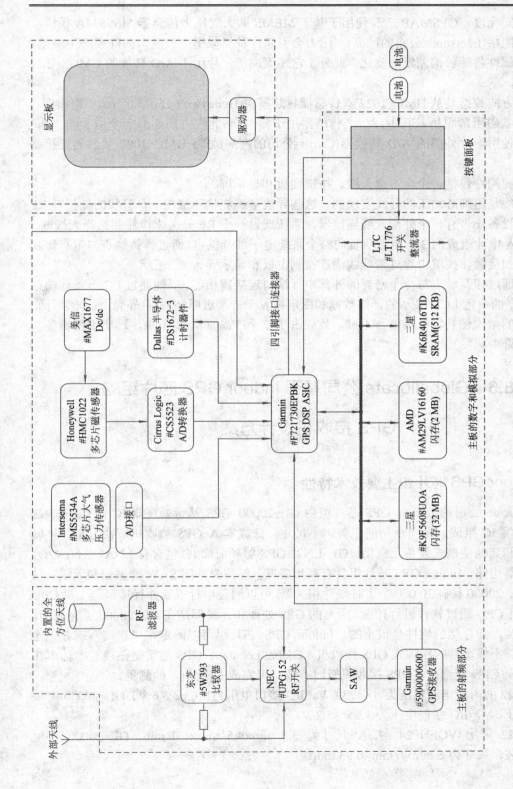

图 8.5.1　GPS 手持设备 GPSMAP-76S 的原理框图

为了确定高度，GPSMAP-76S 使用了基于 MEMS 的大气压力传感器 MS5534A 模块，它是一种压阻桥(Intersema 公司的产品)。压力会引起一种类似于"鼓膜"的硅膜产生偏差，而压阻桥的属性将随着偏差发生变化。此外，它还集成了一片用于 A/D 转换的 CMOS 芯片及主控接口。

指南针方向数据是从 HMC-1022 双传感器封装模块(Honeywell 公司的产品)中得出的，该模块包含了磁阻薄膜桥。其中，一个传感器用于测"南-北"方向，另一个用于测"东-西"方向。使用一片外部的 A/D 转换器(Cirrus 公司的产品)可将 HMC-1022 传感器连接到 DSP/控制器。

其他关键配件包括一个全方位天线、按键面板和显示屏。

内部天线是用细心加工的导线实现的，这些导线呈螺旋状环绕在一个管状的低损耗 RF 薄片上。该设备还带有一个外部天线连接器，系统通过一个 RF 开关来检测和选择天线源。

两节 AA 电池组成的 3 V 电源负责向整个系统电子部分供电，通过弹簧触点与带有垫片的按键面板相接触，按键再通过带状线缆连接到主板和显示屏。

主板也通过弹簧触点与一个密封的外部串行端口连接器相连，以便通过 PC 下载地图数据。高分辨率的单色 LCD 显示的详细数据和图形被置于一个透明塑料屏(外壳上面)的后面。坚固且防水的结构使其物有所值，不过，外壳占了整个产品重量的 46%，这比手持设备的标准高出了许多。

8.6　Globallocate 公司基于 Indoor GPS 芯片组的 GPS 接收机设计方案

8.6.1　Indoor GPS 芯片组主要技术特性

Globallocate 公司的 Indoor GPS 芯片组由 GL-20000 GPS 基带处理器 IC 和 GL-LN22 GPS 射频前端 IC 组成，是一个功能完善、小尺寸、低成本 A-GPS 接收机解决方案，可以在蜂窝电话和其他便携式设备上应用。GL-LN22 GPS 射频前端 IC 包含有 LNA、2 bit A/D、频率合成器等电路。Indoor GPS 芯片组具有高集成度，仅需要外部 SAW 滤波器和天线。基带处理器 GL-20000 具有 20 000 个实时硬件相关器，可以通过串行或者并行接口与主机 CPU 连接，由主机 CPU 通过软件进行控制。所有的 GPS 处理和计算都是在 GL-20000 上完成的，主机 CPU 装入和存储的软件是很小的。Indoor GPS 芯片组可以固定在"查询"或者"连续"模式下。不像通常的跟踪式 GPS 接收机，Global Locate A-GPS 通常是在接近零功率状态。当被主机 CPU 查询时，GPS 接收机暂时有效，可完成 GPS 信号的测量。

GL-LN22 的内核电源电压为 8.6~3.6 V，I/O 接口电压为 1.65~3.6 V。GL-20000 内核电源电压为 1.8 V，I/O 接口电压为 1.65~3.2 V。

GL-LN22 采用 VQFN-24 封装，尺寸为 3.5 mm×4.5 mm×1.0 mm。GL-20000 采用 FBGA96 封装，尺寸为 6 mm×6 mm×0.93 mm。

8.6.2　基于 Indoor GPS 芯片组的 GPS 接收机设计方案

基于 Indoor GPS 芯片组的 GPS 接收机框图如图 8.6.1 所示，其主要技术特性如下：接收 L1 频率、C/A 码(SPS)、10 通道；灵敏度为−160dBm；第 1 次定位时间(移动状态)<1 s(精度为 5 m，冷启动)，稳定状态精度为 2 m；支持的基准频率范围为 10～40 MHz；辅助的数据标准为：UMTS/GSM 是 3GPPTS25.331&TS44.031，CDMA 是 3GPP2C.S0022-0-1；具有 SPI、I^{2}C、UART 串行接口和 8 bit 并行接口；平均功率消耗为 21 mW。

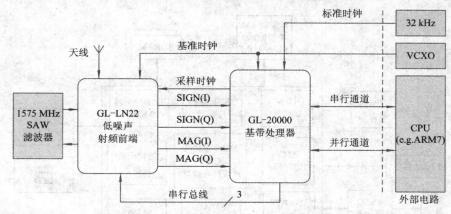

图 8.6.1　基于 Indoor GPS 芯片组的 GPS 接收机框图

8.7　Himark 公司基于 AR2010 的 GPS 接收机设计方案

8.7.1　AR2010 GPS 控制器 SoC 主要技术特性

AR2010 GPS 控制器 SoC 是一个单片集成的处理器，配上适当的外围设备，可以适应所有与 GPS 接收机相关的产品，如通用 GPS 接收机板、GPS 鼠标、GPS CF 卡、GPS 监视仪、GPS 手持导航仪/定位器、PDA 用的 GPS 接收机以及附加在笔记本 PC 中的 GPS 接收机等。

AR2010 GPS 控制器 SoC 内部结构如图 8.7.1 所示，芯片内部包含有：MIPS-R3000 CPU(32 bit RISC 处理器，2 KB 指令高速缓冲存储器，2 KB 数据高速缓冲存储器，CPU 时钟频率为 100 MHz)、64 KB SRAM、支持 2 个 16 bit 数据总线的 SDRAM 控制器、基于 12 通道相关器和内置载波/编码跟踪回路的 GPS 解码器、LCD 控制器、ADC 与触摸屏接口控制器、支持多种外围设备连接的 GPIO 接口、2 个可用于串行通信的 UART 通道、看门狗定时

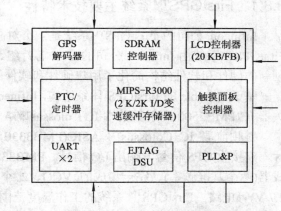

图 8.7.1　AR2010 GPS 控制器 SoC 内部结构框图

器、晶体振荡器和 PLL 时钟发生器等功能模块。AR2010 GPS 控制器具有低功耗模式，采用 LQFP-176 封装。

8.7.2 基于 AR2010 的 GPS 接收机设计方案

基于 AR2010 GPS 控制器 SoC 的 GPS 接收机设计方案如图 8.7.2 所示，适合交通工具导航、安防系统、户外运动(登山、划船等)、儿童/老人/个人定位及安全防护、GPS 监视器、数码相机、移动和导航等应用。

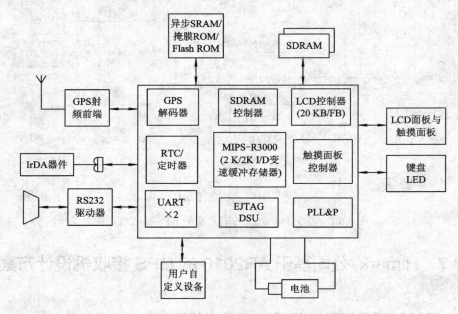

图 8.7.2 基于 AR2010 GPS 控制器 SoC 的 GPS 接收机设计方案

8.8 Infineon 公司基于 FirstGPS™系统的 GPS 接收机设计方案

8.8.1 FirstGPS™系统主要技术特性

Infineon 公司的 FirstGPS™系统是一个对高容量、低成本 GPS 应用的最优解决方案。FirstGPS™系统由 Infineon 公司的 GPS 芯片组、Trimble 公司的 FirstGPS 软件和 API 组成。创新的硬件和软件结构简化了用户硬件和软件的开发过程。

基于 Trimble 的 FirstGPS 体系结构，Infineon 公司开发的 GPS 芯片组由 12 通道 GPS 相关器 IC(PMB2500)和射频前端 IC Colossus™ ASIC(PMB3330)组成。

射频前端 IC Colossus™ ASIC(PMB3330)是一个高集成度的双下变频的无线接收器芯片，它接收 GPS 信号，输出 I/Q 信号。PMB3330 内部包含有低噪声放大器、可编程频率合成器(两个基准频率)、完全集成的 VCO、2 个内置的采样器和低功耗控制电路(<20 mW，2.7 V)等电路。FirstGPS™系统的工作温度范围为−40～+85℃，采用 TSSOP-24 封装。

12 通道 GPS 相关器 IC(PMB2500)内部结构如图 8.8.1 所示。

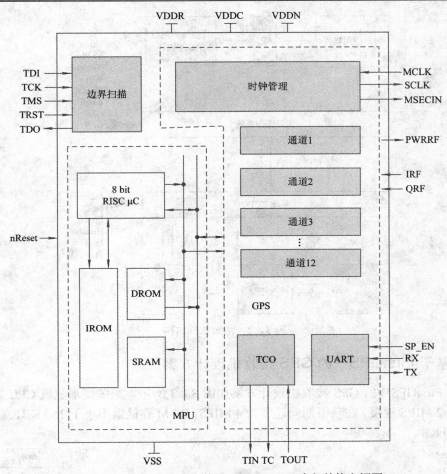

图 8.8.1 12 通道 GPS 相关器 IC(PMB2500)内部结构方框图

PMB2500 包含 GPS 处理、MPU(微处理器单元)和 JTAG 边界扫描部分，输出 GPS 测量数据到主机微处理器，主机系统利用这些数据去计算位置、速度和时间。PMB2500 可以并行跟踪 GPS L1(1.575 GHz)频率。PMB2500 具有超低的功率消耗(<8 mW，3.3 V 时)和低功耗模式；基准频率为 13 MHz 和 12.504 MHz；具有 JTAG 边界扫描；工作温度范围为−40~+85℃；采用 TSSOP-28 封装。

Trimble 的 FirstGPS 软件在系统主机微处理器中执行，以完成位置、速度和时间的计算。用户可选择实时操作系统(Real-Time Operating System，RTOS)和 CPU。用户利用所选择的开发工具，可将 FirstGPS 软件装入到主机平台。

FirstGPS 软件具有如下特点：最小主机 CPU 中断，多任务处理，信息诊断，可连接库，在无主机 CPU 访问期间可以生存。

开发工具包含有基于 PC 的启动系统，像 Microsoft 一样的 API，基于 Windows 的 GUI 监视器，NMEA 应用范例，基于 PC 的原型开发环境。

标准的 API 功能有：获得位置，又获得时间；初始化位置，又初始化时间；获得最后的定位；获得星像；导通又关断 FirstGPS 和 I/O；获得电池支持的 RAM 地址；获得星历表、历书、GPS 通道、位置、振荡器、存储器等状态。系统软件结构如图 8.8.2 所示。

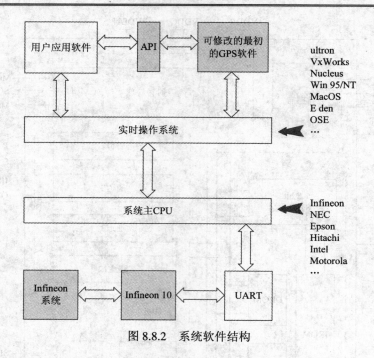

图 8.8.2 系统软件结构

8.8.2 基于 FirstGPS™的 GPS 接收机设计方案

基于 FirstGPS™的 GPS 接收机设计方案如图 8.8.3 所示。系统要求主机 CPU 在稳定状态时具有 2 MIPS 速度，在获得期间速度为 4 MIPS，ROM 存储器不小于 150 KB，最小 RAM 为 40～80 KB。

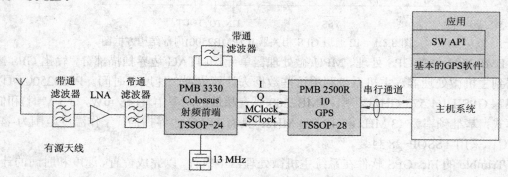

图 8.8.3 基于 FirstGPS™的 GPS 接收机设计方案

8.9 Nemerix 公司基于 NJ1004/NJ1006 的 GPS 接收机设计方案

8.9.1 Nemerix 公司的 GPS 芯片主要技术特性

1. 单片 GPS 接收机射频前端 IC NJ1004/NJ1006

Nemerix 公司推出的 NJ1004 是一个单片 GPS 接收机射频前端 IC。NJ1004 采用超外差结构，下变频 1575.42 MHz L1 GPS 信号，通过 2 bit A/D 转换器采样后，输出数字信号到基带处理器。晶体振荡器和 PLL 产生所需要的全部时钟信号。芯片支持 3 个不同的基准频率。使用 16.368 MHz 基准频率，第 2 级 IF 频率为 4.092 MHz，适合大多数基带处理器；使用 16.384 MHz 基准频率，第 2 级 IF 频率为 2.556 MHz，适合在系统中使用 FFT(快速傅氏变换)算法；使用 13.000 MHz 基准频率，可以简化集成 GPS 接收机到 GSM 蜂窝电话中的设计。

NJ1004 工作时电源电压为 2.2～3.6 V，有效工作时电流消耗为 5.2 mA，待机模式时电流消耗为 3.5 mA，瞌睡模式时电流消耗为 300 μA，休眠模式时消耗为 10 nA。NJ1004 的工作温度范围为−40～85℃；提供 3 个低功耗模式，在 CPU 的控制下降低功率消耗；可以直接与 NJ1030 和 NP1016 处理器接口，适合构成不同类型的 GPS 接收机。

NJ1006 是一个高集成度的单片 GPS 接收机射频前端 IC，目标是满足价格敏感的便携式应用和汽车应用。NJ1006 集成了 LNA 和本机振荡器的谐振回路，减少了外部元器件的数量和 PCB 的面积。NJ1006 采用双超外差结构，接收 GPS L1 频带信号，功能上与 NJ1004 兼容。片上的 LNA 允许连接无源的或者有源的天线到 NJ1006。NJ1006 具有灵活结构的 PLL 和晶体振荡器，基准频率为 16.368 MHz，也支持在 3G、GSM、CDMA 和 PDC 电话中应用。天线检测器和开关支持 GPS 接收机系统在汽车等需要有源天线的场合应用。天线检测器也可以检测有源天线开路或者短路，限制所提供的电流，保护天线和接收机。

NJ1006 下变频 1575.42 MHz GPS L1 信号，通过 2 bit A/D 转换器采样后，输出 2 bit(符号和大小)数字信号到基带处理器。NJ1006 的工作电源电压为 2.2～3.6 V，有效工作时电流消耗为 11.4 mA，待机模式时电流消耗为 6.2 mA，瞌睡模式时电流消耗为 450 μA，休眠模式时电流消耗为 10 nA。NJ1006 的工作温度范围为−40～85℃；提供 3 个低功耗模式，在 CPU 的控制下降低功率消耗；可以直接与 NJ1030 和 NP1016 处理器接口，适合构成不同类型的 GPS 接收机。

2. NJ1030 GPS 基带处理器

Nemerix 公司的 NJ1030 是一个适合 C/A 码 L1 GPS 接收机使用的 GPS 基带处理器，支持 WAAS/EGNOS、3GPP TS44.035-TIA-IS801。NJ1030 芯片上组合了 Nemerix 公司的 NP1016 GPS 相关器内核、32 bit RISC IEEE1754(SPARC V8)兼容的 CPU 内核、片上存储器、外围设备接口等功能模块。灵活的系统性能配置和存储器结构允许 NJ1030 在不同的 GPS 接收机中应用。NJ1030 可以直接与 Nemerix NJ100x(NJ1004、NJ1006)系列的射频前端连接，适合与 1 bit 或者 2 bit 输出的 GPS 射频前端器件连接，采样频率可达 20 MHz，具有 8 bit A/D 转换器。灵活的时钟设计可以采用内部或者外部时钟源；CPU 是一个 32 bit RISC IEEE1754(SPARC V8)兼容的内核，具有 8 KB 指令高速缓冲存储器和 1 KB 数据高速缓冲存储器；具有 32 KB 片上 SRAM，8 KB SRAM 采用电池供电，用来储存导航信息和实时时钟；外部存储器和 I/O 空间通过 32 bit 外部总线(External Bus Interface，EBI)接口访问，支持 4 块 16 MB 的 SRAM 或者 Flash 存储器；具有 UART 和可选择的 UART/SPI/GPIO 接口；2 bit 符号和幅度的 GPS IF 信号输入，功耗小于 25 mW；采用 Micro BGA-128(7 mm×7 mm)封装。

3. NP1016 GPS 相关器 IP

NP1016 GPS 相关器 IP 基于 ARM7TDMI 平台，采用技术独立的 VHDL 数据库、SoC、AMBA APB 处理器接口以及 AMBA APB 处理器接口，可升级跟踪模块(2～16)，跟踪模块可以单个解除，具有快速截获模式(Fast Acquisition Mode，FAM)、L1 C/A 编码 WAAS/EGNOS、低功耗模式，可嵌入 NJ1030 中使用。

8.9.2　SW1030 软件体系结构

SW1030 软件体系结构如图 8.9.1 所示。SW1030 具有完整的 GPS 功能：SV 截获和跟踪，GPS 数据库，PVT(位置、速度和时间)计算，用户 APIs，可选择的 RTOS，可选择的表示方法，C++语言，独立的 HW(硬件)，128 KB 编码，数据大小<32 KB。

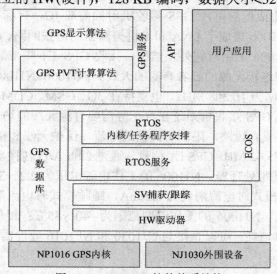

图 8.9.1　SW1030 软件体系结构

8.9.3　Nemerix 公司的 GPS 设计方案

Nemerix 公司的 GPS 设计方案如图 8.9.2～图 8.9.4 所示。图 8.9.2 给出了一个在主设控制下的 GPS 接收机系统。图 8.9.3 给出了一个由 NJ1030 和 NJ1006 组成的 GPS 接收机系统。图 8.9.4 给出了 Nemerix 公司的 GPS 芯片在蜂窝电话中的应用方式。

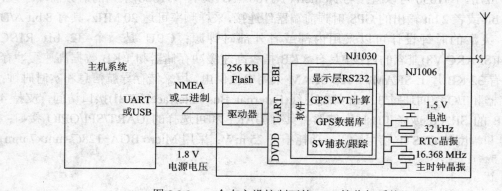

图 8.9.2　一个在主设控制下的 GPS 接收机系统

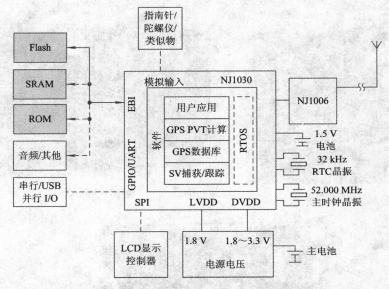

图 8.9.3　一个由 NJ1030 和 NJ1006 组成的 GPS 接收机系统

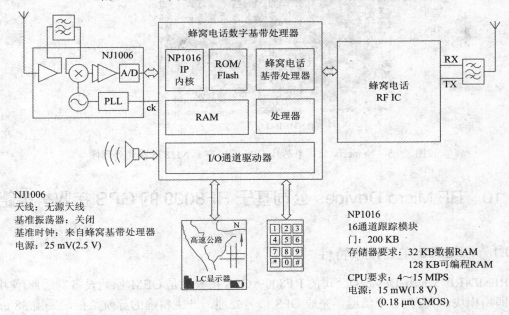

图 8.9.4　Nemerix 公司的 GPS 芯片在蜂窝电话中的应用方式

8.9.4　Nemerix 公司单芯片 GPS 解决方案 NJ1836

NJ1836 成功地将 NJ1006A 和 NJ1030A 集成至一个器件内，NJ1836 可以很容易地置于手机、PDA 或其他带蓝牙功能的手持设备等便携式产品中，通过 Nemerix 公司经过验证的低功耗技术可提供精确的 GPS 性能。NJ1836 专门设计用于 PDA 和移动手持设备，Nemerix 独特的设计可以节省高达 70% 的功耗和芯片面积。NJ1836 模块外形图如图 8.9.5 所示。

(a) 接收机模块

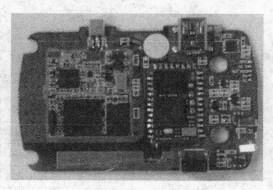

(b) NJ1836顶层图

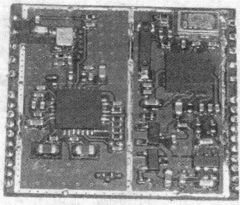

(c) NJ1836底层图

图 8.9.5　Nemerix 公司单芯片 GPS 解决方案 NJ1836 模块外形图

8.10　RF Micro Devices 公司基于 RF8009 的 GPS 接收机电路

8.10.1　RF8009 主要技术特性

　　RFMD(RF Micro Devices)公司的 RF8009 GPS 接收机是 OEM(原始设备制造商)使用的即插即用模块，具有 12 个信道，完成 GPS 信号处理，产生精确的导航数据，采用 38 mm×38 mm 封装，可广泛地应用在 GPS 终端产品上，如舰队导航、汽车导航、远程信息处理和物体(财产)跟踪。

　　RF8009 的主要性能指标如表 8.10.1 所示。

表 8.10.1　RF8009 的主要性能指标

参　数	最小值	典型值	最大值	单位	备　注
外　部　电　源					
电压	3.17	3.3	3.43	V	运行模式
	1.65	2.5	2.7	V	电池备用模式

参　数	最小值	典型值	最大值	单位	备　注
功率消耗		410		mW	数据更新时间为 1 秒钟
		145		mW	数据更新时间为 1 分钟
		40		mW	数据更新时间为 5 分钟
		6		μA	电池备用模式
峰到峰的纹波			100	mV	运行模式
信号捕获性能					
水平方向精确性		5.8		m	2d RMS
垂直方向精确性		9.7		m	2d RMS
速度精确性		0.06		m/s	1 Sigma
差分 GPS 精确性		<1		m	2d RMS
数据更新速率分辨率		1		s	
时间标记		1		s	1 s ± 100 ns (1 SigmA)
串行数据输出协议					二进制，NMEA-0183
串行主端口		19 200		b/s	二进制，无奇偶，8 个数据位，1 个停止位
串行辅助端口		9600		b/s	RTCM SC-104，无奇偶，8 个数据位，1 个停止位
天　线　要　求					
频率		1575		MHz	
天线增益		3		dBic	90º 仰角
放大器增益	26			dB	包括电量损失
放大滤波器噪声带宽	20			MHz	在 3 dB 点
噪声特征		2.5		dB	
连接器类型					MCX
放大器电流，3VDC～5VDC			50	mA	由原始设备制造商提供
RF 信号环境					
RF 输入频率		1575.42		MHz	L1 频率频带
RF 输入功率	31			dBm	
灵敏度		−113		dBm	
运　行　环　境					
温度(操作/存储)	−40		+85	℃	
湿度		95		%	
最大极限	−1000		+60 000	ft	
加速度		4		G	
海拔高度	−1000		+60 000	ft	
最大交通工具移动			515	m/s	

8.10.2　RF8009 封装形式与引脚功能

RF8009 采用模块式封装, 尺寸为 38 mm×38 mm, 外形如图 8.10.1 所示, 引脚功能如表 8.10.2 所示。

图 8.10.1　RF8009 模块的封装形式

表 8.10.2　RF8009 的引脚功能

引脚	符号	功　　　能
1	V3_3P	接收机的主电源输入端
2	GND	接收机的接地端
3	TX1	主要的异步双工串行数据端口发送引脚端, 支持二进制和 NMEA 信息协议。默认设置: 信息格式为二进制, 波特率为 19 200 b/s, 无奇偶性, 数据位为 8 bit, 停止位为 1 bit
4	RX1	主要的异步双工数据端口接收引脚端, 支持二进制和 NMEA 信息协议。默认设置: 信息格式为二进制, 波特率为 19 200 b/s, 无奇偶性, 数据位为 8 bit, 停止位为 1 bit
5	TMARK	UTC 时间标志脉冲, 每秒一个脉冲。二进制信息 OTMP 包含 UTC 时间, 该时间与时标脉冲有关
6	V_ANT	提供电源, 连接到 RF 连接器的中心线
7	V2_5BU	为接收机的实时时钟提供一个备用电源
8	V2_5BU	辅助异步双工串行数据端口接收引脚端, 支持 DGPS RTCM SC-104 信息协议。默认设置: 信息格式为 RTCM SC-104, 波特率为 9600 b/s, 无奇偶性, 数据位为 8 bit, 停止位为 1 bit
9	TX2	辅助异步双工串行数据端口发送引脚端
10	GPIO20	通用输入/输出端口

8.10.3　RF8009 内部结构与工作原理

RF8009 的内部结构框图如图 8.10.2 所示。模块内部包含有数字 ASIC(Digital ASIC)、L1 带通滤波器(L1 BP Filter)、低噪声放大器(LNA)、增益放大器(Gain)、滤波器(Filter)、模数转换器(ADC)、温度传感器(Temp Sensor)、Flash 存储器、管理器(Supervisor)、+2.5 V 基准电压(+2.5 V Reg.)、43 MHz GPS 晶振(GPS Crystal)和振荡器(OSC)、32 kHz 实时时钟晶振(RTC Crystal)和振荡器(OSC)等电路。数字 ASIC 中包含有完整的微处理器,有 PowerPCR401、GPS 信号处理、静态存储器和寄存器测试电路等。

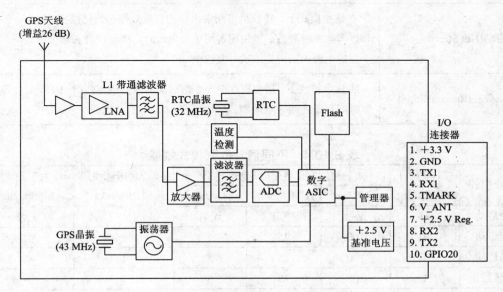

图 8.10.2　RF8009 的内部结构框图

8.10.4　RF8009 应用电路

1．接收机体系结构

GPS 接收机芯片组包括了所有的射频直接采样和放大电路,完成数据采样。到达专用集成电路(ASIC)的采样数据有符号和量级两个信号。专用集成电路(ASIC)包含完整的微处理器(PowerPCR401)、GPS 信号处理、SRAM 和 RTC 电路。制造一个完整的导航系统需要存储器和其他支持器件。

2．接收机操作

接收机需要 3.3 V 直流电源和天线,接收足够的卫星信号,提供导航数据。安装在室内或交通工具内部的天线要能够有效地接收卫星信号。如果天线与卫星是隔离的,则要花很长时间才能定位。如果可利用的卫星少于四个,则接收机需要使用海拔高度的辅助,才能提供有效的 2D 定位处理。

1) 信号截获模式

GPS 接收机支持表 8.10.3 所示的四种截获信号的模式。不同模式的第一次定位时间

(TTFF)等参数不同，如表 8.10.4 所示。

表 8.10.3　工 作 模 式

冷启动(Cold Start)	在冷启动模式下，接收机的有效历书和频率标准参数存储在存储器中。如果没有电池备用电源，则在启动时，接收机进入这个模式
暖启动(Warm Start)	在这个模式下，接收机可利用内存的有效数据初始化位置、时间、历书和参考频率等参数。当使用备用电池电源时，接收机进入这个模式有一个较长的电源关断周期
热启动(Hot Start)	在这个模式下，接收机可利用内存的有效数据初始化位置、时间、历书和参考频率等参数。当使用备用电池电源时，接收机进入这个模式，有一个短的电源关断周期或软件复位
重新截获(Reacquisition)	在这个模式下，接收机存在一个短时间的信号阻塞(少于 10 秒)，信号阻塞时间小于连续导航周期

表 8.10.4　不同信号截获模式性能

截获模式	TTFF (秒)(注释 1,2)	初始定位容差(3 Sigma)			最大历书使用时间/weeks	最大年鉴使用时间/hours
		位置/km	速度/(m/s)	时间/min		
冷启动	44	无效	外形	无效	1	无效
暖启动	40	100	75	5	1	无效
热启动	10	100	75	5	1	4
重新截获	1	100	75	5	1	4

2) 导航模式

GPS 接收机支持 3 种导航模式：3D(Three-Dimensional，3 维)、2D(Two-Dimensional，2 维)和差分 GPS(Differential GPS，DGPS)模式。当 4 个或更多的卫星有效时，接收机进入 3D 导航模式；当有效使用到的卫星数少于 4 个 GPS 卫星时，若固定的海拔高度可使用，则 GPS 接收机进入 2D 导航模式。为了计算此时的定位值，接收机既可采用由 3D 模式下决定的最后高度，也可使用用户提供的数据。在 2D 导航模式下，固定的海拔高度值和天线实际的海拔高度值之间的关系可确定导航的精确度。当使用 4 个或更多的卫星，并且信号具有差分修正时，接收机进入差分 GPS(DGPS)导航模式。精确定位是整个 GPS 系统中的重要功能，导航精确度如表 8.10.5 所示。

表 8.10.5　导 航 精 确 度

位置(2drms，95%，All-in-View)		速度	DGPS	时间
水平方向	垂直方向			
5.8 m	9.7 m	0.06 m/s	<1 m	100 ns

3) 电源工作模式

GPS 接收机有表 8.10.6 所示的 3 种电源工作模式。

表 8.10.6　电源工作模式

模　式	描　述
关断模式	接收机完全不使能，包括所有直流电源、输入信号和控制信号
工作模式	当外部直流电源连接到接收机的主电源输入端(V3_3P 处)时，接收机工作
备用电池 模式	当主电源被移走时，提供的外部直流电源连接到 RTC 端(V2_5BU)，接收机进入备用 电池模式。如果接收机在该模式下启动，则其将使用 RTC 中的当前时间和存储在 Flash 存储器中的卫星数据，能够快速地完成第 1 次定位(TTFF)

3. 天线电源

GPS 接收机提供电源电压到 I/O 连接器中的 V_ANT 引脚端，连接到 V_ANT 引脚端的电压可以是正或负电压，可达到直流 15 V。

天线检测电路功能用来确定 GPS 天线是否有效连接，可检查天线的过流和短路。该状态要使用 IBIT 信息，结果在 OBIT 信息中报告。

4. 输入/输出信号

输入/输出信号在表 8.10.2 中有描述。所有的数字 I/O 信号为直流 2.5 V CMOS 缓冲信号电平，允许使用 3.3 V 电压。

5. 信息定义

RFMD GPS 接收机用户手册中提供了表 8.10.7～表 8.10.11 所定义的二进制信息和 NMEA 信息。

表 8.10.7　二进制输出信息

二进制信息	描　述	默认状态
ONVD	导航处理数据	是
OSAT	可视卫星	校正时
OCHS	信道状态	是
ODGS	DGPS 状态	否
ODGC	DGPS 配置	否
ONOC	导航工作配置	在接通电源/复位时出现
ONVC	导航有效配置	在接通电源/复位时出现
ONPC	导航平台配置	否
OCSC	冷启动配置	在接通电源/复位时出现
OEMA	仰角标记配置	在接通电源/复位时出现
ODTM	图像数据选择	在接通电源/复位时出现
ODTU	用户数据定义	否
OTMP	UTC 时间标记脉冲	是
OALD	下载历书数据	否
OEPD	下载星历表数据	否
OUTD	下载 UTC/IONO 数据	否
OSHM	卫星健康标记结构	否
OSID	接收机软件标识符(ID)	在接通电源/复位时出现
OBIT	内置测试结果(ACK)	否
OFSH	上传 Flash 指令(ACK)	否

表 8.10.8　二进制输入信息

二进制信息	描　述	二进制信息	描　述
INIT	导航初始化	IEPD	星历表下载指令
IDGC	DGPS 配置	IUTD	UTC/IONO 下载指令
INOC	导航工作配置	ISHM	卫星健康标记配置
INVC	导航有效配置	IRST	复位指令
INPC	导航平台配置	IFSH	下载 Flash 指令
ICSC	冷启动配置	ILOG	信息逻辑控制
IEMA	仰角标记配置	IIOC	输入/输出端口配置
IDTM	图像数据选择	IMPC	信息协议配置
IDTU	用户数据定义	I BIT	内置测试指令
IALD	历书下载指令		

表 8.10.9　NMEA 输出信息

NEMA 信息	描　述	默认状态
SID	软件翻译	在接通电源/复位时出现
GGA	GPS 定位数据	是
GLL	地理位置：纬度/经度	否
GSA	GPS DOP 和有效卫星	是
GSV	GPS 可视卫星	
RMC	推荐使用的最小指定 GPS/传输数据	是
VTG	好的轨迹和地面速度	否
BTO	内置测试结果(ACK)	否
CHS	信道状态数据	是

表 8.10.10　NMEA 输入信息

NMEA 信息	描　述
INT	接收机初始化
LOG	信息逻辑控制
IOC	输入/输出端口配置
MPC	信息协议配置
RST	复位指令
BTI	要求内置测试的指令

表 8.10.11　RTCM SC-104 信息

RTCM 信息	描　述
类型 1	差分 GPS 修正
类型 2	增量(DELTA)差分 GPS 修正
类型 9	局部卫星设置差分修正

8.11　Skyworks 公司基于 CX74xx 的 GPS 接收机设计方案

8.11.1　CX74xx 接收机 ASIC 系列芯片主要技术特性

Skyworks 公司的 CX74xx 接收机 ASIC 系列芯片有 CX74061、CX74070 等。

CX74061 接收机芯片适合 CDMA、AMPS、PCS 和 GPS 移动手持设备应用，内部结构框图如图 8.11.1 所示。

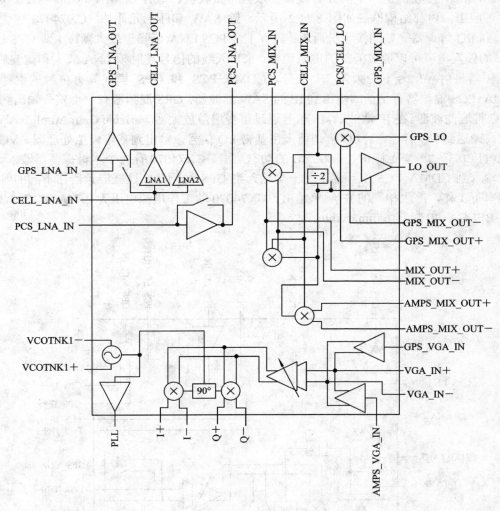

图 8.11.1　CX74061 接收机的内部结构框图

CX74061 具有 2 级增益可控的 PCS LNA(低噪声放大器)、3 级增益可控的蜂窝 LNA 和 1 级 GPS LNA，LNA 的偏置电流可以通过外部的电阻调整。来自天线的信号被射频 LNA 放大和滤波后，通过混频器下变频为 IF 信号。在芯片内部，AMPS、CDMA 蜂窝电话、CD

MA-PCS 和 GPS 模式具有单独的混频器。AMPS 混频器有差分输出到外部的单端 SAW 滤波器，CDMA-PCS 混频器有平衡的输出到 IF 的 SAW 滤波器，GPS 混频器有一个差分输出到外部的 LC 带通滤波器。在 IF 滤波后，IF 信号通过可变增益放大器放大，馈送到 I/Q 解调器，I/Q 解调器输出基带 I/Q 信号。VGA 在控制电压 0.3～2.5 V 范围内，有 90 dB 的动态范围。CX74061 有两个本机振荡器(Local Oscillator，LO)输入通道，一个输入到 AMPS/CDMA/PCS 混频器，另一个输入到 GPS 混频器。这些混频器在不同的射频输入频率下工作，产生相同的 IF 频率输出。CX74061 的工作电源电压为 2.7 V<VCC<3.3 V，采用 RFLGA-48 封装(7 mm×7 mm)。

　　CX74070 接收机是一个单 IF、双模、双频带接收机，适合 CDMA-PCS 和 GPS 移动手持设备应用，内部结构框图如图 8.11.2 所示。除 SAW 和匹配元件外，CX74070 包含有从 LNA 到 I/Q 解调器完整的接收机通道；具有 1 级 PCS LNA(低噪声放大器)、1 级 GPS LNA，LNA 的偏置电流可以通过外部的电阻调整；来自天线的信号被射频 LNA 放大和滤波后，通过混频器将射频信号下变频为 IF 信号。CDMA-PCS 和 GPS 模式具有单独的混频器。CDMA-PCS 混频器有平衡的输出到 IF 的 SAW 滤波器，GPS 混频器有一个差分输出到外部的 LC 带通滤波器。在 IF 滤波后，IF 信号通过可变增益放大器(Variable Gain Amplifier，VGA)放大，馈送到 I/Q 解调器，I/Q 解调器产生基带 I/Q 信号，输出到基带模拟处理器。VGA 在控制电压 0.3～2.5 V 范围内，有 90 dB 的动态范围。CX74070 有两个本机振荡器输入通道，一个输入到 CDMA-PCS 混频器，另一个输入到 GPS 混频器。这些混频器在不同的射频输入频率下工作，产生相同的 IF 频率输出。CX74070 的工作电源电压为 2.7 V<VCC<3.3 V，采用 RFLGA-40 封装(6 mm×6 mm)。

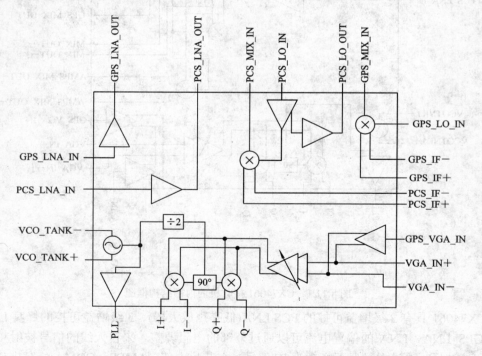

图 8.11.2　CX74070 接收机的内部结构框图

8.11.2　CX20xxx 基带模拟处理器系列芯片

Skyworks 公司的 CX20xxx 基带模拟处理器系列芯片有 CX20529、CX20536 等。

CX20529 是一个 CDMA/FM/GPS 基带模拟处理器(Baseband Analog Processor，BAP)，接收并处理 CDMA/FM/GPS 基带信号，适用于 CDMA 和 AMPS 便携式电话与 GPS 接收机。它是射频接收部分和电话的数字处理电路之间的接口，支持 CDMA、AMPS (FM)和 GPS 操作，具有接收基带信号处理和模拟与数字信号之间进行转换所必需的所有电路。

CX20529 接收模拟 I/Q 基带信号，完成通道选择低通滤波，转换模拟基带信号成为数字信号。CX20529 具有如下技术特性：独立的 CDMA、FM、GPS 滤波器和 ADC；具有直流偏移控制回路；具有数字 PLL 合成器；充电泵电流可编程；具有锁定检测输出；可接收外部 CHIPx8 时钟(9.8304 MHz 或者 8.184 MHz)和产生内部 CHIPx8 时钟(9.8304 MHz)；支持 19.2 MHz、19.68 MHz 和 19.8 MHz 系统时钟；可调节 TCXO 或者 TCXO/4 驱动器输出；具有接收、休眠、空闲和 GPS 模式；工作电源电压为 2.7～3.4 V，工作温度范围为 −30～+85℃；采用 LGA-40 封装(6 mm×6 mm)。

CX20536 是一个 CDMA/GPS 基带模拟处理器，接收并处理 CDMA/GPS 基带信号，适用于 CDMA 便携式电话与 GPS 接收机。CX20536 是射频接收部分和电话的数字处理电路之间的接口，支持 CDMA 和 GPS 操作，具有接收基带信号处理和模拟与数字信号之间进行转换所必需的所有电路。

CX20536 接收模拟 I/Q 基带信号，完成通道选择低通滤波，转换模拟基带信号成为数字信号。CX20536 具有如下技术特性：独立的 CDMA、GPS 滤波器和 ADC；直流偏移控制回路；数字 PLL 合成器；具有可编程的充电泵电流；锁定检测输出；可接收外部 CHIPx8 时钟(9.8304 MHz 或者 8.184 MHz)；支持 19.2、19.68 和 19.8 MHz 系统时钟；具有休眠、接收和 GPS 模式；工作电源电压为 2.7～3.3 V；工作温度范围为 −30～+85℃；采用 LGA-32 封装(5 mm×5 mm)。

8.11.3　基于 CX20xxx 系列芯片的 GPS 设计方案

基于 CX20xxx 系列芯片的 GPS 设计方案如图 8.11.3 所示。

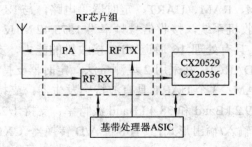

图 8.11.3　基于 CX20xxx 系列芯片的 GPS 设计方案

8.12　SONY 公司基于 CXA1951AQ 16 通道 GPS 接收机设计方案

8.12.1　SONY 公司 GPS 接收机下变频器芯片主要技术特性

SONY 公司 GPS 接收机下变频器芯片有 CXA1951AQ 和 CXA3355ER 等。

CXA1951AQ 是一个 GPS 下变频器集成电路，具有低的电流消耗，小的封装尺寸，以及极好的温度特性，适合移动 GPS 系统使用。CXA1951AQ 芯片包含射频低噪声放大器、2 级混频器、限幅器、PLL 和基准振荡器等电路，具有 GPS 接收机下变频器的所有功能，总增益大于 100 dB。CXA1951AQ 将 1.57542 GHz GPS 信号下变频为 $f_0(f_0=1.023\ \text{MHz})$或者 $4×f_0$。芯片内部电路可分为模拟电路和数字电路两部分。模拟电路部分由放大器和两级混频器组成，需要外部滤波器。模拟电路部分用来放大信号和转换信号频率。在数字电路中，PLL 的分频率可以转换，以满足下变频输出信号为 $f_0(f_0=1.023\ \text{MHz})$或者 $4f_0$ 的需要。CXA1951AQ 的工作电源电压范围为 2.7～5.5 V，电流消耗 $I_{CC}=30$ mA($V_{CC}=3$ V)。CXA1951AQ 采用 QFP-40 封装，封装尺寸为 9 mm×9 mm×1.5 mm。

CXA3355ER 是一个 GPS 下变频器集成电路，芯片内集成有 LNA、镜像抑制混频器、IF 滤波器、PLL 和 VCO(L、C)等电路，减少了外部元器件，具有低的电流消耗和小的封装尺寸，以及极好的温度特性，适合移动 GPS 系统使用。

CXA3355ER 包含 GPS 接收机下变频器的所有功能，其总增益为 100 dB；噪声系数为 4 dB；片上 LNA 噪声系数为 2.0 dB；支持典型的 TCXO 频率(13 MHz、16.368 MHz、18.414 MHz 等)；具有 1 bit IF 输出和天线检测功能；工作电源电压范围为 1.6～2.0 V；电流消耗 $I_{CC}=$ 11 mA($V_{CC}=1.8$ V，IF=1 MHz)，低功耗模式下电流消耗<1 μA；采用 VQFN-44 封装，封装尺寸为 5 mm×5 mm×0.8 mm。

8.12.2　SONY 公司 GPS 接收机基带处理器芯片主要技术特性

SONY 公司 GPS 接收机基带处理器芯片有 CXD2931R-9/GA-9 和 CXD2932AGA-2 等。

CXD2931R-9/GA-9 是一个单片 GPS 接收机基带处理器 LSI，芯片集成了 32 bit RISC CPU、2 Mb MASK ROM、RAM、UART、定时器等电路，与 RF LSI(CXA1951AQ)组合，可以构成两片的 GPS 接收机系统，接收信号频率为 1575.42 MHz (L1 频带，CA 码)。

CXD2931R-9/GA-9 具有处理 16 通道 GPS 接收机的能力，支持不同类型的 GPS 系统 (RTCM SC-104 V2.1、DARC)。其采用 2 星测量法；定时器支持 GPS 定时；具有 256 KB 可编程 ROM，36 KB RAM；3 个 UART 具有波特率发生器；支持 1.2 kBaud、2.4 kBaud、4.8 kBaud、9.6 kBaud、19.2 kBaud 和 38.4 kBaud 波特率；支持 1/2/4 B 缓冲模式；23 位通用 I/O 通道可以单独编程为输入/输出形式；具有 8 位 A/D 转换器。CXD2931R-9 采用 LQFP-144 封装，封装尺寸为 20 mm×20 mm×1.7 mm，CXD2931GA-9 采用 LFLGA-144 封装，封装尺寸为 13 mm×13 mm×1.4 mm。

CXD2932AGA-2 是一个单片 GPS 接收机基带处理器 LSI。该芯片集成了 32 位 RISC CPU、卫星跟踪电路、2 Mb MASK ROM、RAM、UART、定时器等电路。与 GPS RF LSI(如

CXA1951AQ)组合，可以构成两片的 GPS 接收机系统，接收信号频率为 1575.42 MHz(L1 频带，CA 码)。

CXD2932AGA-2 具有处理 16 通道 GPS 接收机的能力，支持不同类型的 GPS 系统 (RTCM SC-104 V2.1、DARC)。其采用 2 星测量法；定时器支持 GPS 定时；具有 256 KB 可编程 ROM，40 KB RAM；2 个 UART，4 通道时间间隔定时器；16 位通用 I/O 通道可以单独编程为输入/输出形式；具有 12 bit A/D 转换器(包含 4 通道模拟开关)。CXD2932AGA-2 采用 LFLGA-144 封装，封装尺寸为 20 mm×20 mm×1.7 mm。

8.12.3　SONY 公司单片 GPS 接收机芯片主要技术特性

CXD2951GA 是一个单片 GPS 接收机 LSI 芯片。它集成了射频和基带处理器两部分，可以构成一个 12 通道的 GPS 接收机。CXD2951GA 接收信号频率为 1575.42 MHz(L1 频带，CA 码)，基准时钟频率(TCXO)可以根据不同应用来选择，如 18.414 MHz (GPS，Sony 兼容)、13.000 MHz(GSM)、14.400 MHz (CDMA)、16.368 MHz(GPS)、19.800 MHz (PDC/CDMA) 和 26.000 MHz (GSM)。芯片内具有 32 bit RISC CPU (ARM7TDMI)、288 KB Program ROM、72 KB Data RAM。在备份模式下，电源支持 8 KB 数据 RAM；具有 1 通道 UART 接口、RTC(Real Time Clock)时钟和 10 bit A/D 转换器；通信格式支持 NMEA-0183，支持 DGPS，符合 RTCM SC-104 V2.1 和 DARC；在汽车、蜂窝电话、手持式航海仪、移动物体计算和其他定位系统中应用理想的 GPS 接收机芯片。CXD2951GA 采用 LFLGA-176 封装，封装尺寸为 12 mm×12 mm×1.3 mm。

8.12.4　SONY 公司 GPS 接收机设计方案

SONY 公司基于 CXA1951AQ 射频下变频器和 CXD2931R-9 16 通道 GPS 处理器的 GPS 接收机设计方案如图 8.12.1 所示。SONY 公司基于单片 GPS 接收机芯片 CXD2951GA 的 GPS 接收机设计方案如图 8.12.2 所示。

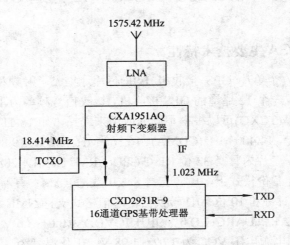

图 8.12.1　基于 CXA1951AQ 和 CXD2931R-9 的 GPS 接收机设计方案

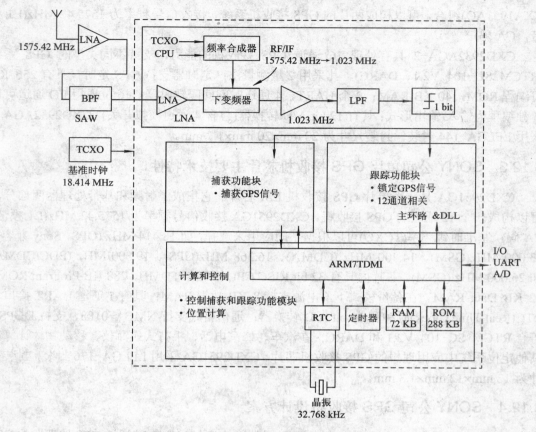

图 8.12.2　基于 CXD2951GA 的 GPS 接收机设计方案

8.13　SONY 公司 CXD2951GA 单片 12 通道 GPS 接收机电路

8.13.1　CXD2951GA 主要技术特性

CXD2951GA 是一个单片 GPS 接收机 LSI 芯片，集成了射频和基带处理器两部分。CXD2951GA 可以构成一个 12 通道的 GPS 接收机，接收信号频率为 1575.42 MHz(L1 频带，CA 码)，基准时钟频率(TCXO)可以根据不同的应用来选择，如 18.414 MHz(GPS，Sony 兼容)、13.000 MHz(GSM)、14.400 MHz(CDMA)、16.368 MHz(GPS)、19.800 MHz (PDC/CDMA) 和 26.000 MHz(GSM)。芯片内具有 32 位 RISC CPU(ARM7TDMI)、288 KB Program ROM 和 72 KB Data RAM。在备份模式下，电源支持 8 KB 数据 RAM；具有 1 通道 UART 接口、RTC(Real Time Clock)时钟和 10 位 A/D 转换器；通信格式支持 NMEA-0183，支持 DGPS，符合 RTCM SC-104 V2.1 和 DARC；I/O 电源电压 IOVDD 为 3.0～3.6 V，内核电源电压 CVDD 为 1.62～1.98 V，射频电源电压 VCC 为 1.62～1.98 V，工作温度为–40～+85℃。

CXD2951GA 是在汽车、蜂窝电话、手持式航海仪、移动物体计算和其他定位系统中应用的理想 GPS 接收机芯片。

CXD2951GA 主要性能指标如表 8.13.1 和表 8.13.2 所示。

表 8.13.1　基带部分特性

参　数		数　值	单位
跟踪灵敏度		−152	dBm
获得灵敏度		−139	dBm
冷启动(没有星历表和历书时间)TTFF		50 (平均) / 60 (有 95%可能)	s
暖启动(没有星历表，但有历书时间)TTFF		35 (平均) / 40 (有 95%可能)	s
热启动(有星历表和历书时间)TTFF		2 (平均) / 6 (有 95%可能)	s
定位精度	2DRMS	大约 5	m
测量数据更新时间		1	s
功　率　消　耗			
在低功耗模式，位置计算使用跟踪卫星		50	mW
位置计算使用获得和跟踪卫星		120	mW
1PPS 输出(引脚端 ECLKOUT)		1	μs

表 8.13.2　射频部分特性

参　数	数　值	单位
输入频率	1575.42	MHz
全部增益	95	dB
镜像频率抑制	40	dB
IF 信号偏移(IF 输出 1.023 MHz)	±125	kHz
合成器相位噪声	−70 (10 kHz)	dBc/Hz
	−80(100 kHz)	dBc/Hz
PLL 寄生	−60 (在 f_{osc} ±1.023 MHz 之内)	dBc
	−55 (在 f_{osc} ±1.023 MHz 之外)	dBc
噪声系数	4	dB

8.13.2　CXD2951GA 芯片封装与引脚功能

CXD2951GA 采用 LFLGA-176 封装，引脚封装形式如图 8.13.1 所示，引脚功能如表 8.13.3 所示。

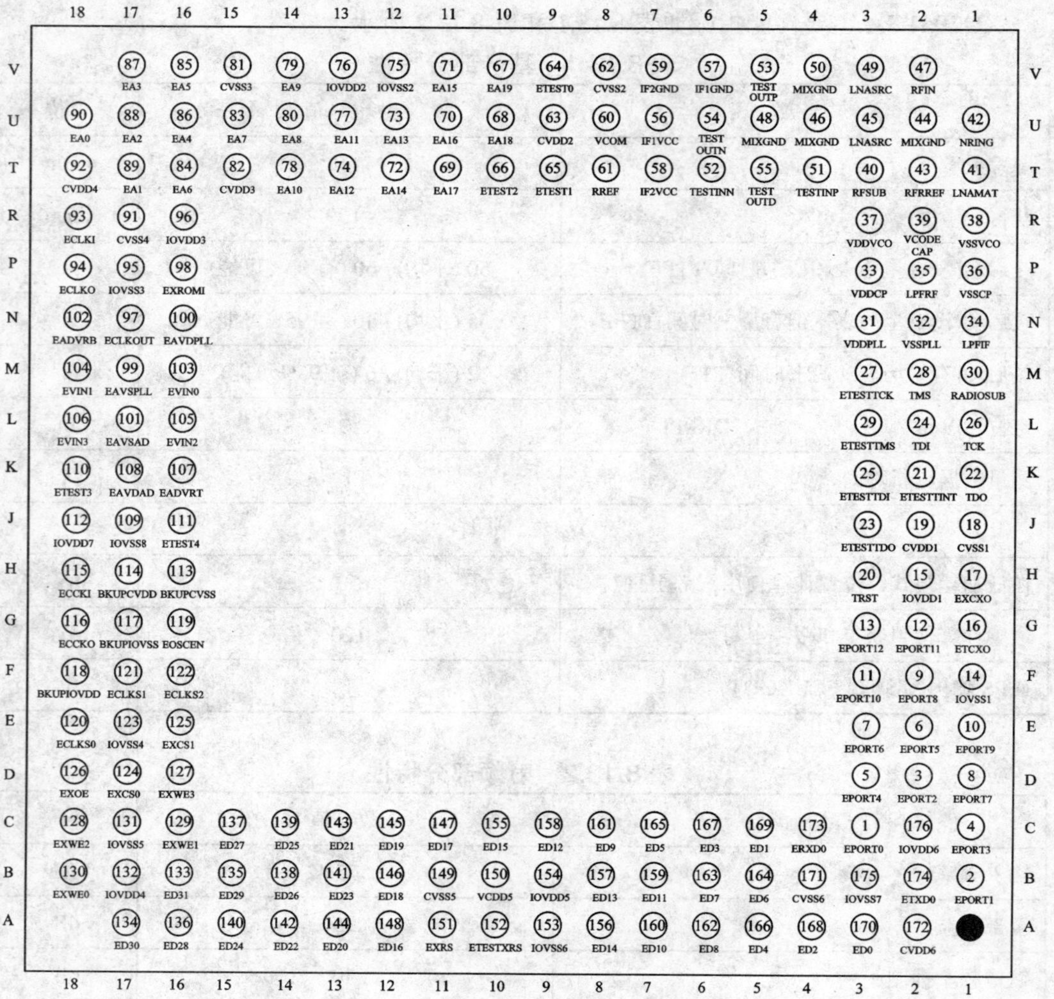

图中引脚封装阵列（列号 18~1，行号 V~A）：

行 V： (87)EA3　(85)EA5　(81)CVSS3　(79)EA9　(76)IOVDD2　(75)IOVSS2　(71)EA15　(67)EA19　(64)ETEST0　(62)CVSS2　(59)IF2GND　(57)IF1GND　(53)TEST OUTP　(50)MIXGND　(49)LNASRC　(47)RFIN

行 U： (90)EA0　(88)EA2　(86)EA4　(83)EA7　(80)EA8　(77)EA11　(73)EA13　(70)EA16　(68)EA18　(63)CVDD2　(60)VCOM　(56)IF1VCC　(54)TEST OUTN　(48)MIXGND　(46)MIXGND　(45)LNASRC　(44)MIXGND　(42)NRING

行 T： (92)CVDD4　(89)EA1　(84)EA6　(82)CVDD3　(78)EA10　(74)EA12　(72)EA14　(69)EA17　(66)ETEST2　(65)ETEST1　(61)RREF　(58)IF2VCC　(52)TESTINN　(55)TEST OUTD　(51)TESTINP　(40)RFSUB　(43)RFRREF　(41)LNAMAT

行 R： (93)ECLKI　(91)CVSS4　(96)IOVDD3　　　　(37)VDDVCO　(39)VCODE CAP　(38)VSSVCO

行 P： (94)ECLKO　(95)IOVSS3　(98)EXROMI　　　　(33)VDDCP　(35)LPFRF　(36)VSSCP

行 N： (102)EADVRB　(97)ECLKOUT　(100)EAVDPLL　　　　(31)VDDPLL　(32)VSSPLL　(34)LPFIF

行 M： (104)EVIN1　(99)EAVSPLL　(103)EVIN0　　　　(27)ETESTICK　(28)TMS　(30)RADIOSUB

行 L： (106)EVIN3　(101)EAVSAD　(105)EVIN2　　　　(29)ETESTIMS　(24)TDI　(26)TCK

行 K： (110)ETEST3　(108)EAVDAD　(107)EADVRT　　　　(25)ETESTTDI　(21)ETESTTINT　(22)TDO

行 J： (112)IOVDD7　(109)IOVSS8　(111)ETEST4　　　　(23)ETESTTDO　(19)CVDD1　(18)CVSS1

行 H： (115)ECCKI　(114)BKUPCVDD　(113)BKUPCVSS　　　　(20)TRST　(15)IOVDD1　(17)EXCXO

行 G： (116)ECCKO　(117)BKUPIOVSS　(119)EOSCEN　　　　(13)EPORT12　(12)EPORT11　(16)ETCXO

行 F： (118)BKUPIOVDD　(121)ECLKS1　(122)ECLKS2　　　　(11)EPORT10　(9)EPORT8　(14)IOVSS1

行 E： (120)ECLKS0　(123)IOVSS4　(125)EXCS1　　　　(7)EPORT6　(6)EPORT5　(10)EPORT9

行 D： (126)EXOE　(124)EXCS0　(127)EXWE3　　　　(5)EPORT4　(3)EPORT2　(8)EPORT7

行 C： (128)EXWE2　(131)IOVSS5　(129)EXWE1　(137)ED27　(139)ED25　(143)ED21　(145)ED19　(147)ED17　(155)ED15　(158)ED12　(161)ED9　(165)ED5　(169)ED3　(173)ED1　(1)ERXD0　(177)EPORT0　(176)IOVDD6　(4)EPORT3

行 B： (130)EXWE0　(132)IOVDD4　(133)ED31　(135)ED29　(138)ED26　(141)ED23　(146)ED18　(149)CVSS5　(150)VCDD5　(154)IOVDD5　(157)ED13　(159)ED11　(163)ED7　(164)ED6　(171)CVSS6　(175)IOVSS7　(174)ETXD0　(2)EPORT1

行 A： (134)ED30　(136)ED28　(140)ED24　(142)ED22　(144)ED20　(148)ED16　(151)EXRS　(152)ETESTXRS　(153)IOVSS6　(156)ED14　(160)ED10　(162)ED8　(166)ED4　(168)ED2　(170)ED0　(172)CVDD6　●

图 8.13.1　CXD2951GA 的引脚封装形式

表 8.13.3　CXD2951GA 的引脚功能

引脚	符号	功　能	引脚	符号	功　能
1	EPORT0	I/O 通道 0①	89	EA1	外部扩展地址 1
2	EPORT1	I/O 通道 1①	90	EA0	外部扩展地址 0
3	EPORT2	I/O 通道 2①	91	CVSS4	地
4	EPORT3	I/O 通道 3①	92	CVDD4	1.8 V 电源电压
5	EPORT4	I/O 通道 4①	93	ECLKI	CPU 时钟振荡器输入
6	EPORT5	I/O 通道 5①	94	ECLKO	CPU 时钟振荡器输出
7	EPORT6	I/O 通道 6①	95	IOVSS3	I/O 地
8	EPORT7	I/O 通道 7①	96	IOVDD3	I/O 电源电压 3.3 V
9	EPORT8	I/O 通道 8①	97	ECLKOUT	时钟输出 （在复位 1 s 后有效）

引脚	符号	功　能	引脚	符号	功　能
10	EPORT9	I/O 通道 9①	98	EXROMI	导入选择，低电平选择内部 ROM，高电平选择外部存储器/EXCS0
11	EPORT10	I/O 通道 10①	99	EAVSPLL	PLL 地
12	EPORT11	I/O 通道 11①	100	EAVDPLL	PLL 3.3 V 电源电压
13	EPORT12	I/O 通道 12①	101	EAVSAD	A/D 转换器地
14	IOVSS1	GND 地	102	EADVRB	A/D 转换器基准输入低端
15	IOVDD1	3.3 V	103	EVIN0	A/D 转换器模拟输入 0
16	ETCXO	TCXO 振荡器输入 (频率可选择)	104	EVIN1	A/D 转换器模拟输入 1
17	EXTCXO	TCXO 振荡器输出 (频率可选择)	105	EVIN2	A/D 转换器模拟输入 2
18	CVSS1	GND 地	106	EVIN3	A/D 转换器模拟输入 3
19	CVDD1	1.8 V	107	EADVRT	A/D 转换器基准输入高端
20	TRST	测试(开路，有下拉电阻)	108	EAVDAD	A/D 转换器电源电压 3.3 V
21	ETESTTINT	测试	109	IOVSS8	A/D 转换器地
22	TDO	测试	110	ETEST3	(用电阻连接到地)
23	ETESTTDO	测试	111	ETEST4	(用电阻连接到地)
24	TDI	测试(开路，有下拉电阻)	112	IOVDD7	I/O 3.3 V 电源电压
25	ETESTTDI	测试(开路，有下拉电阻)	113	BKUPCVSS	备份核心地
26	TCK	测试(开路，有下拉电阻)	114	BKUPCVDD	备份核心电源电压 1.8 V
27	ETESTTCK	测试(开路，有下拉电阻)	115	ECCKI	RTC 振荡器输入 (32.768 kHz)
28	TMS	测试(开路，有上拉电阻)	116	ECCKO	RTC 振荡器输出 (32.768 kHz)
29	ETESTTMS	测试(开路，有上拉电阻)	117	BKUPIOVSS	备份核心地
30	RADIOSUB	射频地	118	BKUPIOVDD	备份核心电源电压 3.3 V
31	VDDPLL	射频 PLL 电源电压 1.8 V	119	EOSCEN	振荡器使能，高电平有效
32	VSSPLL	PLL 地	120	ECLKS0	测试(连接到地)
33	VDDCP	充电泵电源电压 1.8 V	121	ECLKS1	测试(连接到地)

引脚	符号	功 能	引脚	符号	功 能
34	LPFIF	IF PLL 回路滤波器	122	ECLKS2	测试(连接到地)
35	LPFRF	RF PLL 回路滤波器	123	IOVSS4	I/O 地
36	VSSCP	充电泵地	124	EXCS0	外部扩展芯片选择 0(如果 EXROMI 为高电平,则程序引导使能)
37	VDDVCO	VCO 电源电压 1.8 V	125	EXCS1	外部扩展芯片选择 1
38	VSSVCO	VCO 地	126	EXOE	外部扩展读信号
39	VCODECAP	VCO 外接电容	127	EXWE3	外部扩展写信号 3
40	RFSUB	射频地	128	EXWE2	外部扩展写信号 2
41	LNAMAT	LNA 1.8 V 电源电压	129	EXWE1	外部扩展写信号 1
42	NRING	LNA 1.8 V 电源电压	130	EXWE0	外部扩展写信号 0
43	RFRREF	外接电阻	131	IOVSS5	I/O 地
44	MIXGND	混频器地	132	IOVDD4	I/O 电源电压 3.3 V
45	LNASRC	LNA 地	133	ED31	外部扩展数据线 31②
46	MIXGND	混频器地	134	ED30	外部扩展数据线 30②
47	RFIN	射频输入	135	ED29	外部扩展数据线 29②
48	MIXGND	混频器地	136	ED28	外部扩展数据线 28②
49	LNASRC	LNA 地	137	ED27	外部扩展数据线 27②
50	MIXGND	混频器地	138	ED26	外部扩展数据线 26②
51	TESTINP	射频测试	139	ED25	外部扩展数据线 25②
52	TESTINN	射频测试	140	ED24	外部扩展数据线 24②
53	TESTOUTP	射频测试	141	ED23	外部扩展数据线 23②
54	TESTOUTN	射频测试	142	ED22	外部扩展数据线 22②
55	TESTOUTD	射频测试	143	ED21	外部扩展数据线 21②
56	IF1VCC	第 1 级 IF 电源电压 1.8 V	144	ED20	外部扩展数据线 20②
57	IF1GND	第 1 级 IF 地	145	ED19	外部扩展数据线 19②
58	IF2VCC	第 2 级 IF 电源电压 1.8 V	146	ED18	外部扩展数据线 18②
59	IF2GND	第 2 级 IF 地	147	ED17	外部扩展数据线 17②
60	VCOM	IF 公共电压	148	ED16	外部扩展数据线 16②
61	RREF	外接电阻	149	CVSS5	地
62	CVSS2	地	150	CVDD5	1.8 V 电源电压
63	CVDD2	1.8 V 电源电压	151	EXRS	复位,低电平有效
64	ETEST0	测试(连接到地)	152	ETESTXRS	测试(开路,②)

引脚	符号	功　　能	引脚	符号	功　　能
65	ETEST1	测试(连接到地)	153	IOVSS6	I/O 地
66	ETEST2	测试(连接到地)	154	IOVDD5	I/O 电源电压 3.3 V
67	EA19	外部扩展地址 19	155	ED15	外部扩展数据线 15②
68	EA18	外部扩展地址 18	156	ED14	外部扩展数据线 14②
69	EA17	外部扩展地址 17	157	ED13	外部扩展数据线 13②
70	EA16	外部扩展地址 16	158	ED12	外部扩展数据线 12②
71	EA15	外部扩展地址 15	159	ED11	外部扩展数据线 11②
72	EA14	外部扩展地址 14	160	ED10	外部扩展数据线 10②
73	EA13	外部扩展地址 13	161	ED9	外部扩展数据线 9②
74	EA12	外部扩展地址 12	162	ED8	外部扩展数据线 8②
75	IOVSS2	I/O 地	163	ED7	外部扩展数据线 7②
76	IOVDD2	I/O 电源电压	164	ED6	外部扩展数据线 6②
77	EA11	外部扩展地址 11	165	ED5	外部扩展数据线 5②
78	EA10	外部扩展地址 10	166	ED4	外部扩展数据线 4②
79	EA9	外部扩展地址 9	167	ED3	外部扩展数据线 3②
80	EA8	外部扩展地址 8	168	ED2	外部扩展数据线 2②
81	CVSS3	地	169	ED1	外部扩展数据线 1②
82	CVDD3	1.8 V 电源电压	170	ED0	外部扩展数据线 0②
83	EA7	外部扩展地址 7	171	CVSS6	地
84	EA6	外部扩展地址 6	172	CVDD6	1.8 V 电源电压
85	EA5	外部扩展地址 5	173	ERXD0	UART(CH0)接收数据(在复位期间具有下拉电阻)
86	EA4	外部扩展地址 4	174	ETXD0	UART(CH0)发射数据(在复位期间为高阻状态)
87	EA3	外部扩展地址 3	175	IOVSS7	I/O 地
88	EA2	外部扩展地址 2	176	IOVDD6	I/O 电源电压 3.3 V

注：① 软件可控制，具有下拉电阻，电阻连接到地。

② 具有下拉电阻。

8.13.3　CXD2951GA 内部结构与工作原理

CXD2951GA 是一个完整的 GPS 接收机芯片，内部结构框图如图 8.13.2 所示。芯片内部包含有：无线电接收部分、获得部分(Acquisition Block)、跟踪部分(Tracking Block)、计算和控制(Computation & Control)部分。无线电接收部分接收 1575.42 MHz GPS L1 信号，下变频为 1.023 MHz IF 信号，经 A/D 转换为设置信号，射频部分框图如图 8.13.3 所示。获得部分和跟踪部分在 ARM7TDMI 微处理器的控制下，完成 GPS 信号的获得。跟踪部分完成 GPS 的锁定并确定 12 通道的相互关系。计算和控制部分完成获得控制和位置计算。

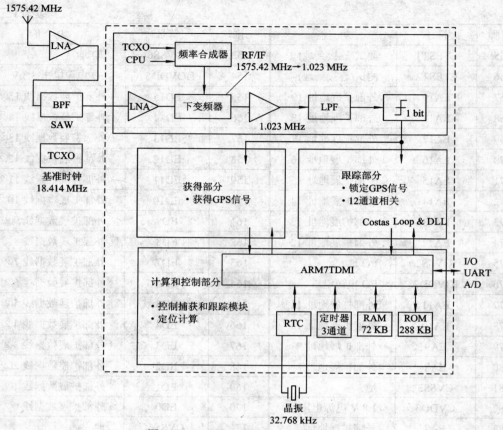

图 8.13.2　CXD2951GA 内部结构框图

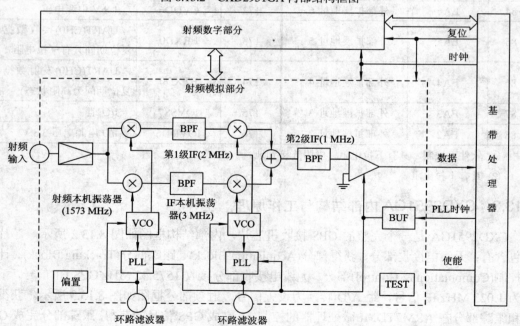

图 8.13.3　射频部分框图

8.13.4　CXD2951GA 应用电路

1．外接 RAM 控制

CXD2951GA 利用引脚端 EXOE、EA[19:0]、EXCS[1:0]、ED[31:0]、EXWE[3:0]可以与外部 RAM 直接接口。外部 RAM 读 32 bit 模式时序图如图 8.13.4 所示，时间参数如表 8.13.4 所示。外部 RAM 写 32 bit 模式时序图如图 8.13.5 所示，时间参数如表 8.13.5 所示。

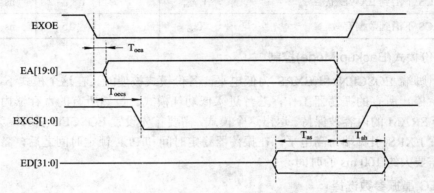

图 8.13.4　外部 RAM 读 32 bit 模式时序图

表 8.13.4　外部 RAM 读 32 bit 模式时间参数

(CVDD = 1.62～1.98 V，IOVDD = 3.0～3.6 V，C_L = 25 pF，T_{opr} =-40～+85℃)

参　数	符　号	最小值	最大值	单位
EXOE 下沿到地址有效	T_{oea}		3	ns
EXOE 下沿到 EXCS 下沿	T_{oecs}		1	ns
数据建立	T_{as}		15	ns
数据保持	T_{ah}		0	ns

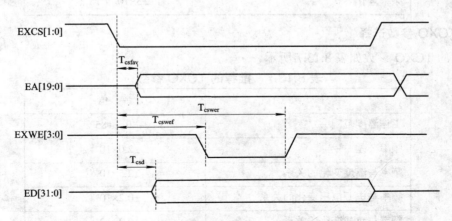

图 8.13.5　外部 RAM 写 32 bit 模式时序图

表 8.13.5　外部 RAM 写 32 bit 模式时间参数

(CVDD＝1.62～1.98 V，IOVDD＝3.0～3.6 V，C_L＝25 pF，T_{opr}＝−40～+85℃)

参　数	符号	最小值	最大值	单位
EXCS 下沿到地址有效	T_{csfav}		2	ns
EXCS 下沿到 EXWE 下沿	T_{cswef}		$T_{sys}-1$	ns
EXCS 下沿到 EXWE 上沿	T_{cswer}		$T_{sys3}-2$	ns
EXCS 下沿到数据有效	T_{csd}		15	ns

2．备份模式(Backup Mode)控制

设置引脚端 EOSCEN 和 EXRS 为低电平，备份模式被使能。在这个模式下，除 RTC 振荡器外，停止所有的振荡器工作，芯片进入低功耗模式。虽然所有的寄存器内容被初始化，但备份 SRAM 的内容被保持。退出这个模式，需要首先设置 EOSCEN 引脚端为高电平，然后再设置 EXRS 引脚端为高电平，在振荡器稳定时间和 PLL 锁定时间之后，备份模式被消除，这需要大约 100 ms 的时间。

3．RTC 晶振参数选择

推荐的 RTC 晶振参数如表 8.13.6 所示。

表 8.13.6　推荐的 RTC 晶振参数

参　数	数　值
工作温度范围	−40～+85℃
标准频率	32.768 kHz
频率公差	$\pm 20\times10^{-6}$
频率温度系数	$-0.04\times10^{-6}/℃$
频率最高点温度	$+25\pm5℃$
频率老化	$\pm 3\times10^{-6}/$年

4．TCXO 参数选择

推荐的 TCXO 参数如表 8.13.7 所示。

表 8.13.7　推荐的 TCXO 参数

参　数	数　值
工作温度范围	−40～+85℃
频率公差	$\pm 2.0\times10^{-6}$
频率与温度变化的关系	$\pm 2.5\times10^{-6}$
频率与电源电压变化的关系	$\pm 0.2\times10^{-6}$
频率与负载变化的关系	$\pm 0.2\times10^{-6}$
频率老化	$\pm 1\times10^{-6}/$年

8.14　STMicroelectronics 公司基于 STB5600/STB5610 的 12 通道 GPS 接收机设计方案

8.14.1　ST 公司 GPS 接收机系列芯片主要技术特性

ST 公司的 GPS 接收机系列芯片包含 GPS 射频接收机 IC STB5600、STB5610、GPS 基带处理器 IC ST20-GP6 等。

STB5600 是 STMicroelectronics 推出的 GPS 射频前端 IC 芯片,该芯片下变频 1575 MHz 的 GPS(L1)信号为 20 MHz 的 IF(中频)信号,输出频率为 4 MHz 的信号到 ST20-GP6 GPS 基带处理器。STB5600 利用单个外部基准振荡器产生 2 个射频本机振荡器信号和处理器的基准时钟信号。STB5600 采用新颖的双变换结构与单 IF 滤波器。STB5600 仅需要很少的外部元器件,与 GPS L1 SPS 信号兼容,输出信号为 CMOS 电平,可直接连接 ST20GP1 GPS 处理器接口,电源电压为 3.3~5.9 V,采用 TQFP-32 封装。

STB5610 是 STMicroelectronics 推出的 GPS 射频前端 IC 芯片,芯片下变频 1575.42 MHz 的 GPS(L1)信号为 4.092 MHz 的输出信号,STB5610 可完成从 GPS 天线接口到 GPS 控制器的所有功能。STB5610 具有如下技术特点:在芯片上集成了 PLL;片上的基准振荡器使用低价格的 16.368 MHz 晶振,不需要 TCXO(温度补偿晶体振荡器);仅需要很少的外部元器件;与 GPS L1 SPS 信号和 GALILEO 频率兼容;输出信号为 CMOS 电平;电源电压为 2.7~3.6 V;具有有源天线检测和 ESD 保护功能。

ST20-GP6 是采用 ST20 CPU、GPS 相关器专用 DSP 以及外围电路组成的 GPS 基带处理器芯片。ST20-GP6 包含 12 个通道的 GPS 相关器、ST20 CPU 和片上存储器(64 KB SRAM 和 128 KB ROM)。ST20-GP6 具有如下技术特点:不需要 TCXO;支持 RTCA-SC159 / WAAS(Wide Area Augmentation Service)/EGNOS(European Geostationary Navigation Overlay System);ST20 的 CPU 采用嵌入式 32 bit VL-RISC CPU-C2 内核;具有 16/33/50 MHz 处理器时钟,在 33 MHz 时钟时处理速度为 25 MIPS,可以进行快速的整数和位操作;可编程的存储器接口具有 4 个独立的配置区,宽度为 8/16 bit;支持混合的存储器类型,外部存储时间为 2 个周期;具有可编程的 UART(ASC)、并行 I/O、矢量中断子系统、诊断控制单元、电源管理单元;具有低功耗模式;具有 JTAG 测试访问通道;采用 PQFP-100 封装。

STMicroelectronics 公司提供专业的开发工具支持 ST20-GP6 的开发,如 ANSI C 编译器/链接驱动器和库、调试/成形和模拟工具。ST20-GP6 适合 GPS 接收机、汽车、系统、电信系统的时间基准等应用。

8.14.2　STB5600/STB5610 GPS 接收机设计方案

由 STB5600/STB5610 GPS 射频前端 ASIC 和 ST20-GP6 组成的 GPS 接收机框图如图 8.14.1 所示。GPS 接收机的性能指标如下:

精确性：独立形式，SA 导通<100 m，SA 关断<30 m；

差分形式<1 m；

测量形式<1 cm。

第一次定位时间：

自启动：90 s；

冷启动"cold start"：45 s；

暖启动"warm start"：7 s。

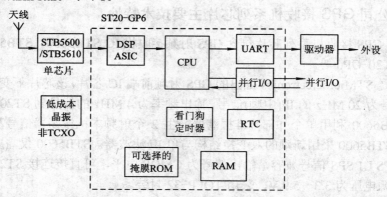

图 8.14.1　STB5600/STB5610 和 ST20 和 GP6 组成的 GPS 接收机框图

8.14.3　STA2056 单片 GPS 接收机解决方案

STA2056 是 ST 公司推出的单片 GPS 接收机解决方案，芯片内集成了完整的 RF 部分，包含有源天线、无源天线接口、VCO/PLL、PLL 环路滤波器、IF 滤波器和宽动态范围的下变频器；电源电压为 1.8 V，电流消耗为 17 mA；基带部分包含有 ARM7TDMI 内核 (66 MHz)、STC8 12 通道相关器、256 KB ROM、64 KB RAM (4 K Back_up)、3.3 V I/O，内核工作电源电压为 1.8 V，电流消耗为 20 mA @ 16 MHz；外围设备包含有 4 通道 Σ-Δ 12 bit ADC、2 个 UART、4 个定时器、RTC、多功能的 GPIO、I^2C、SPI、CAN 2.0B，具有外部存储器接口(采用 TQFP-176 封装)；QFN-68 封装(10 mm × 10 mm)，工作温度范围为-40～85℃。

STA2056 内部结构框图如图 8.14.2 所示。

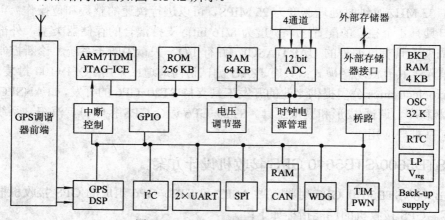

图 8.14.2　STA2056 内部结构框图

8.15　TI 公司基于 TGS5000 无线 GPS 芯片组的 GPS 接收机设计方案

8.15.1　TGS5000 无线 GPS 芯片组主要技术特性

　　TI(Texas instruments Incorporated)公司 TGS5000 无线 GPS 芯片组是完整的 2 片式 A-GPS 解决方案，包含有 TRF5101 GPS 射频接收机和 TWL5001 A-GPS 数字基带处理器。

　　TRF5101 GPS 射频接收机芯片内包含有 LNA、镜像抑制混频器、集成的 PLL 和 VCO、单下变频器、滤波器、4 位 A/D 转换器等电路；具有自动增益控制、可编程的休眠和低功耗模式；采用 48 脚片式封装，外形尺寸为 4 mm×4 mm。

　　TWL5001 A-GPS 基带处理器具有 ARM7 处理器内核、片上 RAM、UART 接口、可编程的异步接口，与 IS801/AI2 兼容，电源管理软件，采用 143 引脚片式封装，封装尺寸为 7 mm×7 mm。

8.15.2　基于 TGS5000 的 GPS 接收机设计方案

　　基于 TGS5000 的 GPS 接收机设计方案(包含蜂窝电话部分)如图 8.15.1 所示。

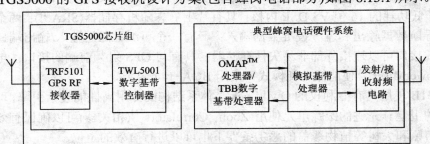

图 8.15.1　基于 TGS5000 的 GPS 接收机设计方案(包含蜂窝电话部分)

8.16　u-Nav 公司基于 uN80xx 的 GPS 接收机设计方案

8.16.1　u-Nav 公司 GPS 芯片的主要技术特性

1. u-Nav(u-Nav Microelectronics)公司的 GPS 芯片组简介

1) 射频芯片 RFIC

uN8021B、uN8021C 是基带 16.3676 MHz 参考输入的单转换 RF 下变频器，uN1005 是基带 19.2 MHz 参考输入的单转换 RF 下变频器。

2) 基带芯片 IC

uN8130、uN8031B、和 uN2100 是完整的 GPS 基带 IC，集成 8 Mb 闪存。

3) GPS 芯片组

uN9001 芯片组：包括 uN8031B 基带芯片、uN8021C 射频芯片和 iSuite02 导航软件。

　　uN9101 芯片组：包括 uN2100 基带芯片、uN8021C 射频芯片和 iSuite02 导航软件。

　　uN9011/9015 芯片组：包括 uN8130 基带芯片、uN8021C 射频芯片和 iSuite02 导航软件。uN9015 芯片组同样可以在支持 IS 和 801 和 3GPP AGPS 协议的辅助 GPS 软件下正常工作。

　　uN9111/uN9115 芯片组：包括 uN2100 基带芯片、uN8021C 射频芯片或者 uN1005 射频芯片(uN9015 芯片组)以及 iSuite02 导航软件。

2．uN8021C/uN1005 单片 GPS L1 频带射频前端 IC 主要技术特性

　　uN8021C/uN1005 是一个单片 GPS L1 频带射频前端 IC，与 uN8031B 或者 uN8130 GPS 基带接收机处理器组合，构成完整的 GPS 接收机。uN8021C 可以替代 uN8021B，它采用直接变频结构(接近零中频)，增益可调节。芯片内包含混频器、VCO、频率合成器和两路模/数转换器(ADC)。基准时钟输入：uN8021C 为 16.3676 MHz，uN1005 为 19 MHz，都支持晶振和外部时钟输入方式。它们通过 SPI 串行接口控制，具有低功耗模式，采用 QLP-20 封装，尺寸仅为 4 mm×4 mm×0.9 mm。

3．uN8031B 基带处理器主要技术特性

　　uN8031B 采用 CMOS 技术的模块和可升级的 ASiS^{TM} 结构，是一种适合于嵌入式、便携式 GPS 接收机应用的基带处理器芯片。uN8031B 包含 GPS 信号截获、跟踪和导航所需的所有基带功能；带有可编程 Zoom Correlators^{TM} 的 12 通道并行接收机；快速信号截获使用专用的 QwikLock^{TM} 4092 相关器搜索引擎，搜索和跟踪 50 路 GPS 和 WAAS PRN 序列信号；集成了低功耗的 16 位 VS DSP 内核；具有片上静态随机存储器(SRAM)；两个异步串行接口用于导航数据输出和差分校准数据输入；具有一个可编程通用输入/输出端口；使用一个外部总线接口可以连接外部非易失性存储器；具有与 GPS 射频前端的接口；电源电压为 3 V，由 PowerMiser^{TM} 使能低功耗模式；采用 BGA-144 封装。

　　uN8031B 使用具有专利权的 QwikLock^{TM} 体系结构的专用高性能搜索引擎，可以快速搜索可利用的卫星。先进的跟踪单元使用 Zoom Correlators^{TM}(相关器)可以确保有效的定位，即使是在市区和大树等植物覆盖的恶劣条件下也可以进行有效的定位。

8.16.2　基于 uN8031B 与 uN8021 的 GPS 接收机设计方案

　　只需要少数的外部元件即可由一个 uN8031B 基带处理器和一个 uN8021B 射频接收前端 IC 组成一个完整的 GPS 接收机。基于 u-Nav GPS 芯片组 uN8031B 与 uN8021 的 GPS 接收机框图如图 8.16.1 所示。

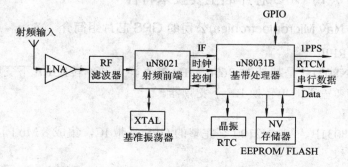

图 8.16.1　基于 u-Nav 芯片组的 GPS 接收机框图

8.17　XEMICS SA 公司基于 XE16BB10 的 GPS 接收机设计方案

8.17.1　XE16BB10 主要技术特性

XE16BB10 是基于先进的 FirstGPS^{TM} 体系机构的 XE1610 芯片集的一部分。在 XE16BB10 中，增强型 GPS 信道相关器接收和解码来自 Colossus^{TM} 射频集成电路的数字信号，输出 GPS 测量值到"导航平台"，在"导航平台"这些测量值用来计算位置、速度和时间，可并行跟踪 GPS L1(1.575 GHz)频率信号。

XE16BB10 具有 8 路 GPS 信道、32 个相关器；对于工作电压，VDDC(内核电压)为 1.6～2.0 V，VDDR(射频集成电路电压)为 2.7～3.3 V；具有极低功耗，在 1.8 V 时内核电流<3 mA，4 种功率控制模式；通用异步接收发送串行接口，全双工异步；数据速率为 2.4 kBaud、9.6 kBaud、14.4 kBaud、19.2 kBaud、28.8 kBaud、38.4 kBaud、57.6 kBaud、115.2 kBaud；芯片采用 SO16NB 封装或 TSSOP-28 封装；工作温度范围－40～85℃。

XE16BB10 可在笔记本电脑、个人数字助理(PDA)、掌上电脑、休闲和运动的 GPS 接收机、财产管理和跟踪、汽车、手机中应用。

8.17.2　基于 XE16BB10 的 GPS 接收机设计方案

XE16BB10 的一般应用电路结构如图 8.17.1 所示。

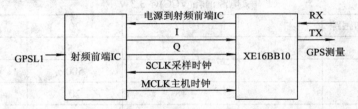

图 8.17.1　XE16BB10 的一般应用电路结构

8.18　XEMICS SA 公司基于 XE1610-OEM PVT 的
GPS 接收机电路

8.18.1　XE1610-OEM PVT 主要技术特性

XE1610-OEM PVT 是一个完整的 OEM GPS 接收机，基于先进的 FirstGPS^{TM} 结构。FirstGPS^{TM} 结构将软件和硬件混和，利用嵌入式 ARM7TDMI、XE16BB10 相关器和射频下变频器 IC，装载有自己的软件。导航软件是与 NMEA 标准接口兼容的，适合大多数的 Mapping GIS 终端用户程序。XE1610-OEM PVT 的主要技术特性为：L1 频率，C/A 码(SPS)，8 通道，连续跟踪接收，32 个相关器；数据更新速率为 1 s～1 min；接收灵敏度为－143 dBm；

定位精度为 5 m CEP(50%)，无 SA(水平)；速度<0.1 m/s，无 SA；时间为±100 ns；截获时，冷启动<120 s(50%)，暖启动<40 s(50%)，热启动<12 s(50%)，重新截获<1 s；PPS 输出；双向 NMEA 接口；低功耗，电流<20 mA@3.3 V。XE1610-OEM PVT 2.0.C 选择 4 MB Flash 存储器，XE1610-OEM PVT 2.2.C 选择 16 MB Flash 存储器。

　　XE1610 适合掌上型电脑、PDA、移动电话、手表式/腕式仪器仪表、数码相机、手持式 GPS 接收机、运输/财产管理、汽车等应用，可为 GPS 接收机设计者提供一个最佳的软件和硬件平台。

　　XE1610-OEM PVT 主要性能指标如表 8.18.1 所示。

表 8.18.1　XE1610-OEM PVT 主要性能指标

参　　数	最小值	典型值	最大值	单位
接收		L1, C/A code		
相关器/通道		32/8		
数据更新速率	1/min	1/s	1/s	
卫星重新截获时间			1	s
热启动时间			12	s(50%)
暖启动时间			40	s(50%)
冷启动时间			120	s(50%)
跟踪灵敏度		−173		dBW
电源消耗(VCC)@ 3.3 V				
有效模式，搜索和跟踪		17	20	mA
节能模式		2.2	2.5	mA
待机模式		400	500	μA
低功耗模式		18	20	μA
电源电压	3	3.3	3.65	V
备用电池电压	1.9		3.65	V
输出协议		NMEA 0183, V3.0		
定　位　精　度				
水平，SA 关闭			5	m(圆周率误差 50%)
DGPS 修正			1	meter
时间输出精度	−100		100	nanosecond
工作温度范围	−40		85	℃

8.18.2　XE1610-OEM PVT 封装形式与引脚功能

　　XE1610-OEM PVT 采用模块式封装，外形尺寸为 25 mm×30 mm×9.5 mm，外形如图 8.18.1 所示，引脚端功能如表 8.18.2 所示。

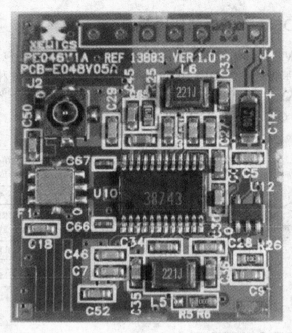

图 8.18.1　XE1610–OEM PVT 外形图

表 8.18.2　XE1610–OEM PVT 的引脚端功能

引脚	符　号	功　　能
1	GND	电源和信号地
2	ON/OFF	导通/关断命令输入
3	VCC	3.0～3.3 V 电源电压
4	USPED	UART 速度
5	RXA	串行接收数据，通道 A，GPS NMEA 数据
6	VRTCBK	RTC 备用电源
7	TXA	串行发射数据，通道 A，GPS NMEA 数据
8	PPS	1 PPS 输出
9	GND	电源和信号地
10	RESETN	手动复位，低电平有效
11	ALMRDY	历书和日期输出
12	STY1	备用
13	NC	空脚，没有连接
14	DELPOSN	删除最初的位置
15	NC	空脚，没有连接
16	STANDBYN	待机控制，低电平有效

8.18.3　XE1610-OEM PVT 内部结构

　　XE1610-OEM PVT 内部结构框图如图 8.18.2 所示，模块内部包含：射频下变频器(RF Downconverter)、GPS 基带处理器(GPS Baseband Processor)、接口软件和硬件(RTOS、FirstGPS SOFTWARE、API、XE1610-OEM PVT APPLICATION)、TCXO、带通滤波器(BP Filter)、I 低通滤波器(I LPF)、Q 低通滤波器(Q LPF)等电路。

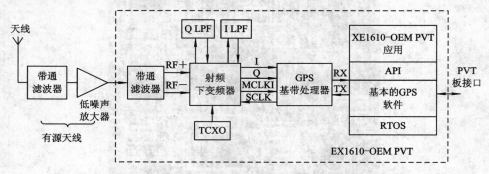

图 8.18.2　XE1610-OEM PVT 内部结构框图

8.18.4　XE1610-OEM PVT 应用电路

1. XE1610-OEM PVT 连接

　　XE1610-OEM PVT 模块有两个接口连接器，射频接口连接器采用超小型的 HFL 与有源天线连接，数据接口连接器采用 16 线的板到板扁平电缆连接器与主机连接。

2. XE1610-OEM PVT 工作模式

　　XE1610-OEM PVT 模块有 4 个主要工作模式，如表 8.18.3 所示，模式转换如图 8.18.3 所示。

表 8.18.3　XE1610-OEM PVT 工作模式

模　式	功　能	VCC 引脚端	ON/OFF 引脚端	STANDBYN 引脚端	最大电流消耗
有效模式	接收机运行，截获、跟踪和定位	加电	高电平	高电平	20 mA
节能模式	GPS 接收机功能关闭，MCU 在空闲模式，MCU 时钟运行，RTC 时钟运行	加电	低电平或 NMEA 命令	高电平	3 mA
待机模式	GPS 接收机功能关闭，MCU 时钟停止，RTC 时钟运行	加电	低电平或 NMEA 命令	低电平	<500 μA
低功耗模式	GPS 接收机功能关闭，MCU 时钟停止，RTC 时钟用备用电池运行	不加电	低电平	低电平	<20 μA

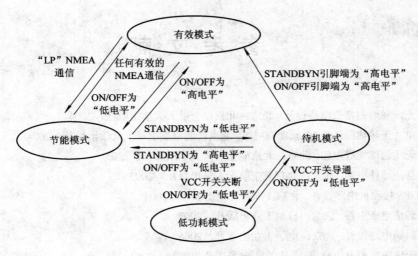

图 8.18.3   工作模式转换

参 考 文 献

[1]　黄智伟. 无线发射与接收电路设计. 北京：北京航空航天大学出版社，2004

[2]　黄智伟. 单片无线数据通信 IC 原理与应用. 北京：北京航空航天大学出版社，2004

[3]　黄智伟. 无线通信集成电路. 北京：北京航空航天大学出版社，2005

[4]　黄智伟. 蓝牙硬件电路. 北京：北京航空航天大学出版社，2005

[5]　黄智伟. GPS 接收机电路设计. 北京：国防工业出版社，2005

[6]　黄智伟. 通信电子电路. 北京：机械工业出版社，2007

[7]　黄智伟. 射频电路设计. 北京：电子工业出版社，2006

[8]　黄智伟. 无线数字收发电路设计. 北京：电子工业出版社，2003

[9]　黄智伟. 射频集成电路芯片原理与应用电路设计. 北京：电子工业出版社，2004

[10]　黄智伟. 单片无线收发集成电路原理与应用. 北京：人民邮电出版社，2005

[11]　刘国林，等. 电子测量. 北京：机械工业出版社，2003

[12]　谢自美. 电子线路综合设计. 武汉：华中科技大学出版社，2006

[13]　陈邦媛. 射频通信电路. 北京：科学出版社，2002

[14]　顾宝良. 通信电子线路. 北京：电子工业出版社，2002

[15]　于洪珍. 通信电子线路. 北京：电子工业出版社，2002

[16]　于洪珍. 通信电子线路. 北京：清华大学出版社，2005

[17]　刘长军，等. 射频通信电路设计. 北京：科学出版社，2005

[18]　谢沅清，邓刚. 通信电子电路. 北京：电子工业出版社，2005

[19]　谢沅清，解月珍. 通信电子线路. 北京：北京邮电大学出版社，2002

[20]　Andrei Grebennikov. 射频与微波功率放大器设计. 北京：电子工业出版社，2006

[21]　张玉兴. 射频模拟电路. 北京：电子工业出版社，2002

[22]　啜钢，等. 移动通信原理与系统. 北京：北京邮电大学出版社，2005

[23]　雷振亚. 射频/微波电路导论. 西安：西安电子科技大学出版社，2005

[24]　沈琴. 非线性电子线路. 北京：高等教育出版社，2004

[25]　杨金法，等. 非线性电子电路. 北京：电子工业出版社，2003

[26]　Cotter W Sayre. 无线通信设备与系统设计大全. 北京：人民邮电出版社，2004

[27]　Roy Blake. 现代通信系统. 北京：电子工业出版社，2003

[28]　Roy Blake. 无线通信技术. 北京：科学出版社，2004

[29]　宋祖顺. 现代通信原理. 北京：电子工业出版社，2001

[30]　王秉钧. 现代通信系统原理. 天津：天津大学出版社，1998

[31]　伍湘彬. 数字通信技术与应用. 成都：电子科技大学出版社，2000

[32]　王兴亮. 数字通信原理与技术. 西安：西安电子科技大学出版社，2000

[33]　Reinhold Ludwig. 射频电路设计理论与应用. 北京：电子工业出版社，2002

[34] Behzad Razavi. 射频微电子. 北京：清华大学出版社，2006

[35] Ulrich L Rohde. 无线应用射频微波电路设计. 北京：电子工业出版社，2004

[36] 费元春，等. 宽带雷达信号产生技术. 北京：国防工业出版社，2002

[37] 戈稳. 雷达接收机技术. 北京：电子工业出版社，2005

[38] Richard A Poisel. 现代通信干扰原理与技术. 北京：电子工业出版社，2005

[39] W Alan Davis, et al. 射频电路设计. 北京：机械工业出版社，2005 年

[40] 逯贵祯，等. 射频电路的分析与设计. 北京：北京广播学院出版社，2003

[41] 胡树豪. 实用射频技术. 北京：电子工业出版社，2004

[42] 周渭，等. 时频测控技术. 西安：西安电子科技大学出版社，2006

[43] 何丰. 通信电子电路. 北京：人民邮电出版社，2003

[44] 高如云，等. 通信电子电路. 西安：西安电子科技大学出版社，2003

[45] 曾兴雯，等. 高频电子原理分析. 西安：西安电子科技大学出版社，2001

[46] 曾兴雯，等. 扩展频谱通信及其多址技术. 西安：西安电子科技大学出版社，2004

[47] 钮心忻，等. 软件无线电技术与应用. 北京：北京邮电大学出版社，2000

[48] Walter Tuttlebee. 软件无线电技术与实现. 北京：电子工业出版社，2004

[49] 王金龙，等. 无线通信系统的 DSP 实现. 北京：人民邮电出版社，2002

[50] 方旭明，等. 短距离无线与移动通信网络. 北京：人民邮电出版社，2004

[51] 尹长川，等. 多载波宽带无线通信技术. 北京：北京邮电大学出版社，2004

[52] 张德纯，等. 现代通信理论与技术导论. 西安：西安电子科技大学出版社，2003

[53] 葛利嘉，等. 超宽带无线通信. 北京：国防工业出版社，2005

[54] 徐祎，等. 通信电子技术. 西安：西安电子科技大学出版社，2003

[55] 管耀武，等. ARM 嵌入式无线通信系统开发实例精讲. 北京：电子工业出版社，2006

[56] 张兴伟. ADI 芯片组手机电路原理与维修. 北京：人民邮电出版社，2006

[57] 张兴伟. CDMA 手机电路揭密. 北京：人民邮电出版社，2006

[58] 蒋挺，等. 紫蜂技术及其应用. 北京：北京邮电大学出版社，2006

[59] 高吉祥，黄智伟，等. 高频电子线路. 北京：电子工业出版社，2003

[60] 高吉祥，黄智伟，等. 高频电子线路学习辅导及习题详解. 北京：电子工业出版社，2005

[61] 谈文心，邓速国，张相臣. 高频电子线路. 西安：西安交通大学出版社，1996

[62] 胡见堂，谭博文，余德泉. 固态高频电路. 长沙：国防科技大学出版社，1999

[63] 张义芳，冯建华. 高频电子线路. 哈尔滨：哈尔滨工业大学出版社，1993

[64] 申功迈，钮文良. 高频电子线路. 西安：西安电子科技大学出版社，2001

[65] 沈慈伟. 高频电路. 西安：西安电子科技大学出版社，2000

[66] 张肃文，陆兆熊. 高频电子线路. 北京：高等教育出版社，1993

[67] 卢万铮. 天线理论与技术. 西安：西安电子科技大学出版社，2002

[68] 黄智伟. 全国大学生电子设计竞赛系统设计. 北京：北京航空航天大学出版社，2006

[69] 黄智伟. 全国大学生电子设计竞赛电路设计. 北京：北京航空航天大学出版社，2006

[70] 黄智伟. 全国大学生电子设计竞赛技能训练. 北京：北京航空航天大学出版社，2007

[71] 黄智伟. 全国大学生电子设计竞赛制作实训. 北京：北京航空航天大学出版社，2007

[72] 黄智伟. 全国大学生电子设计竞赛训练教程. 北京：电子工业出版社，2005

[73]　黄智伟. 基于 Mulisim2001 的电子电路计算机仿真设计. 北京：电子工业出版社，2004

[74]　黄智伟. FPGA 系统设计与实践. 北京：电子工业出版社，2005

[75]　Micro Linear Corporation. ML5800 5.8 GHz Low-IF 1.5 Mbps FSK Transceiver[EB/OL]. www.microlinear.com

[76]　Micro Linear Corporation. ML5824 2.4 GHz to 5.8 GHz Frequency Translator [EB/OL]. www.microlinear.com

[77]　Atmel Corporation. ZigBee™ IEEE 802.15. 4™ Radio Transceiver AT86RF230[EB/OL]. www.atmel.com

[78]　Atmel Corporation. ATR2406 Low IF 2.4 GHz ISM Transceiver [EB/OL]. www.atmel.com

[79]　Atmel Corporation. ATR2434 WirelessUSB™ 2.4 GHz DSSS Radio SoC[EB/OL]. www.atmel.com

[80]　Chipcon Inc. CC2400 2.4 GHz Low-Power RF Transceiver[EB/OL]. http://www.chipcon.com

[81]　Chipcon Inc. User Manual Rev. 1.0SmartRF ® CC2400DK Development Kit[EB/OL]. http://www.chipcon.com

[82]　Chipcon Inc. CC2420 2.4 GHz IEEE 802. 15.4 / Zigbee RF Transceiver[EB/OL]. www.chipcon.com

[83]　Texas Instruments Norway AS. CC2510Fx / CC2511Fx True System-on-Chip with Low Power RF Transceiver and 8051 MCU[EB/OL]. www.ti.com/lpw

[84]　CompXs Inc. CX1540 Very Low Power RF Transceiver for Wireless Radio Control Communication [EB/OL]. www.compxs.com

[85]　Cypress Semiconductor Corporation. WirelessUSB™ LS Radio System on a Chip CYWUSB6932/ CYWUSB6934[EB/OL]. www.Cypress.com

[86]　北京博控自动化技术有限公司. 无线微处理 JN5121-000 Wireless μC 器芯片[EB/OL]. www.bocon.com. cn

[87]　Motorola Inc. 2. 4 GHz Short-Range Low-Power Transceiver MC13190/D[EB/OL]. http://www.motorola.com/semiconductors

[88]　Micro Linear Corporation. ML2724 2.4 GHz Low-IF 1.5 Mbps FSK Transceiver[EB/OL]. www.microlinear.com

[89]　Microchip Technology Inc. MRF24J40 IEEE 802. 15. 4™ 2.4 GHz RF Transceiver[EB/OL]. www.microchip.com

[90]　Nordic VLSI ASA. Single chip 2. 4 GHz Transceiver nRF2401[EB/OL]. www.nvlsi. no

[91]　Conexant Inc. RF109 2400 MHz Digital Spread Spectrum Transceiver[EB/OL]. www.conexant.com

[92]　RF Micro Devices Inc. RF2948B 2.4 GHz SPREAD-SPECTRUM TRANSCEIVER[EB/OL]. http://www.rfmd.com

[93]　STMicroelectronics. SN250 Single-chip ZigBeeTM/802. 15.4 solution[EB/OL]. www.st.com

[94]　STMicroelectronics. STLC4550 Single chip 802.11b/g WLAN radio[EB/OL]. www.st.com

[95]　Texas Instruments Norway AS. CC2550 Single Chip Low Cost Low Power RF Transmitter[EB/OL]. www.ti.com/lpw

[96]　Nordic VLSI ASA. nRF24E2[EB/OL]. www.nvlsi. no

[97]　Nordic VLSI ASA. nRF2402[EB/OL]. www.nvlsi. no

[98]　MaxStream 公司. XBee™ ZigBee/802. 15.4 RF 模块[EB/OL]. www.digi.com. cn

[99]　Atmel Corporation. ATA5423 ATA5425 ATA5428 ATA5429 Preliminary[EB/OL]. www.atmel.com

[100]　Chipcon Components. CC1010 Single Chip Very Low Power RF Transceiver with 8051-Compatible Microcontroller[EB/OL]. www.Chipcon .com

[101]　Chipcon Components. User Manual Rev. 1.01 SmartRF® CC1010DK Development Kit[EB/OL]. www.Chipcon .com

[102]　MICREL Inc. MICRF500 UHF Transceiver, 700 MHz to 1000 MHz Final[EB/OL]. www.micrel.com

[103]　Nordic VLSI ASA Inc. 433-950 MHz Single Chip RF Transceiver nRF903[EB/OL]. www.nvlsi. no

[104]　Freescale Semiconductor. MC33696 PLL Tuned UHF Transceiver for Data Transfer Applications[EB/OL]. www.freescale.com

[105]　RF Micro Devices Inc. 433/868/915 MHZ FSK/ASK/OOK TRANSCEIVER RF2915[EB/OL]. http://www.rfmd.com

[106]　Analog Devices Inc. ADF7010 High Performance ISM Band ASK/FSK/GFSK Transmitter IC[EB/OL]. www.analog.com

[107]　Analog Devices Inc. ADF7011 High Performance ISM Band ASK/FSK/GFSK Transmitter IC[EB/OL]. www.analog.com

[108]　Chipcon AS Inc. CC1050 Single Chip Very Low Power RF Transmitter[EB/OL]. www.chipcon.com

[109]　Maxim Inc. 200 mW Single-Chip Transmitter ICs for 868 MHz/915 MHz ISM Bands MAX2900～MAX2904[EB/OL]. www.maxim-ic.com

[110]　Maxim Inc. MAX2900–MAX2904 Evaluation Kits[EB/OL]. www.maxim-ic.com

[111]　Freescale Inc. MC33493 PLL tuned UHF Transmitter for Data Transfer Applications[EB/OL]. www.Freescale com/semiconductors

[112]　Nordic VLSI ASA Inc. Single chip 868 MHz Transmitter nRF902[EB/OL]. http://www.nvlsi. no

[113]　Nordic VLSI ASA Inc. Single chip 915 MHz Transmitter nRF904[EB/OL]. http://www.nvlsi. no

[114]　Semtech Corporation. SX1223 425～475 MHz/85～950 MHz Integrated UHF Transmitter[EB/OL]. www.semtech.com

[115]　Microelectronic Integrated Systems Inc. TH7108 868/915 MHz FSK/FM/ASK Transmitter[EB/OL]. www.melexis.com

[116]　HiMARK Technology Inc. Tx4915 VHF/UHF TRANSMITTER[EB/OL]. www.himark.com. tw

[117]　Freescale Semiconductor. MC33596 PLL Tuned UHF Receiver for Data Transfer Applications[EB/OL]. www.freescale.com

[118]　Microelectronic Integrated Systems Inc. TH71112 868/915 MHz FSK/FM/ASK Receiver[EB/OL]. www.melexis.com

[119]　MICREL Inc. MICRF610 868-870 MHz ISM Band Transceiver Module[EB/OL]. www.micrel.com

[120]　Infineon Technologies Inc. ASK/FSK 868 MHz Wireless Transceiver TDA 5250 Version[EB/OL]. www.Infineon.com

[121]　RF Monolithics Inc. 868. 35 MHz Hybrid Transmitter TX6001[EB/OL]. www.rfm.com

[122]　RF Monolithics Inc. RX6501 868. 35 MHz Hybrid Receiver[EB/OL]. www.rfm.com

[123]　Nordic VLSI ASA Inc. 315/433 MHz Single Chip RF Transceiver nRF401 Datasheet[EB/OL]. http://www.nvlsi.no

[124]　Nordic VLSI ASA Inc. 315/433 MHz Single Chip RF Transceiver nRF403 Datasheet[EB/OL].

http://www.nvlsi.no.

[125] Xemics Inc. XE1201A 300-500 MHz Low-Power UHF Transceiver[EB/OL]. www.xemics.com

[126] Maxim Inc. 300 MHz to 450 MHz High-Efficiency,Crystal-Based +13 dBm ASK TransmitterMAX7044 [EB/OL]. www.Maxim.com

[127] MICREL, Inc. MICRF112 QwikRadio® UHF ASK/FSK Transmitter[EB/OL]. www.micrel.com

[128] RF Micro Devices. VHF/UHF TRANSMITTER RF2516[EB/OL]. www.rfmd.com

[129] Microelectronic Integrated Systems Inc. TH7107 315/433 MHz FSK/FM/ASK Transmitter[EB/OL]. www.melexis.com

[130] Microelectronic Integrated Systems Inc. EVB7107 315/433 MHz Transmitter Evaluation Board Description[EB/OL]. www.melexis.com

[131] Maxim Inc. 315 MHz/433 MHz ASK Superheterodyne Receiver with AGC Lock MAX7033[EB/OL]. www.Maxim.com

[132] MICREL, Inc. MICRF211 3 V, QwikRadio® 433. 92 MHz Receiver[EB/OL]. www.micrel.com

[133] MICREL, Inc. MICRF213 3. 3 V, QwikRadio® 315 MHz Receiver[EB/OL]. www.micrel.com

[134] Microelectronic Integrated Systems Inc. TH71101 315/433 MHz FSK/FM/ASK Receiver[EB/OL]. www.melexis.com

[135] Microelectronic Integrated Systems Inc. EVB71101 315/433 MHz Receiver Evaluation Board Description[EB/OL]. www.melexis.com

[136] 深圳思博特电子有限公司. 27 MHz 多信道 FM/FSK 无线收发一体芯片 CRF16B[EB/OL]. www.c-port.com

[137] 深圳思博特电子有限公司. 27 MHz 多信道 FM/FSK 无线发射芯片 CRF19T[EB/OL]. www.c-port.com

[138] Freescale Inc. LOW POWER FM TRANSMITTER SYSTEM MC2833[EB/OL]. www.freescale.com

[139] Freescale Inc. MC13135/MC13136 DUAL CONVERSION NARROWBAND FM RECEIVERS[EB/OL]. www.Freescale.com

[140] BROADCOM CORPORATION. BCM2033 SINGLE-CHIP BLUETOOTHTM SYSTEM[EB/OL]. www.broadcom.com

[141] BROADCOM CORPORATION. BCM2040 SINGLE-CHIP BLUETOOTHTM MOUSE AND KEYBOARD[EB/OL]. www.broadcom.com

[142] Philips Semiconductors. BGB202 Bluetooth SiP[EB/OL]. http://www.semiconductors. philips.com

[143] Texas Instruments. BRF6150 Bluetooth® v1. 2 single-chip solution for mobile terminals[EB/OL]. www.ti.com

[144] Sony Inc. CXN1010 Bluetooth Module[EB/OL]. www.Sony.com

[145] Freescale Inc. MC72000 Integrated Bluetooth™ Radio[EB/OL]. www.freescale.com

[146] OKI Semiconductor. MK70110/MK70120 Bluetooth Module[EB/OL]. www. oki. com

[147] OKI Semiconductor. MK70215 Bluetooth Module[EB/OL]. www. oki. com

[148] ricsson Microelectronics. Bluetooth Module ROK 101 008[EB/OL]. www.ericsson.com/ microelectronics

[149] RF Micro Devices Inc. SiW3000 ULTIMATEBLUE™ RADIO PROCESSOR[EB/OL]. http://www.rfmd.com

[150]　RF Micro Devices Inc. Bluetooth® Technology Solutions - SiW3500[EB/OL]. www.rfmd.com

[151]　STMicroelectronics. STLC2500 BLUETOOTH® SINGLE CHIP[EB/OL]. http://www.st.com

[152]　Transilica Inc. TR0700 OneChip Technical Specification[EB/OL]. www.transilica.com

[153]　Transilica Inc. TR0740 2.4 GHz Bluetooth OneChip UART Solution[EB/OL]. www.transilica.com

[154]　ALPS. UGNZ2 Series Bluetooth™ HCI Module[EB/OL]. http://www.alps. co. jp/

[155]　ALPS. UGZZ2 Series Bluetooth™ All in one Module[EB/OL]. http://www.alps. co. jp/

[156]　Zeevo Inc. TC2000 Single Chip Bluetooth™ Solution[EB/OL]. www.zeevo.com

[157]　Zeevo Inc. ZV4002 Single Chip Bluetooth Solution for Embedded Applications[EB/OL]. www.zeevo.com

[158]　Analog Devices Inc. NAV®2400 GPS Receiver Chipset[EB/OL]. www.Analog.com

[159]　Atmel Corporation. GPS Front-end IC ATR0600[EB/OL]. http://www.atmel.com

[160]　Atmel Inc. 2.7 V GPS Low-noise Amplifier ATR0610[EB/OL]. http://www.atmel.com

[161]　Atmel Corporation. GPS Baseband Processor ATR0620[EB/OL]. http://www.atmel.com

[162]　EAZIX Inc. EZGPM01 GPS RECEIVER Product Information Data Sheet[EB/OL]. http://www.eazix.com

[163]　Fastrax Ltd, iTrax02 GPS Receiver[EB/OL]. www.Fastrax .com

[164]　David Carey. Garmin 公司的全球定位系统手持设备 GPSMAP-76S. 电子工程专辑

[165]　globallocate. Global Locate IndoorGPS™ Solution[EB/OL]. www.globallocate.com

[166]　Himark Inc. AR2010 GPS Controller SoC[EB/OL]. www.Himark.com. tw

[167]　Infineon Technologies Corporation. GPS SOLUTIONS for the New Era of Location Services[EB/OL]. www.infineon.com

[168]　nemerix Inc. NJ1004 GPS Receiver RF Front-End IC[EB/OL]. www.nemerix.com

[169]　nemerix Inc. NJ1006 GPS Receiver RF Front-End IC[EB/OL]. www.nemerix.com

[170]　NemeriX SA. NJ1030 GPS Baseband Processor[EB/OL]. www.nemerix.com

[171]　RF Micro Devices Inc. RF8009 GLOBAL POSITIONING SYSTEM RECEIVER[EB/OL]. http://www.rfmd.com

[172]　Skyworks Solutions Inc. CX74061: Rx ASIC for CDMA, AMPS, PCS, and GPS Mobile Handset Applications[EB/OL]. www.skyworksinc.com

[173]　Skyworks Solutions Inc. CX74070 Rx ASIC for PCS and GPS Mobile Handset Applications[EB/OL]. www.skyworksinc.com

[174]　Skyworks Solutions Inc. CX20529 CDMA/FM/GPS Baseband Analog Processor[EB/OL]. www.skyworksinc.com

[175]　Skyworks Solutions Inc. CX20536: CDMA/GPS Baseband Analog Processor[EB/OL]. www.skyworksinc.com

[176]　Sony Corporation. GPS Down Converter CXA3355ER[EB/OL]. www.sony.com

[177]　Sony Inc. CXD2951GA-1 Single Chip GPS LSI[EB/OL]. www.Sony.com

[178]　Sony Corporation. GPS Down Converter CXA1951AQ[EB/OL]. www.sony.com

[179]　Sony Inc. CXD2931R-9/GA-9-1 Single Chip GPS LSI[EB/OL]. www.Sony.com

[180]　Sony Inc. CXD2932AGA-2 Single Chip GPS Base Band LSI[EB/OL]. www.Sony.com

[181]　STMicroelectronics. GPS PROCESSOR ST20-GP6[EB/OL]. http://www.st.com

[182] STMicroelectronics. STB5600 GPS RF FRONT-END IC[EB/OL]. http://www.st.com

[183] STMicroelectronics. STB5610 GPS RF FRONT-END IC[EB/OL]. http://www.st.com

[184] Texas Instruments Incorporated. TGS5000 wireless GPS chipset[EB/OL]. www.ti.com/gps

[185] u-Nav Microelectronics. uN8021C GPS Receiver RF Front-end[EB/OL]. www.unav-micro.com

[186] u-Nav Microelectronics. uN1005 GPS Receiver RF Front-end[EB/OL]. www.unav-micro.com

[187] u-Nav Microelectronics. uN8031B GPS Receiver Baseband[EB/OL]. www.unav-micro.com

[188] XEMICS SA. XE16BB10 Enhanced GPS Channel Correlator[EB/OL]. www.xemics.com

[189] XEMICS SA. XE1610-OEMPVT OEM GPS Receiver Reference Design 2.0[EB/OL]. www.xemics.com

欢迎选购西安电子科技大学出版社教材类图书

欢迎来函索取本社书目和教材介绍！　通信地址：西安市太白南路 2 号　西安电子科技大学出版社发行部
邮政编码：710071　邮购业务电话：(029)88201467　传真电话：(029)88213675。